Auto-Reparaturanleitung Band 1314

AF832911

VW
Polo

1,2 Liter TDi CR 75 PS
1,6 Liter TDi CR 90 PS
(beide auch mit Bluemotion Technology)
1,6 Liter TDi
CR 75/105 PS

ab Modelljahr 2010

bucheli verlag

IMPRESSUM

ISBN 978-3-7168-2135-0

Auto-Reparaturanleitung
Band 1314

Redaktion:
Büro Fortura Rainer Althaus,
D-16321 Bernau

Bilder:
Volkswagen AG
R. Althaus-Fichtmüller
frisch CONSULTING

Lizenziert von
Volkswagen AG

Herstellung:
IPa, D-71665 Vaihingen/Enz
Druck:
Druck- & Medienzentrum
D-70839 Gerlingen
Bindung:
K. Dieringer
D-70839 Gerlingen

Gewerbestrasse 10
CH-6330 Cham
Postadresse:
Postfach 4161
CH-6304 Zug
Telefon: ++41 (0)41 741 77 55
Telefax: ++41 (0)41 741 71 15
www.bucheli-verlag.ch

1. Auflage 2010

Inhalt

Inhalt

Folgende Symbole verdienen im Laufe der Arbeit besondere Beachtung:

Sichtprüfung
Teil genau ansehen; besonders beachten.

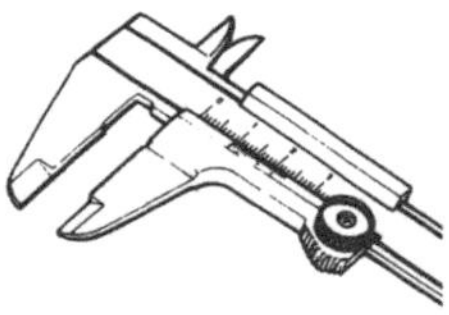

Messen
Schieblehre oder anderes Messwerkzeug nötig.

Achtung
Besondere Vorsicht geboten; Sicherheitshinweise beachten!

Tipp
Wertvoller Hinweis für einfacheres Schrauben; Erläuterung von Bauteilen und Begriffen.

1,6 Liter TDI CR 55kW/75 PS

1 Einleitung

Modellvorstellung

Volkswagen präsentierte die fünfte Generation des Polo und damit die Neuauflage eines der wichtigsten deutschen Autos der Gegenwart auf dem Genfer Automobil-Salon im März 2009. Bereits Ende März lief die Produktion des fünftürigen Steilheck-Polo an, und beginnend mit der letzten Juni-Woche folgte die Markteinführung der optisch wie technisch wegweisenden Neuauflage des Millionen-Bestsellers in Deutschland. Im Herbst 2009 erweiterte Volkswagen die Polo-Familie um einen agilen Dreitürer. Und auf dem Genfer Automobil-Salon 2010 debütierte neben dem neuen 180 PS starken Polo GTI mit serienmäßigem 7-Gang-DSG auch der CrossPolo. Letzterer, ein fünftüriger Allrounder mit cleveren Details und robustem All-Terrain-Look, vervollständigt als viertes Modell die Baureihe.
Für den Polo V stehen aktuell vier Dieselmotoren zur Wahl. Gestartet wurde im ersten Modelljahr 2009 mit drei neuen Common-Rail-Turbodiesel-Motoren. Die drehmomentstarken Vierzylinder leisten zwischen 55 kW/75 PS und 77 kW/105 PS. Auf der Basis der mittleren Leistungsstufe mit 66 kW/90 PS debütierte zudem noch 2009 eine BlueMotion-Version, dieser Polo BlueMotion verbraucht lediglich 3,8 Liter Kraftstoff und entwickelt nur 96 g/km CO_2 auf 100 km.
Anfang 2010 kam ein neuer Polo BlueMotion mit einem 1,2 Liter TDI auf den Markt. Er definiert die Themen Verbrauch, Emissionen und Kosten völlig neu. Denn die zweite Generation des Trendsetters avancierte mit einem Durchschnittsverbrauch von nur 3,3 Litern Diesel und 87 g/km CO_2 auf 100 Kilometern zum »3-Liter-Auto« der Neuzeit und zum sparsamsten Fünfsitzer der Welt. Zu den BlueMotion-Technologies an Bord des Polo gehört ein Paket verschiedenster Hightechkomponenten und Detaillösungen. Quasi als Basis für die extrem niedrigen Verbrauchs- und Emissionswerte fungiert dabei ein völlig neuer 1,2 Liter Common-Rail-TDI mit drei Zylindern, 55 kW/75 PS, einer modifizierten Software des Motormanagements und abgesenkter Leerlaufdrehzahl. Eine Gangempfehlung als Schalthilfe – integriert in die Instrumente – sorgt dafür, dass der Polo BlueMotion stets in der verbrauchsoptimalen Fahrstufe bewegt wird.
Die Diesel-Motorisierungen werden serienmäßig mit 5-Gang-Schaltgetriebe geliefert, für die 1,6 Liter-Version mit 66kW/90 PS wird auch das innovative 7-Gang-Doppelkupplungsgetriebe (DSG) angeboten.
Die Fahrzeuge der Polo-Familie werden ab Markteinführung in drei Ausstattungslinien hergestellt. Gegenüber dem Vorgänger hat Volkswagen die hierarchisch auf einander aufbauende Linienstruktur der Ausstattungsversionen neu geordnet: »Trendline« steht dabei nach wie vor für die Einstiegsvariante, »Comfortline« bezeichnet indes wie gehabt das mittlere Ausstattungsniveau. Neu im Programm – und hier folgt der neue Polo nun dem Golf – ist die Topversion »Highline«.
Der neue Polo ist serienmäßig sicher ausgestattet. Die Europa-Version des Polo hat serienmäßig das elektronische Stabilisierungsprogramm ESP mit Berganfahrassistent, einen hochwirksamen Airbagverbund inklusive kombinierter Kopf-Thorax-Airbags (integriert in den Lehnen der Vordersitze), Gurtstraffer und Gurtkraftbegrenzer plus Gurtwarner und dem Schleudertrauma entgegenwirkende Kopfstützen (jeweils vorn), drei Fond-Kopfstützen sowie Isofix-Verankerungen für entsprechende Kindersitze an Bord.
Der Polo des Jahres 2009 wurde optisch 1:1 nach den Prinzipien der neuen Volkswagen Design-DNA entwickelt. Er wirkt damit – im Gegensatz zu zahlreichen anderen Automobilen der so genannten A0-Klasse – nicht verspielt und übertrieben niedlich, sondern erwachsen. Der Polo mit dem markanten, neuen Volkswagen-Familiengesicht ist vielmehr ein vollwertiges, souveränes Automobil, das auf einer Länge von nur 3.970 Millimetern (+ 54 Millimeter gegenüber dem Vorgänger) und 1.682 Millimetern Breite (+ 32 Millimeter) Raum für bis zu fünf Personen und eine Menge Gepäck bietet (280 bis 952 Liter). Bereits das maßvolle Plus an Breite bei einer gleichzeitigen Reduzierung der Höhe (-14 auf 1.462 Millimeter) führen dabei zu einem neuen, dynamischeren Verhältnis der Proportionen.

Bild1
Fahrzeugabmessungen des Polo-Fünftürers. Die Klammerwerte in der oberen und unteren Skizze gelten für den Dreitürer.

Abmessungen

Polo

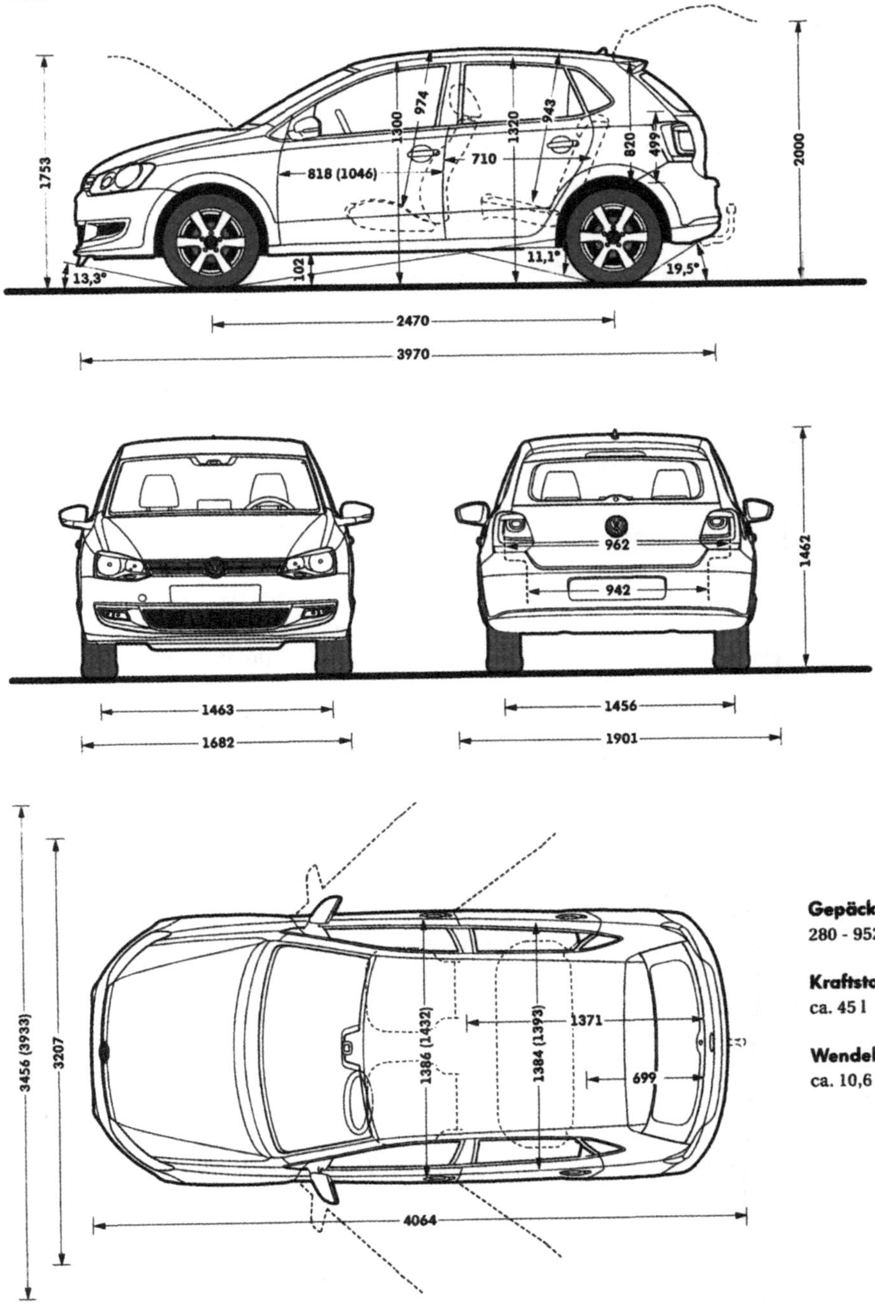

Gepäckraumvolumen[1)]
280 - 952

Kraftstoffbehältervolumen
ca. 45 l

Wendekreis
ca. 10,6 m

Bild 1

Fahrzeugerkennung

Kennzeichnungen des jeweiligen Fahrzeugmodells sind beim Bestellen von Ersatzteilen oder Austauschteilen unbedingt anzugeben. Viele Teile eignen sich nämlich nur für einen bestimmten Fahrzeugtyp, obwohl sie Ähnlichkeiten mit Teilen anderer Fahrzeuge haben.
Typ, Motorisierung, Identifikationsnummern und andere Daten, die das Fahrzeug eindeutig bestimmen, sind auf dem **Fahrzeugdatenträger** zu finden (Bild 2). Er befindet sich im Serviceplan für den Kunden und als Aufkleber auf dem Kofferraumboden links an der Reserveradmulde. Der Aufkleber enthält folgende Angaben:
(1) Fahrzeug-Identifizierungsnummer (Fahrgestellnummer)
(2) Fahrzeugtyp, Motorleistung, Getriebe
(3) Motor- und Getriebekennbuchstaben, Lacknummer, Innenausstattung
(4) Mehrausstattungen, PR-Nummern

Eine ebenfalls umfassende Informationsquelle zum Fahrzeug ist die Zulassungsbescheinigung Teil 1 (Fahrzeugschein). Sie enthält neben Herstellercode, Fahrgestellnummer (Fahrzeug-ID), Typ- sowie Ausführungsbeschreibung und Datum der Erstzulassung auch Angaben von Motor und Abgasklasse bis zu den Reifengrößen.
Die **Fahrzeug-Identifizierungsnummer**, die auch als **Fahrgestellnummer** bezeichnet wird, ist auf der Verlängerung des rechten Längsträgers eingeschlagen (Bild 3). Sie ist ferner links am unteren Rand der Frontscheibe im Bereich der Scheibenwischeraufnahme von außen sichtbar angebracht und auch im Typschild enthalten. Die Fahrgestellnummer ist wie folgt aufgeschlüsselt:

WVW	= Herstellerzeichen
ZZZ	= Füllzeichen
6R	= Typ (Polo 2010)
Z	= Füllzeichen
A	= Modelljahr 2010
Y	= Produktionsstätte
000 234	= laufende Nummer

In den Fahrzeugen ist ferner ein **Typschild** angebracht. Es ist nach Öffnen der linken vorderen Tür bei 4-türigen Fahrzeugen im unteren Bereich der B-Säule und bei 2-türigen Fahrzeugen im Bereich des Türschlosses an der B-Säule zu sehen. Das

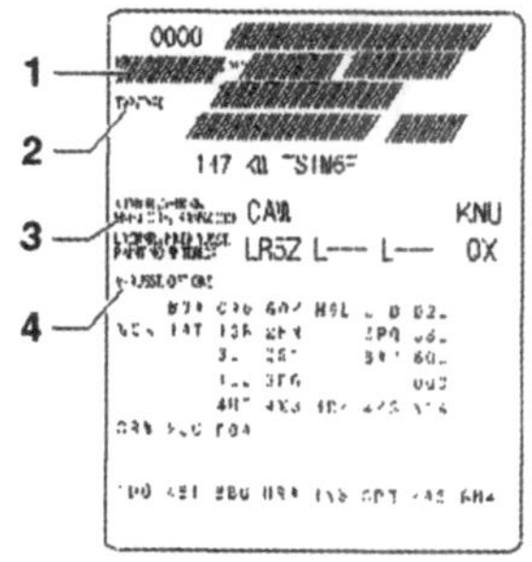

Bild 2

Bild 2
Beispiel eines Fahrzeugdatenträgers.

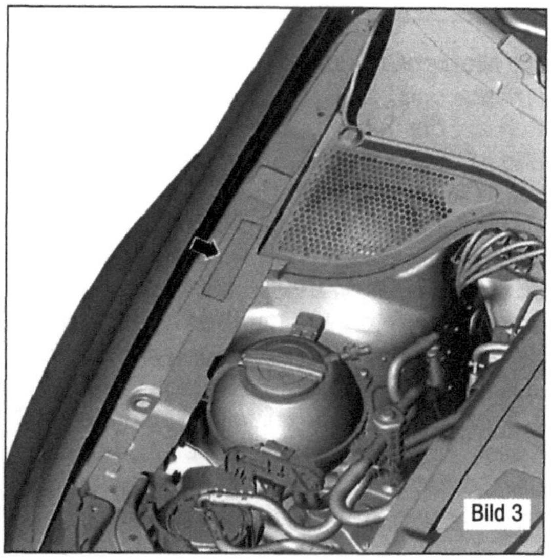

Bild 3

Bild 3
Die Fahrzeugidentifizierungsnummer ist auf dem rechten Längsträger (Pfeil) für Radhaus oben eingeschlagen.

Typschild enthält neben der Fahrgestellnummer variable Angaben wie Achslasten, zulässiges Gesamtgewicht und zulässiges Zuggewicht, die Typkennnummer und die Motorkennbuchstaben. Typkennnummer des neuen Polo ist 6R.

Die jeweilige Motorisierung wird durch die vierstelligen **Motorkennbuchstaben** genau nachgewiesen. Die ersten 3 Stellen beschreiben den mechanischen Aufbau des Motors. Sie sind am Motor eingeschlagen. Die vierte Stelle beschreibt die Leistung des Motors. Sie ist vom Motorsteuergerät abhängig. Die vierstelligen Motorkennbuchstaben befinden sich auf dem Typschild, dem Fahrzeugdatenträger und auf dem Motorsteuergerät.

Motorkennbuchstaben der Dieselmotoren

1,2 TDI 55 kW	CFWA
1,6 TDI 55 kW	CAYA
1,6 TDI 66 kW	CAYB
1,6 TDI 77 kW	CAYC

Sichtprüfung Messen

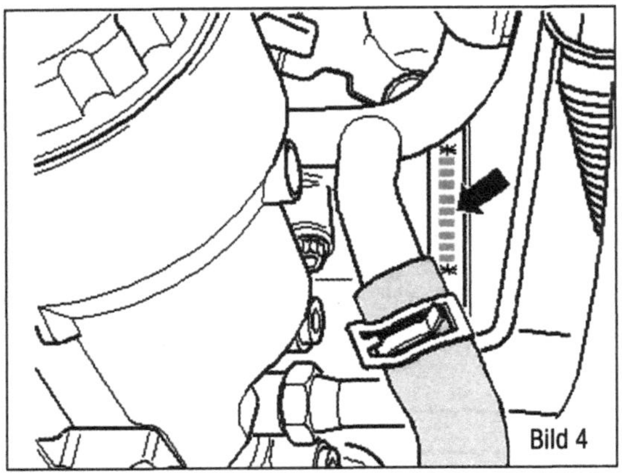

Bild 4
Die Motornummer befindet sich bei den Dieselmotoren vorn auf der Trennfuge Motor/Getriebe.

Die **Motornummer** (»Motorkennbuchstaben« und »laufende Nummer«) befindet sich auf der Trennfuge Motor/Getriebe (Pfeil Bild 4) sowie zusätzlich auf einem Aufkleber auf dem Zahnriemenschutz.
In ganz ähnlicher Weise sind auch die verschiedenen Schalt- und Automatik-Getriebe an verschiedenen Stellen der Getriebe mit dreistelligen Kennbuchstaben und Baudaten gekennzeichnet. Die Kennbuchstaben sind ebenfalls im Fahrzeugdatenträger aufgeführt. Eine Tabelle mit allen Getriebe-Kennbuchstaben einschließlich Zuordnung der Getriebe zu den einzelnen Dieselmotortypen haben wir im Kapitel 8 platziert.

Arbeiten mit diesem Buch

Der Inhalt der einzelnen sachlich orientierten Kapitel wird von einer ausgewogenen Mischung aus knapper Technik-Information und ausführlicher, verlässlicher Reparatur-Beschreibung bestimmt.
Als Einstieg und Ergänzung empfehlen wir den Band 276 unserer Buchreihe »Jetzt helfe ich mir selbst«, in dem vor allem über die Technik und Funktion des »VW Polo V« informiert wird.
Unser ausgewähltes Angebot zur effektiven Störungssuche am Ende dieses Kapitels listet Fehlersymptome, Fehlerursachen und Abhilfen auf. Dieser Pannenhelfer soll helfen, Fehlfunktionen und Defekten am Fahrzeug systematisch auf den Grund zu gehen. Außerdem vermitteln wir Tipps, wie man mit einer Störung fertig werden kann. Einige der möglichen Ursachen für Fehler werden in unterschiedlichen Zusammenhängen genannt, denn es kann durchaus sein, dass sich Fehlerquellen auch verzahnen und untereinander beeinflussen.
Häufig genug wird ohnehin der Fall eintreten, dass die Werkstattsysteme für Fehlerdiagnosen gefragt sind. Viele Funktionsgruppen des Polo sind mit Eigendiagnosen ausgestattet, deren Meldungen im Fehlerspeicher der Bordelektronik registriert werden. Abfrage des Fehlerspeichers, Reparatur und dann Löschen des Fehlerspeichers sind deshalb im Alltag der Fachwerkstatt die immer wiederkehrenden Hauptschritte.
Trotz all der hochentwickelten Elektronik für Fehlerspeicherung und -analyse aber bleibt immer noch eine große Zahl von Störungen und Fehlern, die bei genügend Know-how und praktischer Erfahrung rasch ohne jedes Gerät geortet und erkannt werden können.
Die einzelnen ausgewählten Reparaturen werden Schritt für Schritt gezeigt, allgemeinverständlich und mit zahlreichen anschaulichen Bildern erklärt. Diese Reparaturen und die Zerlegung und der Zusammenbau wichtiger Baugruppen werden auf der Basis von Herstellerangaben dargestellt.
Auf Informationen des Herstellers beruhen auch die angegebenen Verschleißmaße und Anzugsdrehmomente.
Am Anfang einiger Kapitel geben wir auch Tipps zu wichtigen Sicht- und Funktionsprüfungen. Sie sollen helfen, möglichst lange störungsfrei mit dem Polo unterwegs sein zu können.
Die Reparaturarbeiten erfordern fast immer viel Sachverstand, Erfahrung, handwerkliches Können und häufig genug teures Spezialwerkzeug. Ein Grundstock an gutem Werkzeug wird ohnehin vorausgesetzt. Für die häufig unumgänglichen Spezialwerkzeuge empfehlen wir Ausleihe und enge Kooperation mit einer Miet- oder Fachwerkstatt, aber einige Anschaffungen sind auch unerlässlich.
Wo das Fachwissen und das handwerkliche Können des Lesers allerdings an Grenzen stoßen, sollten die Arbeiten der Werkstatt vorbehalten bleiben.

⚠ Denn Betriebs- und Verkehrssicherheit müssen stets obenan stehen.

Sicht- und Funktionsprüfungen, Wartungsarbeiten und Service-Intervalle

Aufmerksame Sicht- und Funktionsprüfungen sowie regelmäßige Wartung und Pflege beugen Störungen vor und helfen unter Umständen aufwändige Reparaturen vermeiden. Wir setzen voraus, dass Do-it-yourselfer, die sich an z. T. komplizierte Reparaturen heranwagen, ohnehin in der Lage sind einfache Prüfungs- und Wartungsarbeiten auszuführen. Deshalb beschreiben wir diese Arbeiten auch nicht ausführlich in der vorliegenden Reparaturanleitung, sondern listen sie lediglich am Anfang der jeweiligen Kapitel – sozusagen zur Erinnerung – kurz auf. Umfangreichere und auch schwierig auszuführende Funktionsprüfungen und Wartungsarbeiten beschreiben wir selbstverständlich Schritt für Schritt in den entsprechenden, sachlich orientierten Kapiteln.

⚠ Wir weisen in diesem Zusammenhang aber nachdrücklich darauf hin, dass der Hersteller berechtigte Ansprüche bei Garantieleistungen nur dann erfüllt, wenn der Inspektionsservice in festen Intervallen bzw. der LongLife-Service mit flexiblen Wartungsintervallen in einer Vertragswerkstatt erledigt wurde.

Zur Service-Identifizierung gibt der Fahrzeugdatenträger Auskunft, ob das Fahrzeug mit der PR-Nr. QG0, QG1 oder QG2 ausgestattet ist.

Fahrzeuge mit der PR-Nummer QG1 sind werkseitig mit aktivem LongLife-Service ausgerüstet. Das bedeutet, diese Fahrzeuge haben eine flexible Service-Intervall-Anzeige und sind mit folgenden Komponenten ausgestattet: Flexible Service-Intervall-Anzeige im Kombiinstrument, Motorölstandsensor sowie Bremsbelagverschleißanzeige (falls vorhanden). Bei Fahrzeugen mit LongLife-Service wird das Service-Intervall durch das Steuergerät entsprechend der individuellen Fahrweise und den Einsatzbedingungen ermittelt und dem Fahrer von der Service-Intervall-Anzeige (SIA) angezeigt. Diese flexiblen Service-Intervalle gelten für alle Wartungsereignisse, die einen Wechsel des Motoröls beinhalten.

Bei Fahrzeugen mit zeit- oder laufleistungsabhängigem Service mit der PR-Nummer QG0 (Fahrzeuge sind werkseitig nicht mit dem LongLife-Service ausgerüstet) oder QG2 (Fahrzeuge sind mit LongLife-Service ausgerüstet, der aber werkseitig nicht aktiviert ist) wird in so genannten starren Service-Intervallen gerechnet, dass heißt, die angegebenen Kilometer- oder Zeitwerte sind vorher von Volkswagen ermittelt und festgelegt worden. Bei üblichen Betriebsbedingungen ist das Erreichen dieser Service-Intervalle technisch abgesichert.

Service-Intervalle

QG0/QG2-Fahrzeuge	Ölwechsel-Service	alle 15.000 km/1 Jahr
QG0/QG2-Fahrzeuge	Intervall-Service	alle 30.000 km/2 Jahre
QG1-Fahrzeuge	Intervall-Service	flexibel ab 15.000 km/ 1Jahr bis maximal 30.000 km /2 Jahre
Alle Fahrzeuge	Inspektions-Service	nach 3 Jahren/ max. 60.000 km, dann alle 2 Jahre

Einige weitere Wechsel-Intervalle

- Motorölfilter	alle 15.000 km oder 1 Jahr
- Luftfilter	alle 90.000 km oder 6 Jahre
- Kraftstofffilter (Diesel EN 590)	alle 60.000 km
- Staub- und Pollenfilter	alle 30.000 km oder 2 Jahre
- Zahnriemen und Spannrollen	alle 210.000 km

Service-Intervall-Anzeige mit den Bedientasten am Schalttafeleinsatz zurücksetzen

In der Werkstatt wird die Service-Intervall-Anzeige mit dem Fahrzeugdiagnosetester zurückgesetzt.

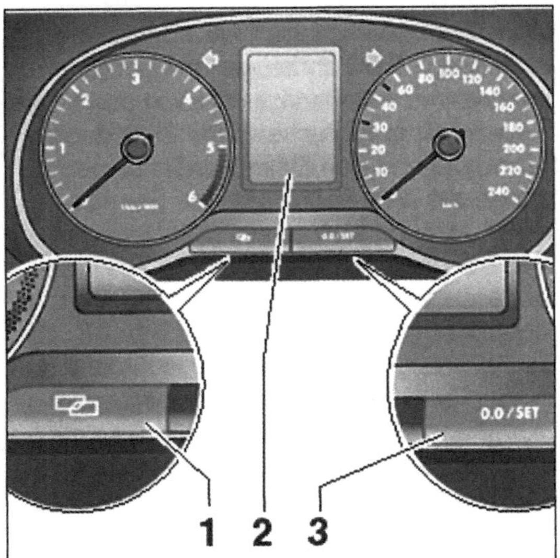

Bild 5

Bild 5 Service-Intervall-Anzeige mit den Bedientasten zurücksetzen.
(1) Taster.
(2) Display.
(3) Taster.

Arbeitsablauf

- Zündung ausschalten und den Taster (3) drücken.
- Taster (3) gedrückt halten und die Zündung einschalten. Die Service-Intervall-Anzeige befindet sich nun im Rückstellmodus.
- Taster (3) loslassen und innerhalb von 20 Sekunden den Taster (1) einmal kurz drücken. Das Display schaltet nach kurzer Zeit in die Normalanzeige zurück (Bild 5).

Bei Fahrzeugen mit LongLife Service (PR-Nummer QG1), die nach ca. 15.000 km oder 12 Monaten zum Ölwechsel-Service kommen, muss die Service-Intervall-Anzeige auf nicht flexibel umcodiert werden. Grund: Dadurch wird sichergestellt, dass diese Fahrzeuge wieder in den normalen LongLife Service Rhythmus hineinkommen. Zum Umcodieren muss ein Fahrzeugdiagnosetester angeschlossen werden.

Fahrzeugdiagnosetester anschließen

VW-Vertragswerkstätten nutzen den Fahrzeugdiagnosetester VAS 5051 A sowie Diagnoseleitung VAS 5051/6A (5 m) bzw. VAS 5051/5A (3 m).

⚠ Unbedingt die aktuellen Bedienhinweise zum Fahrzeugdiagnosetester beachten, die nach Auswahl der Tasten »Administration« und »Bedienungshandbuch« angezeigt werden.

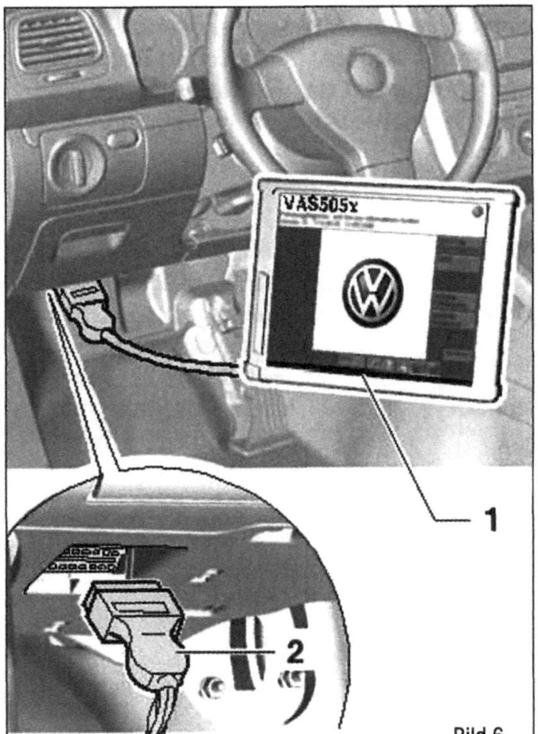

Bild 6

Bild 6 Fahrzeugdiagnosetester
(1) anschließen.
(2) Stecker der Diagnoseleitung.

Arbeitsablauf

- Handbremse anziehen. Bei Fahrzeugen mit Automatikgetriebe den Wählhebel in die Stellung »P« oder »N«, bei Fahrzeugen mit Schaltgetriebe den Schalthebel in die Leerlaufstellung bringen.
- Fahrzeugdiagnosetester (1) bei ausgeschalteter Zündung mit dem Stecker Diagnoseleitung (2) am Diagnoseanschluss des Fahrzeuges anschließen (Bild 6).
- Zündung einschalten und alle elektrischen Verbraucher ausschalten.
- Jetzt den Anzeigen auf dem Bildschirm folgen, um die gewünschten Funktionen zu starten.

Der Arbeitsplatz

Wichtig für Wartungen und Reparaturen ist ein geeigneter Arbeitsplatz, am besten eine ausreichend breite und gut beleuchtete Garage mit Stromanschluss. Im Freien muss – schon zur eigenen Sicherheit – Wert auf eine ebene und befestigte Fläche gelegt werden. Als Alternative zu eigenen Arbeitsräumen sind die Mietwerkstätten eine gute Empfehlung. Denn dort gibt es neben Hebebühnen und umfangreicher Werkzeugausstattung oft auch kompetente Hilfestellung. Die meisten Mietwerkstätten bieten mehrere Arbeitsplätze. Über Adressen informieren die »Gelben Seiten«, Anzeigen im Autoteil von Tageszeitungen und Anzeigenblättern, das Internet oder Tankstellen.
Soll eine Hebebühne gemietet werden, auf der sich viele Arbeiten überhaupt erst ausführen und andere viel einfacher bewerkstelligen lassen, dann ist es gut, vorher anzurufen und zu erfragen, ob oder wann eine Bühne frei ist. Man sollte eigenes Werkzeug mitbringen, doch in den Werkstätten ist immer auch einiges Spezialwerkzeug, wie z. B. Kolbenrücksetzer für Scheibenbremsen, vorhanden. Schweißgeräte können extra gemietet werden.

Werkzeuge und Ersatzteile

Nur vollständiges und gutes Werkzeug garantiert das gewünschte Ergebnis. Die Ausrüstung auf alle Fälle überprüfen, bevor mit der Arbeit begonnen wird. Minderwertiges Werkzeug, das sich schon bei der ersten verrosteten Schraube verbiegt oder ausbricht, bringt Probleme.
Deshalb beim Kauf auf Qualität achten. Gute Werkzeuge werden aus einwandfreiem Material hergestellt und arbeiten stets maßgenau.

Die Werkzeug-Grundausstattung
Selbst wer nur gelegentlich schrauben möchte, braucht einen soliden Grundstock von Werkzeugen und Geräten. Dieser sollte Folgendes umfassen: siehe Bilder 7 – 17.

Bild 7

Bild 7
Schraubendreher für Schlitz-, Kreuzschlitz- und Torxschrauben.

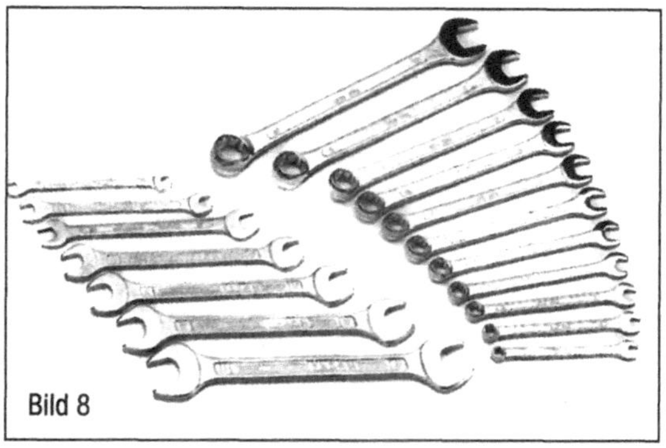

Bild 8

Bild 8
Ein Satz Gabel- und Ringschlüssel.

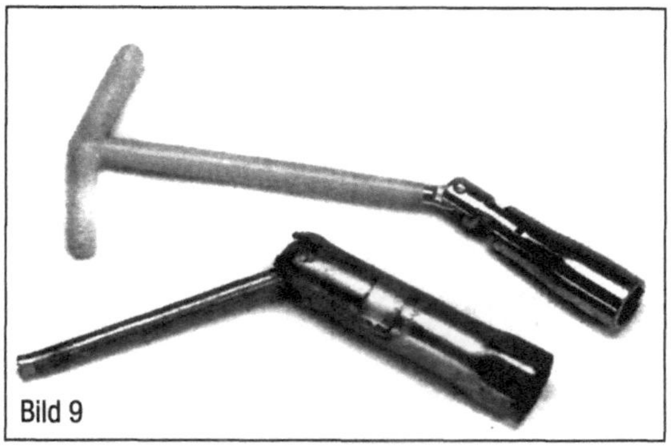

Bild 9

Bild 9
Spezieller Zündkerzenschlüssel mit Gummieinsatz und Gelenkschaft.

Bild 10

Bild 10
Praktische Inbusschlüssel.

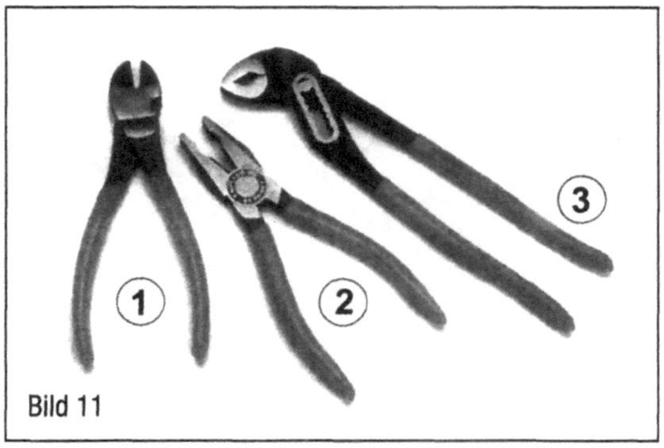

Bild 11

Bild 11
(1) Seitenschneider,
(2) Kombizange,
(3) Wasserpumpenzange.

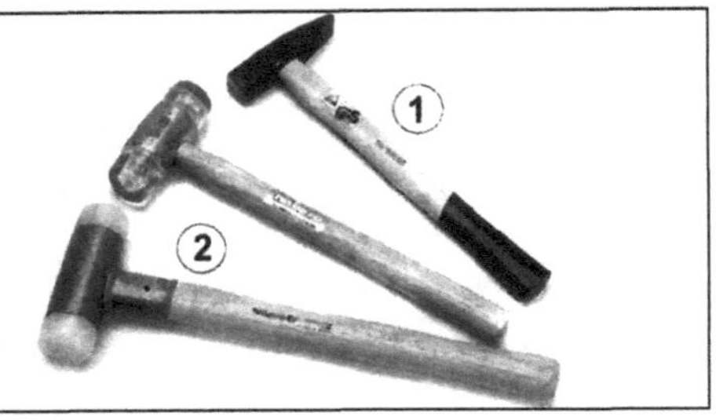

Bild 12

Bild 12
(1) Schlosserhammer,
(2) Kunststoff- oder Gummihammer.

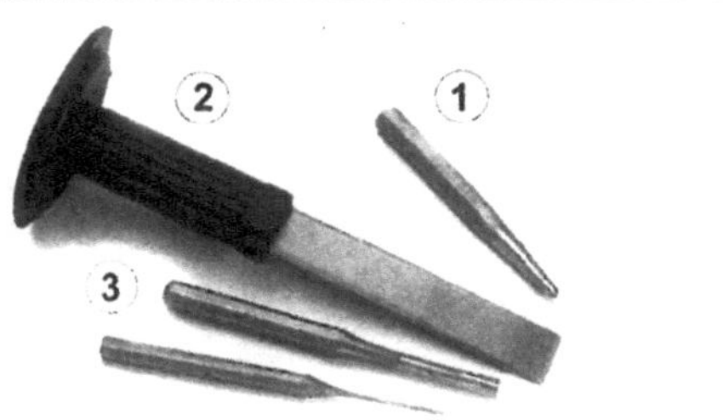

Bild 13

Bild 13
(1) Körner,
(2) Flachmeißel,
(3) Durchschläge.

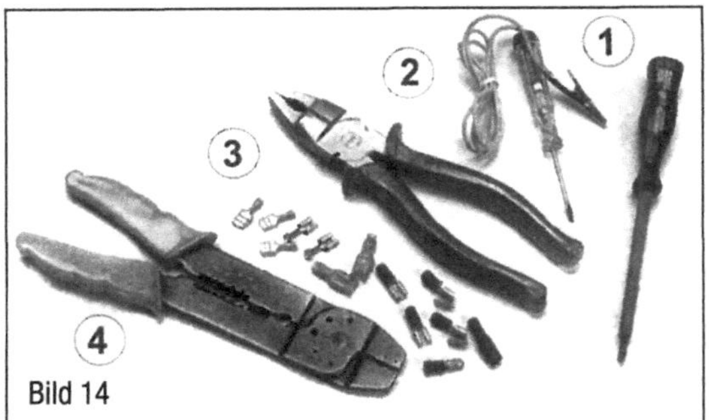

Bild 14

Bild 14
(1) Isolierter Kreuz- und Schlitzschraubendreher,
(2) Prüflampe,
(3) isolierte Kombi- und
(4) Quetschzange.

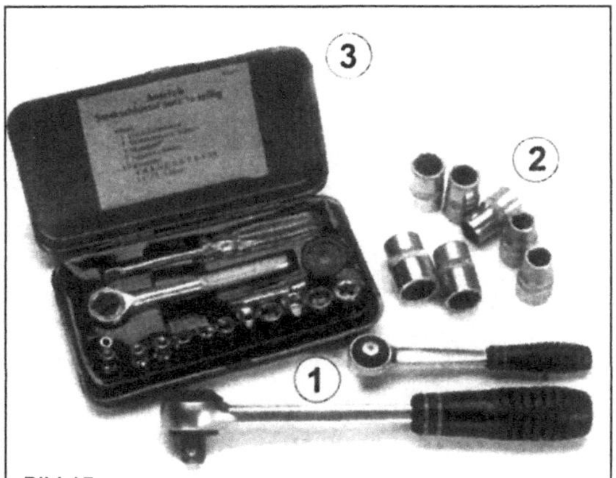

Bild 15

Bild 15
(1) Umschaltknarre,
(2) Nüsse,
(3) kompletter Knarrenkasten.

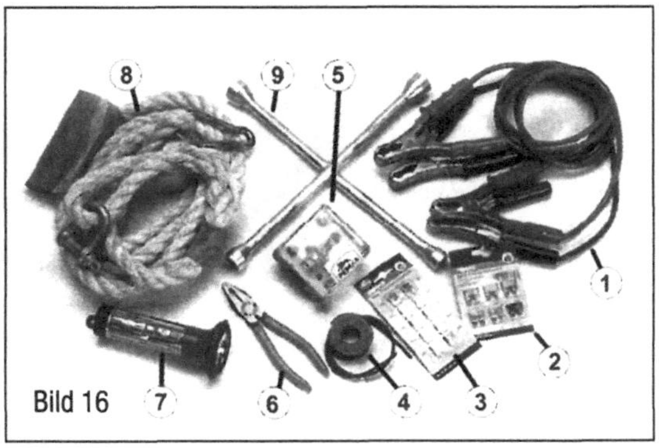

Bild 16

Bild 16
Komplettes Bordwerkzeug:
(1) Starthilfekabel,
(2) und(3) Ersatzsicherungen,
(4) Kupferkabel (1,5 mm²),
(5) Ersatzlampenset,
(6) Kombizange,
(7) Taschenlampe,
(8) Abschleppseil,
(9) Radkreuz.

Spezialwerkzeug für viele Fälle
Für einige Arbeiten wird allerdings spezielles Werkzeug gebraucht. Darüber hinaus gibt es Werkzeuge und Geräte, mit denen Wartung und Reparatur leichter von der Hand gehen. Sinnvolle Anschaffungen sind: siehe Bilder 18 – 27.

☞ Wir haben darüber hinaus eingangs der einzelnen Reparaturen die benötigten Spezialwerkzeuge, Prüf- und Messgeräte sowie Hilfsmittel aufgelistet, und zwar wie sie von VW empfohlen werden. Es können dafür natürlich auch alle entsprechend anderen, geeigneten Spezialwerkzeuge etc. eingesetzt werden.

Die richtigen Ersatzteile
Zuerst sollte eine Liste der benötigten Ersatzteile zusammenstellt werden. Dabei auch an Zubehör wie Dichtungen, Sicherungsringe, Schlauchschellen, Clipselemente oder selbstsichernde Muttern denken. Die für Wartungs- oder Reparaturarbeiten benötigten Ersatzteile sollten spätestens am Tag der Arbeit parat sein.
Im Laufe der Produktionszeit ändern sich Bauteile an so gut wie jedem Fahrzeug. Deshalb entscheidet oft das Baujahr, welches Ersatzteil das richtige ist.
Typ, Motorisierung, Identifikationsnummern und andere Daten, die das Fahrzeug eindeutig bestimmen, sind auf dem Fahrzeugdatenträger zu finden. Mit diesen Informationen kann ein geschulter Ersatzteilverkäufer das passende Teil aus dem Katalog oder von der CD-ROM des Herstellers ermitteln.
Wenn man allerdings auf Nummer sicher gehen will, einfach das ausgebaute Altteil zum Händler (Vertragshändler oder auch Zubehörhandel) mitnehmen.
Trotz häufiger Mängel bei gebrauchten Teilen lohnt sich Secondhand bei einer Reihe von Ersatzteilen. Austauschteile haben oft die gleiche Qualität wie ein Neuteil, sind deutlich billiger und werden mit gleicher Garantie geliefert. Nach einer Faustregel darf das gebrauchte Teil höchstens halb, ein Verschleißteil nur ein Viertel so teuer sein wie das Neuteil.

☞ Auf No-Name-Produkte sollte man allerdings verzichten: Die Garantie (zumindest auf das betreffende Teil und von ihm in Mitleidenschaft gezogene Teile) könnte in Gefahr geraten. Während der Garantiefrist sollte der Wagen ohnehin in der Vertragswerkstatt gewartet und ggf. repariert werden.

Teil- und Austauschmotor
Bei Schäden an Kurbeltrieb, Kolben und Ölwanne lohnt sich der Kauf eines Teilmotors. Das ist wirtschaftlich, weil man Zylinderkopf und Nebenaggregate vom alten Motor übernimmt. Ein kompletter Austauschmotor macht aber nur bei einem jüngeren und gut erhaltenen Fahrzeug Sinn.
Es gibt eine Reihe von Firmen, die auf Komplett- und Teilüberholung von Motoren spezialisiert sind und Reparaturen nach Qualitätsrichtlinien garantieren. Anschriften solcher Firmen mit PLZ erhalten Sie bei den nationalen Branchenverbänden, in Deutschland z. B. ist das der VMI in 40880 Ratingen *(Internet: www.vmi-ev.de)*.

Aufbocken, An- und Abschleppen

Fahrzeug anheben und richtig aufbocken
Im Bordwerkzeug des Polo ist der sonst übliche Spindelwagenheber nicht mehr vorhanden, weil nunmehr zur Serienausstattung das Reifenreparaturset gehört. Bei einer Reifenpanne ist der Radausbau nicht mehr nötig. Die Reparatur geschieht über das Ventil des beschädigten Reifens.
Kauft man beim Volkswagenhändler einen Satz Winterräder oder auch ein Ersatzrad, für das es Platz in der Mulde im Kofferraum gibt, gehört der Spindelwagenheber allerdings dazu. Mit diesem einfachen Gerät lässt sich das Fahrzeug für die meisten Arbeiten hoch genug anheben. Mit einer untergelegten Bohle können Sie die Hubhöhe sogar noch etwas vergrößern. Ratsam vor allem bei weichem Untergrund ist es, ein 2 cm dickes Brett mit 30 x 30 cm Seitenlänge unter den Heberfuß zu legen. Das verringert die Gefahr, dass der Heberfuß in den Boden einsinken kann.
Der Bordwagenheber darf jedoch nur dazu dienen, das Fahrzeug anzuheben. Eine ausreichende Unterstützung für Arbeiten an der Wagenunterseite stellt er nicht dar, dazu sind Unterstellböcke erforderlich. Schon bei kleineren Arbeiten, z.B. dem Wechseln der Bremsbeläge, soll das angehobene Fahrzeug aus Sicherheitsgründen unbedingt mit Unterstellböcken abgestützt sein.
Zum Anheben bequemer, effektiver und auch sicherer sind Werkstattwagenheber, auch Rangierwagenheber genannt (mit geeigneter

Bild 17

Bild 17
Unterstellbock, im Paar kaufen. Praktisch sind solche Dreibeinböcke mit klappbaren Füßen.

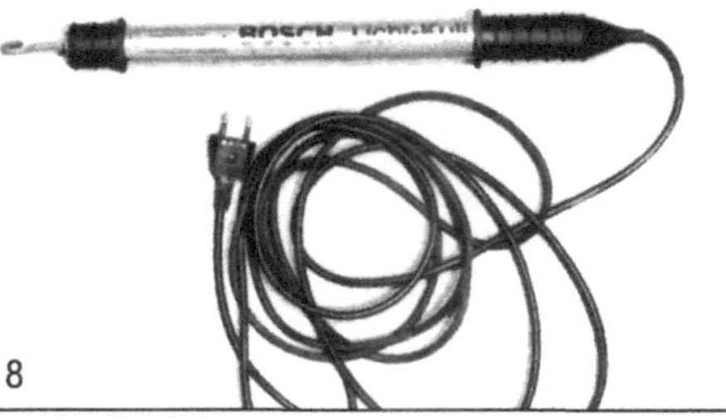
Bild 18

Bild 18
Praktische Handstablampe im ölresistenten und schlagsicheren Gehäuse.

Bild 19

Bild 19
(1) Gripzange,
(2) Schraubzwingen.

Bild 20
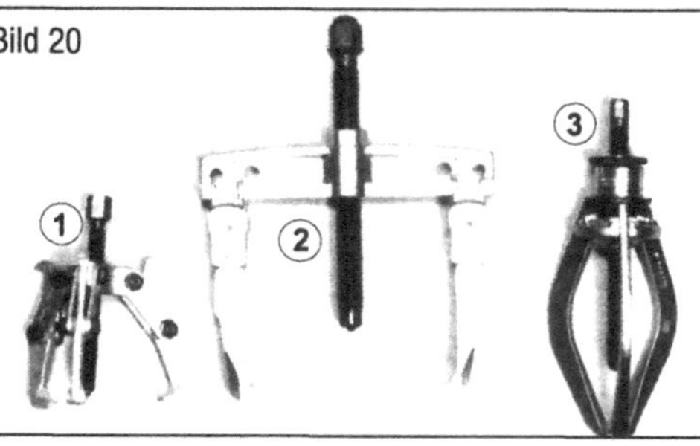

Bild 20
(1) Dreiklauenabzieher,
(2) verstellbarer Zweiklauenabzieher,
(3) Innenabzieher.

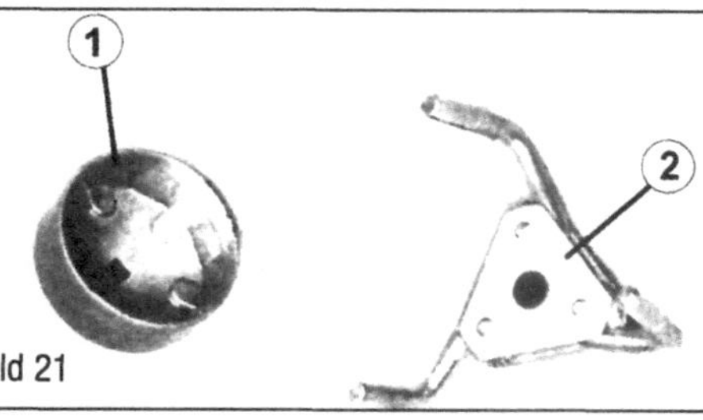

Bild 21

Bild 21
(1) Spezialschlüssel und
(2) Universalschlüssel für Ölfiltergehäuse.

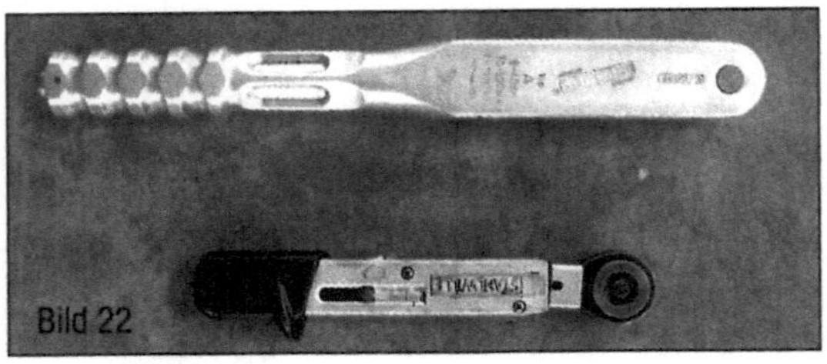

Bild 22
Drehmomentschlüssel (möglichst mit integriertem Ratscheneinsatz und 1/2 Zoll Anschlussvierkant).

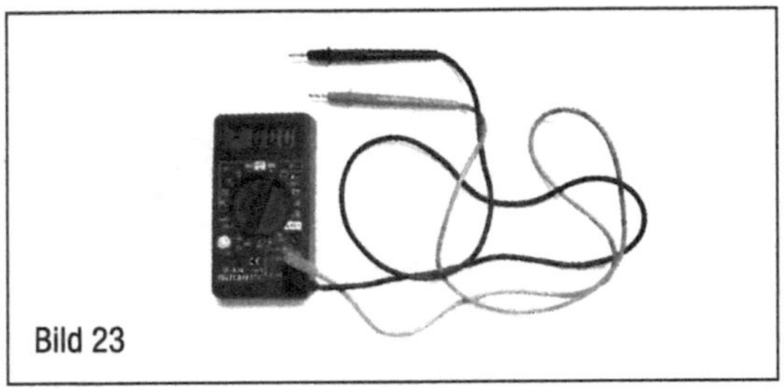

Bild 23
Multimeter – für elektronische Bauteile unverzichtbar.

Bild 24
Fühlerblattlehre für Messbereiche von 0,05 bis 1mm.

Bild 25
Batterieladegerät mit automatischer Ladestromregelung.

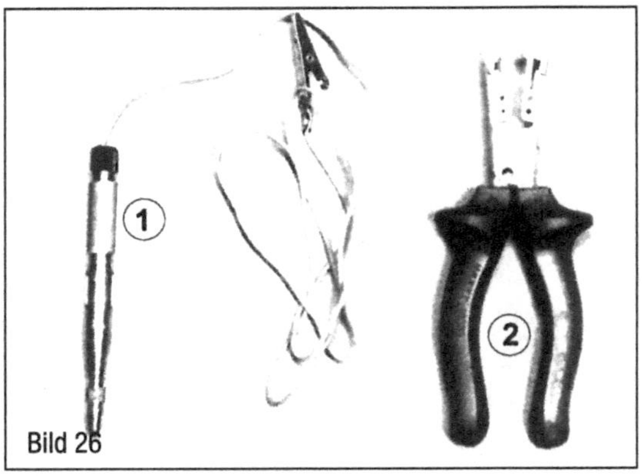

Bild 26
(1) Prüflampe (Durchgangsprüfer),
(2) Abisolierzange.

Gummi- oder Holzzwischenlage), die beste Möglichkeit ist natürlich die Hebebühne.
Um Beschädigungen am Fahrzeugboden bzw. ein Abkippen des Fahrzeugs zu vermeiden, darf das Fahrzeug nur an vorgesehenen, mit einer Eindrückung markierten und extra verstärkten Aufnahmepunktenn am Unterholm angehoben werden.
Der Wagen darf keinesfalls an der Motorölwanne, am Getriebe, an der Vorder- oder Hinterachses angehoben werden, das sonst schwerwiegende Schäden eintreten können.

Anschleppen, Abschleppen, Abschleppösen
Bei manchen Pannen, meist wenn der Motor nicht anspringen will, muss das Fahrzeug abgeschleppt werden. Anschleppen sollte man nur, wenn keine Möglichkeit besteht, den Motor mit Starthilfekabeln zu starten. Bei Fahrzeugen mit Abgaskatalysator darf der Motor nicht durch Anschleppen über eine längere Strecke gestartet werden, da sonst unverbrannter Kraftstoff in den Katalysator gelangt und dort verbrennen kann. Das kann zur Überhitzung und somit zur Zerstörung des Katalysators führen.

⚠ Ohne Schmiermittel im Schaltgetriebe bzw. Automatikgetriebe darf das Fahrzeug nur mit angehobenen Antriebsrädern abgeschleppt werden.
Das Anschleppen von Fahrzeugen mit automatischem Getriebe zum Starten des Motors ist aus technischen Gründen nicht möglich. Beim Abschleppen von Fahrzeugen mit automatischem Getriebe muss der Wählhebel in Position »N« sein, und es darf nicht weiter als 50 km und nicht schneller als 50 km/h geschleppt werden, da sonst das Getriebe zerstört wird.

☞ Zum An- und Abschleppen sollten Kunstfaserseile oder Seile aus ähnlich elastischem Material verwendet werden. Sicherer ist eine Abschleppstange. Beim Abschleppen dürfen keine unzulässigen Zugkräfte und keine stoßartigen Belastungen auftreten.
Seil oder Stange dürfen nur an den entsprechenden Abschleppösen vorn oder hinten angebracht werden. Um an die Aufnahme der vorderen Abschleppöse heranzukommen, muss die Abdeckung rechts in der Stoßfängerabdeckung ausgebaut werden. Danach kann die Abschleppöse von Hand durch Drehen gegen Uhrzeigersinn bis zum Anschlag eingeschraubt und mit dem durchgesteckten Radschrauben-

schlüssel leicht angezogen werden (Bild 28). Die hintere Abschleppöse befindet sich unterhalb der Stoßfängerabdeckung/des Stoßfängerträgers hinten rechts. Sie ist angeschweißt und mit einer Kunststoffkappe geschützt.
Bei Schleppmanövern abseits regulärer Straßen besteht die Gefahr, dass die Befestigungsteile überlastet werden. Wird ein Abschleppseil verwendet, muss der Fahrer des ziehenden Wagens beim Anfahren und Schalten besonders weich einkuppeln. Der Fahrer des gezogenen Wagens hat darauf zu achten, dass das Seil straff gehalten wird. An beiden Fahrzeugen die Warnblinkanlage einschalten. Die Zündung muss eingeschaltet sein, damit das Lenkrad nicht blockiert ist und Blinkleuchten, Hupe und Scheibenwischer bei Notwendigkeit eingeschaltet werden können. Da der Bremskraftverstärker nur bei laufendem Motor arbeitet, muss ggf. das Bremspedal kräftiger getreten werden.
Beim Anschleppen von Fahrzeugen mit Schaltgetriebe ist Folgendes zu beachten:

- Vor dem Anschleppen 2. oder 3. Gang einlegen, Kupplung halten.
- Zündung einschalten, damit Lenkrad nicht blockiert und Blinkleuchten, Hupe sowie Wisch-/Waschanlage benutzt werden können.
- Kupplungspedal loslassen, wenn beide Fahrzeuge in Bewegung sind.
- Sobald der Motor angesprungen ist, Kupplung treten und Gang heraus nehmen, um Auffahren auf das Zugfahrzeug zu vermeiden.

Bild 27

Bild 27
(1) Lastverteilendes Hartholz,
(2) Rangierwagenheber,
(3) Liftstange.

Bild 28

Bild 28
Vordere Abschleppöse nach abgebauter Abdeckung aus der Stoßfängerabdeckung.

Sicherheit geht immer vor

Sicherheit hat beim Heimwerken absolute Priorität. Nur Arbeiten anpacken, die man wirklich beherrscht. Handwerkliche Tätigkeiten, mit denen man in der Praxis bislang wenig oder gar keine Erfahrung hatte, sollte man niemals auf die leichte Schulter nehmen. Unsachgemäß ausgeführte Arbeiten können früher oder später fatale Folgen haben (Bilder 29 – 37).
Wie oben im Abschnitt »Modellvorstellung« bereits erwähnt, verfügt der Polo über solide **Rückhaltesysteme.**

⚠ Bei unsachgemäßer Handhabung von Komponenten dieser Systeme kann es zu schweren Unfällen kommen. Deshalb keine Schraub- oder gar Reparaturversuche an der Sicherheitsausstattung vornehmen, sondern bei notwendigen Instandsetzungen an eine Fachwerkstatt mit Fehler-Auslesegeräten, Diagnose-Einrichtungen und geschultem Personal wenden. Mechaniker, die an Rückhaltesystemen arbeiten, müssen spezielle Schulungen nachweisen und bei den zuständigen Behörden gemeldet sein.

Einige Kniffe für Schrauber

☞ Eine unlösbare Verschraubung oder eine abgerissene Schraube hat schon manchen Heimwerker von seinem Reparaturvorhaben wieder abgebracht. Unsere Hinweise sollen helfen, ungewohnte Arbeiten durchzuführen.

Verrostete Verschraubungen lösen:

- Die freiliegenden Gewindegänge des Gewindebolzens von Rost und Schmutz befreien.
- Gewinde mit einer Drahtbürste säubern und anschließend mit Rostlöser besprühen.
- Bei Schnell-Rostlösern die Mutter sofort losdrehen.
- Bei anderen Rostlösern etwas warten.

Bild 29
Ohrenschützer: Bei Blecharbeiten mit Winkelschleifer u. Ä. notwendig.

Bild 30
Schutzbrille: Besonders beim Bohren, Schleifen und Meißeln tragen.

Bild 31
Atemschutzmaske mit auswechselbaren Filterelementen: Bei Arbeiten mit atemgängigen Stäuben unerlässlich.

Bild 32
Bei Arbeiten in der Grube: Unbedingt für Frischluft sorgen.

Bild 33
Nicht rauchen: Sollte eigentlich bei Reparaturarbeiten die Regel sein.

Bild 34
Arbeitshandschuhe: Bei vielen Arbeiten angebracht, beim Umgang mit Bohrmaschinen jedoch problematisch.

Bild 35
Leere Sprühdosen, Altöl Bremsflüssigkeit u. a.: als Sondermüll entsorgen.

Bild 36
Durchgebrannte Sicherungen: Niemals mit Alufolie, Büroklammern o. Ä. flicken.

Bild 37
Hochspannung: Vorsicht bei laufendem Motor oder eingeschalteter Zündung.

Bild 29

Bild 30

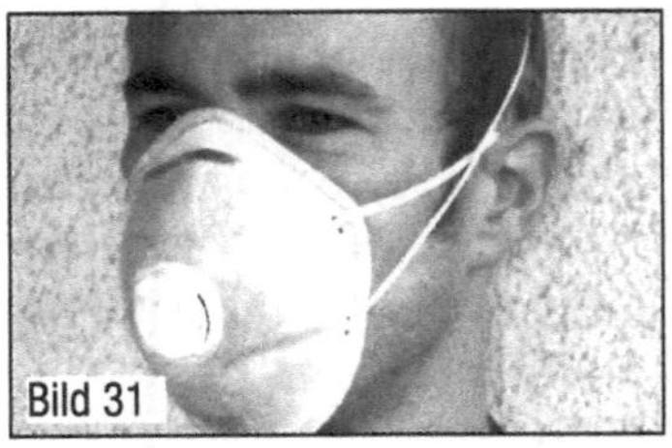
Bild 31

Bild 32

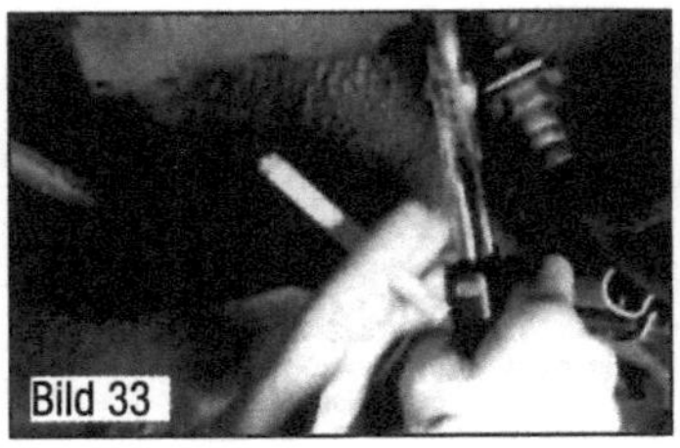
Bild 33

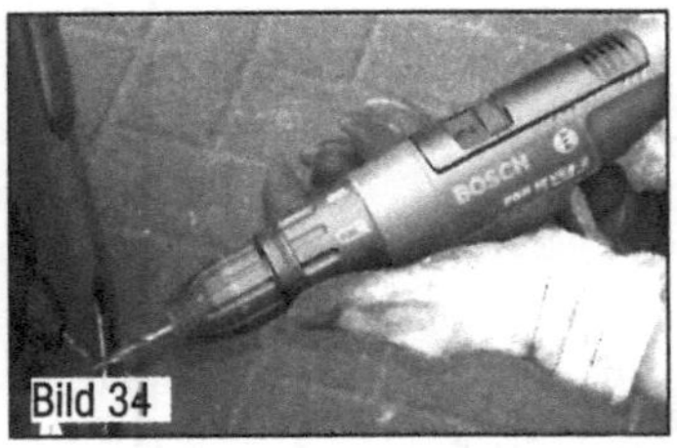

Bild 34

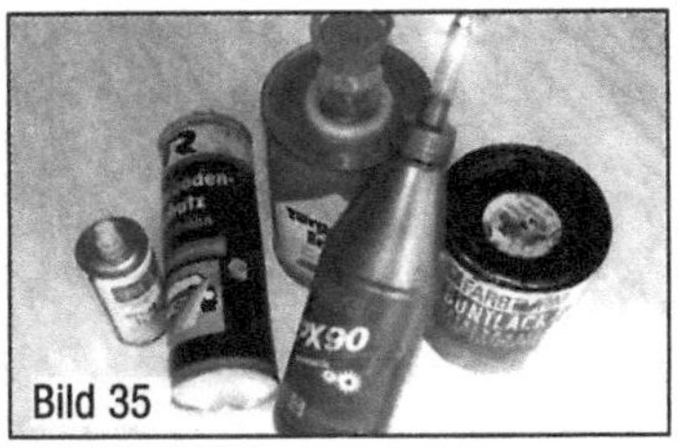

Bild 35

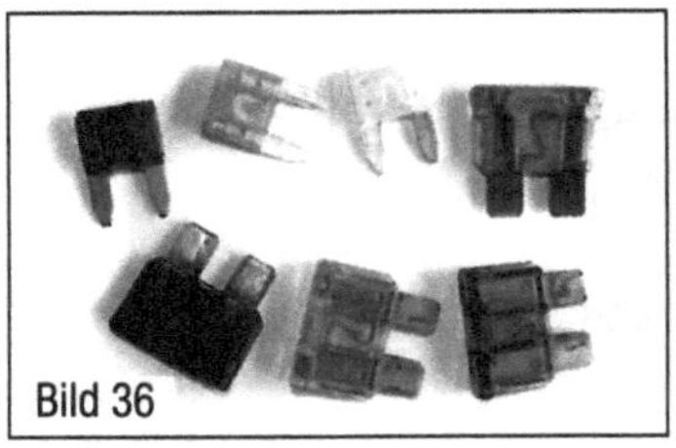
Bild 36

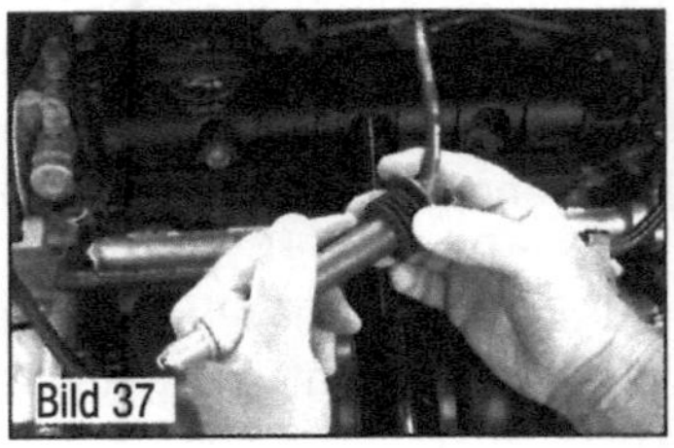
Bild 37

- Wenn die Kanten einer Mutter bereits rund gedreht sind oder wenn Rost die Anlageflächen deformiert hat, hilft nur noch Gewalt.
- Gripzange verwenden. Damit lässt sich die Mutter fest greifen und oft losdrehen.
- Hilft das nicht weiter, wird ein scharfer Meißel angesetzt und die Mutter aufgemeißelt.
- Eine gut zugängliche Mutter kann auch entlang des Gewindes mit einer Metallsäge aufgesägt werden. Werkstätten benutzen einen Muttersprenger.

Innensechskant- und Innenvielzahnschrauben lösen:

- Das Schraubenloch muss von jeglichem Schmutz gesäubert sein, ehe das Werkzeug angesetzt wird.
- Am besten eignen sich Steckeinsätze mit langem Sechskant oder Vielzahn.
- Im Gegensatz zu Winkelschlüsseln, bei denen die Kraft schräg ansetzt, vertragen die Steckeinsätze einen Hammerschlag auf der Adapterseite mit dem Vierkant. Der Schlag lockert den Sitz der Schraube und erleichtert merklich das Lösen.

Schlitz- und Kreuzschlitzschrauben lösen:
Schrauben können so fest sitzen, dass sie sich nicht mehr mit dem Schraubendreher herausdrehen lassen. Bei Kreuzschlitzschrauben dreht sich der Schraubendreher auch bei starkem Druck auf den Griff aus dem Kreuzschlitz heraus. Nach einigen erfolglosen Versuchen ist der Schlitz vermurkst, die Schraube ist praktisch unlösbar.

- Stabilen Schraubendreher ansetzen und mit kräftigem Hammerschlag auf das Griffende versuchen, die Schraubverbindung zu lösen. Meistens bricht die mit dem Kopf fest korrodierte Schraube los. Sie lässt sich dann normal herausdrehen.
- Hilft der kräftige Hammerschlag nichts, muss ein Schlagschrauber her. Bei jedem Schlag auf dessen Griffoberseite wird der Schraubendrehereinsatz unter Druck ein wenig weiter gedreht.

Blechschrauben ausbohren:
Lässt sich in einem Schraubenkopf kein Werkzeug mehr ansetzen, hilft nur noch Ausbohren.

- Erst entfernt man mit einem passenden Bohrer den Schraubenkopf. Eventuell mit einem kleineren Bohrer vorbohren.
- Das Gewindeteil lässt sich jetzt entweder durchstoßen oder mit einer Zange von der Rückseite abnehmen.
- Andernfalls mit einem dünnen Bohrer das Gewindeteil ausbohren. Den Bohrerdurchmesser nicht zu groß wählen, sonst hält später nur eine dickere Blechschraube.

Stehbolzen lösen und festdrehen:

- Anlagefläche für Schraubenschlüssel schaffen.

■ Auf dem freien Gewindeteil zwei Muttern fest gegeneinander drehen (kontern).
■ An den blockierten Muttern den Schraubenschlüssel ansetzen und den Bolzen lösen.
Abgerissene Schrauben ausbohren:
Das Gegengewinde, in dem die abgerissene Schraube steckt, sollte möglichst wenig Schaden nehmen.
■ Körnerschlag auf Schraubenrestmitte.
■ Bis Schraubengröße M8 mit einem Kernlochbohrer arbeiten. Das ist der Durchmesser einer Schraube ohne Gewindeflanken. Faustregel: Gewindedurchmesser multipliziert mit 0,8.
■ Schrauben größer als M8 mit einem dünneren Bohrer vorbohren.
■ Wenn sich die Metallreste nicht mit einer Reißnadel aus den Gewindegängen entfernen lassen, Gewinde nachschneiden.
Gewinde schneiden:
Hat das Metall noch genug Substanz, kann ein größeres Gewinde eingeschnitten werden. Andernfalls muss eine Gewindebuchse eingesetzt werden.
Das Nach- oder Neuschneiden von Gewinden geht in drei Stufen vor sich. Die entsprechenden Gewindeschneider heißen Vorschneider (mit einem Ring am Schaft gekennzeichnet), Mittelschneider (zwei Ringe am Schaft) und Fertigschneider (drei Ringe oder ohne Kennzeichnung).
■ Gewindeschneider nacheinander unter ständigem Ölen in das vorgebohrte Kernloch hinein- und wieder herausdrehen.
■ Beim Hineindrehen ab und zu absetzen und ein Stück zurückdrehen. Sonst werden die Metallspäne zu lang und klemmen.

Effektive Störungssuche

Zylinderkopfdichtung
Störung
Kühlflüssigkeitsstand nimmt laufend ab.
Ursache/Besonderheit
■ Kühlmittel gelangt in sehr geringer Menge in die Brennräume. Die Erscheinung kann sich ohne Merkmale längere Zeit hinziehen.

Störung
Beträchtlicher Kühlmittelverlust. Der Wagen zieht bei warm gefahrenem Motor einen weißen Abgasschleier hinter sich her.
Ursache/Besonderheit
■ Kühlmittel dringt in erheblicher Menge in einen Verbrennungsraum, verdampft dort und entweicht in weißen Schwaden aus dem Auspuff.

Störung
Aus dem geöffneten Kühlmittel- Ausgleichsbehälter steigen Luftblasen auf oder beim Öffnen des Verschlussdeckels sprudelt eine größere Menge Kühlmittel heraus.
Ursache/Besonderheit
■ Verbrennungsgase werden ins Kühlsystem gedrückt. Aus der Einfüllöffnung riecht es nach Abgasen.

Störung
Bunt schillernde Verfärbung an der Oberfläche des Kühlmittels.
Ursache/Besonderheit
■ Öl aus dem Schmierkreislauf gelangt ins Kühlsystem.

Störung
Gräulich aussehende Emulsion im Öl oder Öl von Wasserbläschen durchsetzt.
Ursache/Besonderheit
■ Kühlflüssigkeit ist ins Schmieröl geraten.
Achtung: Wasser im Motoröl kann einen Lagerschaden verursachen. Zylinderkopfdichtung sofort wechseln. Wagen zur Reparatur abschleppen.

Schmiersystem
Störung
Bei Einschalten der Zündung bleibt Öldruckkontrollleuchte dunkel.
Ursache/Abhilfe
■ Kontrollleuchte oder Öldruckschalter defekt. Auswechseln.
■ Steckverbindung korrodiert bzw. Kabelverbindung unterbrochen. Überprüfen und reinigen, ggf. Kabel reparieren.

Störung
Kontrollleuchte geht erst bei höheren Drehzahlen aus.
Ursache/Abhilfe
- Bypassventil in der Ölfilterhauptstromleitung klemmt. Öldruck überprüfen lassen, Ventil ggf. auswechseln lassen.

Störung
Kontrollleuchte brennt nach Anspringen des Motors, geht beim Gasgeben nicht aus.
Ursache/Abhilfe
- Zu wenig Öl im Motor. Ölstand überprüfen, ggf. Öl nachfüllen.
- Ölansaugsieb in der Ölwanne zugesetzt bzw. Ölpumpe verschlissen. Überprüfen bzw. ersetzen lassen.

Kühlsystem
Störung
Temperatur-Warnleuchte brennt.
Ursache/Abhilfe
- Keilrippenriemen zu schwach gespannt oder gerissen. Riemenspannung kontrollieren, Riemen ersetzen.
- Zu wenig Flüssigkeit im Kühlsystem. Auffüllen, notfalls aus Scheibenwaschanlage.
- Kabel zur Warnlampe hat Masseschluss. Warnlampe muss verlöschen, sonst Masseschluss. Temperaturgeber-Kabel abziehen.
- Thermostat öffnet den Kaltwasserzufluss aus dem Kühler nicht (Kühler kalt). Abschleppen lassen; Thermostat erneuern.
- Elektrischer Kühlerventilator schaltet nicht ein. Stecker am Thermoschalter und Lüftermotor oder/und Thermoschalter und Lüftermotor prüfen (lassen).
- Überdruckventil im Verschlussdeckel des Ausgleichsbehälters defekt. Ventil und Deckeldichtung prüfen. Verschlussdeckel ersetzen.
- Kurzschluss im Geber der Temperaturanzeige. Austauschen.
- Kühler verstopft oder Lamellen zugesetzt. Kühler reinigen.

Störung
Schwache Heizleistung.
Ursache/Abhilfe
- Thermostat schließt nicht völlig, aufgeheizte Kühlflüssigkeit strömt zu früh durch den Kühler. Thermostat säubern, ggf. ersetzen.

Thermostat
Störung
Motorbetriebstemperatur wird nur langsam erreicht, Heizwirkung ungenügend.
Ursache/Auswirkungen
- Thermostat-Ventilteller ist in »Offen«-Stellung blockiert; Zufluss zum Kühler ständig offen. Motor bleibt zu lange im Kaltlaufbetrieb. Thermostat baldmöglichst wechseln.

Störung
Temperatur-Warnleuchte brennt trotz richtigem Kühlmittelstand. Kühler und unterer Schlauch zum Kühler sind kalt.
Ursache/Auswirkungen
- Thermostat-Ventilteller in »Geschlossen«-Stellung blockiert (defekte oder undichte Thermostatbuchse). Anhalten, sonst entstehen schwere Hitzeschäden am Motor.

Einspritzanlagen / Diesel-Einspritzung
Störung
Motor springt nicht an.
Ursache/Abhilfe
- Drehzahlgeber oder Steuergerät defekt oder kein Kontakt. Geber, Steuergerät und Leitung prüfen lassen.
- Fehler in der Spannungsversorgung oder Einspritzdüsen (Injektoren) defekt. Prüfen lassen, ggf. Injektoren wechseln.
- Kraftstoffleitungen oder Filter verstopft, Leitungen undicht oder geknickt. Leitungen und Filter prüfen und reinigen, ggf. Kraftstofffilter ersetzen.
- Tankbelüftung zu, Kraftstoffsieb im Tank verstopft. Belüftung reinigen.

Störung
Leistungsmangel oder schwarzer Rauch nach dem Start.
Ursache/Abhilfe
- Geber, Einspritzdüsen defekt, Kraftstoffleitung, Kraftstoff- oder Luftfilter verstopft. Geber, Düsen, Leitungen prüfen lassen. Filter oder/und Leitungen reinigen oder ersetzen.
- Magnetventil für Ladedruckbegrenzung oder Zuleitung defekt. Geber, Ventil und Leitung prüfen lassen.
- Luftmassenmesser defekt. Prüfen lassen.

Störung
*Kraftstoffverbr***auch** *zu hoch.*
Ursache/Abhilfe
- Luftfilter verschmutzt. Filtereinsatz ersetzen.
- Kraftstoffanlage undicht oder Rücklaufleitung verstopft. Sichtprüfung: Leitung von Einspritzpumpe bis Tank durchblasen.
- Leerlauf- oder Höchstdrehzahl zu hoch, Motor oder Einspritzdüsen (Injektoren) defekt. Unbedingt überprüfen lassen.

Kupplung
Störung
Kupplung rutscht beim Beschleunigen.
Ursache/Abhilfe:
- Kupplungsbeläge sind abgenutzt, daher Mitnehmerscheibe ersetzen.
- Anpressdruck der Kupplung ist zu gering, daher Kupplungsdruckplatte ersetzen.
- Kupplungsbelag ist verölt, daher Mitnehmerscheibe und defekte Getriebe- oder Kurbelwellendichtung ersetzen.
- Kupplung wurde überhitzt, daher defekte Teile ersetzen.

Störung
Kupplung trennt nicht, rutscht durch.
Ursache/Abhilfe
- Luft in der Kupplungshydraulik, also entlüften und defektes Teil ersetzen.
- Mitnehmerscheibe klemmt auf Getriebewelle, Kerbverzahnung reinigen, schmieren.
- Mitnehmerscheibe hat Schlag, ist verzogen oder ihr Belag gebrochen. Mitnehmerscheibe ersetzen.
- Belag nach sehr langer Standzeit an Schwungrad festgerostet. Wenn die Kupplung nicht bei hartem Anfahren (Kupplungspedal getreten halten, ruckartig Gas geben) losbricht, muss sie ausgewechselt werden.

Störung
Kupplung rupft.
Ursache/Abhilfe
- Motor- oder Getriebeaufhängung locker oder defekt. Motor- oder Getriebeaufhängung festziehen oder ersetzen.
- Unebenheiten auf der Anlagefläche von Schwungscheibe oder Druckplatte. Defektes Teil ersetzen.
- Falsche Beläge. Mitnehmerscheibe ersetzen.

Störung
Kupplung gibt Geräusche von sich.
Ursache/Abhilfe
- Unwucht der Kupplungsdruckplatte. Defektes Teil muss ersetzt werden.
- Torsions-Dämpferfeder oder Ausrücklager defekt. Mitnehmerscheibe oder Lager ersetzen.
- Nietverbindungen locker. Die Druckplatte muss ersetzt werden.

Bremsen
Störung
Bremse quietscht.
Ursache/Abhilfe
- Resonanzgeräusche zwischen Bremsscheibe und Belägen. Beläge wechseln, ggf. Trägerplatte auf der Rückseite mit Anti-Quietsch-Paste einstreichen.
- Beläge verschlissen, verhärtet. Erneuern.
- Bremsflächen der Scheiben verschmutzt, verschmiert oder abgenutzt. Scheiben säubern, ggf. erneuern (immer achsweise, Mindestdicke der Bremsscheiben beachten).
- Belagführung am Bremssattel schmutzig oder verrostet. Säubern/ schleifen.
- Festsitzender Kolben im Bremssattel. Gängig machen, Bremssattel überholen.
- Neue Bremsbeläge liegen nicht plan an. Außenkanten mit einer Feile brechen.

Störung
Bremswirkung lässt nach (Fading).
Ursache/Abhilfe
- Pedalweg normal: Beläge verölt, verbrannt oder verhärtet. Bremsbeläge ersetzen (lassen).
- Pedalweg kurz: Bremskraftverstärker arbeitet nicht, evtl. kein Unterdruck. Bremskraftverstärker bzw. Unterdruckleitung prüfen; evtl. ersetzen (lassen).
- Pedalweg lang: Ein Bremskreis ausgefallen. Kontrollieren, schadhafte Teile auswechseln lassen.
- Falscher Belag. Bremsbeläge tauschen.

Störung
Bremspedalweg schwammig.
Ursache/Abhilfe
- Luft in der Anlage. Prüfen und entlüften.
- Dampfblasenbildung bei zu stark beanspruchter Bremse (Gebirgsfahrt, Anhängerbetrieb). Bremse abkühlen lassen: Anhalten oder sehr langsam weiterfahren.

Störung
Bremspedal lässt sich ganz durchtreten, keine Bremswirkung.
Ursache/Abhilfe
■ Hauptbremszylinder ausgefallen; austauschen.
■ Bremsschlauch oder Leitung gerissen, Dichtung leck; ersetzen.
■ Bremsflüssigkeit zu alt oder überhitzt; auswechseln.

Störung
Pedalweg zu lang.
Ursache/Abhilfe
■ Radseitiges Lager lose, verschlissen. Befestigen, evtl. ersetzen lassen.
■ Scheiben unrund, Beläge verschoben. Scheibe und Beläge prüfen, evtl. ersetzen (lassen).
■ Bremsflüssigkeit läuft aus. Hydraulik auf Leck prüfen und Mangel beheben lassen.

Störung
Stand der Bremsflüssigkeit zu niedrig.
Ursache/Abhilfe
■ Bremsbeläge verschlissen. Bremsbeläge prüfen, ersetzen (lassen).
■ Leck in der Hydraulik. Leck suchen, Mangel beheben (lassen).

Störung
Bremsen ziehen einseitig.
Ursache/Abhilfe
■ Bremsscheiben defekt oder unterschiedliche Beläge. Prüfen, evtl. ersetzen (lassen).
■ Falsche Reifen oder falscher Reifendruck. Prüfen, richtige Reifen aufziehen, Reifendruck kontrollieren.
■ Stoßdämpfer verschlissen. Prüfen, evtl. ersetzen (lassen).

Störung
Beläge stark/ungleichmäßig verschlissen.
Ursache/Abhilfe
■ Bremsscheiben sind korrodiert oder weisen Riefen auf. Sofort prüfen und ggf. ersetzen (lassen).

Stromversorgung / Batterie und Generator
Störung
Rote Ladekontrollleuchte brennt nicht beim Einschalten der Zündung.
Ursache/Abhilfe
■ Batterie leer. Starthilfekabel oder anschleppen.
■ Batteriekabel gebrochen, Kabelklemmen lose oder oxidiert, Kabelweg unterbrochen. Batteriekabel und -klemmen, Stromweg kontrollieren, mit Prüflampe untersuchen.
■ Kontrollleuchte oder Spannungsregler defekt; Schleifkohlen abgenutzt. Leuchte oder Regler austauschen.
■ Lichtmaschine schadhaft. Überholen lassen oder austauschen.
■ Feuchtigkeit zwischen den Schleifringen und Kohlen (z. B. nach Motorwäsche). Lichtmaschine mit Druckluft ausblasen oder Schleifringe und Kohlen sauber reiben.

Störung
Ladekontrolle brennt oder glimmt bei laufendem Motor.
Ursache/Abhilfe
■ Keilrippenriemen lose. Keilriemenspannung kontrollieren.
■ Schlechter Kontakt an Lichtmaschine oder unterbrochene Kabel. Kabelanschlüsse und Kabel prüfen.
■ Schleifkohlen der Lichtmaschine abgenutzt.

Störung
Batterieoberfläche feucht.
Ursache/Abhilfe
■ Zu viel destilliertes Wasser. Ausgasen lassen, keine Säure absaugen.
■ Batterieverschlüsse verstopft. Entlüftungsbohrungen säubern.

Anlasser
Störung
Beim Drehen des Zündschlüssels in Startstellung dreht der Anlasser zu langsam oder gar nicht.
Ursache/Abhilfe
■ Wenn die Kontrolllampen schwach brennen oder verlöschen, ist die Batterie entladen, sind die Kabelanschlüsse lose oder oxidiert oder der Anlasser hat Masseschluss. Dann helfen nur Starthilfekabel oder Anschleppen, Befestigen oder Säubern der Anschlüsse, oder der Anlasser muss überholt bzw. ausgetauscht werden.
■ Kontrolllampen brennen hell, Klicken vom Anlasser: Auf den Magnetschalter klopfen. Wenn sich der Anlasser immer noch nicht dreht, können Kohlebürsten oder Anschlüsse gelöst, die Magnetschalter-Kon-

takte verschmort oder die Anlasserwicklung schadhaft sein. Der Anlasser muss überholt oder ausgetauscht werden.
■ Kontrolllämpchen brennen hell, keinerlei Anlassergeräusche:
Entweder ist der Anschluss der Klemme 50 lose oder die Klemme-50-Leitung ist vom Zündschloss zum Magnetschalter unterbrochen. In diesem Fall muss der Anschluss unbedingt überprüft oder die Leitung mit einer Prüflampe kontrolliert werden.

Störung
Anlasser läuft, ohne den Motor durchzudrehen.
Ursache/Abhilfe
■ Ritzel verschmutzt, reinigen.
■ Einrückvorrichtung klemmt. Anlasser überholen lassen.
■ Verzahnung des Ritzels oder der Motorschwungscheibe beschädigt. Wagen vorschieben, starten. Teile ersetzen lassen.

Störung
Magnetschalter schaltet ein und aus, Anlasser läuft nicht an.
Ursache/Abhilfe
■ Batterie stark entladen. Beim Einschalten des Magnetschalters fällt Spannung ab und er schaltet wieder aus. Batterie laden.

Störung
Anlasser läuft weiter, obwohl der Zündschlüssel losgelassen wurde.
Ursache/Abhilfe
■ Magnetschalter hängt oder schaltet nicht ab. Zündung sofort abschalten, notfalls Batterie abklemmen. Magnetschalter reparieren oder Anlasser austauschen.
■ Zünd-/Anlassschalter defekt. Ersetzen.

Störung
Ritzel spurt nach Anspringen nicht aus.
Ursache/Abhilfe
■ Rückstellfeder des Einrückhebels lahm oder gebrochen. Zündung abschalten, Anlasser austauschen.

Scheibenwischer
Störung
Front- oder Heckscheibenwischer läuft nicht.
Ursache/Abhilfe
■ Sicherung und/oder Motor defekt, austauschen.
■ Intervallmodul defekt. Motor austauschen.
■ Wischerantriebskurbel lose, festziehen.
■ Kabel zum Schalter oder Motor unterbrochen. Stecker und Leitungen überprüfen.

Störung
Scheibenwischer laufen nicht in Stufe I und/oder Stufe II.
Ursache/Abhilfe
■ Klemme am Wischermotor defekt. Motor austauschen.
■ Kontaktwege im Wischerschalter unterbrochen. Schalter austauschen.
■ Leitung vom Wischerschalter zum Motor (grün/gelb) unterbrochen. Überprüfen.

Störung
Keine Wischerrückstellung.
Ursache/Abhilfe
■ Leitung zwischen Wischerschalter und Motor (schwarz/grau) unterbrochen. Leitung kontrollieren.
■ Wischermotor defekt. Mit Prüflampe kontrollieren. Ggf. Motor austauschen.

Störung
Scheibenwischer laufen nicht im Intervallbetrieb (oder Intervallbetrieb lässt sich nicht ausschalten).
Ursache/Abhilfe
■ Wisch-/Waschrelais defekt, austauschen.
■ Leitungen zwischen Wischerschalter und Relais oder Steuergerät unterbrochen. Leitung überprüfen.
■ Kontakt im Wischerschalter defekt. Schalter austauschen.

Störung
Scheibenwischer bleiben nach Abschalten nicht oder nur kurz in Parkstellung.
Ursache/Abhilfe
■ Mangelhafter Kontakt am Schleifkontakt im Wischermotor. Motor zerlegen, Kontakte blank schleifen oder Motor austauschen.

Wischerblätter
Störung
Wasser und Schmutz werden gleichmäßig über das Wischfeld verteilt oder im Wischfeld bleiben feine Wasserstreifen stehen.
Ursache/Abhilfe
■ Scheibe durch Lackpflegemittel, ölhaltige Rückstände oder Insektenreste verschmutzt. Auf der Scheibe ein Putzmittel auftragen, einwirken lassen, dann mit einem sauberen Lappen abreiben.

- Wischergummi teilweise oder ganz verschlissen. Mit »Riefen-Killer« (oder feinem Schleifpapier) Abhilfe schaffen, sonst austauschen.
- Wischerarm am Anlenkpunkt des Wischerblattes verdreht. Wischerarm-Ende nachbiegen (in sich verdrehen).

Störung
Im Wischfeld bleiben Wassertropfen zurück.
Ursache/Abhilfe
- Neigungswinkel des Wischergummis zur Windschutzscheibe zu flach. Anstellwinkel ggf. korrigieren lassen oder Gummi austauschen.

Störung
Im Wischfeld bleibt breiter Wasserfilm zurück.
Ursache/Abhilfe
- Ungleiche Druckverteilung durch verbogene oder defekte Anpressfeder im Wischergummi. Wischerblatt austauschen.

Störung
Im Wischfeld bleiben einige Wasserfelder zurück.
Ursache/Abhilfe
- Anpressdruck des Wischerarms ist zu gering. Anpressdruck überprüfen. Feder leicht einölen, ggf. Wischerarm ersetzen.
- Scheibenwischerantrieb verschlissen. Kontrollieren, defekte Teile ersetzen.
- Wischerarm lose oder verbogen. Festschrauben oder nachbiegen.
- Wischerblatt verbogen, austauschen.

Störung
Wischerblatt rattert.
Ursache/Abhilfe
- Zu viel Spiel in Verbindungen. Wischerblatt oder -arm auswechseln.
- Wischerarm in sich verdreht. Wischerarm zurechtbiegen.

Warn- und Blinkanlage
Störung
Kontrolllampe leuchtet in falschen Intervallen.
Ursache/Abhilfe
- LED defekt oder ohne Kontakt. Schalttafeleinsatz auswechseln.
- Glühlampe defekt. Austauschen.

Störung
Blink- und Kontrollleuchte brennen dauernd oder gar nicht.
Ursache/Abhilfe
- Fehler in Relais oder Steuergerät. Prüfen.

Störung
Richtungsblinken, aber kein Warnblinken.
Ursache/Abhilfe
- Kabel am Warnblinkerschalter ist unterbrochen. Den Durchgang kontrollieren, reparieren.
- Sicherung oder Schalter defekt, auswechseln.

Störung
Warnblinken funktioniert, aber kein Richtungsblinken.
Ursache/Abhilfe
- Kabel vom Blinkerschalter unterbrochen. Durchgang kontrollieren, reparieren.
- Sicherung oder Schalter defekt, Wechseln.

Bremslicht
Störung
Eine Bremsleuchte brennt nicht.
Ursache/Abhilfe
- Glühlampe durchgebrannt, austauschen.
- Masseverbindung oder Zuleitung unterbrochen. Brennen alle übrigen Lampen in derselben Heckleuchte? Kabel prüfen.

Störung
Alle Bremslichter brennen nicht.
Ursache/Abhilfe
- Sicherung defekt, ersetzen.
- Bremslichtschalter oder Zuleitungskabel defekt, überprüfen und ggf. ersetzen.

Störung
Bremslicht brennt dauernd.
Ursache/Abhilfe
- Kabel zum Bremslichtschalter haben direkten Kontakt. Kabel kontrollieren.

Hupe
Störung
Hupe tönt nicht.
Ursache/Abhilfe
- Sicherung/Hupe defekt. Ggf. ersetzen.
- Kabel vom Druckschalter im Lenkrad zur Hupe unterbrochen. Kabelverlauf kontrollieren, Steckkontakte der Hupe blank kratzen.
- Fehler in Relais oder Steuergerät. Prüfen, reparieren, ggf. ersetzen.

Störung
Hupe tönt dauernd.
Ursache/Abhilfe
■ Hupenkontakt im Lenkrad defekt. Kabel vom Hupenkontakt zur Hupe hat Dauerstrom. Kabel von der Hupe abziehen. Hupt es nicht mehr, Kontakt/Kabel reparieren.
■ Hupe hat inneren Masseschluss. Sofort Kabel abziehen, Hupe ersetzen.

Elektrischer Fensterheber
Störung
Scheibe nur in eine Richtung verstellbar.
Ursache/Abhilfe
■ Schalter defekt. Schalter auswechseln.
■ Fensterscheibe schwergängig, Sicherung wegen Motorüberlastung durchgebrannt. Fensterscheibe in den Führungen gängig machen, Sicherung erneuern.
■ Motor läuft nicht, obwohl die Sicherung in Ordnung ist. Spannung direkt an die Motoranschlüsse legen. Wenn der Motor jetzt läuft, liegt der Fehler in der Zuleitung. Läuft der Motor nicht, diesen auswechseln.

Störung
Fensterscheibe wird im oberen oder im gesamten Bereich zu langsam verstellt.
Ursache/Abhilfe
■ Fensterscheibe in Führungen verklemmt. Spiel der Scheibe prüfen und korrigieren.
■ Zu starke Reibung in der gesamten Mechanik. Mechanik ohne Scheibe auf Reibungsverluste überprüfen, erneuern.
■ Kabelverbindungen defekt oder oxidiert. Überprüfen, reinigen, ggf. auswechseln.

Zentralverriegelung
Störung
Verriegelung funktioniert nicht oder nur teilweise.
Ursache/Abhilfe
■ Sicherung durchgebrannt, erneuern.
■ Motor der Fahrer- oder Beifahrertür defekt. Verkabelung unterbrochen oder Mehrfachstecker an Motor oder Türkasten locker oder oxidiert. Funktion überprüfen, auswechseln, Sitz kontrollieren, reinigen.
■ Schalter im Servomotor defekt. Durchgangsprüfung an den Motorklemmen.

Störung
Eines der Schlösser funktioniert nicht.
Ursache/Abhilfe
■ Kabel/Stecker am Servomotor oder im Türkasten fehlerhaft. Überprüfen/instand setzen.
■ Mechanische Übertragungsteile klemmen. Teile auf Funktion überprüfen und festen Sitz kontrollieren. Ggf. Teile etwas fetten, verschlissene Teile auswechseln.

2 Motoren

Aktuell stehen für den neuen Polo folgende Dieselmotoren zur Verfügung:

1,2 Liter TDI Common Rail, Dreizylinder, 55 kW/75 PS (Bluemotion)
Kennbuchstaben CFWA (ab 01.10.), 5-Gang-Schaltgetriebe 02R, Katalysator, Dieselpartikelfilter, Abgasrückführung, Aufladung und Ladeluftkühlung. EU 5.

1,6 Liter TDI Common Rail, Vierzylinder, 55 kW/75 PS
Kennbuchstaben CAYA (ab 05.09.), 5-Gang-Schaltgetriebe 02R, Katalysator, Abgasrückführung, Aufladung, Ladeluftkühlung und Partikelfilter. EU 5.

1,6 Liter TDI Common Rail, Vierzylinder, 66 kW/90 PS
Kennbuchstaben CAYB (ab 07.09.), 5-Gang-Schaltgetriebe 02R und 7-Gang-Doppelkupplungsgetriebe (DSG) 0AM, Katalysator, Abgasrückführung, Aufladung, Ladeluftkühlung und Partikelfilter. EU 5.

1,6 Liter TDI Common Rail, Vierzylinder, 77 kW/105 PS
Kennbuchstaben CAYC (ab 07.09.), 5-Gang-Schaltgetriebe 02R, Katalysator, Abgasrückführung, Aufladung, Ladeluftkühlung und Partikelfilter. EU 5.

Zwei wichtige Sichtprüfungen

Sichtprüfung von Motor und Teilen im Motorraum auf Undichtigkeiten und Beschädigungen

Die Sichtprüfung ist von oben sowie von unten vorzunehmen. Deshalb sind als Erstes die Motorabdeckung und dann auch die Geräuschdämpfung abzubauen.

- Leitungen, Schläuche und Anschlüsse der Kraftstoffanlage und des Kühl- und Heizsystems auf Undichtigkeiten, Scheuerstellen, Porosität und Brüchigkeit prüfen.
- Getriebe bzw. Achsantrieb auf Undichtigkeiten prüfen (z. B. Ablassschraube, Antriebswellen, Schaltgestänge usw.).
- Lenkung, Dichtmanschetten der Spurstangenendstücke sowie Lenkmanschetten auf Beschädigungen und auf richtigen Sitz prüfen.
- Gelenkschutzhüllen der Achsgelenke auf Beschädigungen, Undichtigkeiten und auf richtigen Sitz prüfen.

Zustand des Keilrippenriemens prüfen

- Fahrzeug anheben, Geräuschdämpfung und Abdeckkappe für Schraube der Keilrippenriemenscheibe (falls vorhanden) ausbauen.
- Motor am Schwingungsdämpfer/Riemenscheibe mit einem Steckschlüssel durchdrehen.
- Keilrippenriemen von unten prüfen auf: Unterbaurisse (Anrisse, Kernbrüche, Querschnittbrüche), Lagentrennung (Deckschicht, Zugstränge), Ausbruch am Unterbau, Ausfransen der Zugstränge, Flankenverschleiß (Materialabtrag, ausgefranste Flanken, Flankenverhärtung - glasige Flanken-Oberflächenrisse), Öl- und Fettspuren.
- Werden Mängel festgestellt, muss der Keilrippenriemen unbedingt ersetzt werden. Zum Verlauf des Keilrippenriemens siehe Reparaturanleitung »Keilrippenriemen aus- und einbauen«.

*

Stets wiederkehrende Tätigkeiten bei Arbeiten am Motor sind das Anheben des Fahrzeugs (siehe Kapitel 1) sowie der Ausbau der Motorabdeckung.

Motorabdeckung 1,2 TDI/ 1,6 TDI aus- und einbauen

⚠ Der Halter für die Motorabdeckung an der Zylinderkopfhaube kann bei unsachgemäßer Demontage abbrechen. Deshalb Motorabdeckung unbedingt nach der folgenden Anweisung abbauen:

Ausbau

- Motorabdeckung in den Bereichen der Pfeile und in der eingezeichneten Reihenfolge nach oben aus den Befestigungen ziehen. Dazu so weit wie möglich unter die Motorabdeckung greifen (Bild 1).

Einbau

⚠ Vor der Montage der Motorabdeckung ist die korrekte Position der vier Befestigungselemente (Kugelpfannen) zu prüfen. Ggf. sind diese wieder in ihre Position zu bringen. Sonst kommt es zu Schäden an der Motorabdeckung.

■ Die Kugelpfannen der Motorabdeckung in die korrekte Position drücken (Bild 2).
■ Danach Motorabdeckung auf die Befestigungspunkte setzen und an den Ecken in die Verrastung drücken.

Motor 1,6 TDI aus- und einbauen

Dazu werden benötigt:
Werkstattkran (VAS 6100)
Aufhängevorrichtung (3033)
Auffangwanne für Werkstattkräne (VAS 6208)
Stufen-Stehleiter (VAS 5085)
Drehmomentschlüssel (V.A.G. 1331 bzw. 1332)
Zange für Federbandschellen (VAS 6362)
Schlauchklemmen bis 25 mm (3094 für Fahrzeuge mit Schaltgetriebe)
Transportsicherung für Entkoppelungselement (T10403)
Verschlussstopfenset Motor (VAS 6122)

Ausbau
Der Motor wird zusammen mit dem Getriebe nach vorn ausgebaut.
■ Motorabdeckung ausbauen.
■ Masseband an der Batterie bei ausgeschalteter Zündung abklemmen sowie Batterie und Batterieträger ausbauen (siehe Kapitel 12). Befindet sich die Batterie in der Reserveradmulde im Kofferraum, verbleibt sie im Fahrzeug.
■ Unterdruckleitung am Bremskraftverstärker abnehmen (siehe Kapitel 11, Bild 1).
■ Geräuschdämpfung ausbauen (siehe Kapitel 13).
■ Kühlmittel ablassen (siehe Kapitel 4).

Fahrzeuge mit Klimaanlage
■ Kältemittel der Klimaanlage absaugen und Kältemittelleitungen (Pfeile) am Schlossträger abschrauben (Bild 3).

⚠ Vor dem Öffnen des Kältemittelkreislaufs ist das Kältemittel stets abzusaugen. Dazu ist die Klima-Service-Station VAS 6007A oder ein Nachfolgemodell zu nutzen. Wird der Kältemittelkreislauf nach dem Absaugen innerhalb 10 Minuten nicht geöffnet, kann durch Nachverdampfung Druck im Kältemittelkreislauf entstehen. Kältemittel nochmals absaugen.

Bild 1
Motorabdeckung aus- und einbauen.
Pfeile = Bereiche, in denen die Motorabdeckung nach oben aus den Befestigungen gezogen wird.

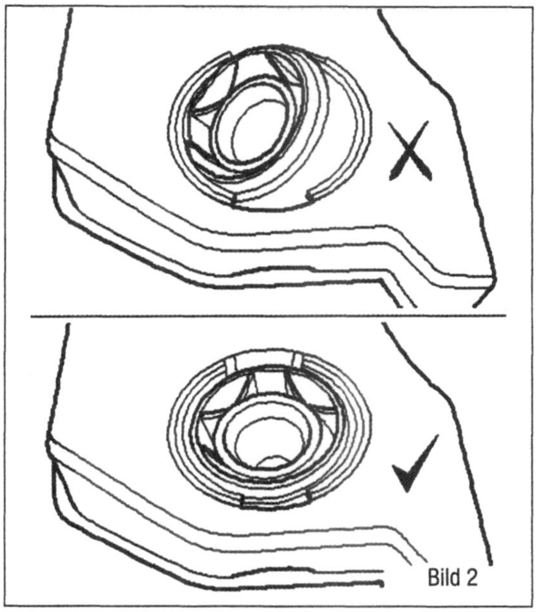

Bild 2
Richtige Position der Kugelpfannen.

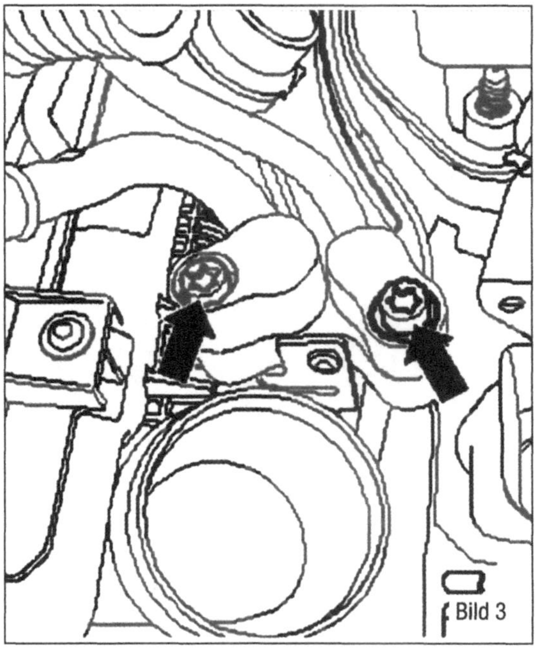

Bild 3
1,6 TDI: Kältemittelleitungen (Pfeile) am Schlossträger abschrauben

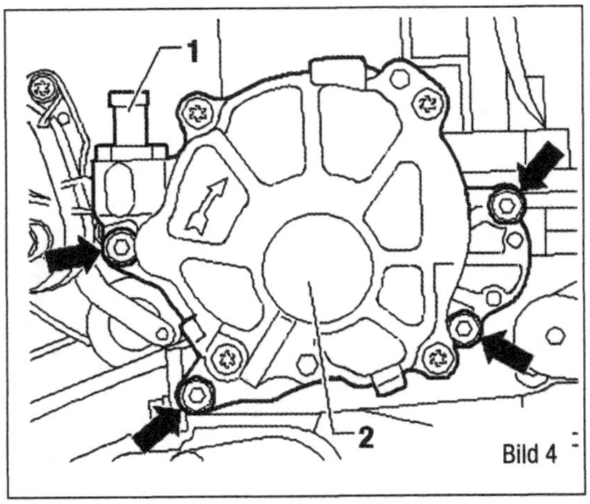

Bild 4
1,6 TDI: Unterdruckleitung (1) von der Vakuumpumpe (2) abziehen.

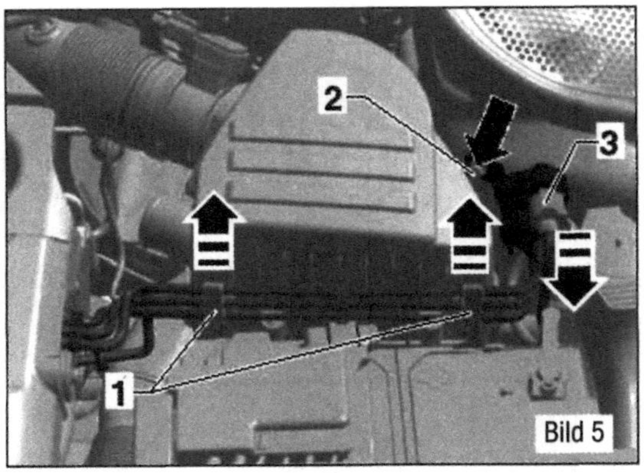

Bild 5
1,6 TDI: Magnetventil für Ladedruckbegrenzung N75 abbauen.
(1) Unterdruckleitungen mit Halter.
(2) Schraube Halter Magnetventil für Ladedruckbegrenzung.
(3) Stecker des Magnetventils für Ladedruckbegrenzung.

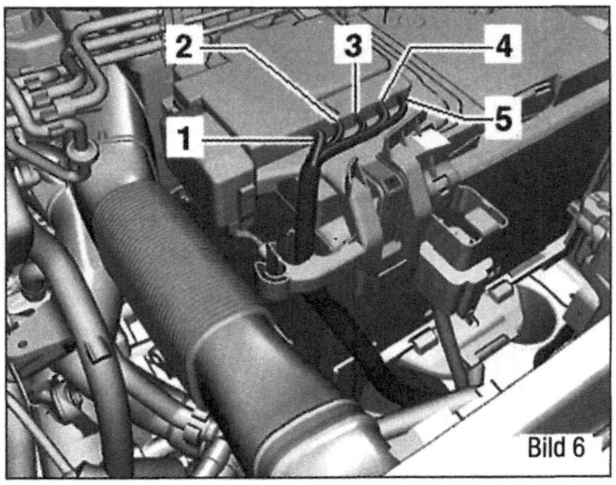

Bild 6
1,6 TDI: Plusleitung (1) am Plusverteiler auf der Batterie abschrauben.

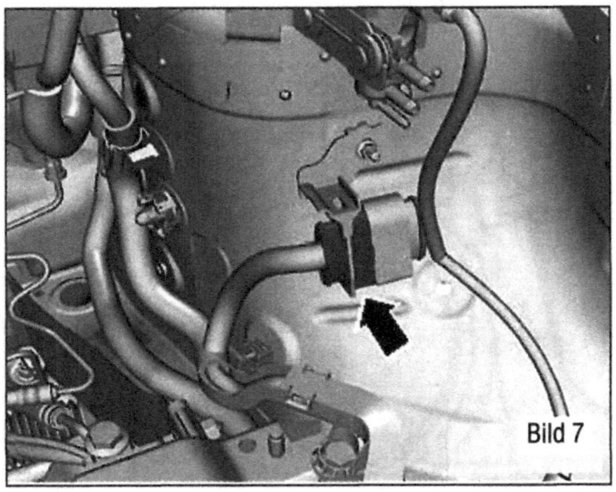

Bild 7
1,6 TDI: Steckverbindung (Pfeil) Motorleitungsstrang trennen.

Die Absaug- und Füllventile der Niederdruck- und Hochdruckseite sitzen rechts im Motorraum.
Ein Hinweisschild auf dem Schlossträger im Motorraum gibt Aufschluss über das verwendete Kältemittel und die Füllmenge.
Kältemittelleitungen nicht knicken oder stark biegen. Es befindet sich eine Folie in den Kältemittelleitungen, die zerstört werden könnte.
Alle geöffneten Bauteile des Kältemittelkreislaufs sind gegen Eintritt von Luftfeuchtigkeit mit geeigneten Verschlussstopfen zu verschließen.
Instandsetzungsarbeiten am Kältemittelkreislauf dürfen nur von geeigneten Werkstätten mit sachkundigen Monteuren durchgeführt werden. Deshalb ist der Motorenausbau bei Fahrzeugen mit Klimaanlage in einer geeigneten Werkstatt vorzunehmen.

Fortsetzung alle Fahrzeuge

- Schlossträger ausbauen (siehe Kapitel 13).
- Unterdruckleitung (1) von der Vakuumpumpe (2) abziehen (Bild 4).
- Unterdruckleitungen (1) vom Luftfilter komplett mit Halter nach oben abnehmen.
- Stecker vom Magnetventil für Ladedruckbegrenzung N75 (3) abziehen, Magnetventil mit Halter an (2) abschrauben und dann mit Unterdruckleitungen auf dem Motor ablegen (Bild 5).
- Plusleitung (1) am Plusverteiler auf der Batterie abschrauben. Im weiteren Verlauf Leitung auf dem Motor ablegen (Bild 6).
- Luftfiltergehäuse mit Luftmassenmesser und Verbindungsrohr ausbauen (siehe Kapitel 6).
- Steckverbindungen (Pfeil) Motorleitungsstrang trennen (Bild 7). Motorleitungsstrang an seinen Befestigungspunkten (Pfeile) vorsichtig lösen und dann auf dem Motor ablegen (Bild 8).
- Unterdruckschlauch (Pfeil 1) vom Bremskraftverstärker zum Motor ausbauen. Die Vorwärmleitung (Pfeil 2) ist nicht zwingend verbaut (Bild 9).
- Steckverbindungen am Motorsteuergerät trennen.
- Steckverbindungen trennen (Bild 10).
- Elektrische Steckverbindung (2) am Differenzdruckgeber G505 trennen, Schraube (3) vom Halter Differenzdruckgeber herausdrehen und Differenzdruck-

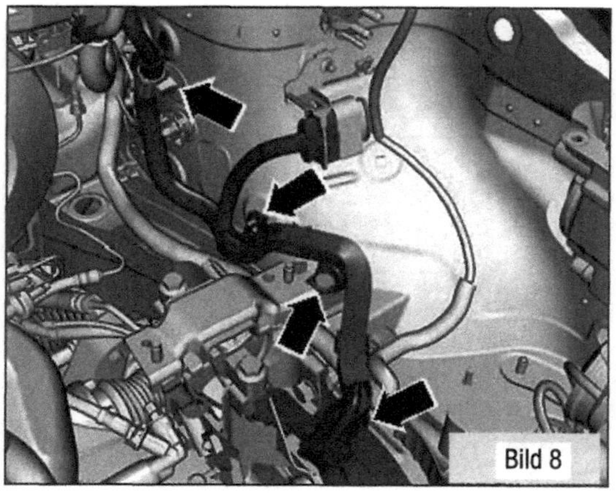

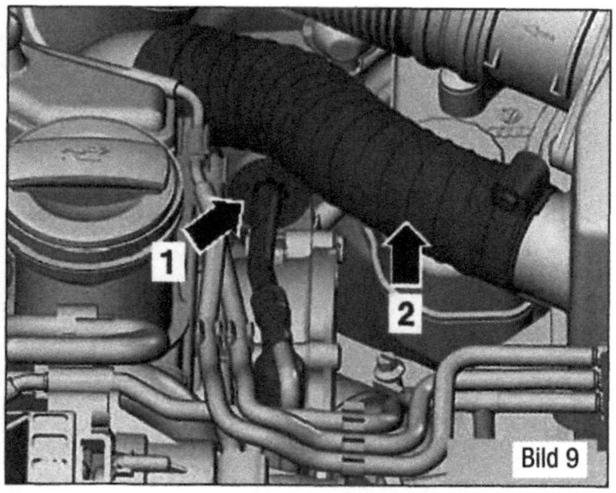

Bild 8
1,6 TDI: Motorleitungsstrang auf dem Motor ablegen.
Pfeile = Befestigungspunkte des Motorleitungsstranges.

Bild 9
1,6 TDI: Unterdruckschlauch (Pfeil 1) vom Bremskraftverstärker zum Motor ausbauen.
Pfeil 2 = Vorwärmleitung (nicht zwingend verbaut).

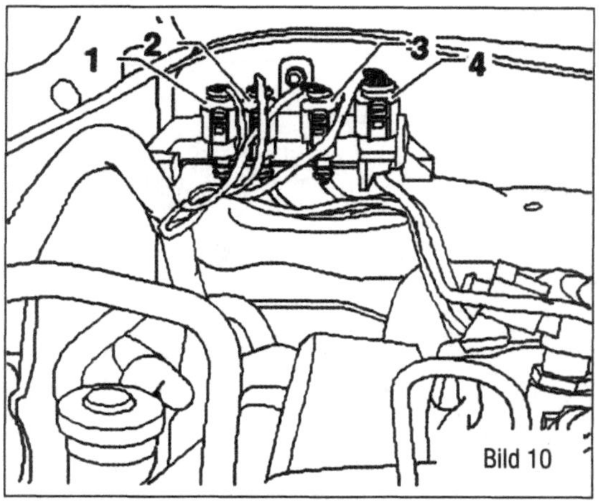

Bild 10
1,6 TDI: Steckverbindungen trennen.
(1) Abgastemperaturgeber 1 G235.
(2) Abgastemperaturgeber 3 G495.
(3) Abgastemperaturgeber 4 G648.
(4) Lambdasonde G39.

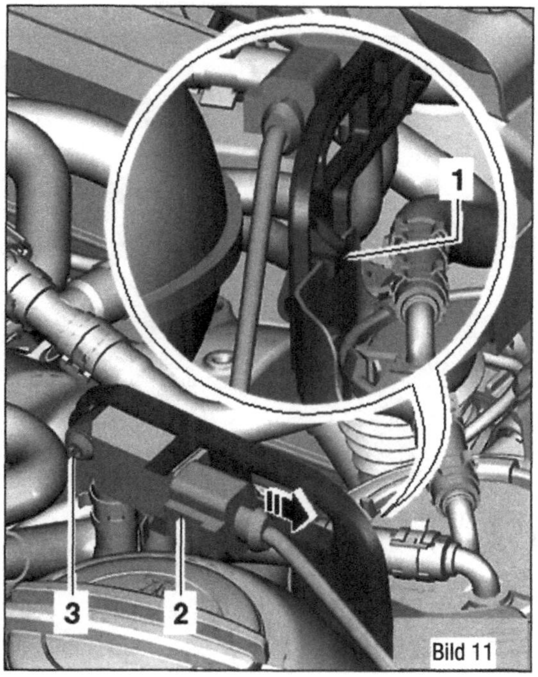

Bild 11
1,6 TDI: Differenzdruckgeber (1) ausbauen.
(2) Elektrische Steckverbindung am Differenzdruckgeber.
(3) Schraube Halter Differenzdruckgeber.

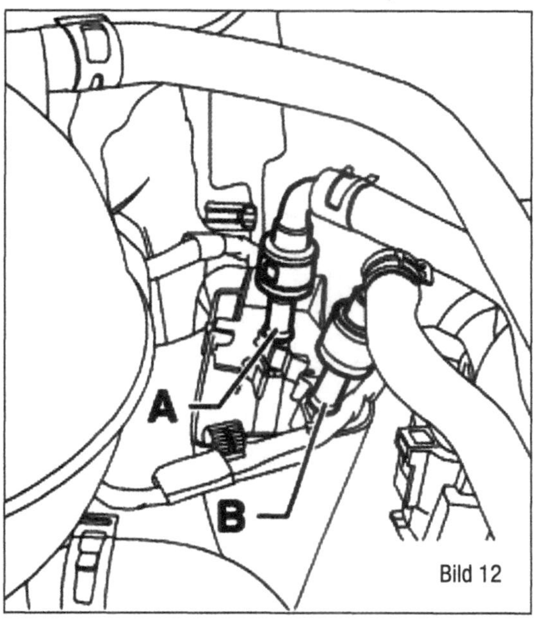

Bild 12
1,6 TDI: Kraftstoffvorlaufleitung und Rücklaufleitung an der Kraftstoffübergabestelle trennen.
(A) = Vorlauf, weiß bzw. mit weißer Markierung.
(B) = Rücklauf, blau bzw. mit blauer Markierung.

geber mit Leitungen nach hinten ablegen (Bild 11, siehe auch Bild 1 im Kapitel 7).

- Kraftstoffvorlaufleitung und Rücklaufleitung an der Kraftstoffübergabestelle trennen, eventuell auslaufenden Kraftstoff auffangen (Bild 12).
- Mit einem Finger die Rastnase vom Kraftstoffvorwärmventil entsperren. Kraftstoffvorwärmventil nach oben aus der Führung vom Kühlmittelausgleichsbehälter ziehen (Bild 13).
- Den Kraftstofffilter aus dem Kraftstofffilter-Unterteil clipsen (Pfeile) und nach oben herausnehmen. Den Kraftstofffilter und die Kraftstoffschläuche zusammen mit dem Kraftstoffvorwärmventil auf dem Motor ablegen (Bild 14).
- Kraftstofffilter-Unterteil ausbauen (siehe Kapitel 5).
- Einfüllstutzen (1) für Behälter Scheibenwaschanlage vom Schlauchhalter abclipsen und vom Behälter für Scheibenwaschanlage (2) abziehen (Bild 15). Zur Ausführung dieses Arbeitsschrittes muss allerdings vorher der rechte Scheinwerfer ausgebaut werden (siehe Kapitel 12).

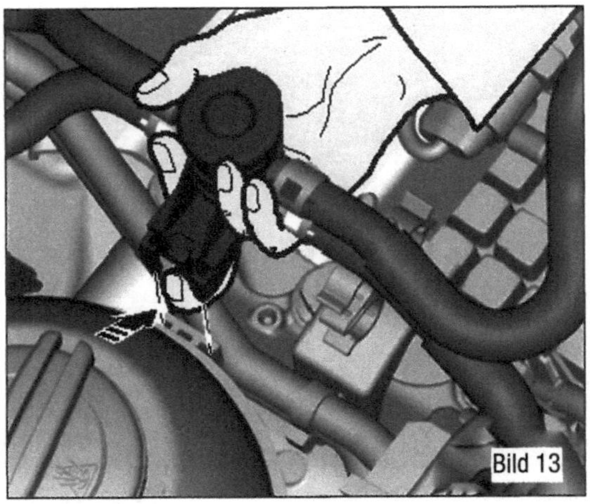

Bild 13
1,6 TDI: Kraftstoffvorwärmventil ausbauen.

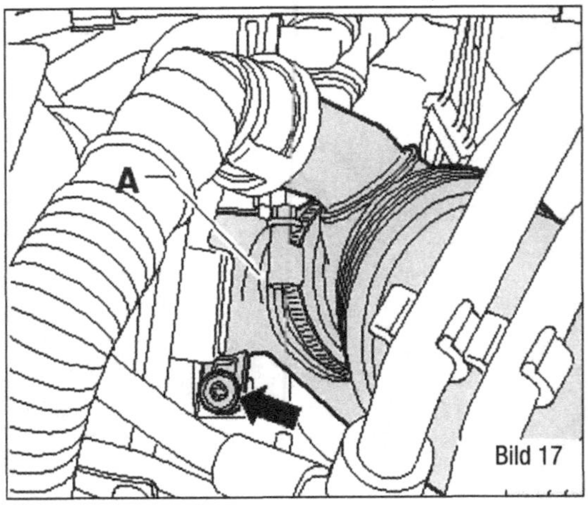

Bild 17
1,6 TDI: Ansaugschlauch (A) ausbauen.
Pfeil = Schraube.

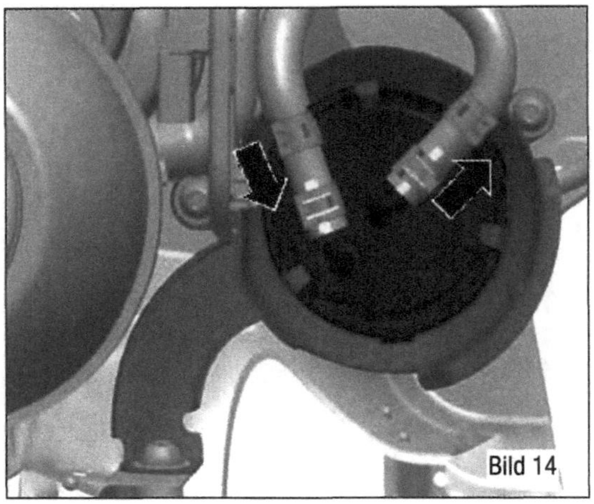

Bild 14
1,6 TDI: Kraftstofffilter ausbauen.

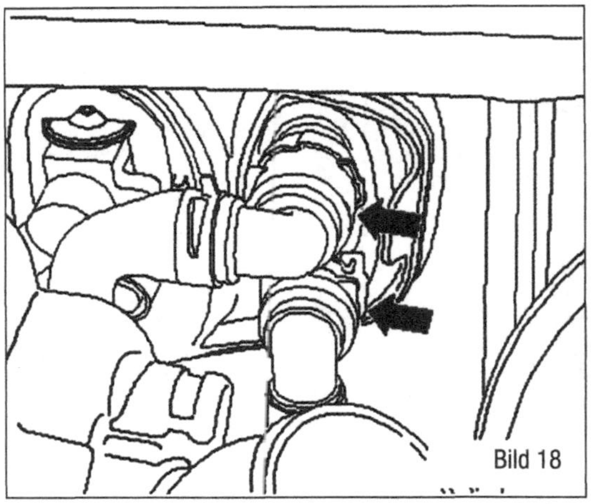

Bild 18
1,6 TDI: Schnellkupplungen für den Wärmetauscher (Pfeile) an der Wasserkasten-Stirnwand trennen.

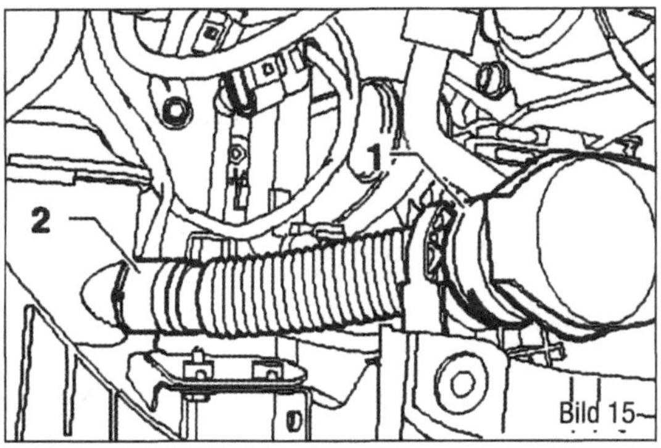

Bild 15
1,6 TDI: Einfüllstutzen (1) vom Behälter für Scheibenwaschanlage (2) ausbauen.

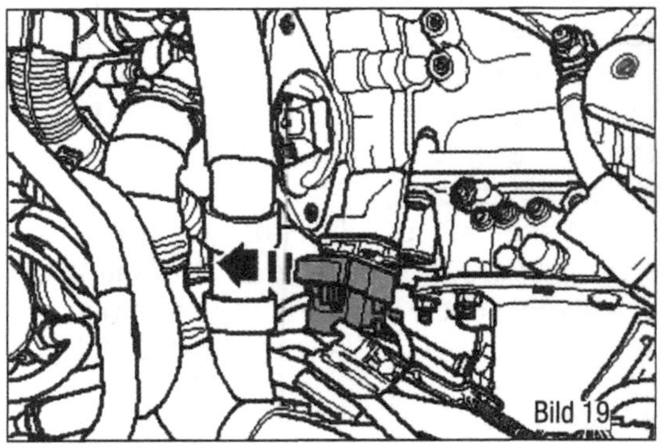

Bild 19
1,6 TDI: Stecker an der Mechatronik abziehen.

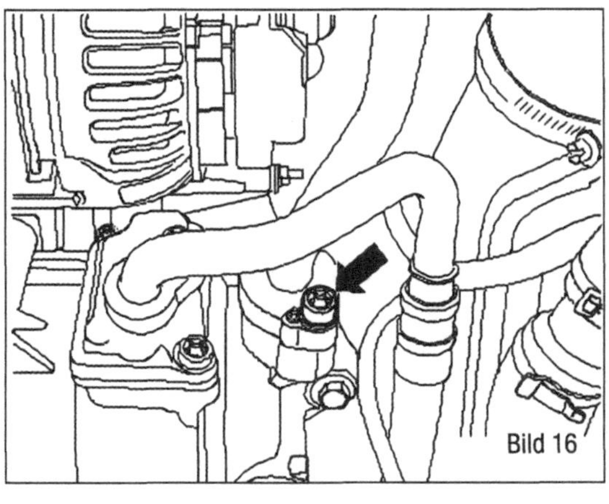

Bild 16
1,6 TDI: Kältemittelleitung am Klimakompressor ausbauen.
Pfeil = Befestigungsschraube der Kältemittelleitung am Klimakompressor.

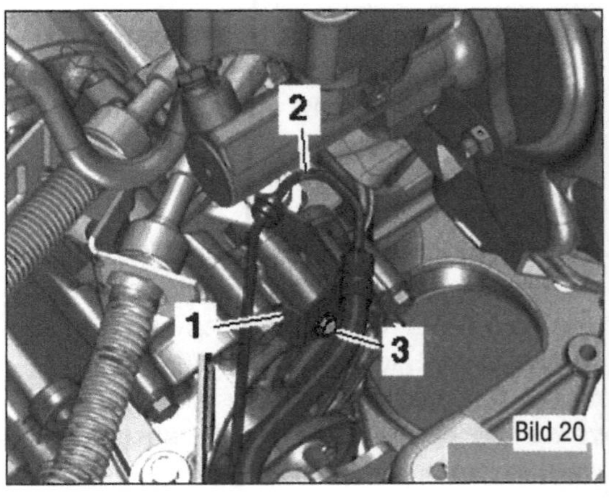

Bild 20
1,6 TDI: Schraube (3) herausdrehen.

Fahrzeuge mit Klimaanlage

- Im weiteren Verlauf die Befestigungsschraube der Kältemittelleitung (Pfeil) am Klimakompressor abdrehen, Kältemittelleitung am Klimakompressor abziehen und knickfrei zur Seite legen (Bild 16).

Bemerkungen zu Fahrzeugen mit Klimaanlage siehe oben.

Fortsetzung für alle Fahrzeuge

- Kühlmittelausgleichsbehälter ausbauen und auf dem Motor ablegen (siehe Kapitel 4).
- Die Schraube (Pfeil, unverlierbar) herausdrehen, den Ansaugschlauch (A) im Uhrzeigersinn aus seiner Halterung herausdrehen und herausnehmen (Bild 17).
- Schnellkupplungen für den Wärmetauscher (Pfeile) an der Wasserkasten-Stirnwand trennen (Bild 18).

Fahrzeuge mit Doppelkupplungsgetriebe

- Schaltbetätigung am Getriebe abbauen.
- Verriegelung des Steckers an der Mechatronik durch Ziehen (Pfeil) entriegeln und Stecker abziehen (Bild 19).

Fahrzeuge mit Schaltgetriebe:

- Schaltbetätigung am Getriebe abbauen (siehe Kapitel 8).
- Schraube (3) herausdrehen (Bild 20).
- Schrauben (Pfeile) herausdrehen, Kupplungsnehmerzylinder abnehmen und seitlich ablegen. Leitungssystem nicht öffnen. Kupplungsnehmerzylinder unter Strebe (1) durchfädeln (Bild 21, siehe auch Kapitel 8).

Fortsetzung für alle Fahrzeuge

- Masseleitung am Getriebe abschrauben und alle Steckerverbindungen zwischen Anlasser, Getriebe und Karosserie trennen.
- Schraube (1) herausdrehen (Bild 22).
- Steckverbindung am Ölstands- und Öltemperaturgeber G266 trennen (Bild 23).
- Gelenkwellenabdeckung rechts ausbauen (1 im Bild 24). Die Gelenkwellen am Getriebe abbauen und so weit wie möglich hochbinden (siehe Kapitel 10).
- Schrauben Pendelstütze (2 und 3) herausschrauben (Bild 25).
- Befestigungsschelle (1) zwischen Partikelfilter und Abgasturbolader ausbauen (Bild 26). Die Befestigungsschelle (2) zwischen Partikelfilter und Abgasturbolader ist ggf. auch von oben auszubauen (Bild 27).

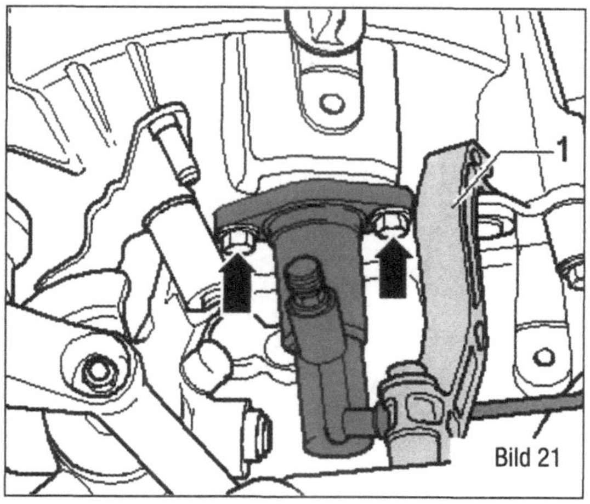

Bild 21
1,6 TDI: Kupplungsnehmerzylinder ausbauen.
(1) Strebe.
Pfeile = Befestigungsschrauben Kupplungsnehmerzylinder.

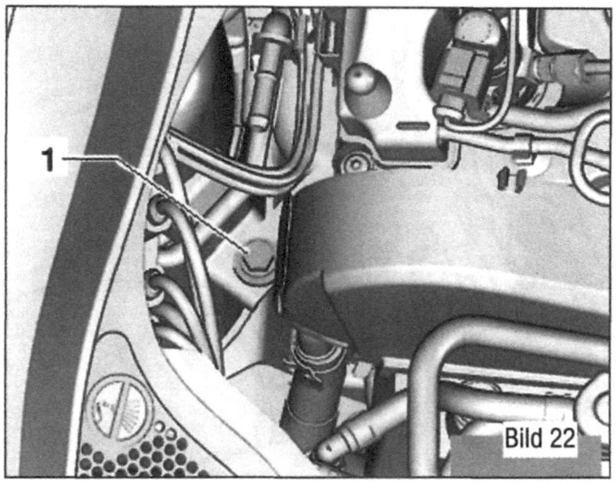

Bild 22
1,6 TDI: Schraube (1) herausdrehen.

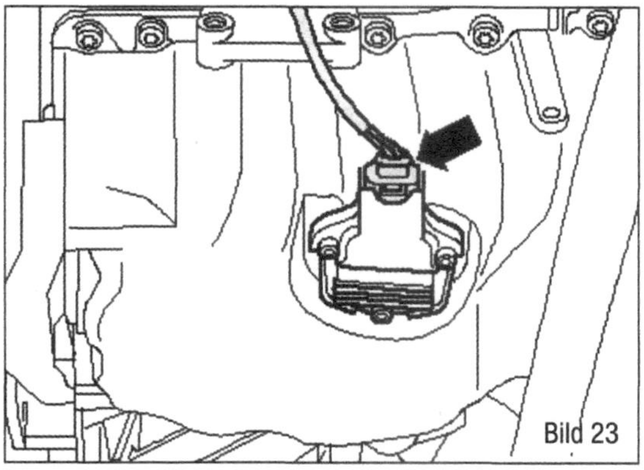

Bild 23
1,6 TDI: Steckverbindung am Ölstands- und Öltemperaturgeber G266 trennen.

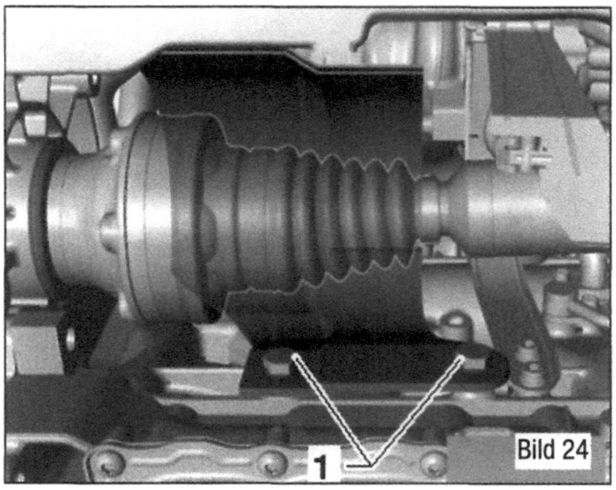

Bild 24
1,6 TDI: Abdeckung für die rechte Gelenkwelle vom Zylinderblock abbauen.
(1) Schrauben.

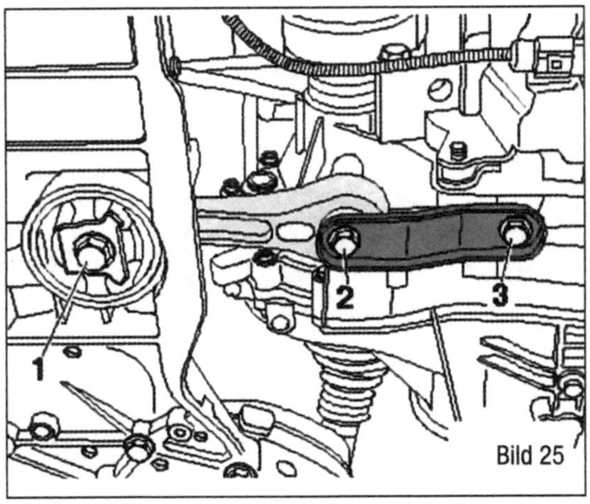

Bild 25
1,6 TDI: Pendelstütze ausbauen.
(2) und (3) Schrauben

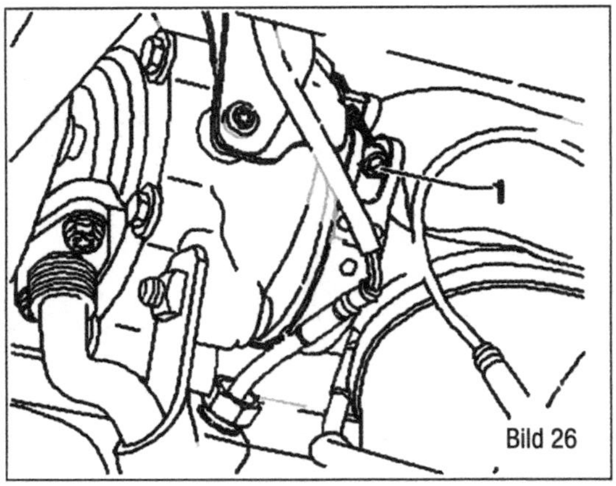

Bild 26
1,6 TDI: Befestigungsschelle (1) zwischen Partikelfilter und Abgasturbolader.

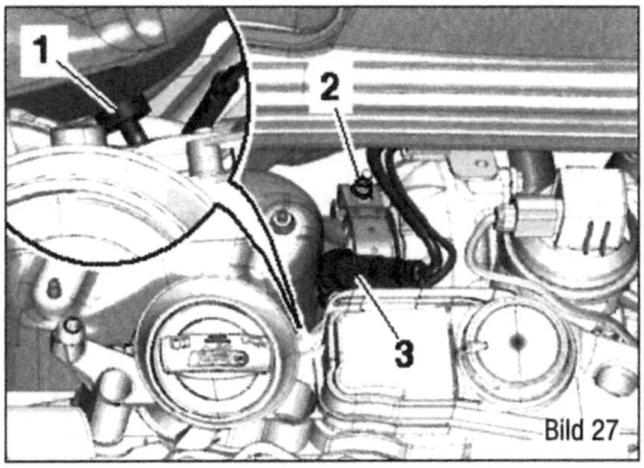

Bild 27
1,6 TDI: Ggf. auch von oben auszubauen: Befestigungsschelle (2) zwischen Partikelfilter und Abgasturbolader.

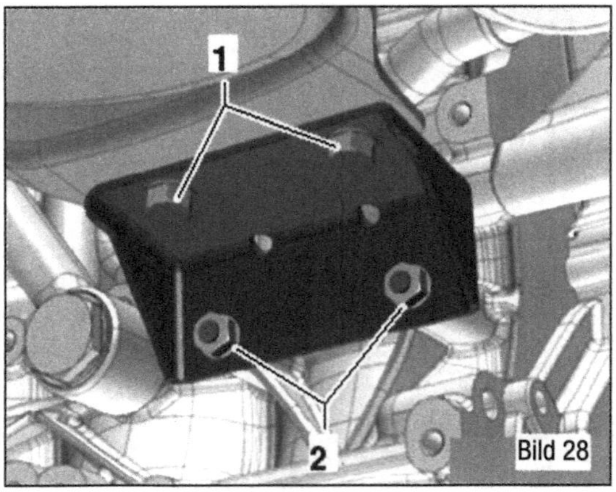

Bild 28
1,6 TDI: Halter Partikelfilter ausbauen.
(1) Schrauben.
(2) Muttern.

⚠ Beschädigungsgefahr des Entkopplungselements hinter dem Partikelfilter. Beim Aus- und Einbau Entkopplungselement nicht mehr als 10° knicken und nicht auf Zug belasten. Drahtgeflecht am Entkopplungselement nicht beschädigen.

- Die Schrauben (1) und die Muttern (2) des Halters Partikelfilter herausdrehen, Halter abnehmen, Partikelfilter zur Seite drücken und mit geeigneten Mitteln an der Wasserkasten-Stirnwand fixieren (Bild 28, siehe auch Kapitel 7).
- Prüfen, ob alle Schlauch- und Leitungsverbindungen zwischen Motor, Getriebe und Karosserie gelöst sind. Danach das »Motor/Getriebe-Aggregat« mit der Aufhängevorrichtung (3033) und dem Werkstattkran (VAS 6100) in Einbaulage abfangen. Schwingungsdämpferseite: Position 2, Schwungradseite: Position 8 (Bild 29).
- Aggregatelagerung Motor (Pfeile) komplett ausbauen. Position (2) wird nicht herausgedreht (Bild 30).
- Aggregatlagerung am Getriebe ausbauen. Dazu Schrauben (Pfeile) herausdrehen (Bild 31).
- Das »Motor/Getriebe-Aggregat« etwas anheben und nach vorn ausbauen, dabei

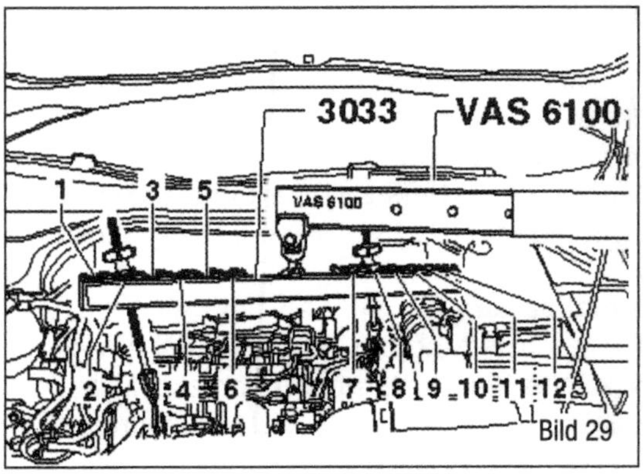

Bild 29
1,6 TDI: Motor/Getriebe-Aggregat in Einbaulage mit Aufhängevorrichtung und Werkstattkran abfangen.

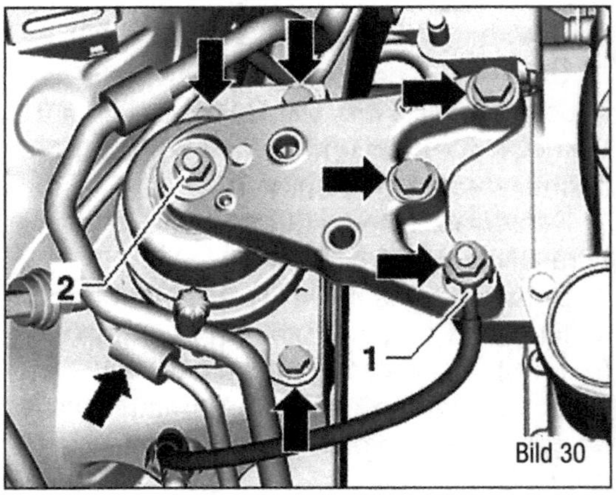

Bild 30
1,6 TDI: Aggregatlagerung Motor ausbauen.
Pfeile = Schrauben.

sorgfältig führen, um Beschädigungen am Aufbau zu vermeiden. Besonders prüfen, ob alle Schlauch- und Leitungsverbindungen zwischen Motor, Getriebe, Aggregateträger und Karosserie gelöst sind.

■ Für die Durchführung von Montagearbeiten ist der **Motor** (Getriebe vom Motor getrennt, siehe spätere Anleitung »Motor und Schaltgetriebe trennen«) mit der Universalaufnahme (VAS 6095/1) **am Motor- und Getriebehalter (VAS 6095) zu befestigen** (Bild 32). Dazu Aufhängevorrichtung (3033) in Motor einhängen (Schwungradseite: Position 4, Schwingungsdämpferseite: Position 8, siehe Bild 29), mit dem Werkstattkran (VAS 6100) anheben und am Motor- und Getriebehalter befestigen.

Einbau

Der Einbau geht sinngemäß in umgekehrter Ausbaureihenfolge vor. Dabei ist u. a. Folgendes zu beachten:

Status: Motor/Getriebe-Aggregat auf Motorhalter T10012 montiert.

⚠ ■ Selbstsichernde Muttern und Schrauben sowie Dichtringe, Dichtungen und O-Ringe immer ersetzen. Schlauchstutzen sowie Luftführungsrohre und -Schläuche müssen vor dem Montieren frei von Öl und Fett sein. Alle Schlauchverbindungen mit Schlauchschellen, die dem Serienstand entsprechen sichern. Alle Kabelbinder beim Einbau wieder an der gleichen Stelle anbringen.

■ Motor-Getriebe-Aggregat in die Karosserie einführen. Dabei auf Freigang zum Aggregateträger sowie zum Kühler achten.

■ Neue Schrauben für Aggregatelagerung Motor (siehe Pfeile im Bild 30) und für Aggregatelagerung Getriebe (siehe Pfeile im Bild 31) zunächst von Hand bis zur Anlage eindrehen, dann festziehen: Anzugsdrehmomente der Aggregatelagerungen: Bilder 33 und 34.

■ Motorhalter T10012 vom Motor abbauen.

Fahrzeuge mit Schaltgetriebe

■ Kupplungsnehmerzylinder einbauen (siehe Bild 21 und Kapitel 8).

■ Schaltbetätigung am Getriebe einbauen und ggf. einstellen (siehe Kapitel 8).

Fahrzeuge mit Doppelkupplungsgetriebe:

■ Wählhebelseilzug am Getriebe einbauen und ggf. einstellen (siehe Kapitel 8).

Fortsetzung für alle Fahrzeuge:

■ Partikelfilter einbauen, und zwar in fünf Arbeitsschritten (siehe dazu Bild 1 im Kapitel 7).

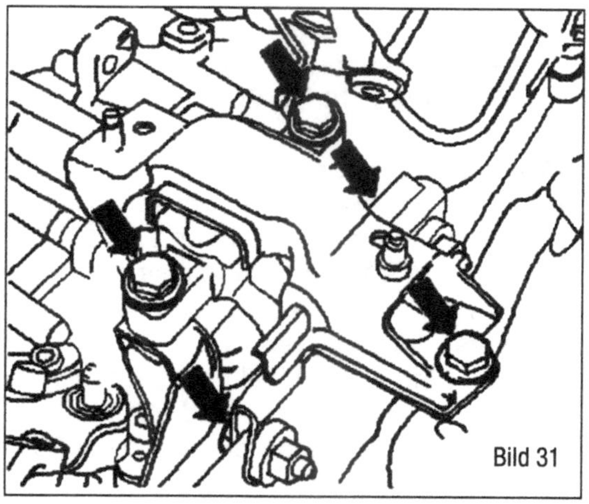

Bild 31
1,6 TDI: Aggregatlagerung am Getriebe ausbauen. Pfeile = Schrauben.

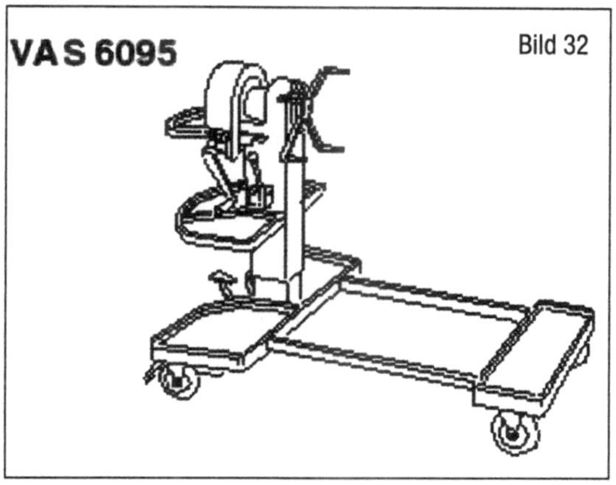

Bild 32
Motor- und Getriebehalter (VAS 6095).

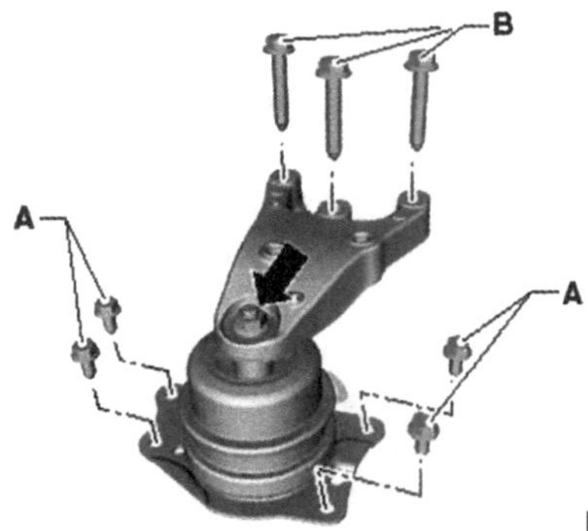

Bild 33
1,6 TDI: Anzugsdrehmomente Aggregatlagerung Motor.
(A) 20 Nm + 90° weiterdrehen.
(B) 30 Nm + 90° weiterdrehen.
Pfeil = darf nicht gelöst werden.

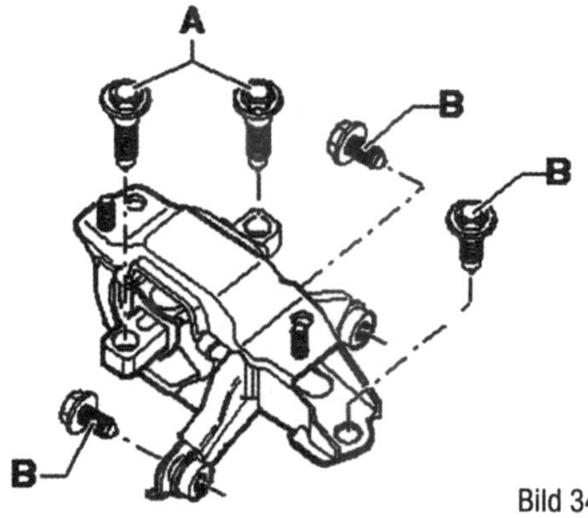

Bild 34
1,6 TDI: Anzugsdrehmomente Aggregatlagerung Getriebe.
(A) 40 Nm + 90° weiterdrehen.
(B) 40 Nm + 90° weiterdrehen.

Sichtprüfung Messen

- Partikelfilter am Abgasturbolader ansetzen, neue Befestigungsschelle (Pos. 11) (mit neuen Dichtring Pos. 10) lose befestigen.
- Schrauben am oberen Halter (Pos. 16) und Schrauben und Muttern am unteren Halter (Pos. 14 mit Muttern Pos. 12 und Schrauben Pos.13) von Hand lose eindrehen. Partikelfilter und Halter müssen sich noch verschieben lassen.
- Schelle (Pos. 11) mit 7 Nm festziehen.
- Schrauben oberer Halter und Muttern unterer Halter an Zylinderblock und mit 25 Nm festziehen.
- Schrauben unterer Halter an Partikelfilter mit 25 Nm festziehen.

■ Pendelstütze einbauen (Anzugsdrehmomente siehe Bild 50).

■ Gelenkwellen am Getriebe anflanschen (siehe Kapitel 8).

■ Wärmeschutzblech für Gelenkwelle rechts einbauen (siehe Bild 24). Anzugsdrehmoment Schrauben Wärmeschutzblech für Gelenkwelle an Zylinderblock: 35 Nm.

■ Kühlmittelausgleichsbehälter einbauen.

■ Kältemittelleitungen am Klimakompressor spannungsfrei befestigen.

■ Einfüllstutzen für Behälter Scheibenwaschanlage einbauen.

■ Kraftstofffilterunterteil, Kraftstofffilter und Kraftstoffvorwärmventil einbauen.

■ Differenzdruckgeber G505 einbauen.

■ Luftfiltergehäuse mit Luftmassenmesser und Verbindungsrohr einbauen.

■ Schlossträger einbauen (siehe Kapitel 13).

■ Klimaanlage befüllen.

⚠ Bemerkungen zu Fahrzeugen mit Klimaanlage siehe oben.

■ Batterie und Batterieträger einbauen, Batterie anklemmen (siehe Kapitel 12).

■ Kühlmittel auffüllen (siehe Kapitel 4).

■ Kraftstoffsystem befüllen (siehe Kapitel 5)

■ Geräuschdämpfung und Motorabdeckung einbauen.

■ Fehlerspeicher aller Steuergeräte abfragen und alle Fehlereinträge, die ggf. durch die Montage entstanden sind, löschen (Fahrzeugdiagnose-, Mess– und Informationssystem VAS 5051 »Fahrzeug-Eigendiagnose«).

■ Scheinwerfereinstellung prüfen und ggf. einstellen (siehe Kapitel 12).

Anzugsdrehmomente

Schraubverbindung	***Anzugsdrehmoment***
Schrauben, Muttern	
M 6	10 Nm
M 7	15 Nm
M 8	20 Nm
M10	40 Nm
M12	65 Nm

Anzugsdrehmomente gelten nur für leicht gefettete, geölte, phosphatierte oder geschwärzte Muttern und Schrauben. Zusätzliche Schmiermittel, wie Motor- oder Getriebeöl, sind zulässig, jedoch keine grafithaltigen Schmierstoffe. Keine entfetteten Teile verwenden. Toleranz für Anzugsdrehmomente ± 15 %.

Motor und Schaltgetriebe 1,6 TDI trennen und zusammenfügen

Dazu werden benötigt:
Werkstattkran (VAS 6100)
Aufhängevorrichtung T40013
Zusatzhaken (10 – 222 A/2)

Trennen

Status: Motor/Getriebe-Aggregat ausgebaut und auf Motorhalter T10012 montiert.

■ Aufhängevorrichtung T40013 am Getriebe montieren und Sicherung schließen. Danach Werkstattkran (VAS 6100) mit Zusatzhaken (10 - 222 A/2) an der Aufhängevorrichtung einhängen (Bild 35).

■ Anlasser vom Getriebe abbauen, dazu Schrauben (1) und (2) herausdrehen (Bild 36).

■ Schrauben (1), (3) und (4) der Verbindung Getriebe an Motor herausdrehen und Getriebe vom Motor abziehen. Pos. (2), (5) und (A) nicht beachten (Bild 37).

Zusammenfügen

■ Prüfen, ob die Zwischenplatte am Dichtflansch eingehängt und auf die Passhülsen aufgeschoben ist. Wenn im Zylinderblock keine Passhülsen (A in Bild 37) zur Zentrierung von Motor und Getriebe vorhanden sind, Passhülsen einsetzen.

■ Verzahnung der Getriebeantriebswelle leicht schmieren mit Schmierfett für Kupplungsscheibensteckverzahnung.

■ Zentrierung der Kupplungsscheibe prüfen.

- Getriebe am Motor festschrauben.
- Anlasser einbauen.
- Anzugsdrehmomente für die Befestigung Getriebe an Motor (siehe Bild 37):

Pos.	Schraube	Stück	Nm
1	M12 x 55	2	80
2[1)]	M12 x 150	2	80
3	M10 x 50	3	40
4	M12 x 60	1	80
5[2)]	M6 x 8	1	10

A Passhülsen zur Zentrierung
[1)] befestigt zusätzlich Anlasser
[2)] Abdeckblech für Schwungrad

Motor 1,2 TDI aus- und einbauen

Dazu werden benötigt:
- Motor- und Getriebeheber (V.A.G 1383 A)
- Motorhalter (T40076)
- Auffangwanne für Werkstattkräne (VAS 6208)
- Stufen-Stehleiter (VAS 5085)
- Getriebestütze (T10412)
- Drehmomentschlüssel (V.A.G. 1331 bzw. 1332)
- Schlauchklemmenzange (VAS 6340)
- Schlauchklemmen bis 25 mm (3094)
- Transportsicherung für Entkoppelungselement (T10403)
- Verschlussstopfenset Motor (VAS 6122)
- Schmierfett G 000 100 (Fahrzeuge mit Schaltgetriebe)
- Kabelbinder

Aus- und Einbau des 1,2 TDI-Motors verlaufen in der Grundrichtung wie beim 1,6 TDI-Motor. Wir fassen im Folgenden deshalb die deckungsgleichen Arbeitsschritte teilweise in Blöcken zusammen und heben die abweichenden Arbeitschritte, auch hinsichtlich der anderen Reihenfolge, heraus.

Motor 1,2 TDI ausbauen

Der Motor wird zusammen mit dem Getriebe nach vorn ausgebaut.
- Motorabdeckung ausbauen, Masseband an der Batterie bei ausgeschalteter Zündung abklemmen sowie Batterie und Batterieträger ausbauen (siehe Kapitel 12).

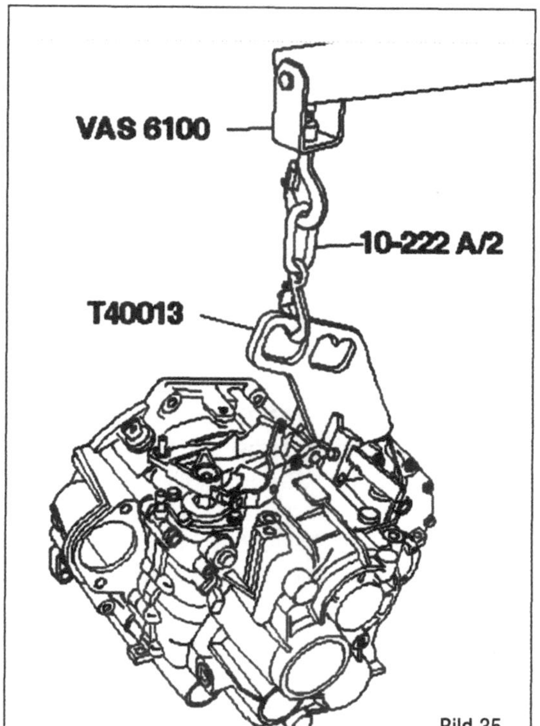

Bild 35

Bild 35
1,6 TDI: Getriebe an Aufhängevorrichtung/Werkstattkran einhängen.

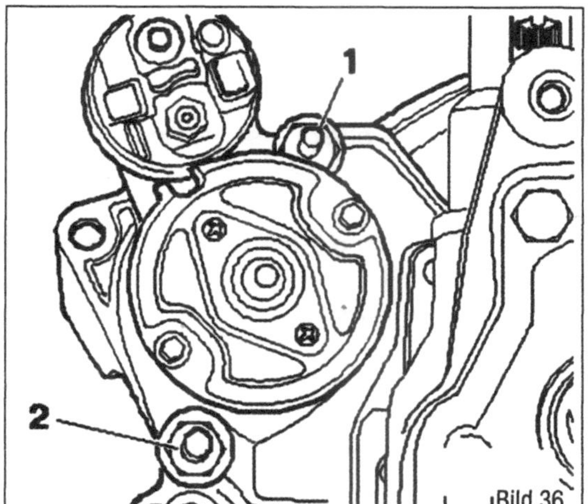

Bild 36

Bild 36
1,6 TDI: Anlasser vom Getriebe abbauen.
(1) und (2) Schrauben.

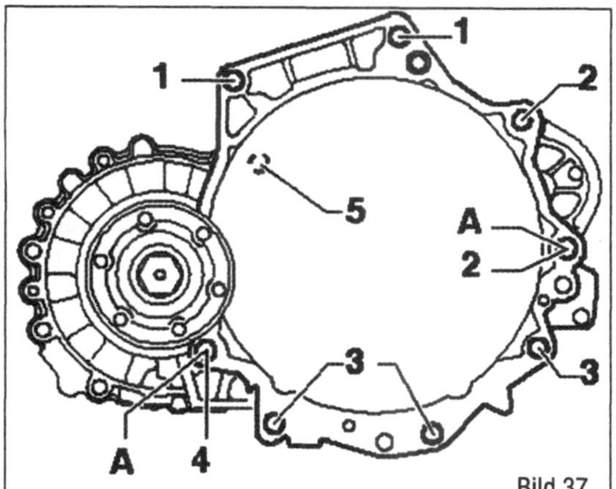

Bild 37

Bild 37
1,6 TDI: Getriebe vom Motor trennen.
(1), (3) und (4) Schrauben.
(2), (5 = kleines Abdeckblech für Schwungrad) und (A = Passhülsen zur Zentrierung) nicht beachten.

Sichtprüfung Messen

Befindet sich die die Batterie in der Reserveradmulde im Kofferraum, verbleibt die Batterie im Fahrzeug.

- Luftfilter ausbauen (siehe Kapitel 6).
- Kühlmittel ablassen (siehe Kapitel 4).

Fahrzeuge mit Klimaanlage

- Kältemittel der Klimaanlage absaugen.

⚠ Vor dem Öffnen des Kältemittelkreislaufs ist das Kältemittel stets abzusaugen. Dazu ist die Klima-Service-Station VAS 6007A oder ein Nachfolgemodell zu nutzen. Wird der Kältemittelkreislauf nach dem Absaugen innerhalb 10 Minuten nicht geöffnet, kann durch Nachverdampfung Druck im Kältemittelkreislauf entstehen. Kältemittel nochmals absaugen.
Die Absaug- und Füllventile der Niederdruck- und Hochdruckseite sitzen rechts im Motorraum.
Ein Hinweisschild auf dem Schlossträger im Motorraum gibt Aufschluss über das verwendete Kältemittel und die Füllmenge.
Kältemittelleitungen nicht knicken oder stark biegen. Es befindet sich eine Folie in den Kältemittelleitungen, die zerstört werden, könnte.
Alle geöffneten Bauteile des Kältemittelkreislaufs sind gegen Eintritt von Luftfeuchtigkeit mit geeigneten Verschlussstopfen zu verschließen.
Instandsetzungsarbeiten am Kältemittelkreislauf dürfen nur von geeigneten Werkstätten mit sachkundigen Monteuren durchgeführt werden. Deshalb ist der Motorenausbau bei Fahrzeugen mit Klimaanlage in einer geeigneten Werkstatt vorzunehmen,

Fortsetzung alle Fahrzeuge

- Schlossträger ausbauen (siehe Kapitel 13). Plusleitung (1) am Plusverteiler auf der Batterie

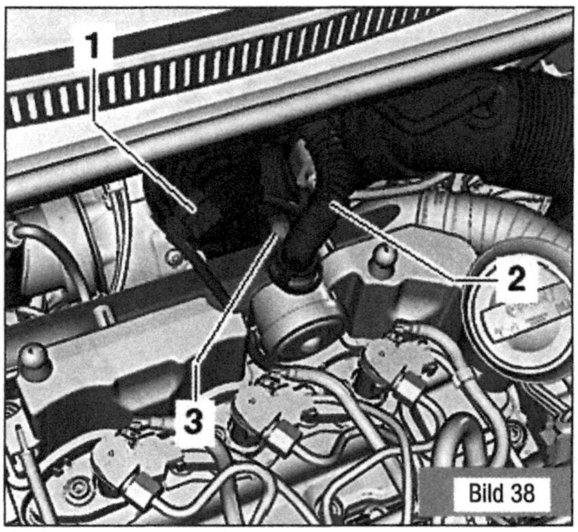

Bild 38
1,2 TDI: Verbindungsschlauch (2) und Ansaugschlauch abbauen.
(3) Schraube.

abschrauben. Im weiteren Verlauf Leitung auf dem Motor ablegen (siehe Bild 6). Unterdruckleitungen (1) vom Luftfilter komplett mit Halter nach oben abnehmen. Stecker vom Magnetventil für Ladedruckbegrenzung N75 (3) abziehen, Magnetventil mit Halter an (2) abschrauben und dann mit Unterdruckleitungen auf dem Motor ablegen (siehe Bild 5).

- Ladedruckrohre »heiße« und »kalte« Seite ausbauen (siehe Kapitel 3, Bild 4).

Fahrzeuge mit Klimaanlage

- Klimakompressor ausbauen.

Fortsetzung alle Fahrzeuge

- Anlasser ausbauen (siehe Kapitel 12).
- Unterdruckleitung zwischen Unterdruckpumpe und Bremskraftverstärker ausbauen. Unterdruckschlauch (Pfeil 1) am Bremskraftverstärker abnehmen. Die Vorwärmleitung (Pfeil 2) ist nicht zwingend verbaut (siehe Bild 9).
- Steckverbindungen (1) ... (4) trennen (siehe Bild 10).
- Leitungen aus den Haltern an der Wasserkasten-Stirnwand und am Abgasturbolader ausfädeln.
- Elektrische Steckverbindung (2) am Differenzdruckgeber G505 trennen, Schraube (3) vom Halter Differenzdruckgeber herausdrehen und Differenzdruckgeber mit Leitungen nach hinten ablegen (siehe Bild 11 und auch Bild 1 im Kapitel 7).
- Schrauben der Kühlmittelrücklaufleitung herausdrehen und Kühlmittelrücklaufleitung zur Seite legen (siehe Kapitel 4, Bild 4).
- Kraftstoffvorlaufleitung und Rücklaufleitung an der Hochdruckpumpe abnehmen (siehe Kapitel 6, Bild 2).
- Verbindungsschlauch (2) von der Zylinderkopfhaube trennen. Schraube (3) (unverlierbar) herausdrehen, den Ansaugschlauch im Uhrzeigersinn drehen und aus seiner Halterung abnehmen (Bild 38).
- Motorsteuergerät aus seiner Halterung nehmen: Beim Motorsteuergerät ohne Diebstahlschutz zwei Clips nach außen drücken und das Motorsteuergerät seitlich herausziehen. Beim Ausbau des Diebstahl gesicherten Motorsteuergerätes eine Verriegelung anheben und das Motorsteuergerät aus der Halterung herausnehmen.
- Den Stecker des Motorleitungsstrangs vom Motorsteuergerät entriegeln und abnehmen. Die Steckverbindung (Pfeil) trennen (siehe Bild 7).

■ Motorleitungsstrang an seinen Befestigungspunkten (Pfeile) vorsichtig lösen und dann auf dem Motor ablegen (siehe Bild 8).
■ Alle restlichen Steckerverbindungen zum Motor trennen.
■ Partikelfilter lösen (Bild 39, siehe auch Kapitel 7). Dazu Befestigungsschelle (1) zwischen Partikelfilter und Abgasturbolader ausbauen, Schrauben (2) und (3) des oberen Halters herausdrehen, Schrauben (4) lösen und Muttern (5) des unteren Halters herausdrehen. Dann Partikelfilter zur Seite drücken und mit geeigneten Mitteln an der Wasserkasten-Stirnwand fixieren.

⚠ Beschädigungsgefahr des Entkopplungselements hinter dem Partikelfilter. Beim Aus- und Einbau Entkopplungselement nicht mehr als 10° knicken und nicht auf Zug belasten. Drahtgeflecht am Entkopplungselement nicht beschädigen. Gilt selbstverständlich auch für den Einbau des Partikelfilters.

■ Befestigungsschrauben (Pfeile) für die Pendelstütze herausdrehen (Bild 40).

⚠ Die Schraubverbindung (1) darf nicht gelöst werden.

■ Schraube (Pfeil) herausdrehen (Bild 41).
■ Getriebestütze T10412 einbauen. Der Pfeil auf der Getriebestütze zeigt in Fahrtrichtung. Befestigungsschrauben (Pfeile) handfest anziehen (Bild 42).
Die Getriebestütze verhindert, dass das Getriebe beim Aus- und Einbau des Motors absinkt. Nach dem Einbau des Motors muss die Pendelstütze wieder eingebaut werden.
■ Schnellkupplungen für den Wärmetauscher (Pfeile) an der Wasserkasten-Stirnwand trennen (siehe Bild 18).
■ Schrauben (Pfeile) am Motorlager etwa zwei Umdrehungen herausdrehen. Position (2) wird nicht herausgedreht (siehe Bild 30).
■ Prüfen, ob alle Schlauch- und Leitungsverbindungen zwischen Motor und Karosserie gelöst sind. Offene Leitungen und Anschlüsse mit sauberen Stopfen aus dem Verschlussstopfenset Motor verschließen.
■ Geräuschdämpfung (1) für Ölwanne ausbauen, dazu Befestigungsteile (Pfeile) lösen (siehe Kapitel 3, Bild 9).
■ Wärmeschutzblech für Gelenkwelle rechts ausbauen (siehe Bild 24).
■ Alle restlichen Befestigungsschrauben des Motors zum Getriebe herausdrehen (siehe Bild 37).

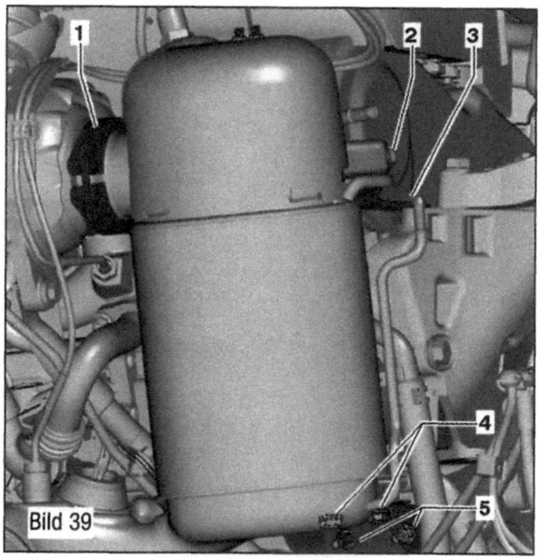

Bild 39
1,2 TDI: Partikelfilter z. T. abbauen und beiseite drücken.
(1) Befestigungsschelle.
(2),(3) und (4) Schrauben.
(5) Muttern.

Bild 40
1,2 TDI: Befestigungsschrauben (Pfeile) der Pendelstütze herausdrehen, Schraubverbindung (1) auf keinen Fall lösen.

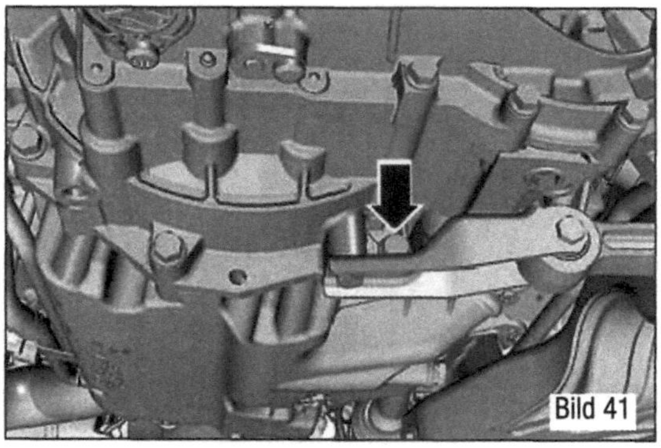

Bild 41
1,2 TDI: Schraube (Pfeil) herausdrehen.

Bild 42
1,2 TDI: Getriebestütze einbauen
Pfeile = Befestigungsschrauben.

Bild 43
1,2 TDI: Schraube (6) am Halter für Nebenaggregate.

Bild 44
1,2 TDI: Motor/Getriebe-Aggregat mit Motor- und Getriebeheber/Motorhalter etwas anheben.
(1) Mutter.
(2) Schraube M 20 x 50.
(3) Mutter.

Bild 45
1,2 TDI: Montageübersicht »Aggregatelagerung«
(1) Schrauben Motorhalter an Motor (ersetzen).
(2) Motorhalter.
(3) Schraube Motorhalter an Motor (ersetzen).
(4) Schrauben Aggregatelagerung, Motor an Karosserie.
(5) Motorträger.
(6) Schrauben Motorträger an Motorhalter (ersetzen).
(7) Pendelstütze.
(8) Schraube Pendelstütze an Aggregateträger.
(9) Schrauben der Pendelstütze am Getriebe.
(10) Schrauben Aggregatelagerung, Getriebe an Getriebelager (ersetzen).
(11) Schrauben Aggregatelagerung, Getriebe an Karosserie.
(12) Aggregatelagerung Getriebe.
(13) Muttern Halter für Partikelfilter (ersetzen, 25 Nm).

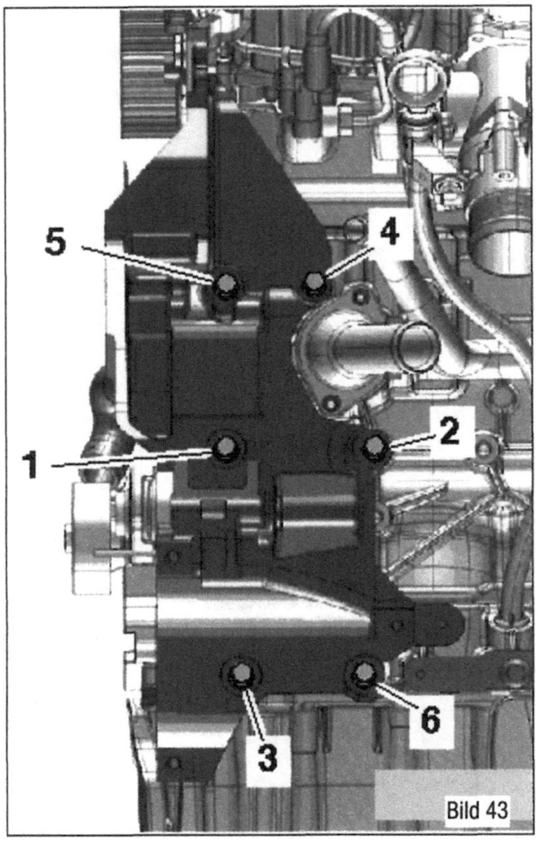

Bild 43

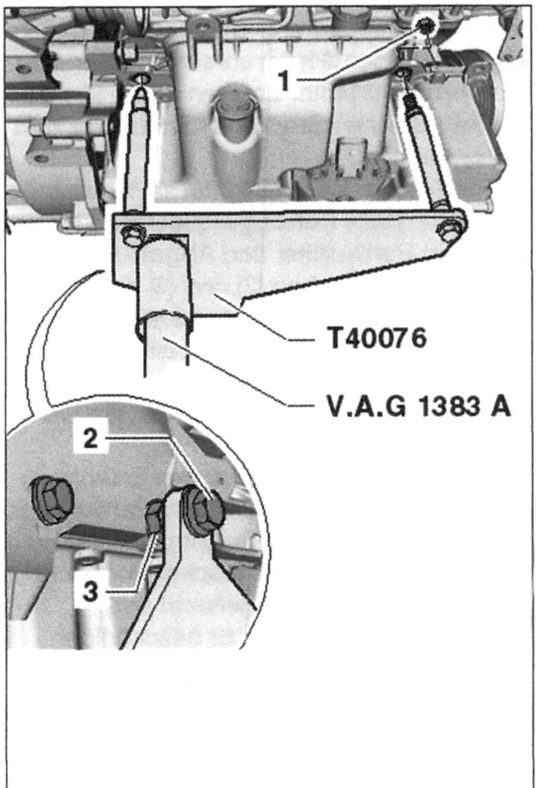

Bild 44

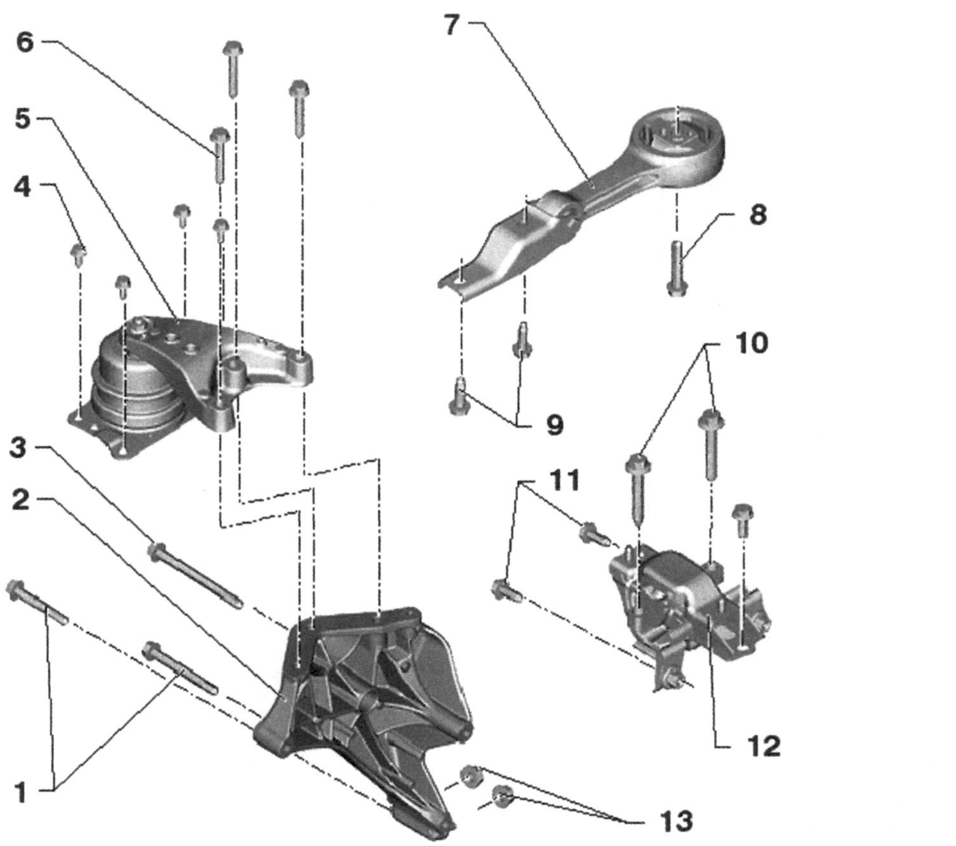

Bild 45

■ Schraube (6) am Halter für Nebenaggregate herausdrehen. Im weiteren Verlauf wird hier mit einer längeren Schraube der Motorhalter T40076 befestigt (Bild 43, siehe auch Montageübersicht »Keilrippenriementrieb«).

■ Motorhalter T40076 mit Mutter (1) mit etwa 20 Nm am Zylinderblock festschrauben. Eine Mutter M 12 (3) zwischen Motorhalter und Zylinderblock legen. Motorhalter mit einer Schraube M 10 x 50 (2) am Zylinderblock befestigen. Motor -und Getriebeheber V.A.G 1383 A am Motorhalter einstecken. Motorhalter in Motor- und Getriebeheber einsetzen. Dann Motor/Getriebe-Aggregat etwas anheben (Bild 44).

■ Die Befestigungsschrauben (Pfeile) für Motorlager vollständig herausdrehen (siehe Bild 30). Zum Herausdrehen der Schrauben für Aggregatelagerung Stufen-Stehleiter benützen. Das komplette Motorlager herausnehmen. Das Bild 45 zeigt zusätzlich eine komplette Montageübersicht »Aggregatelagerung«

■ Motorhalter ausbauen, dazu Befestigungsschrauben Motorhalter an Motor in der Reihenfolge (3) ... (1) herausdrehen (Bild 46, siehe auch Bild 45).

■ Motor aus dem Getriebe ziehen, anschließend den Motor nach vorn schwenken und nach unten absenken.

⚠ Motor beim Absenken sorgfältig aus dem Motorraum führen. Vorher nochmals prüfen, ob alle Schlauch- und Leitungsverbindungen zwischen Motor, Getriebe, Aggregateträger und Karosserie gelöst sind.

Motor 1.2 TDI am Montagebock befestigen

Für die Durchführung von Montagearbeiten ist der Motor am Motor- und Getriebehalter VAS 6095 zu befestigen. Außerdem werden eine Aufhängevorrichtung (2024 A), ein Werkstattkran (VAS 6100) und ein Drehmomentschlüssel (V.A.G 1331) benötigt.

Arbeitsablauf

■ Aufhängevorrichtung 2024 A wie im Bild 47 gezeigt einhängen und mit Werkstattkran VAS 6100 aus Motor- und Getriebeheber V.A.G 1383/A herausheben. An den Haken und Absteckstiften Sicherungsstifte (Pfeile) verwenden (Bild 47).

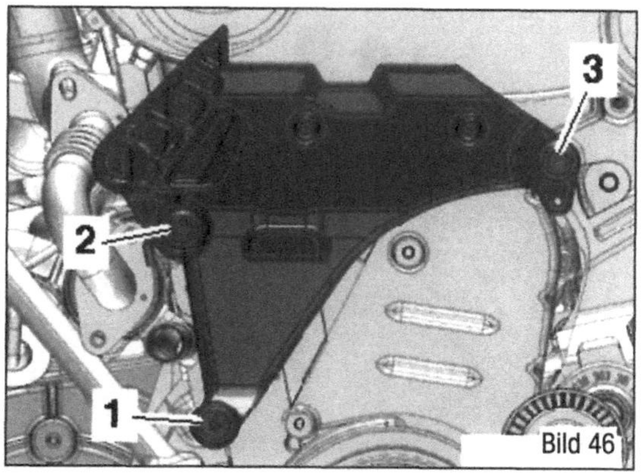

Bild 46
1,2 TDI: Motorhalter ausbauen.
(1) bis (3) Befestigungsschrauben Motorhalter an Motor

Bild 47
1,2 TDI: Motor zur Durchführung von Montagearbeiten mithilfe Aufhängevorrichtung und Werkstattkran am Motor- und Getriebehalter befestigen. Pfeile = an den Haken und Absteckstiften Sicherungsstifte verwenden.

■ Motor mit Universalaufnahme VAS 6095/1 am Motor- und Getriebehalter VAS 6095 befestigen.

Motor 1,2 TDI einbauen

Der Einbau geht sinngemäß in umgekehrter Ausbaureihenfolge vor. Dabei ist u. a. Folgendes zu beachten:

■ Kupplungsausrücklager, Führung für Ausrücklager und Verzahnung der Antriebswelle leicht mit Fett G 000 100 schmieren.

■ Kontrollieren, ob Passhülsen zur Zentrierung Motor/Getriebe im Zylinderblock vorhanden sind, ggf. einsetzen.

■ Den Ausrückhebel mit einer geeigneten Schraube (2) fixieren (Pfeil in Bild 48).

■ Aggregat hereinschwenken, dabei auf Freigang zu den Gelenkwellen achten.

Sichtprüfung Messen

Bild 48
1,2 TDI: Ausrückhebel fixieren.
(1) Originalschraube.
(2) Schraube zum Fixieren des Ausrückhebels.

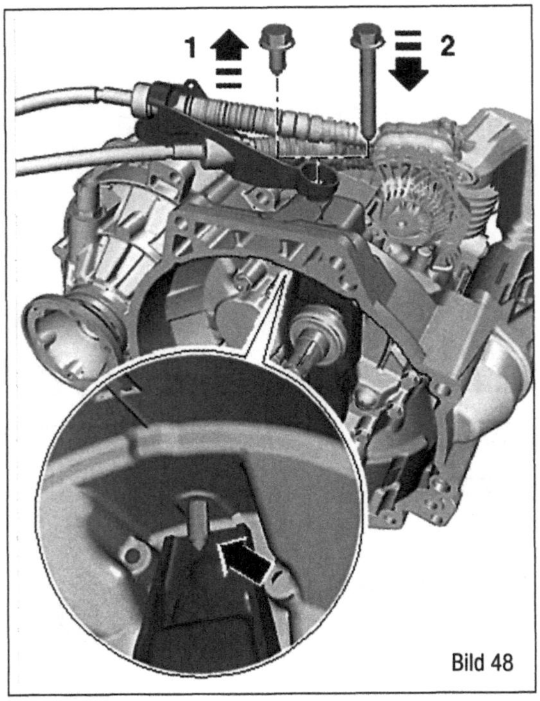

Bild 48

Bild 49
Motorhalter

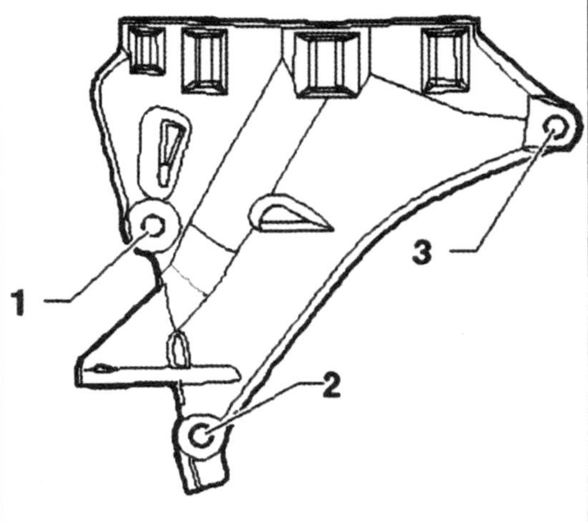

Bild 49

■ Den Getriebeflansch am Zylinderblock festschrauben (siehe Anzugsdrehmomente Seite 32 in Verbindung mit Bild 37).
■ Den Ausrückhebel wieder frei geben, die zuvor eingedrehte Schraube herausdrehen. Originalschraube wieder reindrehen.
■ Motorlagerung durch Schüttelbewegung spannungsfrei ausrichten. Beim Einbau des »Motors« auf Freigang zum Aggregateträger achten.
■ Aggregatelagerung einstellen (siehe Anzugsdrehmomente am Schluss dieser Anleitung).

Fahrzeuge mit Klimaanlage
■ Klimaprozessor einbauen.
Fortsetzung alle Fahrzeuge
■ Keilrippenriemen einbauen, Kühlmittel auffüllen und einen Fahrzeugdiagnosetester anschließen: Lernwerte löschen und Motorsteuergerät J623 an die Drosselklappensteuereinheit anpassen (Fahrzeugdiagnose-, Mess- und Informationssystem VAS 5051 »Geführte Funktion«).
■ Partikelfilter nicht verspannt befestigen, deshalb Reihenfolge beim Einbau beachten (siehe Bild 39): Schelle (1) lose befestigen, Schrauben und Muttern (2) ... (5) von Hand lose eindrehen, Schelle (1) festziehen, Schrauben und Muttern (2), (3) und (5) festziehen, zuletzt Schraube (4) festziehen.
■ Wärmeschutzblech für Gelenkwelle rechts einbauen (siehe Bild 24). Anzugsdrehmoment Schrauben (1) Wärmeschutzblech für Gelenkwelle an Zylinderblock: 35 Nm.
■ Kältemittelleitungen am Klimakompressor und am Kondensator spannungsfrei befestigen und Klimaanlage befüllen.
■ Batterie und den Batterieträger einbauen, Batterie anklemmen.
■ Das Kraftstoffsystem befüllen.
■ Einen Fahrzeugsystemtest durchführen (Fahrzeugdiagnose-, Mess- und Informationssystem VAS 5051 »Geführte Fehlersuche«). Den Fahrzeugsystemtest beenden, damit ggf. durch die Montage entstandene Fehlereinträge automatisch gelöscht werden.
■ Probefahrt durchführen. Danach erneut den Fahrzeugsystemtest durchführen, ggf. entstandene Fehler beheben.

Anzugsdrehmomente und Reihenfolge

Schrauben und Muttern
allgemein siehe Seite 32
Aggregatelagerung
Motor siehe Bild 33

Motorhalter (Bild 49)
Schrauben in 3 Stufen in der gezeigten Reihenfolge festziehen:

Stufe	*Schrauben*[1]	*Anzugsdrehmoment/ -drehwinkel*
1.	1 ... 3	7 Nm
2.	1 ... 3	40 Nm
3.	1 ... 3	180° weiterdrehen

[1] ersetzen

Pendelstütze (Bild 50)
Schrauben (A) in den Langlöchern der Pendelstütze so positionieren, dass zwischen Getriebe und Aggregateträger maximaler Abstand ist.

Schrauben[1)]	*Anzugsdrehmoment/-drehwinkel*
A	30 Nm + 90° drehen
B	40 Nm + 90° drehen

Pfeil darf nicht gelöst werden
[1)] ersetzen

*

Im Segment Kurbeltrieb beginnen wir mit der Reparaturanleitung »Keilrippenriemen aus- und einbauen«. Es folgen dann »Schwingungsdämpfer aus- und einbauen», »Motorhalter aus- und einbauen, «Schwungrad aus- und einbauen« und schließlich die Reparaturanleitungen »Kurbelwelle aus- und einbauen« sowie »Kolben und Pleuelstange zerlegen und zusammenbauen«.

Keilrippenriemen
Der Keilrippenriemen treibt als wichtiger Teil des Kurbeltriebs die Nebenaggregate Generator und Klimakompressor an. Wir demonstrieren im Folgenden den Ausbau des Keilrippenriemens ohne Klimakompressor, mit Umlenkrolle und Klimakompressor sowie mit Spannelement und Klimakompressor.

Keilrippenriemen (Fahrzeuge ohne Klimaprozessor) 1,2 TDI/1,6 TDI aus- und einbauen

Ausbau
Dazu gibt es einen Reparatursatz Keilrippenriemen mit Montagewerkzeug T10367 einschließlich einer bebilderten Arbeitsanleitung.
- Geräuschdämpfung ausbauen (siehe Kapitel 13).
- Radhausschale rechts im vorderen Bereich lösen (siehe Kapitel 13).
- Keilrippenriemen (5, Bild 51) durchtrennen.
- Der weitere Arbeitsablauf richtet sich nach der bebilderten Arbeitsanleitung, die dem neuen Keilriemen beiliegt.

Einbau in umgekehrter Ausbaureihenfolge.
Nach fertig gestellter Arbeit:
- Motor starten, Riemenlauf kontrollieren.

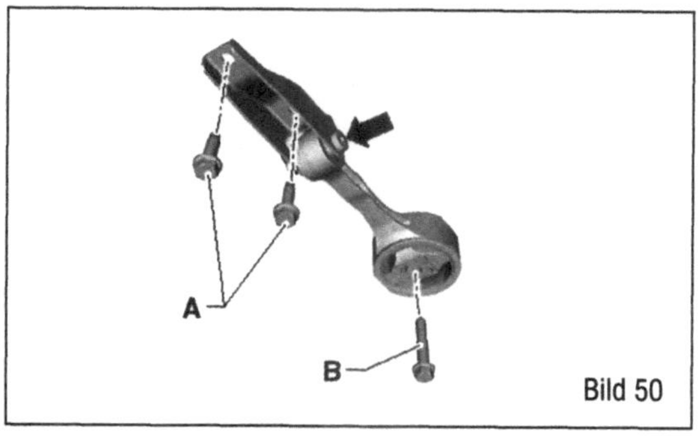

Bild 50
Pendelstütze.

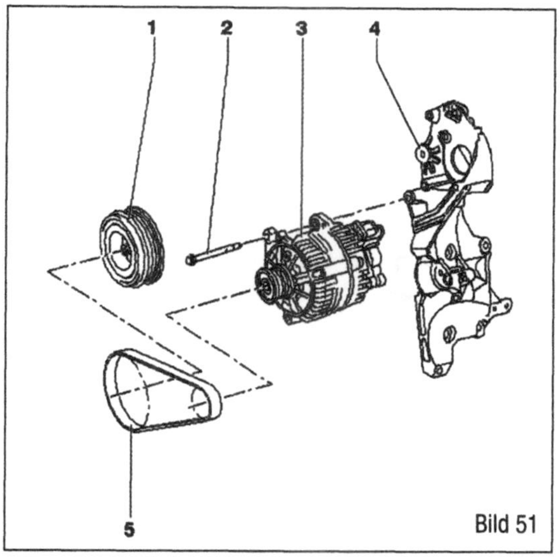

Bild 51
Montageübersicht »Keilrippenriementrieb ohne Klimakompressor« 1,2 TDI/1,6 TDI.
(1) Riemenscheibe/ Schwingungsdämpfer. Montage nur in einer Stellung möglich. Die Bohrungen sind versetzt.
(2) Schrauben Generator an Halter für Nebenaggregate (25 Nm).
(3) Drehstromgenerator.
(4) Halter für Nebenaggregate.
(5) Keilrippenriemen.

- Radhausschale rechts im vorderen Bereich wieder befestigen und Geräuschdämpfung einbauen.

Keilrippenriemen (Fahrzeuge mit Umlenkrolle und Klimaprozessor) 1,2 TDI/1,6 TDI aus- und einbauen

Siehe dazu Montageübersicht »Keilrippenriementrieb mit Umlenkrolle und Klimaprozessor« (Bild 52).

Ausbau
- Geräuschdämpfung ausbauen (siehe Kapitel 13).
- Radhausschale rechts im vorderen Bereich lösen (siehe Kapitel 13).
- 1,6 TDI: Schrauben (3), (4) und (6) herausdrehen. Kühlmittelleitungen (5) vorsichtig etwas zur Seite drücken, um Bauraum zur Demontage der Schraube für die Umlenkrolle/Keilrippenriemen (2) zu schaffen (Bild 53).

Bild 52
Montageübersicht »Keilrippenriementrieb mit Umlenkrolle und Klimaprozessor« 1,2 TDI/1,6 TDI.

(1) Keilrippenriemen. Auf Verschleiß prüfen, vor dem Ausbau Laufrichtung mit Kreide oder Filzstift kennzeichnen. Nicht knicken und beim Einbau auf korrekten Sitz auf den Keilrippenriemenscheiben achten.
(2) Umlenkrolle für Keilrippenriemen.
(3) Schwingungsdämpfer mit Keilrippenriemenscheibe. Einbaulage: Bohrung im Schwingungsdämpfer muss über der Erhebung am Kurbelwellen-Zahnriemenrad stehen.
(4) Schraube Schwingungsdämpfer. Ersetzen, nur Originalschrauben verwenden.
(5) Passhülse. Auf richtigen Sitz im Halter für Nebenaggregate achten.
(6) Schraube (20 Nm + 45°).
(7) Schraube Umlenkrolle Zahnriemen (50 Nm + 90°).
(8) Umlenkrolle für Zahnriemen.
(9) Schraube Umlenkrolle Zahnriemen (15 Nm).
(10) Umlenkrolle für Zahnriemen.
(11) Halter für Nebenaggregate.
(12) Hochdruckpumpe.
(13) Befestigungsschraube Halter Nebenaggregate.
(14) Generator.
(15) Schrauben Generator.
(16) Klimakompressor.
(17) Schrauben Klimaprozessor.
(18) Passhülse. Auf richtigen Sitz im Halter für Nebenaggregate achten.
(19) Schraube Umlenkrolle für Keilrippenriemen.

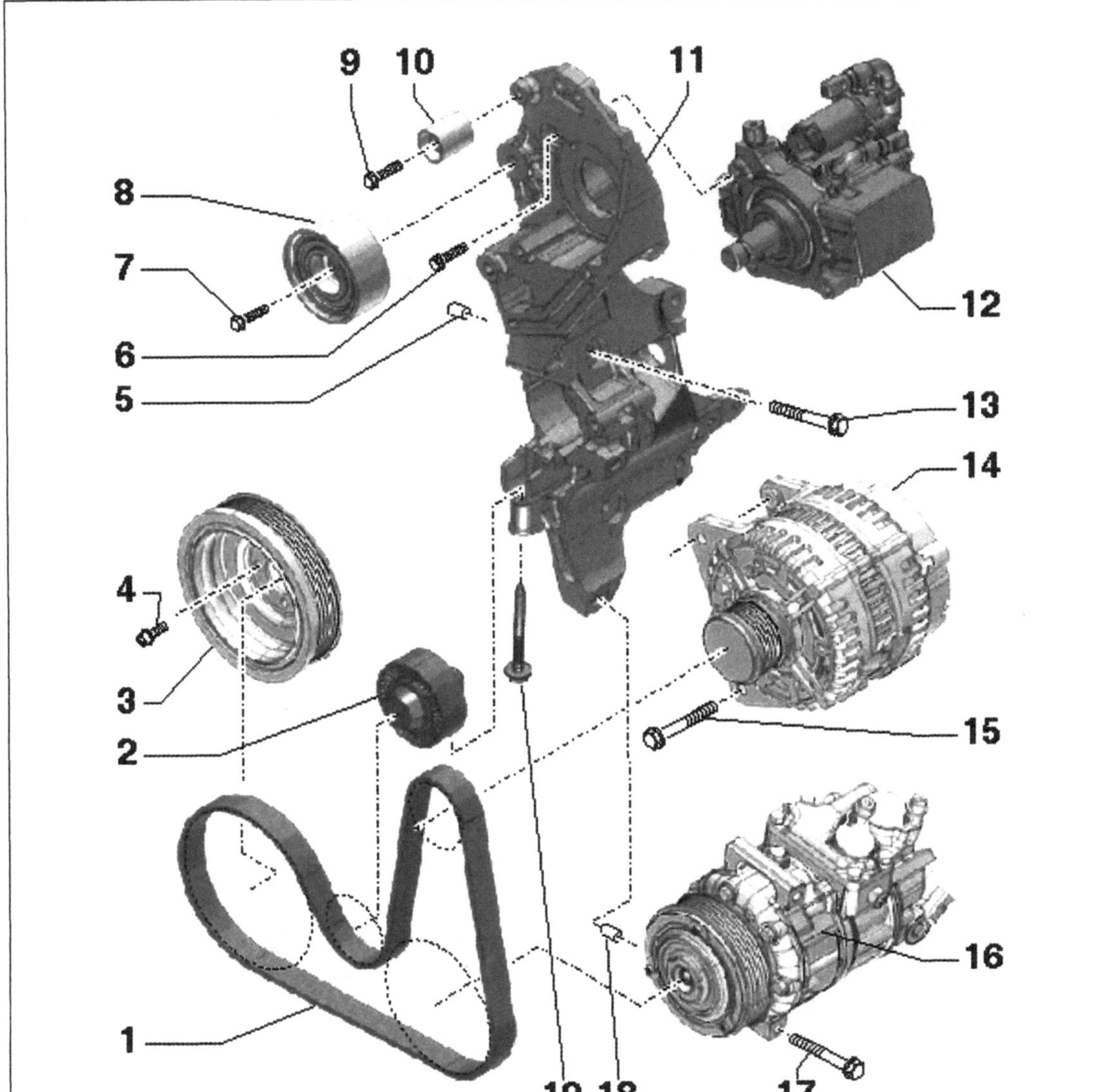

Bild 52

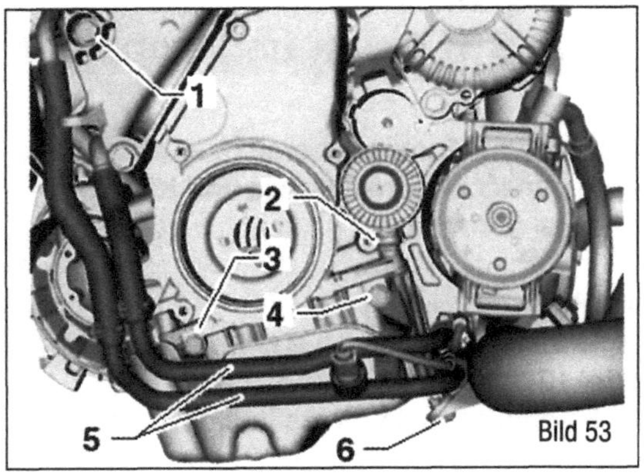

Bild 53

Bild 54

Bild 53
1,6 TDI: Kühlmittelleitungen (5) zur Seite drücken, um Bauraum zu schaffen.
(1) Umlenkrolle Zahnriemen.
(2) Schraube Umlenkrolle/Keilrippenriemen.
(3), (4) und (6) Schrauben.
(5) Kühlmittelleitungen.

Bild 54
Keilrippenriemen abnehmen.
Pfeil = Schraube Umlenkrolle/Keilrippenriemen.

■ Schraube für die Umlenkrolle/Keilrippenriemen (Pfeil) lösen, bis der Keilrippenriemen sich leicht abnehmen lässt. Keilrippenriemen herausnehmen (Bild 54).

Einbau

■ Die Führungsflächen der Umlenkrolle mithilfe eines Pinsels mit Festschmierstoffpaste bestreichen (ETKA Elektronischer-Teilekatalog G 052 751 A1).

■ Keilrippenriemen auf die Keilrippenriemenscheiben in folgender Reihenfolge auflegen: (1) Schwingungsdämpfer, (2) Umlenkrolle, (3) Generator, (4) Klimakompressor (Bild 55).

⚠ Vor dem Einbau des Keilrippenriemens darauf achten, dass alle Aggregate (Generator, Klimakompressor) fest montiert sind. Und beim Einbauen des Keilrippenriemens die Laufrichtung und den korrekten Sitz des Riemens in den Riemenscheiben prüfen.

■ Jetzt die Umlenkrolle mit ihrem Bolzen in die Führung des Halters für Nebenaggregate einfädeln und die Schraube Umlenkrolle/Keilrippenriemen (siehe Pfeil in Bild 54 und Pos. 19 in Bild 52) in fünf Stufen festziehen:

Stufe	*Anzugsdrehmoment/-Drehwinkel*
1.	von Hand bis zur Anlage eindrehen. Der Keilrippenriemen wird gespannt.
2.	so weit drehen, bis der Bolzen der Spannrolle den Anschlag erreicht hat. Der Keilrippenriemen wird weiter gespannt.
3.	90° lösen.
4.	30 Nm.
5.	90° weiterdrehen.

■ Anschließend, wie im Bild 56 gezeigt, kontrollieren, ob das Ende der Schraube für die Umlenkrolle/Keilrippenriemen über die Lauffläche der Umlenkrolle hinausragt. Maß (a) = ca. 2,5 mm. Damit ist sichergestellt, dass der Umlenkrollenbolzen bis in seinen Endanschlag gezogen wurde.

■ 1,6 TDI: Kühlmittelleitungen (5) wieder in Einbaulage bringen und die Schrauben (3), (4) und (6) mit 8 Nm festziehen (siehe Bild 53).

■ Den Motor an der Zentralschraube Riemenscheibe/Schwingungsdämpfer mindestens eine Umdrehung in Drehrichtung durchdrehen.

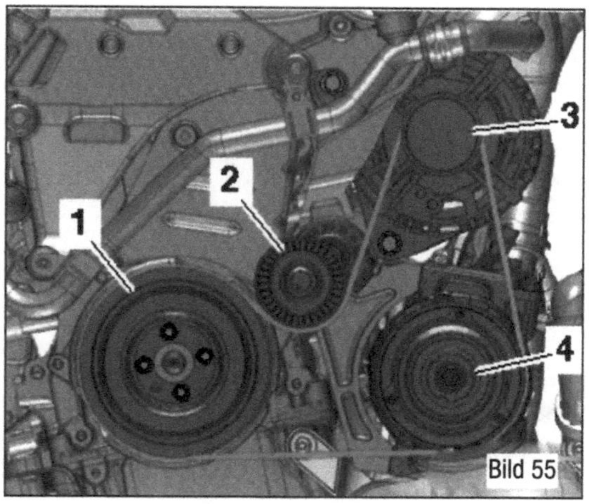

Bild 55
Keilrippenriemen in der Reihenfolge (1) bis (4) auflegen.

Bild 56
Stellung der Schraube Umlenkrolle/Keilrippenriemen kontrollieren.
(a) = ca. 2,5 mm.

■ Nach fertig gestellter Arbeit Motor starten und den Riemenlauf kontrollieren.

■ Radhausschale vorn rechts einbauen (siehe Kapitel 13).

■ Geräuschdämpfung einbauen (siehe Kapitel 13).

Aus- und Einbau des Keilrippenriemens mit Spannelement verläuft ähnlich wie in der vorhergehenden Reparaturanleitung: Geräuschdämpfung ausbauen, Laufrichtung

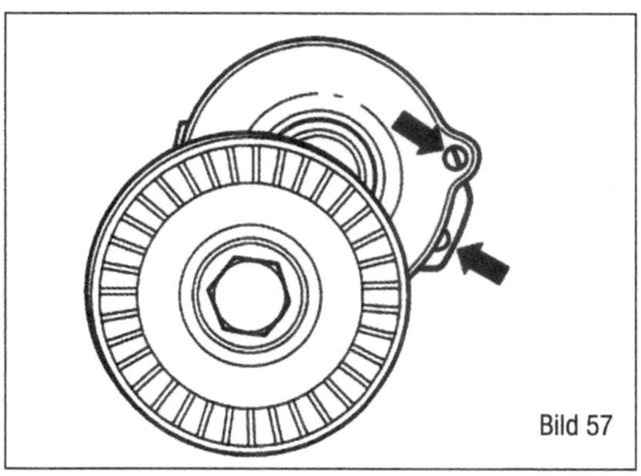

Bild 57
Spannelement mit Absteckdorn arretieren.
Pfeile = Bohrungen.

Bild 58
Keilrippenriemen in der Reihenfolge (1) bis (4) auflegen.
(1) Kurbelwelle.
(2) Spannelement.
(3) Generator.
(4) Klimakompressor.

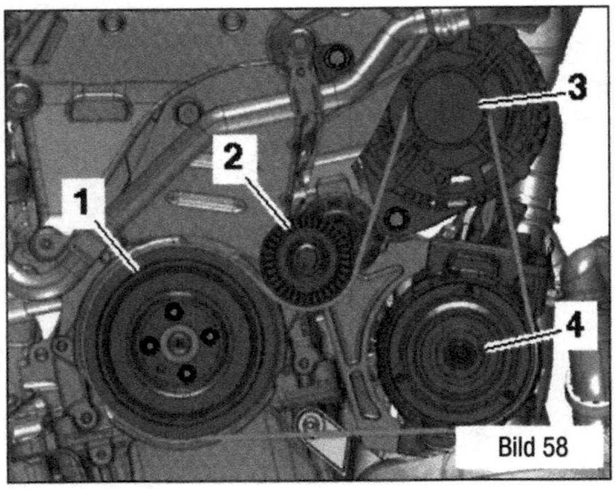

Bild 58

Bild 59
1,2 TDI: Kühlmittelleitungen (Pfeile) zur Seite legen.

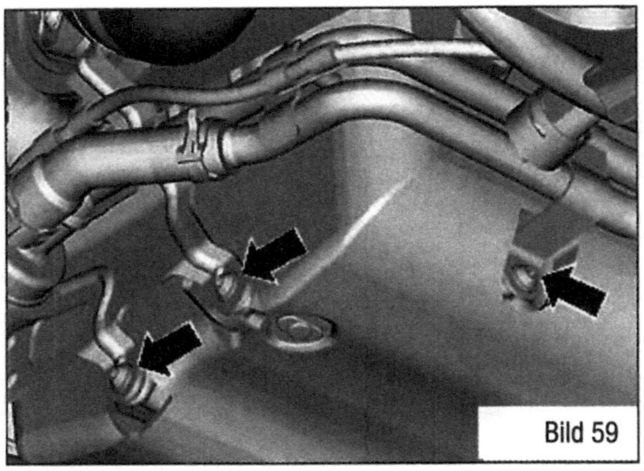
Bild 59

Bild 60
1,6 TDI: Schwingungsdämpfer ausbauen.
Pfeile = Schrauben.

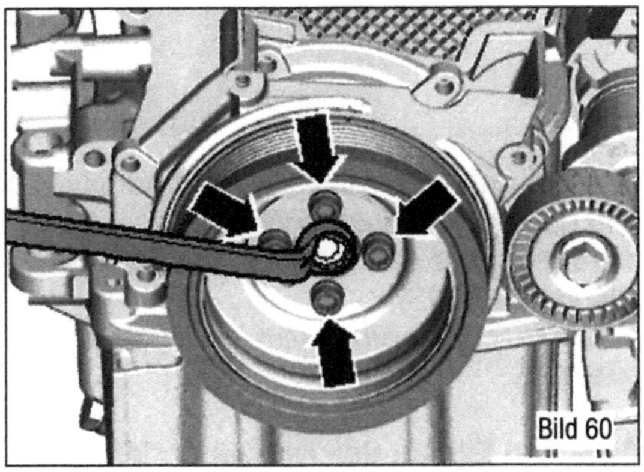
Bild 60

Bild 61
Die Montage des Schwingungsdämpfers ist nur in einer Stellung möglich: Die Bohrung des Schwingungsdämpfers (Pfeil) muss über der Erhebung am Zahnriemenrad stehen.

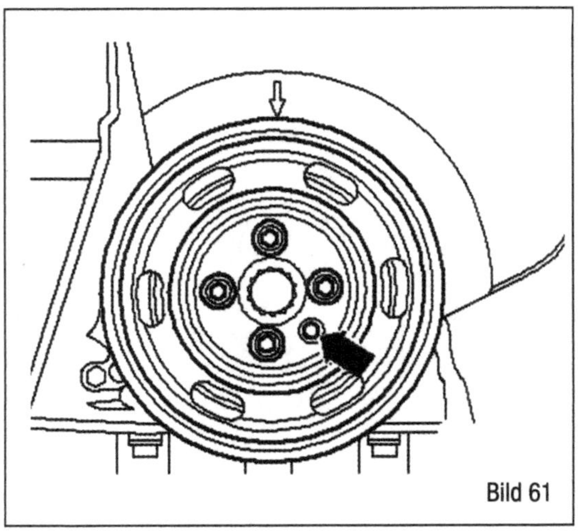
Bild 61

des Keilrippenriemens kennzeichnen, Spannelement zum Entspannen des Keilrippenriemens mit Ringschlüssel im Uhrzeigersinn schwenken, Bohrungen (Pfeile) zur Deckung bringen (Bild 57), Spannelement mit dem Absteckdorn T10060 A arretieren und Keilrippenriemen abnehmen. Einbau in umgekehrter Ausbaureihenfolge. Keilrippenriemen in der Reihenfolge (1) bis (4) auf die Riemenscheiben legen (Bild 58). Nach fertig gestellter Arbeit Motor starten und Riemenlauf kontrollieren.

Schwingungsdämpfer 1,2 TDI/1,6 TDI aus- und einbauen

Ausbau

- Keilrippenriemen ausbauen (siehe vorhergehende Anleitung).
- 1,2 TDI: Schrauben der Kühlmittelleitungen (Pfeile) herausdrehen und Kühlmittelleitungen etwas zur Seite nehmen (Bild 59).
- 1,2 TDI: Ladeluftrohr »kalte« Seite ausbauen (siehe Kapitel 3, Bild 4).
- Abdeckkappe für Schwingungsdämpfer abbauen. Schrauben (Pfeile) für Schwingungsdämpfer lösen, dazu mit dem Ringschlüssel an der Schraube für Kurbelwellen-Zahnriemenrad gegenhalten. Schrauben herausdrehen und Schwingungsdämpfer abnehmen (Bild 60).

Einbau

Die Montage ist nur in einer Stellung möglich: Die Bohrung des Schwingungsdämpfers muss über der Erhebung am Zahnriemenrad stehen (Pfeil Bild 61).

- Schwingungsdämpfer mit neuen Schrauben einbauen. Anzugsdrehmomente: 10 Nm + 90° weiterdrehen.

Zahnriemen

Der Zahnriemen ist ein wesentliches Übertragungsteil vom Kurbeltrieb zur Ventilsteuerung. Er sitzt außen am Kurbelgehäuse auf Zahnrädern an der Kurbelwelle sowie an der Nockenwelle. Der Zahnriemen treibt auch die Kühlmittelpumpe und die Hochdruckpumpe an. Der Wechsel des Zahnriemens ist eine aufwändige und komplizierte Montagearbeit, u. a. müssen der Schwingungsdämpfer und der Motorhalter ausgebaut werden. Es sind mehrere Spezialwerkzeuge erforderlich.

Macht man im Zuge des Einbaus z. B. bei der erforderlichen Einstellung der Steuerzeiten Fehler, riskiert man schwerste Motorschäden. Diese Reparatur sollte man nur unternehmen, wenn man über die notwendigen Kenntnisse und Erfahrungen verfügt. Ansonsten sollte man den Aus- und Einbau des Zahnriemens besser einer Werkstatt überlassen.

Wir zeigen hier die Montageübersicht Zahnriemen für den 1,6 TDI-Motor (Bild 62), demonstrieren den Aus- und Einbau des Zahnriemens aber in Zusammenhang mit dem Segment Zylinderkopf/Ventiltrieb.

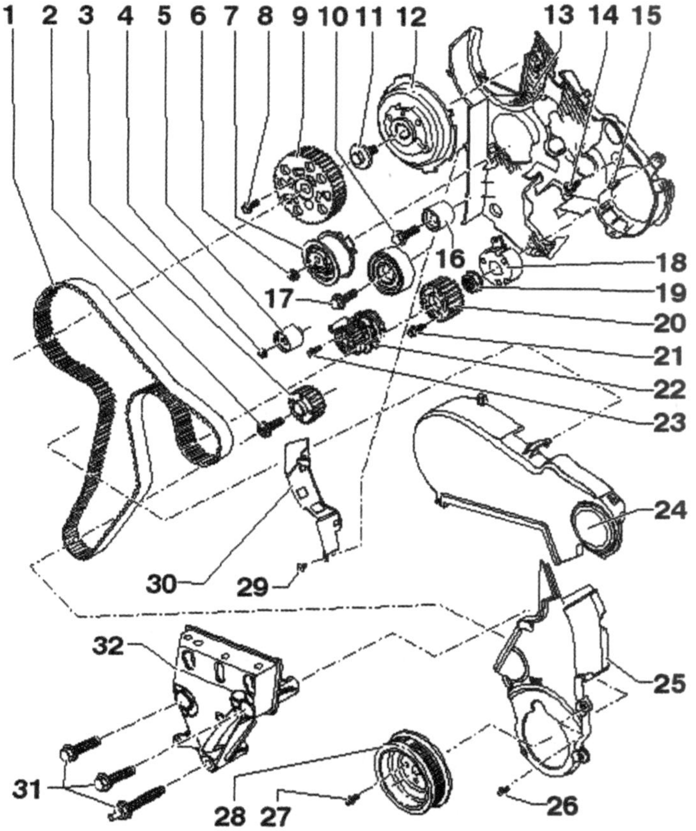

Bild 62

Bild 62
Montageübersicht »Zahnriemen« 1,6 TDI (mit 1,2 TDI nahezu deckungsgleich, lediglich Unterteil und Oberteil des Zahnriemenschutzes sowie der Motorhalter weisen etwas abweichende Formen auf).

(1) Zahnriemen. Vor Ausbau Laufrichtung mit Kreide oder Filzstift kennzeichnen und auf Verschleiß prüfen, nicht knicken.
(2) Zentralschraube Zahnriemenrad Kurbelwelle (120 Nm + 90° weiterdrehen). Das Weiterdrehen kann in mehreren Stufen erfolgen. Stets ersetzen und zum Lösen und Anziehen Gegenhalter 3415 verwenden. Gewinde und Bund nicht zusätzlich ölen- bzw. fetten.
(3) Kurbelwellen-Zahnriemenrad.
(4) Mutter Umlenkrolle (20 Nm).
(5) Umlenkrolle.
(6) Mutter Spannrolle (20 Nm + 45° weiterdrehen).
(7) Spannrolle. Zum Aus- und Einbau Motorhalter ausbauen.
(8) Schrauben Nockenwellenrad (25 Nm).
(9) Nockenwellenrad.
(10) Schraube Umlenkrolle (15 Nm)
(11) Zentralschraube Nabe der Nockenwelle (100 Nm)
(12) Nabe der Nockenwelle. Zum Lösen und Anziehen Gegenhalter 10051, zum Ausbau Abziehvorrichtung T10052 verwenden.
(13) Zahnriemenschutz hinten.
(14) Schraube (20 Nm).
(15) Schraube (10 Nm, ersetzen).
(16) Umlenkrolle.
(17) Schraube (50 Nm + 90° weiterdrehen).
(18) Nabe der Hochdruckpumpe. Zum Lösen und Anziehen Gegenhalter T10051, zum Ausbau Abzieher T40064 verwenden.
(19) Mutter Nabe der Hochdruckpumpe (95 Nm).
(20) Zahnriemenrad Hochdruckpumpe.
(21) Schrauben Zahnriemenrad Hochdruckpumpe (20 Nm + 90° weiterdrehen).
(22) Kühlmittelpumpe.
(23) Schrauben Kühlmittelpumpe (15 Nm).
(24) Zahnriemenschutz-Oberteil.
(25) Zahnriemenschutz-Unterteil.
(26) Schrauben Zahnriemenschutz Unterteil (fünf Schrauben, 9 Nm).
(27) Schrauben Riemenscheibe/Schwingungsdämpfer (10 Nm + 90° weiterdrehen, ersetzen).
(28) Riemenscheibe/Schwingungsdämpfer. Montage nur in einer Stellung möglich, Bohrungen sind versetzt.
(29) Schraube Schutzblech (5 Nm).
(30) Schutzblech.
(31) Schrauben Motorhalter (40 Nm + 180° weiterdrehen, ersetzen, Anzugsreihenfolge beachten).
(32) Motorhalter.

Sichtprüfung Messen

Motorhalter 1,6 TDI aus- und einbauen

Dazu werden die Auffangvorrichtung 10-222 A mit Adaptern (10-222 A/8 und 10-222 A/18), Zusatzhaken (10-222 A/10) und Schäkel (10-222 A/12) benötigt.
Im späteren Arbeitsablauf wird die Abfangvorrichtung 10-222 A mit den Adaptern 10-222 A/8 auf den Längsträgern aufgesetzt. Damit die Kotflügelkanten nicht beschädigt werden, sollten beide Adapter 10-222 A/8 im unteren Bereich mit Gewebeklebeband versehen werden.

Ausbau

⚠ Das Aggregatelager darf nur dann ausgebaut werden, wenn der Motor mit der Abfangvorrichtung 10-222A abgefangen wird. Und der Motorhalter darf erst dann gelöst werden, wenn das Aggregatelager ausgebaut ist.

- Motorabdeckung ausbauen.
- Die Vorwärmleitung (Pfeil 2) ist nicht zwingend eingebaut (siehe Bild 9).

Damit der Unterdruckschlauch vom Bremskraftverstärker zum Motor nicht beschädigt wird, muss er ausgebaut werden (siehe Kapitel 11).

- Abfangvorrichtung 10-222 A mit den nötigen Adaptern wie im Bild 63 gezeigt aufsetzen und den Motor in Einbaulage abfangen.
- Radhausschale vorn rechts ausbauen (siehe Kapitel 13).
- Kühlmittelausgleichsbehälter lösen (siehe Kapitel 4), um Bauraum für den Ausbau des Motorhalters zu schaffen.
- Kraftstoffvorlaufleitung (A, weiß bzw. mit weißer Markierung) und Rücklaufleitung (B, blau bzw. mit blauer Markierung) an der Kraftstoffübergabestelle trennen. Eventuell auslaufenden Kraftstoff auffangen (siehe Bild 12).
- Mit einem Finger die Rastnase vom Kraftstoffvorwärmventil entsperren und das Kraftstoffvorwärmventil nach oben aus der Führung vom Kühlmittelausgleichsbehälter ziehen (siehe Bild 13).
- Wechselfilterpatrone aus dem Kraftstofffilter-Unterteil clipsen und nach oben herausnehmen (siehe Bild 14). Danach die Wechselfilterpatrone und die Kraftstoffschläuche zusammen mit dem Kraftstoffvorwärmventil auf dem Motor ablegen.
- Kraftstofffilter-Unterteil ausbauen (siehe Kapitel 5).
- Klammern öffnen (Pfeile) und Zahnriemenschutz oben abnehmen (Bild 64, siehe auch Bild 62).
- Befestigungsschrauben von Aggregatelagerung/Motorhalter (B) und Aggregatelagerung/Karosserie (A) herausschrauben, Aggregatelager komplett ausbauen (siehe Bild 33 und auch Bild 45).
- Pendelstütze ausbauen (siehe Bild 40).
- Motor so weit wie möglich in Richtung Kühler ziehen.

⚠ Darauf achten, dass beim Anheben und Absenken des Motors mit der Abfangvorrichtung 10-222A keine Bauteile/Schläuche beschädigt, überdehnt oder abgerissen werden.

☞ Die Befestigungsschraube (1) zusammen mit dem Motorhalter herausnehmen. Motor mit der Spindel der Abfangvorrichtung 10-222 A heben und senken, um die Schrauben (2) und (3) zu entnehmen, bzw. anzusetzen (Bild 65).

- Befestigungsschrauben des Motorhalters in der Reihenfolge (3) ... (1) herausdrehen.

Der zur Verfügung stehende Bauraum ist

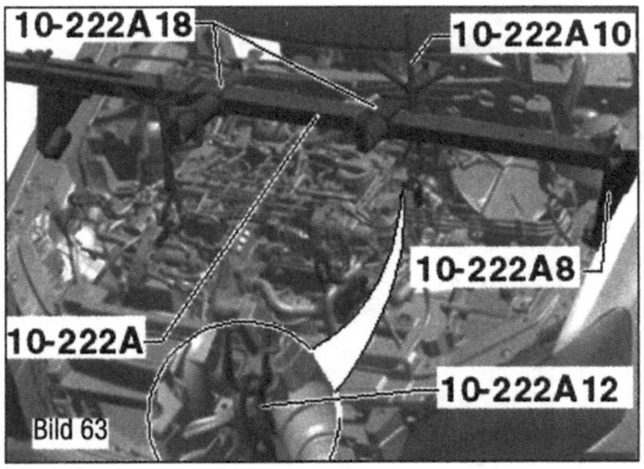

Bild 63
1,6 TDI: Motor mithilfe Abfangvorrichtung 10-222 A in Einbaulage abfangen.

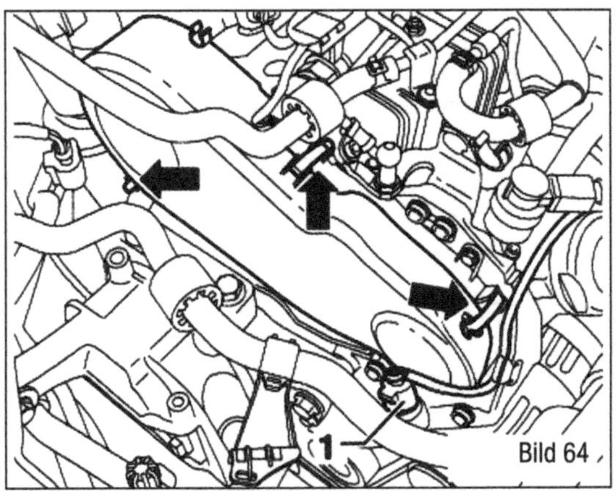

Bild 64
1,6 TDI: Zahnriemenschutz (Pfeile) oben abnehmen.

sehr gering. Vorsichtig vorgehen, um Beschädigungen an Fahrzeug und Motor zu verhindern. Motorhalter nach oben herausnehmen.

Einbau

Der Einbau erfolgt in umgekehrter Reihenfolge. Dabei ist Folgendes zu beachten:

- Motorhalter von oben einsetzen.
- Befestigungsschraube (1) zusammen mit dem Motorhalter einbauen. Motor mit der Spindel der Abfangvorrichtung 10-222 A heben und senken, um die Schrauben (2) und (3) anzusetzen.
- Die neuen Befestigungsschrauben in der Anzugsreihenfolge (1) ... (3) zuerst handfest, danach in der gleichen Reihenfolge mit 40 Nm + 180° anziehen (siehe Bild 65).

Die Anzugsreihenfolge und Drehmomente der Befestigungsschrauben für den Motorhalter müssen zwingend eingehalten werden. Ansonsten kann es zu Verspannungen des Motorhalters kommen, in deren Folge der Motorhalter bricht.

- Aggregatelagerung Motor ansetzen und zuerst die neuen Schrauben (A) mit 20 Nm + 90° festziehen. Nachfolgend mithilfe der Spindel den Motorhalter zur Anlage an die Aggregatelagerung bringen. Schrauben (B) ansetzen und anschließend mit 30 Nm + 90° festziehen (siehe Bild 33).
- Der weitere Zusammenbau erfolgt in entgegen gesetzter Ausbaureihenfolge. Dabei ist Folgendes zu beachten:
- Anzugsdrehmomente der Pendelstütze siehe Bild 50.
- Auf festen Sitz der Kraftstoffschläuche achten sowie Vorlaufleitung und Rücklaufleitung nicht vertauschen (Rücklaufleitung blau bzw. mit blauer Markierung, Vorlaufleitung schwarz).

Motorhalter 1,2 TDI aus- und einbauen

Dazu werden die gleichen Spezialwerkzeuge und Hilfsmittel wie beim Aus- und Einbau des Motorhalters der 1,6 TDI benötigt, zudem gelten die gleichen Bedingungen.

Ausbau

- Motorabdeckung und Geräuschdämpfung ausbauen.

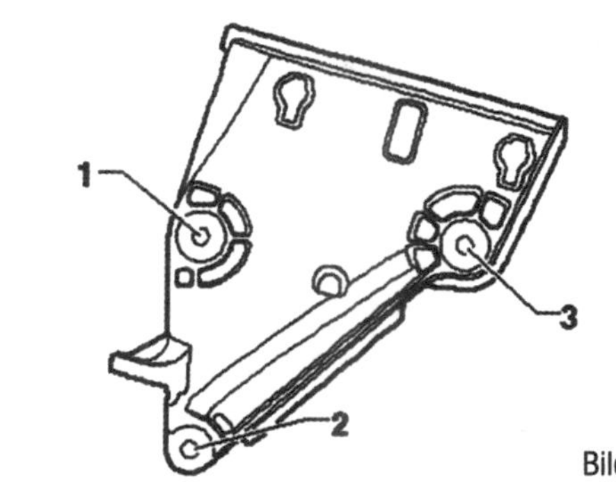

Bild 65

Bild 65
1,6 TDI: Motorhalter ausbauen.
(1) ... (3) Schrauben.

- Oberen und unteren Halter des Partikelfilters ausbauen: Schrauben (2) und (3) herausdrehen und oberen Halter abnehmen, Schrauben und Muttern (4) und (5) herausdrehen und unteren Halter abnehmen (siehe Bild 39).
- Ladeluftrohr »kalte« Seite ausbauen (siehe Kapitel 3, Bild 4).
- Verschlauchungen am Kühlmittelausgleichsbehälter ausclipsen und Stecker vom Kühlmittelausgleichsbehälter abziehen (siehe Kapitel 4).
- Stecker vom Differenzdruckgeber (G505) abziehen (siehe Kapitel 7, Bild 1).
- Kühlmittelausgleichsbehälter lösen und mit Differenzdruckgeber G505, Kraftstofffilter mit Leitungen seitlich ablegen.

Die Abfangvorrichtung 10-222 A mit den nötigen Adaptern, wie im Bild 63 gezeigt aufsetzen, den Motor in Einbaulage abfangen.

- Befestigungsschrauben (Pfeile) der Aggregatlagerung Motor herausdrehen und das komplette Motorlager herausnehmen (siehe Bild 30).
- Befestigungsschrauben des Motorhalters in der Reihenfolge (3) ... (1) herausdrehen und den Motorhalter nach oben herausnehmen (siehe Bild 49).

Einbau

Der Einbau erfolgt in umgekehrter Ausbaureihenfolge. Dabei ist Folgendes zu beachten:

Die Anzugsreihenfolge und Drehmomente der Befestigungsschrauben für den Motorhalter müssen zwingend eingehalten werden. Ansonsten kann es zu Verspannungen des Motorhalters kommen, in deren Folge der Motorhalter bricht.

- Den Motorhalter von oben einsetzen und die neuen Befestigungsschrauben in der Anzugsreihenfolge (1) ... (3) zuerst handfest

Bild 66
Montageübersicht »Schwungrad und Dichtflansche« 1,6 TDI.
(1) Schrauben Zweimassenschwungrad (ersetzen, 60 Nm + 90°).
(2) Zweimassenschwungrad. Durch versetzte Bohrungen Montage nur in einer Stellung möglich.
(3) Geberrad für Motordrehzahlgeber G28.
(4) Motordrehzahlgeber G28.
(5) Schraube Motordrehzahlgeber G28 (4,5 Nm).
(6) Passstifte (zwei Stück).
(7) Zwischenblech. Bei Montagearbeiten nicht beschädigen oder verbiegen. Zwischenblech am Dichtflansch oben einhängen und auf die Passstifte unten aufhängen.
(8) Dichtflansch (mit Dichtring und Geberrad für Drehzahlgeber). Kann nur komplett ersetzt werden. Dichtlippe des Dichtrings nicht zusätzlich einölen bzw. fetten. Vor dem Einbau Ölrückstände am Kurbelwellenzapfen mit einem sauberen Lappen entfernen. Zum Einbau mitgelieferte Stützhülse benutzen.
(9) Schrauben (sechs Stück) Dichtflansch. In zwei Stufen festziehen: 1. Stufe: von Hand bis zur Anlage eindrehen. 2. Stufe: über Kreuz in Stufen mit zuletzt 15 Nm festziehen.

Bild 67
1,6 TDI: Zweimassenschwungrad (A) ausbauen. (B) Schrauben.

Bild 68
1,6 TDI: Zweimassenschwungrad mit Gegenhalter in Bohrung am Zylinderblock (B) arretieren.

anziehen, dann mit dem vorgeschriebenen Drehmoment nachziehen (siehe Bild 49).

- Anzugsdrehmomente Aggregatlagerung Motor siehe Bild 33.

Zweimassenschwungrad 1,6 TDI aus- und einbauen

Eine Montageübersicht »Schwungrad und Dichtflansche« in Form einer Explosionsdarstellung zeigt anschaulich die einzelnen Bauteile (Bild 66).

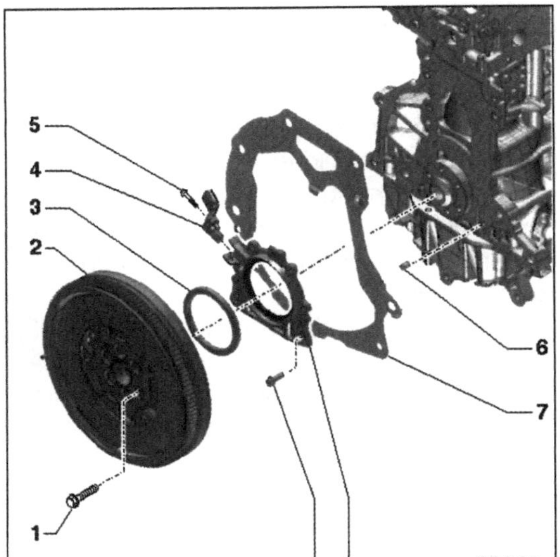

Bild 66

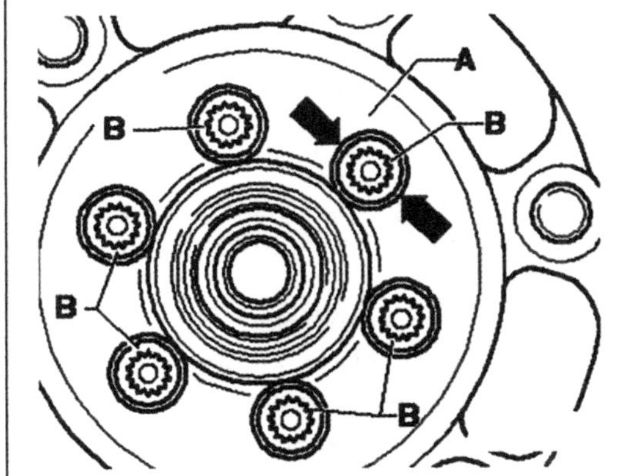

Bild 67

Ausbau

Es wird ein Gegenhalter 3067 benötigt.

- Getriebe ausbauen.
- Zweimassenschwungrad zum Motor kennzeichnen.
- Zweimassenschwungrad (A) so drehen, dass die Schrauben (B) mittig in den Bohrungen stehen (Pfeile).

⚠ Um eine Zerstörung des Zweimassenschwungrades beim Ausbau zu vermeiden, dürfen die Schrauben (B) nicht mit einem Druckluft- bzw. Schlagschrauber sondern nur von Hand herausgedreht werden. Beim Herausdrehen der Schrauben (B) darauf achten, dass kein Schraubenkopf am Zweimassenschwungrad (Pfeile) anliegt, da sonst das Schwungrad beim nachfolgenden Drehen der Schraube beschädigt wird (Bild 67).

- Gegenhalter in Bohrung am Zylinderblock stecken (B im Bild 68).
- Zweimassenschwungrad abschrauben.

Einbau

Einbau in umgekehrter Ausbaureihenfolge, dabei ist Folgendes zu beachten:

- Schwungrad in der beim Ausbau gekennzeichneten Lage einbauen.
- Gegenhalter in Bohrung am Zylinderblock stecken (A im Bild 68).
- Neue Schrauben verwenden und Schwungrad mit 60 Nm + 90° festziehen.

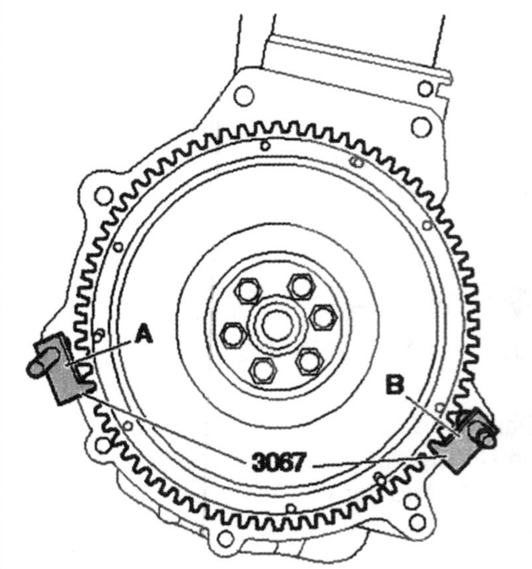

Bild 68

Kurbelwelle 1,2 TDI/1,6 TDI aus- und einbauen

Ausgangsstatus: Für die Durchführung von Montagearbeiten ist der ausgebaute Motor auf dem Motor- und Getriebehalter VAS 6095 zu befestigen. Aus- und Einbau der Kurbelwelle werden je Motor anhand von Montageübersichten demonstriert (Bild 69 bis 72).

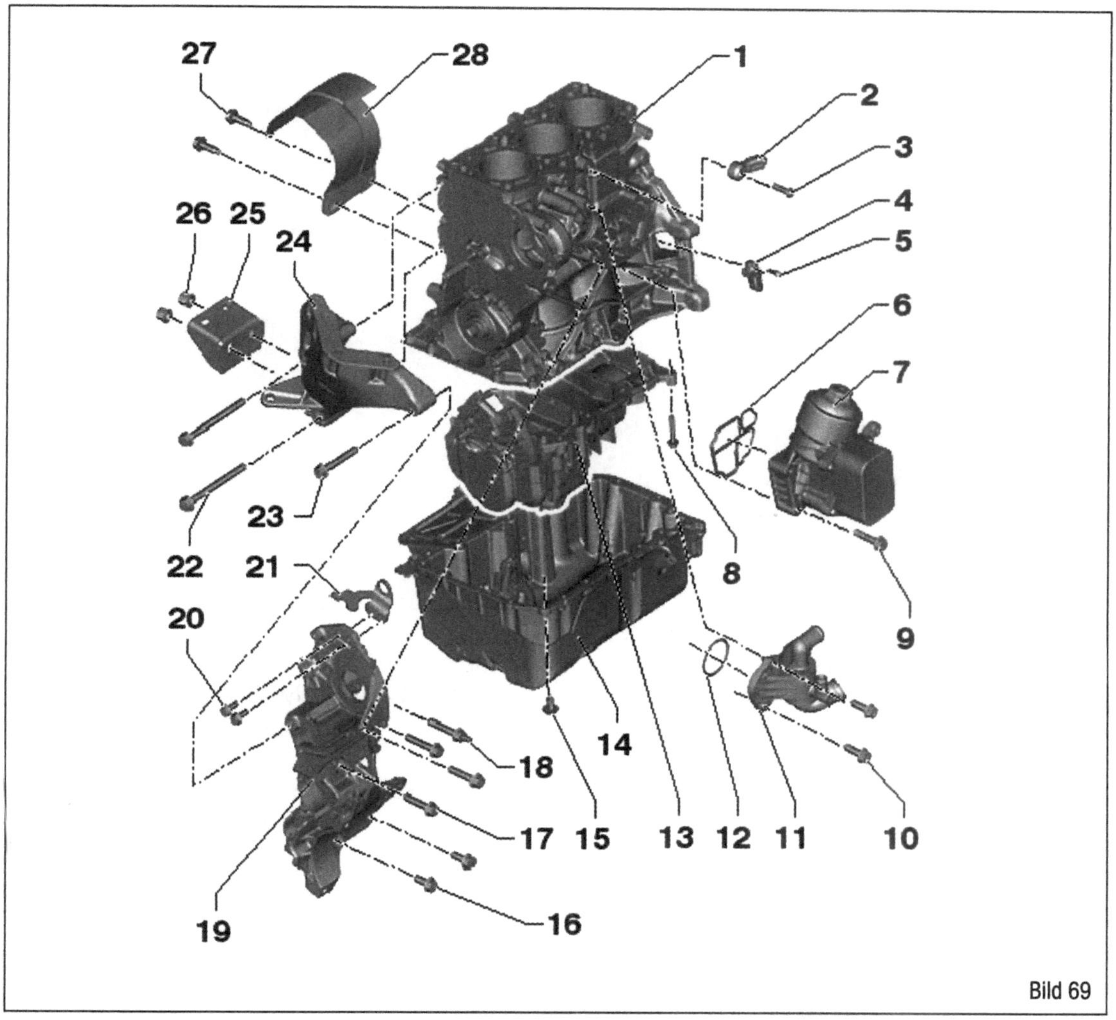

Bild 69

Montageübersicht »Zylinderkurbelgehäuse« 1,2 TDI.

(1) Zylinderblock.
(2) Klopfsensor.
(3) Schraube für Klopfsensor (20 Nm).
(4) Motordrehzahlgeber G28.
(5) Schraube für Motordrehzahlgeber G28 (5 Nm).
(6) Dichtung (ersetzen).
(7) Ölfilterhalter.
(8) Schrauben für Ausgleichswellenmodul (20 Nm).
(9) Schrauben für Ölfilterhalter (14 Nm + 90°, ersetzen). Bei der Montage zuerst Schraube oben links und unten rechts ansetzen, anschließend alle 4 Schrauben über Kreuz festziehen.
(10) Schrauben für Kühlmittelregler (15 Nm).
(11) 4/2-Wege-Ventil mit Kühlmittelregler.
(12) O-Ring (ersetzen).
(13) Ausgleichswellenmodul. Vor dem Einbau kontrollieren, ob die Passhülse zur Zentrierung im Zylinderblock vorhanden ist und der O-Ring im Leiterrahmen eingesetzt ist.
(14) Ölwanne. Vor der Montage Dichtfläche reinigen und mit Silikon-Dichtmittel D 176 501 A1 einbauen.
(15) Schrauben für Ölwanne (15 Nm).
(16) Schrauben Halter für Nebenaggregate. Anzugsdrehmoment und -reihenfolge Bild 69a.
(17) Schrauben Halter für Nebenaggregate. Anzugsdrehmoment und -reihenfolge Bild 69a.
(18) Doppelschraube Halter für Nebenaggregate. Anzugsdrehmoment und -reihenfolge Bild 69a.
(19) Halter für Nebenaggregate (für Drehstromgenerator, Klimakompressor und Spannelement für Keilrippenriemen). Bei Montage auf Passhülse zwischen Halter für Nebenaggregate und Zylinderblock achten.
(20) Schrauben für Aufhängeöse (25 Nm).
(21) Aufhängeöse.
(22) Schraube für Motorhalter (ersetzen)
(23) Schraube Motorhalter.
(24) Motorhalter.
(25) Halter für Partikelfilter.
(26) Muttern (Halter für Partikelfilter) (23 Nm).
(27) Schrauben für Abschirmkappe/Gelenkwelle (40 Nm).
(28) Abschirmblech Gelenkwelle.

Sichtprüfung Messen

Bild 69a
1,2 TDI: Halter für Nebenaggregate:
Anzugsdrehmoment und -reihenfolge.
– Schrauben wie folgt einsetzen:
Schrauben (1) und (2) M 10 x 52.
Schrauben (3) und (6) M 10 x 30.
Schrauben (4) und (5) M 10 x 60.

Bild 70
Montageübersicht »Kurbelwelle« 1,2 TDI.
(1) Lagerschale 1, 2, und 4 für Lagerdeckel ohne Schmiernut und für Zylinderblock mit Schmiernut. Gelaufene Lagerschalen nicht vertauschen (kennzeichnen).
(2) Schrauben für Lagerdeckel (ersetzen, 65 Nm +90°).
(3) Lagerdeckel. Lagerdeckel 1: Riemenscheibenseite.
(4) Kurbelwelle.
(5) Lagerschale 3 für Lagerdeckel ohne Schmiernut und für Zylinderblock mit Schmiernut.
(6) Anlaufscheiben für Lager 3.

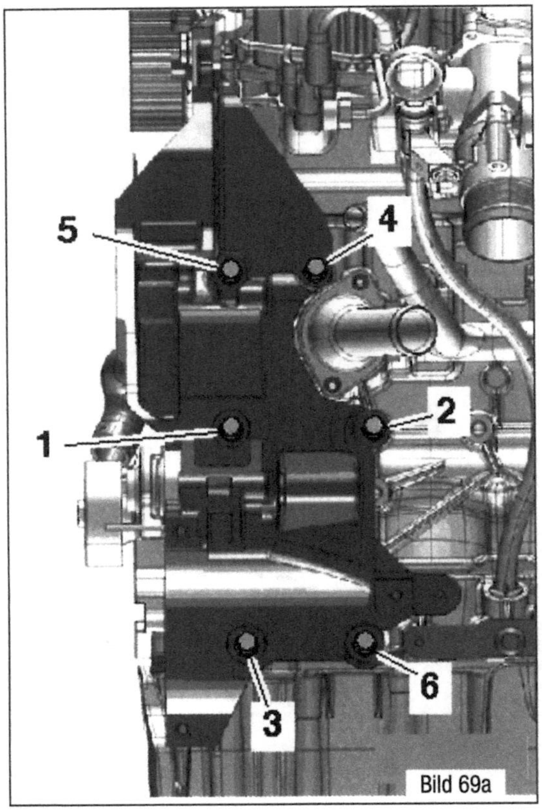

Bild 69a

- Schrauben in 4 Stufen in der gezeigten Reihenfolge festziehen:

Stufe	*Schrauben*	*Anzugsdrehmoment/-drehwinkel*
1.	1 ... 6	von Hand bis zur Anlage eindrehen
2.	1 ... 6	40 Nm
3.	3 und 6	45° weiterdrehen
4.	1, 2, 4, 5	90° weiterdrehen

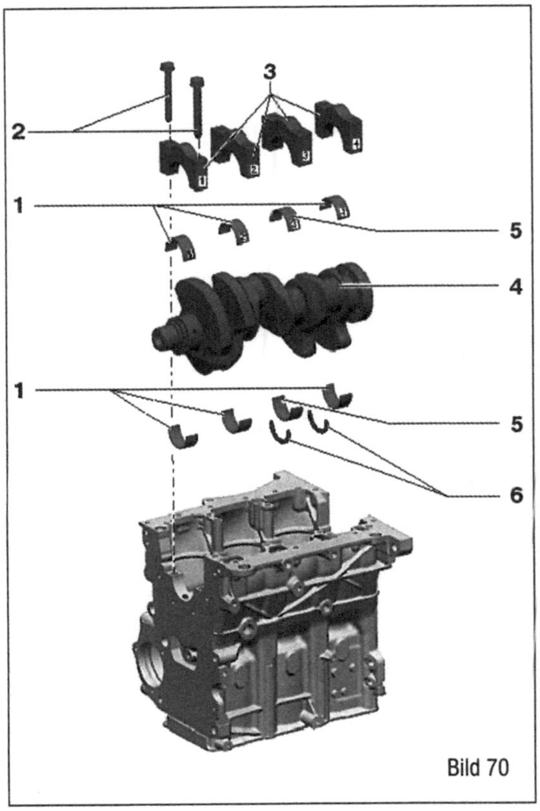

Bild 70

Kurbelwellenmaße

Schleifmaß	Kurbelwellenlagerzapfen Ø	Pleuellagerzapfen Ø
	-0,022	-0,022
Grundmaß	54,00 mm	47,80 mm
	-0,042	-0,042

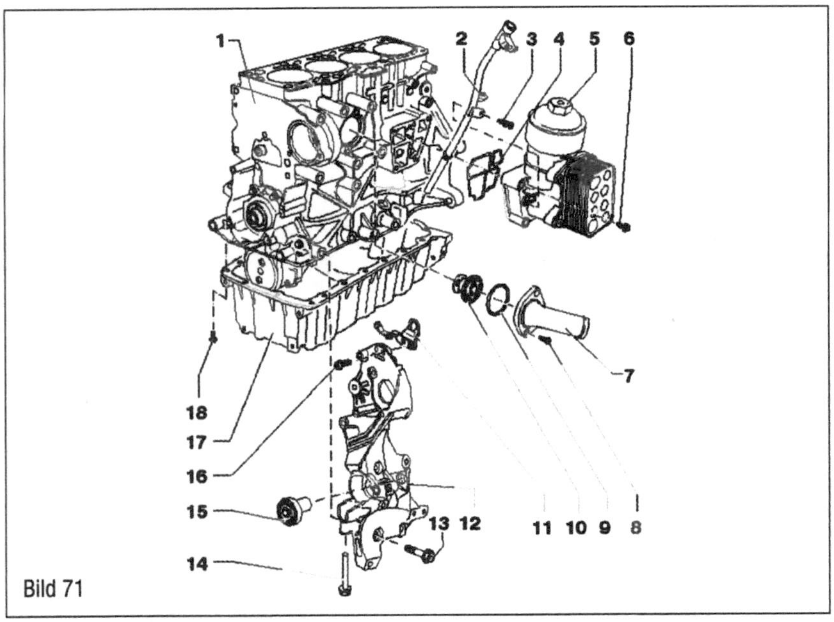

Bild 71

Bild 71
Montageübersicht »Zylinderkurbelgehäuse« 1,6 TDI.
(1) Zylinderblock.
(2) Führungsrohr (O-Ring ersetzen).
(3) Clip.
(4) Dichtung (ersetzen).
(5) Ölfilterhalter.
(6) Schrauben für Ölfilterhalter (ersetzen, 14 Nm + 180° weiterdrehen). Zuerst Schraube oben links und unten rechts ansetzen, anschließend alle 4 Schrauben über Kreuz festziehen
(7) Anschlussstutzen für Kühlmittelregler.
(8) Schrauben für Kühlmittelregler (13 Nm).
(9) O-Ring (ersetzen).
(10) Kühlmittelregler. Prüfen: Regler im Wasserbad erwärmen: Öffnungsbeginn ca. 85 °C, Ende ca. 105 °C, Öffnungshub mindestens 7 mm.
(11) Aufhängeöse.
(12) Halter für Nebenaggregate
(13) Schraube für Halter Nebenaggregate. Anzugsdrehmoment/-Drehwinkel siehe Bild 69a.
(14) Schraube (ersetzen, 30 Nm +90° weiterdrehen).
(15) Spannrolle mit Spannrollenbolzen (Spannelement für Keilrippenriemen), nur Fahrzeuge mit Klimakompressor.
(16) Schrauben für Aufhängeöse (20 Nm)
(17) Ölwanne. Vor der Montage Dichtfläche reinigen, mit Silikon-Dichtmittel D 176 404 A2 einbauen.
(18) Schrauben für Ölwanne (15 Nm).

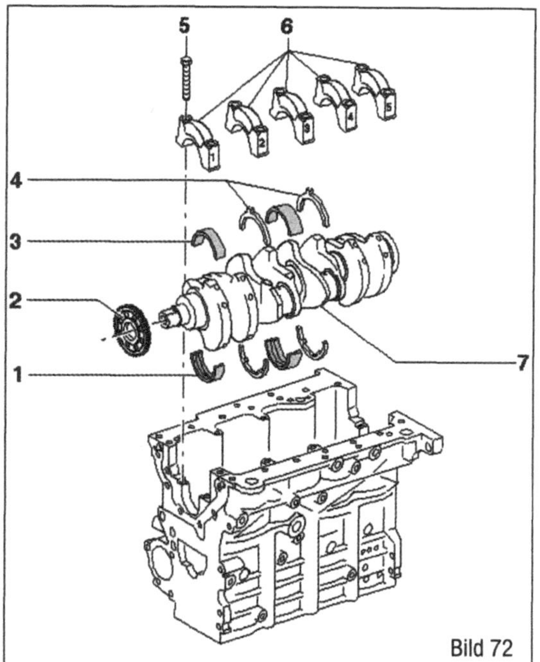

Bild 72

Bild 72
Montageübersicht »Kurbelwelle« 1,6 TDI.

(1) Lagerschalen für Zylinderblock mit Schmiernut. Gelaufene Lagerschalen für den Wiedereinbau kennzeichnen, jedoch nicht auf der Lauffläche.
(2) Zahnriemenrad für Ölpumpenantrieb. Nicht einzeln als Ersatzteil erhältlich.
(3) Lagerschalen für Lagerdeckel ohne Schmiernut. Gelaufene Lagerschalen für den Wiedereinbau kennzeichnen, jedoch nicht auf der Lauffläche. Bis auf die Grundschicht durchgelaufene Lagerschalen ersetzen.
(4) Anlaufscheiben für Lager 3. Unterschiedliche Ausführung für Zylinderblock und Lagerdeckel, Fixierung beachten.
(5) Schrauben für Lagerdeckel. Zum Ausbau der Kurbelwelle Schrauben herausdrehen. Zum Einbau Schrauben ersetzen und mit 65 Nm +90°weiterdrehen.
(6) Lagerdeckel.

Lagerdeckel 1: Riemenscheibenseite.
Lagerdeckel 3 mit Aussparungen für Anlaufscheiben.
Einbaulage: Haltenasen der Lagerschalen im Zylinderblock und Lagerdeckel müssen übereinander liegen.

(7) Kurbelwelle. Axialspiel neu: 0,07 ... 0,17 mm, Verschleißgrenze: 0,37 mm. **Radialspiel mit Plastigage messen:** neu: 0,03 ... 0,08 mm, Verschleißgrenze: 0,17 mm. Bei Radialspielmessung Kurbelwelle nicht verdrehen. Plastigage (Plastigauge) ist ein dünner Messstreifen, der sich bei Quetschung um eine bestimmte Breite ausdehnt. Anhand der Skala, die auf der Verpackung abgedruckt ist, kann so das Lagerspiel bei Gleitlagern bestimmt werden. Plastigage gibt es in 3 verschiedenen Messbereichen:
Grün: für einen Spielbereich von 0,025 bis 0,076 mm
Rot: für einen Spielbereich von 0,050 bis 0,150 mm
Blau: für einen Spielbereich von 0,102 bis 0,229 mm

Kolben und Pleuelstange 1,2 TDI/1,6 T TDI zerlegen und zusammenbauen

Zerlegen und Zusammenbauen von Kolben und Pleuelstange werden ebenfalls anhand einer Montageübersicht/-anleitung demonstriert (Bild 73).

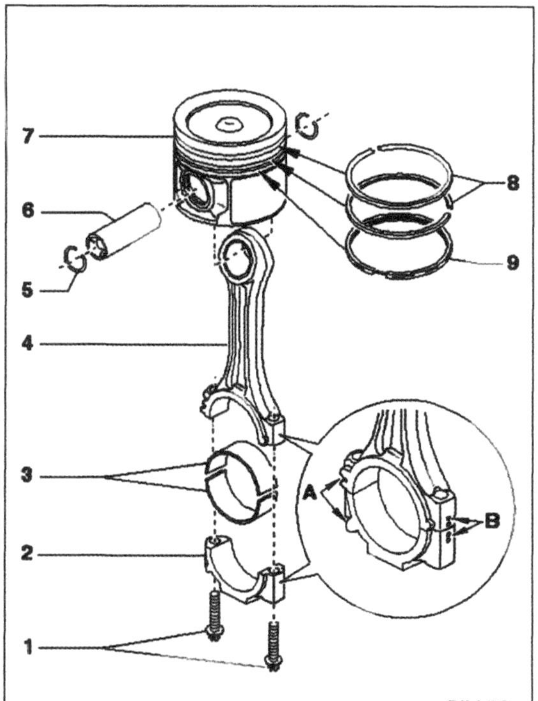

Bild 73

Bild 73
Montageübersicht »Kolben und Pleuelstange« 1,2 TDI/1,6 TDI.

(1) Pleuelschrauben. Pleuelschrauben sind beim Einbau zu ersetzen, Gewinde und Anlagefläche zu ölen. Anzugsdrehmoment: 30 Nm +90°weiterdrehen.
(2) Pleuellagerdeckel. Durch die im Brechverfahren (Cracken) getrennten Pleuel passt der Pleuellagerdeckel nur in einer Stellung und nur an den zugehörigen Pleuel. Zugehörigkeit zum Zylinder mit Farbe kennzeichnen (B). Einbaulage: Markierungen (A) zeigen zur Riemenscheibenseite.
(3) Lagerschale. Einbaulage: siehe Bild 74. Auf festen Sitz achten. Gelaufene Lagerschalen für den Wiedereinbau kennzeichnen, jedoch nicht auf der Lauffläche. Bis auf die Grundschicht durchgelaufene Lagerschalen ersetzen. Ausführung beachten: obere Lagerschale (zum Kolben hin) aus verschleißfesterem Material. Erkennungsmerkmal bei neuen Lagerschalen: schwarzer Strich auf Lauffläche im Bereich der Trennstelle. Auf festen Sitz achten.
(4) Pleuel mit gecracktem Pleuellagerdeckel. Nur satzweise ersetzen. Zugehörigkeit zum Zylinder mit Farbe kennzeichnen (B). Einbaulage: Markierungen (A) zur Riemenscheibenseite.

Axialspiel: Verschleißgrenze: 0,37 mm.
Radialspiel: Verschleißgrenze: 0,08 mm.

(5) Sicherungsring (ersetzen).
(6) Kolbenbolzen. Der Kolbenbolzen ist mit dem Dorn VW 222 A aus- und einzubauen. Bei Schwergängigkeit Kolben auf etwa 60 °C erwärmen.
(7) Kolben mit Verbrennungsraum. Einbaulage und Zugehörigkeit zum Zylinder vor dem Ausbau kennzeichnen: Der Pfeil auf dem Kolbenboden muss zur Riemenscheibenseite zeigen. Der Einbau erfolgt mit Kolbenringspannband.
(8) Kolbenringe/Kompressionsringe. Kolbenringe mit Kolbenringzange aus- und einbauen. Einbaulage: Kennzeichnung »TOP« oder beschriftete Seite muss zum Kolbenboden zeigen. Der Stoß der Kolbenringe ist um 120° zu versetzen.

Kolbenring-Stoßspiel messen: siehe Bild 79.
Kolbenring-Höhenspiel messen: siehe Bild 80.

(9) Kolbenring/Ölabstreifring.

Kolbenringe mit Kolbenringzange aus- und einbauen.
Der Stoß des Ölabstreifrings ist um 120° zum unteren Kompressionsring zu versetzen.
Kolbenring-Stoßspiel messen: siehe Bild 79.
Kolbenring-Höhenspiel messen: siehe Bild 80.

Kolben- und Zylindermaße:

Schleifmaß	Kolben Ø	Zylinderbohrung Ø
Grundmaß	79,455 mm	79,50 mm

Kolben prüfen: siehe Bild 75.
Zylinderbohrung messen: siehe Bild 76.
Kolbenüberstand im »OT« messen: siehe Bild 77.
Kennzeichnung der Zylinderkopfdichtung: siehe Bild 78a und 78b.

Bild 74
Einbaulage der Lagerschalen in den Pleueln.
Lagerschalen mittig in den Pleuel und in den Pleuellagerdeckel einsetzen.
(a) = 2,5 mm.

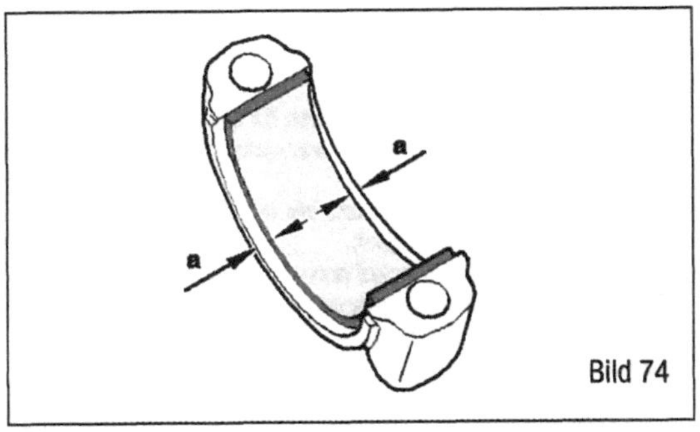

Bild 74

Bild 75
Kolben mit Außenmikrometer (75...100 mm) prüfen.
Etwa 15 mm von der Unterkante und 90° zur Kolbenbolzenachse versetzt messen. Abweichung gegenüber Nennmaß (79,455 mm) max. 0,04 mm.

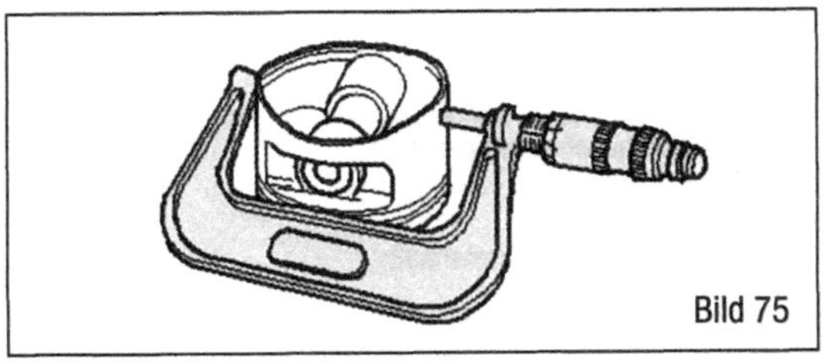
Bild 75

Bild 76
Zylinderbohrung mit Innenfeinmessgerät (VAS 6078) prüfen.
An 3 Stellen über Kreuz in Querrichtung (A) und Längsrichtung (B) messen. Abweichung gegenüber Nennmaß (79,50 mm) max. 0,10 mm.

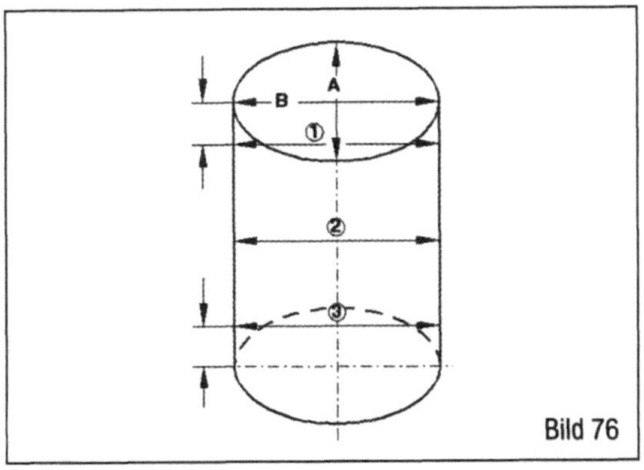

Bild 76

Bild 77
Kolbenüberstand im »OT« messen.
Messuhr (VAS 6079) mit Messbrücke (VW 382/7) und Messplatte (VW 385/17) wie im Bild gezeigt am Zylinderblock befestigen.
Überstand an jedem Kolben an den beiden mit Pfeilen bezeichneten Stellen messen (in Längsrichtung des Motors gesehen: hinten und vorn am Kolben).
Je nach Kolbenüberstand die entsprechende Zylinderkopfdichtung nach folgender Tabelle einbauen:

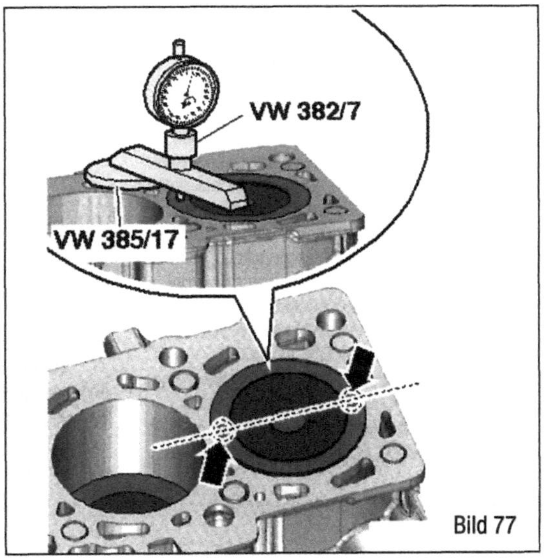

Bild 77

Kolbenüberstand über Zylinderblockoberkante (mm)	*Kennzeichnung Löcher*
0,91 ... 1,00	1
1,01 ... 1,10	2
1,11 ... 1,20	3

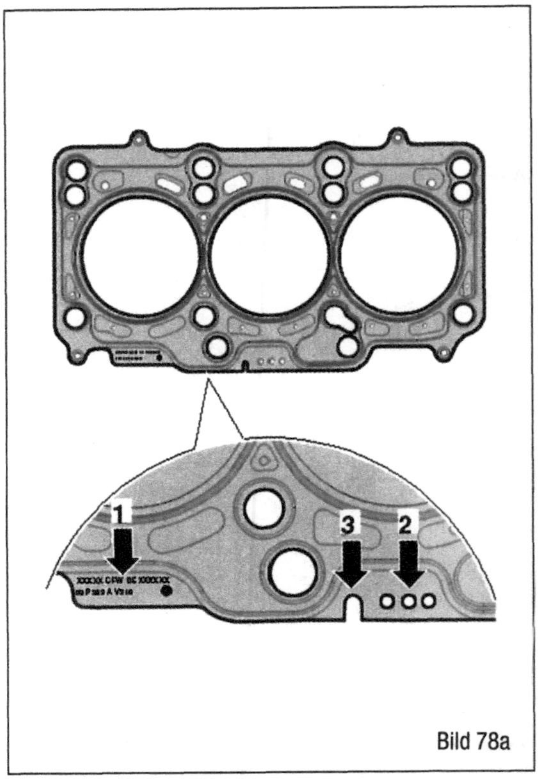

Bild 78a

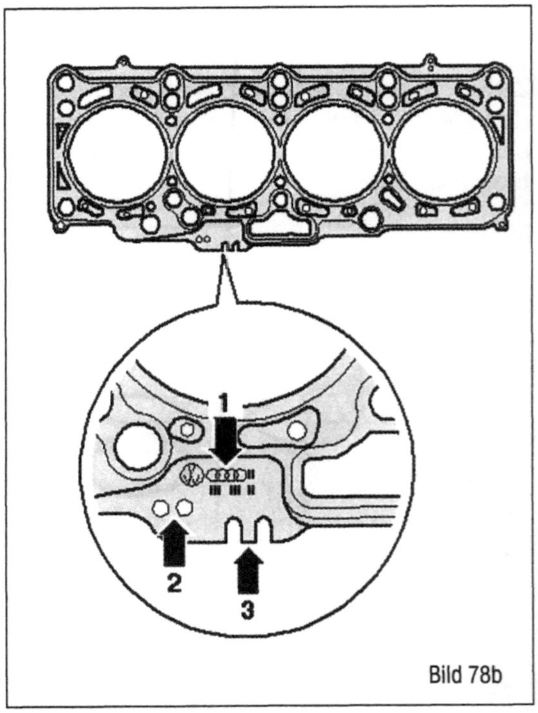

Bild 78b

Bild 78a (1,2 TDI) und 78b (1,6 TDI)
Kennzeichnung der Zylinderkopfdichtung.
1 - Teilenummer
2 - Löcher
3 - nicht beachten
Wenn für den Kolbenüberstand unterschiedliche Werte gemessen werden, gilt für die Zuordnung der Dichtung der höchste Wert.

Im Segment Zylinderkopf/Ventiltrieb widmen wir uns den Reparaturanleitungen **»Zylinderkopfhaube aus- und einbauen«, »Zahnriemen aus- und einbauen«** sowie **«Zylinderkopf aus und einbauen«.**

Zylinderkopfhaube 1.6 TDI aus- und einbauen

Beim Aus- und Einbau der Zylinderkopfhaube sind die Sicherheitsmaßnahmen für alle Arbeiten im Motorraum, die Sauberkeitsregeln bei Arbeiten an der Kraftstoffversorgung/Einspritzsystem sowie die Anweisungen für Arbeiten am Kraftstoffsystem zu beachten (siehe Kapitel 5 und 6).

Besondere Vorsicht ist geboten, damit keine Kabelverbindung beim Abziehen der Steckverbindungen beschädigt wird. Ansonsten muss der gesamte Leitungsstrang erneuert werden. Die Zange 3314 zum Abziehen der Steckverbindungen nicht zu fest zusammendrücken, da sonst die Stützhülse beschädigt werden kann. Weiterhin werden ein Drehmomentschlüssel V.A.G 1331 und ein Ringschlüsselsatz 3327 benötigt.
Wir starten mit einer Montageübersicht »Zylinderkopfhaube« 1,6 TDI (Bild 81).

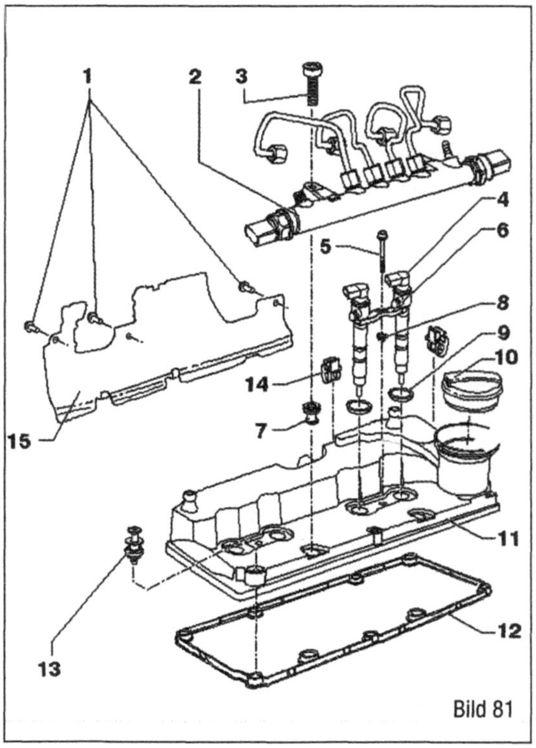

Bild 81

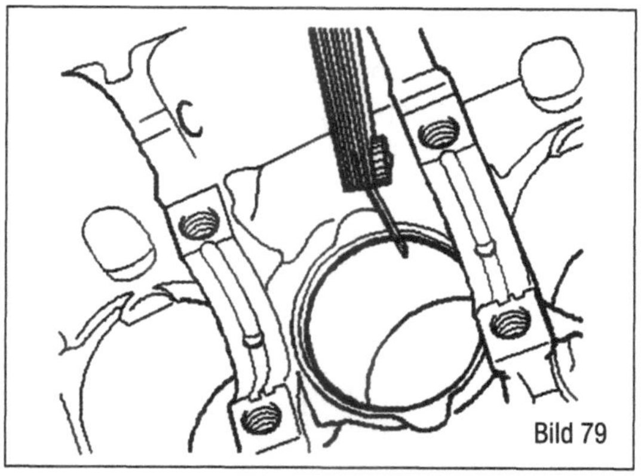
Bild 79

Bild 79
Kolbenring-Stoßspiel mit einer Fühlerblattlehre messen.
Kolbenring rechtwinklig zur Zylinderwand von oben bis etwa 15 mm vom Zylinderrand entfernt in die untere Zylinderöffnung einschieben. Zum Einschieben einen Kolben ohne Kolbenringe verwenden.

Kolbenring	*Stoßspiel* neu	Verschleißgrenze
Kompressionsringe mm	0,20...0,40	1,0
Ölabstreifring mm	0,25...0,50	1,0

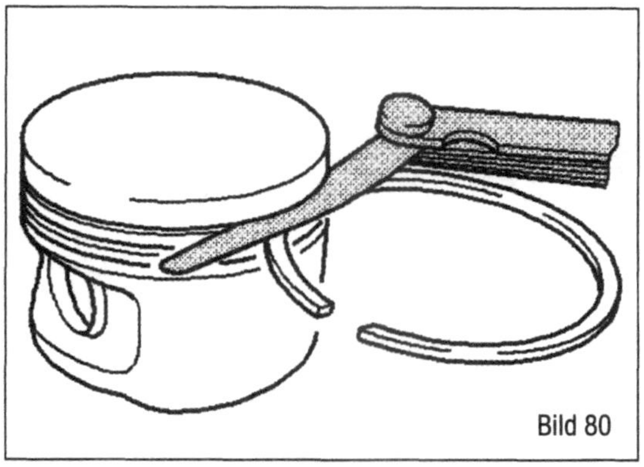
Bild 80

Bild 80
Kolbenring-Höhenspiel mit einer Fühlerblattlehre messen.
Vor der Prüfung die Ringnut des Kolbens reinigen.

Kolbenring	*Höhenspiel* neu	Verschleißgrenze
1. Kompressionsring mm	0,06...0,09	0,25
2. Kompressionsring mm	0,05...0,08	0,25
Ölabstreifring mm	0,03...0,06	0,15

Bild 81
Montageübersicht »Zylinderkopfhaube« 1,6 TDI.
(1) Schrauben Wärmeschutzblech (5 Nm).
(2) Rail-Element (Hochdruckspeicher) mit Einspritzleitungen. Biegeform der Einspritzleitungen nicht verändern.
(3) Befestigungsschrauben Rail-Element (22 Nm).
(4) Einspritzeinheit (Piezo-Injektor).
(5) Schraube für Spannpratze (ersetzen, 8 Nm +180° weiterdrehen).
(6) Spannpratze. Jeweils eine Spannpratze für 2 Einspritzventile.
(7) Buchse. Befestigung für Rail-Element. Bei Beschädigung ersetzen.
(8) Dichtring, ersetzen.
(9) Dichtring, ersetzen.
(10) Verschlussdeckel.
(11) Zylinderkopfhaube.
(12) Dichtung. Bei Beschädigung oder Undichtigkeit ersetzen.
(13) Befestigungsschrauben Zylinderkopfhaube/Zylinderkopf (10 Nm). Anzugsreihenfolge beachten.
(14) Kabelführung.
(15) Wärmeschutzblech.

Ausbau

- Motorabdeckung ausbauen.
- Geräuschdämpfung an den Injektoren herausnehmen und Einspritzventile (Piezo-Injektoren) ausbauen (siehe Kapitel 6).

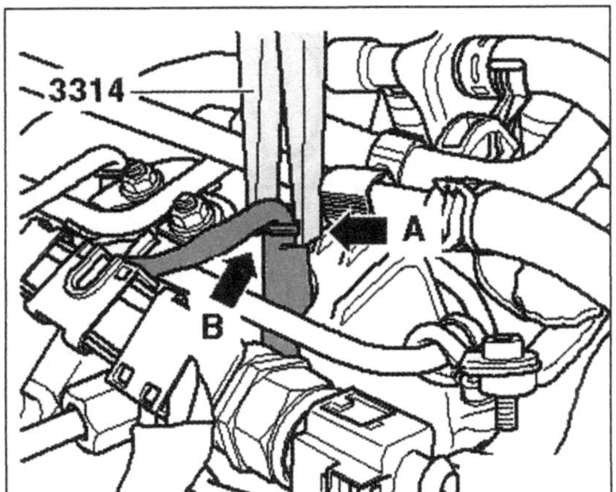

Bild 82

Bild 82
1,6 TDI: Stecker von den Glühstiftkerzen abziehen.

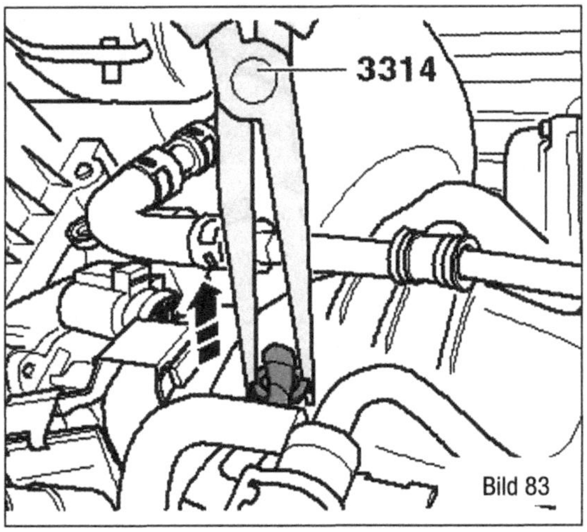

Bild 83

Bild 83
1,6 TDI: Steckverbindung von der Glühkerze ziehen.

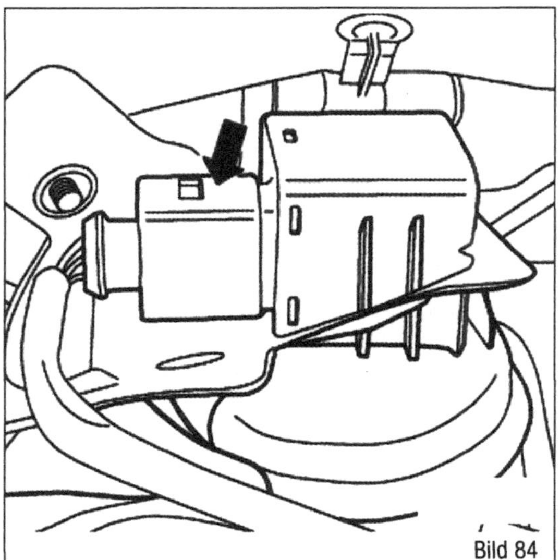
Bild 84

Bild 84
1,6 TD: Steckverbindung vom Positionsgeber für Ladedrucksteller am Abgasturbolader abziehen.

- Zange 3314 mit der Zangennut (Pfeil A) am Bund der Stützhülse (Pfeil B) ansetzen und die Stecker von den Glühstiftkerzen abziehen (Bild 82).
- Steckverbindung vorsichtig in Pfeilrichtung von der Glühstiftkerze ziehen (Bild 83).
- Steckverbindung vom Positionsgeber für Ladedrucksteller G581 (Pfeil) am Abgasturbolader abziehen und die Leitung aus den Halterungen ausfädeln (Bild 84).
- Kühlmittelrücklaufschlauch (Pfeile) ausclipsen und die Kühlmittelleitung zur Seite legen (Bild 85). Die Einbaulage des Kühlmittelrücklaufschlauchs kann variieren.
- Befestigungsschrauben auf dem Saugrohr (Pfeile) herausschrauben und die Kraftstoffrücklaufleitung zur Seite legen (Bild 86).
- Schrauben (3) und (4) herausdrehen, Aufhängeöse herausnehmen (Bild 87, siehe auch Pos. 11 in Bild 71).
- Hochdruckleitung zwischen Hochdruckpumpe (1) und Rail-Element (Hochdruckspeicher) (3) ausbauen (Bild 88, siehe auch Kapitel 6, Bild 2).
- Schelle (Pfeil) öffnen und Leitung am Rail-Element abziehen (Bild 89).
- Steckverbindung am Regelventil für Kraftstoffdruck N276 (Pfeil) abziehen, Kabelführung vom Rail-Element abnehmen und zur Seite legen (Bild 90).
- Steckverbindung am Kraftstoffdruckgeber G247 (B) abziehen (Bild 91).
- Befestigungsschrauben (Pfeile) Rail-Element herausdrehen und Rail-Element herausnehmen (Bild 92. siehe auch Bild 81).
- Unterdruckleitung an der Zylinderkopfhaube (A) abziehen und die übrigen Unterdruckleitungen aus dem Halter an der Zylinderkopfhaube nehmen (siehe Bild 91).
- Verbliebene elektrische Leitungen abnehmen.
- Zahnriemenschutz oben ausbauen (siehe Bild 62).
- Entlüftungsleitung zwischen Zylinderkopfhaube und Ansaugschlauch ausbauen. Dazu die Schnellverschlüsse zusammendrücken.
- Befestigungsschrauben der Zylinderkopfhaube (Pos. 13 im Bild 81) herausdrehen und die Zylinderkopfhaube abnehmen. Dazu ist die Zylinderkopfhaube an den Rastnasen (Pfeile Bild 91) des hinteren Zahnriemenschutzes auszuclipsen.

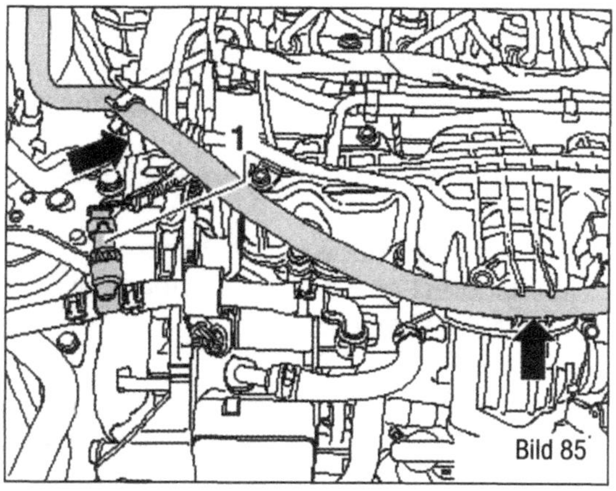

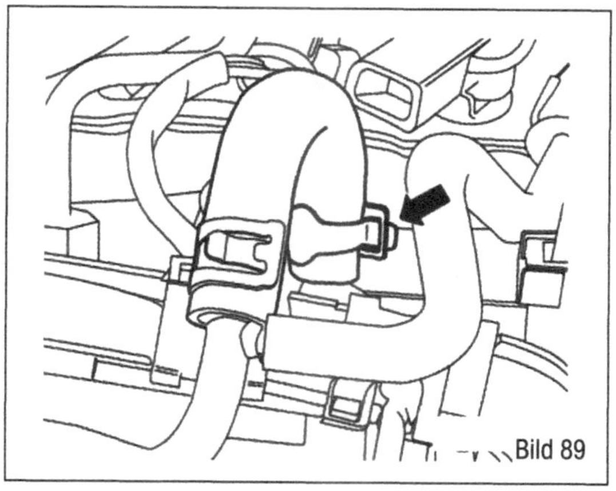

Bild 85
1,6 TDI: Kühlmittelrücklaufschlauch (Pfeile) ausclipsen.

Bild 89
1,6 TDI: Leitung am Rail-Element abbauen.
Pfeil = Schelle.

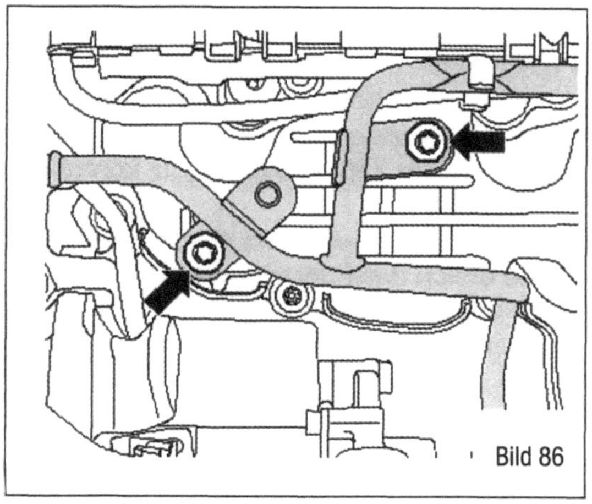

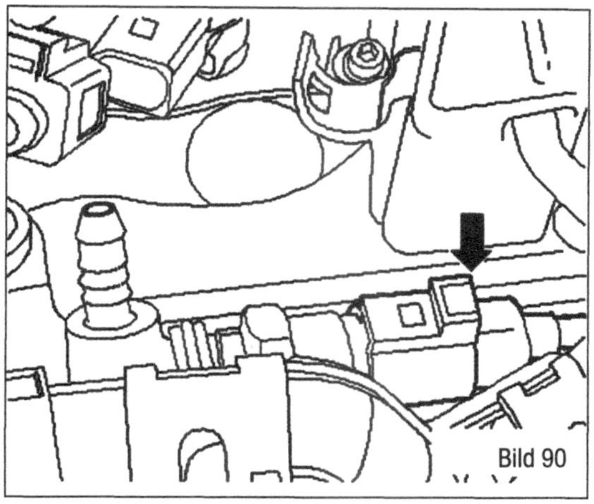

Bild 86
1,6 TDI: Kraftstoffrücklaufleitung zur Seite legen.
Pfeile = Befestigungsschrauben auf dem Saugrohr.

Bild 90
1,6 TDI: Steckverbindung am Regelventil für Kraftstoffdruck N276 (Pfeil) abziehen,

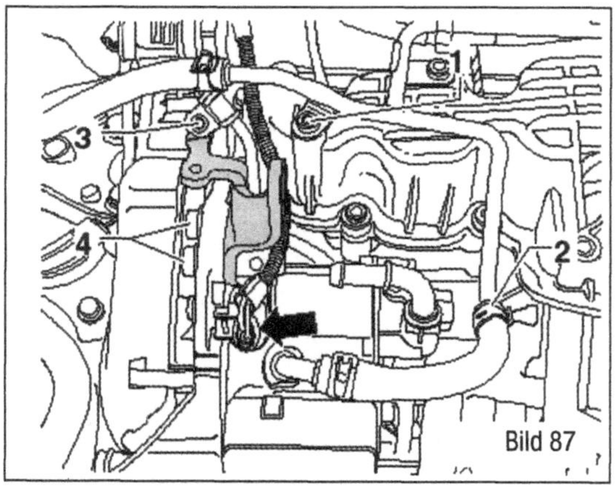

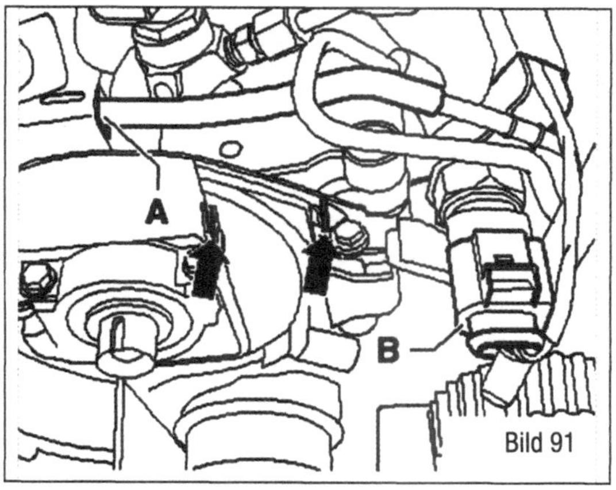

Bild 87
1,6 TDI: Aufhängeöse ausbauen.
(3) + (4) Schrauben.

Bild 91
1,6 TDI: Steckverbindung am Kraftstoffdruckgeber G247 (B) abziehen.
(A) Unterdruckleitung an der Zylinderkopfhaube.
Pfeile = Rastnasen des hinteren Zahnriemenschutzes.

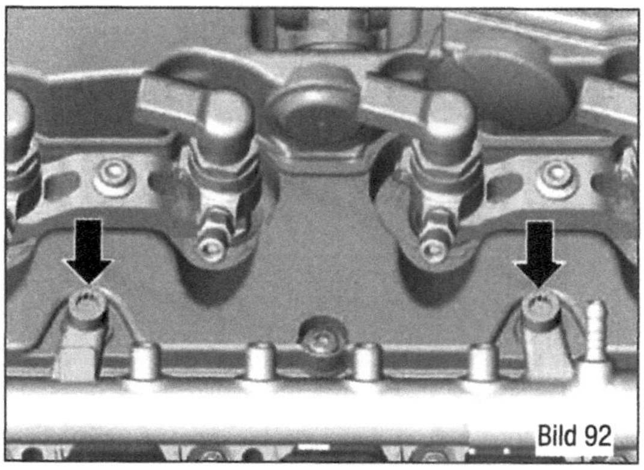

Bild 88
1,6 TDI: Hochdruckleitung zwischen Hochdruckpumpe (1) und Rail-Element (3) ausbauen.

Bild 92
1,6 TDI: Rail-Element abbauen.
Pfeile = Befestigungsschrauben Rail-Element.

Sichtprüfung Messen

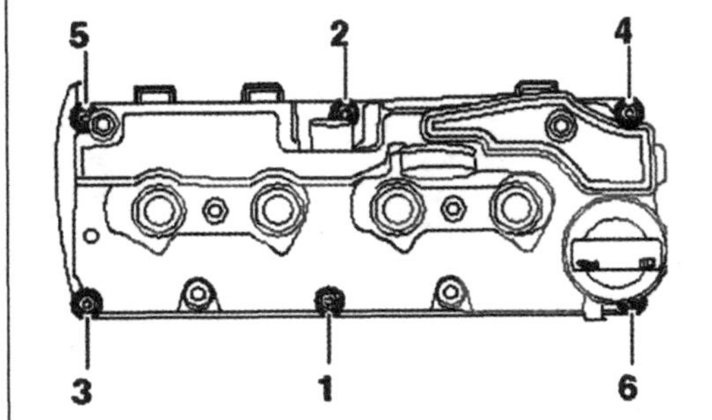

Bild 93

Bild 93
1,6 TDI: Zylinderkopfhaube in der Reihenfolge (1) … (6) anschrauben.

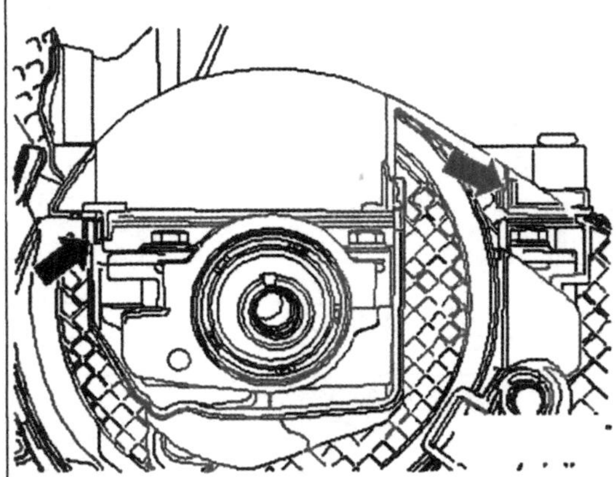

Bild 94

Bild 94 (Zur besseren Darstellung ist das Nockenwellenrad ausgebaut.)
1,6 TDI: Zylinderkopfhaube korrekt mit dem hinteren Zahnriemenschutz verclipsen.
Pfeile = Clipse.

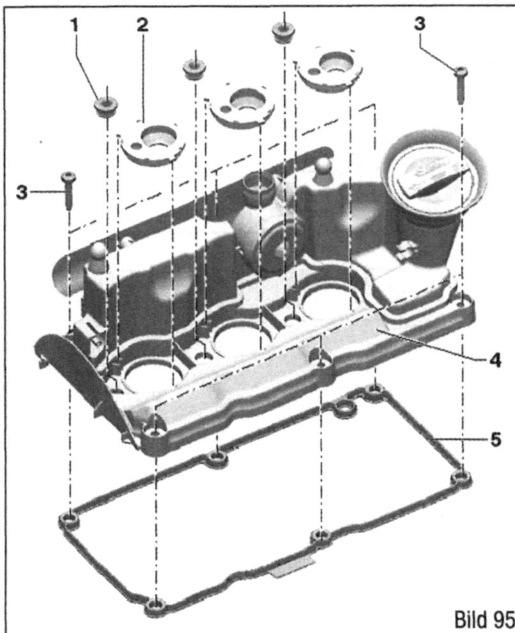

Bild 95

Bild 95
Montageübersicht »Zylinderkopfhaube« 1,2 TDI.
(1) Gummitülle (ersetzen).
(2) Injektordichtring (ersetzen). Wechseln ohne Werkzeug, Einbaulage der Nasen beachten.
(3) Schrauben Zylinderkopfhaube/Zylinderkopf (10 Nm)
(4) Zylinderkopfhaube.
(5) Dichtung Zylinderkopfhaube). Ist die Zylinderkopfhaube demontiert, Dichtung ersetzen.

Einbau
Der Einbau erfolgt sinngemäß in umgekehrter Reihenfolge. Dabei ist Folgendes zu beachten:

- Dichtung für Schrauben bei Beschädigung ersetzen.
- Zylinderkopfhaube in der Reihenfolge (1) … (6) handfest anschrauben. Danach die Schrauben in derselben Reihenfolge mit 10 Nm festziehen (Bild 93).
- Unbedingt darauf achten, dass die Zylinderkopfhaube korrekt mit dem hinteren Zahnriemenschutz verclipst ist. Gegebenenfalls mit einem Schraubendreher den Zahnriemenschutz im Bereich der Clips (Pfeile) gegen die Zylinderkopfhaube drücken, bis diese hörbar ineinander rasten. Den Freigang zwischen der Nockenwellennabe und dem Zahnriemenschutz kontrollieren (Bild 94).
- Nach allen Arbeiten am Kraftstoffsystem ist wie üblich das Fahrzeugdiagnose-, Mess- und Informationssystem VAS 5051 anzuschließen. In den »Geführten Funktionen«, die Funktion »Kraftstoffsystem entlüften« durchführen.

Zylinderkopfhaube 1,2 TDI aus- und einbauen

Es sind die gleichen Sicherheitsmaßnahmen und Sauberkeitsregeln wie oben beim 1,6

Bild 96

Bild 96
1,2 TDI: Unterdruckleitungen mit Halter von der Zylinderkopfhaube abbauen.

TDI zu beachten. Die Montageübersicht »Zylinderkopfhaube« (Bild 95) zeigt die Komponenten eines Dreizylinders.

Ausbau

Motorabdeckung und dann Einspritzventile (Piezo-Injektoren) ausbauen (siehe Kapitel 6).

- Unterdruckleitung an der Zylinderkopfhaube abziehen und Unterdruckleitungen mit Halter von der Zylinderkopfhaube abnehmen (Bild 96).
- Abdeckung oben für Zahnriemen abbauen, dazu Klammern (Pfeile) lösen (Bild 97, siehe auch Bild 62).
- Befestigungsschrauben der Zylinderkopfhaube in der Reihenfolge (6) ... (1) herausdrehen und Zylinderkopfhaube abnehmen (Bild 98).

Einbau

Der Einbau erfolgt sinngemäß in umgekehrter Ausbaureihenfolge. Dabei ist Folgendes zu beachten.

- Dichtung für Schrauben bei Beschädigung ersetzen.
- Schrauben in der Reihenfolge (1) ... (6) der Zylinderkopfhaube zuerst handfest anziehen, dann mit 10 Nm in der gleichen Reihenfolge festziehen (siehe Bild 98).
- Nach allen Arbeiten am Kraftstoffsystem ist wie üblich das Fahrzeugdiagnose-, Mess- und Informationssystem VAS 5051 anzuschließen. In den »Geführten Funktionen« die Funktion »Kraftstoffsystem entlüften« durchführen.

Zahnriemen 1,6 TDI aus- und einbauen sowie spannen

Dazu werden neben einem Drehmomentschlüssel (V.A.G. 1331 bzw. 1332) sowie einem Winkelschraubendreher (T10409 bzw. T10264) folgende weitere Spezialwerkzeuge benötigt: 2x Absteckstift für Diesel-Einspritzpumpe 3359, Kurbelwellenstopp T10050, Gegenhalter T10172, Absteckwerkzeug T10265 und Steckeinsatz XZN 10 T10385.

Ausbau

- Motorabdeckung ausbauen und Masseband der Batterie bei ausgeschalteter Zündung abklemmen (siehe Kapitel 12).

Bild 97
1,2 TDI: Zahnriemenschutz-Oberteil abbauen.
Pfeile = Klammern

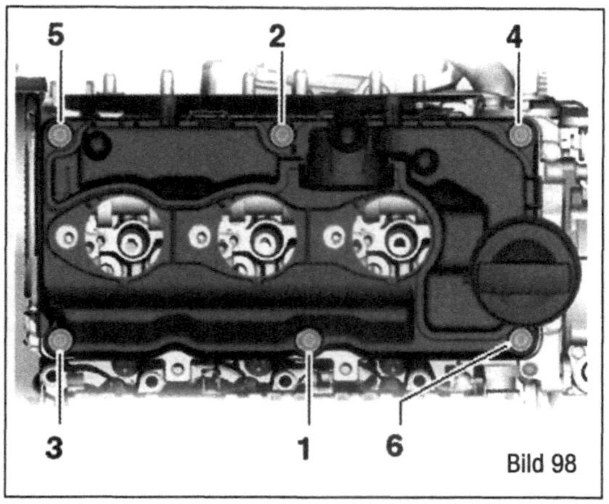

Bild 98
1,2 TDI: Zylinderkopfhaube ausbauen.
(1) ... (6) Befestigungsschrauben Zylinderkopfhaube/Zylinderkopf.

- Geräuschdämpfung und Keilrippenriemen ausbauen (siehe Anleitungen weiter vorn).
- Elektrische Steckverbindung (2) am Differenzdruckgeber G505 trennen, Differenzdruckgeber G505 vom Halter (3) abbauen und mit Leitungen nach hinten legen (siehe Bild 11).
- Kraftstofffilter mit Halter ausbauen (siehe Kapitel 5). Dazu die Schnellverschlüsse (A) und (B) der Kraftstoffleitungen an der Kraftstoffübergabestelle trennen (siehe Bild 12). Eventuell auslaufenden Kraftstoff auffangen.
- Mit einem Finger die Rastnase vom Kraftstoffvorwärmventil entsperren und das Kraftstoffvorwärmventil nach oben aus der Führung vom Kühlmittelausgleichsbehälter ziehen (siehe Bild 13).
- Wechselfilterpatrone aus dem Kraftstofffilter-Unterteil clipsen und nach oben herausnehmen. Kraftstoffvorlaufleitung und Rücklaufleitung an der Motorseite trennen und die Wechselfilterpatrone sowie die Kraftstoffschläuche zusammen mit dem Kraftstoffvorwärmventil herausnehmen (siehe Bild 14).
- Kraftstofffilter-Unterteil ausbauen (siehe Kapitel 5).

Sichtprüfung Messen

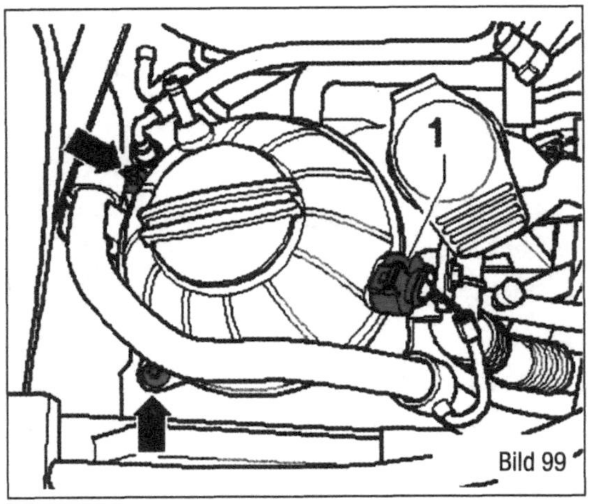

Bild 99
1,6 TDI: Kühlmittelausgleichsbehälter zur Seite legen.
(1) Steckverbindung für Schalter für Kühlmittelmangelanzeige.
Pfeile = Befestigungsschrauben Kühlmittelausgleichsbehälter.

Bild 100
1,6 TDI: Zahnriemenschutz unten ausbauen.
Pfeile = Schrauben.

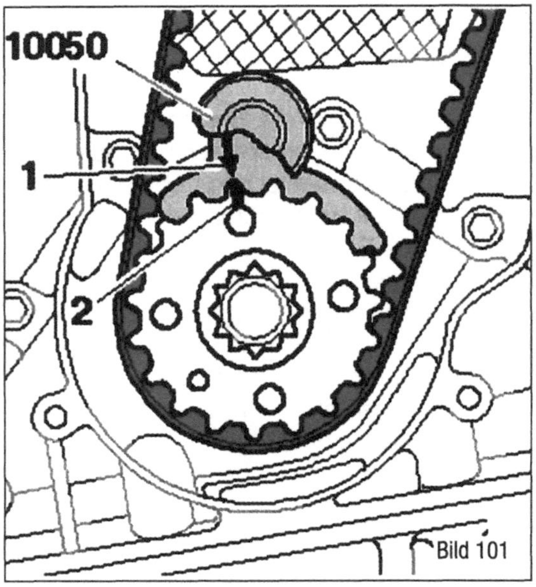

Bild 101
1,6 TDI: Kurbelwellen-Zahnriemenrad mit dem Kurbelwellenstopp T10050 abstecken.
(1) und (2) Markierungen.

- Schrauben für Kühlwasserausgleichsbehälter (Pfeile) herausdrehen, elektrische Steckverbindung (1) für Schalter für Kühlmittelmangelanzeige F66 trennen und Kühlmittelausgleichsbehälter zur Seite legen (Bild 99).
- Klammern öffnen (Pfeile) und den Zahnriemenschutz oben abnehmen (siehe Bild 62 und 64).
- Radhausschale vorn rechts ausbauen (siehe Kapitel 13).
- Schwingungsdämpfer ausbauen (siehe Anleitung weiter vorn).
- Zahnriemenschutz unten ausbauen, dazu Schrauben (Pfeile) herausdrehen (Bild 100, siehe auch Bild 62).
- Zum Spannrollenwechsel und zum Zahnriemen aus- und einbauen muss jetzt der Motorhalter ausgebaut werden (siehe die entsprechende Anleitung in diesem Kapitel).
- Motor auf oberen Totpunkt drehen, Kurbelwellen-Zahnriemenrad mit dem Kurbelwellenstopp T10050 abstecken. Dazu Kurbelwellenstopp von der Stirnseite des Zahnriemenrads her in dessen Verzahnung aufschieben. Die Markierung (2) auf dem Zahnriemenrad und die Pfeilmarkierung (1) auf dem Kurbelwellenstopp T10050 müssen sich gegenüberstehen (Pfeil). Dabei muss der Zapfen des Kurbelwellenstopps in die Bohrung des Dichtflansches eingreifen (Bild 101).
- Auf dem Nockenwellenrad muss der Pfeil dabei nahezu auf »12 Uhr« stehen (Bild 102).
- Laufrichtung des Zahnriemens mit Kreide oder Filzstift für den Wiedereinbau kennzeichnen und Schrauben (Pfeile) für Zahnriemenrad Nockenwelle etwa 90° lösen (Bild 103).
- Schrauben (2) für Zahnriemenrad Hochdruckpumpe mit dem Steckeinsatz XZN 10 T10385 etwa 90° lösen (Bild 104).
- Befestigungsmutter der Spannrolle (1) lösen und den Exzenter der Spannrolle mit dem Steckschlüssel T10264 entgegen dem Uhrzeigersinn drehen (Pfeil), bis die Spannrolle mit dem Absteckstift T10265 arretiert werden kann (Bild 105).
- Exzenter der Spannrolle jetzt im Uhrzeigersinn (Pfeil) bis zum Anschlag drehen und die Befestigungsmutter (1) handfest anziehen (Bild 106).
- Zahnriemen zuerst von der Umlenkrolle und dann von den übrigen Zahnriemenrädern abnehmen.

Einbau (Steuerzeiten einstellen)

Der Zahnriemen darf nur bei kaltem Motor eingestellt werden, da sich die Zeigerposition des Spannelements abhängig von der Motortemperatur ändert. Befestigungsschrauben für Nockenwellen- und Hochdruckpumpenrad ersetzen.
Die Spannrolle muss mit dem Absteckwerkzeug T10265 abgesteckt und auf Rechtsanschlag fixiert sein (siehe Bild 106).
Die Kurbelwelle ist mit dem Kurbelwellenstopp T10050 arretiert (siehe Bild 101).

- Nabe der Nockenwelle mit dem Absteckstift 3359 arretieren. Dazu den Absteckstift durch das äußere freie Langloch in die Bohrung des Zylinderkopfs schieben. Ggf. die Nabe der Nockenwelle mit dem Gegenhalter T10172 und den Adaptern T10172/4 drehen, bis sie sich abstecken lässt. Dazu mindestens eine Befestigungsschraube (1) handfest anziehen (Bild 107).
Danach die handfest angezogene Schraube wieder lösen. Schrauben (Pfeile) sind lose eingedreht. Das Zahnriemenrad Nockenwelle muss sich gerade noch drehen lassen und darf nicht kippen (Situation siehe Bild 103).

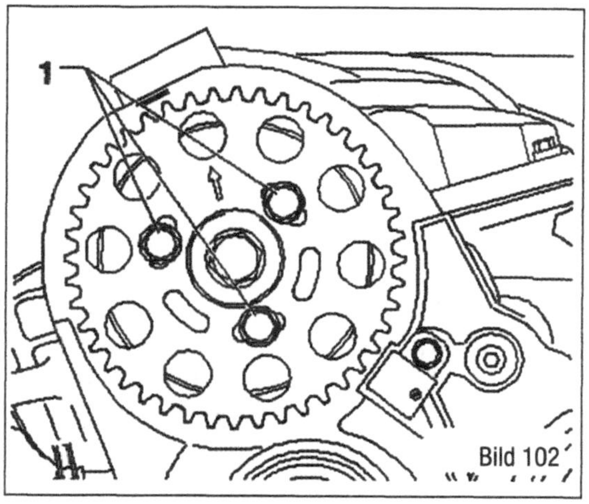

Bild 102
1,6 TDI: Zwingender Stand (Pfeil) auf dem Nockenwellenrad.
(1) Schrauben Zahnriemenrad Nockenwelle.

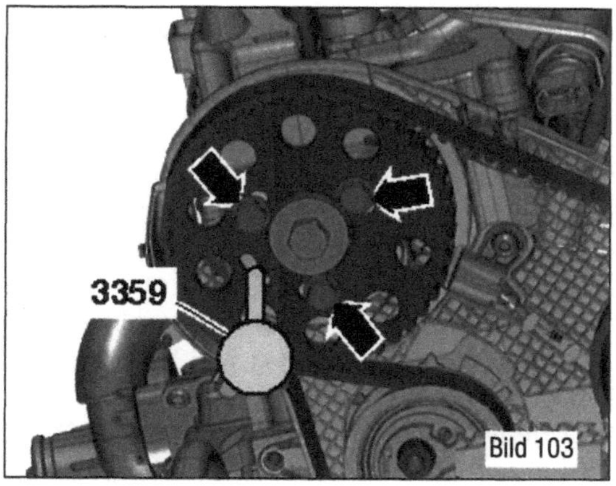

Bild 103
1,6 TDI: Schrauben (Pfeile) für Zahnriemenrad Nockenwelle etwa 90° lösen.

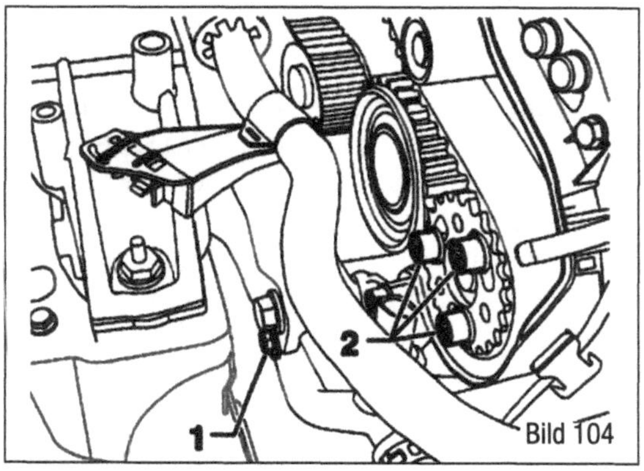

Bild 104
1,6 TDI: Schrauben (2) für Zahnriemenrad Hochdruckpumpe mit dem Steckeinsatz XZN 10 T10385 etwa 90° lösen.

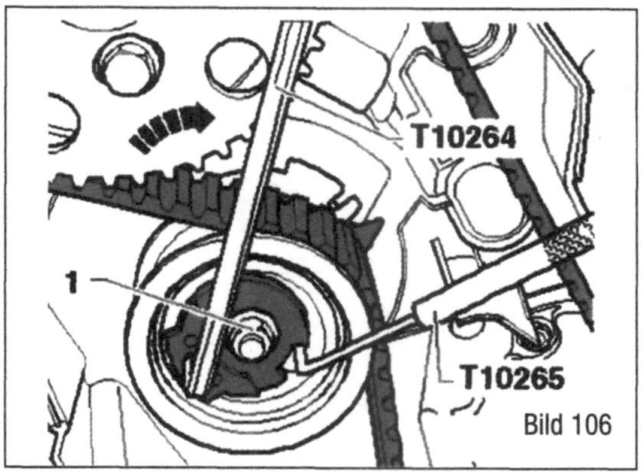

Bild 106
1,6 TDI: Exzenter der Spannrolle im Uhrzeigersinn bis zum Anschlag drehen und die Befestigungsmutter (1) handfest anziehen.

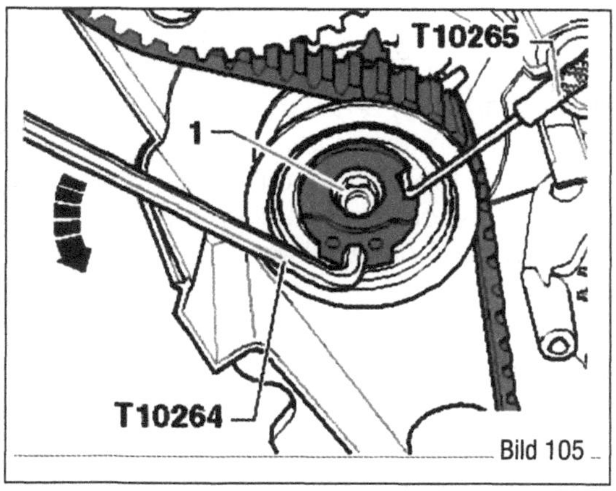

Bild 105
1,6 TDI: Spannrolle arretieren.
(1) Befestigungsmutter der Spannrolle.

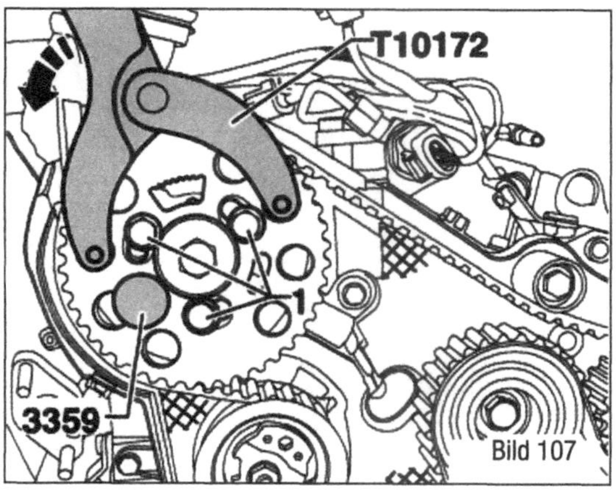

Bild 107
1,6 TDI: Nabe der Nockenwelle arretieren.
(1) Befestigungsschrauben Nabe der Nockenwelle.

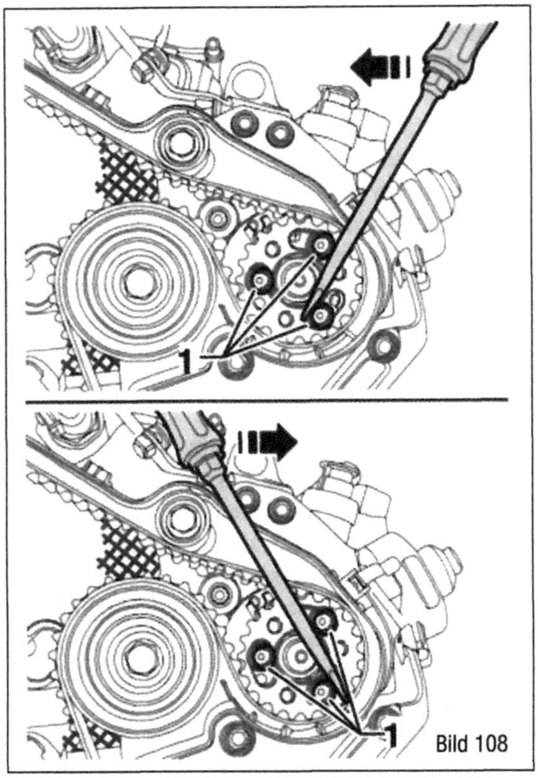

Bild 108

Bild 108
1,6 TDI: Hochdruckpumpen-Nabe positionieren.

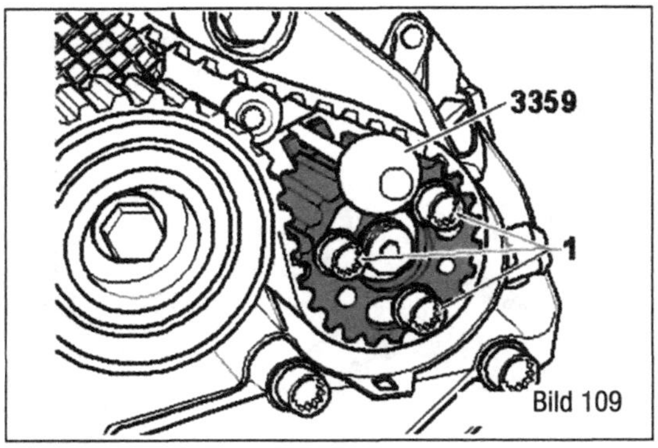

Bild 109

Bild 109
1,6 TDI: Nabe der Hochdruckpumpe arretieren.
(1) Schrauben Hochdruckpumpen-Nabe.

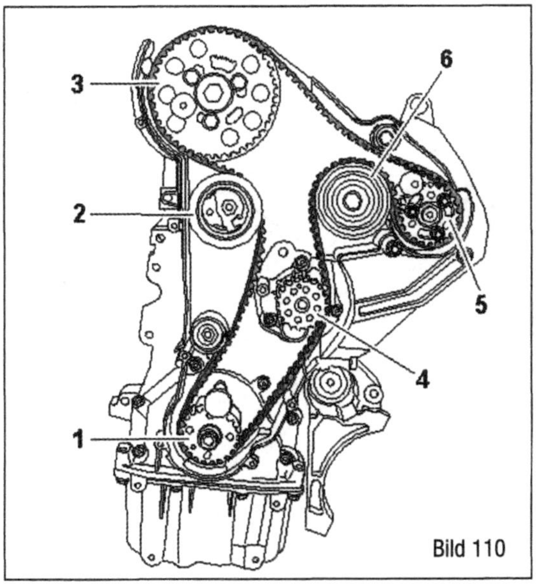

Bild 110

Bild 110
1,6 TDI: Zahnriemen in der im Bild angegebenen Reihenfolge auflegen.

■ Jetzt ist die Hochdruckpumpen-Nabe zu positionieren: Dazu ggf. die Nabe der Hochdruckpumpe mit einem Schraubendreher an den Schraubenköpfen drehen, bis sie sich abstecken lässt (Bild 108).
Nabe der Hochdruckpumpe mit dem Absteckstift 3359 arretieren. Dazu den Absteckstift in die Passung außerhalb des Zahnriemenrads schieben. Schrauben (1) sind lose eingedreht. Das Zahnriemenrad Hochdruckpumpe muss sich gerade noch drehen lassen und darf nicht kippen (Bild 109).

■ Nockenwellenrad (3) und Zahnriemenrad der Hochdruckpumpe (5) in ihren Langlöchern im Uhrzeigersinn auf Anschlag drehen.
Zahnriemen in der genannten Reihenfolge auflegen: 1. - Kurbelwellen-Zahnriemenrad, 2. - Spannrolle, 3. - Zahnriemenrad Nockenwelle, 4. - Zahnriemenrad Kühlmittelpumpe, 5. - Zahnriemenrad Hochdruckpumpe, 6. – Umlenkrolle (Bild 110).

■ Befestigungsmutter der Spannrolle lösen und das Absteckwerkzeug T10265 herausziehen (siehe Bild 106). Auf den richtigen Sitz der Spannrolle im Zahnriemenschutz hinten achten (siehe Bild 62).

■ Exzenter der Spannrolle mit dem Winkelschraubendreher T10264 vorsichtig im Uhrzeigersinn drehen. Der Zeiger (2) muss etwas über die Mitte der Lücke der Grundplatte stehen (korrigiert sich beim Erzeugen der Vorspannung). Darauf achten das sich die Befestigungsmutter (1) nicht mitdreht. Spannrolle in dieser Lage festhalten und die Befestigungsmutter der Spannrolle mit 20 Nm und 45° festziehen (Bild 111).

■ Gegenhalter T10172 wie in Bild 107 gezeigt an Nockenwellenrad ansetzen, den Gegenhalter in Pfeilrichtung drücken und das Nockenwellenrad auf Vorspannung halten. In dieser Stellung die Befestigungsschrauben (1) des Nockenwellenrads und des Zahnriemenrads der Hochdruckpumpe zunächst handfest und nachfolgend mit 20 Nm festziehen. Die Absteckstifte 3359 in der Nabe der Nockenwelle und in der Nabe der Hochdruckpumpe und den Kurbelwellenstopp T10050 entfernen.

■ Kurbelwelle mindestens zwei Umdrehungen in Motordrehrichtung weiterdrehen und kurz vor oberen Totpunkt für Zylinder 1 stellen. Den Kurbelwellenstopp T10050 wieder an das Kurbelwellen-Zahnriemenrad setzen. Jetzt die Kurbelwelle in Motordrehrichtung drehen, bis der Zapfen des Kurbelwellenstopps (Pfeil) aus der Drehbewegung heraus in den Dichtflansch eingreift (Bild 112).

■ Nun **kontrollieren**, ob sich die Nabe der Nockenwelle mit dem Absteckstift 3359 arretieren lässt und der Spannrollenzeiger mittig oder max. 5 mm rechts von der Grundplattenlücke steht.
Lässt sich die Nabe der Nockenwelle nicht arretieren: Kurbelwellenstopp T10050 so weit zurückziehen, dass der Zapfen die Bohrung frei gibt. Die Kurbelwelle entgegen der Motordrehrichtung etwas über den oberen Totpunkt hinaus drehen. Nun die Kurbelwelle langsam in Motordrehrichtung drehen, bis sich die Nabe der Nockenwelle abstecken lässt. Nach dem Abstecken die Befestigungsschrauben des Zahnriemenrads der Nockenwelle lösen.
Steht der Zapfen des Kurbelwellenstopp T10050 links neben der Bohrung:
Kurbelwelle in Motordrehrichtung drehen, bis der Zapfen des Kurbelwellenstopps aus der Drehbewegung heraus in den Dichtflansch eingreift. Danach Befestigungsschrauben des Zahnriemenrads der Nockenwelle zunächst handfest und nachfolgend mit 20 Nm festziehen.
Steht der Zapfen des Kurbelwellenstopp T10050 rechts neben der Bohrung:
Kurbelwelle wieder etwas entgegen der Motordrehrichtung drehen. Jetzt die Kurbelwelle in Motordrehrichtung drehen, bis der Zapfen des Kurbelwellenstopps aus der Drehbewegung heraus in den Dichtflansch eingreift. Danach Befestigungsschrauben des Zahnriemenrads der Nockenwelle zunächst handfest und nachfolgend mit 20 Nm festziehen.

■ Absteckstift 3359 und Kurbelwellenstopp T10050 entfernen, dann Kurbelwelle mit zwei Umdrehungen in Motordrehrichtung weiterdrehen und kurz vor oberen Totpunkt für Zylinder 1 stellen.

■ Kontrolle wiederholen. Lässt sich die Nabe der Nockenwelle jetzt abstecken, Befestigungsschrauben wie folgt nachziehen: Nockenwellenrad: 45° weiterdrehen, mit Gegenhalter T10172 und Adaptern T10172/4 gegenhalten. Hochdruckpumpenrad: 90° weiterdrehen, mit Gegenhalter T10172 und Adaptern T10172/8 gegenhalten.

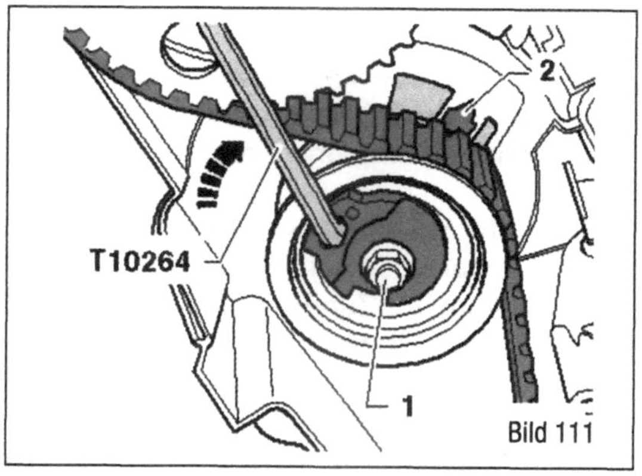

Bild 111
1,6 TDI: Spannrolle »einstellen«.
(1) Befestigungsmutter Spannrolle.
(2) Zeiger (als Einstell-Markierung).

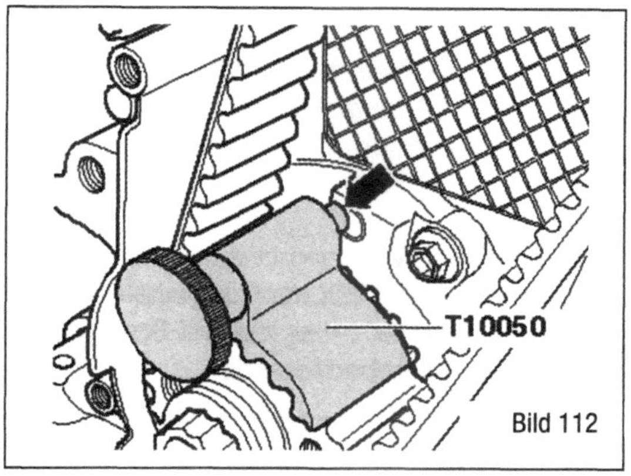

Bild 112
1,6 TDI: Zapfen des Kurbelwellenstopp muss aus der Drehbewegung heraus in den Dichtflansch eingreifen (Pfeil).

■ Unteren und mittleren Zahnriemenschutz einbauen.

■ Schwingungsdämpfer/Riemenscheibe einbauen (siehe Anleitung weiter vorn).

■ Keilrippenriemen einbauen (siehe Anleitung weiter vorn).

■ Zahnriemenschutz oben einbauen.

■ Der weitere Zusammenbau erfolgt sinngemäß in entgegen gesetzter Reihenfolge zum Ausbau. Dabei ist Folgendes zu beachten: Auf festen Sitz der Kraftstoffschläuche achten. Vorlaufleitung und Rücklaufleitung nicht vertauschen (Rücklaufleitung blau bzw. mit blauer Markierung, Vorlaufleitung weiß).

■ Radhausschale einbauen (siehe Kapitel 13).

■ Geräuschdämpfung einbauen (siehe Kapitel 13).

Zahnriemen 1,2 TDI aus- und einbauen sowie spannen

Benötigt werden die gleichen Spezialwerkzeuge und Hilfsmittel wie beim 1,6 TDI.
Da der Reparaturablauf zu Beginn in weiten Teilen dem 1,6 TDI nahe kommt, fassen wir hier Arbeitsschritte in Blöcken zusammen.

Sichtprüfung Messen

Zylinderkopf 1,6 TDI aus- und einbauen

Der aufwändige und komplizierte Aus- und Einbau des Zylinderkopfes erfordert neben Drehmomentschlüsseln (V.A.G 131, 1332), einem Werkzeugsatz T100395 sowie einer Auffangwanne für Werkstattkräne (VAS 6208) eine Reihe von Spezialwerkzeuge. Dazu gehören:

- Auffangvorrichtung 10-222 A mit Adaptern (10-222 A/8 und 10-222 A/18), Zusatzhaken (10-222 A/10) und Schäkel (10-222 A/12)
- Führungsbolzen 3070
- Absteckstift für Diesel-Einspritzpumpe 3359
- Kurbelwellenstopp T10050
- Gegenhalter T10051
- Abziehvorrichtung T10052
- Steckeinsatz XZN 10 T10385

Eine Montageübersicht »Zylinderkopf« verdeutlicht das Zusammenspiel der einzelnen Bauteile (Bild 113).

Ausbau

- Motorabdeckung ausbauen, Batterie bei ausgeschalteter Zündung abklemmen, Geräuschdämpfung und Keilriemen ausbauen.
- Ladeluftrohr »kalte« Seite ausbauen (siehe Kapitel 3, Bild 4)
- Abdeckung für Zahnriemen oben abbauen, dazu Klammern lösen (siehe Bild 97).
- Radhausschale rechts ausbauen (siehe Kapitel 13)
- Schrauben (Pfeile) herausdrehen und Kühlmittelleitungen etwas beiseite drücken (siehe Bild 59).
- *Ab hier (»Schwingungsdämpfer ausbauen«) sind die Arbeitsschritte für den weiteren Ausbau mit dem 1,6 TDI identisch.*

Einbau

- Auch die Arbeitsschritte zum Einbau sind mit denen des 1,6 TDI deckungsgleich.
- Der Motorhalter muss nur bei Spannrollenwechsel ausgebaut werden.

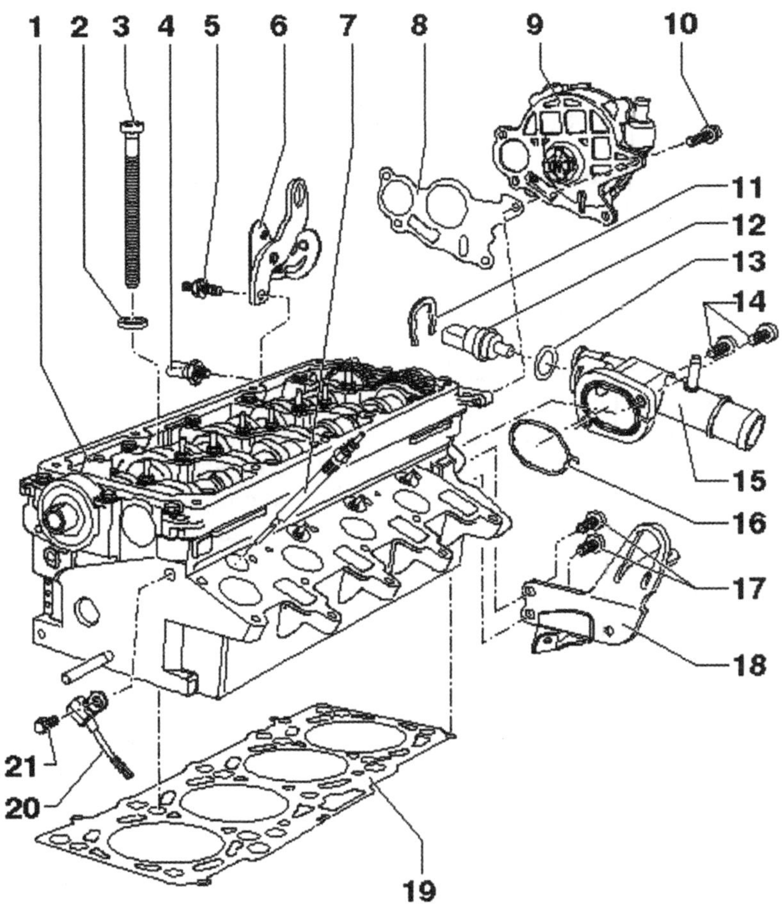

Bild 113

Bild 113
Montageübersicht »Zylinderkopf« 1,6 TDI.
(1) Zylinderkopf. Nach Ersetzen gesamte Kühlmittel erneuern.
(2) Scheiben für Zylinderkopfschraube.
(3) Zylinderkopfschrauben. Reihenfolge beim Lösen und Anziehen beachten. Vor Einbau Scheiben in den Zylinderkopf einsetzen.
(4) Öldruckschalter F1 (22 Nm). Kennzeichnung: grün, 0,5 bar. Dichtring bei Undichtigkeit aufkneifen und ersetzen.
(5) Schraube Aufhängeöse (20 Nm).
(6) Aufhängeöse.
(7) Glühstiftkerze (18 Nm).
(8) Dichtung Vakuumpumpe, ersetzen.
(9) Vakuumpumpe.
(10) Schrauben Vakuumpumpe (10 Nm).
(11) Klammer Kühlmitteltemperaturgeber.
(12) Kühlmitteltemperaturgeber G 62.
(13) Dichtring Kühlmitteltemperaturgeben/Kühlmittel-Anschlussstutzen, ersetzen.
(14) Schrauben Kühlmittel-Anschlussstutzen (10 Nm).
(15) Kühlmittel-Anschlussstutzen.
(16) Dichtring Kühlmittel-Anschlussstutzen, ersetzen.
(17) Schrauben Aufhängeöse (25 Nm).
(18) Aufhängeöse.
(19) Zylinderkopfdichtung. Kennzeichnung beachten (siehe Bild 78b). Ersetzen und nach dem Ersetzen das gesamte Kühlmittel erneuern.
(20) Hallgeber G40 für Nockenwellenposition.
(21) Schraube Hallgeber (10 Nm).

Ausbau

■ Masseband der Batterie bei ausgeschalteter Zündung abklemmen (siehe Kapitel 12).

■ Motorabdeckung ausbauen.

■ Scheibenwischerarme ausbauen (siehe Kapitel 12).

■ Wasserkasten-Stirnwand ausbauen (siehe Kapitel 13).

■ Geräuschdämpfung ausbauen (siehe Kapitel 13).

■ Unterdruckleitung (1) von der Vakuumpumpe (2) abziehen (siehe Bild 4).

■ Unterdruckleitungen vom Luftfilter komplett mit Halter (1) nach oben abnehmen, Stecker vom Magnetventil für Ladedruckbegrenzung N75 (3) abziehen, Magnetventil für Ladedruckbegrenzung N75 mit Halter an (2) abschrauben. Danach Magnetventil für Ladedruckbegrenzung N75 mit Unterdruckleitungen auf dem Motor ablegen (siehe Bild 5).

■ Luftfiltergehäuse mit Luftmassenmesser und Verbindungsrohr ausbauen (siehe Kapitel 6).

■ Unterdruckleitung zwischen Unterdruckpumpe und Bremskraftverstärker ausbauen. Dazu die Unterdruckleitung (Pfeil 1) aus dem Halter am Zylinderkopf ausfädeln. Die Vorwärmleitung (Pfeil 2) ist nicht zwingend verbaut (siehe Bild 9).

■ Steckverbindungen am Motorsteuergerät trennen (siehe Bild 10).

■ Elektrische Steckverbindung (2) am Differenzdruckgeber G505 trennen, Schraube (3) vom Halter Differenzdruckgeber herausdrehen und Differenzdruckgeber mit Leitungen nach hinten legen (siehe Bild 11).

■ Kraftstofffilter mit Halter ausbauen (siehe Kapitel 5). Dazu die Schnellverschlüsse (A) und (B) der Kraftstoffleitungen an der Kraftstoffübergabestelle trennen. Eventuell auslaufenden Kraftstoff auffangen (siehe Bild 12).

■ Mit einem Finger die Rastnase vom Kraftstoffvorwärmventil entsperren und das Kraftstoffvorwärmventil nach oben aus der Führung vom Kühlmittelausgleichsbehälter ziehen (siehe Bild 13).

■ Wechselfilterpatrone aus dem Kraftstofffilter-Unterteil clipsen und nach oben herausnehmen (siehe Bild 14). Kraftstoffvorlaufleitung und Rücklaufleitung an der Motorseite trennen. Wechselfilterpatrone und Kraftstoffschläuche zusammen mit dem Kraftstoffvorwärmventil herausnehmen und alles auf dem Motor ablegen. Eventuell auslaufenden Kraftstoff auffangen. Danach Kraftstofffilter-Unterteil ausbauen (siehe Kapitel 5).

■ Einfüllstutzen (1) für Behälter Scheibenwaschanlage vom Schlauchhalter abclipsen und vom Behälter für Scheibenwaschanlage (2) abziehen (siehe Bild 15). Zur Ausführung dieses Arbeitsschrittes muss allerdings vorher der rechte Scheinwerfer ausgebaut werden (siehe Kapitel 12).

■ Schlauch (1) für Kurbelgehäuseentlüftung abbauen, dazu Entriegelungstasten drücken (Bild 114).

■ Schraube (Pfeil) (unverlierbar) herausdrehen und den Ansaugschlauch (A) im Uhrzeigersinn aus seiner Halterung drehen und abnehmen (siehe Bild 17).

■ Zylinderkopfhaube ausbauen (siehe Anleitung weiter vorn).

■ Unterdruckleitungen ausclipsen (Pfeile) und zur Seite legen (Bild 115).

■ Unterdruckleitung (Pfeil) abziehen und Unterdruckleitungen seitlich ablegen (Bild 116).

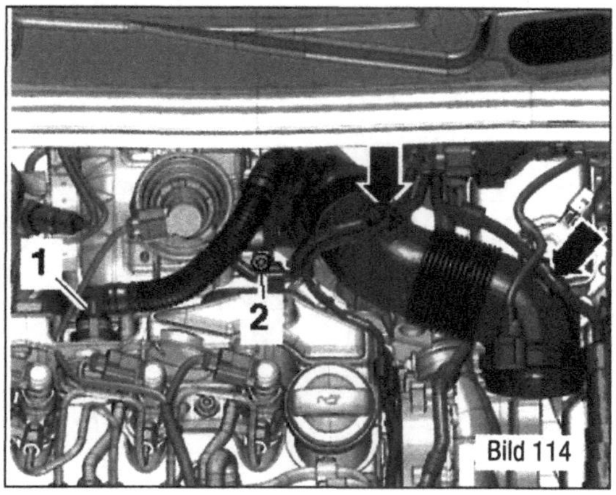

Bild 114
1,6 TDI: Schlauch (1) für Kurbelgehäuseentlüftung abbauen.

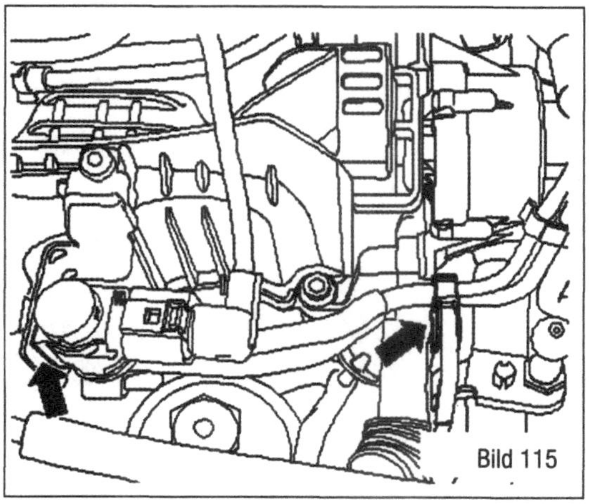

Bild 115
1,6 TDI: Unterdruckleitungen ausbauen.

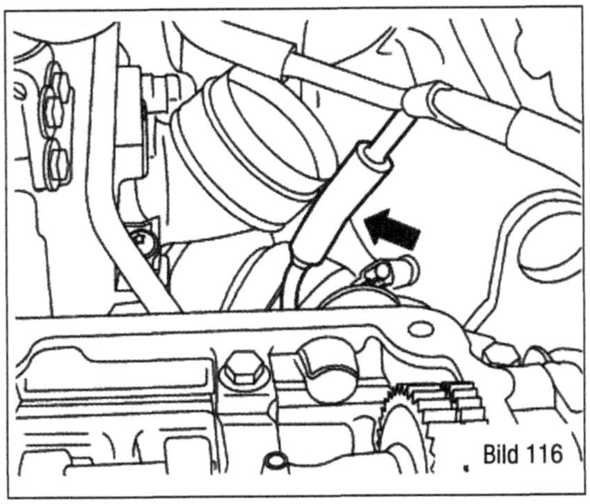

Bild 116
1,6 TDI: Unterdruckleitung (Pfeil) abziehen.

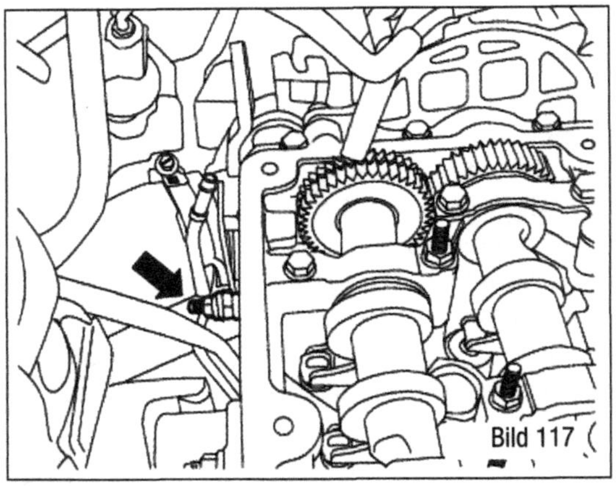

Bild 117
1,6 TDI: Anbindung (Pfeil) der Unterdruckleitung abschrauben.

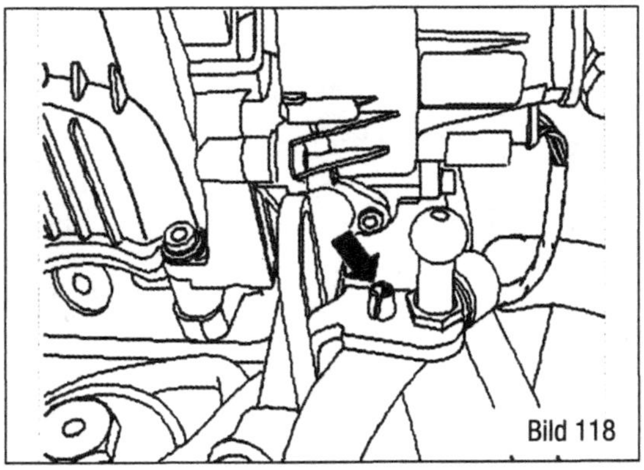

Bild 118
1,6 TDI: Motorvorverkabelung aus dem Halter (Pfeil) ausclipsen.

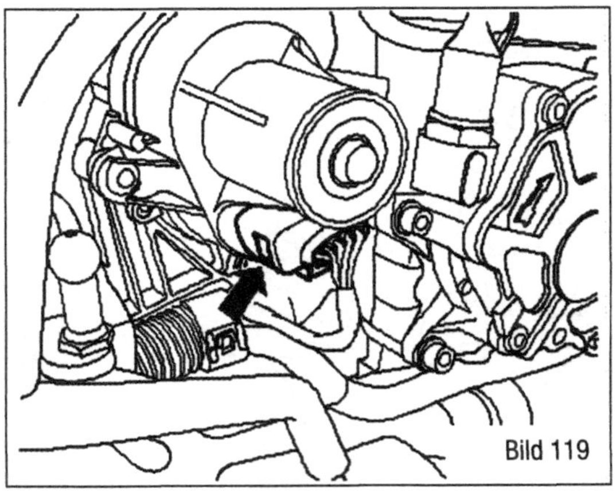

Bild 119
1,6 TDI: Steckverbindung (Pfeil) vom Motor für Saugrohrklappe V157 abziehen.

- Anbindung (Pfeil) der Unterdruckleitung abschrauben (Bild 117).
- Motorvorverkabelung aus dem Halter (Pfeil) ausclipsen (Bild 118).
- Steckverbindung (Pfeil) vom Motor für Saugrohrklappe V157 abziehen (Bild 119). Dann Motorvorverkabelung seitlich ablegen.
- Steckverbindungen von der Drosselklappensteuereinheit J338 (2) abziehen, Schelle (3) öffnen und Ladeluftschlauch abziehen. Dann Schraube von der Ölmessstabanbindung (4) herausdrehen (Bild 120).
- Elektrische Steckverbindung (4) am Kühlmitteltemperaturgeber G62 trennen (siehe Kapitel 4, Bild 4).
- Elektrische Steckverbindung (1) am Öldruckschalter F1 trennen. Schraube Motoraufhängeöse (Pfeil) herausdrehen (Bild 121).
- Schrauben (2), (5) und (Pfeile) herausdrehen, elektrische Leitungen und Schläuche am Ladeluftrohr links frei legen, Schlauchschelle (3) lösen und Ladeluftrohr links abnehmen (Bild 122).
- Schrauben (Pfeile) herausdrehen und Pulsationsdämpfer (2) abnehmen (Bild 123). Ladeluftrohr vorsichtig so weit wie möglich beiseite drücken.
- Partikelfilter lösen, um Bauraum zum Aus- und Einbau der Ölvorlaufleitung mit Abgasturboladerstütze zu schaffen. Dazu Befestigungsschelle zwischen Partikelfilter und Abgasturbolader ausbauen sowie Schraube des oberen Halters für Partikelfilter und Muttern des unteren Halters des Partikelfilters herausdrehen (siehe entsprechende Arbeitsschritte beim Ausbau des 1,6 TDI-Motors).
- Jetzt kann die Befestigungsschraube der Halteschelle für die Ölvorlaufleitung an der Stütze des Abgasturboladers erreicht werden. Schraube herausdrehen (siehe Kapitel 3, Bild 21).
- Verbindungsrohre (A) zum Kühler für Abgasrückführung ausbauen (Bild 124).
- Ölvorlaufleitung und Abgasturboladerstütze ausbauen (siehe Anleitung am Schluss des Kapitels 3).
- Kühlmittel ablassen (siehe Kapitel 4).
- Kühlmittelschläuche vom Anschlussstutzen abbauen, dazu Schlauchschellen (1) und (2) lösen (Bild 125, siehe auch Bild 113 sowie Kapitel 4, Bild 4).
- Steckverbindung für Hallgeber G40 trennen (siehe Bild 113).
- Jetzt müssen das Aggregatelager und der Motorhalter ausgebaut werden. Dazu ist

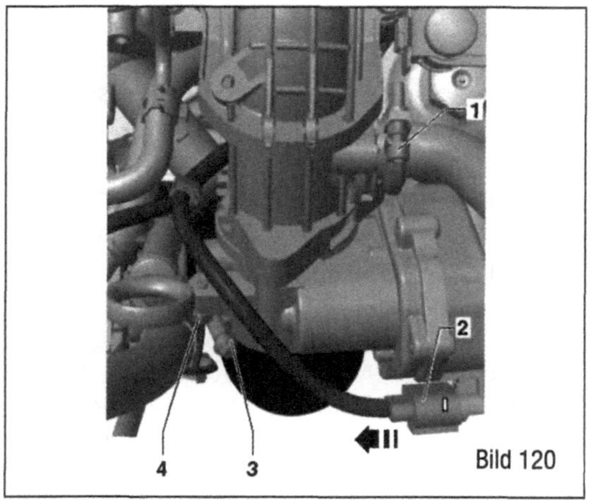

Bild 120
1,6 TDI: Ladeluftschlauch ausbauen.
(2) Steckverbindung der Drosselklappensteuereinheit.
(3) Schelle.
(4) Schraube der Ölmessstabanbindung.

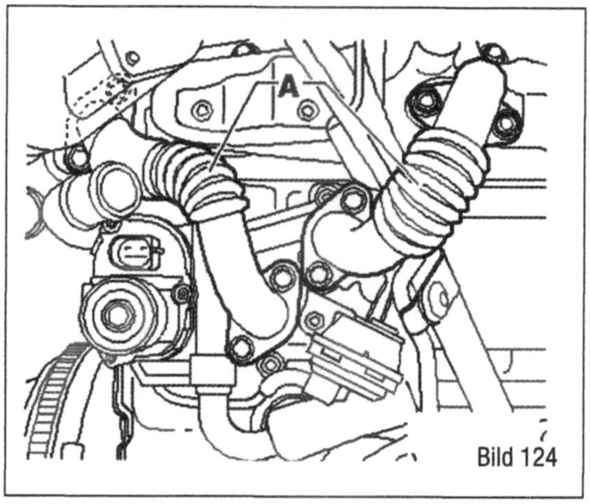

Bild 124
1,6 TDI: Verbindungsrohre (A) zum Kühler für Abgasrückführung ausbauen.

Bild 121
1,6 TDI: Elektrische Steckverbindung (1) am Öldruckschalter F1 trennen.
(2) Unterdruckleitung.
(3) Motoraufhängeöse.
Pfeil = Schraube Anbindung der Unterdruckleitung.

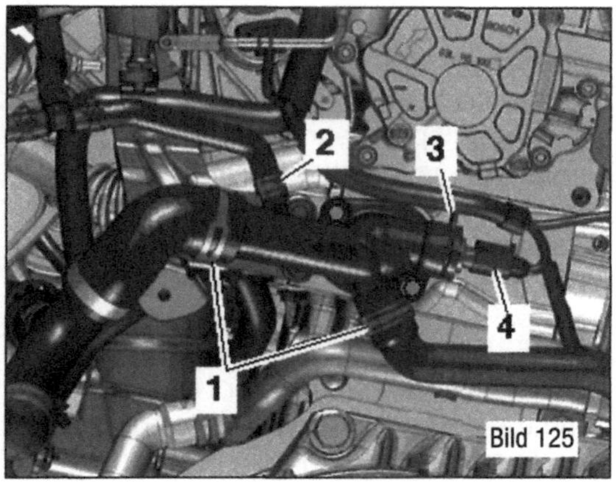

Bild 125
1,6 TDI: Kühlmittelschläuche vom Anschlussstutzen (3) abbauen.
(1) und (2) Schlauchschellen.
(4) Elektrische Steckverbindung am Kühlmitteltemperaturgeber G62.

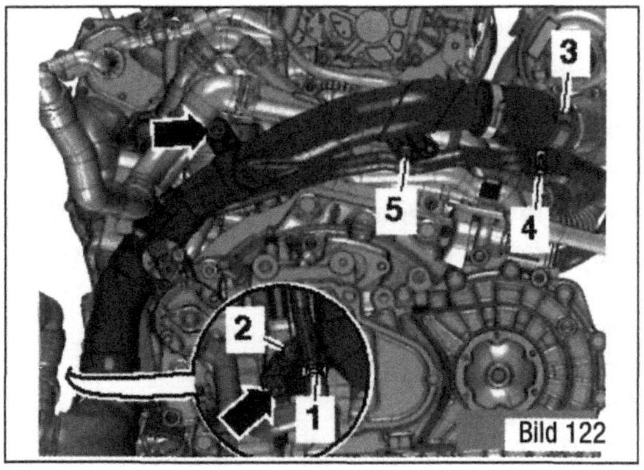

Bild 122
1,6 TDI: Ladeluftrohr links ausbauen.
(2), (5) und Pfeile = Schrauben.
(3) Schlauchschelle.

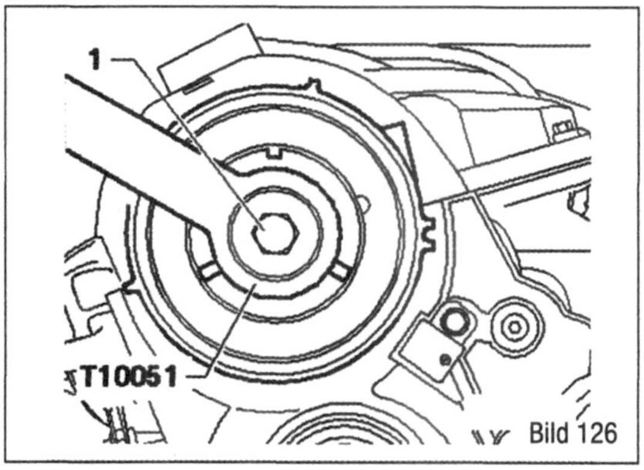

Bild 126
1,6 TDI: Nabe der Nockenwelle mit dem Gegenhalter T10051 gegenhalten und die Befestigungsschraube (1) der Nabe lösen.

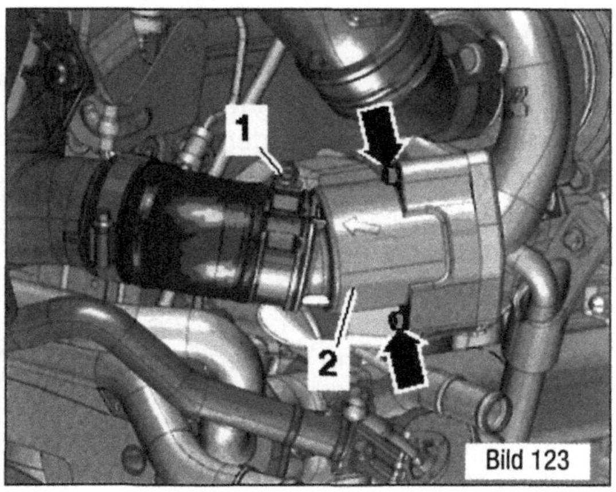

Bild 123
1,6 TDI: Pulsationsdämpfer (2) ausbauen.
Pfeile = Schrauben.

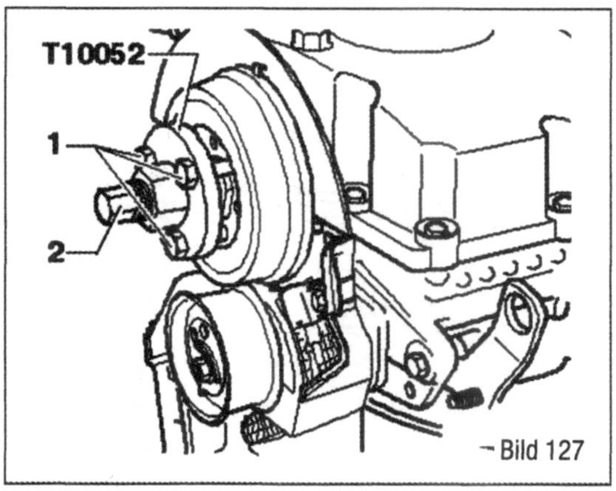

Bild 127
1,6 TDI: Nabe der Nockenwelle ausbauen.
(1) Befestigungsschrauben.
(2) Abziehvorrichtung T10052.

die Abfangvorrichtung 10-222 A mit den nötigen Adaptern wie im Bild 63 gezeigt aufzusetzen und der Motor in Einbaulage abzufangen.

⚠ Das Aggregatelager darf nur dann ausgebaut werden, wenn der Motor mit der Abfangvorrichtung 10-222 A abgefangen wird. Und der Motorhalter darf erst dann gelöst werden, wenn das Aggregatelager ausgebaut ist. Zum Ausbau des Motorlagers siehe unbedingt die entsprechende Anleitung in diesem Kapitel weiter vorn.

■ Befestigungsschraube des Zahnriemenschutzes hinten herausdrehen (siehe Bild 62).

■ Zahnriemen von der Nockenwelle und der Hochdruckpumpe abnehmen, danach die Zahnriemenspannrolle ausbauen (siehe dazu die entsprechende Anleitung »Zahnriemen aus- und einbauen« in diesem Kapitel.)

■ Jetzt Motorhalter und Aggregatelagerung Motor mit den alten Schrauben wieder handfest einbauen und die Abfangvorrichtung 10-222 A wieder abnehmen.

■ Nockenwellenrad von der Nabe abnehmen. Nabe der Nockenwelle abbauen, d. h. Nabe der Nockenwelle mit der Abziehvorrichtung T10052 abziehen.

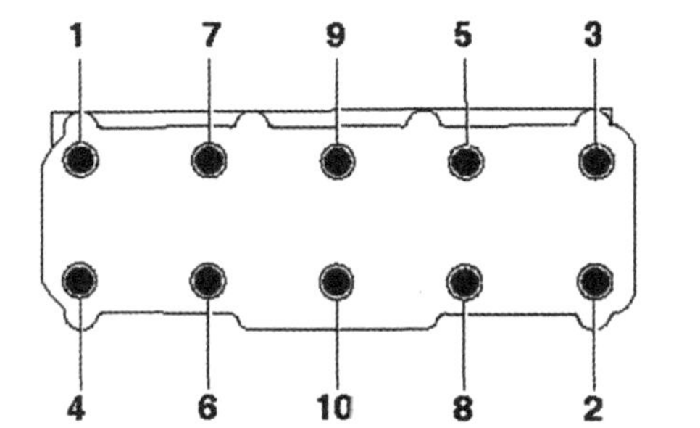

Bild 128

Bild 128
1,6 TDI: Zylinderkopfschrauben in der angegebenen Reihenfolge lösen.

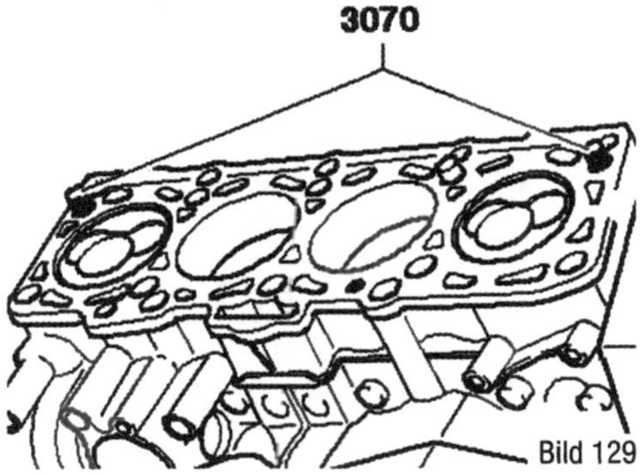

Bild 129

Bild 129
1,6 TDI: Zylinderkopf aufsetzen: Zum Zentrieren Führungsbolzen 3070/9 in die äußeren Bohrungen auf der Ansaugseite einschrauben.

Nabe mit dem Gegenhalter T10051 gegenhalten und die Befestigungsschraube (1) der Nabe lösen, indem die Befestigungsschraube der Nabe ca. zwei Umdrehungen herausgedreht wird (Bild 126).

■ Abziehvorrichtung T10052 ansetzen und zu den Bohrungen der Nabe ausrichten. Befestigungsschrauben (1) festziehen und die Nabe durch gleichmäßiges Anziehen der Abziehvorrichtung (2) unter Spannung setzen bis sich die Nabe vom Konus der Nockenwelle löst (Bild 127). Nabe vom Konus der Nockenwelle abnehmen, dabei die Abziehvorrichtung mit einem Schraubenschlüssel Schlüsselweite 30 festhalten.

■ Zylinderkopfschrauben lösen, dabei Reihenfolge einhalten (Bild 128).

■ Zylinderkopf mit einem Helfer herausnehmen. Die Zahnriemenspannrolle wird beim Herausheben des Zylinderkopfs von der Stiftschraube gezogen. Den Zylinderkopf zuerst an der Getriebeseite anheben und aus dem Zahnriemenschutz herausfädeln. Darauf achten, dass die Zahnriemenspannrolle nicht herunterfällt.

Einbau

■ Dichtmittelrest im Reparaturfall von Zylinderkopf und Zylinderblock vorsichtig entfernen. Darauf achten, dass keine lang gezogenen Riefen oder Kratzer entstehen. Bei Verwendung von Schleifpapier darf die Körnung nicht unter 100 liegen. Schmirgel- und Schleifreste sorgfältig entfernen.

■ Neue Zylinderkopfdichtung erst unmittelbar vor dem Einbau aus der Verpackung nehmen. Dichtung äußerst sorgfältig behandeln. Beschädigungen der Siliconschicht und im Sickenbereich führen zu Undichtigkeiten.

Kennzeichnung der Zylinderkopfdichtung beachten: (1) - Teilenummer, (2) - Löcher, (3) - nicht beachten (siehe Bild 78b).

Wenn die Zylinderkopfdichtung oder der Zylinderkopf ersetzt wurde, ist die neue Zylinderkopfdichtung nach der Anzahl der Löcher der alten Zylinderkopfdichtung auszuwählen. Wurden Teile des Kurbeltriebs ersetzt, muss die neue Zylinderkopfdichtung durch Messen des Kolbenüberstands im »OT« neu bestimmt werden (siehe Bild 77).

Zylinderkopfdichtung mit der Kennzeichnung nach oben auflegen.

■ Vor dem Aufsetzen des Zylinderkopfs Kurbelwellenstopp T10050 entfernen und

Kurbelwelle entgegen der Motordrehrichtung zurückdrehen, bis alle Kolben nahezu gleichmäßig unter oberem Totpunkt stehen.

- Zum Zentrieren Führungsbolzen 3070/9 in die äußeren Bohrungen auf der Ansaugseite einschrauben (Bild 129).
- Motor wieder abfangen (siehe Bild 63).
- Zylinderkopf mit Helfer in den Zahnriemenschutz einfädeln und aufsetzen. Die Spannrolle muss nach Aufsetzen des Zylinderkopfs auf die Stiftschraube gesteckt werden.
- Acht neue Zylinderkopfschrauben einsetzen und von Hand bis zur Anlage eindrehen. Führungsbolzen 3070/9 durch die Schraubenbohrung im Zylinderkopf herausdrehen und die letzten beiden Zylinderkopfschrauben ebenfalls von Hand bis zur Anlage eindrehen. Danach Zylinderkopf in 4 Stufen in gezeigter Anzugsreihenfolge (Bild 130) wie folgt anziehen:

1. Mit Drehmomentschlüssel vorziehen: Stufe I = 35 Nm Stufe II = 60 Nm.
2. Mit starrem Schlüssel weiterdrehen: Stufe III = 90° weiterdrehen. Stufe IV = 90° weiterdrehen.

- Zahnriemenschutz hinten am Zylinderkopf nach dem Abfangen befestigen (siehe Bild 62).
- Nabe und Nockenwellenrad einbauen.
- Naben Nockenwelle und Hochdruckpumpe mit dem Absteckstift für Diesel-Einspritzpumpe 3359 arretieren.
- Nun die Kurbelwelle in Motordrehrichtung auf oberen Totpunkt drehen und die Kurbelwelle mit dem Kurbelwellenstopp T10050 arretieren (siehe Bild 112).
- Der weitere Einbau erfolgt in umgekehrter Reihenfolge. Dabei ist Folgendes zu beachten:
- Motor wieder abfangen (siehe Bild 63).
- Zahnriemen einbauen (siehe entsprechende Anleitung in diesem Kapitel).
- Motorhalter einbauen (siehe entsprechende Anleitung in diesem Kapitel).
- Zylinderkopfhaube einbauen (siehe entsprechende Anleitung in diesem Kapitel).
- Ölvorlaufleitung und Abgasturboladerstütze einbauen (siehe Anleitung am Schluss des Kapitels 3).
- Keilrippenriemen einbauen (siehe entsprechende Anleitung in diesem Kapitel).
- Kühlmittel auffüllen (siehe Kapitel 4) und Motoröl ergänzen (siehe Kapitel 3).

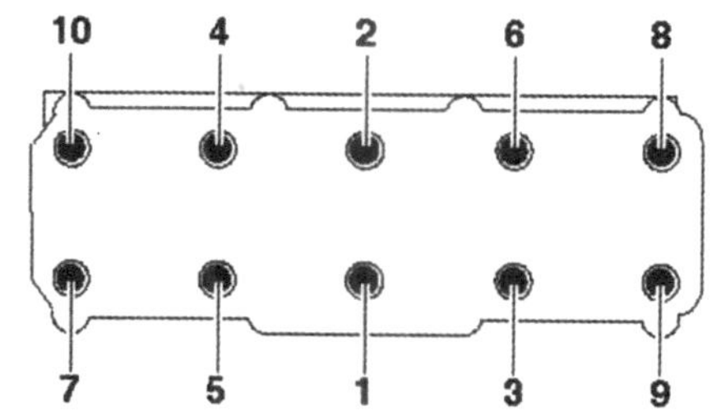

Bild 130

Bild 130
1,6 TDI: Zylinderkopfschrauben in der gezeigten Reihenfolge anziehen.

- Wie nach allen Arbeiten am Kraftstoffsystem ist auch hier ein Fahrzeugdiagnosetester anzuschließen. In den »Geführten Funktionen« die Funktion »Hochdruckpumpe/Kraftstoffsystem befüllen/entlüften« durchführen.
- Probefahrt durchführen und Fehlerspeicher abfragen.

Zylinderkopf 1,2 TDI aus- und einbauen)

Für den Aus- und Einbau werden die gleichen Spezialwerkzeuge und Hilfsmittel benötigt wie beim 1,6 TDI, allerdings keine Abfangvorrichtung mit Adaptern, Zusatzhaken und Schäkel. Zusätzlich wird aber ein Altölauffang- und Absauggerät (V.A.G 1782) gebraucht.
Da es z. T. ähnliche Abläufe der Arbeitsschritte wie beim 1,6 TDI gibt, fassen wir solche Arbeitsschritte in Blöcken zusammen.

Ausbau

- Motorabdeckung abbauen, Masseband der Batterie bei ausgeschalteter Zündung abklemmen, Scheibenwischerarme und Wasserkasten-Stirnwand ausbauen.
- Unterdruckleitungen mit Halter (1) vom Luftfilter und Stecker vom Magnetventil für Ladedruckbegrenzung N75 (3) abnehmen. Dann Magnetventil für Ladedruckbegrenzung mit Halter (2) abschrauben und mit Unterdruckleitungen auf dem Motor ablegen (siehe Bild 5).
- Ladedruckrohr »heiße« und »kalte« Seite ausbauen (siehe Kapitel 3, Bild 4).
- Unterdruckleitung am Bremskraftverstärker abnehmen (siehe Kapitel 11).
- Kühlmittel ablassen (siehe Kapitel 4).

■ Pulsationsdämpfer (2) abbauen, dazu Schrauben (Pfeile) herausdrehen (siehe Bild 123).
■ Elektrische Steckverbindung (1) am Öldruckschalter F1 trennen, Unterdruckleitung (2) abziehen und die Anbindung der Unterdruckleitung abschrauben (siehe Bild 121).
■ Kühlmittelschläuche vom Anschlussstutzen abbauen, dazu Schlauchschellen (1) und (2) lösen (siehe Bild 125).
■ Steckverbindungen (1) … (4) trennen (siehe Bild 10).
■ Elektrische Steckverbindung (2) am Differenzdruckgeber G505 trennen,

Bild 131

Bild 131
1,2 TDI: Schraube von der Ölmessstabanbindung (Pfeil) herausdrehen.

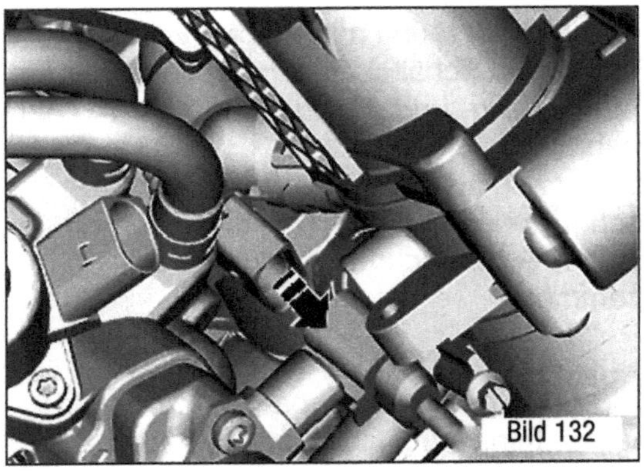
Bild 132

Bild 132
1,2 TDI: Steckverbindung (Pfeil) für Hallgeber G40 trennen.

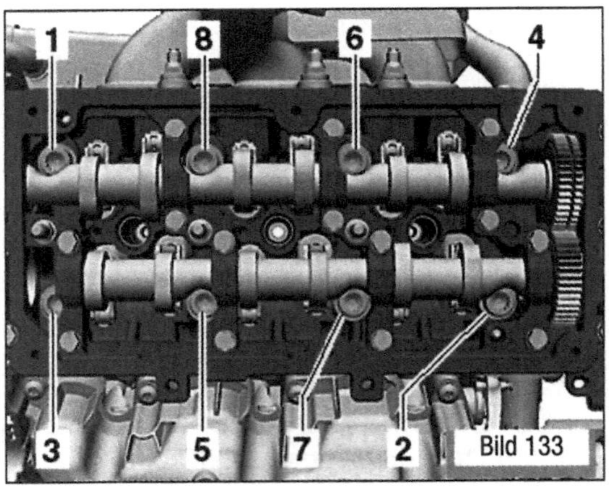

Bild 133

Bild 133
1,2 TDI: Zylinderkopfschrauben in der Reihenfolge (1) … (8) herausdrehen.

Schraube (3) vom Halter Differenzdruckgeber herausdrehen und Differenzdruckgeber mit Leitungen nach hinten legen (siehe Bild 11).
■ Kraftstoffvorlaufleitung und Rücklaufleitung an der Hochdruckpumpe abnehmen (siehe Kapitel 6, Bild 2).
■ Schrauben der Kühlmittelrücklaufleitung herausdrehen und Kühlmittelrücklaufleitung zur Seite legen (siehe Kapitel 4, Bild 4).
■ Zylinderkopfhaube ausbauen.
■ Hochdruckleitung zwischen Rail-Element (Hochdruckspeicher) und Hochdruckpumpe abbauen (siehe Kapitel 6, Bild 2).
■ Motorvorverkabelung aus dem Halter (Pfeil) clipsen (siehe Bild 118). Alle restlichen Steckerverbindungen zum Motor trennen. Motorvorverkabelung seitlich ablegen.
■ Schraube von der Ölmessstabanbindung (Pfeil) herausdrehen (Bild 131).
■ Partikelfilter lösen, zur Seite drücken und mit geeigneten Mitteln an der Wasserkasten-Stirnwand befestigen (siehe Bild 39 und dazugehörige Arbeitsschritte).
■ Verbindungsrohre (A) zum Kühler für Abgasrückführung ausbauen (siehe Bild 124).
■ Ölvorlaufleitung und Abgasturboladerstütze ausbauen (siehe Kapitel 3).
■ Steckverbindung für Hallgeber G40 trennen (Pfeil, Bild 132, siehe auch Bild 138).
■ Zahnriemen von der Nockenwelle und der Hochdruckpumpe abnehmen (siehe »Zahnriemen 1,2 TDI aus- und einbauen«).
■ Nabe mit dem Gegenhalter T10051 gegenhalten, Befestigungsschraube (1) der Nabe lösen, d. h. ca. 2 Umdrehungen herausdrehen (siehe Bild 126).
■ Abziehvorrichtung T10052 ansetzen und zu den Bohrungen der Nabe ausrichten. Befestigungsschrauben (1) festziehen und die Nabe durch gleichmäßiges Anziehen der Abziehvorrichtung (2) unter Spannung setzen bis sich die Nabe vom Konus der Nockenwelle löst (siehe Bild 127). Nabe vom Konus der Nockenwelle abnehmen, dabei die Abziehvorrichtung mit einem Schraubenschlüssel Schlüsselweite 30 festhalten.
■ Befestigungsschraube des Zahnriemenschutzes hinten herausdrehen (siehe Bild 62).
■ Mutter (1) der Spannrollen entfernen (siehe Bild 105).
■ Zylinderkopfschrauben in der im Bild 133 angegebenen Reihenfolge herausdrehen.

■ Zylinderkopf mit einem Helfer herausnehmen. Die Zahnriemenspannrolle wird beim Herausheben des Zylinderkopfs von der Stiftschraube gezogen. Den Zylinderkopf zuerst an der Getriebeseite anheben und aus dem Zahnriemenschutz herausfädeln. Darauf achten, dass die Zahnriemenspannrolle nicht herunterfällt.

Einbau

■ Dichtmittelrest im Reparaturfall von Zylinderkopf und Zylinderblock vorsichtig entfernen. Darauf achten, dass keine lang gezogenen Riefen oder Kratzer entstehen. Bei Verwendung von Schleifpapier darf die Körnung nicht unter 100 liegen. Schmirgel- und Schleifreste sorgfältig entfernen.

■ Neue Zylinderkopfdichtung erst unmittelbar vor dem Einbau aus der Verpackung nehmen. Dichtung äußerst sorgfältig behandeln. Beschädigungen der Siliconschicht und im Sickenbereich führen zu Undichtigkeiten.
Kennzeichnung der Zylinderkopfdichtung beachten: (1) - Teilenummer, (2) - Löcher, (3) - nicht beachten (siehe Bild 78a).
Wenn die Zylinderkopfdichtung oder der Zylinderkopf ersetzt wurde, ist die neue Zylinderkopfdichtung nach der Anzahl der Löcher der alten Zylinderkopfdichtung auszuwählen. Wurden Teile des Kurbeltriebs ersetzt, muss die neue Zylinderkopfdichtung durch Messen des Kolbenüberstands im »OT« neu bestimmt werden (siehe Bild 77).
Zylinderkopfdichtung mit der Kennzeichnung nach oben auflegen.

■ Vor dem Aufsetzen des Zylinderkopfs Kurbelwellenstopp T10050 entfernen und Kurbelwelle entgegen der Motordrehrichtung zurückdrehen, bis alle Kolben nahezu gleichmäßig unter oberem Totpunkt stehen.

■ Zum Zentrieren Führungsbolzen 3070/9 in die äußeren Bohrungen auf der Ansaugseite einschrauben (Bild 134).

■ Zylinderkopf mit Helfer in den Zahnriemenschutz einfädeln und aufsetzen. Die Spannrolle muss nach Aufsetzen des Zylinderkopfs auf die Stiftschraube gesteckt werden. Der Zylinderkopf darf dabei nicht auf den Passhülsen (A) schleifen (siehe Bild 134).

■ Sechs neue Zylinderkopfschrauben einsetzen und von Hand bis zur Anlage eindrehen. Führungsbolzen 3070/9 durch die Schraubenbohrung im Zylinderkopf herausdrehen und die letzten beiden neuen Zylinderkopfschrauben ebenfalls von Hand bis zur Anlage eindrehen. Danach Zylinderkopf in 4 Stufen in gezeigter Anzugsreihenfolge (Bild 135) wie folgt anziehen:
1. Mit Drehmomentschlüssel vorziehen: Stufe I = 30 Nm Stufe II = 50 Nm.
2. Mit starrem Schlüssel weiterdrehen: Stufe III = 90° weiterdrehen. Stufe IV = 90° weiterdrehen.

■ Zahnriemenschutz hinten am Zylinderkopf nach dem Abfangen befestigen (siehe Bild 62).

■ Nabe und Nockenwellenrad einbauen.

■ Naben von Nockenwelle und Hochdruckpumpe mit dem Absteckstift für Diesel-Einspritzpumpe 3359 arretieren.

■ Nun die Kurbelwelle in Motordrehrichtung auf oberen Totpunkt drehen und die Kurbelwelle mit dem Kurbelwellenstopp T10050 arretieren (siehe Bild 112).

■ Der weitere Einbau erfolgt in umgekehrter Reihenfolge. Dabei ist Folgendes zu beachten:

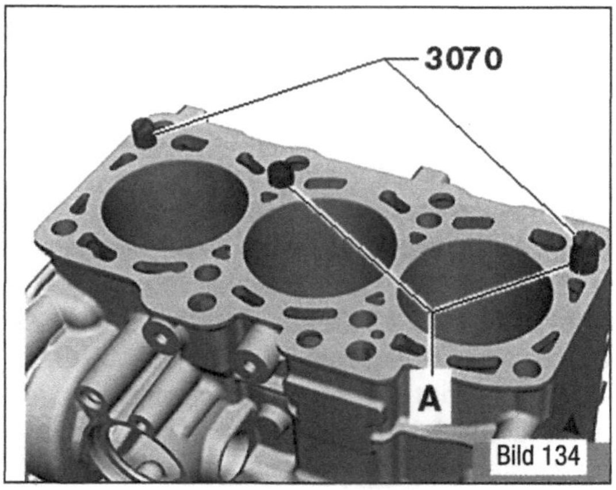

Bild 134
1,2 TDI: Zylinderkopf aufsetzen: Zum Zentrieren Führungsbolzen 3070/9 in die äußeren Bohrungen auf der Ansaugseite einschrauben.
(A) Passhülsen.

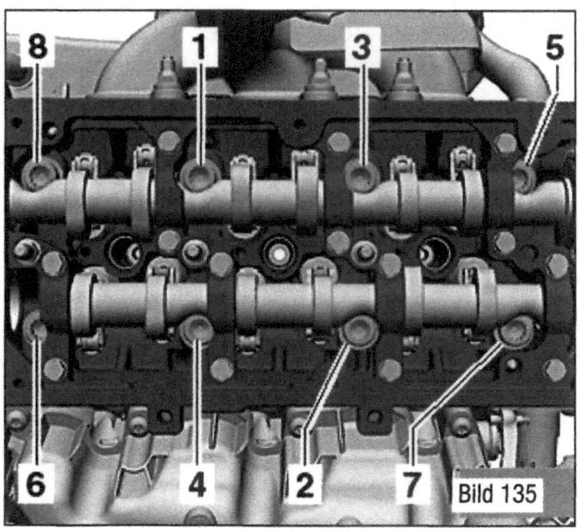

Bild 135
1,2 TDI: Zylinderkopfschrauben in der gezeigten Reihenfolge anziehen.

■ Zahnriemen einbauen (siehe entsprechende Anleitung in diesem Kapitel).
■ Zylinderkopfhaube einbauen (siehe entsprechende Anleitung in diesem Kapitel).
■ Ölvorlaufleitung und Abgasturbolader-stütze einbauen (siehe Anleitung am Schluss des Kapitels 3).
■ Keilrippenriemen einbauen (siehe entsprechende Anleitung in diesem Kapitel).
■ Kühlmittel auffüllen (siehe Kapitel 4) und Motoröl ergänzen (siehe Kapitel 3).
■ Wie nach allen Arbeiten am Kraftstoffsystem ist auch hier ein Fahrzeugdiagnosetester anzuschließen. In den »Geführten Funktionen« die Funktion »Hochdruckpumpe/Kraftstoffsystem befüllen/entlüften« durchführen.
■ Probefahrt durchführen und Fehlerspeicher abfragen.

Kompressionsdruck 1,6 TDI prüfen

Die Prüfwerte des Kompressionsdrucks in den einzelnen Zylindern zeigen an, ob der Motor sich noch in einem guten mechanischen Zustand befindet oder ob er für einen Austausch reif ist, zumindest aber komplett überholt werden muss.
Zur Prüfung werden ein Kompressionsdruck-Prüfgerät (z. B. V.A.G 1763), Adapter (z. B. V.A.G 1381/12), Gelenkschlüssel Schlüsselweite 10 (3220), Zange (3314) und Drehmomentschlüssel 5 ... 50 Nm (V.A.G. 1331) benötigt. Die Motoröltemperatur muss mindestens 30 °C und die Batteriespannung mindestens 11,5 V betragen.

Prüfablauf

■ Glühstiftkerze des entsprechenden Zylinders mit dem Gelenkschlüssel ausbauen (siehe Kapitel 6), Adapter anstelle der Glühstiftkerze einschrauben und Kompressionsdruck mit Kompressionsdruck-Prüfgerät entsprechend Bedienungsanleitung prüfen. Anlasser so lange betätigen, bis kein Druckanstieg mehr vom Prüfgerät angezeigt wird.
■ Glühstiftkerze mit dem Gelenkschlüssel wieder einbauen.
■ Fehlerspeicher des Motorsteuergeräts abfragen und ggf. löschen.

*

Mit Bedacht präsentieren wir – außer Montageübersichten »Ventiltrieb/Nockenwellen« (Bild 136 bis 139) – in diesem Ratgeber keine weiteren Anleitungen im Reparatur-Segment »Ventiltrieb«. Der **Aus- und Einbau der Nockenwellen** zum Beispiel gestaltet sich bei der Demontage noch relativ übersichtlich, die Montage dagegen erfordert ein Nockenwellen-Einlegewerkzeug (T40094) und weitere entsprechende Spezialwerkzeuge, die einem Selbstschrauber wohl kaum zur Verfügung stehen, und natürlich eine gehörige Portion Erfahrung, um mit diesen Spezialwerkzeugen präzise umzugehen.
Aus dem gleichen Grunde verzichten wir auch auf Reparaturanleitungen wie »Ventilschaftabdichtungen ersetzen«, »Ventilführungen prüfen« oder »Ventilsitze nacharbeiten«. Sie sind in aller Regel eine Aufgabe für die Fachwerkstatt.

Kompressionsdruckwerte

Neu	Verschleißgrenze	zul. Untersch. zw. d. Zylindern
25 ... 31 bar Überdruck	19 bar Überdruck	5 bar

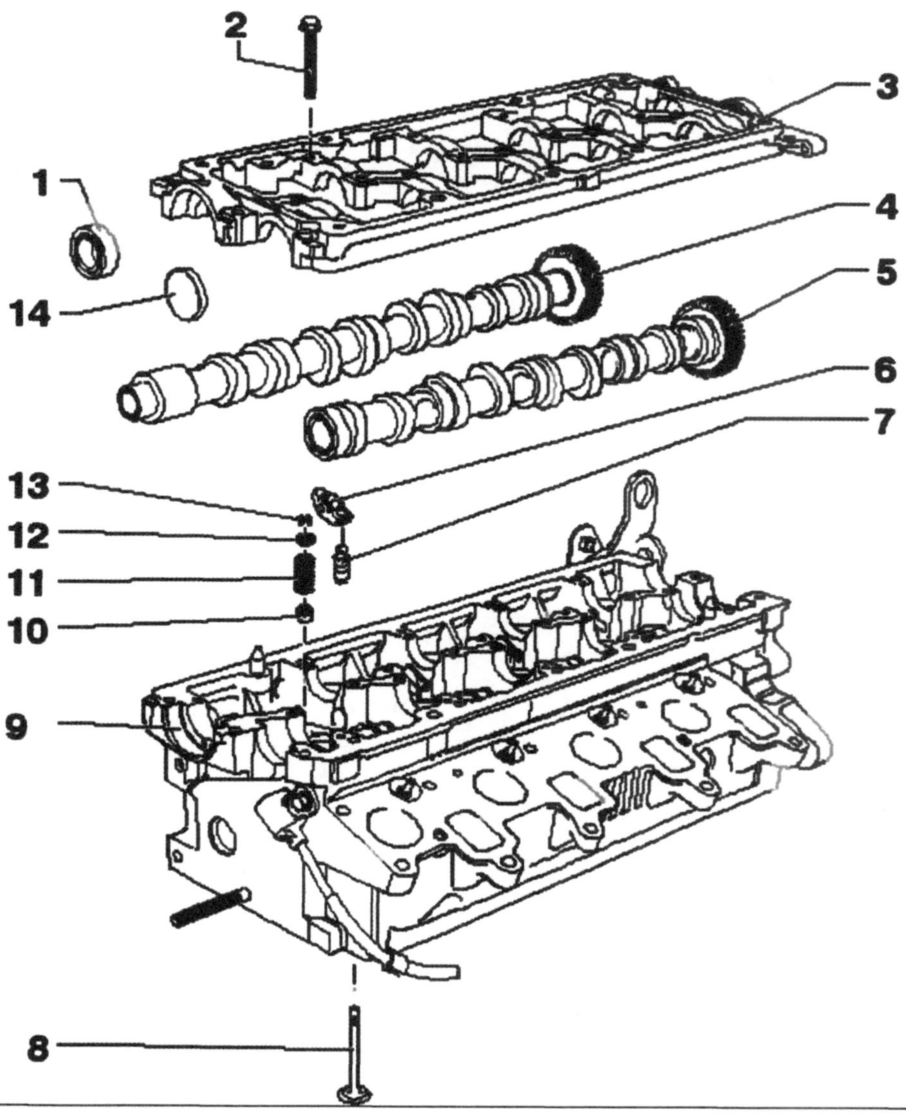

Bild 136

Bild 136
Montageübersicht »Ventiltrieb/Nockenwellen« 1,6 TDI.

(1) Dichtring. Dichtlippe des Dichtrings nicht zusätzlich einölen bzw. fetten. Vor dem Einbau Ölrückstände am Nockenwellenzapfen mit einem sauberen Lappen entfernen. Zum Einbau Nut am Konus der Nockenwelle abkleben (z. B. Tesafilm).
(2) Befestigungsschrauben Lagerrahmen (10 Nm).
(3) Lagerrahmen. Der Lagerrahmen muss mit der gesamten Anlagefläche auf dem Zylinderkopf aufliegen. Mit Silikon-Klebedichtmittel D 176 501 A1 abdichten. Reihenfolge beim Lösen und Anziehen der insgesamt 24 Schrauben des Lagerrahmens sowie Anzugsdrehmomente (Bild 119).
(4) Auslassnockenwelle.
(5) Einlassnockenwelle.
(6) Rollenschlepphebel. Einbaulage kennzeichnen, nicht vertauschen, Rollenlager auf leichten Lauf prüfen, Lauffläche ölen.
(7) Hydraulisches Ausgleichselement. Einbaulage kennzeichnen, vor dem Einbau Laufflächen ölen.
(8) Ventil. Nicht nacharbeiten, nur einschleifen ist zulässig. Für den Wiedereinbau Einbaulage kennzeichnen.
(9) Zylinderkopf.
(10) Ventilschaftabdichtung.
(11) Ventilfeder.
(12) Ventilfederteller.
(13) Ventilkegelstück.
(14) Verschlussdeckel, ersetzen.

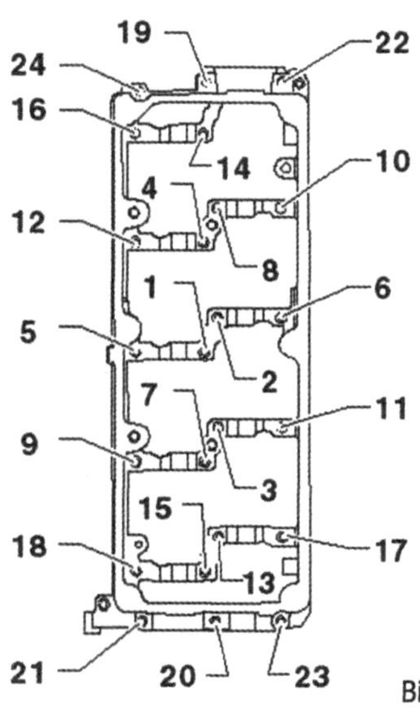

Bild 137

Bild 137
1,6 TDI: Lagerrahmen: Anzugsreihenfolge der Schrauben und Anzugsdrehmomente.
- Die Befestigungsschrauben des Lagerrahmens in der Reihenfolge 24 ... 1 herausdrehen.
- Schrauben in 2 Stufen in der gezeigten Reihenfolge festziehen:

Stufe	Schrauben	Anzugsdrehmoment
1	1 ... 24	von Hand bis zur Anlage eindrehen
2	1 ... 24	10 Nm

Bild 138
Montageübersicht »Ventiltrieb/Nockenwellen« 1,2 TDI.

(1) Dichtring. Dichtlippe des Dichtrings nicht zusätzlich einölen bzw. fetten. Vor dem Einbau Ölrückstände am Nockenwellenzapfen mit einem sauberen Lappen entfernen. Zum Einbau Nut am Konus der Nockenwelle abkleben (z. B. Tesafilm).
(2) Befestigungsschrauben Lagerrahmen (10 Nm).
(3) Führungsstifte (10 Nm).
(4) Lagerrahmen. Reihenfolge beim Lösen und Anziehen beachten. Mit Silikon-Klebedichtmittel D 176 501 A1 abdichten.
(5) Auslassnockenwelle.
(6) Einlassnockenwelle.
(7) Rollenschlepphebel. Einbaulage kennzeichnen, nicht vertauschen. Rollenlager auf leichten Lauf prüfen und Lauffläche vor dem Einbau einölen.
(8) Hydraulisches Ausgleichselement. Einbaulage kennzeichnen. Vor dem Einbau Laufflächen ölen.
(9) Zylinderkopf.
(10) Stecker Hallgeber G40.
(11) Ventil. Nicht nacharbeiten, nur einschleifen ist zulässig. Für den Wiedereinbau Einbaulage kennzeichnen.
(12) Stiftschraube.
(13) Ventilschaftabdichtung.
(14) Ventilfeder.
(15) Ventilfederteller.
(16) Ventilkegelstück.
(17) Verschlussdeckel (ersetzen).

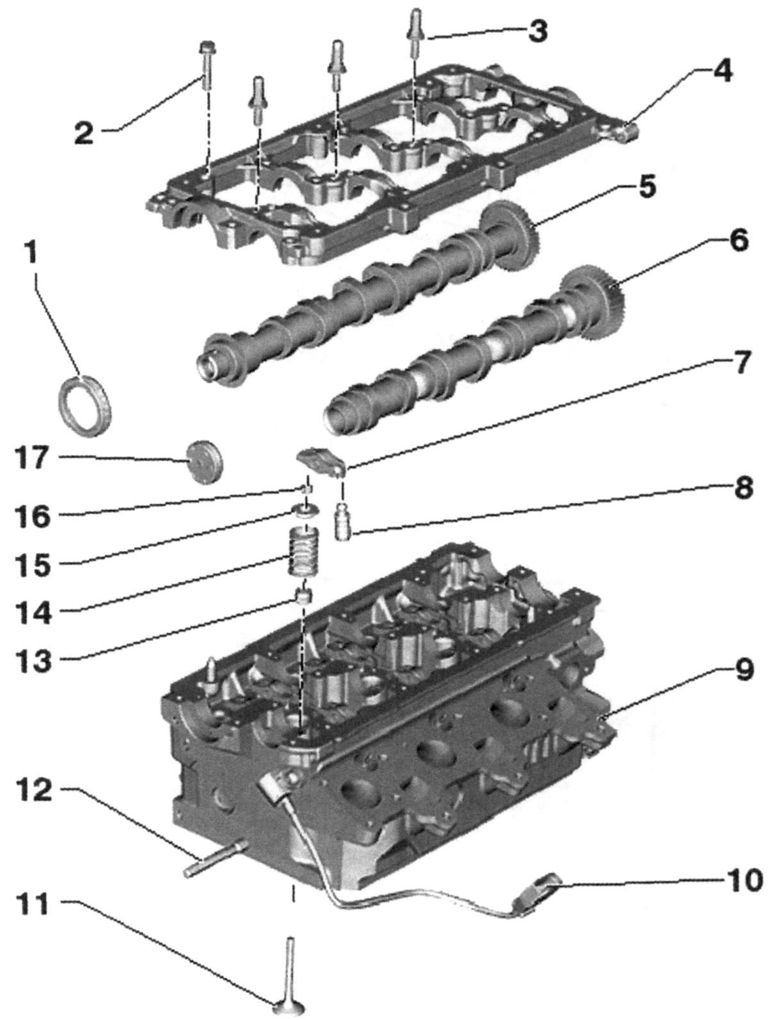

Bild 138

Bild 139
1,2 TDI: Lagerrahmen: Anzugsreihenfolge der Schrauben und Anzugsdrehmomente.
- Die Befestigungsschrauben des Lagerrahmens in der Reihenfolge 20 ... 1 herausdrehen.
- Schrauben in 2 Stufen in der gezeigten Reihenfolge festziehen:

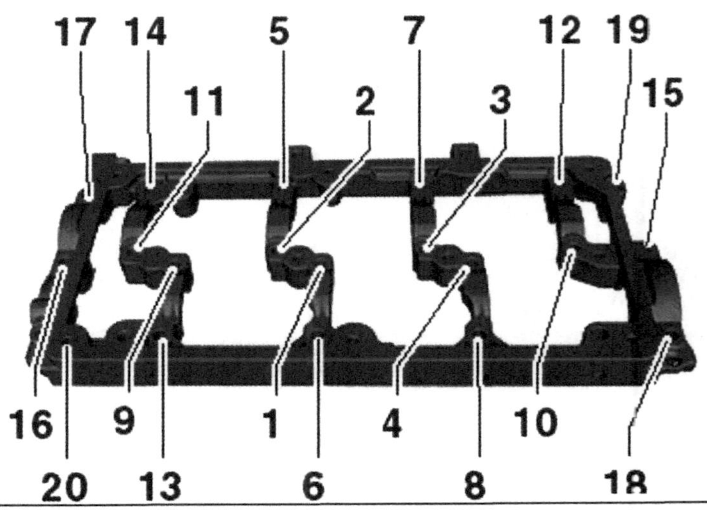

Bild 139

Stufe	Schrauben	Anzugsdrehmoment
1	1 ... 20	von Hand bis zur Anlage eindrehen
2	1 ... 20	10 Nm

3 Motorschmierung

Alle Stellen im Motor, an denen Metalle aufeinander gleiten, müssen ständig mit Öl versorgt werden: Kolben, Zylinderlaufbahnen, die Lager von Kurbelwelle und Nockenwelle. Kein Triebwerk des Polo hielte mehr als einige wenige Minuten ohne passende Schmierung durch.
Damit das Öl seine Aufgabe erfüllen kann, strömt es im Motorblock durch ein System von Leitungen und feinen Bohrungen an die richtige Adresse. Eine wichtige Rolle in diesem Ölkreislauf spielt die Ölpumpe. Sie holt über das Ölsaugrohr das Motoröl aus der Ölwanne und drückt es in die Leitungen. Zuvor muss die kostbare Flüssigkeit den im Hauptstrom des Schmiersystems sitzenden Ölfilter passieren. Dort werden Verunreinigungen wie Ruß, Metallabrieb und Staub heraus gefiltert.
Ein Überdruckventil an der Ölpumpe öffnet bei zu hohem Öldruck, so dass ein Teil des Öls in die Ölwanne zurück fließen kann.
Der Motor verbraucht Öl, weil es teilweise in den Verbrennungsraum gelangt und dort verbrennt. Ein undichter Motor, defekte Ventilschaftabdichtungen, auch falsch eingebaute Kolbenringe oder zu viel Spiel zwischen Ventilführung und Ventilschaft treiben den Verbrauch in die Höhe. Wenn der Motor technisch in Ordnung ist, verbraucht er allerdings so wenig, dass zwischen den Ölwechselintervallen nichts oder nur eine geringe Menge nachgefüllt werden muss. Es ist aber immer gut, den Ölstand zu kontrollieren. Eine Faustregel sagt: nach jedem zweiten Tanken.

Motorölstand 1,2 TDI/1,6 TDI prüfen

Ausgangsstatus: Beim Messen des Ölstandes muss das Fahrzeug waagerecht stehen. Nach Abstellen des Motors mindestens drei Minuten warten, damit das Öl in die Ölwanne zurückfließen kann.
- Ölmessstab herausziehen, mit einem sauberen Tuch abwischen und den Messstab wieder bis zum Anschlag hinein schieben.
- Messstab anschließend wieder herausziehen und Ölstand ablesen (Bild 1).

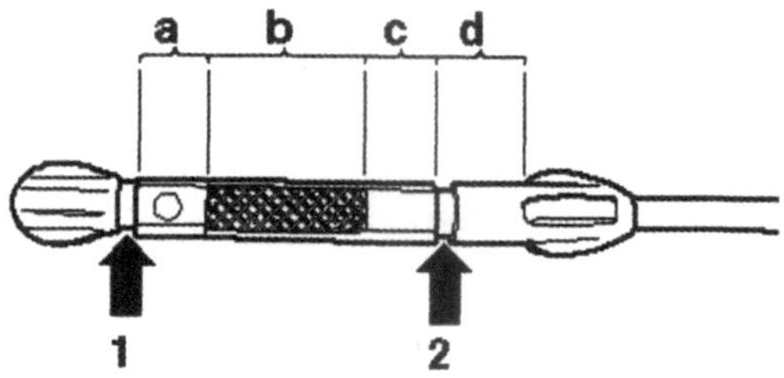

Bild 1

Bild 1
1 – min. Markierung.
2 – max. Markierung.
a – Ölstand im Bereich min. Markierung: Motoröl nachfüllen.
b – Ölstand im mittleren Bereich: Motoröl kann nachgefüllt werden.
c – Ölstand im Bereich max. Markierung: Kein Motoröl nachfüllen.
d – Ölstand kann sich aufgrund bestimmter Fahrbedingungen hier aufhalten. Dies ist normal und reguliert sich selbstständig. Es braucht kein Motoröl abgelassen werden.

Motoröl ablassen oder absaugen, Ölfiltereinsatz ersetzen und Motoröl auffüllen

Der **Motorölwechsel** mit einem Altölauffang- und Absauggerät (z. B. V.A.G 1782) sollte nach Möglichkeit bei betriebswarmem Motor durchgeführt werden.
- Öleinfüllverschlussdeckel abnehmen und Motoröl mit Altölauffang- und Absauggerät absaugen.

oder
- Fahrzeug anheben, Geräuschdämpfung ausbauen, Ölablassschraube in der Ölwanne (Pos. 3 im Bild 2) herausdrehen und das austretende Öl auffangen.
- Neue Ölablassschraube mit Dichtring handfest einschrauben und mit 30 Nm anziehen).
- **Ölfilter ersetzen** (siehe nachfolgende Reparaturanleitung in diesem Kapitel).
- Öl gemäß Spezifikation auffüllen.

Motoröl-Füllmengen
Werkseitig ist ein Qualitäts-Mehrbereichsöl eingefüllt, das, außer in extrem kalten Klimazonen, als Ganzjahresöl gefahren werden kann. Alle Dieselmotoren benötigen eine Ölfüllmenge mit Ölfilterwechsel von 4,3 Liter, ohne Ölfilterwechsel 4,0 Liter.

Spezifikationen der VW-Motoröle	*Dieselmotoren TDI CR mit DPF*
mit Longlife Service (QG1)	ohne Longlife Service (QG0, QG2)
VW 507 00	VW 507 00

- Öleinfüllverschlussdeckel wieder aufschrauben.
- Motor anlassen und auf Undichtigkeiten prüfen.

Sichtprüfung Messen

Bild 2
Montageübersicht »Ölwanne, Ölpumpe« 1,6 TDI.
(1) Ölstands- und Öltemperaturgeber G266.
(2) O-Ring Ölstands- und Öltemperaturgeber (ersetzen).
(3) Ölablassschraube (ersetzen, 30 Nm).
(4) Dichtring Ölablassschraube (ersetzen).
(5) Schrauben Ölwanne/Zylinderblock. Anzugsdrehmoment und Anzugsreihenfolge siehe folgende Reparaturanleitung »Ölwanne aus- und einbauen«.
(6) Ölwanne. Vor der Montage Dichtfläche reinigen, mit Silikon-Dichtmittel D176404A2 einbauen.
(7) Schrauben Ölpumpe/Zylinderblock (16 Nm).
(8) Ölpumpe mit aufgepresstem Zahnriemenrad und mit Überdruckventil (12 bar). Vor dem Einbau kontrollieren, ob die beiden Passhülsen zur Zentrierung Ölpumpe/Zylinderblock vorhanden sind. Falls der Zahnriemen oder die Ölpumpe ausgebaut werden müssen: Ölpumpe auf Schwergängigkeit prüfen, Riemenrad muss sich mit einem Finger leicht drehen lassen, bei Schwergängigkeit ersetzen.
(9) Zahnriemen für Ölpumpe. Auf Beschädigungen und Verschleiß prüfen, gegebenenfalls ersetzen. Riemen mit längerer Laufzeit können durchhängen. Dies stellt keinen Mangel dar und sollte nicht zum Austausch des Riemens führen.
(10) Passhülsen zur Zentrierung Ölpumpe/Zylinderblock (ersetzen).
(11) Zylinderblock.
(12) O-Ring Ölpumpe/Ölansaugrohr (ersetzen).
(13) Schraube Führungsrohr (9 Nm).
(14) Clip Führungsrohr.
(15) Führungsrohr für Ölmessstab.
(16) Schrauben Ölpumpe/Ölansaugrohr (9 Nm).
(17) Ölansaugrohr. Sieb bei Verschmutzung reinigen.
(18) Schwallsperre.
(19) Schrauben Schwallsperre (16 Nm).
(20) Selbstsichernde Schrauben Ölstands- und Öltemperaturgeber (ersetzen, 9 Nm).

■ Motorölstand erneut prüfen und ggf. Öl nachfüllen.
■ Nachdem Öl erneut nachgefüllt worden ist, mindestens 3 Minuten warten und dann erneut Ölstand prüfen. Zur Vermeidung von Katalysatorschäden darf der Ölstand möglichst nicht oberhalb der max. Markierung 2 stehen (siehe Bild 1).
■ Geräuschdämpfung einbauen und Fahrzeug ablassen.

Ölfiltereinsatz 1,2 TDI/1,6 TDI ersetzen

Siehe dazu Bild 16.
■ Motorabdeckung ausbauen und Unterdruckleitungen ausclipsen und zur Seite legen.
■ Verschlussdeckel mit entsprechendem Ringschlüssel oder Steckeinsatz lösen.
■ Dichtflächen am Verschlussdeckel und am Ölfiltergehäuse reinigen.
■ Filtereinsatz wechseln.
■ Alle O-Ringe ersetzen und vor dem Einbau leicht mit sauberem Motoröl benetzen.
■ Verschlussdeckel einbauen und mit 25 Nm festziehen.

*

Im Folgenden stellen wir die Montageübersichten »Ölwanne, Ölpumpe« (Bild 2) und »Teile der Ladeluftkühlung« (Bild 3) für den 1,6 TDI zusammen. Auf dieser Grundlage demonstrieren wir die Reparaturanleitungen »Ölwanne aus und einbauen« sowie »Ölpumpe aus- und einbauen« für den 1,6 TDI und für den 1,2 TDI.

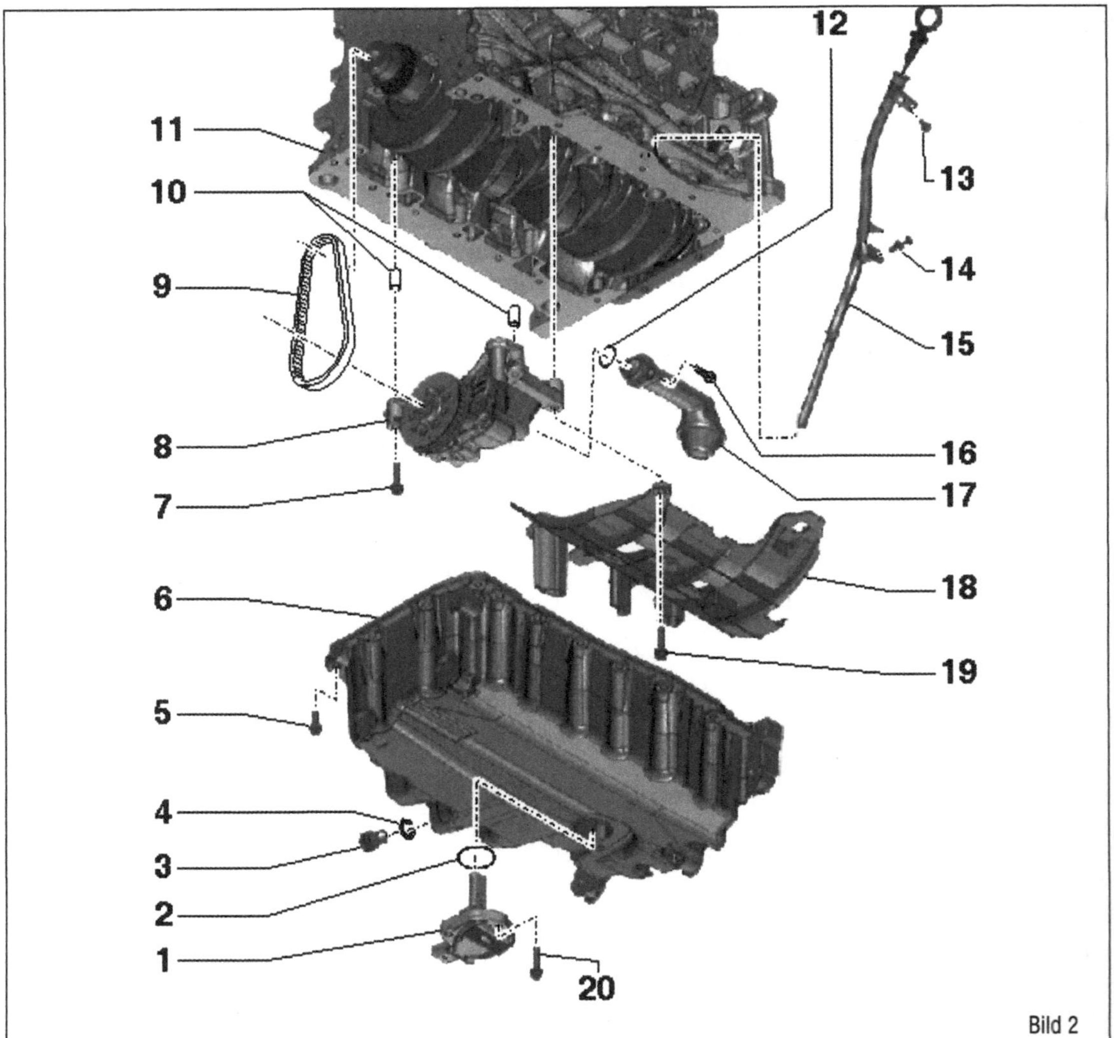

Bild 2

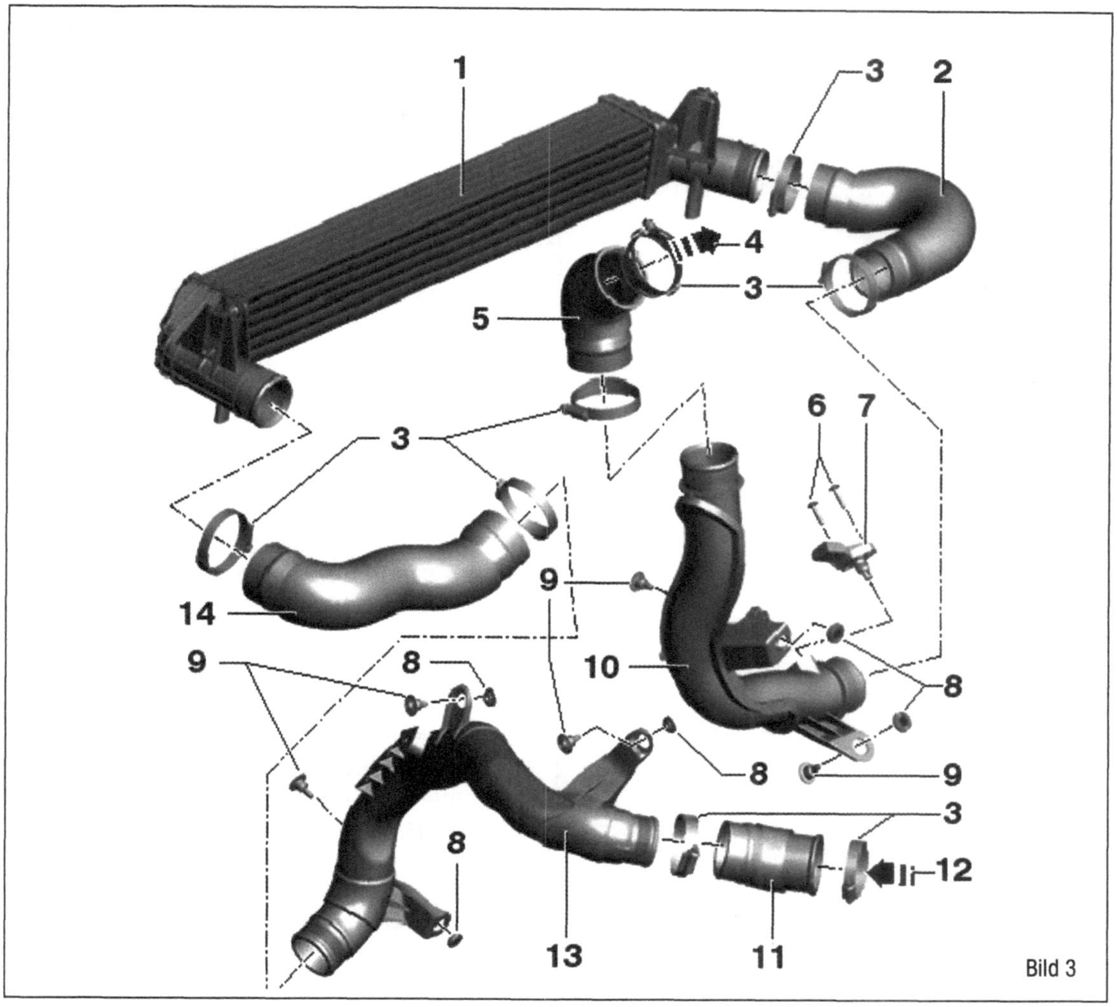

Bild 3

Bild 3
Montageübersicht »Teile der Ladeluftkühlung« 1,6 TDI.
Die entsprechende Montageübersicht für den 1,2 TDI ist nahezu deckungsgleich.

(1) Ladeluftkühler. Der Ladeluftkühler befindet sich unterhalb des Kühlers und wird nur mit diesem zusammen ausgebaut.
(2) Verbindungsschlauch »kalte« Seite unten.
(3) Schraubschellen (8 Nm).
(4) Zur Drosselklappensteuereinheit J338.
(5) Verbindungsschlauch »kalte« Seite oben.
(6) Schrauben Ladedruckgeber G31 mit Ansauglufttemperaturgeber G42 (5 Nm).
(7) Ladedruckgeber G31 mit Ansauglufttemperaturgeber G42.
(8) Gummitüllen (bei Beschädigung ersetzen).
(9) Befestigungsschrauben Ladeluftrohre »kalte« und »heiße« Seite (10 Nm).
(10) Ladeluftrohr »kalte« Seite.
(11) Verbindungsschlauch »heiße« Seite oben.
(12) Vom Abgasturbolader.
(13) Ladeluftrohr »heiße« Seite.
(14) Verbindungsschlauch »heiße« Seite unten.

Ölwanne 1,6 TDI aus- und einbauen

Dazu werden folgende Spezialwerkzeuge und Hilfsmittel benötigt:
Gelenkschlüssel mit Schlüsselweite 10 (VAS 3185)
Steckeinsatz (T10058)
Drehmomentschlüssel 5 ... 50 Nm (V.A.G 1331)
Altölauffang- und Absauggerät (V.A.G. 1782)
Silikon-Dichtmittel D176404A2
Handbohrmaschine mit Kunststoffbürsteneinsatz
Flachschaber
Schutzbrille

Ausbau

- Fahrzeug anheben und Geräuschdämpfung ausbauen.
- Motoröl ablassen.
- Verbindungsschlauch »kalte« Seite ausbauen (Bild 4, siehe auch Pos. 2 in Bild 3).
- Befestigungsschrauben (Pfeile) des Ladeluftrohrs herausdrehen und Ladeluftrohr zur Seite drücken. Kühlmittelschlauch (3) frei legen, Schlauchschelle (2) lösen. Elektrische Steckverbindung (1) am Ladedruckgeber G31/Ansauglufttemperaturgeber G42 trennen und Ladeluftrohr »kalte« Seite abnehmen (Bild 5, siehe auch Bild 3).

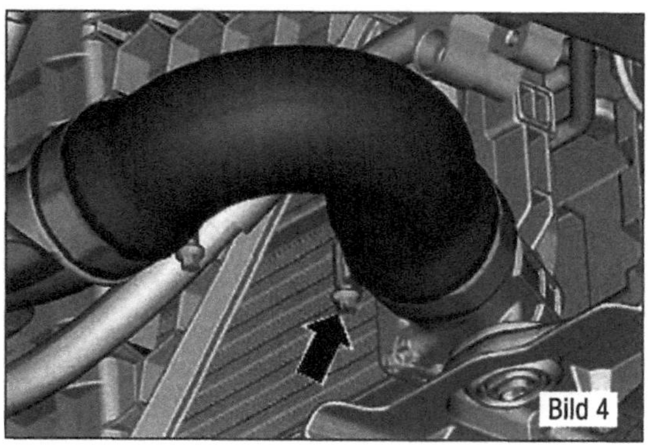
Bild 4

Bild 4
1,6 TDI: Verbindungsschlauch »kalte« Seite ausbauen.

Bild 5
1,6 TDI: Ladeluftrohr »kalte« Seite ausbauen.
(1) Elektrische Steckverbindung am Ladedruckgeber G31/Ansauglufttemperaturgeber G42.
(2) Schlauchschelle Ladeluftrohr.
(3) Kühlmittelschlauch.
Pfeile = Befestigungsschrauben des Ladeluftrohrs.

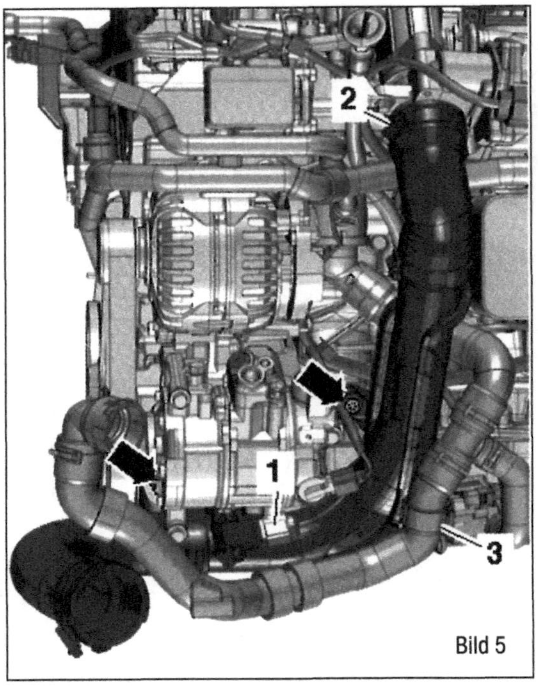

Bild 5

Bild 6
1,6 TDI: Pumpe (2) für Kühlmittelumlauf zur Seite drücken.
Pfeil = Befestigungsschraube Pumpe am Halter.
(1) Schrauben.
(3) Schellen Verbindungsschläuche.

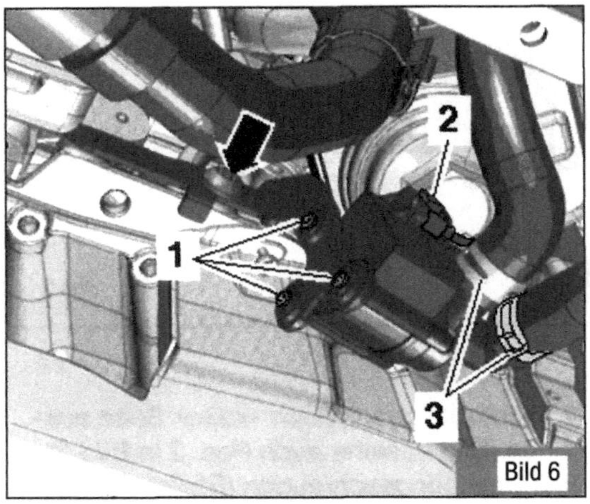

Bild 6

Bild 7
1,6 TDI: Befestigungsschrauben (Pfeile) des Ladeluftrohrs »heiße« Seite herausdrehen.

Bild 7

Bild 8
1,6 TDI: Geräuschdämpfung (1) für Ölwanne ausbauen. Pfeile = Befestigungsteile der Geräuschdämpfung für Ölwanne.

- Befestigungsschraube (Pfeil) herausdrehen und Pumpe (2) für Kühlmittelumlauf V178 zur Seite drücken (Bild 6, siehe auch Bild 4 im Kapitel 4).
- Befestigungsschrauben (Pfeile) des Ladeluftrohrs »heiße« Seite herausdrehen (Bild 7, siehe auch Bild 3).
- Elektrische Steckverbindung am Ölstands- und Öltemperaturgeber G266 trennen (siehe Pos. 1 Bild 2).
- Geräuschdämpfung (1) für Ölwanne ausbauen, dazu Befestigungsteile (Pfeile) lösen (Bild 8).
- Verbindungsschrauben (Pfeile) Ölwanne/Getriebe und Befestigungsschrauben (1) bis (20) der Ölwanne über Kreuz herausschrauben. Ölwanne vorsichtig aus der Verklebung lösen. Gegebenenfalls Ölwanne durch leichte Schläge mit einem Gummihammer lösen (Bild 9).
- Dichtmittelreste am Zylinderkurbelgehäuse mit einem Flachschaber und an der Ölwanne mittels einer rotierenden Bürste, z. B. einer Handbohrmaschine mit Kunststoffbürsteneinsatz entfernen. Dichtflächen reinigen (z. B. mit Reiniger und Fettentferner D 000 401 04), sie müssen öl- und fettfrei sein.

⚠ Dabei offene Teile des Motors abdecken, um Verschmutzungen des Schmiersystems und der Lager vorzubeugen. Schutzbrille tragen.

Einbau

- Dichtmittel-Tubendüse an der vorderen Markierung abschneiden (ø der Düse ca. 3 mm). Das Silikon-Dichtmittel wie im Bild 10

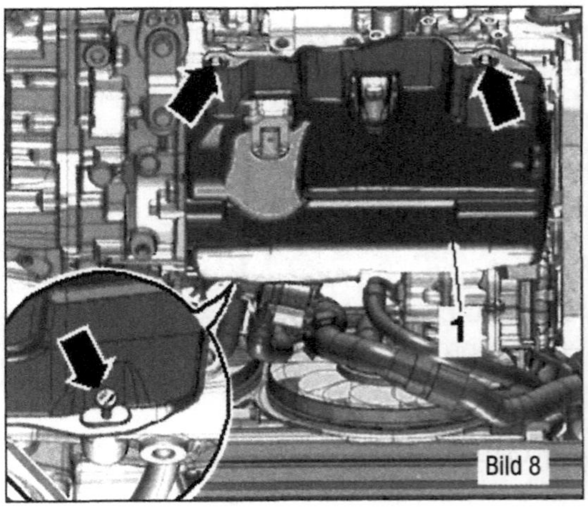

Bild 8

gezeigt auf die saubere Dichtfläche der Ölwanne auftragen. Die Dichtmittelraupe muss im Bereich der Schraubenbohrungen an der Innenseite vorbeilaufen (Pfeile im Bild 10). Dicke der Dichtmittelraupe: 2 … 3 mm.

Haltbarkeitsdatum des Dichtmittels beachten.

- Dichtmittelraupe im Bereich des Dichtflansches hinten besonders sorgfältig auftragen (Pfeile im Bild 11).
- Nach dem Auftragen des Dichtmittels muss die Ölwanne innerhalb von 5 Minuten eingebaut werden. Ölwanne ansetzen und Schrauben in drei Stufen festziehen (siehe Bild 9):

Stufe	*Schrauben*	*Anzugsdrehmoment*
1.	1 … 20	über Kreuz 5 Nm
2.	Pfeile	40 Nm
3.	1 … 20	über Kreuz in Stufen mit zuletzt 13 Nm

Die Ölwanne muss an der Zwischenplatte zum Getriebeflansch bündig anliegen. Beim Einbau der Ölwanne am ausgebauten Motor darauf achten, dass die Ölwanne schwungradseitig bündig mit dem Zylinderkurbelgehäuse abschließt. Nach der Montage der Ölwanne muss das Dichtmittel ca. 30 Minuten trocknen. Erst danach darf Motoröl eingefüllt werden.

- Der weitere Zusammenbau erfolgt sinngemäß in entgegen gesetzter Reihenfolge zum Ausbau.
- Zum Abschluss Motoröl einfüllen und Ölstand prüfen.

Ölwanne 1,2 TDI aus- und einbauen

Mit der Montageübersicht »Teile des Schmiersystems« (Bild 12) demonstrieren wir eine anschauliche Übersicht zum Aus- und Einbau der Ölwanne beim 1,2 TDI. Dazu werden die gleichen Spezialwerkzeuge und Mittel wie für den 1,6 TDI benötigt.

Der **Ausbau** gestaltet sich einfacher als beim 1,6 TDI, es sind weniger Arbeitschritte erforderlich.

- Nach Ausbau der Geräuschdämpfung

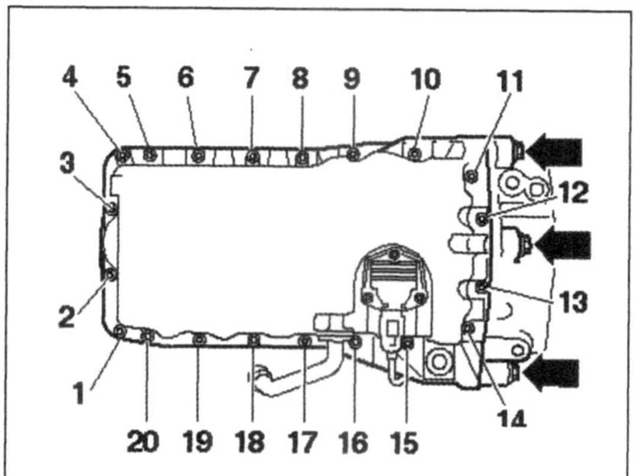

Bild 9

Bild 9
1,6 TDI: Ölwanne ausbauen.
(1) bis (29) Befestigungsschrauben Ölwanne/Zylinderblock.
Pfeile = Verbindungsschrauben Ölwanne/Getriebe.

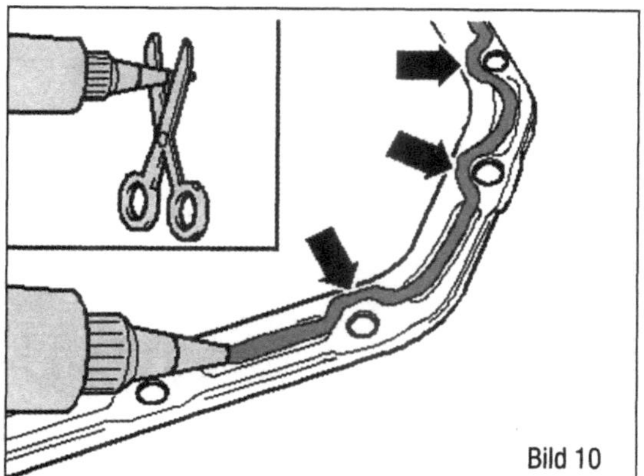

Bild 10

Bild 10
1,6 TDI: Auftragen des Dichtmittels auf die Dichtfläche der Ölwanne.

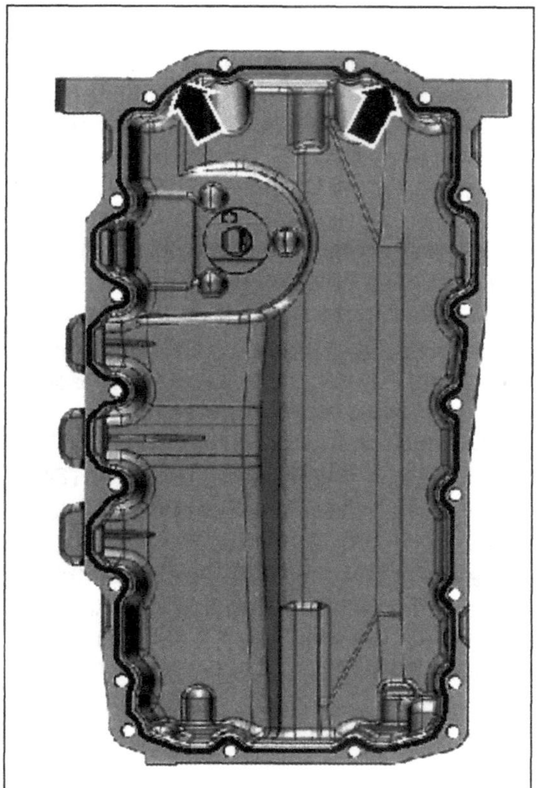

Bild 11

Bild 11
1,6 TDI: Auftragen des Dichtmittels im Bereich des Dichtflansches hinten.

Bild 12
Montageübersicht »Teile des Schmiersystems« 1,2 TDI.
(1) Zylinderblock.
(2) Dichtung Ölfilterhalter/Zylinderblock (ersetzen). Dichtung beim Einbau in die Nasen am Ölfilterhalter einknöpfen, darf nicht eingeölt werden.
(3) Ölfilterhalter mit Motorölkühler.
(4) Schrauben Ölfilterhalter/Zylinderblock (ersetzen, 14 Nm + 180° weiterdrehen). Zuerst Schraube oben links und unten rechts ansetzen, anschließend alle vier Schrauben über Kreuz festziehen.
(5) Ölmessstab.
(6) und (7) Schrauben Ölmessstabanbindung (10 Nm).
(8) Geräuschdämpfung für die Ölwanne.
(9) O-Ring Ölstands- und Öltemperaturgeber (ersetzen).
(10) Ölstands- und Öltemperaturgeber G266. Stecker schwarz, 3-polig.
(11) Schrauben Ölstands- und Temperaturgeber (10 Nm).
(12) Ölwannenschrauben (15 Nm). Schrauben in 3 Stufen festziehen.
(13) Ölablassschraube (30 Nm).
(14) Ölwanne. Vor der Montage Dichtfläche reinigen, mit Silikon-Dichtmittel D 176 501 A1 einbauen.
(15) Schrauben für Abdeckung Ausgleichswellenmodul mit Ölpumpe (5 Nm).
(16) Abdeckung Ausgleichswellenmodul mit Ölpumpe.
(17) Ausgleichswellenmodul mit Ölpumpe.
(18) Schrauben für Dichtflansch (15 Nm). Zuerst Schraube oben links und unten rechts ansetzen, anschließend alle vier Schrauben über Kreuz festziehen.
(19) Dichtflansch mit Dichtring. Der Dichtflansch muss auf Passhülsen sitzen. Dichtlippe des Dichtrings nicht zusätzlich einölen bzw. fetten. Vor dem Einbau Ölrückstände am Kurbelwellenzapfen mit einem sauberen Lappen entfernen.

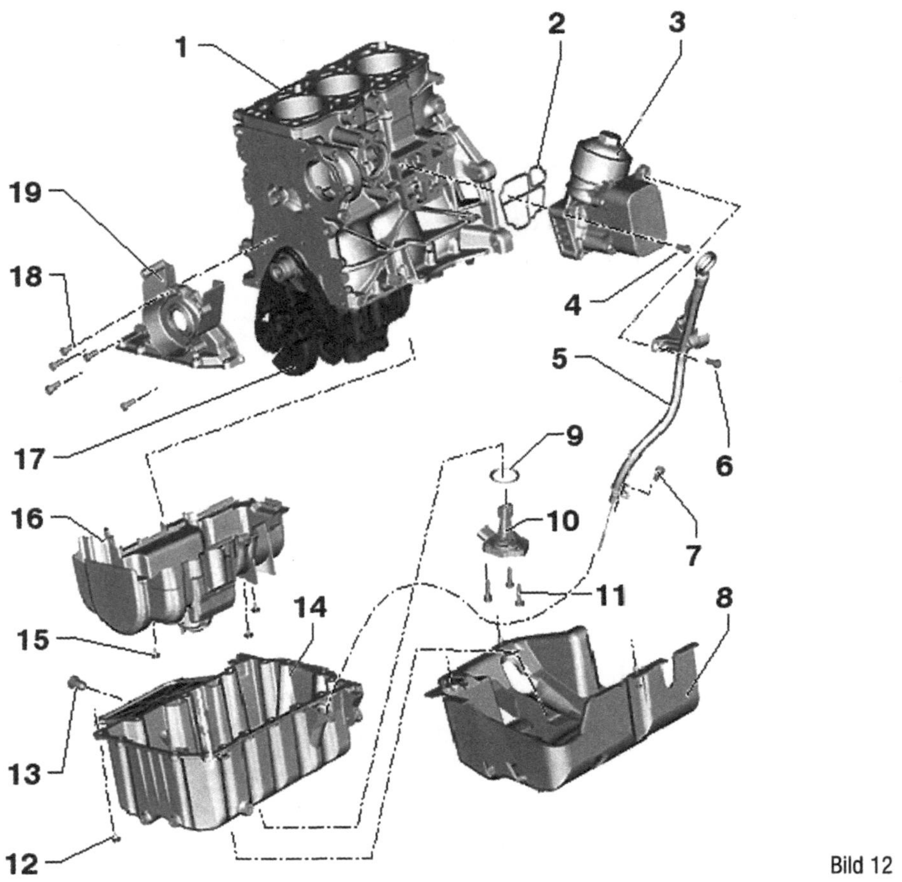

Bild 12

und Ablassen des Motoröls sind lediglich noch die elektrische Steckverbindung am Ölstands- und Öltemperaturgeber G266 zu trennen (siehe Bild 12), die Geräuschdämpfung für die Ölwanne auszubauen (siehe Bild 12), die drei Schrauben (Pfeile) der Kühlmittelleitungen herauszuschrauben und die Kühlmittelleitungen zur Seite zu legen (Bild 13), die Schrauben der Ölmessstabanbindungen herauszudrehen (siehe Pos. 6 und 7 im Bild 12) und der Ölmessstab nach oben herauszunehmen.

- Die weiteren Ausbau- und dann auch Einbauschritte folgen denen beim 1,6 TDI.
- Die 16 Befestigungsschrauben der Ölwanne und die drei Verbindungsschrauben Ölwanne/Getriebe sind ebenfalls in drei Stufen und mit den gleichen Anzugsdrehmomenten wie beim 1,6 TDI festzuziehen (Bild 14).

Ölpumpe 1,6 TDI aus- und einbauen

Ausbau

- Ölwanne ausbauen (siehe vorhergehende Anleitung).
- Wenn die Ölpumpe ersetzt werden soll, Schrauben (4) herausdrehen und Ölansaugrohr (3) abnehmen. Schrauben (Pfeile) herausdrehen und Schwallsperre (2) abnehmen. Danach Ölpumpe (1) aus dem Zahnriemen aushängen und abnehmen (Bild 15, siehe auch Bild 2).

Einbau

- Der Einbau erfolgt in umgekehrter Ausbaureihenfolge, dabei ist Folgendes zu beachten:
- Anzugsdrehmomente siehe Legende zu Bild 2. O-Ring ersetzen.
- Wenn am Ölpumpengehäuse keine Passhülsen (Pos. 10 in Bild 2) zur Zentrierung der Ölpumpe vorhanden sind, Passhülsen einsetzen.

- Leichtgängigkeit der Ölpumpe prüfen, dazu Zahnriemenrad mit einem Finger durchdrehen. Eine schwergängige Ölpumpe ersetzen.
- Zahnriemen für Ölpumpe prüfen, einen beschädigten Zahnriemen ersetzen. Nach längerer Laufzeit kann der Zahnriemen durchhängen, dies ist jedoch kein Mangel.
- Ölpumpe mit Zahnriemenrad in den Zahnriemen einhängen und gemeinsam mit der Schwallsperre festschrauben.
- Ölwanne einbauen.
- Motoröl einfüllen und Ölstand prüfen.

Beim **1,2 TDI ist die Ölpumpe im Ausgleichswellenmodul integriert** (siehe Bild 12). Zum Ausbau müssen der Keilrippenriemen, der Zahnriemen, die Ölwanne, der Dichtflansch Riemenscheibenseite, die Abdeckung des Ausgleichswellenmoduls, der Kettenspanner demontiert, der Leiterrahmen vom Zylinderblock losgeschraubt und Leiterrahmen mit Ausgleichswelle abgenommen werden. Das ist unseres Erachtens eher eine Aufgabe für die Fachwerkstatt, zumal der Einbau auch nicht ohne Tücken ist.

Ölfilterhalter, Ölfiltereinsatz und Ölkühler 1,6 TDI aus- und einbauen

Dazu werden ein Altölauffang- und -absauggerät (V.A.G1782), eine Auffangwanne, ein Abdrückhebel (80-200) sowie eine Schlauchschellenzange (VAS 6362) benötigt.
Die folgende Montageübersicht (Bild 16) vermittelt einen anschaulichen Einblick in das Zusammenspiel der Bauteile.

Ausbau

- Motorabdeckung ausbauen.
- Luftführungshutze ausbauen und Kühlmittel ablassen (siehe Kapitel 4).
- Ölfiltereinsatz ausbauen (siehe Anleitung weiter vorn).
- Luftführungsschlauch ausbauen, dazu Schlauchschellen (1) und (2) lösen (Bild 17).
- Befestigungsschrauben (Pfeile) des Ladeluftrohrs »kalte« Seite herausdrehen und Ladeluftrohr zur Seite drücken. Kühlmittelschlauch (3) frei legen, Schlauchschelle (2) lösen. Elektrische Steckverbindung (1) am Ladedruckgeber G31/Ansauglufttemperaturgeber G42 trennen und Ladeluftrohr »kalte« Seite (rechts) abnehmen (siehe Bild 5 und auch Bild 3).
- Ölmessstab ein Stück herausziehen und Schraube (1) herausdrehen. Clip (2) mit Abdrückhebel 80-200 abdrücken und Führungsrohr für Ölmessstab nach oben aus dem Zylinderblock herausziehen und zur Seite drücken (Bild 18, siehe auch Bild 2).
- Auffangwanne unter die Trennstelle stellen, Kühlmittelschlauch abbauen, dazu Schlauchschelle (1) lösen. Dann Altölauf-

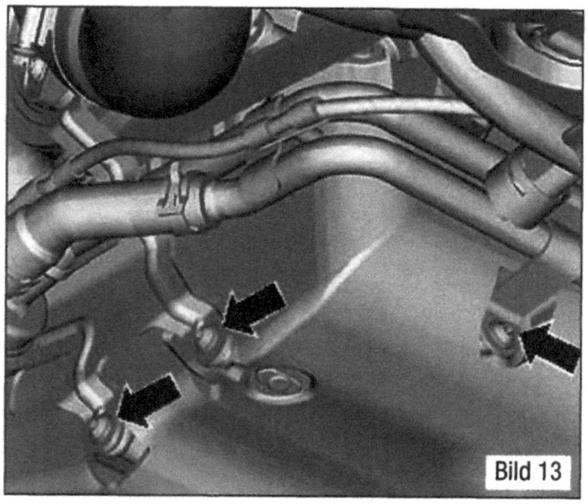

Bild 13
1,2 TDI: Schrauben (Pfeile) der Kühlmittelleitungen herausschrauben und Kühlmittelleitungen zur Seite legen.

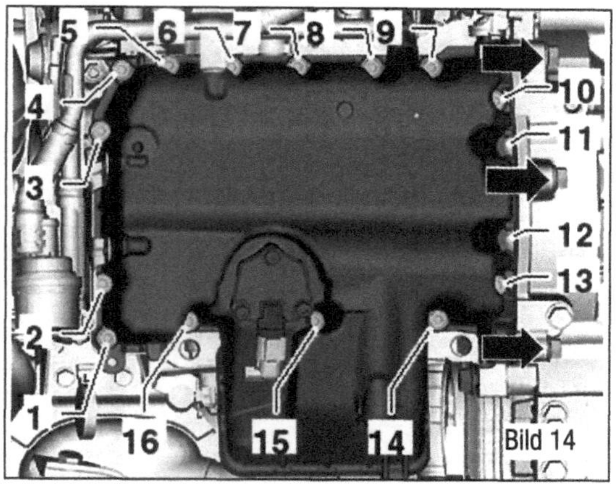

Bild 14
1,2 TDI: Ölwanne ausbauen.
(1) bis (16) Befestigungsschrauben Ölwanne.
Pfeile = Verbindungsschrauben Ölwanne/Getriebe.

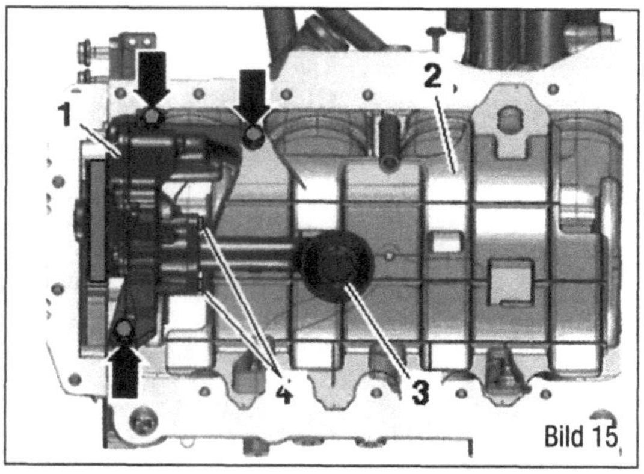

Bild 15
1,6 TDI: Ölpumpe (1) ausbauen.
(2) Schwallsperre.
(3) Ölansaugrohr.
(4) Schrauben Saugleitung/Ölpumpe.
Pfeile = Schrauben Schwallsperre.

Bild 16
Montageübersicht »Ölfilterhalter, Ölfiltereinsatz und Ölkühler« 1,2 TDI/ 1,6 TDI.

(1) Verschlussdeckel (25 Nm).
(2) bis (4) O-Ringe (ersetzen).
(5) Ölfiltereinsatz.
(6) Ölkühler. Nach dem Ersetzen Kühlmittel wechseln.
(7) Schrauben Ölkühler/Ölfilterhalter (11 Nm).
(8) Gummidichtungen (ersetzen). Gummidichtungen in die Nasen am Ölkühler einsetzen, sie dürfen nicht eingeölt werden.
(9) Schrauben Ölfilterhalter/Zylinderblock (ersetzen).
(10) Ölfilterhalter.
(11) Gummidichtungen (ersetzen). Gummidichtungen in die Nasen am Ölfilterhalter einknöpfen, sie dürfen nicht eingeölt werden.

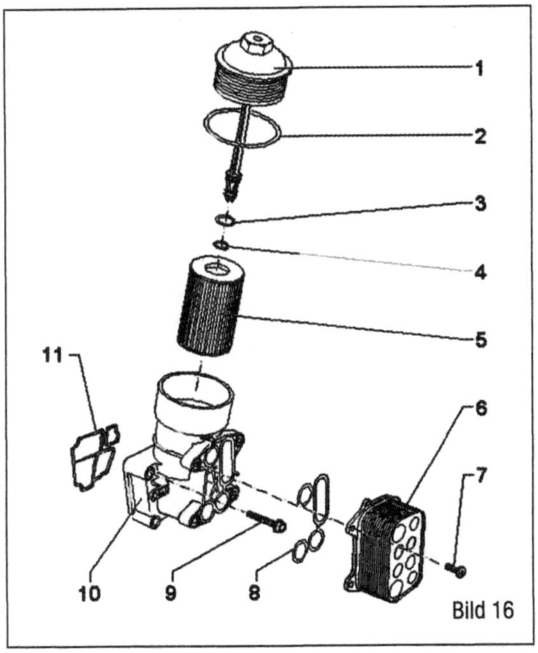

Bild 16

Bild 17
1,6 TDI: Luftführungsschlauch ausbauen.
(1) und (2) Schlauchschellen.

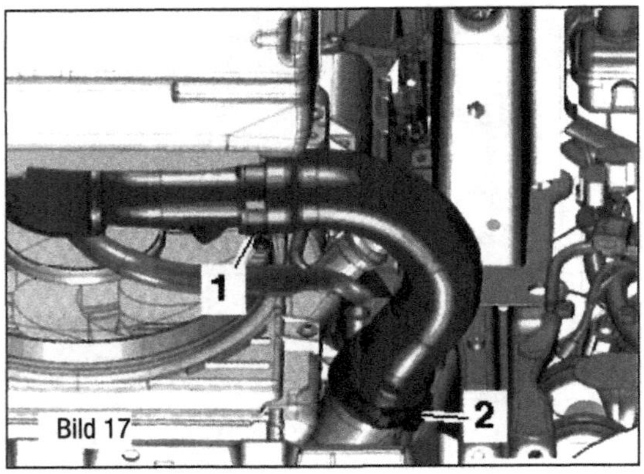

Bild 17

Bild 18
1,6 TDI: Führungsrohr für Ölmessstab aus dem Zylinderblock ziehen und zur Seite drücken.
(1) Schraube
(2) Clip.

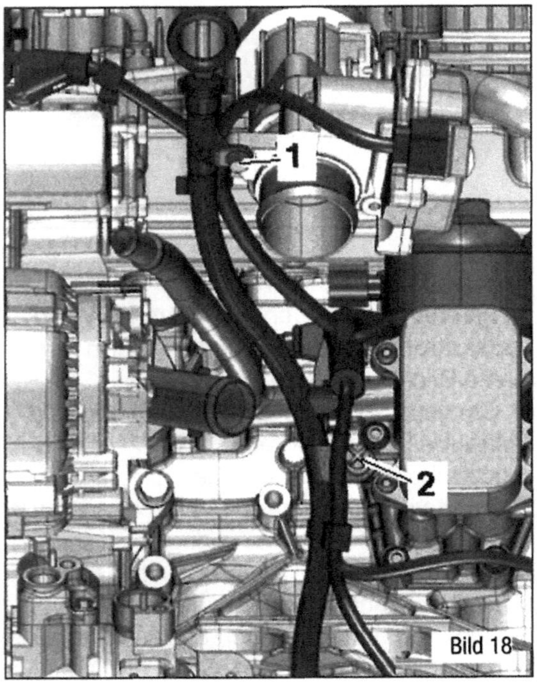

Bild 18

fang- und -Absauggerät unter den Motor stellen, Schrauben Ölfilterhalter (Pfeile) herausdrehen und Ölfilterhalter mit Motorölkühler abnehmen (Bild 19, siehe auch Bild 16).

- Zum **Ausbau des Ölkühlers** sind die vier Schrauben (Pos. 7 in Bild 16) herauszudrehen. Dann kann der Motorölkühler vom Gehäuse abgenommen werden.

Einbau

- Der Einbau erfolgt in umgekehrter Ausbaureihenfolge, dabei ist Folgendes zu beachten: Dichtungen, Dichtringe und O-Ringe ersetzen. Schlauchstutzen sowie Luftführungsrohre und -Schläuche müssen vor dem Montieren frei von Öl und Fett sein. Alle Schlauchverbindungen mit Schlauchschellen, die dem Serienstand entsprechen, sichern.
- Ölfiltereinsatz einbauen, Motoröl auffüllen und Ölstand prüfen.
- Kühlmittel auffüllen oder wechseln, wenn der Motorölkühler ersetzt wurde.
- **Anzugsdrehmomente: Ölfilterhalter** (siehe Bild 19)

Schrauben oben links und unten rechts zuerst ansetzen und alle Schrauben in zwei Stufen festziehen.

Stufe	*Schrauben*	*Anzugsdrehmoment/--Drehwinkel*
1.	Pfeile	über Kreuz 14 Nm
2.	Pfeile	über Kreuz 180° weiterdrehen

Motorölkühler (siehe Bild 16)
Die vier Schrauben über Kreuz in drei Arbeitschritten festziehen.
Schritt 1: handfest eindrehen, Schritt 2: mit 5 Nm anziehen, Schritt 3: mit 11 Nm festziehen.

Bild 19
1,6 TDI: Ölfilterhalter ausbauen.
(1) Schlauchschelle Kühlmittelschlauch.
Pfeile = Befestigungsschrauben Ölfilterhalter.

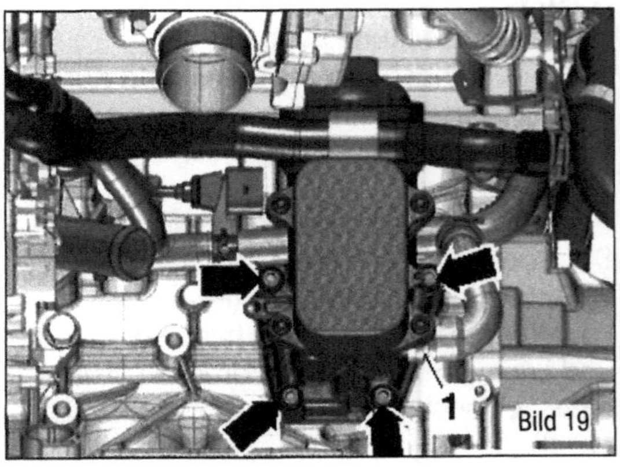

Bild 19

Ölfilterhalter, Ölfiltereinsatz und Ölkühler 1,2 TDI aus- und einbauen

Ausgehend von der Montageübersicht (Bild 16) sowie den gleichen Spezialwerkzeugen und Mitteln wie beim 1,6 TDI verlaufen die Arbeitsschritte beim Aus- und Einbau von Ölfilterhalter und Ölkühler beim 1,2 TDI ebenfalls annähernd gleich wie beim 1,6 TDI. Allerdings wird der Reparaturablauf durch den Ausbau des 4/2-Wege-Ventils mit Kühlmittelregler umfangreicher und schwieriger.

■ Nach **Ausbau** der Motorabdeckung, der Luftführungshutze (siehe Kapitel 4), Ablassen des Kühlmittels sowie Ausbau des 4/2-Wege-Ventils mit Kühlmittelregler (siehe Kapitel 4), des Ölfiltereinsatzes sowie des Ladeluftrohrs »kalte Seite« (siehe Bild 3) sind die Schrauben von den Ölmessstabanbindungen herauszudrehen und der Ölmessstab nach oben herauszunehmen (siehe Pos. 6 und 7 im Bild 12).

■ Dann Auffangwanne unter die Trennstelle stellen, Kühlmittelschlauch abbauen, dazu Schlauchschelle (1) lösen, Altölauffang- und -Absauggerät unter den Motor stellen, Schrauben Ölfilterhalter (Pfeile) herausdrehen und Ölfilterhalter mit Motorölkühler abnehmen (siehe Bild 19, siehe auch Bild 16).

■ Der **Einbau** erfolgt in umgekehrter Ausbaureihenfolge, folgt damit den Arbeitsschritten beim 1,6 TDI.

*

Da im Rahmen des Ausbaus des Zylinderkopfes beim 1,2 TDI und 1,6 TDI auch die Ölvorlaufleitung und Abgasturboladerstütze ausgebaut werden müssen, präsentieren wir hier diese Reparaturanleitungen und eröffnen sie mit den jeweiligen entsprechenden Montageübersichten (Bild 20 und 21).

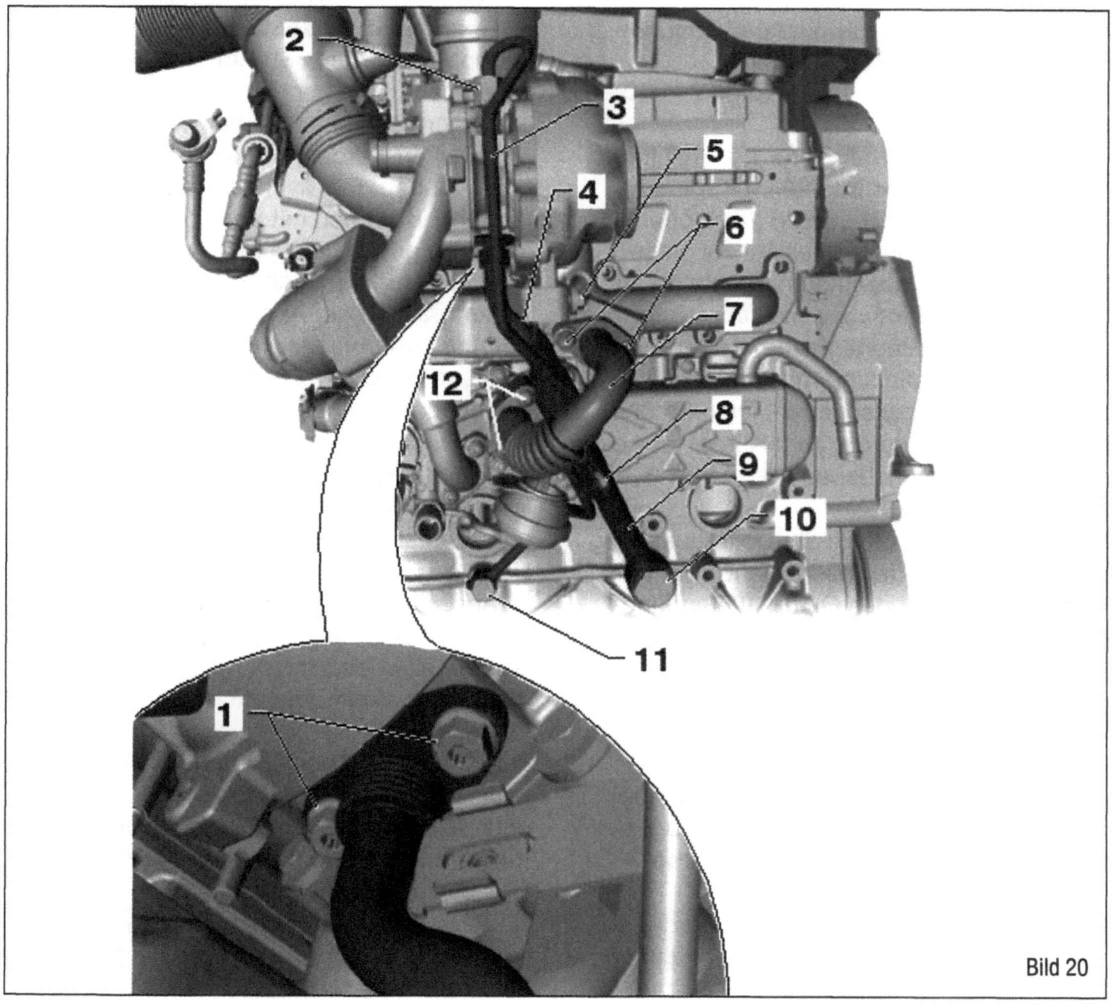

Bild 20

Bild 20
Montageübersicht »Teile der Ölvorlaufleitung und Abgasturboladerstütze zum Abgasturbolader« 1,6 TDI.

(1) Schrauben der Ölrücklaufleitung (20 Nm).
(2) Überwurfmutter der Ölvorlaufleitung am Abgasturbolader (22 Nm).
(3) Ölvorlaufleitung.
(4) Ölrücklaufleitung (Dichtung ersetzen).
(5) Schraube Abgasturboladerstütze am Abgasturbolader (20 Nm).
(6) Muttern Verbindungsrohr zum Kühler für Abgasrückführung (ersetzen, 22 Nm).
(7) Verbindungsrohr zum Kühler für Abgasrückführung (Dichtungen ersetzen).
(8) Befestigungsschraube der Halteschelle für die Ölvorlaufleitung an der Stütze des Abgasturboladers (10 Nm).
(9) Stütze für Abgasturbolader.
(10) Hohlschraube Stütze für Abgasturbolader am Zylinderkurbelgehäuse (ersetzen, 60 Nm).
(11) Hohlschraube der Ölvorlaufleitung am Zylinderkurbelgehäuse (ersetzen und Dichtringe ersetzen, 30 Nm).
(12) Schrauben Verbindungsrohr zum Kühler für Abgasrückführung (ersetzen, 9 Nm).

Ölvorlaufleitung und Abgasturboladerstütze 1,6 TDI aus- und einbauen

Dazu werden ein Werkzeugsatz SW 17 mm (T10395), ein Drehmomentschlüssel (V.A.G 1331) sowie ein Altölauffang- und absauggerät (V.A.G 1782) benötigt.

Ausbau

■ Motorabdeckung und Geräuschdämpfung ausbauen.
■ Abschirmung der Achswelle ausbauen (siehe Bild 24 im Kapitel 2).
■ Partikelfilter lösen, um Bauraum zum Aus- und Einbau der Ölvorlaufleitung mit Abgasturboladerstütze zu schaffen:
■ Elektrische Steckverbindung (2) vom Differenzdruckgeber G505 abziehen und den Differenzdruckgeber am Kraftstofffilter-Unterteil ausclipsen (siehe Bild 11 im Kapitel 2).
■ Befestigungsschelle zwischen Partikelfilter und Abgasturbolader ausbauen (siehe Pos. 11 in Bild 1 Kapitel 7).
■ Schraube (1) lösen (siehe Bild 22 im Kapitel 2).
■ Muttern (2) des Halters für Partikelfilter herausdrehen (siehe Bild 28 im Kapitel 2), Jetzt die Schraube (1 im Bild 22 Kapitel 2) herausdrehen, den Partikelfilter zur Seite drücken und mit geeigneten Mitteln an der Wasserkasten-Stirnwand fixieren.
■ Um weiteren Bauraum zum Aus- und Einbau der Ölvorlaufleitung mit Abgasturboladerstütze zu schaffen, jetzt nur das rechte Verbindungsrohr zum Kühler für Abgasrückführung ausbauen (siehe Pos. 6, 7 und 12 im Bild 20).
■ Die Überwurfmuttern der Ölvorlaufleitung am Abgasturbolader lösen (siehe Pos. 2 im Bild 20). Austretendes Öl mit Altölauffang- und -Absauggerät auffangen.
■ Die Hohlschraube der Ölvorlaufleitung (siehe Pos. 11 im Bild 2) am Zylinderkurbelgehäuse lösen.
■ Jetzt kann die Befestigungsschraube (Pos. 8 m Bild 20) der Halteschelle für die Ölvorlaufleitung an der Stütze des Abgasturboladers erreicht werden. Schraube herausdrehen.
■ Ölvorlaufleitung am Abgasturbolader abschrauben und Ölvorlaufleitung abnehmen.
■ Der Abgastemperaturgeber G235 verdeckt die obere Verschraubung der Abgasturboladerstütze. Da der Abgastemperaturgeber aber nicht verbogen werden darf, muss er ausgebaut werden.
■ Nun kann die obere Schraube der Stütze am Abgasturbolader (Pos. 5 im Bild 20) herausgedreht werden.
■ Danach die Hohlschraube (Pos. 10 im Bild 20) der Stütze des Abgasturboladers herausdrehen.
■ Letztlich sind die Schrauben des Ölrücklaufrohrs (Pos. 1 im Bild 20 herauszudrehen. Die Abgasturboladerstütze mit Ölrücklaufrohr kann abgenommen werden.

Einbau

■ Vor dem Einbau in umgekehrter Ausbaureihenfolge ist Folgendes zu beachten: Dichtungen, Dichtringe, O-Ringe, selbstsichernde Muttern und die Schelle für Partikelfilter sind zu ersetzen. Wird der Partikelfilter oder der Differenzdruckgeber G505 gewechselt, muss der Differenzdruckgeber zwingend über den Fahrzeugdiagnosetester angepasst werden (»Geführte Funktionen«: Differenzdruckgeber G505 anpassen).
■ Der Arbeitsablauf bei der Montage muss eingehalten werden, um einen spannungsfreien Einbau der Ölvorlauf-/rücklaufleitungen zusammen mit der Abgasturboladerstütze zu gewährleisten.
■ Ölrücklaufleitung am Abgasturbolader zusammen mit der Abgasturboladerstütze am Abgasturbolader und Zylinderkurbelgehäuse ansetzen. Danach die Ölvorlaufleitung am Abgasturbolader und Zylinderkurbelgehäuse ansetzen.
■ Zuerst die Abgasturboladerstütze am Zylinderkurbelgehäuse (Pos. 10 im Bild 20) und Abgasturbolader (Pos. 5 im Bild 20) von Hand gegendrehen.
■ Anschließend die Abgasturboladerstütze am Zylinderkurbelgehäuse und Abgasturbolader abwechselnd in mehreren Schritten bis Anzugsdrehmoment (siehe Legende Bild 20) festziehen.
■ Danach die Überwurfmuttern der Ölvorlaufleitung (Pos. 2 im Bild 20) mit 22 Nm und die Hohlschraube für die Ölvorlaufleitung am Zylinderkurbelgehäuse (Pos. 11 im Bild 20) mit 30 Nm festziehen.
■ Zuletzt die Schraube der Schelle Ölvorlaufleitung/Abgasturboladerstütze (Pos. 8 im Bild 20) mit 10 Nm festziehen.

■ Der restliche Zusammenbau erfolgt in umgekehrter Ausbaureihenfolge.
■ Partikelfilter einbauen (siehe Kapitel 7). Gegebenenfalls Abgasanlage ausrichten.

Ölvorlaufleitung und Ölrücklauf (Abgasturboladerstütze) 1,2 TDI aus- und einbauen

Dazu werden die gleichen Spezialwerkzeuge und Mittel wie beim 1,6 TDI benötigt. Montageübersicht (Bild 21).

Ausbau
Der Ausbau bedarf weniger Arbeitsschritte als beim 1,6 TDI, beispielsweise ist der Ausbau des Dieselpartikelfilters hier nicht erforderlich.

■ Zuerst sind die Motorabdeckung, die Geräuschdämpfung, die Abschirmung der Achswelle (siehe Bild 24 in Kapitel 2) und das rechte Verbindungsrohr zum Kühler für Abgasrückführung (siehe Pos. 12 bis 16 im Bild 21) auszubauen. Auslaufendes Öl mit dem Altölauffang- und -Absaugerät auffangen.
■ Danach sind noch die Schrauben (Pos. 3, 5, und 7 im Bild 21) sowie die Überwurfmutter (Pos 17 im Bild 21) und die Hohlschrauben (9 und 11 im Bild 21) herauszudrehen. Nun können die Stütze für Abgasturbolader und die Ölvorlaufleitung abgenommen werden.

Einbau
■ Für den Einbau in umgekehrter Ausbaureihenfolge gelten die gleichen grundsätzlichen Hinweise für den Arbeitsablauf wie beim 1,6 TDI.

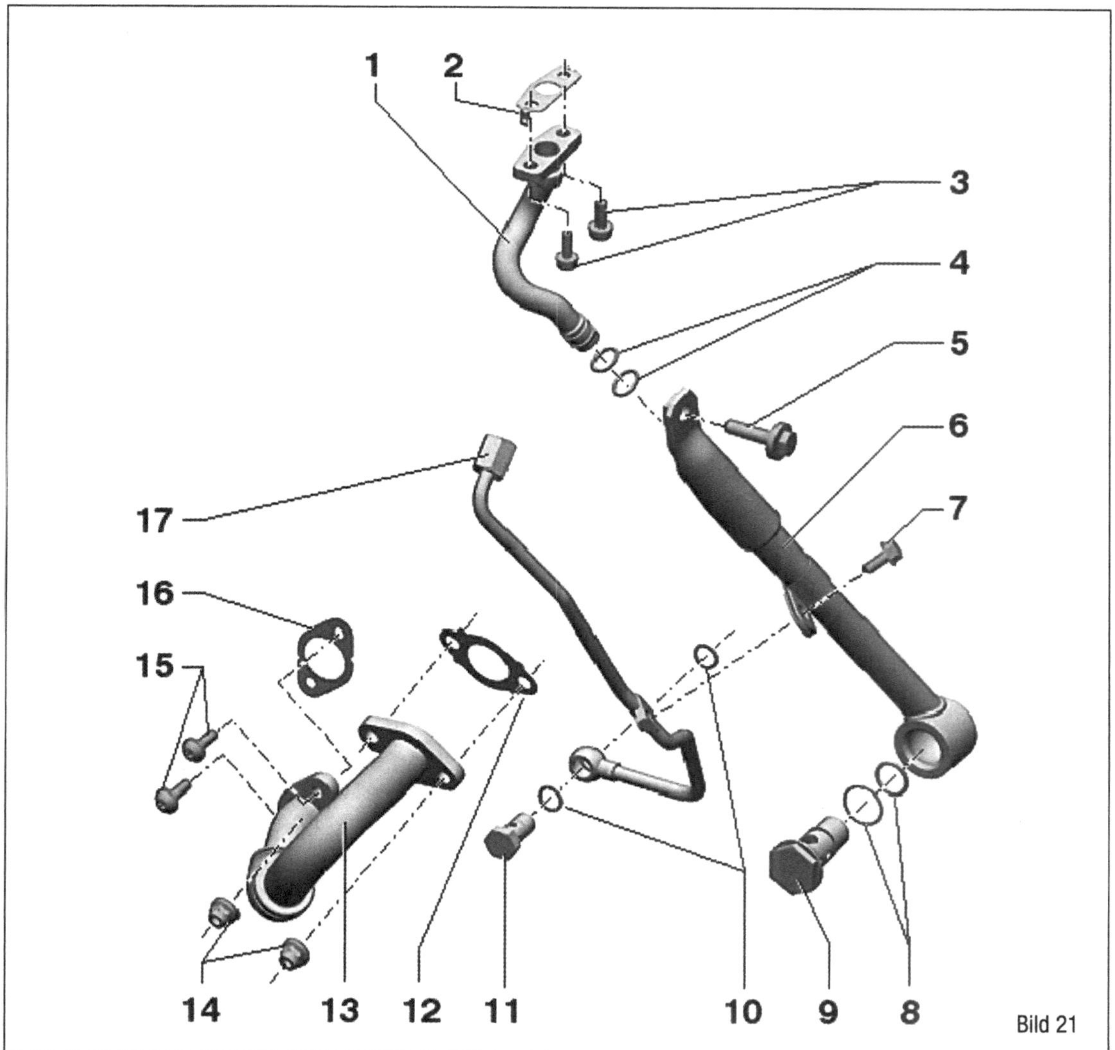

Bild 21
Montageübersicht »Ölvorlaufleitung und Ölrücklauf (Abgasturboladerstütze)« 1,2 TDI.
(1) Ölrücklaufleitung.
(2) Dichtung (ersetzen).
(3) Schrauben Ölrücklaufleitung/Abgasturbolader (20 Nm).
(4) O-Ringe (ersetzen).
(5) Schraube Abgasturboladerstütze an Abgasturbolader (20 Nm).
(6) Ölrücklauf (Abgasturboladerstütze).
(7) Befestigungsschraube der Halteschelle für die Ölvorlaufleitung an der Stütze des Abgasturboladers (10 Nm).
(8) O-Ringe. Unterschiedliche Durchmesser, zusammen mit der Hohlschraube (9) ersetzen.
(9) Hohlschraube Stütze für Abgasturbolader am Zylinderkurbelgehäuse (ersetzen, 60 Nm).
(10) Dichtringe, zusammen mit der Hohlschraube (11) ersetzen.
(11) Hohlschraube der Ölvorlaufleitung am Zylinderkurbelgehäuse (ersetzen, 30 Nm).
(12) Dichtung (ersetzen).
(13) Verbindungsrohr zum Kühler für Abgasrückführung mit Entkopplungselement. Entkopplungselement nicht biegen (Gefahr von Rissbildung). Dichtungen ersetzen.
(14) Muttern Verbindungsrohr zum Kühler für Abgasrückführung (ersetzen, 25 Nm).
(15) Schrauben Verbindungsrohr zum Kühler für Abgasrückführung (ersetzen, 25 Nm).
(16) Dichtung (ersetzen).
(17) Überwurfmutter der Ölvorlaufleitung am Abgasturbolader (22 Nm).

4 Kühlsystem

Das Kühlsystem sorgt für die richtige Betriebstemperatur des Motors. Es besteht aufbauseitig aus den Aggregaten Kühler und Ladeluftkühler, Luftführungshutze mit Kühlerlüfter und Ausgleichsbehälter für Kühlmittel sowie motorseitig aus Kühlmittelschläuchen und Kühlmittelrohren sowie einem Netz aus kleinen, genau bemessenen Kanälen in Motorblock und Zylinder, in denen die in den Ausgleichsbehälter eingefüllte Kühlflüssigkeit zirkuliert. So entsteht ein Wassermantel, der die Verbrennungswärme über die Schläuche des Kühlsystems an den Kühler abführt. Ein Kühlmittelregler hält die Kühlmitteltemperatur konstant. Welche Wege das Kühlmittel im Kühlsystem nimmt, hängt von der Temperatur des Motors ab. Eine Kühlmittelpumpe sorgt für den stetigen Kreislauf des Kühlmittels. Sie wird von einem Zahnriemen angetrieben. Zu den motorseitigen Aggregaten des Kühlsystems gehören ferner der Kühler für Abgasrückführung sowie der Motorölkühler und der ATF-Kühler für Fahrzeuge mit automatischem Getriebe.
Das Kühlsystem steht unter einem Überdruck von etwa 1,2 bis 1,5 bar bei Betriebstemperatur. Dadurch und durch den Einsatz von Kühlmittelzusätzen erhöht sich der Siedepunkt der Kühlflüssigkeit von 100 °C auf rund 120 °C. Die höhere Temperatur ermöglicht einen wirtschaftlicheren und damit Kraftstoff sparenden Motorbetrieb. Wenn bei einem heißen Motor der Kühlmitteldruck 1,5 bar übersteigt, tritt das Überdruckventil am Ausgleichsbehälter in Aktion. Es öffnet und lässt zum Druckausgleich etwas Wasserdampf entweichen.

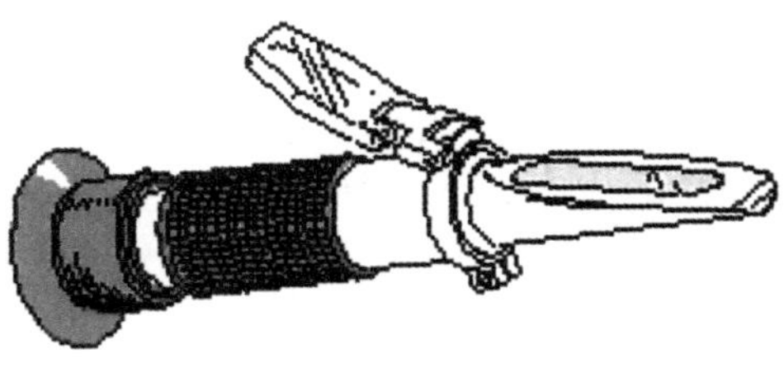

Bild 1

Bild 1
Refraktometer für genaue Messung des Frostschutzes.

Bei den meisten Reparaturen am Kühlsystem müssen das Kühlmittel abgelassen und Kühlmittelschläuche abgebaut werden.

⚠ Kühlmittelzusätze sind giftig. Kühlmitteldämpfe nicht einatmen, Kühlmittel nicht verschlucken, Haut- und Augenkontakt vermeiden. Entsorgungsvorschriften für das abgelassene Kühlmittel beachten.

Vier wichtige Sicht- und Funktionsprüfungen 1,2 TDI/1,6 TDI

Kühlmittelstand prüfen

■ Der Kühlmittelstand wird bei kaltem Motor am Kühlmittel-Ausgleichsbehälter geprüft. Dieser Behälter befindet sich im Motorraum rechts hinten. Er ist mit den Markierungen »max« und »min« gekennzeichnet.

■ Ist der Motor kalt, muss das Kühlmittel zwischen »max« und »min«, bei warmem Motor etwas über »max« stehen.

Frostschutz des Kühlmittels prüfen

Zur Frostschutzprüfung wird ein Frostschutzprüfer (ein so genanntes Refraktometer) benötigt (Bild 1).

■ Mit der Pipette etwas Kühlmittel ansaugen und auf das Messprisma auftropfen. Gerät gegen Lichtquelle halten und auf der Skala für Äthylenglycol ablesen, bis zu welcher Temperatur der Frostschutz gegeben ist. Der Frostschutz muss bis etwa -25 °C gewährleistet sein.

■ Ist das Fahrzeug mit dem empfohlenen Kühlmittel befüllt und kein ausreichender Frostschutz vorhanden, ist ein Teil des Kühlmittels abzulassen, und anschließend ist das Kühlsystem mit konzentriertem Kühlmittelzusatz (G12 plus plus) aufzufüllen.

■ Probefahrt durchführen und Frostschutz des Kühlmittels erneut prüfen.

Kühlsystem auf Dichtigkeit prüfen

Zur Prüfung der Dichtheit des Kühlsystems und des Überdruckventils wird ein Kühlsystem-Prüfgerät (V.A.G 1274 B) einschließlich Adapter für Kühlsystem-Prüfgerät (V.A.G 1274/8 und V.A.G 1274/9) benötigt. Der Motor muss betriebswarm sein.

■ Verschlussdeckel vom Kühlmittel-Ausgleichsbehälter öffnen (siehe die folgende Anleitung »Kühlmittel ablassen und auffüllen«).

■ Kühlsystem-Prüfgerät mit Adapter auf den Ausgleichsbehälter aufsetzen (Bild 2).
■ Mit der Handpumpe des Kühlsystem-Prüfgerätes etwa ca. 1,0 bar Überdruck erzeugen. Fällt der Druck ab: Undichte Stelle suchen und Fehler beseitigen.

Überdruckventil im Verschlussdeckel prüfen
■ Kühlsystem-Prüfgerät mit Adapter auf den Verschlussdeckel aufsetzen (Bild 3).
■ Mit der Handpumpe des Kühlsystem-Prüfgerätes Überdruck erzeugen.
Bei Überdruck von 1,4 ... 1,6 bar muss das Überdruckventil öffnen. Öffnet das Überdruckventil nicht: Verschlussdeckel ersetzen.

*

In diesem Kapitel präsentieren wir folgende Reparaturanleitungen:
»Kühlmittel ablassen und auffangen«, »Kühler aus und einbauen«, »Luftführungshutze mit Kühlerlüfter aus- und einbauen«, »Kühlmittelpumpe aus- und einbauen« sowie »Kühlmittelregler aus- und einbauen«.
Wir beginnen mit drei Montageübersichten: »Teile des Kühlsystems motorseitig«, »Anschlussplan für Kühlmittelschläuche« sowie »Teile des Kühlsystems aufbauseitig«, alle am Beispiel des 1,2 TDI, um damit wesentliche Aspekte des Systems Motor/Kühlung zu verdeutlichen (Bilder 4 ... 6).
Die entsprechenden Montageübersichten für den 1,6 TDI sind ähnlich bzw. sogar deckungsgleich (Kühlsystem aufbauseitig).

Kühlmittel ablassen, ergänzen, auffüllen 1,2 TDI/1,6 TDI

Es werden eine Auffangwanne, eine Zange für Federbandschellen (VAS 6362) oder eine Schlauchklemmenzange (VAS 6340), ein Frostschutzprüfer (Refraktometer T10007), ein Kühlsystem-Befüllgerät (VAS 6096) sowie ein Adapter für Kühlsystemprüfgerät (V.A.G. 1274/8) benötigt.

Kühlmittel ablassen
■ Verschlussdeckel vom Kühlmittel-Ausgleichsbehälter öffnen.

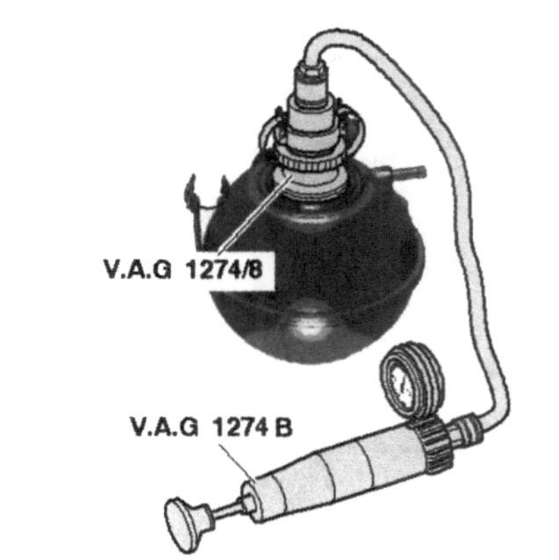

Bild 2

Bild 2
Prüfen der Dichtheit des Kühlsystems mithilfe eines Kühlsystem-Prüfgerätes.

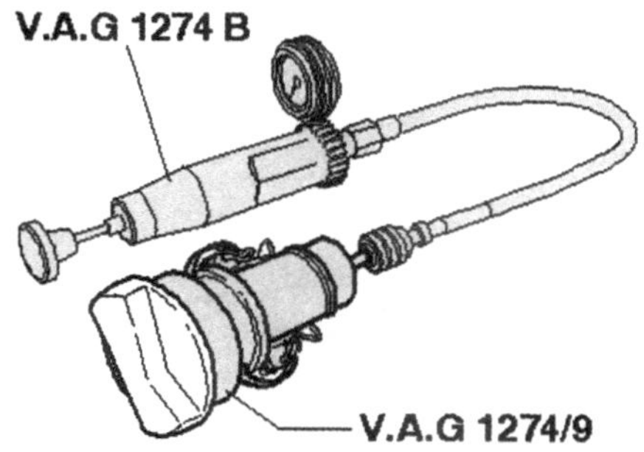

Bild 3

Bild 3
Überdruckventil im Verschlussdeckel mithilfe eines Kühlsystem-Prüfgerätes prüfen.

⚠ Bei warmem Motor steht das Kühlsystem unter Druck, beim Öffnen des Ausgleichsbehälters kann deshalb heißer Dampf bzw. heißes Kühlmittel entweichen. Überdruck abbauen, dazu Verschlussdeckel mit einem Lappen abdecken und vorsichtig öffnen.
■ Fahrzeug anheben und Geräuschdämpfung ausbauen (siehe Kapitel 13).
■ 1,2 TDI: Verbindungsschlauch »heiße« Seite zum Ladeluftrohr ausbauen (siehe Bild 3 im Kapitel 3). Um zu verhindern, dass Kühlmittel eindringt, den Anschluss am Ladeluftkühler mit einem sauberen Stopfen aus dem Verschlussstopfenset Motor (VAS 6122) verschließen.
■ Auffangwanne unter den Motor stellen.
■ 1,2 TDI: Kühlmittelschläuche (Pfeile) abziehen (Bild 7).
■ 1,6 TDI: Kühlmittelschläuche (2) an der Pumpe 2 für Kühlmittelumlauf V178 abziehen (Bild 8).
■ Kühlmittelschlauch unten am Kühler abnehmen, dazu Federbandschelle mit Zange für Federbandschellen am Kühlmittelschlauch unten öffnen und zurückschieben.

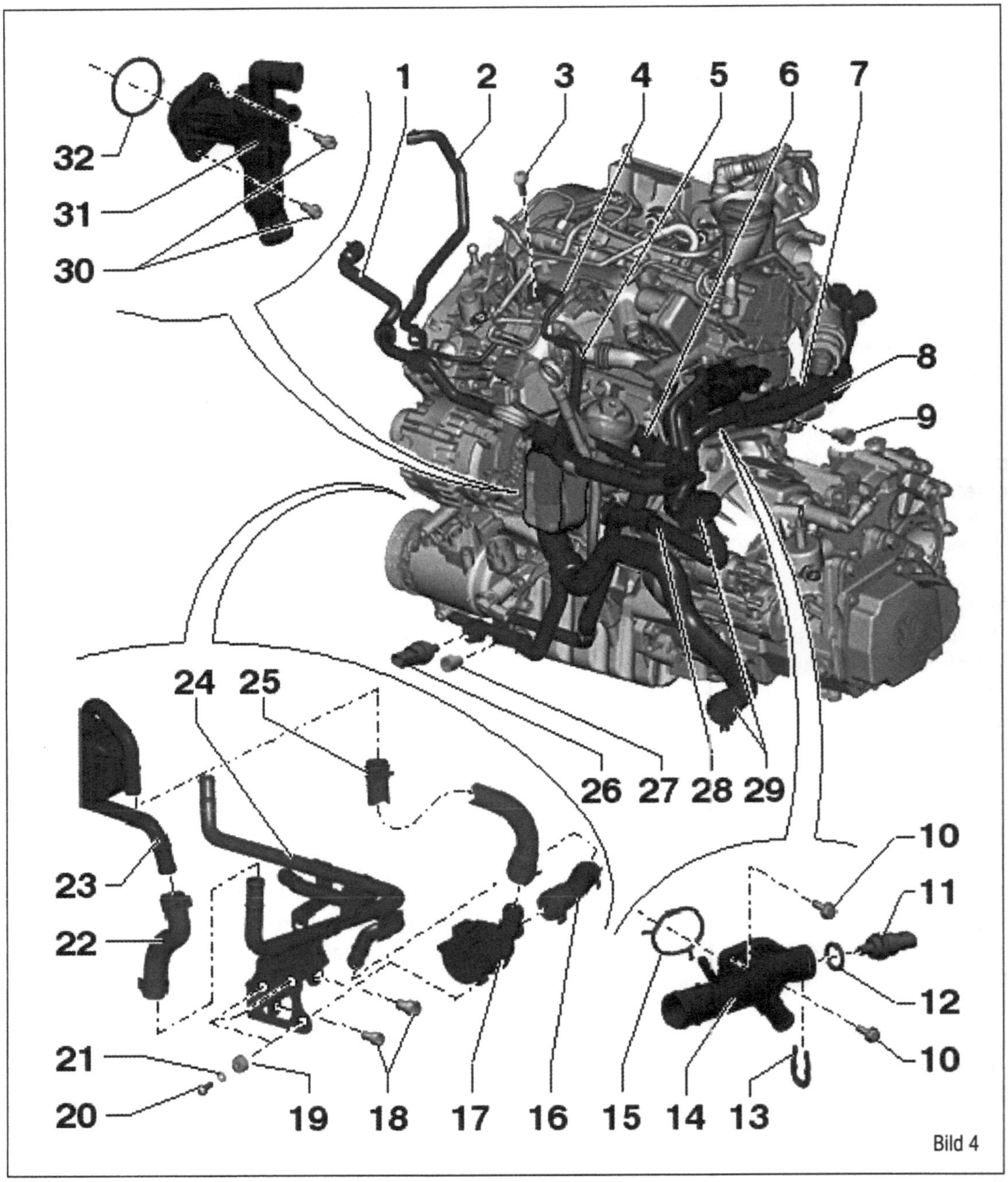

Bild 4

Montageübersicht »Teile des Kühlsystems motorseitig« 1,2 TDI.

(1) Kühlmittelschlauch vom Ausgleichsbehälter.
(2) Kühlmittelschlauch zum Ausgleichsbehälter.
(3) Schraube (8 Nm).
(4) Kühlmittelrücklaufleitung.
(5) Kühlmittelrücklaufschlauch.
(6) Bypass 4/2-Wege-Ventil.
(7) Kühlmittelschlauch vom Wärmetauscher für Heizung.
(8) Kühlmittelschlauch zum Wärmetauscher für Heizung.
(9) Schraube (15 Nm).
(10) Schrauben Kühlmittelanschlussstutzen (10 Nm).
(11) Kühlmitteltemperaturgeber G62.
(12) O-Ring (ersetzen).
(13) Klammer.
(14) Kühlmittel-Anschlussstutzen.
(15) O-Ring (ersetzen).
(16) Verbindungsschlauch Pumpe für Kühlmittelumlauf.
(17) Pumpe für Kühlmittelumlauf V178.
(18) Schrauben Halter für Pumpe Kühlmittelumlauf (8 Nm).
(19) Distanzstück.
(20) Schraube für Pumpe Kühlmittelumlauf (8 Nm).
(21) Unterlegscheibe.
(22) Verbindungsschlauch Kühler für Abgasrückführung.
(23) Kühler für Abgasrückführung.
(24) Kühlmittelleitungen mit Halter für Pumpe für Kühlmittelumlauf.
(25) Verbindungsschlauch Kühler für Abgasrückführung.
(26) Kühlmitteltemperaturgeber am Kühlerausgang G83.
(27) Schraube (10 Nm).
(28) Verbindungsschlauch Kühlmittelleitungen-Abgasrückführungskühler.
(29) Kühlmittelschläuche Vor und Rücklauf/Kühler.
(30) Schrauben 4/2-Wege-Ventil mit Kühlmittelregler (15 Nm).
(31) 4/2-Wege-Ventil mit Kühlmittelregler.
(32) O-Ring 4/2-Wege-Ventil mit Kühlmittelregler (ersetzen).

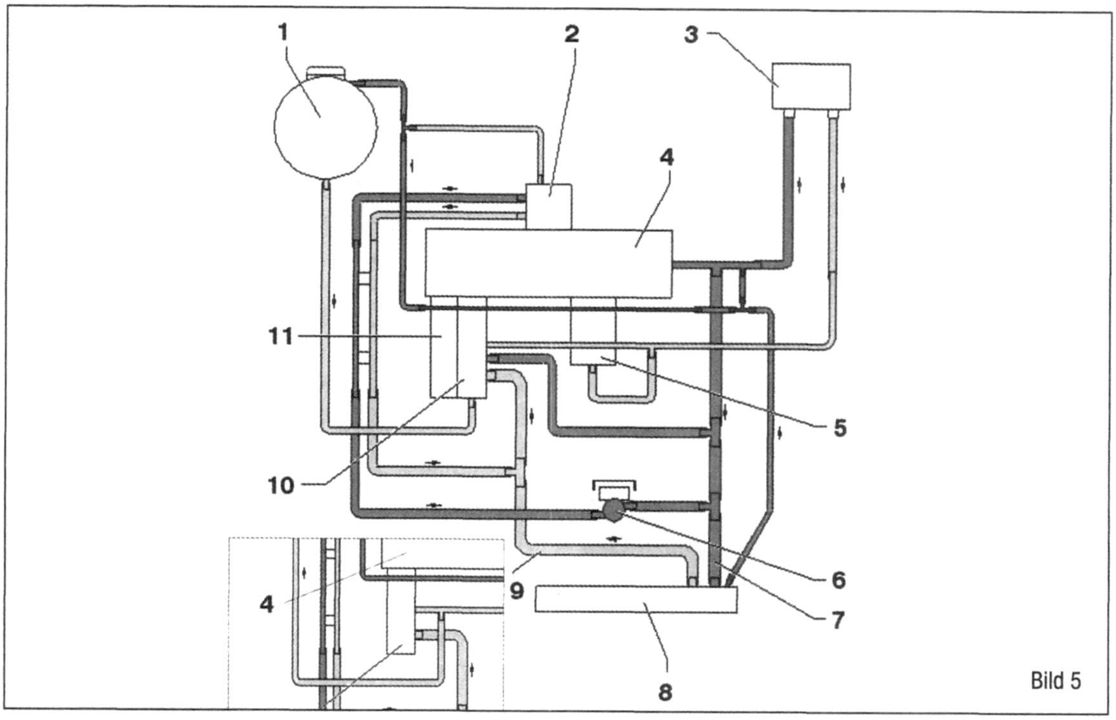

Bild 5

Bild 5
Anschlussplan für Kühlmittelschläuche 1,2 TDI/1,6 TDI.

(1) Ausgleichsbehälter.
(2) Kühler für Abgasrückführung.
(3) Wärmetauscher für Heizung mit Schnellkupplung.
(4) Zylinderkopf/Zylinderblock.
(5) Motorölkühler.
(6) Pumpe für Kühlmittelumlauf V178.
(7) Kühlmittelschlauch oben.
(8) Kühler. Nach dem Ersetzen Kühlmittel erneuern.
(9) Kühlmittelschlauch unten.
(10) 1,2 TDI: 4/2-Wege-Ventil mit Kühlmittelregler.
1,6 TDI: Kühlmittelpumpe/Kühlmittelregler.
(11) Kühlmittelpumpe. Nach dem Ersetzen Kühlmittel erneuern.

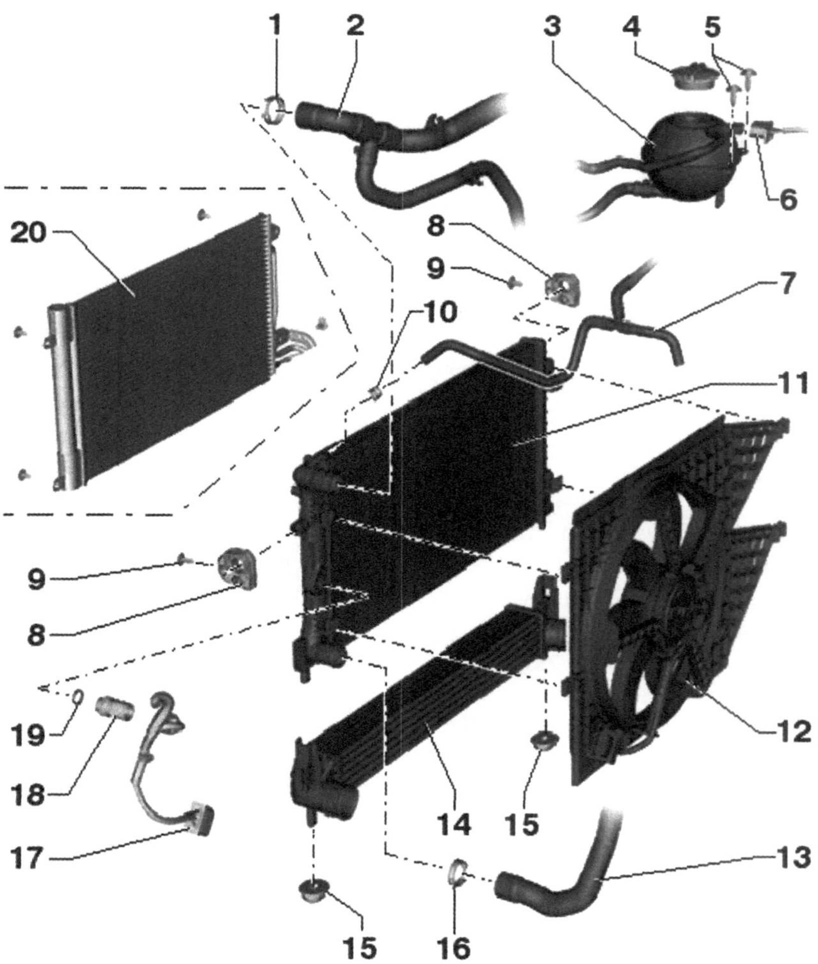

Bild 6

Bild 6
Montageübersicht »Teile des Kühlsystems aufbauseitig« 1,2 TDI, 1,6 TDI.

(1) Schelle.
(2) Kühlmittelschlauch oben.
(3) Ausgleichsbehälter.
(4) Verschlussdeckel.
(5) Schrauben Kühlmittelausgleichsbehälter (5 Nm).
(6) Stecker Kühlmittelausgleichsbehälter.
(7) Kühlmittelschlauch.
(8) Kühlerlager.
(9) Schrauben Kühlerlager (5 Nm).
(10) Schelle.
(11) Kühler. Nach dem Ersetzen, das Kühlmittel erneuern.
(12) Luftführungshutze mit Kühlerlüfter V7.
(13) Kühlmittelschlauch unten.
(14) Ladeluftkühler. Lässt sich nur zusammen mit dem Kühler aus- und einbauen.
(15) Lager unten (schwarz)
(16) Schelle.
(17) Stecker Kühlerlüfter.
(18) Thermoschalter für Kühlerlüfter F18 (35 Nm).
(19) Dichtring (ersetzen).
(20) Kondensator.

Bild 7
1,2 TDI: Kühlmittelschläuche (Pfeile) abziehen.

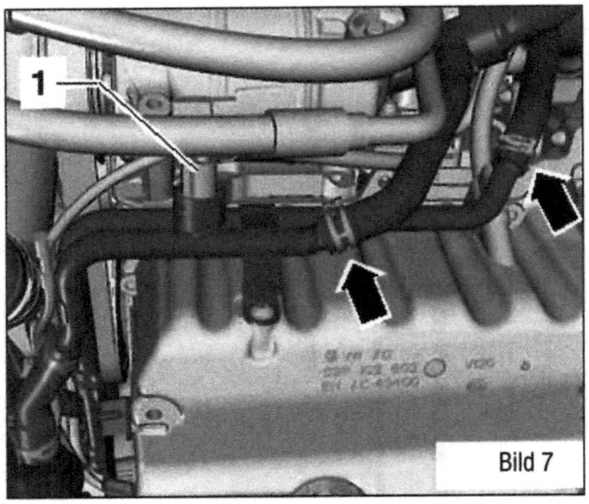

Bild 7

Bild 8
1,6 TDI: Kühlmittelschläuche (2) an der Pumpe 2 für Kühlmittelumlauf V178 abziehen.

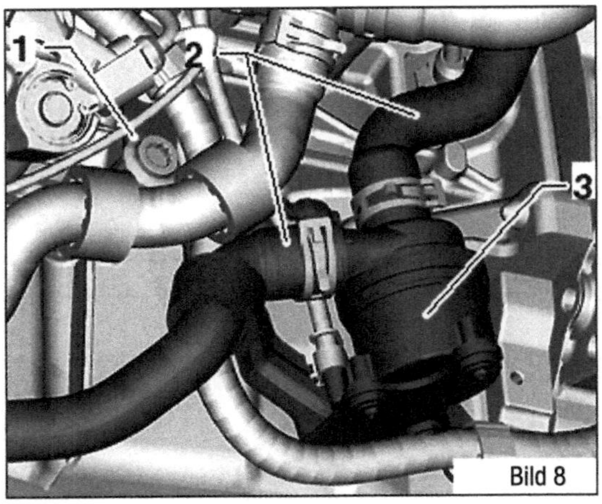

Bild 8

Danach Kühlmittelschlauch vom Stutzen abziehen und auslaufendes Kühlmittel in der Wanne auffangen (siehe Pos. 13 und 16 im Bild 6).

■ 1,6 TDI: Zusätzlich zum Ablassen des Kühlmittels aus dem Motor, den Kühlmittelschlauch am Motorölkühler nach Lösen der Schlauchschelle (1) abziehen (siehe Bild 19 in Kapitel 3).

Kühlmittel ergänzen

■ Vorausgesetzt das Kühlsystem ist dicht: Kühlmittel langsam bis zur oberen Markierung des gerasterten Feldes am Ausgleichsbehälter auffüllen.

Kühlsystem auffüllen

■ Wurde das Kühlmittel abgelassen, ist das Kühlsystem mit dem Kühlsystem-Befüllgerät zu befüllen (die Bedienungsanleitung für das Kühlsystem-Befüllgerät liegt dem Gerät in der Regel bei).

■ Zur Mischung des Kühlmittels darf nur Leitungswasser verwendet werden. Brunnenwasser besitzt nicht die erforderlichen Qualitätsmerkmale, um die Funktionalität des Kühlmittels sicherzustellen. Und als Kühlmittelzusatz darf nur G12 plus plus nach TL VW 774 G verwendet werden. G12 plus plus verhindert Frost- und Korrosionsschäden, Kalkansatz und hebt die Siedetemperatur an. Aus diesen Gründen muss das Kühlsystem unbedingt ganzjährig mit Kühlmittelzusatz und Korrosionsschutzmittel befüllt sein.
Der Frostschutz soll bis etwa -25 °C gewährleistet sein. Die Konzentration des Kühlmittels darf auch in der warmen Jahreszeit nicht durch Nachfüllen von Wasser verringert werden. Der Kühlmittelzusatz-Anteil muss mindestens 40 % betragen. Ist ein stärkerer Frostschutz erforderlich, kann der Anteil von G12 plus plus erhöht werden. Aber nur bis zu 60 % (Frostschutz bis etwa -40 °C), da sich sonst der Frostschutz wieder verringert und außerdem die Kühlwirkung verschlechtert wird.

Empfohlene Mischungsverhältnisse:

Frostschutz bis	*Frostschutzanteil*	*G12 plus plus*	*Wasser*
-25 °C	40 %	3,2 l	4,8 l
-35 °C	50 %	4,0 l	4,0 l

Die Kühlmittelmenge kann je nach Ausstattung des Fahrzeugs abweichen.

■ Wurden Kühler, Wärmetauscher, Zylinderkopf oder Zylinderkopfdichtung ersetzt, gebrauchtes Kühlmittel nicht wiederverwenden.

■ 1,2 TDI: Verbindungsschlauch »heiße« Seite zum Ladeluftrohr sowie Kühlmittelschlauch unten am Kühler wieder einbauen.

■ 1,6 TDI: Kühlmittelschläuche wieder anschließen.

■ Kühlmittelbehälter des Kühlsystem-Befüllgerätes mit mindestens 8 Liter Kühlmittel im richtigen Mischungsverhältnis befüllen.
Adapter für Kühlsystemprüfgerät auf den Kühlmittelausgleichsbehälter schrauben.
Kühlsystem-Befüllgerät auf den Adapter montieren.
Abluftschlauch (1) in einen kleinen Behälter (2) leiten, da die Abluft eine geringe Menge Kühlmittel mitreißt, die aufgefangen werden soll (Bild 9).

■ Ventile (A) und (B) schließen, dazu Hebel quer zur Durchflussrichtung drehen.

■ Schlauch (3) an Druckluft anschließen, Druck: 6 … 10 bar Überdruck.

■ Ventil (B) öffnen, dazu Hebel in Durchflussrichtung drehen. Im Kühlsystem wird von der Saugstrahlpumpe Unterdruck erzeugt; der Zeiger des Anzeigeinstruments muss in den grünen Bereich wandern. Zusätzlich kurz Ventil (A) öffnen, dazu Hebel in Durchflussrichtung drehen, damit sich der Schlauch des Kühlmittelbehälters mit Kühlmittel füllt. Ventil (A) wieder schließen.
■ Ventil (B) weitere 2 Minuten geöffnet lassen. Im Kühlsystem wird von der Saugstrahlpumpe weiter Unterdruck erzeugt; der Zeiger des Anzeigeinstruments muss weiterhin im grünen Bereich stehen. Ventil (B) schließen. Der Zeiger des Anzeigeinstruments muss im grünen Bereich stehen bleiben, dann reicht der Unterdruck im Kühlsystem für die anschließende Befüllung aus. Wenn der Zeiger unterhalb des grünen Bereichs steht, den Vorgang wiederholen. Fällt der Unterdruck ab, muss das Kühlsystem auf undichte Stellen geprüft werden.
■ Druckluftschlauch abziehen. Ventil (A) öffnen. Durch den Unterdruck im Kühlsystem wird Kühlmittel aus dem Kühlmittelbehälter angesaugt und das Kühlsystem befüllt (Bild 10).
■ Kühlsystem-Befüllgerät vom Kühlmittelausgleichsbehälter abbauen und Kühlmittel evtl. bis »max« auffüllen.
■ Ausgleichsbehälter verschließen, Motor starten, Die Motordrehzahl für ca. 3 Minuten auf ca. 2000/min halten. Motor danach im Leerlauf laufen lassen, bis der Lüfter anläuft.
■ Kühlmittelstand prüfen und ggf. ergänzen. Bei betriebswarmem Motor muss der Kühlmittelstand an der oberen Markierung, bei kaltem Motor in der Mitte des gerasterten Felds liegen.
■ Geräuschdämpfung einbauen und Wagen ablassen.

Kühler 1,2 TDI/1,6 TDI aus- und einbauen

Es werden eine Auffangwanne, eine Zange für Federbandschellen (VAS 6362) ein Drehmomentschlüssel (V.A.G. 1331), ein Frostschutzprüfer (Refraktometer T10007) sowie Führungsstangen (3411) benötigt.

⚠ Bei Fahrzeugen mit Klimaanlage sollte diese Reparatur unbedingt einer Werkstatt mit sachkundigen Monteuren überlassen werden.

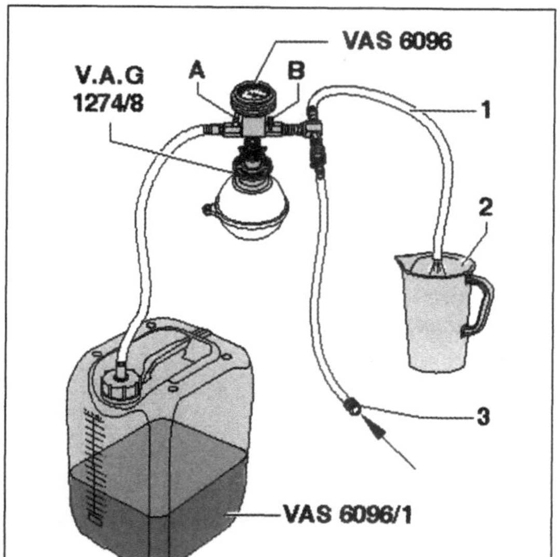

Bild 9

Bild 9
Anordnung des Kühlmittel-Befüllsystems.
(A) und (B) Ventile.
(1) Abluftschlauch.
(2) Behälter.
(3) Schlauch zum Anschluss an Druckluft.

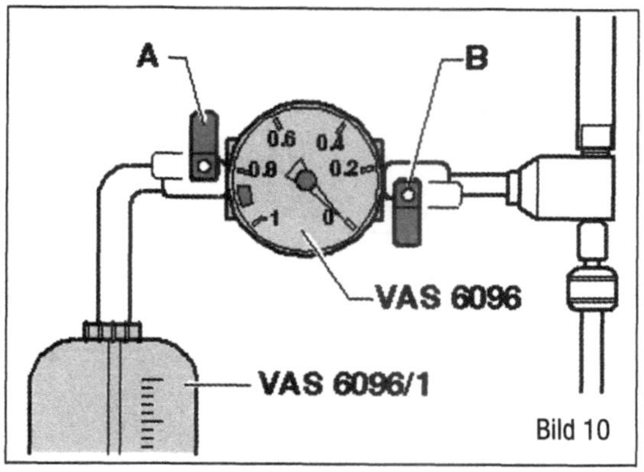

Bild 10

Bild 10
Bedienung der Ventile (A) und (B) sowie Beobachtung des Anzeigeninstrumentes.

Ausbau
■ Schlossträger in Servicestellung bringen (siehe Kapitel 13).
Fahrzeuge mit Klimaanlage
■ Kältemittel der Klimaanlage absaugen und Kältemittelleitungen am Schlossträger abschrauben (siehe dazu Bild 3 im Kapitel 2 und die damit verbundenen Hinweise bei Öffnen des Kältemittelkreislaufs).
Fortsetzung für alle Fahrzeuge
■ Verbindungsschläuche zum Ladeluftkühler ausbauen, dazu die Schlauchschellen lösen (siehe Bild 4 im Kapitel 3).
■ Kühlmittel ablassen und Kühlmittelschläuche vom Kühler abbauen (siehe Bild 6).
■ Steckverbindungen für den Kühlerlüfter und Thermoschalter (Pos. 17 und 18 im Bild 6) trennen.
■ Befestigungsschrauben des Kühlers vorn (Pos. 9 im Bild 6) herausdrehen. Den Kühler zusammen mit dem Ladeluftkühler nach oben herausnehmen.

Sichtprüfung Messen

Ladeluftkühler vom Kühler trennen

■ Vorn und hinten einen breiten Schlitzschraubendreher in die linke Verrastung schieben. Durch Drehen des Schraubendrehers die Verrastung des Ladeluftkühlers (1) am Kühler vorsichtig öffnen (Bild 11).

■ In diesem Zustand den Ladeluftkühler (1) links etwas nach unten ziehen und dann nach rechts aus der Arretierung des Kühlers (2) schieben (Bild 12).

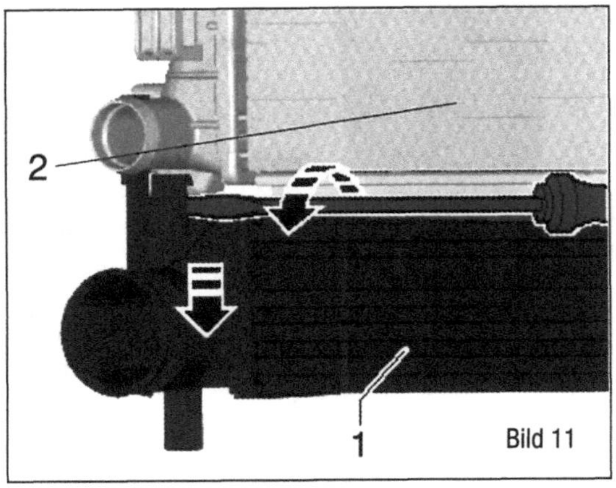

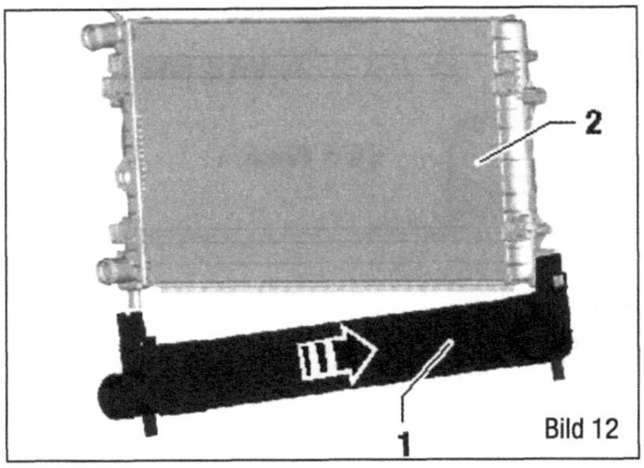

Bild 11 und 12
Ladeluftkühler (1) vom Kühler (2) trennen.

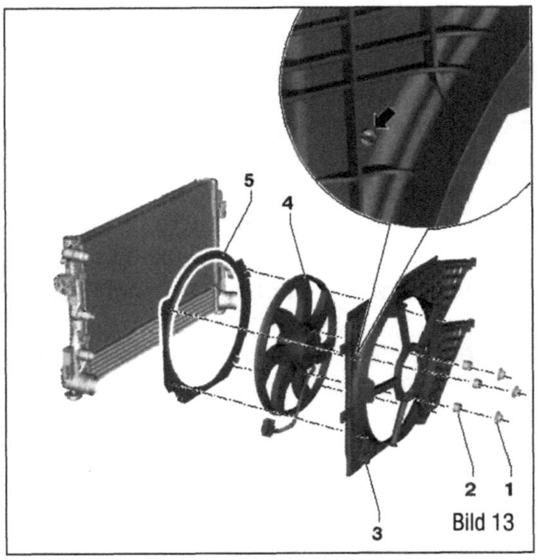

Bild 13
1,2 TDI: Montageübersicht »Luftführungshutze mit Kühlerlüfter V7«.
(1) Muttern Kühlerlüfter (5 Nm).
(2) Stützhülsen.
(3) Luftführungshutze.
(4) Kühlerlüfter.
(5) Lüfterring.

Einbau

Der Einbau erfolgt in umgekehrter Ausbaureihenfolge, dabei ist Folgendes zu beachten:

■ Anzugsdrehmomente (siehe Legende Bild 6).

■ Kühlmittel auffüllen.

Fahrzeuge mit Klimaanlage

■ Kältemittel der Klimaanlage auffüllen.

Luftführungshutze mit Kühlerlüfter V7 1,2 TDI aus- und einbauen

Eine Montageübersicht vermittelt das Zusammenspiel der einzelnen Bauelemente (Bild 13).

Ausbau

■ Fahrzeug anheben, Geräuschdämpfung ausbauen, Verbindungsschläuche zum Ladeluftkühler ausbauen, dazu die Schlauchschellen lösen (siehe Bild 4 im Kapitel 3) und Steckverbindung für Kühlerlüfter (Pos. 17 im Bild 6) trennen.

■ Die Luftführungshutze mit Kühlerlüfter am Rasthaken mithilfe eines geeigneten Werkzeugs entrasten und beide zusammen nach unten herausnehmen (Bild 14).

Wenn der Kühlerlüfter ersetzt werden soll, wie folgt vorgehen.

■ Steckverbindung für Kühlerlüfter aus seiner Halterung herausnehmen und Stifte aus den Spreiznieten (Pfeile) zurückdrücken (Bild 15).

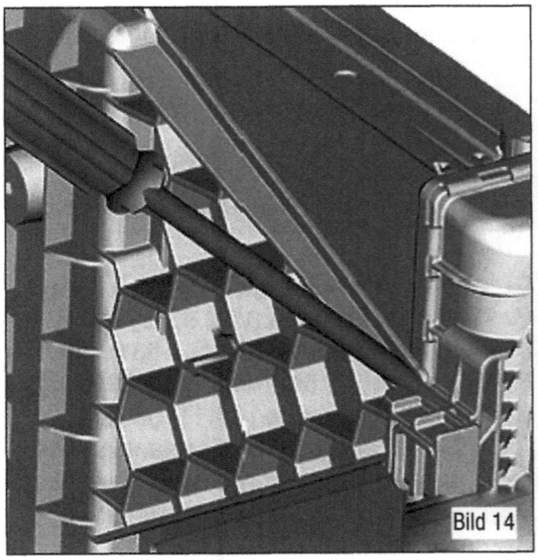

Bild 14
1,2 TDI: Luftführungshutze mit Kühlerlüfter am Rasthaken entrasten und dann herausnehmen.

■ Lüfterring auf der Rückseite der Luftführungshutze vorsichtig mit einem geeigneten Werkzeug anheben und abnehmen (Bild 16).
■ Muttern abschrauben, Kühlerlüfter herausnehmen (Bild 17, siehe auch Bild 13).

Einbau
Der Einbau erfolgt in umgekehrter Ausbaureihenfolge.
■ Anzugsdrehmomente: Muttern Kühlerlüfter 5 Nm.

Luftführungshutze mit Kühlerlüfter V7 1,6 TDI aus- und einbauen

■ Schlossträger in Servicestellung bringen (siehe Kapitel 13).
■ Verbindungsschlauch »heiße« Seite zum Ladeluftrohr ausbauen, dazu Schlauchschellen lösen (siehe Bild 4 im Kapitel 3) und Steckverbindung für Kühlerlüfter (Pos. 17 im Bild 6) trennen.
■ Befestigungsschrauben (Pfeile) für die Luftansaugung (1) vom Schlossträger herausdrehen und den Verbindungsschlauch (2) zum Luftfilter herausnehmen (Bild 18, siehe auch Kapitel 6, Bild 12 »Montageübersicht Luftfilter«).
■ Weiter mit Arbeitsschritt 2 zum 1,2 TDI.
■ Anzugsdrehmoment: Befestigungsschrauben Luftansaugung 2 Nm.

Kühlmittelpumpe 1,2 TDI/ 1,6 TDI aus- und einbauen

Wir beginnen mit zwei Montageübersichten (Bild 19 und 20).
Es werden eine Auffangwanne, eine Zange für Federbandschellen (VAS 6362) ein Drehmomentschlüssel 5 … 50 mm (V.A.G 1331) und ein Frostschutzprüfer (Refraktometer T10007) benötigt.

Ausbau
■ Kühlmittel ablassen. Keilrippenriemen und Zahnriemen ausbauen (siehe Kapitel 2).
■ Befestigungsschrauben (1) der Kühlmittelpumpe (2) herausdrehen und die Kühlmittelpumpe vorsichtig herausnehmen (Bild 19 und 20).

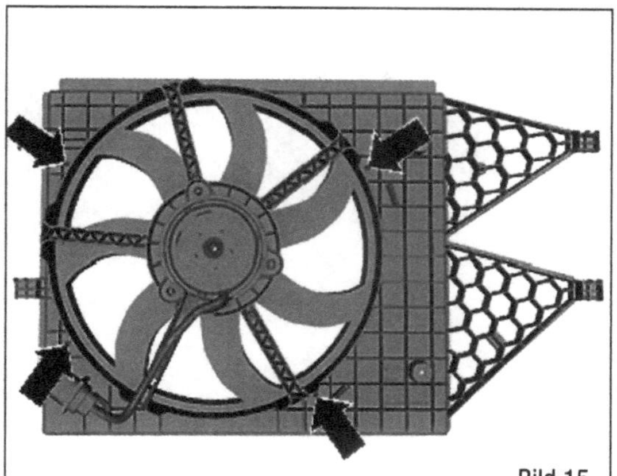
Bild 15

Bild 15
1,2 TDI: Kühlerlüfter ersetzen.
Pfeile = Spreiznieten.

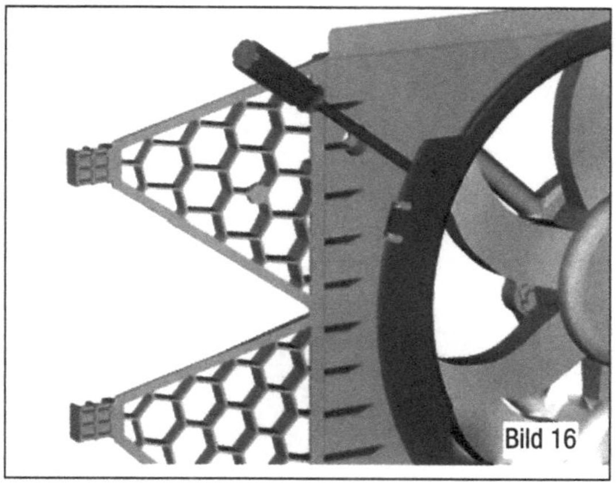
Bild 16

Bild 16
1,2 TDI: Lüfterring ausbauen.

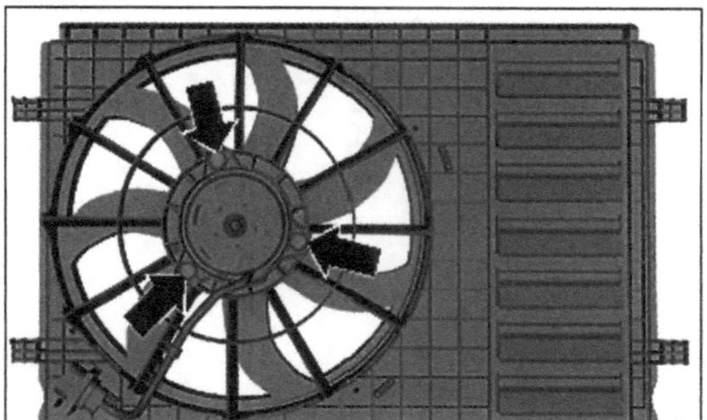
Bild 17

Bild 17
1,2 TDI: Kühlerlüfter ausbauen.
Pfeile = Muttern.

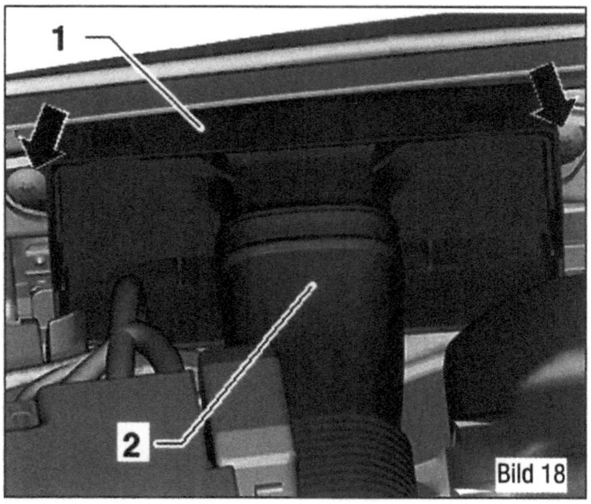

Bild 18

Bild 18
1,6 TDI: Verbindungsschlauch (2) zum Luftfilter abbauen.
(1) Luftansaugstutzen.
Pfeile = Befestigungsschrauben für die Luftansaugung.

Sichtprüfung Messen

Bild 19
Montageübersicht »Kühlmittelpumpe und 4/2-Wege-Ventil mit Kühlmittelregler« 1,2 TDI.
(1) Schrauben Kühlmittelpumpe an Zylinderblock (15 Nm).
(2) Kühlmittelpumpe.
(3) und (4) O-Ringe (ersetzen).
(5) 4/2-Wege-Ventil mit Kühlmittelregler.
(A): Leitung vom Heizungsrücklauf, (B): Bypassleitung zur Kühlervorlaufleitung,
(C): zum Ausgleichsbehälter,
(D): Kühlerrücklaufleitung.
(6) Schrauben 4/2-Wege-Ventil mit Kühlmittelregler an Zylinderblock (15 Nm).

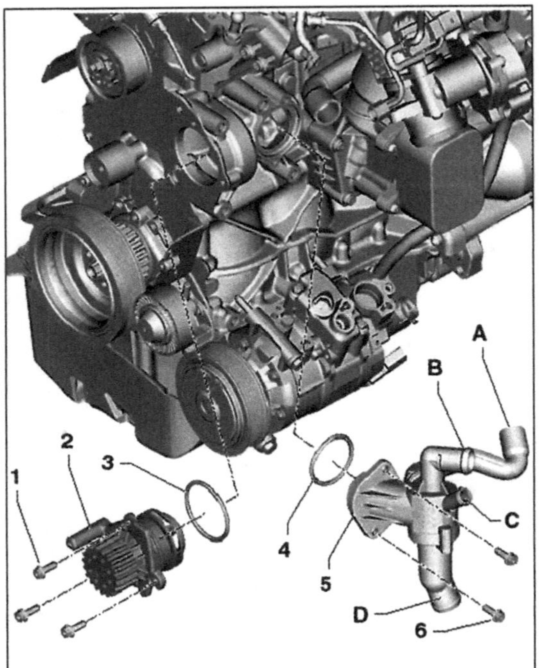

Bild 19

Bild 20
Montageübersicht »Kühlmittelpumpe und Kühlmittelregler« 1,6 TDI.
(1) Schrauben Kühlmittelpumpe an Zylinderblock (15 Nm).
(2) Kühlmittelpumpe.
(3) und (5) O-Ring (ersetzen).
(4) Kühlmittelregler.
(5) O-Ring (ersetzen).
(6) Schrauben Anschlussstutzen/Kühlmittelregler an Zylinderblock (13 Nm).
(7) Anschlussstutzen.

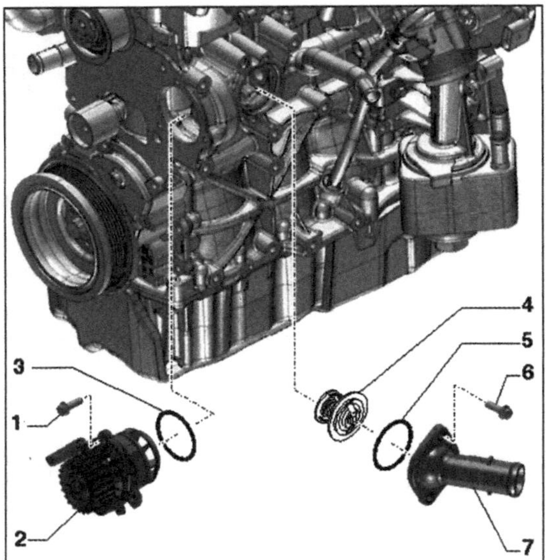

Bild 20

Einbau

Der Einbau erfolgt in umgekehrter Ausbaureihenfolge, dabei ist Folgendes zu beachten:

- Dichtungen und Dichtringe ersetzen. Den neuen O-Ring (3) mit Kühlmittel benetzen.
- Die Kühlmittelpumpe (2) in den Zylinderblock einsetzen, die Befestigungsschrauben (1) mit 15 Nm festziehen (Bild 19 und 20). Der Verschlussstopfen der Kühlmittelpumpe zeigt nach unten.
- Zahnriemen und Keilriemen einbauen, Kühlmittel auffüllen.

4/2-Wege-Ventil mit Kühlmittelregler 1,2 TDI aus- und einbauen

Es werden ein Gelenkschlüssel Schlüsselweite 10 (3185), ein Refraktometer T10007, ein Steckeinsatz T10058, ein Drehmomentschlüssel (V.A.G 1331/), eine Auffangwanne sowie eine Schlauchklemmenzange (VAS 6340) benötigt.

Ausbau

- Fahrzeug anheben und Geräuschdämpfung ausbauen.
- Ladeluftrohre »heiße« Seite und »kalte« Seite ausbauen (siehe Bild 4 im Kapitel 3).
- Luftführungshutze mit Kühlerlüfter V7 ausbauen (siehe Anleitung weiter vorn in diesem Kapitel).
- Generator ausbauen (siehe Kapitel 12), dabei Generator mit äußerster Vorsicht am Kühler vorbei führen, um diesen nicht zu beschädigen.
- Schrauben der Kühlmittelrücklaufleitung (Pfeile) herausdrehen (Bild 21).
- Stecker von der Drosselklappensteuereinheit J338 abziehen und dann Drosselklappensteuereinheit vom Saugrohr ausbauen (Pfeile Bild 22).
- Die Steckverbindung des Hallgebers G40 (1) und des Klopfsensors G61 (2) trennen (Bild 23).
- Den Halter des Hallgebers G40 lösen (Pfeil Bild 24).
- Kühlmittel ablassen, danach Schelle (Pfeil) lösen und Kühlmittelschlauch abnehmen (Bild 25).
- Kühlmittelschläuche (B), (C) und (D) am 4/2-Wege-Ventil mit Kühlmittelregler abnehmen (Bild 26, siehe auch Bild 19).
- Befestigungsschrauben (3) des 4/2-Wege-Ventils (2) mit dem Gelenkschlüssel lösen und mit dem Steckeinsatz herausdrehen. Dann Kühlmittelregler (2) mit O-Ring (1) 90° nach links drehen und aus dem Anschlussstutzen herausnehmen (Bild 27, siehe auch Bild 19).

Einbau

- Neuen O-Ring (1 in Bild 27) mit Kühlmittel benetzen.
- Den Schlauch (A) hinter das Ölfiltermodul fädeln (Bild 28).

Bild 21

Bild 21
1,2 TDI: Schrauben der Kühlmittelrücklaufleitung (Pfeile) herausdrehen.

Bild 25

Bild 25
1,2 TDI: Kühlmittelschlauch abnehmen.
Pfeil = Schelle.

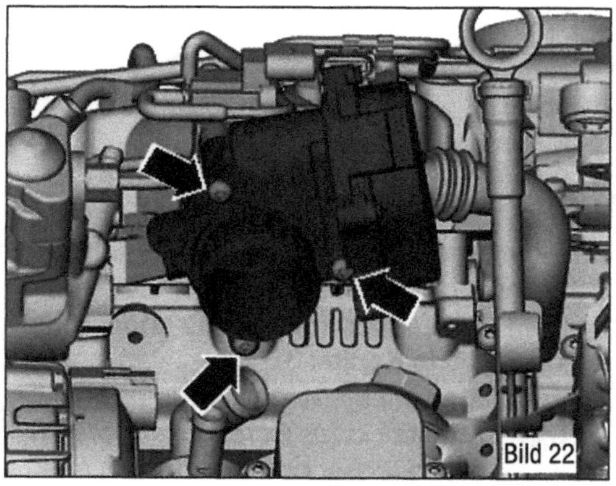
Bild 22

Bild 22
1,2 TDI: Drosselklappensteuereinheit ausbauen.
Pfeile =Schrauben.

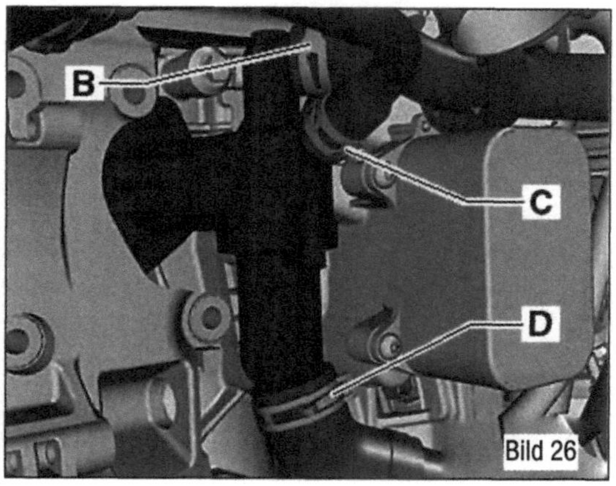

Bild 26

Bild 26
1,2 TDI: 4/2-Wege-Ventil mit Kühlmittelregler ausbauen. Dazu Schellen (B), (C) und (D) lösen und Kühlmittelschläuche abnehmen.

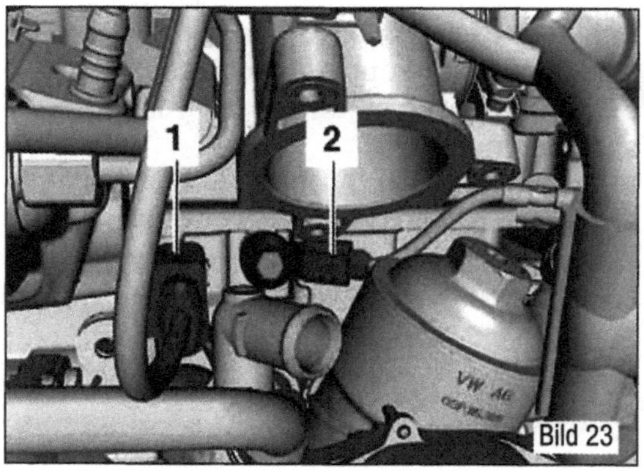

Bild 23

Bild 23
1,2 TDI: Steckverbindung des Hallgebers G40 (1) des Klopfsensors G61 (2) trennen.

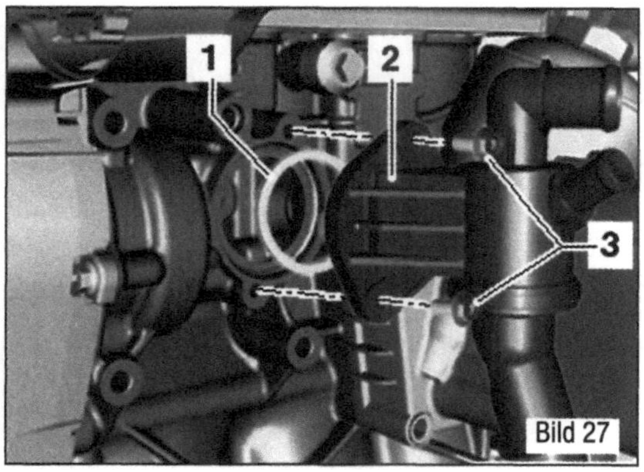

Bild 27

Bild 27
1,2 TDI: 4/2-Wege-Ventil mit Kühlmittelregler (2) ausbauen.
(1) O-Ring.
(3) Befestigungsschrauben.

Bild 24

Bild 24
1,2 TDI: Hallgeber ausbauen.
Pfeil = Mutter

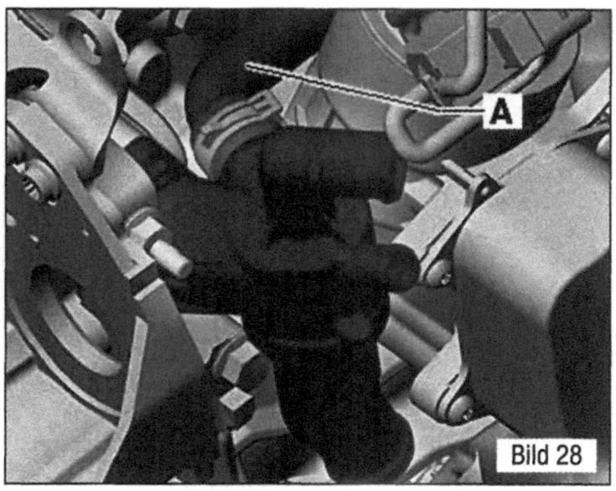

Bild 28

Bild 28
1,2 TDI: Schlauch (A) hinter das Ölfiltermodul fädeln.

Bild 29
1,2 TDI: 4/2-Wege-Ventil einfädeln.

Bild 30
1,6 TDI: Anschlussstutzen mit Kühlmittelregler ausbauen.
(1) Schlauchschelle Kühlmittelschlauch am Anschlussstutzen.
Pfeile = Befestigungsschrauben des Anschlussstutzens.

Bild 31
1,6 TDI: Kühlmittelregler (2) vom Anschlussstutzen abbauen.
(1) O-Ring.

Die nächsten zwei Arbeitsschritte erfordern gefühlvollen Krafteinsatz. Darauf achten, dass keine Beschädigungen eintreten.

- Das 4/2-Wege-Ventil am Halter für Nebenaggregate vorbei Richtung Ölfiltermodul einfädeln (Bild 29).
- Anschlussstutzen (2) des 4/2-Wege-Ventils mit neuem und mit Kühlmittel benetztem O-Ring (1) in den Zylinderblock mit leichten Drehbewegungen einsetzen und Befestigungsschrauben (3) mit Gelenkschlüssel Schlüsselweite 10 mit 15 Nm festziehen (siehe Bild 27).

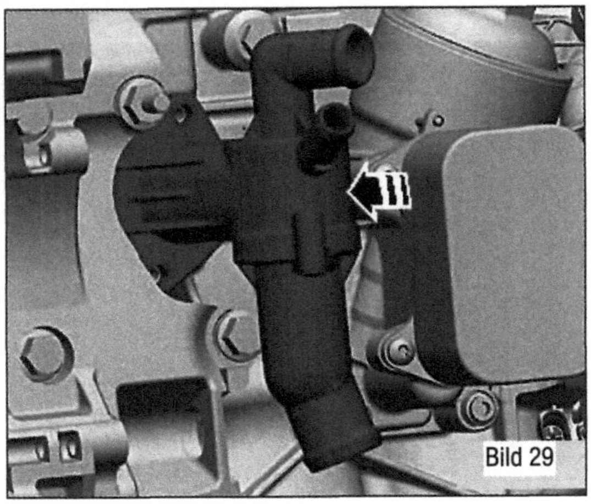
Bild 29

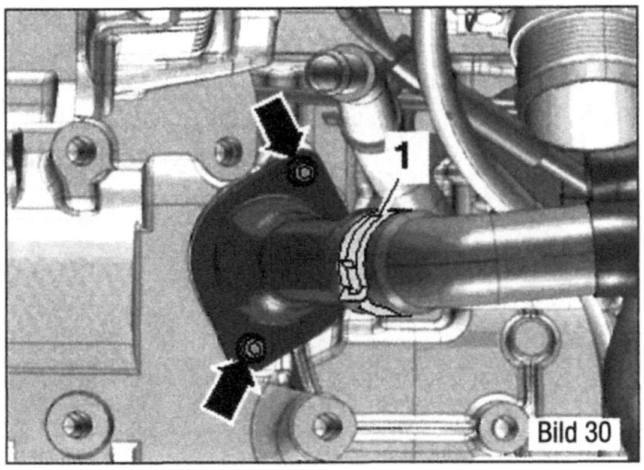

Bild 30

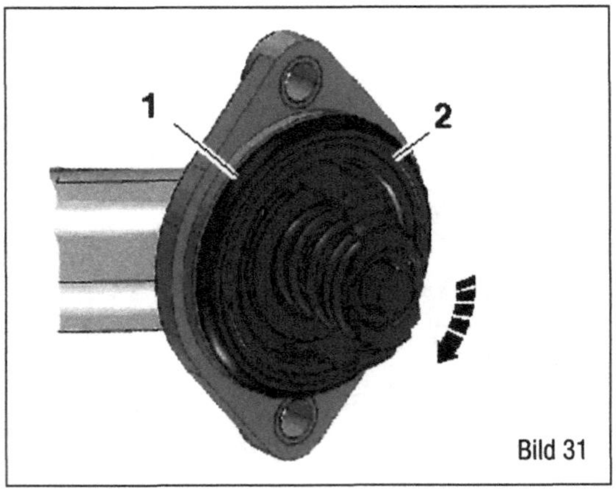

Bild 31

- Der restliche Einbau erfolgt in umgekehrter Ausbaureihenfolge, dabei ist Folgendes zu beachten:
- Kühlmittel auffüllen.
- Drosselklappensteuereinheit J338 einbauen, Anzugsdrehmoment: 10 Nm.
- Drehstromgenerator, Ladeluftrohre und Keilrippenriemen einbauen.

Kühlmittelregler 1,6 TDI aus- und einbauen

Spezialwerkzeuge und Hilfsmittel wie beim 1,2 TDI.

Ausbau

- Kühlmittel ablassen.
- Schrauben (Pfeile) herausdrehen, Kühlmittelschlauch (3) frei legen, elektrische Steckverbindung (1) am Ladedruckgeber G31/Ansauglufttemperaturgeber G42 trennen und Ladeluftrohr rechts abnehmen (siehe Bild 5 in Kapitel 3).
- Kühlmittelschlauch vom Anschlussstutzen abbauen, dazu Schlauchschelle (1) lösen. Befestigungsschrauben (Pfeile) des Anschlussstutzens mit Gelenkschlüssel Schlüsselweite 10 lösen und mit Steckeinsatz herausschrauben, Anschlussstutzen mit Kühlmittelregler abnehmen (Bild 30, siehe auch Bild 20).
- Kühlmittelregler (2) etwa 15° im Uhrzeigersinn (Pfeil) drehen und aus dem Anschlussstutzen herausnehmen, ebenfalls O-Ring (1) abnehmen (Bild 31, siehe auch Bild 20).

Einbau

Der Einbau erfolgt in umgekehrter Ausbaureihenfolge, beachten Sie dabei Folgendes:

- Schlauchstutzen sowie Luftführungsrohre und -Schläuche müssen vor dem Montieren frei von Öl und Fett sein. Alle Schlauchverbindungen mit Schlauchschellen sichern, die dem Serienstand entsprechen.
- Dichtfläche für O-Ring reinigen und glätten, neuen O-Ring mit Kühlmittel benetzen, Kühlmittelregler (3) mit O-Ring (2) in die Führung am Anschlussstutzen (1) einsetzen (Bild 32).
- Kühlmittelregler (1) bis zum Anschlag im Gegenuhrzeigersinn (Pfeil) drehen (Bild 33).

- Ladeluftrohr einbauen, Verbindungsschläuche mit Schraubschellen einbauen.
- Kühlmittel auffüllen.

Kühlmittelregler prüfen

- Ausgebauten Kühlmittelregler im Wasserbad erwärmen.

Öffnungsbeginn	*Öffnungsende*	*Öffnungshub*
etwa 92 °C	etwa 107 °C*	mind. 7 mm

* nicht prüfbar

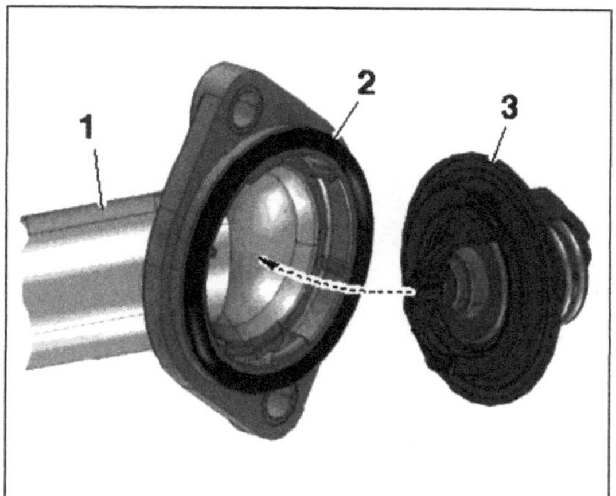

Bild 32

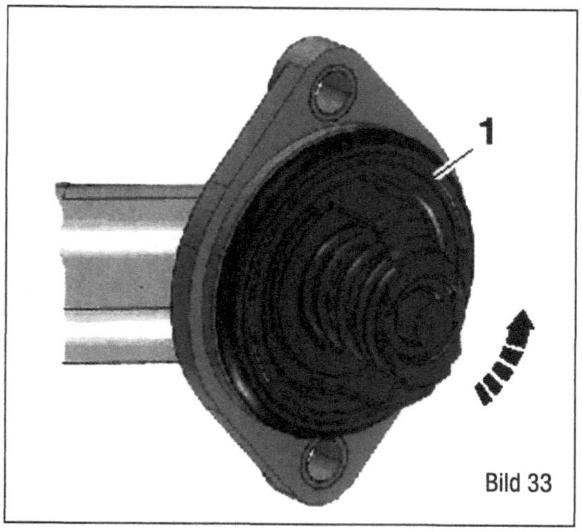

Bild 33

Bild 32
1,6 TDI: Kühlmittelregler (3) in Anschlussstutzen (1) einsetzen.
(2) O-Ring.

Bild 33
1,6 TDI: Kühlmittelregler (1) in Anschlussstutzen eindrehen.

5 Kraftstoffversorgung

Zu den wichtigsten Bauteilen des Systems gehören der Kraftstoffbehälter (Tank), in den der Kraftstoff über Tankklappeneinheit und Einfüllstutzen eingebracht wird, die in den Tank eingebaute Kraftstofffördereinheit, der Kraftstofffilter mit Sitz in der Kraftstoffvorlaufleitung im Motorraum rechts, die Kraftstoffleitungen, die Einspritzanlage (wird in einem gesonderten Kapitel behandelt) und letztlich die Gasbetätigung.

⚠ Bei Arbeiten am Kraftstoffsystem sind Sicherheitsmaßnahmen zu treffen und Sauberkeitsregeln zu befolgen, die im Übrigen auch für Reparaturarbeiten am Motor gelten.

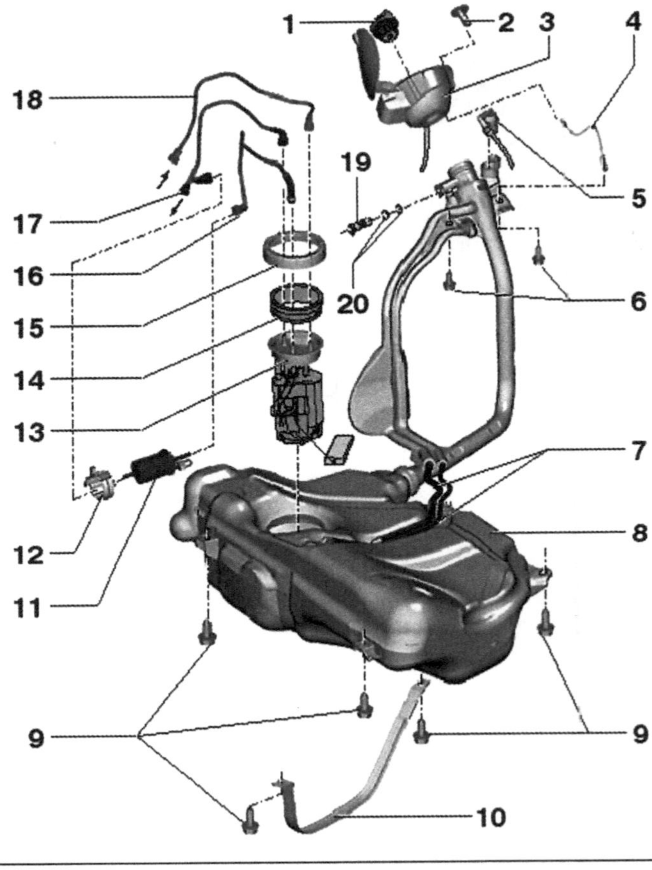

Bild 1

Bild 1
Montageübersicht »Kraftstoffbehälter mit Anbauteilen« 1,2 TDI.

(1) Tankverschlussdeckel.
(2) Schraube Tankklappeneinheit (1,5 Nm).
(3) Tankklappeneinheit.
(4) Masseverbindung. Auf festen Sitz achten.
(5) Schwerkraft-/Überlaufventil. Zum Ausbau Sicherungslasche entriegeln und Ventil nach oben aus dem Einfüllstutzen herausclipsen. Das Ventil auf Durchgang prüfen, Ventil senkrecht: offen, Ventil um 45° gekippt: geschlossen.
(6) Schrauben Einfüllstutzen (10 Nm).
(7) Entlüftungsleitung. Oben am Kraftstoffbehälter eingeclipst. Auf festen Sitz achten.
(8) Kraftstoffbehälter. Beim Ausbau mit dem Motor- und Getriebeheber (V.A.G 1383/A) abfangen.
(9) Befestigungsschrauben Kraftstoffbehälter (25 Nm).
(10) Spannband.
(11) Zusatzkraftstofffilter (falls vorhanden). Den Anschluss mit dem Blindstutzen nach oben positionieren.
(12) Halter für Zusatzkraftstofffilter (falls vorhanden).
(13) Kraftstofffördereinheit mit Geber für Kraftstoffvorratsanzeige G. Einbaulage des Flansches am Kraftstoffbehälter beachten.
(14) Dichtring Kraftstofffördereinheit. Bei Beschädigung ersetzen, zur Montage mit Kraftstoff benetzen.
(15) Überwurfmutter Kraftstofffördereinheit (80 Nm). Mit Schlüssel für Überwurfmutter (3217) aus- und einbauen.
(16) Bypassrücklaufleitung (falls vorhanden).
(17) Vorlaufleitung zum Kraftstofffilter (schwarz). Am Kraftstoffbehälter eingeclipst, auf festen Sitz achten. Zum Abziehen vom Flansch Entriegelungstasten am Anschlussstück drücken
(18) Rücklaufleitung vom Kraftstoffkühler (blau bzw. blaue Markierung). Am Kraftstoffbehälter eingeclipst, auf festen Sitz achten. Zum Abziehen vom Flansch Entriegelungstasten am Anschlussstück drücken.
(19) Entlüftungsventil. Zum Ausbau Ventil seitlich aus dem Einfüllstutzen herausclipsen. Vor dem Einbau Verschlussdeckel herausschrauben.
(20) O-Ringe.

Sicherheitsmaßnahmen:

■ Leitungen aller Art (z. B. für Kraftstoff, Hydraulik, Kühl- und Kältemittel, Bremsflüssigkeit, Unterdruck) und elektrische Leitungen so verlegen, dass die ursprüngliche Leitungsführung wiederhergestellt wird. Auf ausreichenden Freigang zu allen beweglichen oder heißen Bauteilen achten.

■ Der Kraftstoff bzw. die Kraftstoffleitungen im Kraftstoffsystem können sehr heiß werden (Verbrühungsgefahr). Außerdem steht das Kraftstoffsystem unter Druck. Vor dem Öffnen des Systems deshalb Putzlappen um die Verbindungsstelle legen und durch vorsichtiges Lösen der Verbindungsstelle Druck abbauen. Bei allen Montagearbeiten am Kraftstoffsystem Schutzbrille und Schutzhandschuhe tragen. Hautkontakt mit Kraftstoff vermeiden.

■ Kraftstoffleitungen sind mit Schnellverschlüssen gesichert. Kraftstoffschläuche dürfen nur mit Federbandschellen gesichert werden. Die Verwendung von Klemm- oder Schraubschellen ist nicht zulässig.

■ Beim Aus- und Einbau des Gebers für Kraftstoffvorratsanzeige oder der Kraftstofffördereinheit aus gefüllten oder teilweise gefüllten Kraftstoffbehältern ist Folgendes zu beachten:
Bereits vor Beginn der Arbeiten muss in der Nähe der Montageöffnung des Kraftstoffbehälters zum Absaugen der freiwerdenden Kraftstoffgase der Abgasschlauch einer eingeschalteten Abgas-Absauganlage gelegt werden. Steht keine Abgas-Absauganlage zur Verfügung, kann ein Radiallüfter (Motor liegt außerhalb des Luftstroms) mit einem Fördervolumen größer als 15 m^3/h verwendet werden.

Sauberkeitsregeln:

Bei Arbeiten an der Kraftstoffversorgung/-Einspritzanlage sind die folgenden »6 Regeln« zur Sauberkeit sorgfältig zu beachten:

■ Verbindungsstellen und deren Umgebung vor dem Lösen gründlich reinigen.

■ Ausgebaute Teile auf einer sauberen Unterlage ablegen und abdecken. Keine fasernden Lappen benutzen.

■ Geöffnete Bauteile sorgfältig abdecken bzw. verschließen, wenn die Reparatur nicht umgehend ausgeführt wird.

■ Nur saubere Teile einbauen: Ersatzteile erst unmittelbar vor dem Einbau aus der Verpackung nehmen. Keine Teile verwenden, die unverpackt (z. B. im Regal oder in Werkzeugkästen) aufgehoben wurden.

■ Bei geöffneter Anlage: Möglichst nicht mit Druckluft arbeiten. Das Fahrzeug möglichst nicht bewegen.

■ Außerdem ist darauf zu achten, dass kein Dieselkraftstoff auf die Kühlmittelschläuche läuft. Gegebenenfalls müssen die Schläuche sofort wieder gereinigt werden. Angegriffene Schläuche sind sofort zu ersetzen.

*

Für die in diesem Kapitel zu erläuternden Reparaturen bildet die folgende Montageübersicht »Kraftstoffbehälter mit Anbauteilen« für den 1,2 TDI (Bild 1) eine erste anschauliche Anleitung. Die Montageübersicht für den 1,6 TDI zeigt ein nahezu deckungsgleiches Bild.

Kraftstoffbehälter 1,2 TDI/ 1,6 TDI entleeren

Dazu werden ein Kraftstoffabsauggerät (VAS 5190), ein Adapter für Kraftstoffabsaugung, ein Fahrzeugdiagnosetester, ein Schlüssel für Überwurfmutter (3217) und ein Drehmomentschlüssel (V.A.G.1332) benötigt.

Arbeitsablauf bei intakter Kraftstoffpumpe G6

■ Die Vorlaufleitung an der Kraftstoffübergabestelle (siehe Kapitel 2, Bild 12) abziehen. Ausfließenden Kraftstoff mit einem Putzlappen auffangen.

■ Kraftstoffabsauggerät mit Adapter zur Kraftstoffabsaugung an die Kraftstoffvorlaufleitung anschließen.

■ Fahrzeugdiagnosetester anschließen, Zündung einschalten und Verschlussdeckel vom Kraftstoffeinfüllstutzen abnehmen.

■ Mit dem Fahrzeugdiagnosetester die Geführte Funktion »Kraftstoffsystem entleeren« durchführen. Die Kraftstoffpumpe wird nun angesteuert. Der Fahrzeugdiagnosetester zeigt den Fortschritt des Entleerens an.

■ Absperrhahn am Kraftstoffabsauggerät öffnen, bis der Kraftstoffbehälter entleert ist.

Arbeitablauf bei nicht intakter Kraftstoffpumpe und bei weniger als gefülltem Kraftstoffbehälter

- Rücksitzbank nach vorn klappen, Abdeckung von der Kraftstofffördereinheit ausbauen, Anschlussstecker und die Kraftstoffleitungen vom Flansch abziehen (siehe dazu »Kraftstofffördereinheit aus- und einbauen«).
- Überwurfmutter mit Schlüssel für Überwurfmutter abschrauben, Geberflansch anheben, Saugschlauch des Kraftstoffabsauggeräts so tief wie möglich in den Kraftstoffbehälter stecken und den Kraftstoff absaugen.
- Wenn der Kraftstoffbehälter nur entleert werden soll, Geberflansch wieder einbauen.

Bei mehr als gefülltem Kraftstoffbehälter muss der Kraftstoffbehälter mithilfe des Kraftstoffabsauggerätes über den Einfüllstutzen so weit entleert werden, bis kein Kraftstoff mehr abgesaugt wird (unseres Erachtens Sache einer Werkstatt!). Dann kann der Geberflansch gefahrlos geöffnet und der Kraftstoff über diesen Weg abgesaugt werden, bis der Kraftstoffbehälter ganz entleert ist.

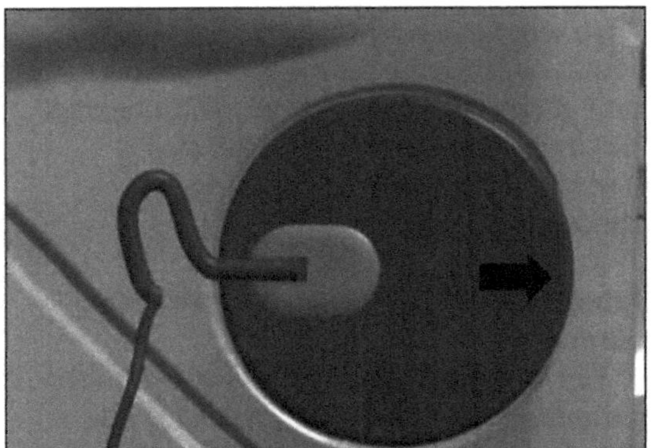

Bild 2
Einbaulage Abdeckung Kraftstofffördereinheit.

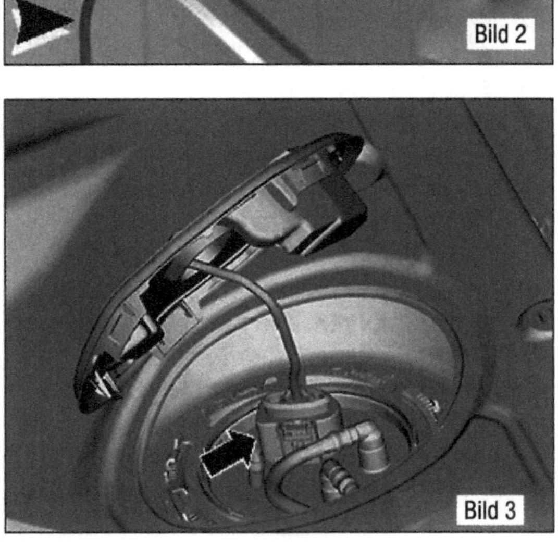

Bild 3
Anschlussstecker (Pfeil) entriegeln und abnehmen.

Kraftstofffördereinheit 1,2 TDI/ 1,6 TDI aus- und einbauen

Soll die Kraftstofffördereinheit getauscht werden, sind zuvor die Druck- und Mengenprüfungen durchzuführen. Weiterhin sind die Spannungsversorgung und die Stromaufnahme zu prüfen. Mit der Prüfung der Kraftstofffördermenge der Kraftstoffpumpe beginnen, durch die Prüfabläufe leiten lassen, um einen Fehltausch der Kraftstofffördereinheit zu vermeiden. Diese komplexen Prüfungsarbeiten erfordern u. a. ein Druckmessgerät (VAS 6551) mit zwei Schlauchadaptern und einen Fahrzeugdiagnosetester sowie viel Erfahrung. Wir empfehlen deshalb, dazu eine Fachwerkstatt aufzusuchen.

Für den Ausbau der Kraftstofffördereinheit werden ein Schlüssel für Überwurfmutter (3217) und ein Drehmomentschlüssel 40 ... 200 Nm (V.A.G. 1332) benötigt.

Ausbau

- Bei ausgeschalteter Zündung das Masseband der Batterie abklemmen (siehe Kapitel 12).
- Rücksitzbank nach vorn klappen und Abdeckung der Kraftstofffördereinheit anheben bzw. ausbauen. Der Pfeil zeigt in Fahrtrichtung (Bild 2).
- Als Erstes den Anschlussstecker (Pfeil) auf festen Sitz prüfen, d. h. am Stecker ziehen, ohne die Verriegelung zu drücken. War der Stecker nicht richtig gesteckt, kann er einen Fehler verursacht haben. Den Stecker abziehen, dazu die Verriegelung des Steckers nach oben ziehen und gleichzeitig drücken (Bild 3).
- Die Kraftstoffvorlaufleitung (4) und die Kraftstoffrücklaufleitungen (2) und (3) vom Flansch abziehen. Zum Entriegeln der Kraftstoffleitungen den Sicherungsring eindrücken. Die Rücklaufleitung (3) ist nicht zwingend verbaut. Zum Abbau der Leitung (3) ist die Schlauchschelle zu lösen und zu ersetzen (Bild 4).
- Überwurfmutter mit Schlüssel für Überwurfmutter abschrauben und Kraftstofffördereinheit und Dichtring aus der Öffnung des Kraftstoffbehälters ziehen (Bild 5).

Einbau

- Der Einbau der Kraftstofffördereinheit erfolgt sinngemäß in umgekehrter Ausbaureihenfolge. Dabei ist Folgendes zu beachten:

- Geber für Kraftstoffvorrat beim Einbau nicht verbiegen.
- Dichtring des Flansches bzw. der Kraftstofffördereinheit trocken in die Öffnung des Kraftstoffbehälters einsetzen. Dichtring nur zur Montage des Flansches bzw. der Kraftstofffördereinheit mit Kraftstoff benetzen.
- Auf festen Sitz der Kraftstoffschläuche achten.
- Nach dem Einbau der Kraftstofffördereinheit prüfen, ob die Vorlauf-, Rücklauf- und Entlüftungsleitungen noch am Kraftstoffbehälter eingeclipst sind.
- Einbaulage des Flansches der Kraftstofffördereinheit beachten: Markierung auf dem Flansch muss mit Markierung auf dem Kraftstoffbehälter übereinstimmen (siehe Pfeile in Bild 4).
- Anzugsdrehmoment der Überwurfmutter 80 Nm.
- Bei Verwendung einer neuen Kraftstofffördereinheit ist zu prüfen, ob die Kuppe vom Standheizungs-Stutzen am Flansch (1) der Fördereinheit (falls vorhanden) abgeschnitten werden muss. Maß (a) = 25 mm ist dabei einzuhalten (Bild 6).

Kraftstoffbehälter 1,2 TDI/ 1,6 TDI aus- und einbauen

⚠ Der Ausbau des Kraftstoffbehälters setzt den Ausbau der Hinterachse voraus. Insofern empfehlen wir, die Reparatur einer Fachwerkstatt zu überlassen. Es werden ein Motor- und Getriebehalter (V.A.G1383/A) und ein Drehmomentschlüssel (V.A.G 1331) benötigt.

Ausbau

- Kraftstoffbehälter entleeren.
- Danach die ersten drei Arbeitsschritte wie beim Ausbau der Kraftstofffördereinheit ausführen.
- Hinterachse ausbauen (siehe Kapitel 10).
- Radhausschale hinten rechts ausbauen (siehe Kapitel 13).
- Nachschalldämpfer ausbauen (siehe Kapitel 7).
- Das linke Wärmeschutzblech ausbauen.
- Kraftstoffvorlaufleitung (1) und Rücklaufleitung (2) vorn rechts am Kraftstoffbehälter trennen. Dazu Tasten an den Schlauchkupplungen (1) + (2) niederdrü-

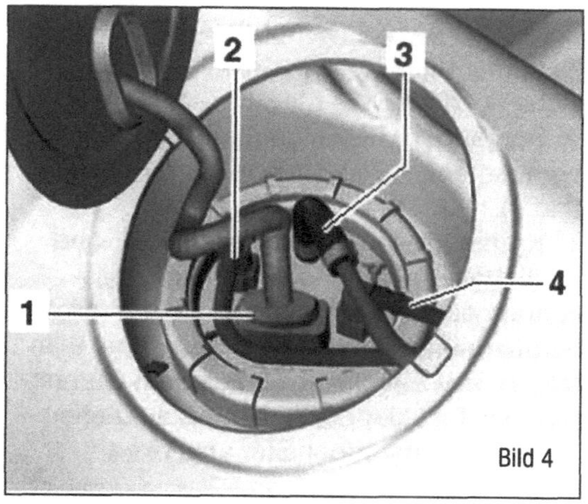

Bild 4
1,2 TDI: Kraftstoffleitungen vom Flansch der Kraftstofffördereinheit abbauen.
(1) Stecker (Verriegelung).
(2) Kraftstoffrücklaufleitung.
(3) Kraftstoffrücklaufleitung (ist nicht zwingend verbaut).
(4) Kraftstoffvorlaufleitung.

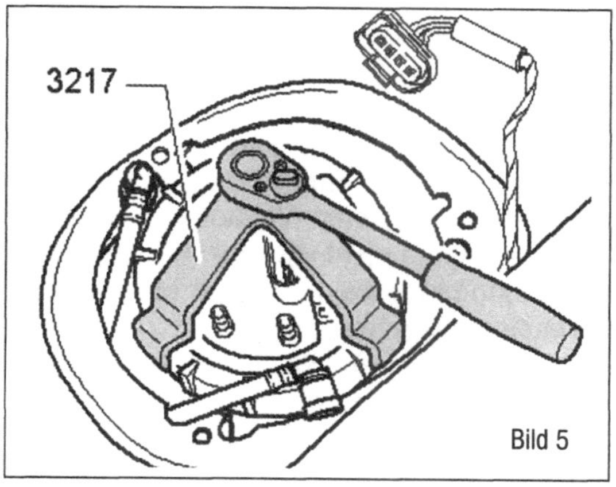

Bild 5
Überwurfmutter der Kraftstofffördereinheit abschrauben.

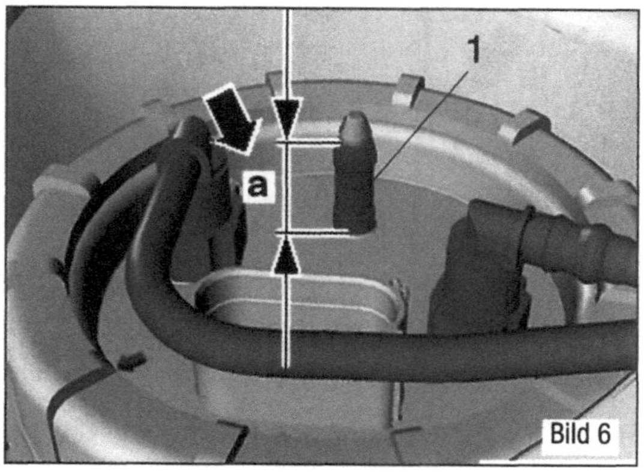

Bild 6
Kuppe vom Standheizungs-Stutzen darf in der Höhe (a) nur 25 mm betragen.

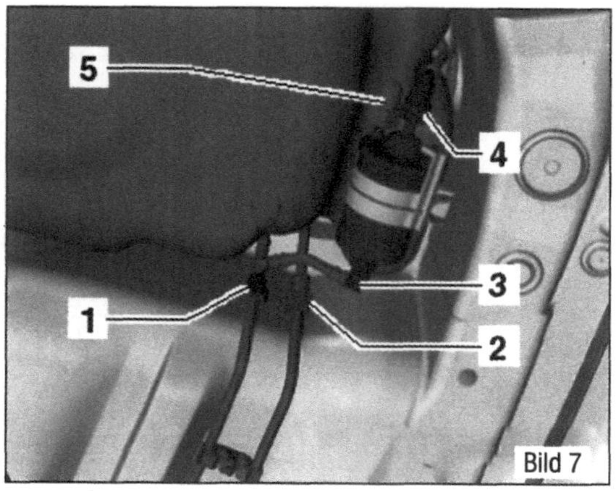

Bild 7
Kraftstoffvorlaufleitung (1) und Rücklaufleitung (2) vorn rechts am Kraftstoffbehälter trennen.
(3) und (4) Anschlüsse Zusatzkraftstofffilter (falls vorhanden).
(5) Anschluss mit dem Blindstopfen.

Sichtprüfung Messen

cken. Den Anschluss mit dem Blindstutzen (5) immer nach oben positionieren (Bild 7, siehe auch Bild 1).

- Schrauben (Pfeile) am Einfüllstutzen herausdrehen (Bild 8, siehe auch Pos. 6 im Bild 1).
- Kraftstoffbehälter mit dem Motor -und Getriebeheber abfangen. Befestigungsschrauben des Kraftstoffbehälters (Pfeile) herausdrehen (Bild 9, siehe auch Pos. 9 im Bild 1), den Einfüllstutzen aus dem Gummitopf der Tankklappeneinheit herausziehen und den Kraftstoffbehälter absenken.

Einbau

- Der Einbau erfolgt in umgekehrter Ausbaureihenfolge. Dabei ist Folgendes zu beachten:
- Entlüftungs- und Kraftstoffschläuche knickfrei verlegen. Auf festen Sitz der Kraftstoffschläuche achten. Vorlaufleitung und Rücklaufleitung nicht vertauschen (Rücklaufleitung blau bzw. mit blauer Markierung, Vorlaufleitung schwarz).
- Vorlaufleitung und Rücklaufleitung am Kraftstoffbehälter einclipsen.

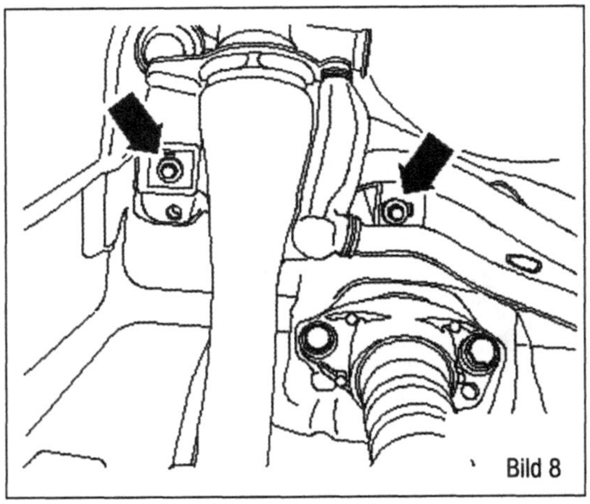

Bild 8
Schrauben (Pfeile) am Einfüllstutzen herausdrehen.

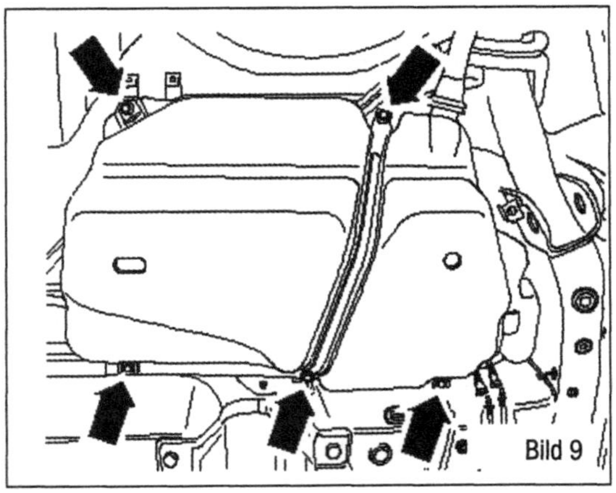

Bild 9
Kraftstoffbehälter ausbauen.
Pfeile = Befestigungsschrauben Kraftstoffbehälter.

Kraftstofffilter 1,2 TDI/1,6 TDI aus- und einbauen

Ausbau

- Die Steckkupplungen der Kraftstoffleitungen (2) und (3) nach vorn auf den Filteranschluss schieben, die Verriegelungen eindrücken und halten (1,2 TDI) bzw. Schellen der Kraftstoffschläuche öffnen (1,6 TDI) und Kraftstoffleitungen abziehen (Bild 10).
- Den Kraftstofffilter (1) aus dem Kraftstofffilter-Unterteil (4) ausclipsen und nach oben herausnehmen.

Einbau

- Der Einbau erfolgt in umgekehrter Ausbaureihenfolge. Dabei ist Folgendes zu beachten:
- Kraftstoffschläuche knickfrei verlegen und auf festen Sitz der Kraftstoffschläuche achten.
- Kraftstoffschläuche wieder in die Halterungen clipsen.
- Kraftstoffsystem entlüften (siehe Kapitel 6).

Montageübersicht Gasbetätigung 1,6 TDI

Das Bild 11 vermittelt anschaulich die Aus- und Einbausituation des Gaspedalmoduls für den 1,6 TDI (für den 1,2 TDI annähernd deckungsgleich).

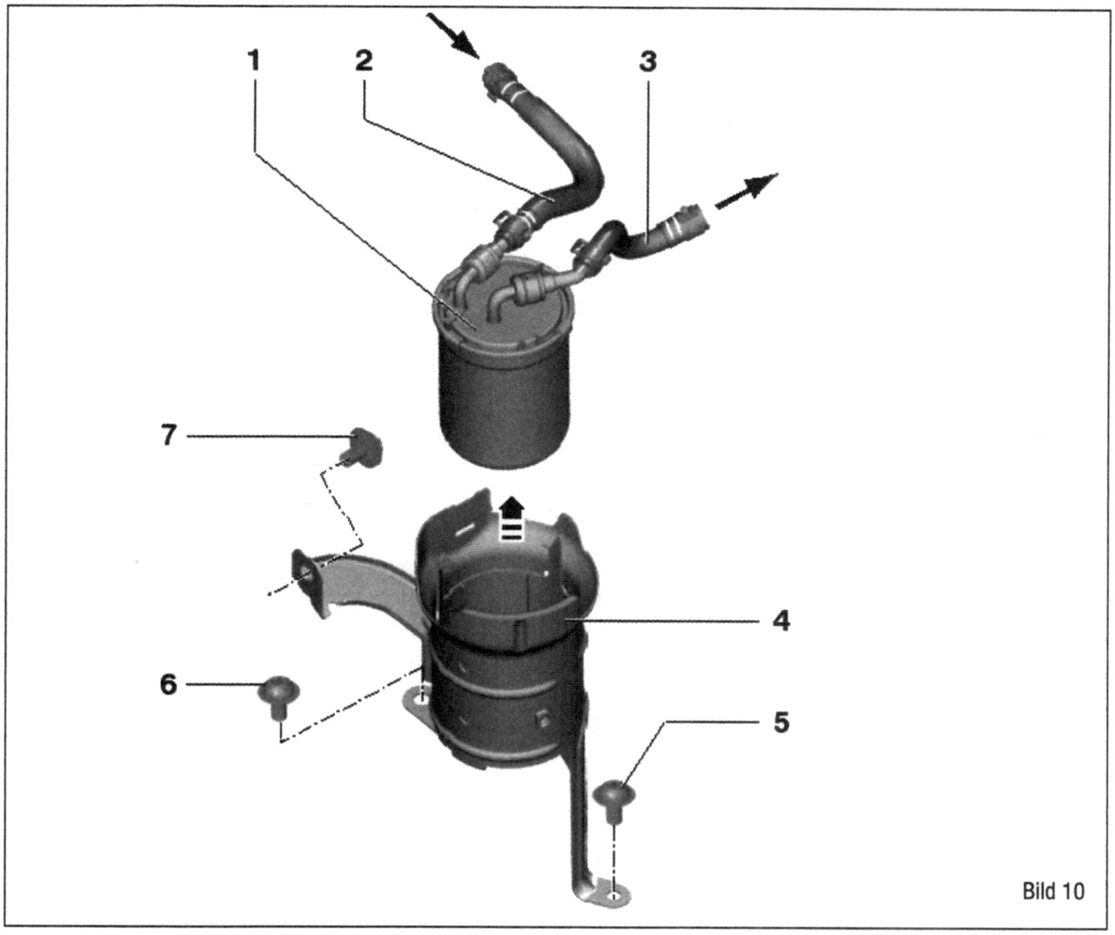

Bild 10
Montageübersicht »Kraftstofffilter« 1,2 TDI/1,6 TDI.
(1) Kraftstofffilter/Wechselfilterpatrone. Die eingeprägten Pfeile auf dem Filter kennzeichnen den Kraftstoffeingang und Kraftstoffausgang.
(2) Vorlaufleitung von der Kraftstofffördereinheit/Kraftstoffübergabestelle im Motorraum (weiß bzw. weiße Markierung).
(3) Vorlaufleitung zur Kraftstoff-Hochdruckpumpe (weiß bzw. weiße Markierung).
(4) Kraftstofffilter-Unterteil bzw. Kraftstofffilter-Halter.
(5), (6) und (7) Befestigungsschrauben Kraftstofffilter-Unterteil (20 Nm).

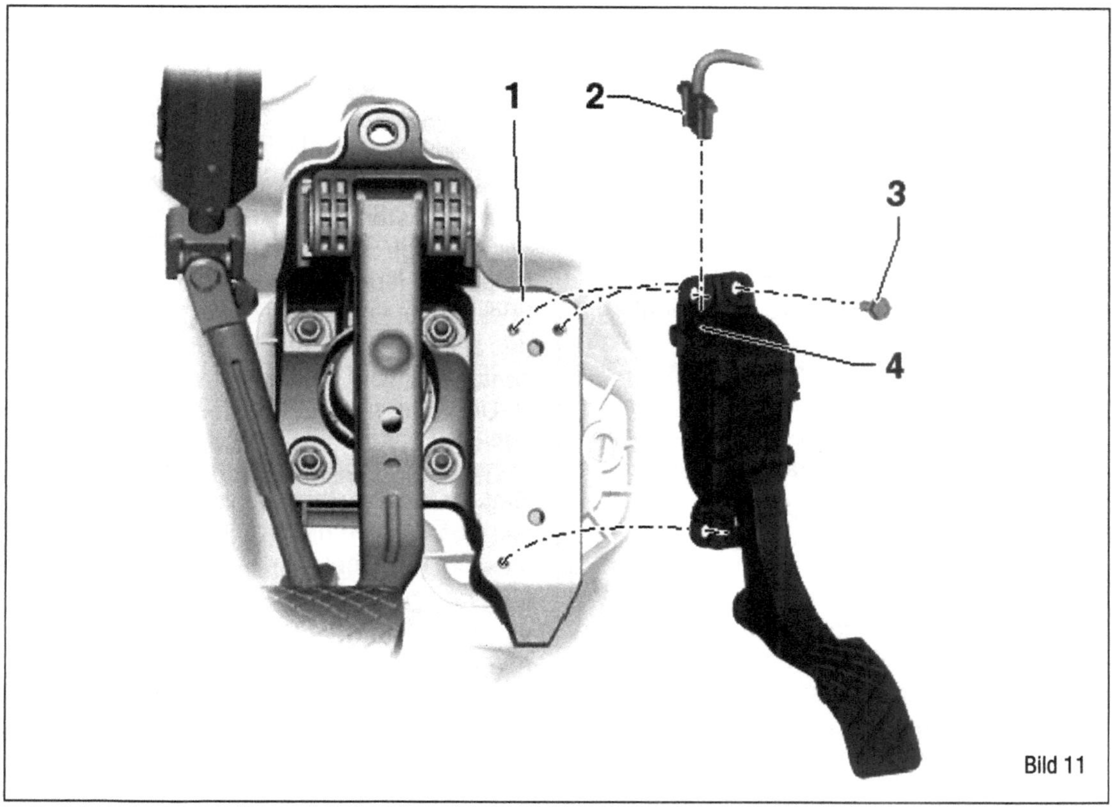

Bild 11
Montageübersicht »Gasbetätigung« 1,6 TDI.
(1) Lagerbock.
(2) Stecker für Gaspedalstellungsgeber (6-polig, schwarz).
(3) Befestigungsschrauben Gaspedalmodul/Lagerbock (1,6 TDI: 9 Nm, 1,2 TDI: 10 Nm).
(4) Gaspedalmodul mit Gaspedalstellungsgeber G79 und Gaspedalstellungsgeber 2 G185. Der Geber für Gaspedalstellung gibt den Fahrerwunsch an das Motorsteuergerät weiter. Zum Ausbau des Gebers Abdeckung im Fußraum ausbauen. Nicht einstellbar.

6 Kraftstoff-aufbereitung, Einspritzung, Vorglühanlage

Neben den im Kapitel 5 beschriebenen Sicherheitsmaßnahmen und Sauberkeitsregeln sind bei ***Arbeiten am Kraftstoffsystem folgende weitere Sicherheitsmaßnahmen strikt einzuhalten:***

- Bei Fahrzeugen mit aktiviertem Start-Stopp-System (erkennbar an einer Meldung im Schalttafeleinsatz) kann der Motor bei Bedarf automatisch starten. Deshalb sicherstellen, dass bei Arbeiten am Fahrzeug das Start-Stopp-System deaktiviert ist (Zündung ausschalten, bei Bedarf Zündung wieder einschalten).
- Bei ***Probefahrten mit Prüf- und Messgeräten*** sind diese immer auf dem Rücksitz zu befestigen und durch einen Mitfahrer zu bedienen.
- Um Verletzungen von Personen und/oder eine Zerstörung der Einspritz- und Vorglühanlage zu vermeiden, sind Leitungen der Vorglüh- und Einspritzanlage, auch Messgeräteleitungen, nur bei ausgeschalteter Zündung ab- und anzuklemmen.
- Das Ab- und Anklemmen der Batterie soll nur bei ausgeschalteter Zündung erfolgen.

Darüber hinaus gelten folgende ***Anweisungen für Arbeiten am Kraftstoffsystem***:

- Um einen Trockenlauf der Kraftstoff-Hochdruckpumpe zu vermeiden und einen raschen Motorstart nach Teiletausch zu erzielen sind folgende Punkte unbedingt zu beachten:

Werden Bauteile/Komponenten des Kraftstoffsystems zwischen Kraftstoffbehälter und Kraftstoff-Hochdruckpumpe ausgebaut oder ersetzt, muss eine Kraftstofferstbefüllung durchgeführt werden.

Wird eine Kraftstoffpumpe, Kraftstoffleitung (zwischen Kraftstoffbehälter und Kraftstoff-Hochdruckpumpe), die Hochdruckpumpe selbst oder der Kraftstofffilter ausgebaut oder ersetzt, muss die Entlüftung des Kraftstoffsystems vor dem ersten Motorstart durchgeführt werden. Dazu ist ein Fahrzeugdiagnosegerät einzusetzen (Fahrzeug muss betankt sein. Dann in den »Geführten Funktionen« die Funktion »Hochdruckpumpe/Kraftstoffsystem befüllen/entlüften« starten).

- Der Arbeitsbereich und das Werkzeug müssen vor der Arbeit an der Einspritzanlage gesäubert werden. Verbindungsstellen und deren Umgebung vor dem Lösen gründlich reinigen. Bei Demontagearbeiten alle offenen Anschlüsse sofort mit geeigneten sauberen Schutzkappen verschließen. Die Schutzkappen aller Komponenten immer erst direkt vor dem Einbau entfernen. Ausgebaute Bauteile in neuen, verschließbaren Plastikbeuteln (wenn vorhanden die Originalverpackungen der Neuteile verwenden) aufbewahren.
- Die Einspritzventile und Einbauorte sind vor der Montage optisch auf Beschädigung und flusenfrei zu kontrollieren. Ein sauberer Injektorschacht ist sicherzustellen. Ggf. ist eine Reinigung des Injektorschachts mit einem sauberen Reinigungstuch vorzunehmen, ohne ihn zu beschädigen (keine scharfkantigen Hilfswerkzeuge).
- Werden die Hochdruckleitungen nicht ersetzt, müssen sie beim Ausbau gekennzeichnet werden. Sie dürfen ausschließlich nur am selben Ort (Zylinder) wieder montiert werden.
- Folgende Bauteile und Dichtungen bzw. O-Ringe sind bei jedem Aus- und Einbauen der Einspritzventile bzw. beim Erneuern eines Einspritzventils zu erneuern: »Schraube für Spannpratze«, »Kupferscheibe«, »O-Ring vom Injektorschacht«. Es müssen immer neue Kupferdichtringe für die Einspritzventile verwendet werden. Alle neuen O-Ringe vor der Montage auf Beschädigung prüfen. O-Ringe sind feucht zu montieren (Montageöl oder sauberes Motoröl). Beim Demontieren des alten Kupferdichtrings darf das Einspritzventil nicht beschädigt werden.
- Die Hochdruckleitungen spannungsfrei ausrichten. Alle Anschlüsse erst handfest anziehen und anschließend mit Drehmoment festziehen. Hochdruckleitungen dürfen niemals nachgebogen werden. Der Gebrauch von Werkzeug ist nur zum Festziehen und Lösen von Leitungen am gesamten Hochdrucksystem zulässig. Alle anderen Montage- oder Demontagevorgänge müssen von Hand und ohne Hilfsmittel erfolgen.

Bei laufendem Motor dürfen keine Kraftstoffleitungen geöffnet werden.

■ Das Zerlegen von einzelnen Common-Rail-Komponenten ist nicht zulässig. Im Fehlerfall sind die Komponenten komplett zu tauschen. Eine Entlüftung des Common-Rail-Systems durch Lösen von Hochdruckkomponenten nach Motorstart ist nicht zulässig. Bei laufendem Motor dürfen keine Montagearbeiten am Common-Rail-System ausgeführt werden, insbesondere kein Öffnen/Lösen der Hochdruckleitungen.
■ Bei geöffnetem Kraftstoffsystem die Verwendung von Druckluft vermeiden. Das Fahrzeug nach Möglichkeit nicht bewegen. Außerdem ist darauf zu achten, dass kein Dieselkraftstoff auf die Kühlmittelschläuche läuft. Gegebenenfalls müssen die Schläuche sofort wieder gereinigt werden. Angegriffene Schläuche sind zu ersetzen.
■ Personen mit einem Herzschrittmacher sollten sich bei laufendem Motor nicht über den Motorraum beugen, da die Einspritzventile mit hoher Spannung angetaktet werden.

*

Das hochsensible Kraftstoffsystem wird elektronisch gesteuert, bei Dieselmotoren durch Bosch EDC. Reparaturen am System und seinen Bauteilen erfordern – wie eingangs erläutert – die strikte Beachtung zahlreicher Sicherheitsmaßnahmen und Sauberkeitsregeln und den Einsatz einer Reihe von Spezialwerkzeugen und Prüfgeräten. Bauteile des Kraftstoffhochdrucksystems sind mit einem Fahrzeugdiagnosetester in den »Geführten Funktionen« zu prüfen. Nach Beendigung der meisten Prüfungen und Reparaturen am Kraftstoffsystem sind zudem der Fehlerspeicher des Steuergeräts der Diesel-Direkteinspritzanlage mit einem Fahrzeugdiagnosetester abzufragen und gespeicherte Fehler ggf. zu löschen.

Wir verzichten deshalb hier auf einige Anleitungen für Prüfungen und Reparaturen, wie »Teile des Kraftstoffsystems prüfen (z. B. das Regelventil für Kraftstoffdruck N276)«, »Hochdruckpumpe/Kraftstoffsystem befüllen/entlüften«, »Hochdruckpumpe aus- und einbauen« oder »Saugrohr aus- und einbauen«. Diese Arbeiten gehören unseres Erachtens in eine Fachwerkstatt.

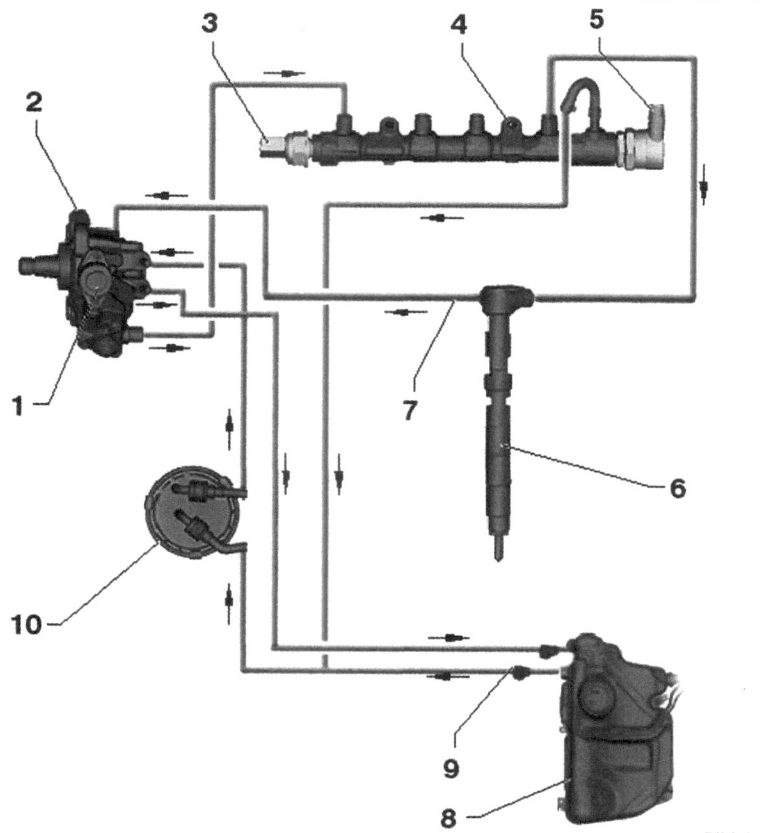

Bild 1

Bild 1
Übersicht »Kraftstofffluss« 1,2 TDI.
(1) Ventil für Kraftstoffdosierung N290 (nicht öffnen).
(2) Kraftstoff-Hochdruckpumpe. Nach dem Erneuern muss eine Kraftstofferstbefüllung durchgeführt werden (Trockenlauf ist zu vermeiden).
(3) Kraftstoffdruckgeber G247.
(4) Rail-Element (Hochdruckspeicher).
(5) Regelventil für Kraftstoffdruck N276 (ersetzen, 80 Nm).
(6) Einspritzventile (Magnetventilinjektoren). Einspritzventil für Zylinder 1 N30, Einspritzventil für Zylinder 2 N31, Einspritzventil für Zylinder 3 N32.
(7) Kraftstoffrücklaufleitungen. Sie dürfen nicht zerlegt werden.
(8) Kraftstoffbehälter mit Kraftstofffördereinheit G6.
(9) Trennstellen Kraftstoffvor- und Rücklaufleitung, unten rechts am Kraftstoffbehälter.
(10) Kraftstofffilter.

Andererseits präsentieren wir im Folgenden vier (Montage-) Übersichten zum Kraftstoffsystem (Bild 1 bis 4) des 1,2 TDI-Dreizylinder-Motors (in einem Fall auch des 1,6 TDI-Vierzylinder-Motors), um Einblicke in das System und das Zusammenspiel der einzelnen Bauteile zu vermitteln. Die entsprechenden Montage-Übersichten zum 1,6 TDI-Vierzylinder-Motor zeigen jeweils ein ähnliches Bild. Diese vier Montageübersichten sollen aber auch dazu dienen, Zusammenhänge und Querverbindungen zu einigen in anderen Kapiteln dieses Buches demonstrierten Reparaturanleitungen herzustellen.

Einspritzventile (Magnetventilinjektoren) 1,2 TDI aus- und einbauen

Dazu werden ein Abzieher (T10055), eine Montagehülse (T10377), ein Steckschlüsseleinsatz (T40055), eine Stützhülse (T10411), ein Injektorabzieher (T10426) sowie ein Drehmomentschlüssel (V.A.G 1331) und eine Knarre (V.A.G 1331/1) benötigt.

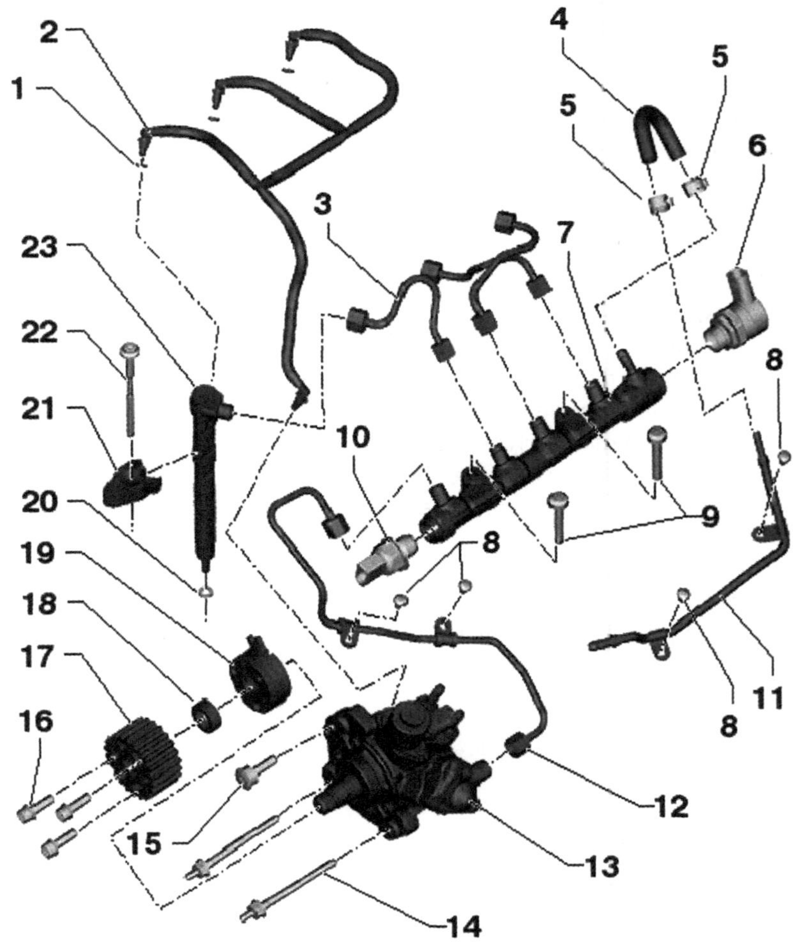

Bild 2

Bild 2

Montageübersicht »Kraftstoffsystem« 1,2 TDI.

(1) O-Ring.

(2) Leckagenleitungen (Kraftstoffrücklaufleitungen) zur Hochdruckpumpe. Die Kraftstoffrücklaufleitung darf nicht geknickt, beschädigt oder verstopft sein, und sie darf nicht zerlegt werden.

(3) Hochdruckleitungen (28 Nm) zwischen Rail-Element (Hochdruckspeicher) und Einspritzventilen (Magnetventilinjektoren). Nicht vertauschen, spannungsfrei einbauen. Bei Wiederverwendung der Hochdruckleitungen zylinderspezifische Kennzeichnung beachten. Die Hochdruckleitungen können wiederverwendet werden nach folgenden Prüfungen: Den Dichtkonus der jeweiligen Hochdruckleitung auf Verformungen und Risse prüfen. Die Leitungsbohrung darf nicht verformt, verengt oder beschädigt sein. Korrodierte Leitungen dürfen nicht mehr verwendet werden.

(4) Verbindungsleitung im Kraftstoffrücklauf.

(5) Schellen.

(6) Regelventil für Kraftstoffdruck N276 (80 Nm). Nicht wieder verwendbar.

(7) Rail-Element (Hochdruckspeicher).

(8) Schrauben Halter Hochdruckleitung zwischen Rail-Element und Hochdruckpumpe sowie Schrauben Halter Kraftstoffrückleitung zum Kraftstoffvorlauf (9 Nm).

(9) Schrauben Rail-Element (ersetzen, 20 Nm + 180° weiterdrehen).

(10) Kraftstoffdruckgeber G247 (100 Nm).

(11) Kraftstoffrücklaufleitung zum Kraftstoffvorlauf.

(12) Hochdruckleitung (28 Nm) zwischen Hochdruckpumpe und Rail-Element (Hochdruckspeicher). Siehe auch Anmerkungen zu Hochdruckleitungen Pos. 3.

(13) Kraftstoff-Hochdruckpumpe mit Ventil für Kraftstoffdosierung N290 (nicht öffnen). Nach dem Erneuern der Hochdruckpumpe muss eine Kraftstofferstbefüllung durchgeführt werden (Trockenlauf ist unbedingt zu vermeiden).

(14) Schrauben Hochdruckpumpe (20 Nm + 180° weiterdrehen).

(15) Schraube Hochdruckpumpe (20 Nm + 45° weiterdrehen).

(16) Schrauben für Zahnriemenrad-Hochdruckpumpe (20 Nm + 90° weiterdrehen).

(17) Zahnriemenrad-Hochdruckpumpe.

(18) Mutter Nabe Hochdruckpumpe (95 Nm).

(19) Nabe Hochdruckpumpe. Zum Lösen und Anziehen Gegenhalter T10051, zum Ausbau Abzieher T40064 verwenden.

(20) Kupferscheibe (ersetzen).

(21) Spannpratze.

(22) Schraube für Spannpratze (8 Nm + 180° weiterdrehen).

(23) Einspritzventile (Magnetventilinjektoren). Folgende Bauteile und Dichtungen bzw. O-Ringe sind bei jedem Aus- und Einbau sowie beim Erneuern eines Injektors zu erneuern: Kupferscheibe, O-Ring vom Injektorschacht, Schraube für Spannpratze.
Vor Wiederverwendung der Einspritzhochdruckleitung eine visuelle Prüfung der Dichtkonen auf Beschädigungen, z. B. Querriefen, Korrosion, durchführen, bei Beschädigung immer ersetzen.
Demontierte Einspritzventile, Hochdruckleitungen und Spannpratzen, die wieder eingebaut werden, dürfen ausschließlich am selben Ort (Zylinder) wieder montiert werden.

Ausbau

- Motorabdeckung ausbauen.
- Stecker (1) Ladedrucksteller vom Abgasturbolader abziehen. Dann Entlüftungsleitung (2) zwischen Zylinderkopfhaube und Ansaugschlauch ausbauen. Dazu die Schnellverschlüsse zusammendrücken (Bild 5).
- Den Rücklaufleitungs-Anschluss öffnen, dazu die Verrastung (1) entriegeln. Den Anschluss der Kraftstoffrücklaufleitung am Einspritzventil in Pfeilrichtung abziehen (Bild 6).

⚠ Auf Sauberkeit achten, Schmutz darf keinesfalls in die abgezogenen Rücklaufleitungen und in die Anschlüsse der Einspritzventile gelangen. Geöffnete Kraftstoffanschlüsse unbedingt mit geeigneten Mitteln vor Schmutzeintrag schützen.

- Die Steckverbindung (Pos. 5 Bild 3) an den auszubauenden Injektoren abziehen. Die Steckerdichtung (Pos. 4 Bild 3) bei Einbau ersetzen.
- Hochdruckleitung (Pos. 12 Bild 2) zwischen Rail-Element (Hochdruckspeicher) und Hochdruckpumpe lösen.
- Hochdruckleitungen (Pos. 3 Bild 2) zwischen Rail-Element und Einspritzventilen ausbauen.
- Befestigungsschraube (Pos.9 Bild 3) der Spannpratze (Pos. 8 Bild 3) des auszubauenden Einspritzventils herausdrehen (Bild 7).
- Den Abzieher T10055 mit dem Injektorabzieher T10426 wie im Bild 8 gezeigt ansetzen. Durch Klopfbewegungen die Einspritzventile immer zusammen mit der Spannpratze nach oben herausziehen.

⚠ Mit großer Vorsicht vorgehen, um unnötige Montagearbeiten oder Folgeschäden zu vermeiden.

Einbau

⚠ Beim Einbau der Einspritzventile sind die eingangs dieses Kapitels aufgelisteten Anweisungen strikt zu beachten.

- Wird eine gebrauchte Einspritzeinheit wieder eingebaut:

- Die Spitze der Einspritzeinheit mit einem Rostlösespray einsprühen. Nach ca. 5 Minuten mit einem Lappen die Rußpartikel bzw. Ölpartikel entfernen.
- Zum Demontieren des alten Kupferdichtrings von der Einspritzeinheit den Kupferdichtring vorsichtig mit einer Zange einspannen, bis der Kupferdichtring gerade

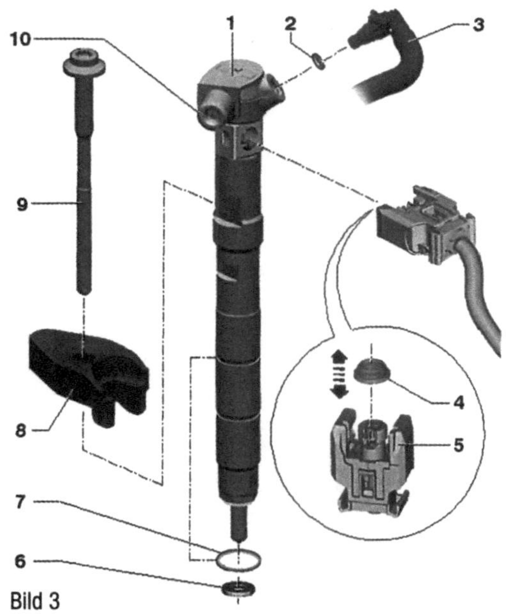

Bild 3

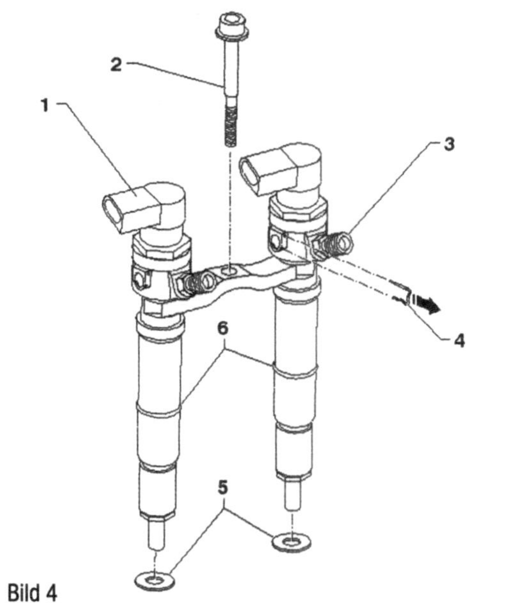

Bild 4

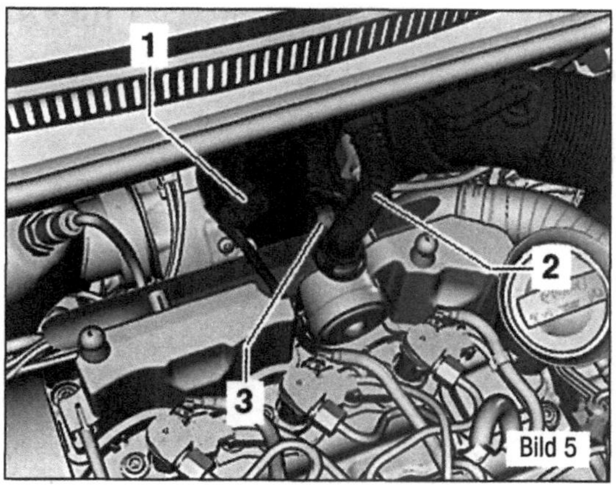

Bild 5

Bild 3
Montageübersicht »Einspritzventil/Einbaulage Spannpratze« 1,2 TDI.
(1) Einspritzventile (Magnetventilinjektoren). Folgende Bauteile und Dichtungen bzw. O-Ringe sind bei jedem Aus- und Einbau sowie beim Erneuern eines Injektors zu erneuern: Kupferscheibe, O-Ring vom Injektorschacht, Schraube für Spannpratze.
(2) O-Ring.
(3) Leckagenleitungen (Kraftstoffrücklaufleitungen) zur Hochdruckpumpe. Sie dürfen nicht geknickt, beschädigt oder verstopft sein und nicht zerlegt werden.
(4) Dichtung im Stecker (ersetzen)
(5) Stecker. Wird der Stecker demontiert, Steckerdichtung ersetzen.
(6) Kupferscheibe (ersetzen).
(7) O-Ring.
(8) Spannpratze.
(9) Schraube für Spannpratze (ersetzen, 8 Nm + 180° weiterdrehen).
(10) Gewindestutzen Einspritzventil.

Bild 4
Montageübersicht »Einspritzventil/Einbaulage Spannpratze« 1,6 TDI.
(1) Einspritzventile (Piezo-Injektoren).
(2) Schraube für Spannpratze (ersetzen, 8 Nm + 180° weiterdrehen).
(3) Hochdruckstutzen. Beim Lösen der Hochdruckleitungen gegenhalten.
(4) Halteklammer Rücklaufleitungen (ersetzen). Halteklammer vor Montage des Injektors leicht fetten.
(5) Kupferscheibe (ersetzen).
(6) O-Ring (ersetzen).

Bild 5
1,2 TDI: Entlüftungsleitung (2) zwischen Zylinderkopfhaube und Ansaugschlauch ausbauen.
(1) Stecker Ladedrucksteller.

Sichtprüfung

Messen

Bild 6
1,2 TDI: Anschluss der Kraftstoffrücklaufleitung am Einspritzventil ausbauen.
(1) Verrastung.

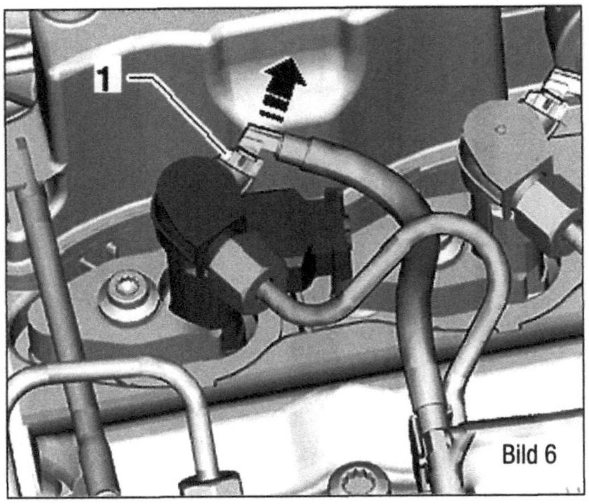

Bild 7
1,2 TDI: Befestigungsschraube der Spannpratze herausdrehen.

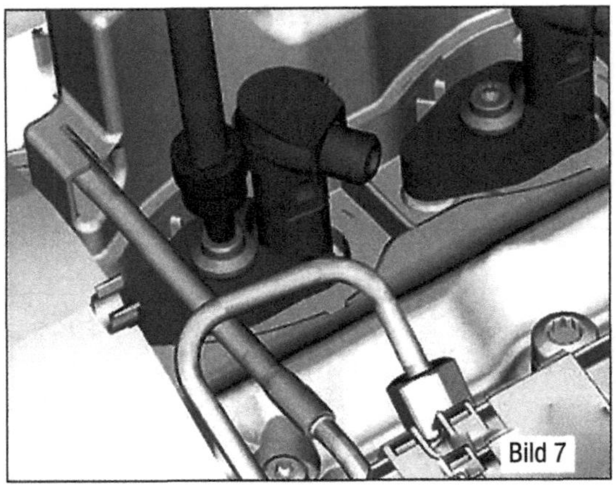

Bild 8
1,2 TDI: Einspritzventil ausbauen.

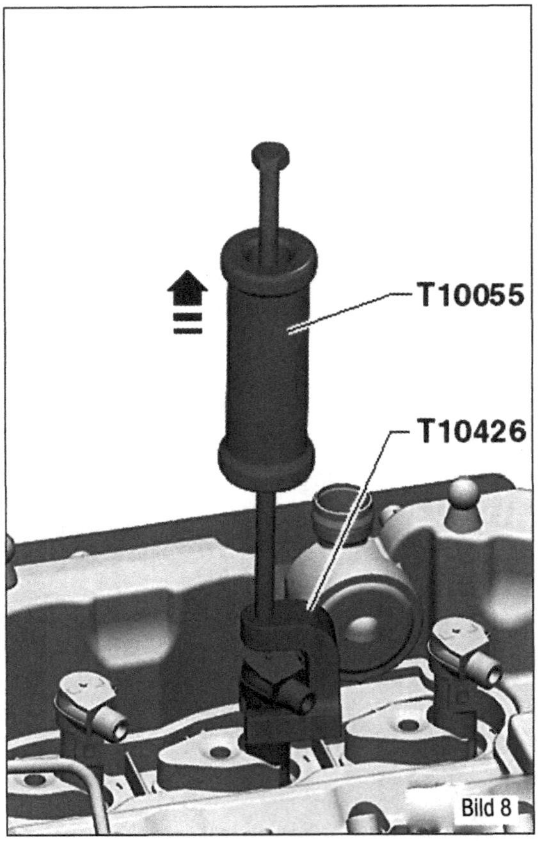

am Durchdrehen gehindert wird. Einspritzeinheit mit leicht drehenden und ziehenden Bewegungen von Hand aus dem Kupferdichtring ziehen (Bild 9).
- Den neuen Kupferdichtring mithilfe einer Kunststoffbuchse montieren.

■ Dichtfläche im Zylinderkopf und den Injektorschacht mit einem in Motoröl bzw. Rostlöser getränkten Lappen reinigen. Die Dichtfläche dabei nicht beschädigen.

■ Den Dichtring für Injektorschacht ersetzen, dazu die Montagehülse T10377 nutzen (Bild 10).

■ Die Spannpratze auf die Einspritzventile schieben (Einbaulage beachten, siehe Bild 3) und die Injektoren mit Spannpratze vorsichtig in die Injektorschächte einführen.

⚠ Mit großer Vorsicht vorgehen, um unnötige Montagearbeiten oder Folgeschäden zu vermeiden. Beschädigung und Kontakt der Injektoren mit dem Zylinderkopf sind zu vermeiden.

■ Die Befestigungsschrauben zunächst nur mit 1 - 2 Nm festziehen. Ein Ausrichten der Injektoren, bei Handmontage der Hochdruckleitungen, muss möglich sein.

■ Hochdruckleitungen einbauen (siehe anschließende Anleitung).

■ Der restliche Zusammenbau erfolgt sinngemäß in umgekehrter Ausbaureihenfolge.

■ Nach dem Erneuern der Einspritzventile »Korrekturwerte anpassen« (Fahrzeugdiagnose-, Mess- und Informationssystem VAS 5051 »Geführte Funktionen«).

Einspritzventile (Piezo-Injektoren) 1,6 TDI aus- und einbauen

Es werden die gleichen Spezialwerkzeuge und Hilfsmittel benötigt wie beim 1,2 TDI, Injektorabzieher jedoch T10402.
Auch der Reparaturablauf folgt im Wesentlichen den Arbeitsschritten zum 1.2 TDI.

Ausbau (siehe dazu Bild 2 und 4)

■ Motorabdeckung ausbauen und Geräuschdämpfung von der Zylinderkopfhaube abnehmen.

■ Steckverbindungen an den auszubauenden Injektoren abziehen. Hochdruckleitung zwischen Rail-Element und Injektoren abschrauben. Bevorzugte Lösereihenfolge der Hochdruckleitungen: Zylinder 4-3-

2-1. Zum Lösen der Hochdruckleitungen den Hochdruckstutzen an den Injektoren gegenhalten.

- Die Hochdruckleitung am Rail-Element und an der Hochdruckpumpe nur lösen.
- Rücklaufleitungs-Anschluss mithilfe eines schmalen Schraubendrehers und einer Spitzzange öffnen. Zum Entriegeln der Kraftstoffrücklaufleitung die Halteklammer in Pfeilrichtung (Pos. 4 Bild 4) herausziehen. Dann die Anschlüsse der Kraftstoffrücklaufleitung an den Injektoren abziehen.
- Befestigungsschraube der Spannpratze (Pos. 2 Bild 4) der auszubauenden Injektoren herausschrauben.
- Abzieher T10055 mit dem Injektorabzieher T10402 wie im Bild 8 gezeigt ansetzen und durch Klopfbewegungen die Injektoren nach oben herausziehen.

Einbau

- Zum Einbau einer gebrauchten Einspritzeinheit, Reinigung des Injektorschachtes und Ersetzen des Dichtringes für Injektorschacht: siehe Arbeitsschritte 1,2 TDI.
- Neue Halteklammern vor Montage des Injektors einsetzen.
- Spannpratze auf die Einspritzventile schieben (Einbaulage beachten, siehe Bild 4) und dann immer 2 Injektoren mit Spannpratze vorsichtig in die Injektorschächte des Zylinderkopfs einführen. Befestigungsschrauben zunächst nur mit max. 1 - 2 Nm festziehen. Ein Ausrichten der Injektoren, bei Handmontage der Hochdruckleitungen, muss möglich sein.
- Hochdruckleitungen einbauen.
- Der restliche Zusammenbau erfolgt sinngemäß in umgekehrter Ausbaureihenfolge (siehe dazu Arbeitsschritte beim 1,2 TDI).

Hochdruckleitungen montieren 1,2 TDI/1,6 TDI

Dazu werden ebenfalls, wie beim Ausbau der Einspritzventile, Drehmomentschlüssel, Knarre, Steckschlüsseleinsatz, Stützhülse und zusätzlich ein Einsteckwerkzeug 17 (V.A.G 1331/6) benötigt.

⚠ Zum besseren und spannungsfreien Ansetzen der Einspritzleitungen das Rail-Element (Hochdruckspeicher) und die

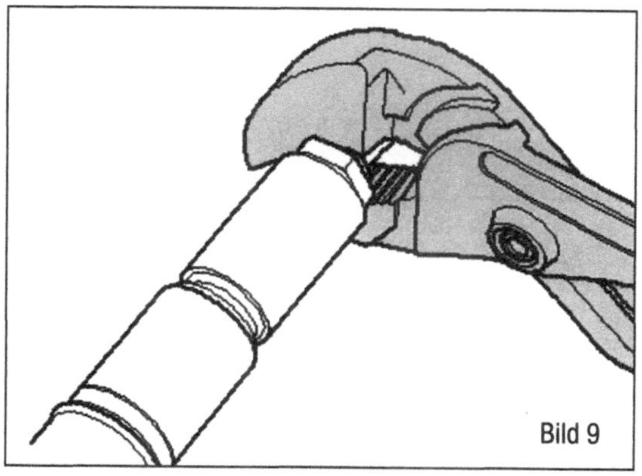

Bild 9

Bild 9
1,2 TDI: Kupferdichtring aus der gebrauchten Einspritzeinheit ausbauen.

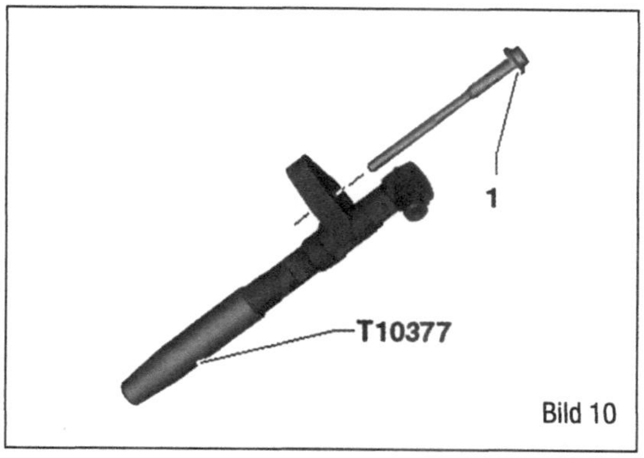

Bild 10

Bild 10
1,2 TDI: Dichtring für Injektorschacht mithilfe einer Montagehülse ersetzen.
(1) Schraube für Spannpratze.

Einspritzventile (Magnetventilinjektoren bzw. Piezo-Injektoren) lösen und leicht verschieben. Die Leitungen dürfen keinesfalls gebogen oder verspannt werden. Verspannungen würden langfristig zum Bruch der entsprechenden Leitung führen.

- Schmutz aus dem Dichtkonus am Rail-Element absaugen. Kraftstoffleitung und Leitungskopf mit Kaltreiniger reinigen und mit Druckluft trockenblasen. Gewinde der Überwurfmuttern mit Kraftstoff benetzen.
- Einspritzleitungen vom Rail-Element zum Einspritzventil erst von Hand ansetzen, die Überwurfmuttern nur handfest anziehen.
- Anschließend die Hochdruckleitung von der Hochdruckpumpe zum Rail-Element montieren, Überwurfmuttern nur handfest anziehen.
- Die weitere **Endmontage** entsprechend der aufgeführten **Reihenfolge**:
- Hochdruckleitungen an Rail-Element und Einspritzventile mit 28 Nm anziehen. Zum Festziehen der Einspritzleitungen den Drehmomentschlüssel mit Knarre und Steckschlüssel Schlüsselweite 17 verwenden (Bild 11).
- Das Rail-Element mit 20 Nm + 180°(1,2 TDI) bzw. 22 Nm (1,6 TDI) anziehen.
- Zum Einbauen der Hochdruckleitung zwischen der Hochdruckpumpe und dem

Bild 11
Zum Festziehen der Einspritzleitungen den Drehmomentschlüssel mit Knarre und Steckschlüssel Schlüsselweite 17 verwenden.

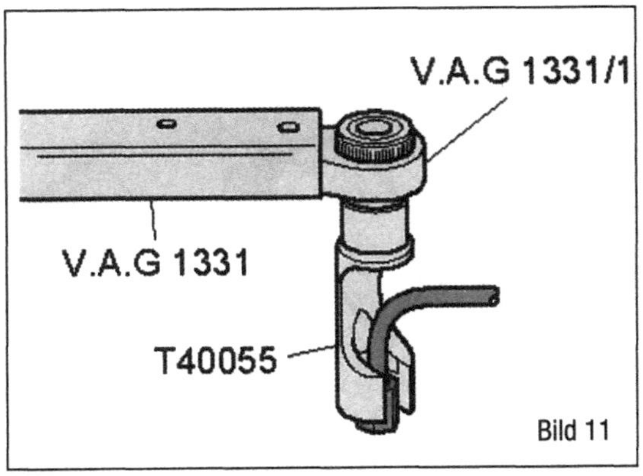

Bild 11

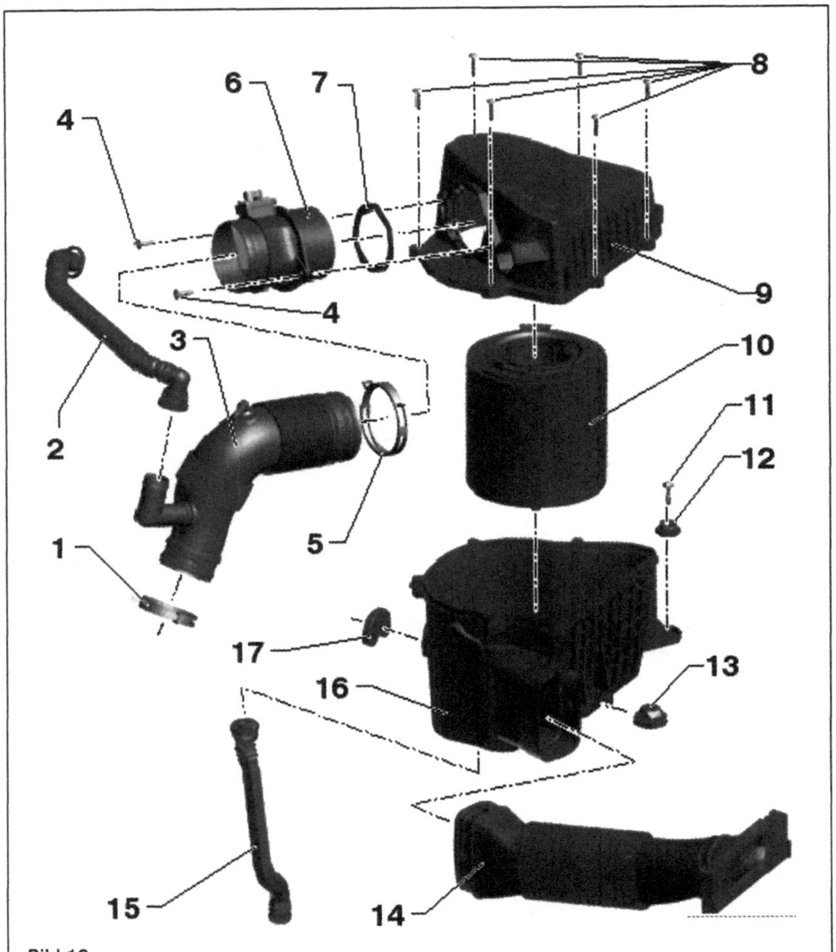

Bild 12

Bild 12
Montageübersicht »Luftfilter« 1,2 TDI.
(1) Schelle (8 Nm).
(2) Verbindungsrohr von der Zylinderkopfhaube für Kurbelgehäuseentlüftung.
(3) Ansaugschlauch zum Abgasturbolader.
(4) Schrauben Luftmassenmesser an Luftfilteroberteil (2 Nm).
(5) Federbandschelle.
(6) Luftmassenmesser G70.
(7) O-Ring (bei Beschädigung ersetzen).
(8) Schrauben Luftfilteroberteil an Luftfilterunterteil (8 Nm).
(9) Luftfilteroberteil.
(10) Filtereinsatz. Zum Ausbau ¼ Umdrehung nach links.
(11) Schraube Luftfilterunterteil (10 Nm).
(12), (13) und (17) Gummilager (bei Beschädigung ersetzen).
(14) Luftansaugschlauch mit Ansaugluftstutzen (Ansaugluftstutzen am Schlossträger befestigt).
(15) Entwässerungsrohr (Einbaulage beachten).
(16) Luftfilterunterteil.

Rail-Element die Stützhülse T10411 auf den Kraftstoffdruckgeber G247 aufschieben (vorher Stecker abziehen). Die Stützhülse gibt den richtigen Abstand zwischen Kraftstoffdruckgeber und der Hochdruckleitung vor.

- Zum Ansetzen der Überwurfmutter an der Hochdruckpumpe muss die Aufhängeöse beweglich sein, dazu die Schrauben lösen. Die Hochdruckleitung zwischen Hochdruckpumpe und Rail-Element zuerst an der Hochdruckpumpe und dann am Rail-Element mit 28 Nm festziehen.
- Schraube (Pos. 8 Bild 2) vom Halter der Kraftstoffhochdruckleitung mit 9 Nm festschrauben.
- Aufhängeöse mit 25 Nm (1,2 TDI) bzw. 20 Nm (1,6 TDI) festschrauben.
- Die Stützhülse entnehmen und den Stecker auf den Kraftstoffdruckgeber wieder aufstecken.
- Die Anschlüsse der Rücklaufleitungen vorsichtig in die Einspritzventile drücken. (Dichtring vorher auf Beschädigung kontrollieren). Der Verschluss muss hörbar einrasten.
- Kraftstoffsystem entlüften/befüllen (Fahrzeugdiagnosetester anschließen, in den »Geführten Funktionen« die Funktion »Hochdruckpumpe/Kraftstoffsystem befüllen/entlüften« starten.
- Motor einige Minuten im Leerlauf laufen lassen und wieder abstellen. Zündung ausschalten. Das gesamte Kraftstoffsystem und die Anschlüsse der Rücklaufleitungen auf Dichtigkeit prüfen. Bei Undichtigkeit trotz korrektem Anzugsdrehmoment ist das betroffene Bauteil zu tauschen.
- Eine Probefahrt mit mindestens einer Volllastbeschleunigung fahren. Anschließend ist der Hochdruckbereich nochmals auf Dichtigkeit zu prüfen.

Luftfiltergehäuse 1,2 TDI aus- und einbauen/Filtereinsatz ersetzen

Der Luftfilter sitzt direkt links neben dem Motor. Aus- und Einbau werden durch die folgende Montageübersicht für den 1,2 TDI verdeutlicht (Bild 12).

Die Montageübersicht für den 1,6 TDI zeigt ein nahezu deckungsgleiches Bild. Aus- und Einbau verlaufen in gleichen Arbeitsschritten.

Ausbau

■ Steckverbindung vom Luftmassenmesser G70 abziehen, Federbandschelle Pos. 5 in Bild 12) öffnen und den Ansaugschlauch zum Abgasturbolader (Pos. 3 im Bild 12) abziehen.

Beim 1,6 TDI ist es wegen des schlechten Zugangs zur Schelle am Ansaugschlauch unten günstiger, den Ansaugstutzen vom Abgasturbolader abzubauen.

Nach diesem Schritt können die Befestigungsschrauben (Pos. 8 im Bild 12) Luftfilteroberteil an Luftfilterunterteil herausgeschraubt, das Luftfilteroberteil abgenommen und der Filtereinsatz (Pos. 10 im Bild 12) durch Umdrehung nach links ausgebaut werden. Filtergehäuse reinigen und neuen Filtereinsatz einbauen.

■ Die Unterdruckleitungen vom Luftfilter komplett mit Halter (1) nach oben abnehmen (Bild 13).

■ Verschraubung am Luftfiltergehäuse (Pos.11 im Bild 12) lösen, den Verbindungsschlauch (Pos. 14 im Bild 12) und anschließend das komplette Luftfiltergehäuse herausnehmen.

Einbau

Der Einbau erfolgt in umgekehrter Ausbaureihenfolge. Dabei ist Folgendes zu beachten:

■ Das Entwässerungsrohr (Pos. 15 im Bild 12) zwischen Getriebe und Karosserie durchführen und durch einen Blick unter den Kotflügel kontrollieren, ob es richtig verbaut ist.

■ Anzugsdrehmomente siehe Legende zu Bild 12.

Metall-Glühkerzen 1,2 TDI prüfen, aus- und einbauen

Es werden ein Gelenkschlüssel SW 10 (3220), ein Drehmomentschlüssel (V.A.G 1331), ein Spannungsprüfer (V.A.G. 1527 B) und ein Messhilfsset (V.A.G 1594 C) benötigt.

Prüfungsvoraussetzungen

Streifensicherung für Glühkerzen im Sicherungshalter/Batterie i. O.

Batteriespannung mindestens 11,5 V, Zündung ausgeschaltet

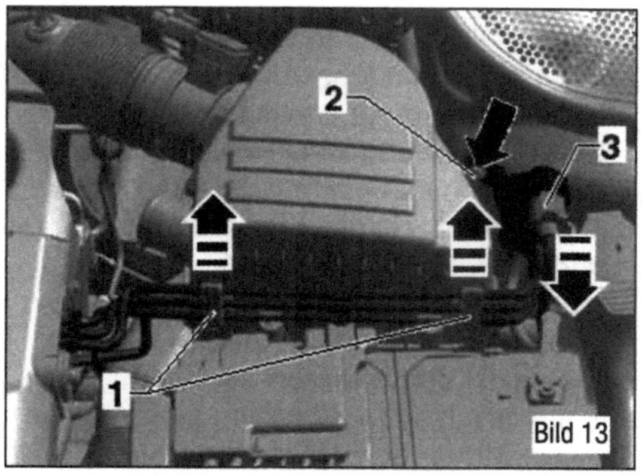

Bild 13
Unterdruckleitungen vom Luftfilter komplett mit Halter (1) nach oben abnehmen.
(2) Schraube an Halter des Magnetventils für Ladedruckbegrenzung N75.
(3) Stecker des Magnetventils für Ladedruckbegrenzung N75.

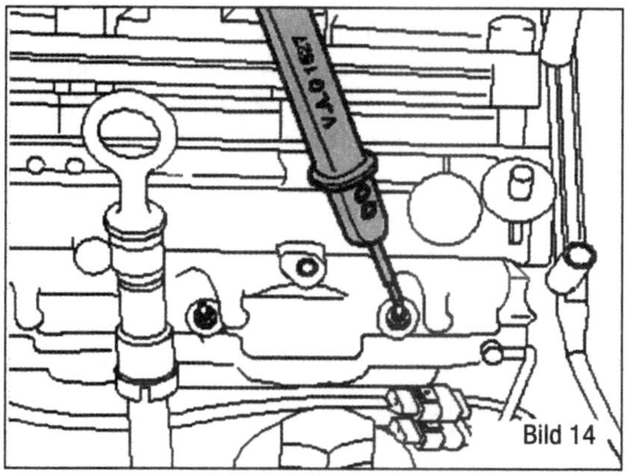

Bild 14
Metall-Glühkerzen mit Spannungsprüfer prüfen.

Prüfablauf

■ Motorabdeckung ausbauen, Glühkerzenstecker von den Glühkerzen abziehen.

■ Die Leitung des Spannungsprüfer mit den Hilfsklemmen aus dem Messhilfsmittel-Set an Batterie Plus (+) anschließen und die Prüfspitze des Spannungsprüfers nacheinander an jeder Glühkerze anlegen (Bild 14). Diode leuchtet: Glühkerze i. O. Diode leuchtet nicht: Glühkerze ersetzen.

Ausbau

■ Glühkerzen mit dem Gelenkschlüssel ausbauen.

Einbau

Der Zusammenbau erfolgt sinngemäß in entgegen gesetzter Reihenfolge zum Ausbau.

■ Glühkerzen von Hand mit dem Gelenkschlüssel in den Zylinderkopf eindrehen und anschließend mit Drehmomentschlüssel mit 15 Nm festziehen.

Sind **Keramik-Glühstiftkerzen** verbaut, ist besondere Vorsicht geboten. Keramik-Glühstiftkerzen sind gegen Stoß und Biegung empfindlich. Aus diesem Grund dürfen selbst aus geringer Höhe (ca. 2 cm) herab

gefallene Glühstiftkerzen keinesfalls verwendet werden, auch wenn augenscheinlich keine Beschädigung erkennbar ist. Der Montageanweisung ist unbedingt Folge zu leisten, ansonsten besteht die Gefahr des Stiftbruchs und daraus folgender Motorschäden.

Ansonsten folgt der **Aus- und Einbau der Keramik-Glühstiftkerzen** bei kaltem Motor und ausgeschalteter Zündung den gleichen Arbeitschritten wie bei Metall-Glühkerzen. Kerzen nicht verkanten. Vor dem Einbau die Zylinderkopfbohrung und das Gewinde vollständig von Ablagerungen säubern. Das Gewinde der Bohrung im Zylinderkopf bzw. der Keramik-Glühstiftkerzen nicht einölen oder fetten.
Nach dem Einbau und vor dem ersten Motorstart am kalten Motor eine **Widerstandsprüfung** an allen Keramik-Glühstiftkerzen durchführen. Sollte die defekte Keramik-Glühstiftkerze gebrochen sein, alle Bruchstücke aus dem Motor entfernen, da es sonst zu Motorschäden kommen kann. Sollwert: max. 1 Ω. Wird der Sollwert überschritten, defekte Keramik-Glühstiftkerze ersetzen.

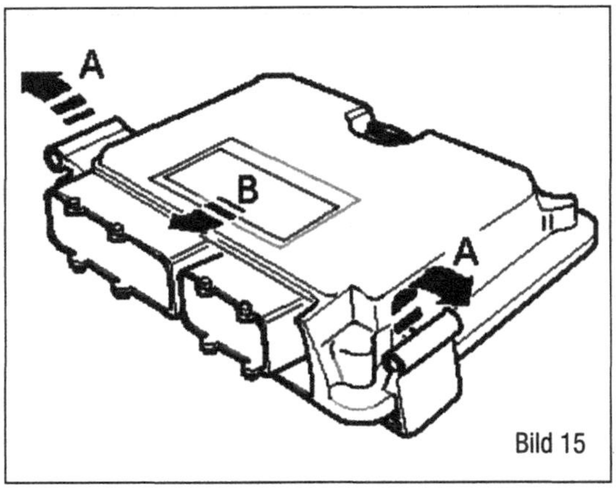

Bild 15
Motorsteuergerät ohne Diebstahlschutz ausbauen.

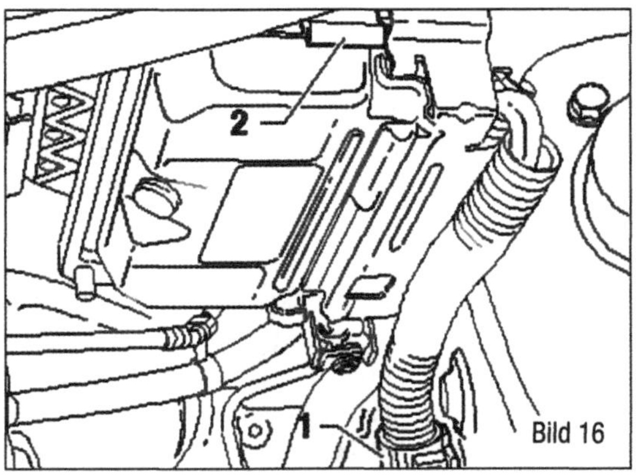

Bild 16
Diebstahl gesichertes Motorsteuergerät ausbauen.
(1) Leitungsführung.
(2) Verriegelung.

Aus- und Einbau der Glühstiftkerzen beim 1,6 TDI-Motor verlaufen in ähnlichen Bahnen: Zusätzlich sind die Steckverbindungen am Differenzdruckgeber G505 und am Kraftstoffdruckgeber G247 abzuziehen, die Verrastung der Kabelführung zu öffnen, um den Leitungsstrang frei zu legen, und die Kraftstoffrücklaufleitung am Rail-Element abzubauen.
Die Steckverbindung der Glühstiftkerze ist mit der Zange 3314 nach oben abzuziehen (Zange mit der Zungennut am Bund der Stützhülse ansetzen: siehe Kapitel 2, Bild 82 und 83).
Anzugsdrehmoment für die Glühstiftkerzen = 18 Nm.
Die Vorglühanlage wird von der Eigendiagnose des Motorsteuergeräts überwacht. Notwendige Prüfungen erfolgen mit der »Geführten Fehlersuche« (Fahrzeugdiagnosetester).

Motorsteuergerät aus- und einbauen

Wenn das Motorsteuergerät ersetzt werden soll, einen Fahrzeugdiagnosetester anschließen und in den geführten Funktionen »Steuergerät ersetzen« durchführen.

Motorsteuergerät ohne Diebstahlschutz
Ausbau
- Zündung ausschalten und die Stecker vom Motorsteuergerät entriegeln und abziehen.
- Die Clips (Pfeile A) nach außen drücken, das Motorsteuergerät seitlich herausziehen (Pfeil B Bild 15).

Einbau
- Motorsteuergerät einsetzen und nach links drücken. Die Stecker anschließen und verriegeln.

Diebstahl gesichertes Motorsteuergerät
Ausbau
- Zündung ausschalten, Leitungsführung (1) öffnen, die Verriegelung (2) anheben und das Motorsteuergerät aus der Halterung herausnehmen (Bild 16).
- Die Abreißschraube (1) mit einer Zange herausdrehen, das Motorsteuergerät (2) umdrehen und die zweite Abreißschraube

ebenfalls mit einer Zange herausdrehen (Bild 17).
Den Halter (1) und das Schutzgehäuse (2) in Pfeilrichtung vom Motorsteuergerät (3) abziehen. Die Stecker vom Motorsteuergerät entriegeln und abziehen (Bild 18).

Einbau

- Die Stecker anschließen und verriegeln, das Schutzgehäuse über das Motorsteuergerät schieben, den Halter des Schutzgehäuses mit neuen Abreißschrauben einbauen, die Abreißschrauben gleichmäßig bis zum Abreißen der Schraubenköpfe festziehen.
- Das Motorsteuergerät in die Halterung an der Stirnwand einsetzen, bis die Verriegelung (2) hörbar einrastet. Die Leitung in die Leitungsführung (1) drücken und verschließen (siehe Bild 16).

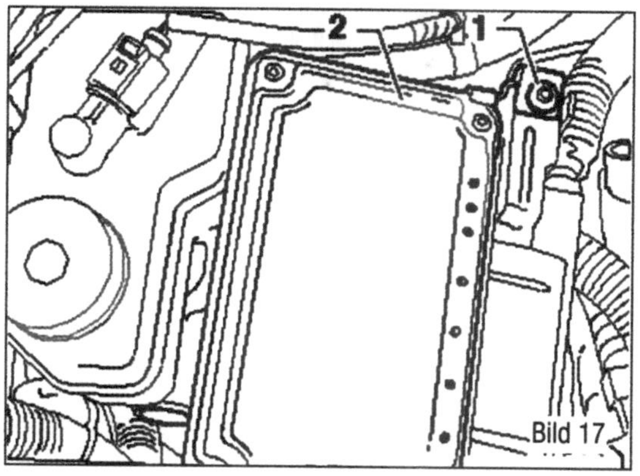

Bild 17
Diebstahl gesichertes Motorsteuergerät ausbauen.
(1) Abreißschraube des Halters für das Schutzgehäuse.
(2) Motorsteuergerät.

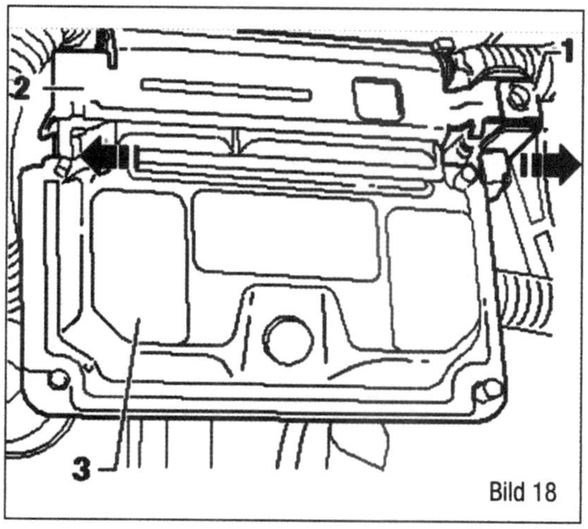

Bild 18
Diebstahl gesichertes Motorsteuergerät ausbauen.
(1) Halter des Schutzgehäuses.
(2) Schutzgehäuse.
(3) Motorsteuergerät.

7 Abgasanlage

Die Abgas- oder Auspuffanlage am Fahrzeugunterboden reinigt mit Katalysatoren die Verbrennungsabgase und leitet sie mit geringem Gegendruck zum Endrohr am Fahrzeugheck. Außerdem soll sie die Verbrennungsgeräusche auf ein Minimum reduzieren und die Motorleistung optimieren.
Der Auspuff moderner Pkw ist für mindestens 60.000 Kilometer gut, wobei die Lebensdauer natürlich auch von den Einsatzbedingungen des Fahrzeugs abhängt. Ist man überwiegend auf kurzen Strecken unterwegs, fallen mehr Kondensat, Ruß und aggressive Säuren im Innern der Anlage an als beim Langstreckenbetrieb mit voll durchgewärmtem Motor.
Das Abgasrohr vorn mit angebautem Dieselpartikelfilter ist seltener als die anderen Teile vom Rost bedroht, weil dort die Verbrennungsgase noch mit Temperaturen zwischen 800 und 1.000 °C einströmen. Danach verlieren die Abgase an Temperatur und sind am Endrohr nur noch 150 bis 300 °C heiß. Dort tritt das meiste Kondenswasser aus. Es mischt sich mit Verbrennungsrückständen zu aggressiven Säuren und lässt das Auspuffblech von innen nach außen durchrosten.

Hinweise und Regeln bei Arbeiten an der Auspuffanlage:

- Nach Montagearbeiten an der Abgasanlage darauf achten, dass die Abgasanlage nicht verspannt wird und ausreichend Abstand zum Aufbau hat. Gegebenenfalls Doppel- und Klemmschelle lösen und Schalldämpfer und Abgasrohre so ausrichten, dass überall ausreichend Abstand zum Aufbau vorhanden ist und die Aufhängungen gleichmäßig belastet werden.
- Wird der Partikelfilter oder der Differenzdruckgeber G505 gewechselt, muss der Differenzdruckgeber G505 zwingend über den Fahrzeugdiagnosetester angepasst werden: Geführte Funktionen: »Differenzdruckgeber G505 anpassen«.
- Dichtungen und selbstsichernde Muttern immer ersetzen.
- Alle Schlauchverbindungen mit entsprechenden Schlauchschellen sichern.
- Alle Kabelbinder, die beim Ausbau gelöst werden, sind beim Einbau an der gleichen Stelle wieder anzubringen.
- Für Arbeiten an Abgasanlage und Ladeluftsystem gelten die Vorschriften, die für Arbeiten am Motor oder am Kraftstoffsystem üblich sind. Darüber hinaus sind folgende Regeln zu beachten:
- Der Erfolg von Reparaturen an einer durchgerosteten Auspuffanlage ist meist nur von kurzer Dauer. Auspuffkitt und Bandagen halten zwar einigermaßen, aber das Blech bricht dann bald neben der Reparaturstelle aus.
- Werkstätten wechseln Auspuffanlagen in der Regel komplett aus. Zustand der Anlage genau prüfen und dann entscheiden, ob einzelne Teile oder das ganze System ausgetauscht werden sollen. Die Abgasanlage kann, wenn sie bei der Demontage gestützt wird, komplett mit Schalldämpfern ausgebaut werden.
- Bei einer Demontage darf die Abgasanlage keinesfalls herunterfallen. Dabei könnten wichtige Teile beschädigt werden.
- Der mit dem Abgaskrümmer verbundene Abgasturbolader kann bei einem Defekt nur komplett ersetzt werden. Der Turbolader ist ein Präzisionsteil. Zum Austausch empfiehlt sich eine Werkstatt.
- Verschraubungen der Auspuffanlage lassen sich beim nächsten Mal leichter lösen, wenn die Gewinde beim Einbau mit hochhitzefestem Kupferfett bestrichen werden. Das gilt auch für die Rohrverbindungen.
- Der ausgebaute Dieselpartikelfilter ist ein hochwertiges Altteil und wird im Tausch aufbereitet.
- Nach getaner Arbeit immer Motorprobelauf durchführen und Auspuffanlage auf Dichtheit prüfen.

Zustand der Auspuffanlage kontrollieren

- Fahrzeug auf einer Hebebühne anheben oder absolut rüttelsicher aufbocken. Es darf nicht kippeln, wenn heftig an den Rohren der Auspuffanlage gedreht oder gezerrt wird.
- Komponenten auf Brüchigkeit, Einrisse oder sonstige Schäden überprüfen, bei Bedarf ersetzen. Zur Kontrolle den Auspuff an den Schraubbefestigungen rütteln.

■ Verschraubungen am Auspuffkrümmerflansch auf festen Sitz prüfen. Wenn sich beim Demontieren eine Verschraubung nicht lösen lässt, mit Rost lösendem Mittel behandeln oder durch Überdrehen abreißen.
■ Dichtheit der Auspuffanlage prüfen: siehe folgende Anleitung.
■ Ein sehr dumpfer Auspuffton und Knallen im Schiebebetrieb weisen auf einen durchgerosteten Auspuff hin.
■ Schalldämpfer mit einem Hammer rundum gründlich abklopfen, auch an den Stirnseiten. Nicht zu zaghaft hämmern. Klingt es bei jedem Schlag hell, ist das Blech noch gesund. Wird das Klopfgeräusch an manchen Stellen dumpfer, ist die Außenhaut bereits geschwächt und wird bald durchbrechen.
■ Wenn Teile der Anlage schon einmal ersetzt wurden, trennt man die Steckverbindung der Rohrenden am besten in erwärmtem Zustand. Schweißbrenner oder Propangasbrenner verwenden und Feuerlöscher bereithalten.

Abgasanlage auf Dichtheit prüfen

■ Motor anlassen und im Leerlauf laufen lassen.
■ Auspuffendrohr für Dauer der Dichtheitsprüfung verschließen (z. B. mit Lappen, Stöpsel). Der Motor muss nach kurzer zeit ausgehen. Läuft der Motor weiter:
■ Verbindungsstellen Zylinderkopf/Abgaskrümmer, Abgasturbolader/Abgasvorrohr usw. durch Abhören auf Dichtheit prüfen. Gibt es zischelnde Geräusche an Verbindungsstellen und läuft der Motor ungestört weiter, ist die Anlage an der Geräuschstelle undicht.
■ Festgestellte Undichtigkeiten beseitigen.

Partikelfilter mit Abgasvorrohr 1,2 TDI/1,6 TDI aus- und einbauen

Es werden ein Motor- und Getriebeheber (V.A.G 1383A), Spanngurte (T00038), ein Drehmomentschlüssel (V.A.G 1331), ein Ringschlüsselsatz für Lambdasonde (3337) sowie ein Werkzeugsatz (T10395) sowie Heißschraubenpaste G 052 112 A3 benötigt.
Wir eröffnen diese Reparaturanleitung mit einer Montageübersicht «Partikelfilter« (Bild 1).

Ausbau

■ Räder in Geradeausstellung bringen.
■ Das Kreuzgelenk der Lenksäule lösen, dazu die Abdeckung (2) ausbauen (die Kunststoffmuttern (1) herausdrehen (Bild 2), und dann Schraube (1) vom Kreuzgelenk herausdrehen und Kreuzgelenk in Pfeilrichtung abziehen (Bild 3).

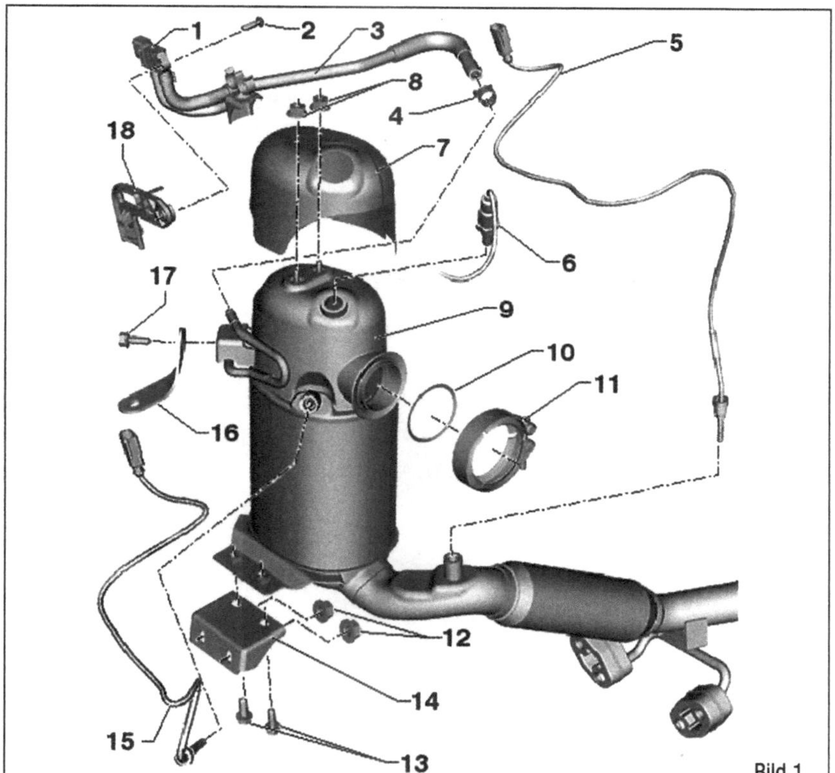

Bild 1
Montageübersicht »Dieselpartikelfilter« 1,2 TDI (1,6 TDI nahezu deckungsgleich).
(1) Differenzdruckgeber G505. Ermittelt den Beladungszustand vom Partikelfilter und ist über eine Rohrleitung mit der Messstelle vor dem Partikelfilter verbunden.
(2) Schraube Halter für Differenzdruckgeber (3 Nm).
(3) Steuerleitung.
(4) Schellen.
(5) Abgastemperaturgeber 4 G648 (45 Nm). Gewinde des Gebers mit Heißschraubenpaste fetten.
(6) Lambdasonde G39 (50 Nm). Nur das Gewinde mit Heißschraubenpaste fetten. Die Paste darf nicht an die Schlitze des Sondenkörpers kommen. Zum Ausbau Ringschlüssel für Lambdasonde verwenden.
(7) Wärmeschutzblech.
(8) Muttern Wärmeschutzblech (9 Nm).
(9) Partikelfilter.
(10) Dichtung (ersetzen und Einbaulage beachten).
(11) Schelle (7 Nm).
(12) Muttern Halter Partikelfilter (25 Nm).
(13) Schrauben Halter Partikelfilter (25 Nm).
(14) Halter Partikelfilter. Der Halter ist am Motorhalter festgeschraubt.
(15) Abgastemperaturgeber 3 G495 (45 Nm). Gewinde des Gebers mit Heißschraubenpaste fetten. Zum Ausbau T10 10395/6-Werkzeugsatz verwenden.
(16) Halter.
(17) Schraube (25 Nm).
(18) Halter für Differenzdruckgeber.

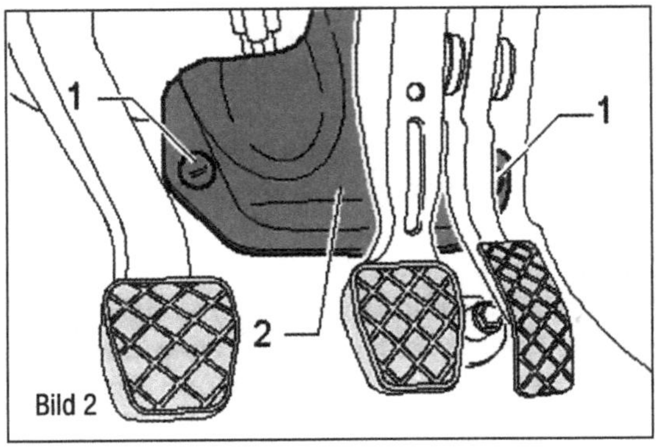

Bild 2
Abdeckung (2) im Fußbereich Fahrerseite ausbauen.
(1) Kunststoffmuttern.

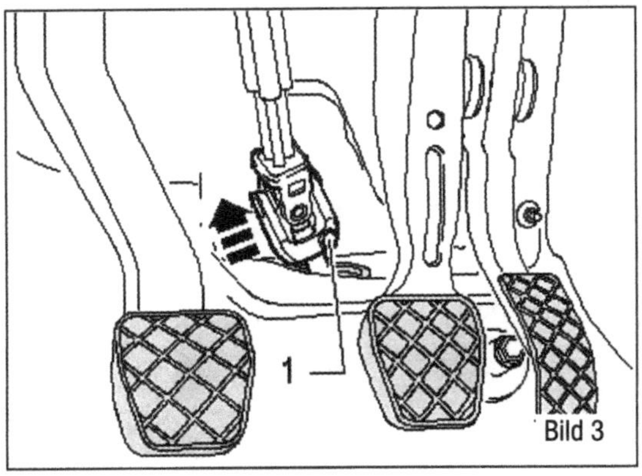

Bild 3
Schraube (1) vom Kreuzgelenk herausdrehen.

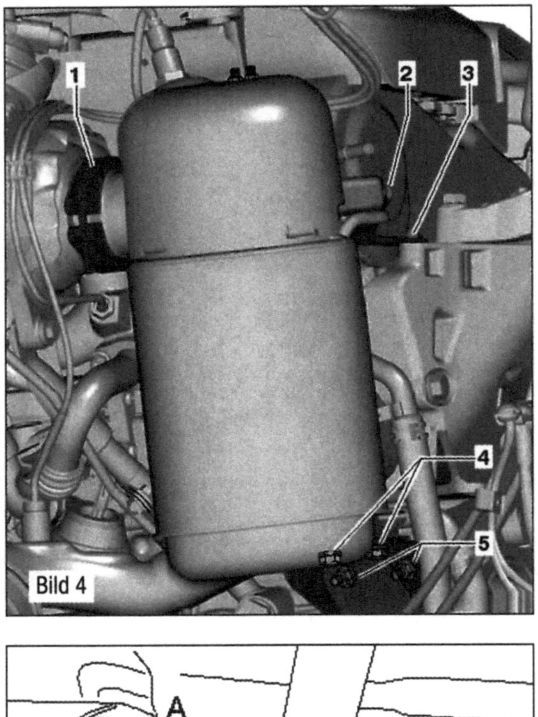

Bild 4
Partikelfilter vom Abgasturbolader trennen.
(1) Befestigungsschelle.
(2) und (3) Schrauben.

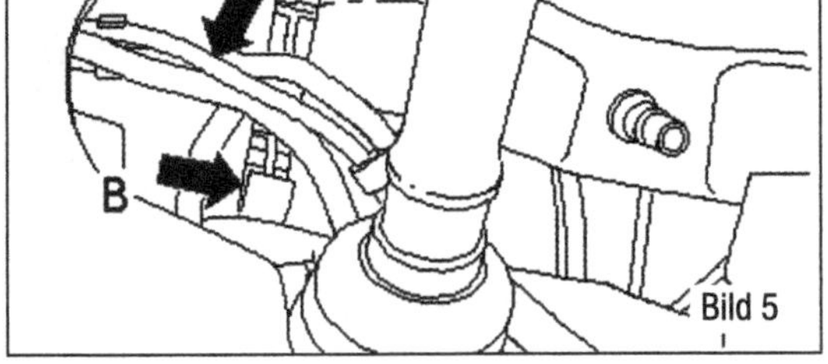

Bild 5
Halter (B) der Hydraulikleitungen (A) öffnen.

- Motorabdeckung ausbauen.
- Folgende Steckerverbindungen trennen (siehe Bild 10 im Kapitel 2):
(1) Steckerverbindung Abgastemperaturgeber 1 G235.
(2) Steckerverbindung Abgastemperaturgeber 3 G495.
(3) Steckerverbindung Abgastemperaturgeber 4 G648.
(4) Steckerverbindung Lambdasonde G39.
- Die Steckverbindung (2) zum Differenzdruckgeber G505 trennen und den Differenzdruckgeber (3) losschrauben (siehe Bild 1 und Bild 11 im Kapitel 2).
- Die Leitungen aus den Halterungen am Motor und dem Wärmeschutzblech vom Partikelfilter herausnehmen, ggf. verbaute Kabelbinder entfernen.
- Die Lambdasonde G39 (Pos. 6 im Bild 1) mit dem Ringschlüssel für Lambdasonde und den Abgastemperaturgeber 3 G495 (Pos. 15 im Bild 1) mit dem Schlüssel T10395/6 herausdrehen.
- Die Befestigungsschelle (1) zwischen Partikelfilter und Abgasturbolader ausbauen. Schrauben (2) + (3) am oberen Halter des Partikelfilters herausdrehen (Bild 4, siehe auch Bild 1).
- Geräuschdämpfung ausbauen.
- Halter (B) der Hydraulikleitungen (A) öffnen (Bild 5).
- Befestigungsschrauben (Pfeile) herausdrehen und Pendelstütze ausbauen. Position (1) darf nicht gelöst werden (siehe Bild 40 im Kapitel 2).
- Motor- und Getriebeheber unter den Aggregateträger stellen und Aggregateträger fixieren (siehe Anleitung im Kapitel 10 nach Bild 1).
- Den Stabilisator oben an der Koppelstange lösen (siehe Kapitel 10, Bild 1).
- Den Aggregateträger mit dem Motor- und Getriebeheber vorsichtig ablassen, die Lenkung verbleibt am Aggregateträger. Der Hydraulikkreis der Lenkung muss hierfür nicht geöffnet werden. Auf der rechten Seite max. 10 cm, auf der linken Seite, wegen möglicher Überdehnung der hydraulischen Leitungen, max. 7 cm ablassen. Den Aggregateträger mit Lenkgetriebe am Unterbau des Fahrzeugs mit dem Spanngurt sichern, um die hydraulischen Leitungen zu entlasten.
- Die Befestigungsschrauben (1) herausdrehen, die Abdeckung (Wärmeschutzblech) für die rechte Gelenkwelle vom Zylinderblock abschrauben (siehe Bild 24 in Kapitel 2).

■ Abgastemperaturgeber 4 G648 aus dem Abgasrohr hinter dem Partikelfilter herausschrauben (siehe Pos. 5 im Bild 1).
■ Halter für Partikelfilter abnehmen, dazu Schrauben (4), anschließend die Muttern (5) herausdrehen (siehe Bild 4 sowie Pos. 12 – 14 im Bild 1).
■ Soll der Partikelfilter wieder eingebaut werden, ist immer am Entkopplungselement im Abgasvorrohr eine Transportmanschette (Pfeil Bild 6) zu befestigen. Das Entkopplungselement im Abgasvorrohr darf nämlich nicht mehr als 10° geknickt werden: Beschädigungsgefahr.
■ Die Befestigungsmuttern (Pfeile Bild 7) der Klemmhülse zwischen Abgasvorrohr und Abgasrohr mit Schalldämpfer lösen, anschließend nach hinten vom Abgasvorrohr herunterschieben. Das Abgasvorrohr an den Halteringen aushängen und Abgasvorrohr mit Partikelfilter oberhalb des abgesenkten Aggregateträgers vorsichtig zusammen mit dem Differenzdruckgeber G505 herausnehmen.
■ Partikelfilter durch Drehen um 180° und um die eigene Achse abnehmen (Bild 8).

Einbau

Der Einbau erfolgt in umgekehrter Ausbaureihenfolge, dabei ist Folgendes zu beachten:
■ Reihenfolge beim Einbau des Partikelfilters beachten (siehe Bild 1 und 4):
1. Partikelfilter am Abgasturbolader ansetzen, Schelle (1) lose befestigen.
2. Schrauben und Muttern (2 … 5) von Hand lose eindrehen. Partikelfilter und Halter Partikelfilter müssen sich noch verschieben lassen.
3. Schelle (1) mit 7 Nm festziehen.
4. Schrauben (2), (3) und Muttern (5 mit 25 Nm) festziehen.
5. Schrauben (4) mit 25 Nm festziehen
■ Anzugsdrehmomente Sechskantschrauben für Wärmeschutzblech: 25 Nm.
■ Einbaulage der Klemmhülse: Doppelschelle am Abstand (a) = 5 mm von der Markierung am Abgasvorrohr positionieren (Bild 9). Anzugsdrehmomente: M 8 = 25 Nm, M10 = 40 Nm.
■ Vor dem Einbau des Aggregateträgers mit Lenkgetriebe darauf achten, dass die Dichtung auf dem Lenkgetriebe ohne Knick an der Montageplatte anliegt.

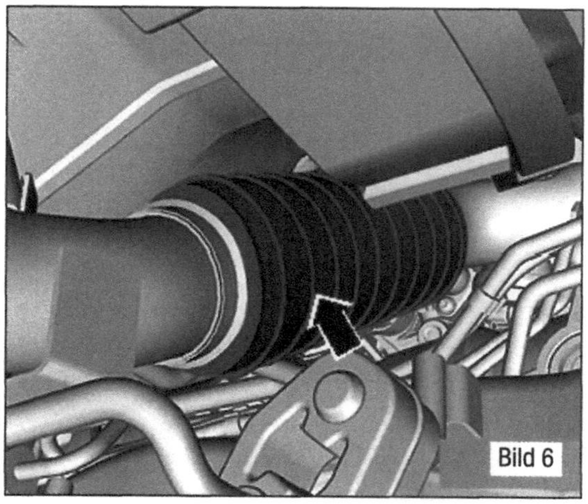

Bild 6
Transportmanschette am Entkopplungselement im Abgasrohr.

Bild 7
Klemmhülse zwischen Abgasvorrohr und Abgasrohr mit Schalldämpfer.
Pfeile = Befestigungsmuttern der Klemmhülse.

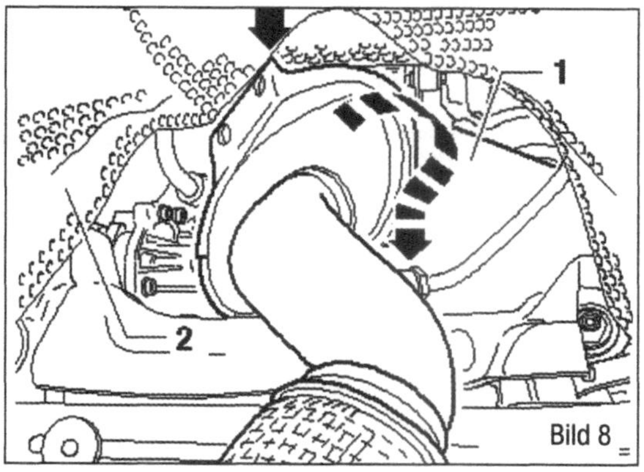

Bild 8
Partikelfilter durch Drehen um 180° und um die eigene Achse abnehmen.

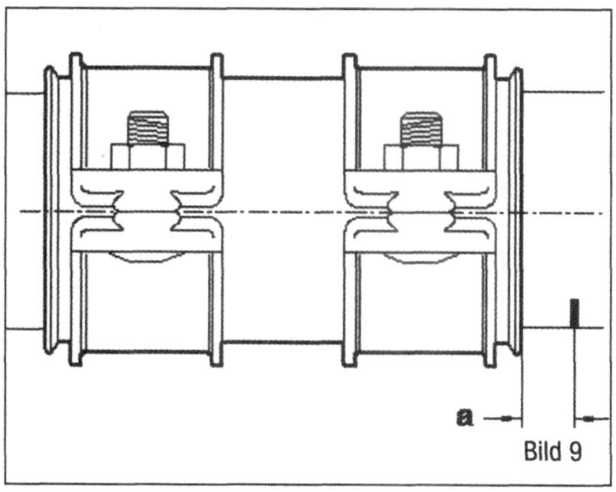

Bild 9
Einbaulage der Klemmhülse zwischen Abgasvorrohr und Abgasrohr mit Schalldämpfer.
(a) = 5 mm.

Sichtprüfung

Messen

Bild 10
Montageübersicht »Schalldämpfer« 1,2 TDI/1,6 TDI.
(1) Abgasrohr mit Schalldämpfer.
(2) Halteringe (bei Beschädigung ersetzen, 23 Nm).
(3) Befestigungsschrauben Tunnelbrücke (1,2 TDI: 25 Nm; 1,6 TDI: 20 Nm).
(4) Tunnelbrücke.

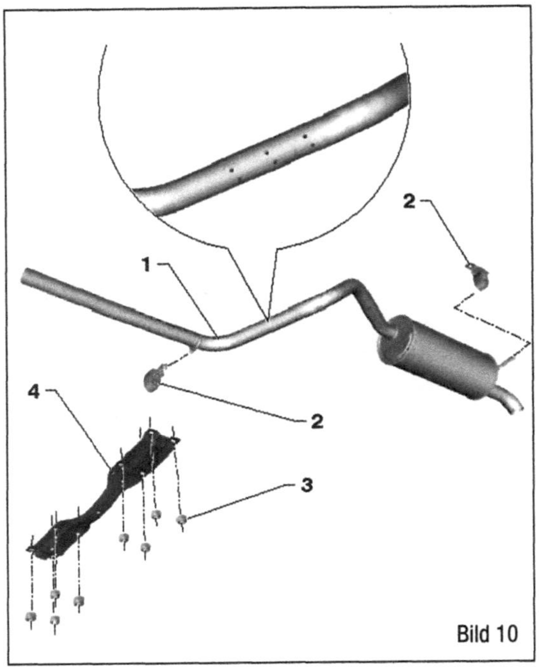

Bild 10

Bild 11
Richtiger Einbau der Schrauben der Klemmhülse vorn.

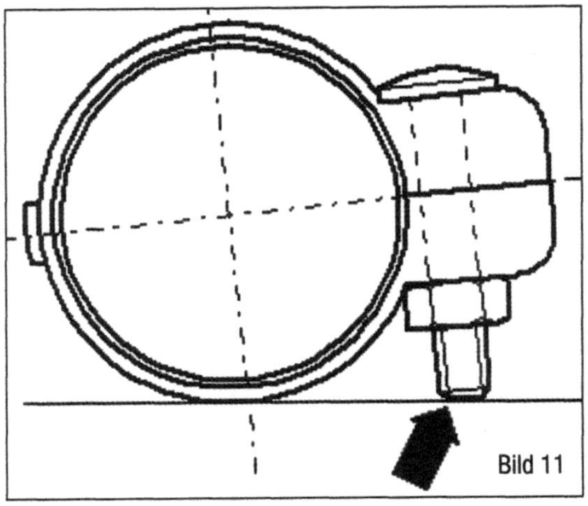
Bild 11

Zum Einbau des Aggregateträgers einschließlich Anzugsdrehmomente siehe Kapitel 10 »Aggregateträger fixieren« (nach Bild 1).

- Die Abgasanlage spannungsfrei einrichten.

Schalldämpfer 1,2 TDI/ 1,6 TDI aus- und einbauen

Serienmäßig werden Schalldämpfer und Abgasrohr als ein Teil eingebaut, auf dem Abgasrohr ist mit Vertiefungen eine Trennstelle gekennzeichnet (Bild 10). Für den Reparaturfall werden Schalldämpfer und Abgasrohr einzeln mit einer Klemmschelle geliefert.

Zur Trennung der Abgasanlage werden eine Karosseriesäge (z. B. V.A.G 1523A) oder ein Kettenrohrschneider (VAS 6254) benötigt.

Ausbau

- Tunnelbrücke (4) abbauen.
- Abgasrohr an der Trennstelle mit einer Karosseriesäge oder einem Kettenrohrabschneider rechtwinklig trennen (Schutzbrille tragen).
- Schalldämpfer mit Endrohr an den Halteringen aushängen und abnehmen.

Einbau

- Neuen Schalldämpfer mit Verbindungsrohr an der Trennstelle ansetzen, die Reparaturschelle beim Einbau an den seitlichen Markierungen positionieren und Schalldämpfer mit Endrohr in die Halteringe (2) einhängen.
- Vor dem Anziehen der Verschraubungen der Klemmhülse die Abgasanlage im kalten Zustand spannungsfrei einrichten.
- Danach Verschraubungen der Klemmhülse (Reparaturdoppelschelle) mit 25 Nm (M8) bzw. 40 Nm (M10) anziehen. Doppelschelle so einbauen, dass die Schraubenenden nicht über die Unterkante der Doppelschelle hinausragen. Die Verschraubung zeigt nach rechts (siehe Bild 11).
- Tunnelbrücke (4) einbauen, Schrauben mit 25 Nm (1,2 TDI) bzw. 20 Nm (1,6 TDI) festziehen (alles Bild 10).

Abgasanlage 1,2 TDI/1,6 TDI spannungsfrei einrichten

Die Abgasanlage muss kalt sein. Benötigt wird ein Drehmomentschlüssel (V.A.G 1331).

Arbeitsablauf

- Die Verschraubungen der vorderen Klemmhülse (zwischen Abgasvorrohr und Abgasrohr mit Schalldämpfer) lösen und die Klemmhülse am Abgasvorrohr unter Berücksichtigung von Maß (a) ausrichten (siehe Bild 9).
- Dann die Klemmhülse so ausrichten, dass die Schraubenenden nicht über die Unterkante der Klemmhülse hinausragen (Pfeil Bild 11).
- Die vordere Verschraubung der Klemmhülse handfest anziehen.

■ Anschließend die Abgasanlage unter Berücksichtigung von Maß (a) = 3 ... 7 mm an der Aufhängung (Haltering) ausrichten. Der (Pfeil) zeigt in Fahrtrichtung (Bild 12).
■ Die Befestigungsmuttern (Pfeile im Bild 7) der vorderen Klemmhülse im Anschluss gleichmäßig mit 25 Nm (M8) bzw. 40 Nm (M10) festziehen. Nach dem Anziehen der Klemmhülse die Einrichtmaße prüfen, ggf. korrigieren.

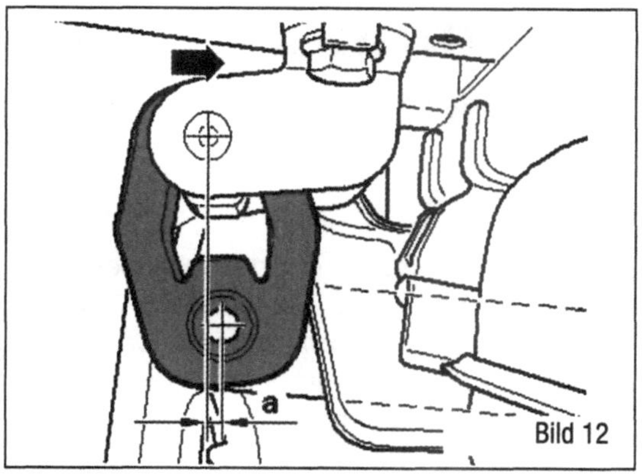

Bild 12
Abgasanlage am Haltering ausrichten.
(a) = 3 ... 7 mm.

Sichtprüfung

Messen

8 Kraftübertragung

Zum System der Kraftübertragung bei Fahrzeugen mit Schaltgetriebe gehören **Getriebe, Kupplung und Achsantrieb.** Damit alle Akteure perfekt zusammenarbeiten und die vom Motor produzierte Leistung an die Antriebsräder übertragen, sind sie durch Gelenke, Wellen und Zahnräder verbunden. Welche Kraft tatsächlich an den Rädern benötigt wird, hängt davon ab, was dem Fahrzeug während der Fahrt abverlangt wird. Der Motor bietet jedoch nur in einem begrenzten Drehzahlbereich eine verwertbare Leistung an. Damit der Wagen beim Beschleunigen und bei Bergfahrten trotzdem genügend Zugkraft entwickelt, ist das Getriebe nötig. Mit seinen Gängen gewährleistet es eine jeweils passende Übersetzung. Das Prinzip demonstrieren wir am Beispiel des 5-Gang-Schaltgetriebes 02R (Bild 1).

Der Polo ist je nach Motorisierung mit unterschiedlichen Getrieben ausgestattet. Die folgende Übersicht zeigt die Zuordnung des 5-Gang-Schaltgetriebes 02R mit den einzelnen Kennbuchstaben sowie des 7-Gang DSG 0AM zu den Dieselmotortypen.

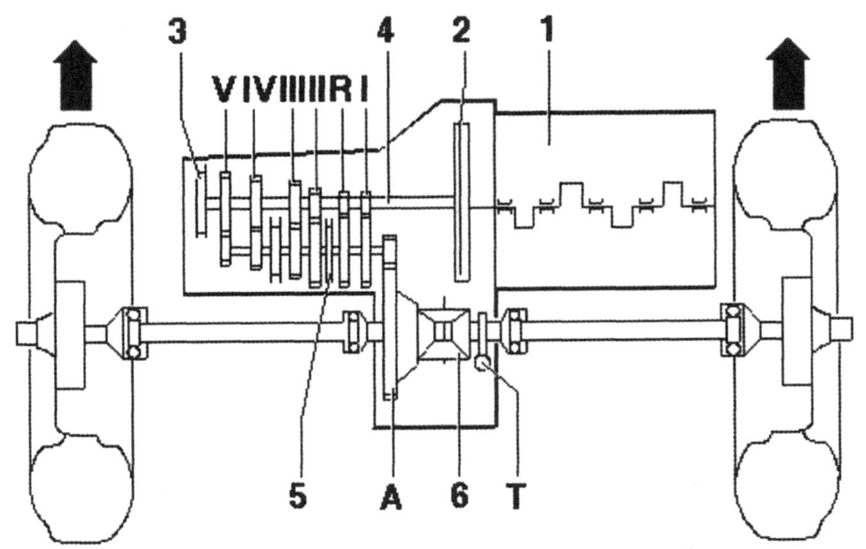

Bild 1

Bild 1
Übersicht der Kraftübertragung am Beispiel des 5-Gang-Schaltgetribes 02R.
(1) Motor.
(2) Kupplung.
(3) Schaltgetriebe.
(4) Antriebswelle.
(5) Abtriebswelle / Triebwelle.
(6) Ausgleichsgetriebe.
I 1. Gang.
II 2. Gang.
III 3. Gang.
IV 4. Gang.
V 5. Gang.
R Rückwärtsgang.
A Achsantrieb.
T Tachoantrieb.
Die Pfeile zeigen in Fahrtrichtung.

Zuordnung der Getriebe zu den Dieselmotortypen

5-Gang-Schaltgetriebe 02R

Kennbuchstaben	KFK	MDN	MAL	MAT
Bauzeit ab	03.09	06.09	01.10	01.10
Motorzuordnung	1,6 TDI	1,6 TDI	1,2 TDI	1,2 TDI
kW	55/66/77	66	55	55

Kennb.	MNY	MZK	MZL	MZM	MZN
Bauzeit ab	01.10	05.10	05.10	05.10	05.10
Motorzuord.	1,2 TDI	1,2 TDI	1,6 TDI	1,6 TDI	1,2 TDI
kW	55	55	55/66/77	66	55

7-Gang-Doppelkupplungsgetriebe 0AM

Kennbuchstaben	KJB und MGT
Motorzuordnung	1,6 TDI (66 kW)

Getriebename und Kennbuchstaben sind für Reparaturfälle von Bedeutung. Mit dem Bild 2 vermitteln wir deshalb die Bauform des 5-Gang-Schaltgetriebes 02R und die Kennzeichnungsstellen am Getriebegehäuse. Die Kennbuchstaben des Getriebes sind auch im Fahrzeugdatenträger aufgeführt.
Reparaturarbeiten an Schaltung und Kupplung sind mit Erfahrung und gutem Werkzeug noch relativ einfach auszuführen. Reparaturen am Getriebe, also Aus- und Einbau sowie Zerlegen des Getriebes – vor allem der Automatik – haben einen hohen Schwierigkeitsgrad und erfordern besondere Präzision, Spezialwerkzeuge sowie größtmögliche Sorgfalt und Sauberkeit. Reparaturen am Getriebe sind unseres Erachtens deshalb in der Regel Sache spezialisierter Fachwerkstätten.
Wir beginnen mit dem Segment »Schaltbetätigung«. Den beiden folgenden Reparaturanleitungen für das 5-Gang-Schaltgetriebe 02R »Schaltbetätigung aus- und einbauen« sowie »Betätigungsseilzüge aus- und einbauen« stellen wir drei korrespondierende Montageübersichten, nämlich »Einbaulage der Schaltbetätigung« (Bild 3), »Schalthebel und Schaltgehäuse« (Bild 4) sowie »Schaltknopf und Abdeckung« (Bild 5) voran.

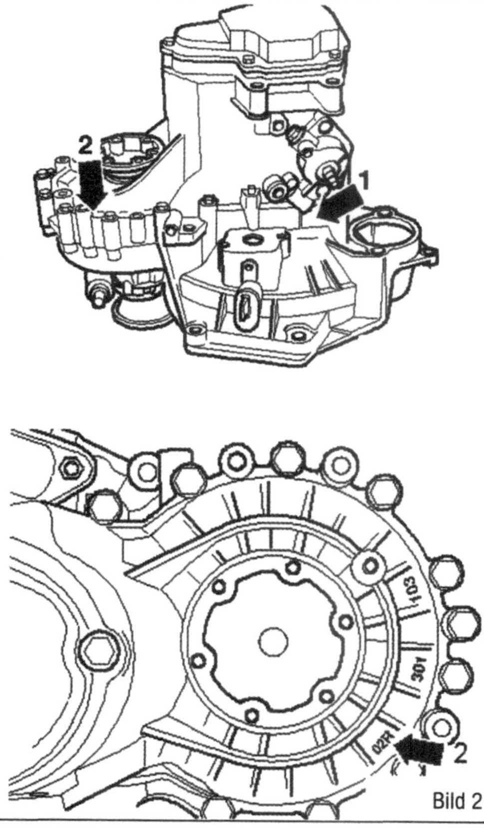

Bild 2

Bild 2
5-Gang-Schaltgetriebe 02R.
Pfeil 1 = Kennbuchstabe und Produktionsdatum.
Pfeil 2 = Getriebename (02R).

Bild 3

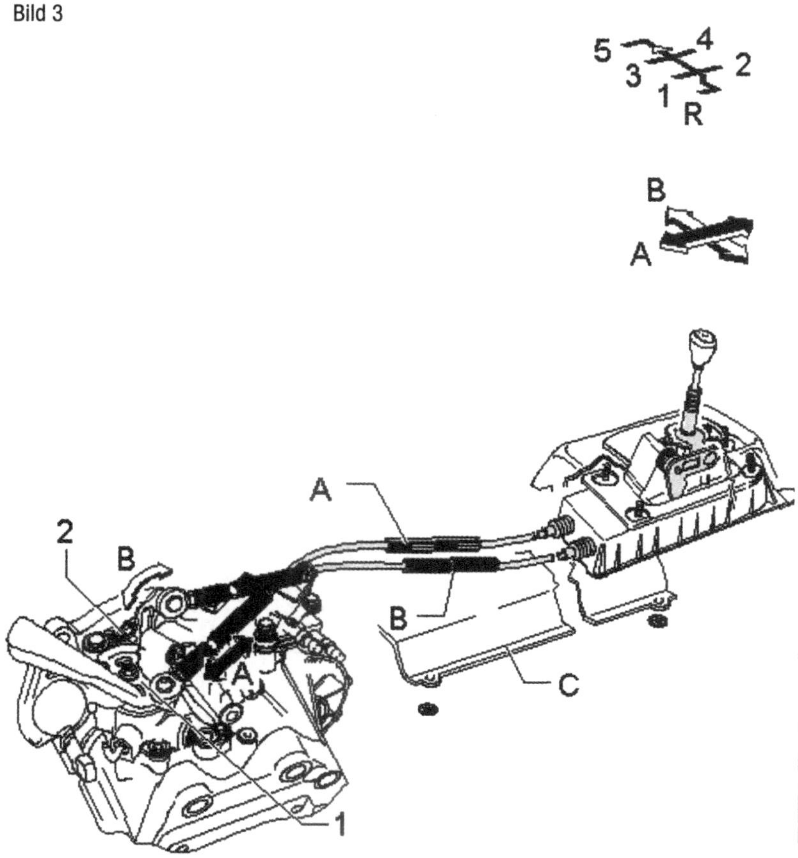

Bild 3
5-Gang-Schaltgetriebe 02R: Einbaulage der Schaltbetätigung.
Pfeil A = Schaltbewegung.
Pfeil B = Wählbewegung.
A Schaltseilzug für Schaltbewegung.
B Wählseilzug für Wählbewegung.
C Wärmeschutzblech, vor Ausbau der Schaltbetätigung abbauen.
(1) Getriebeschalthebel.
(2) Umlenkhebel.

Schaltbetätigung aus- und einbauen (5-Gang-Schaltgetriebe 02R)

Dazu werden ein Drehmomentschlüssel (V.A.G. 1331), ein Demontagekeil (3409) und eine Schlauchbinderzange (V.A.G. 1275) benötigt.

Ausbau

- Batteriemasseband bei ausgeschalteter Zündung abklemmen (siehe Kapitel 12).
- Für Arbeiten an der Schaltbetätigung im Motorraum komplettes Luftfiltergehäuse ausbauen, wenn es sich über der Schaltbetätigung befindet (siehe Kapitel 6).
- Sicherungsscheibe (3) für den Schaltseilzug vom Getriebeschalthebel (1) abbauen. Schaltseilzug vom Zapfen abziehen (Bild 6).
- Um bei einem **Umlenkhebel aus Kunststoff** Beschädigungen des Wählseilzuges zu

Sichtprüfung Messen

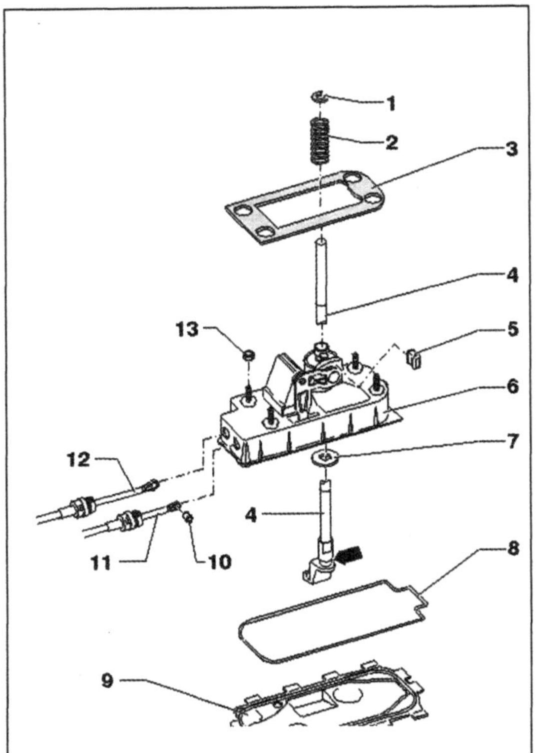

Bild 4

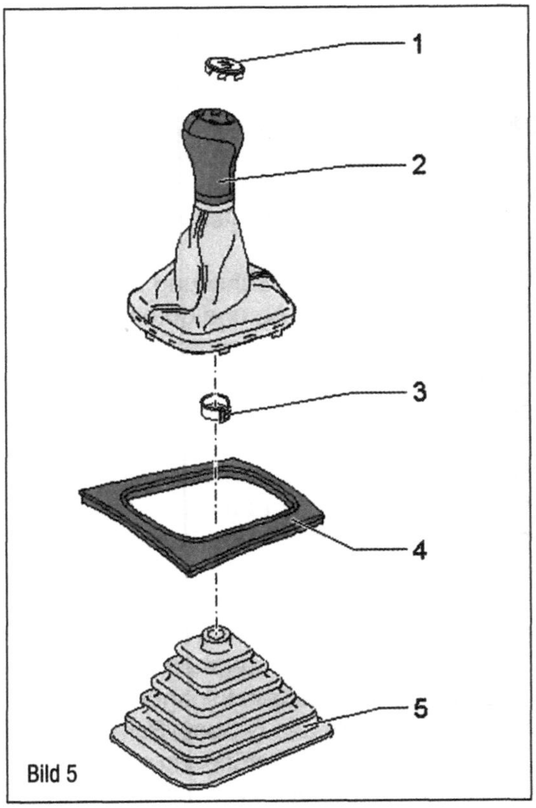

Bild 5

Bild 4
5-Gang-Schaltgetriebe 02R: Montageübersicht »Schalthebel und Schaltgehäuse«.

(1) Sicherungsscheibe. Zum Aus- und Einbau der Sicherungsscheibe muss die Druckfeder (Pos. 2) heruntergedrückt werden.
(2) Druckfeder.
(3) Dichtung zwischen Schaltgehäuse und Unterboden (selbstklebend, auf Schaltgehäuse kleben).
(4) Schalthebel.
(5) Dämpfung.
(6) Schaltgehäuse.
(7) Dämpferscheibe (muss sich in der umlaufenden Nut (Pfeil) des Schalthebels befinden).
(8) Dichtung (immer ersetzen).
(9) Bodenplatte der Schaltbetätigung. Zum Abbau Laschen aufbiegen, immer ersetzen).
(10) Buchse.
(11) Wählseilzug. Ausbau: mit dem Entriegelungswerkzeug T10236 abhebeln. Einbau: auf den Wählwinkel innerhalb der Schaltbetätigung aufdrücken.
(12) Schaltseilzug. Ausbau: mit dem Entriegelungswerkzeug T10236 abhebeln. Einbau: auf die Schalthebelführung innerhalb der Schaltbetätigung aufdrücken.
(13) Sechskantmuttern Schaltgehäuse an Aufbau (M8 = 25 Nm; M6 = 8 Nm).

Bild 5
5-Gang-Schaltgetriebe 02R: Montageübersicht »Schaltknopf und Abdeckung«.

(1) Plakette. Kann vorsichtig vom Schaltknopf aus Kunststoff oder aus Leder abgehebelt werden.
(2) Schaltknopf mit Manschette. Schaltknopf und Manschette können nicht voneinander getrennt werden, immer gemeinsam ersetzen.
(3) Klemmschelle zur Befestigung von Schaltknopf an Schalthebel. Mit Schlauchbinderzange (V.A.G 1275) auf dem Schaltknopf befestigen, immer ersetzen.
(4) Abdeckung für Mittelkonsole. Sie ist mit dem Oberteil der Mittelkonsole zu einem Teil vereinigt, bei einigen Ausstattungsvarianten einzeln.
(5) Geräuschdämpfung. Sie ist nicht bei allen Fahrzeugen vorhanden. Der Pfeil auf der Geräuschdämpfung zeigt in Fahrtrichtung. Da die Rastnasen in unterschiedlichen Abständen angeordnet sind, kann die Geräuschdämpfung nur in einer Stellung angeordnet werden

Bild 6
Sicherungsscheibe (3) für den Schaltseilzug vom Getriebeschalthebel (1) abbauen
(2) Umlenkhebel (bis 11.06. aus Metall, ab 12.06. aus Kunststoff).
(4) Sicherungsscheibe für den Wählseilzug (nur bei Umlenkhebel aus Metall von Bedeutung)

Bild 7
Seilzugarretierung vom Wählseilzug trennen.

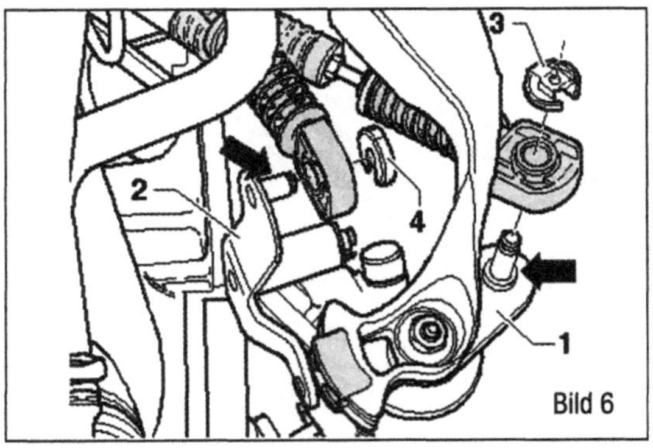

Bild 6

Bild 7

vermeiden, muss die Seilzugarretierung vom Wählseilzug vor Abbau getrennt werden. Dazu Sicherungsmechanismus bis Anschlag nach vorn in Pfeilrichtung 1 ziehen und danach nach links in Pfeilrichtung 2 verriegeln. Dann den Umlenkhebel nach vorn in Pfeilrichtung 3 drücken (Bild 7).

- Seilzugwiderlager vom Getriebe abbauen (Pfeile), ggf. Schlauchleitung (A) am Seilzugwiderlager ausclipsen (Bild 8).
- Manschette mit Demontagekeil aus dem Rahmen für Mittelkonsole wechselseitig aushebeln (Pfeile) und nach oben über den Schaltknopf stülpen (Bild 9).
- Klemmschelle (Pos. 3 in Bild 5) öffnen und Schaltknopf mit Manschette abziehen. Geräuschdämpfung, falls vorhanden, herausnehmen (siehe Bild 5).
- Oberteile und Befestigungswinkel der Mittelkonsole ausbauen (siehe Kapitel 13).
- Muttern für das Schaltgehäuse vom Aufbau abschrauben (Pfeile Bild 10).
- Geräuschdämpfung abbauen.
- Tunnelbrücken ausbauen und Abgasanlage trennen (siehe Kapitel 7).
- Abdeckung für Fahrzeugboden abbauen (siehe Kapitel 13).
- Schaltgehäuse herunter schwenken und mit Seilzügen entnehmen.

Einbau

Der Einbau erfolgt in umgekehrter Ausbaureihenfolge. Dabei ist Folgendes zu beachten.

Die Seilzugarretierungen sind zur Befestigung am Getriebeschalthebel bzw. am Umlenkhebel mit durchgehenden Bohrungen versehen. Die Seilzugarretierungen brauchen nach der Demontage nicht mehr ersetzt zu werden.

- Eine kleine Menge Fett auf die Zapfen (Pfeile) des Getriebeschalthebels (1) und des Umlenkhebels (2) streichen (Bild 11).
- Sicherungsscheiben (3) und (4) nach jeder Demontage ersetzen. Den Schaltseilzug mit der Sicherungsscheibe (3) und den Wählseilzug mit der Sicherungsscheibe (4) sichern (siehe Bild 11). Allerdings müssen bei einem **Umlenkhebel aus Kunststoff** der Umlenkhebel und die Seilzugarretierung gemeinsam montiert werden.
- Wählseilzug in die Seilzugarretierung einsetzen.
- Mittelkonsole zusammenbauen (siehe Kapitel 13).

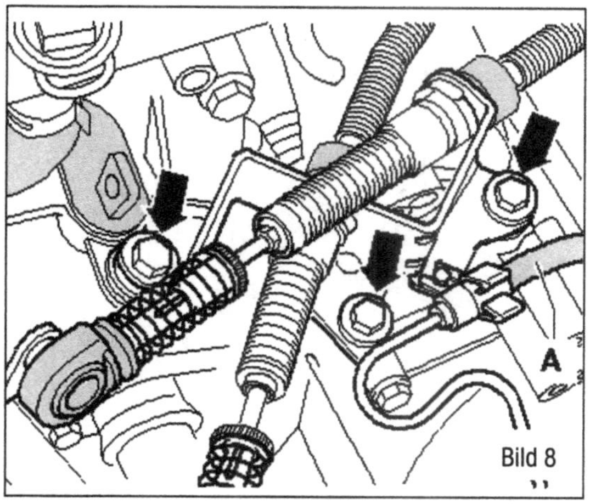

Bild 8

Bild 8
Seilzugwiderlager vom Getriebe abbauen.
Pfeile = Sechskant-Befestigungsschrauben für Seilzugwiderlager an Getriebe.
(A) Schlauchleitung.

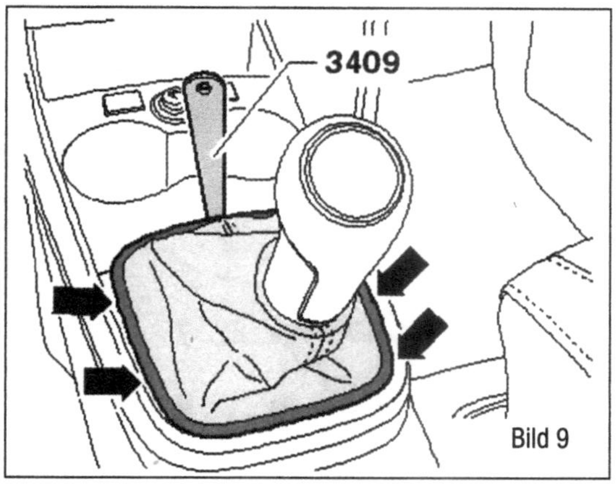

Bild 9

Bild 9
Manschette des Schaltknopfes nach oben stülpen.

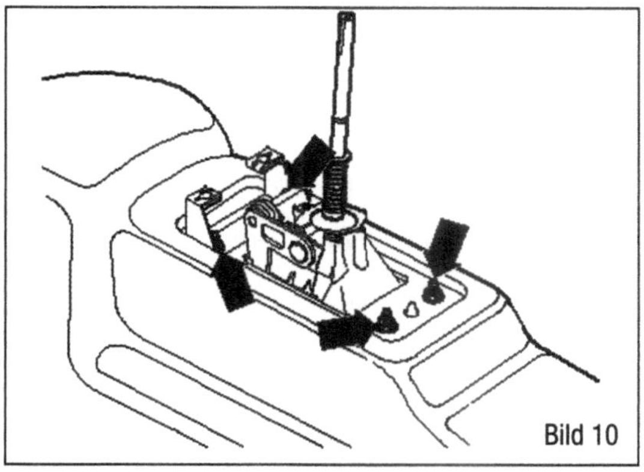

Bild 10

Bild 10
Schaltgehäuse vom Aufbau abschrauben.
Pfeile = Muttern.

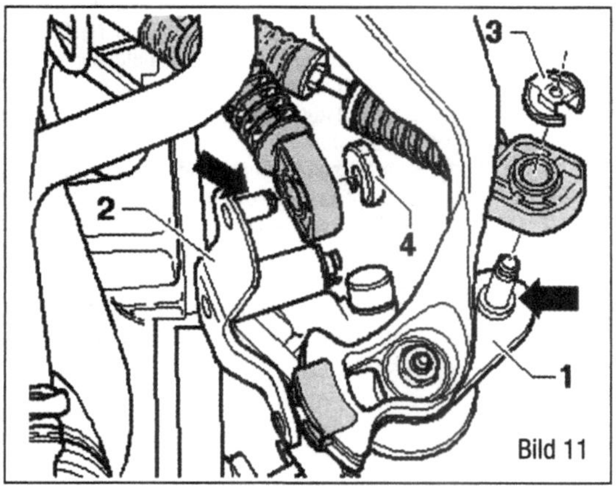

Bild 11

Bild 11
Zapfen (Pfeile) des Getriebeschalthebels (1) und des Umlenkhebels (2) leicht fetten.

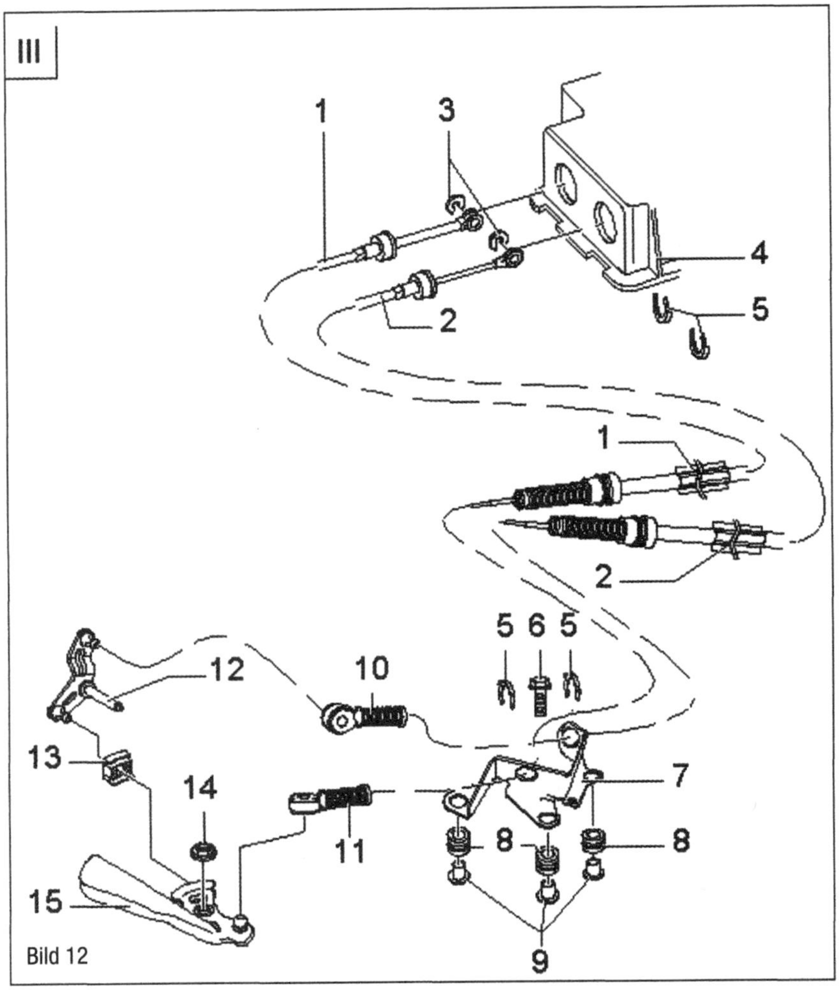

Bild 12

Bild 12
5-Gang-Schaltgetriebe 02R: Montageübersicht »Betätigungsseilzüge (Schaltseilzug und Wählseilzug) aus- und einbauen«.

(1) Schaltseilzug mit Seilzugarretierung (Pos. 11) verbunden. Einbaulage siehe Bild 3. Zum Ausbau Schaltseilzug am Schalthebel innerhalb der Schaltbetätigung mit dem Entriegelungswerkzeug T10236 abhebeln. Zum Einbau Schaltseilzug auf die Schalthebelführung innerhalb der Schaltbetätigung aufdrücken (siehe auch Bild 4).
(2) Wählseilzug mit Seilzugarretierung (Pos. 10) verbinden. Einbaulage siehe Bild 3. Zum Ausbau Wählseilzug am Wählwinkel innerhalb der Schaltbetätigung mit dem Entriegelungswerkzeug T10236 abhebeln. Zum Einbau Wählseilzug auf den Wählwinkel die Schalthebelführung innerhalb der Schaltbetätigung aufdrücken (siehe auch Bild 4).
(3) Sicherungsscheiben, immer ersetzen. Ab 06.06 sind Sicherungsscheiben nicht mehr vorhanden.
(4) Schaltgehäuse.
(5) Sicherungsscheiben, immer ersetzen.
(6) Drei Sechskant-Befestigungsschrauben für Seilzugwiderlager an Getriebe (25 Nm).
(7) Seilzugwiderlager, aus Kunststoff oder aus Metall.
(8) Tüllen für Lagerung Seilzugwiderlager an Getriebe.
(9) Distanzstücke.
(10) Seilzugarretierung für Wählseilzug an Umlenkhebel. Nach Einbau der Seilzugarretierung Schaltbetätigung einstellen, das sollte man jedoch einem Fachmann oder einer Werkstatt überlassen.
(11) Seilzugarretierung für Schaltseilzug an Getriebeschalthebel. Nach Einbau der Seilzugarretierung Schaltbetätigung einstellen, das sollte man jedoch einem Fachmann oder einer Werkstatt überlassen.
(12) Umlenkhebel (aus Kunststoff). Gemeinsam mit Seilzugarretierung aus- und einbauen. Einbaulage: Umlenkhebel greift über den Gleitschuh (Pos. 13) in die Gleitschiene des Getriebeschalthebels (Pos. 15) ein. Nach Einbau des Umlenkhebels Schaltbetätigung einstellen (Fachmann hinzuziehen oder von Werkstatt ausführen lassen).
(13) Gleitschuh.
(14) Selbstsichernde Sechskantmutter Getriebeschalthebel (ersetzen, 25 Nm).
(15) Getriebeschalthebel. Kann bei montierter Schaltbetätigung ersetzt werden. Einbau des Getriebeschalthebels siehe Bild 13. Nach Einbau Schaltbetätigung einstellen (Fachmann hinzuziehen oder von Werkstatt ausführen lassen).

■ Klemmschelle am Schaltknopf ersetzen und einbauen (siehe Bild 5).
■ Abdeckung für Fahrzeugboden anbauen, Tunnelbrücken und Abgasrohr vorn montieren.
■ Schaltbetätigung einstellen (Fachmann hinzuziehen oder von Werkstatt ausführen lassen).
■ Luftfiltergehäuse einbauen (siehe Kapitel 6).
■ Anzugsdrehmomente: Schaltgehäuse an Aufbau: Sechskantmutter M8 = 25 Nm; Sechskantmutter M6 = 8 Nm; Seilzugwiderlager an Getriebe = 25 Nm.

Betätigungsseilzüge aus- und einbauen (5-Gang-Schaltgetriebe 02R)

Voraussetzung für das Ersetzen der Betätigungsseilzüge ist der Ausbau der Schaltbetätigung. Ansonsten demonstrieren die folgende Montageübersicht »Betätigungsseilzüge aus- und einbauen« sowie die daran anschließende Anleitung »Umlenkhebel aus Kunststoff und Seilzugarretierung für Wählseilzug aus- und einbauen« die notwendigen Arbeitsschritte (Bild 12).

Getriebeschalthebel einbauen

■ Beim Aufsetzen des Getriebeschalthebels darauf achten, dass die Zahnlücke (Pfeil A) über die unterbrochene Zahnteilung der Schaltwelle (Pfeil B) gesteckt wird (Bild 13).

Umlenkhebel aus Kunststoff und Seilzugarretierung für Wählseilzug aus- und einbauen

Zum Ausbau des Umlenkhebels muss die Seilzugarretierung vom Wählseilzug getrennt werden.

■ Dazu Sicherungsmechanismus bis Anschlag nach vorn in Pfeilrichtung 1 ziehen und danach nach links in Pfeilrichtung 2 verriegeln. Dann den Umlenkhebel nach vorn in Pfeilrichtung 3 drücken (siehe Bild 7).

■ Bei **Umlenkhebel mit Raste** die Raste (Pfeil 1 in Bild 14) bis zum Anschlag herunter drücken und den Umlenkhebel gemeinsam mit der Seilzugarretierung entnehmen. Den Umlenkhebel dabei in Betätigungsrichtung bewegen. Die Seilzugarretierung muss sich hinter der Raste (Pfeil 2) befinden.

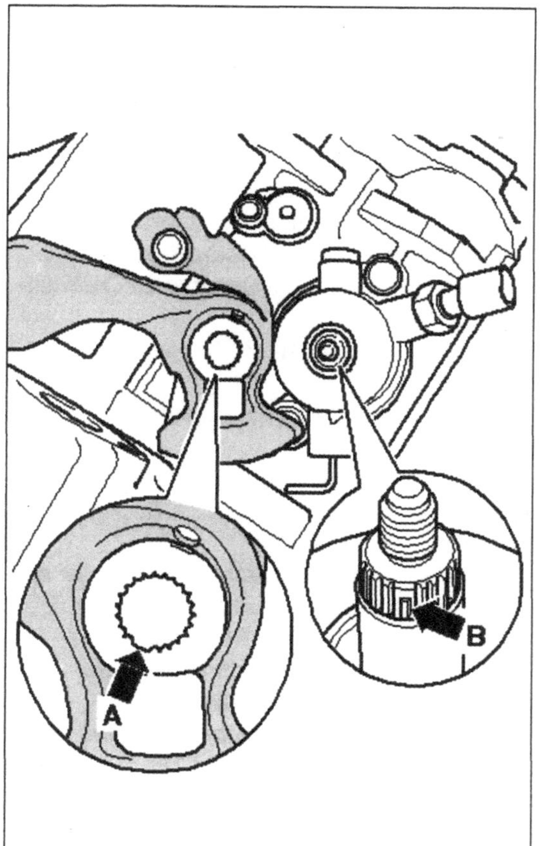

Bild 13

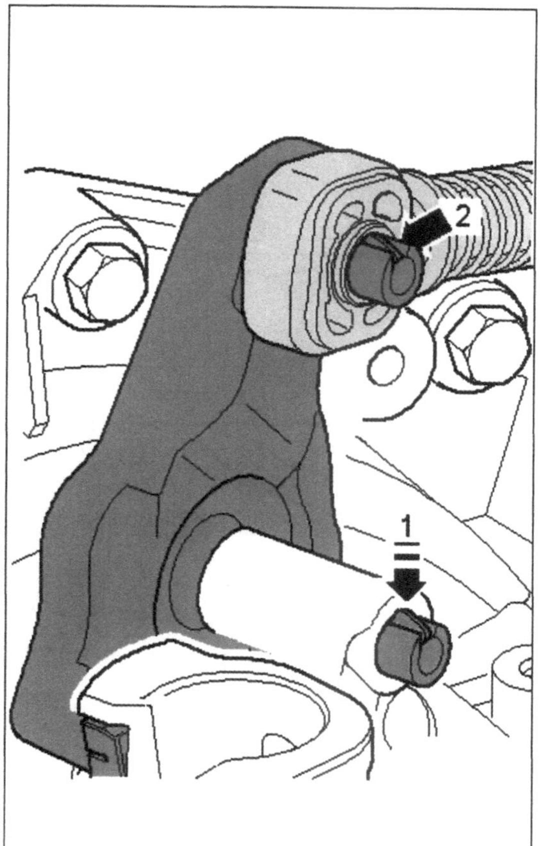

Bild 14

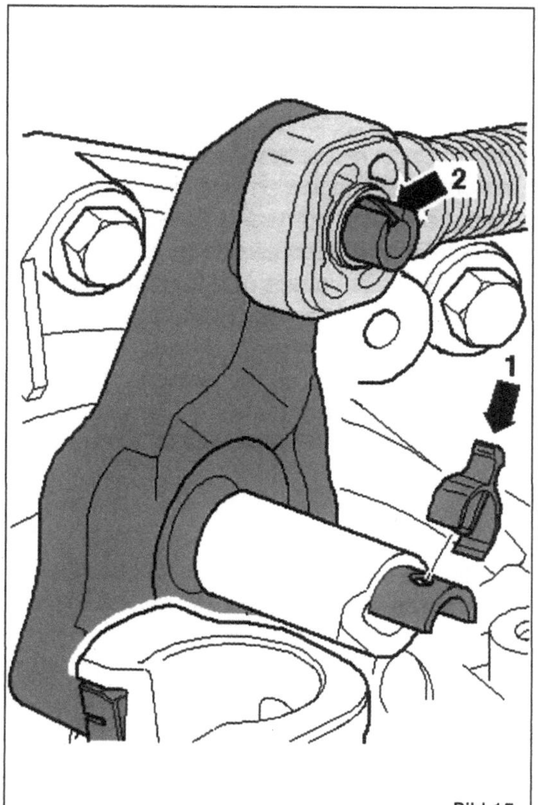

Bild 15

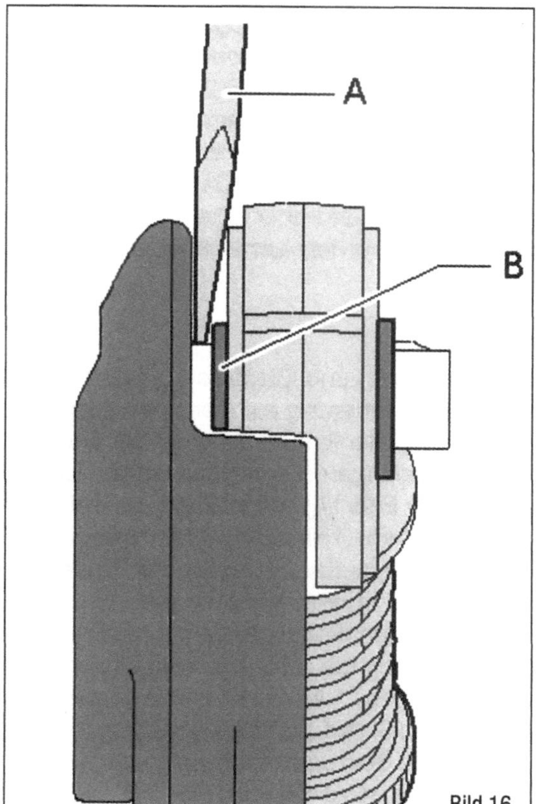

Bild 16

Bild 13
Getriebeschalthebel einbauen.

Bild 14
Umlenkhebel mit Raste ausbauen.

Bild 15
Umlenkhebel mit Clip ausbauen.

Bild 16
Seilzugarretierung für Wählseilzug vom Umlenkhebel abhebeln.
(A) Schlitzschraubendreher.
(B) Buchse.

Sichtprüfung Messen

Bild 17
Seilzugarretierung auf den noch ausgebauten Umlenkhebel aufdrücken.
Pfeil = Buchse.

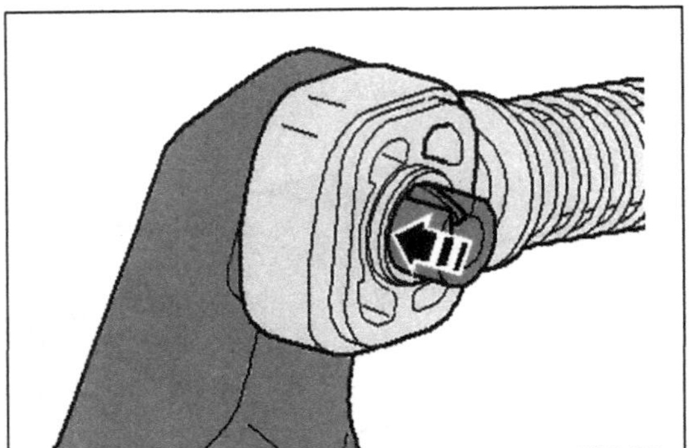

Bild 17

Bild 18
Getriebe mit Schraube zur Getriebeölkontrolle (Pfeil).

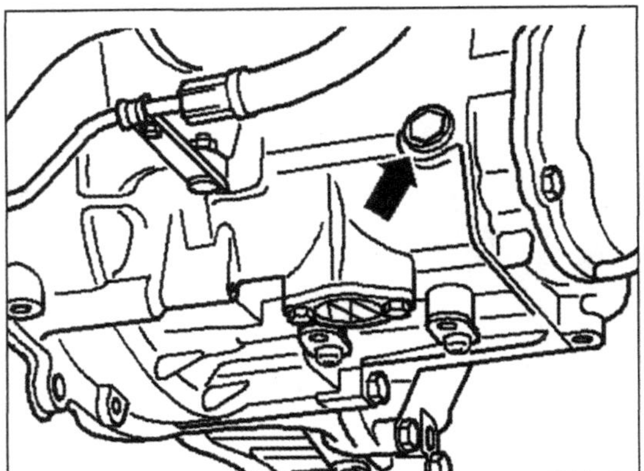

Bild 18

- Bei **Umlenkhebel mit Clip** den Clip (Pfeil 1 in Bild 15) abziehen und den Umlenkhebel gemeinsam mit der Seilzugarretierung entnehmen. Die Seilzugarretierung muss sich hinter der Raste (Pfeil 2) befinden.
- Jetzt kann die Seilzugarretierung für Wählseilzug vom Umlenkhebel aus Kunststoff abgehebelt werden. Dazu einen Schlitzschraubendreher (A) zwischen der Buchse (B) und dem Umlenkhebel ansetzen (Bild 16).

Einbau

- Lagerstellen und Gleitflächen fetten.
- Seilzugarretierung auf den noch ausgebauten Umlenkhebel aufdrücken. Dabei darf die Seilzugarretierung nur an der Buchse (Pfeil im Bild 17) aufgedrückt werden. Sie muss auf dem Umlenkhebel leichtgängig sein, und sie muss sich hinter der Raste (siehe Pfeil 2 im Bild 14) befinden.
- Jetzt Umlenkhebel gemeinsam mit Seilzugarretierung bis zum Anschlag einsetzen. Die Raste (Pfeil 1 im Bild 14) sichert den Umlenkhebel. Auf sichere Verrastung achten. Die Seilzugarretierung muss sich hinter der Raste (Pfeil 2 im Bild 14) befinden.

Getriebeölstand prüfen (5-Gang-Schaltgetriebe 02R)

Arbeitsablauf

- Geräuschdämpfung abbauen.
- Schraube zur Getriebeölkontrolle (Pfeil) herausschrauben. Der Ölstand ist korrekt, wenn das Getriebe bis Unterkante Öleinfüllbohrung befüllt ist.
- Schraube (Pfeil) mit 35 Nm festschrauben.

Bei Neubefüllung ist Folgendes zu beachten:

- Schraube (Pfeil) herausschrauben und Getriebeöl bis Unterkante Einfüllbohrung auffüllen.
- Schraube (Pfeil) einschrauben, Motor anlassen, Gang einlegen und Getriebe ca. 2 Minuten drehen lassen. Motor abstellen und Schraube (Pfeil) herausschrauben. Getriebeöl erneut bis Unterkante Einfüllbohrung auffüllen. Schraube (Pfeil) mit 35 Nm festschrauben (alles Bild 18).

Das **7-Gang-Doppelkupplungsgetriebe** 0AM hat eine Getriebeöl-Lebensdauerfüllung. Damit ist eine Ölstandskontrolle bei diesem Getriebe nicht notwendig. Eine Schraube zur Ölstandskontrolle ist auch gar nicht vorhanden.
Wenn das Getriebe aber undicht geworden ist, muss nachgeschaut werden, wo das Öl austritt. Dann restliches Öl ablaufen lassen, Undichtigkeit reparieren und die Ablassschraube wieder einbauen. Das Öleinfüllen (exakt 1,7 Liter) setzt allerdings den Ausbau einiger Bauteile voraus und führt letztlich auch zur Einstellung des Wählhebelseilzuges. Damit kommen für diesen Prozess nur eine Mietwerkstatt mit entsprechender Ausrüstung und fachkundiger Beratung oder letztlich eine Fachwerkstatt infrage.

*

Der direkte Kraftfluss vom Motor zum Getriebe muss unterbrochen werden können, zum Beispiel beim Starten des Motors, mit laufendem Motor im Stand und natürlich für den Gangwechsel. Bei Fahrzeugen mit Schaltgetriebe übernimmt die **Kupplung** das Trennen. Die Polo-Modelle mit Schaltgetriebe haben eine hydraulisch betätigte Einscheiben-Trockenkupplung. Die

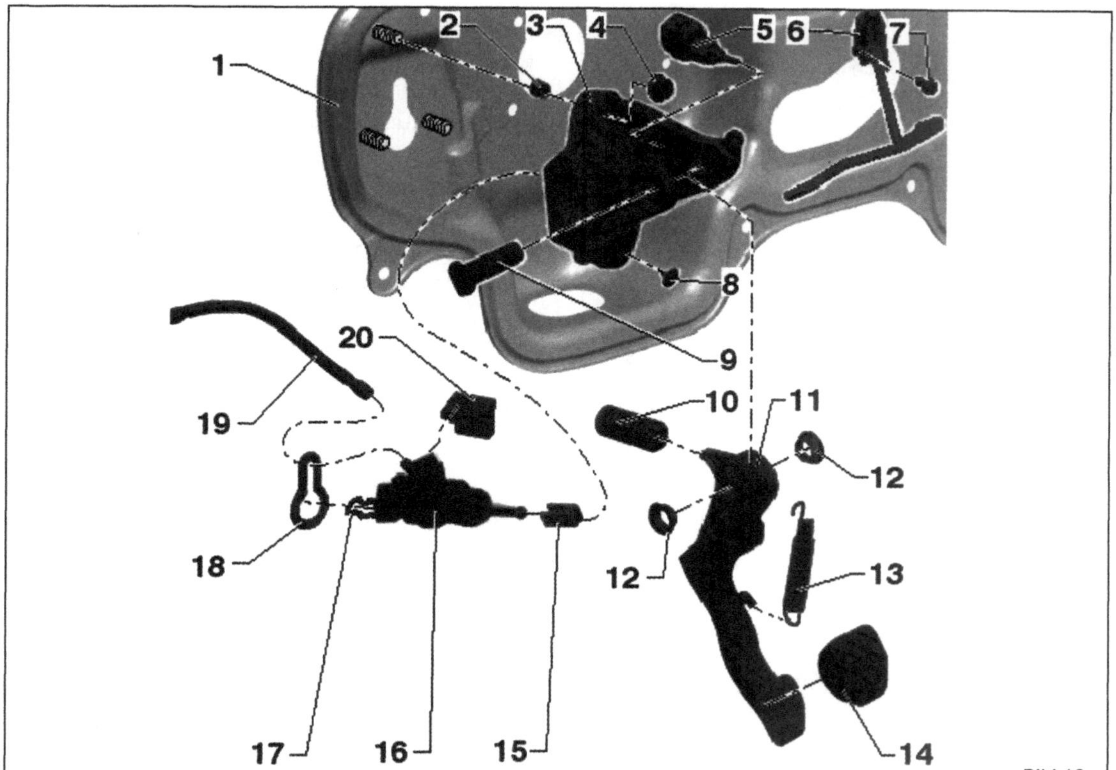

Bild 19

Bild 19
Montageübersicht »Fußhebelwerk« 5-Gang-Schaltgetriebe 02R.
(1) Stirnwand mit Aufnahme für Lagerbock und Geberzylinder.
(2) Buchse für die obere Aufnahmebohrung im Lagerbock. Die Buchsen für die untere Aufnahmebohrung im Lagerbock befinden sich im Geberzylinder.
(3) Lagerbock, mit Geberzylinder aus- und einbauen.
(4) Drei selbstsichernde Sechskantmuttern (ersetzen, 25 Nm).
(5) Kupplungspedalschalter F36.
(6) Crashstrebe, ist an der Lenksäule befestigt.
(7) Schrauben Crashstrebe (20 Nm).
(8) Anschlag für das Kupplungspedal.
(9) Lagerachse (immer ersetzen).
(10) Übertotpunktfeder, abhängig von der Ausstattungsvariante ist eine Zugfeder oder eine Übertotpunktfeder eingebaut.
(11) Kupplungspedal.
(12) Lagerbuchse.
(13) Zugfeder mit Vibrationsdämpfer. abhängig von der Ausstattungsvariante ist eine Zugfeder oder eine Übertotpunktfeder eingebaut.
(14) Kappe des Kupplungspedals.
(15) Aufnahme, nur bei ausgebautem Geberzylinder ersetzen.
(16) Geberzylinder.
(17) Klammer. Zum Aus- und Einbau der Rohr-Schlauchleitung Klammer bis Anschlag herausziehen.
(18) Dichtung Geberzylinder. Immer ersetzen; auf den Geberzylinder kleben.
(19) Nachlaufschlauch aus Kunststoff.
(20) Kupplungspositionsgeber G476 für Fahrzeuge mit Start-Stopp-System. Kann in der »Geführten Fehlersuche« mit dem Fahrzeugdiagnose-, Mess- u. Informationssystem VAS 5051 geprüft werden.

wichtigsten Bauteile der Kupplung sind das fest mit der Kurbelwelle verbundene Zweimassenschwungrad, die Kupplungsscheibe, die auf der Eingangswelle des Getriebes sitzt, und die mit dem Schwungrad fest verschraubte Druckplatte. Letztlich bewirkt der Kupplungsausrücker die Unterbrechung des Kraftflusses zwischen Motor und Getriebe.
Komplizierter wird die Angelegenheit bei automatischen Getrieben. Das automatische 7-Gang-Getriebe (DSG) erfüllt beim Anfahren die Aufgaben der herkömmlichen Kupplung. Während der Fahrt übernimmt die Automatik die sonst übliche Schaltarbeit. Das 7-Gang-DSG besitzt als eines seiner herausragenden konzeptionellen Merkmale zwei trockene Kupplungen, deren Druck hydraulisch geregelt wird. Übertragen wird die Motorleistung via Kurbelwelle über ein Zweimassenschwungrad auf die Doppelkupplung. Die Kupplung I bedient dabei die ungeraden Gänge, die Kupplung II die geraden Gänge plus den Rückwärtsgang. Folge dieses aufwendigen Kupplungsmanagements: Beim Schalten gibt es keine Zugkraftunterbrechung. Bei hohen Komforteigenschaften wird somit ein unvergleichbar dynamisches und auch komfortables Schaltgefühl vermittelt. Verantwortlich dafür sind neben der intelligenten Mechatronik (elektro-hydraulische Getriebesteuerung) die zwei Kupplungen sowie zwei Antriebs- und drei Abtriebswellen.
Im Folgenden demonstrieren wir zuerst einige Reparaturanleitungen zur Rubrik »Kupplungsbetätigung instand setzen«, und zwar für **Linkslenker**. Wir beginnen mit einer **Montageübersicht »Fußhebelwerk«** (Bild 19).

Kupplungspedal mit Übertotpunktfeder aus- und einbauen (5-Gang-Schaltgetribe 02R)

Dazu werden die Zange T10005 (zur Entriegelung der Betätigungsstange Geberzylinder vom Kupplungspedal) und ein handelsüblicher Innensechskantschlüssel (8 mm Schlüsselweite) benötigt.

Ausbau

■ Abdeckung Fahrerfußraum und Fußraumausströmer links ausbauen [zum Ausbau der Abdeckung die Kunststoffmuttern herausdrehen (siehe Kapitel 7, Bild 2) und zum

Bild 20
Crashstrebe an der Lenksäule ausbauen.
Pfeil = Schraube

Bild 20

Bild 21
Kupplungspedalschalter F36 (montiert ab KW 45.09) ausbauen.

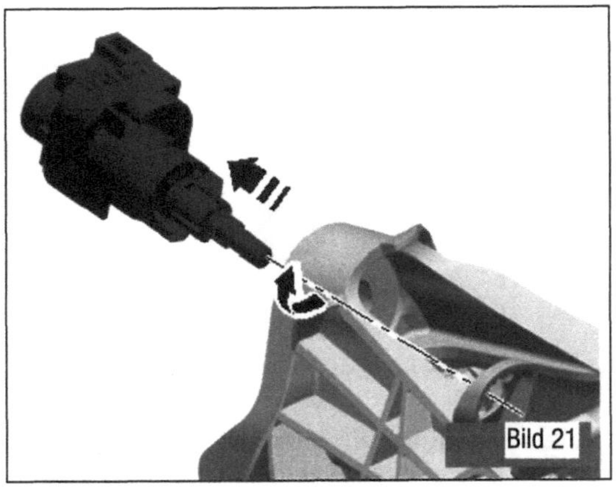

Bild 21

Bild 22
Betätigungsstange/Geberzylinder vom Kupplungspedal entriegeln.

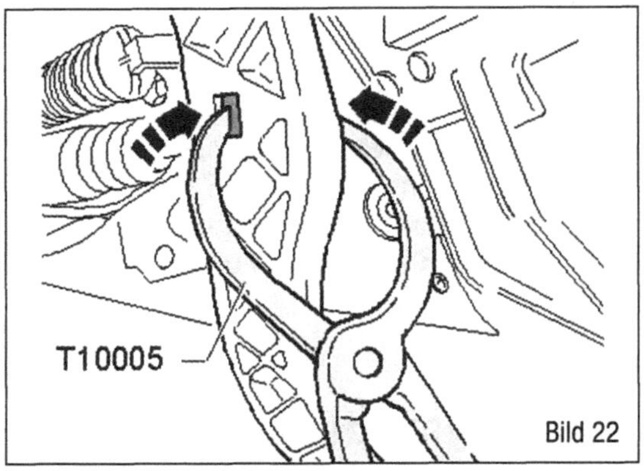

Bild 22

Bild 23
Lagerachse für das Kupplungspedal ausbauen.
(1) Innensechskantschlüssel.
(A) Arretierungen.
(B) Zapfen.

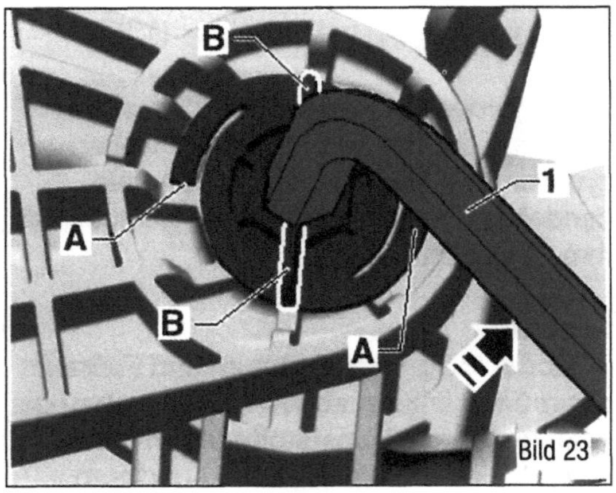

Bild 23

Ausbau des Fußraumausströmers Verkleidung links unter der Schalttafel ausbauen, dann eine Schraube herausdrehen und den Ausströmer vom Heizgerät abnehmen].

- Crashstrebe an der Lenksäule ausbauen (Pfeil im Bild 20, siehe auch Bild 19).
- Kupplungspedalschalter F36 ausbauen. Der Kupplungspedalschalter ist ab KW 45.09 von der Stirnwand aus eingebaut. Stecker vom Kupplungspedalschalter abziehen, Kupplungspedalschalter am Lagerbock 45° in Pfeilrichtung drehen und aus der Aufnahme herausziehen (Bild 21).
- Betätigungsstange/Geberzylinder vom Kupplungspedal wie folgt entriegeln: Kupplungspedal leicht in den Fahrgastraum ziehen. Beide Seiten der Aufnahme mit der Zange T10005 nach innen drücken (Pfeile im Bild 22, siehe auch Bild 19 und 24).
- Lagerachse für das Kupplungspedal ausbauen. Dazu die Lagerachse für das Kupplungspedal mit Innensechskantschlüssel (1) nach links (Pfeilrichtung) drehen. Die Arretierungen (A) werden zerstört. Die Zapfen (B) stehen dann waagerecht (Bild 23).
- Kupplungspedal bewegen, damit die Lagerachse herausgezogen werden kann. Übertotpunktfeder entnehmen und Kupplungspedal abnehmen.

Einbau

- Die Aufnahme (2) muss sich auf der Betätigungsstange (1) des Geberzylinders befinden. Dann die Aufnahme (2) bis zum hörbaren Einrasten in die Aussparung am Kupplungspedal (3, Bild 24) drücken.
- Die Übertotpunktfeder seitlich von unten, neben dem Stößel des Geberzylinders und neben dem Kupplungspedal in die Aufnahme (A) im Lagerbock einsetzen. Der Aufnahmebereich (Pfeil) für den Lagerzapfen des Kupplungspedals muss senkrecht stehen (Bild 25).
- Jetzt die Übertotpunktfeder an den Aufnahmezapfen (Pfeil) des Kupplungspedals ansetzen (Bild 26).
- Kupplungspedal etwas andrücken und eine neue Lagerachse durchschieben. Zapfen (A) waagerecht stellen und die Lagerachse mit dem Innensechskantschlüssel (1) nach rechts (Pfeilrichtung) drehen. Die Arretierungen (B) müssen hörbar einrasten. Die Zapfen (A) stehen dann senkrecht (Bild 27).

■ Kupplungspedalschalter F36 (mit heller Kuppe auf dem Stößelkopf) einbauen. Beim Einbau des Kupplungspedalschalters muss das Kupplungspedal immer in Ruhestellung bleiben. Das Kupplungspedal darf während der gesamten Montage nur mit dem Stößelkopf des Kupplungspedalschalters berührt werden. Der Stößel darf jedoch nicht herausgezogen, der Stößelkopf muss aber gefettet werden. Kupplungspedalschalter in die Aufnahme des Lagerbocks einsetzen und 45° im Vergleich zu Bild 21 in entgegen gesetzter Pfeilrichtung drehen. Stecker für den Kupplungspedalschalter aufstecken.

■ Crashstrebe an der Lenksäule einbauen. Schraube (Pfeil im Bild 20) mit 20 Nm anziehen.

■ Fußraumausströmer und Verkleidung Fahrerseite einbauen.

Lagerbock mit Geberzylinder aus- und einbauen (5-Gang-Schaltgetriebe 02R)

Dazu werden Schlauchklemmen (3094), Verschlusswerkzeug (T10249) sowie ein Drehmomentschlüssel (V.A.G 1331) benötigt.

Ausbau

■ Batterie (siehe Kapitel 12) und Luftfiltergehäuse (siehe Kapitel 6) ausbauen sowie Motorsteuergerät von der Stirnwand abbauen, wenn dadurch der Geberzylinder nicht zugänglich ist (siehe Kapitel 6).

■ Nachlaufschlauch zum Geberzylinder mit Schlauchklemme abklemmen und am Geberzylinder abziehen. Zusätzlich zum Abklemmen kann der Nachlaufschlauch mit dem Verschlusswerkzeug verschlossen werden (Bild 28, siehe auch Bild 19).

⚠ Bei diesen Arbeiten darauf achten, dass keine Bremsflüssigkeit auf den Längsträger oder auf das Getriebe gelangt. Falls doch, diese Stelle gründlich reinigen. Am besten einen nicht fasernden Lappen unter den Geberzylinder legen.

■ Sicherungsklammer (2) mit einem Schraubendreher oder spitzen Gegenstand entriegeln und Rohr-Schlauchleitung (3) am Geberzylinder abziehen. Die Sicherungsklammer (2) kann bei einigen Geberzylindern auch seitlich herausgezogen werden. Bei

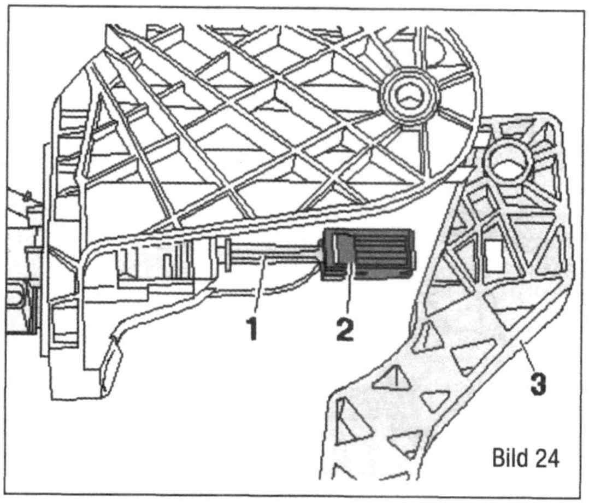

Bild 24
Aufnahme (2) bis zum hörbaren Einrasten in die Aussparung am Kupplungspedal (3) drücken.
(1) Betätigungsstange des Geberzylinders.

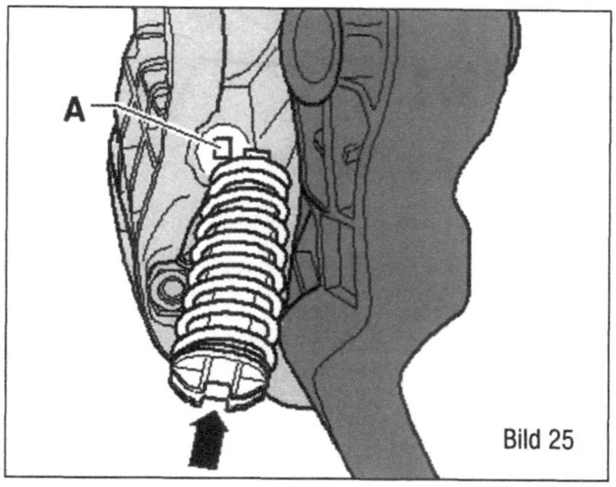

Bild 25
Übertotpunktfeder einsetzen.
(A) Aufnahme im Lagerbock.

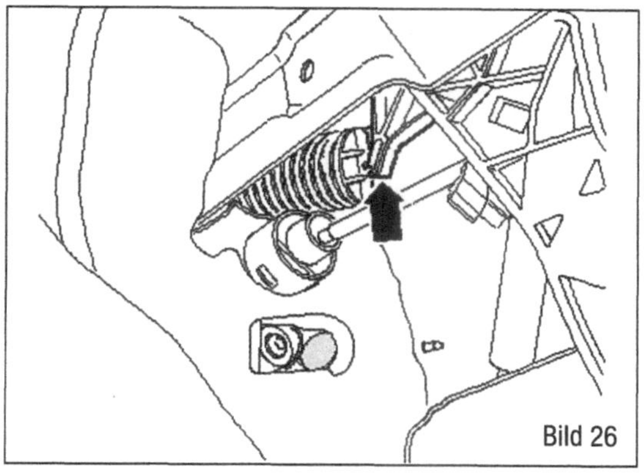

Bild 26
Übertotpunktfeder an den Aufnahmezapfen des Kupplungspedals ansetzen.

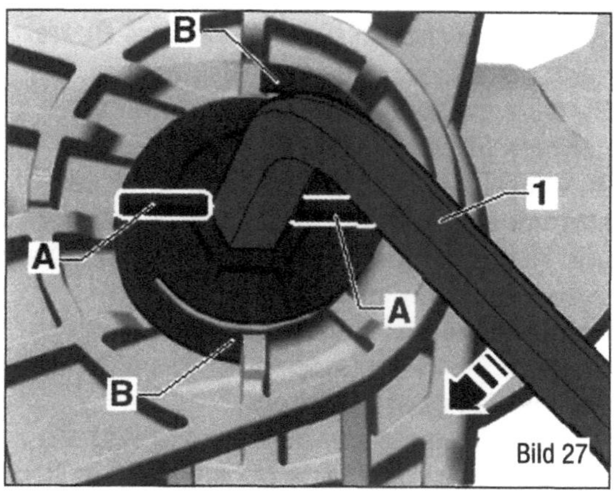

Bild 27
Neue Lagerachse einbauen.
(1) Innensechskantschlüssel.
(A) Zapfen.
(B) Arretierungen.

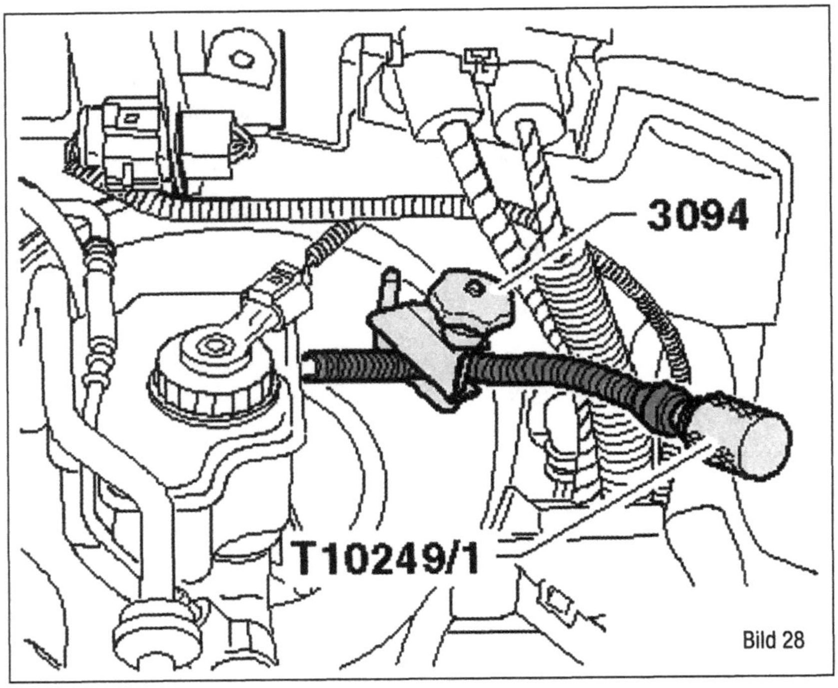

Bild 28

Bild 28
Nachlaufschlauch zum Geberzylinder abbauen.

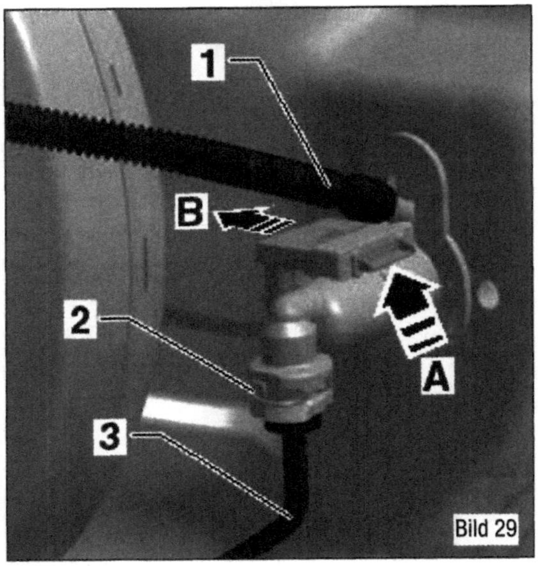

Bild 29

Bild 29
Rohr-Schlauchleitung (3) und Kupplungspositionsgeber am Geberzylinder abbauen.
(1) Nachlaufschlauch.
(2) Sicherungsklammer. Pfeile A und B = Positionen zum Ausclipsen des Kupplungspositionsgebers.
(3) Rohrschlauchleitung oder Kunststoffleitung.

Fahrzeugen mit Start-Stopp-System: Kupplungspositionsgeber G476 am Geberzylinder ausclipsen (Pfeil A und Pfeil B), danach mit angeschlossener elektrischer Steckverbindung vom Geberzylinder abnehmen (Bild 29, siehe auch Bild 19).

- Verkleidung Fahrerseite, Fußraumausströmer links, Crashstrebe (falls vorhanden) und Kupplungspedalschalter F36 ausbauen (siehe »Kupplungspedal aus- und einbauen«). Bei Arbeiten im Fußraum den Bodenteppich mit Lappen vor auslaufender Bremsflüssigkeit schützen.
- Befestigungsmuttern (Pos. 4 in Bild 19) herausdrehen und Lagerbock (Pos. 3 in Bild 19) zusammen mit Geberzylinder und Kupplungspedal herausnehmen.

Geberzylinder ausbauen

- Kupplungspedal vom Geberzylinder mit der Zange T10005 entriegeln und den Geberzylinder aus dem Lagerbock herausnehmen (siehe Bild 22).

Geberzylinder einbauen

- Geberzylinder in den Lagerbock einsetzen. Darauf achten, dass sich auf der Betätigungsstange (1) die Aufnahme (2) befindet. Dann die Aufnahme bis zum hörbaren Einrasten in die Aussparung am Kupplungspedal (3) drücken (siehe Bild 24).

Einbau

Der Einbau erfolgt in umgekehrter Ausbaureihenfolge, dabei ist Folgendes zu beachten:

- Neue Schaumstoffdichtung auf Geberzylinder und Lagerbock kleben. Lagerbock mit Geberzylinder an Stirnwand ansetzen und neue selbstsichernde Muttern mit 25 Nm festziehen.
- Kupplungspedalschalter F36, Crashstrebe (falls vorhanden), Fußraumausströmer und Verkleidung Fahrerseite einbauen (siehe »Kupplungspedal aus- und einbauen«).
- Bei Fahrzeugen mit Start-Stopp-System Kupplungspositionsgeber G476 mit angeschlossener elektrischer Steckverbindung am Geberzylinder bis zum Anschlag einsetzen. Der Kupplungspositionsgeber muss einrasten (Pfeil A). Zum Prüfen am Kupplungspositionsgeber ziehen (Pfeil B, siehe Bild 29).
- Nach Abbau der Schlauchklemme den Nachlaufschlauch (1) ggf. wieder in seine ursprüngliche Kontur bringen. Rohr-Schlauchleitung bzw. Kunststoffleitung (3) am Anschluss des Geberzylinders eindrücken, bis die Sicherungsklammer (2) hörbar einrastet (siehe Bild 29). Zum Prüfen an der Leitung ziehen.
- Kupplungsanlage entlüften (siehe spätere Anleitung).
- Motorsteuergerät an die Stirnwand anbauen, Batterie und Luftfiltergehäuse einbauen.

Der folgenden Reparaturanleitung »Nehmerzylinder aus- und einbauen« stellen wir die anschauliche Montageübersicht »Kupplungshydraulik« voran.

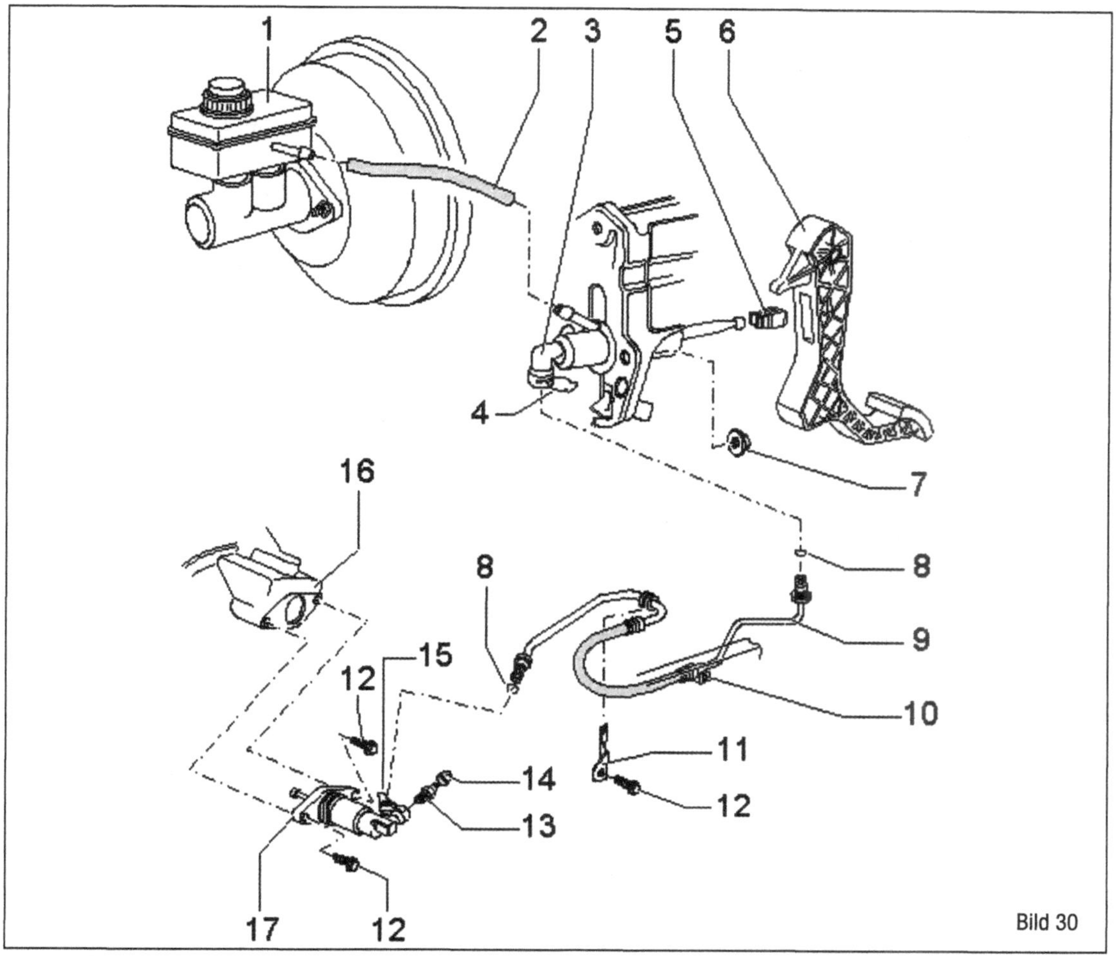

Bild 30

Bild 30
Montageübersicht »Kupplungshydraulik« 5-Gang-Schaltgetriebe 02R.
(1) Bremsflüssigkeitsbehälter.
(2) Nachlaufschlauch aus Kunststoff (die Dichtungen müssen sich im Nachlaufschlauch befinden).
(3) Geberzylinder.
(4) Klammer. Zum Aus- und Einbau der Rohr-Schlauchleitung Klammer bis Anschlag herausziehen.
(5) Aufnahme. Nur bei ausgebautem Geberzylinder ersetzen.
(6) Kupplungspedal.
(7) Selbstsichernde Sechskantmuttern (ersetzen, 25 Nm).
(8) Dichtring / O-Ring für Rohr-Schlauchleitung auf Leitungsanschluss aufziehen, mit Bremsflüssigkeit einsetzen. Darauf achten, dass Dichtringe / O-Ringe der Ausführung des Leitungsanschlusses angepasst sind.
(9) Rohr-Schlauchleitung. Zum Ausbau das Steuergerät für ABS mit Hydraulikeinheit ausbauen.
(10) Halter für Rohr-Schlauchleitung, am Aufbau befestigt.
(11) Halter für Rohr-Schlauchleitung, am Nehmerzylinder/Getriebe befestigt (war nur beim Polo 2002 vorhanden).
(12) Sechskantschraube für Nehmerzylinder an Getriebe (20 Nm).
(13) Entlüftungsventil zum Entlüften der Kupplungsanlage.
(14) Staubkappe des Entlüftungsventils.
(15) Klammer zum Aus- und Einbau der Rohr-Schlauchleitung; Klammer bis zum Anschlag herausziehen.
(16) Getriebe.
(17) Nehmerzylinder.

Nehmerzylinder aus- und einbauen (5-Gang-Schaltgetriebe 02R)

Ausbau

- Luftfiltergehäuse ausbauen, wenn dadurch der Nehmerzylinder nicht zugänglich ist (siehe Kapitel 6).
- Einen nicht fasernden Lappen unter den Nehmerzylinder legen. Klammer (Pos. 15 in Bild 30) für Rohr-Schlauchleitung (Pos. 9 in Bild 30) bis Anschlag aus dem Nehmerzylinder (Pos. 17 in Bild 30) und Rohr-Schlauchleitung aus dem Nehmerzylinder ziehen, anschließend Rohr-Schlauchleitung verschließen.
- Nehmerzylinder ausbauen (Pfeile in Bild 31, Pos. 12 in Bild 30).

Einbau

- Nehmerzylinder einbauen und Schrauben (Pfeile im Bild 31) mit 20 Nm anziehen.
- Rohr-Schlauchleitung bis Anschlag in den Nehmerzylinder stecken. Halteklammer der Rohr-Schlauchleitung bis Anschlag eindrücken. Zum Prüfen an der Rohr-Schlauchleitung ziehen (siehe Bild 30).
- Nach Einbau des Nehmerzylinders Kupplungsanlage entlüften (siehe anschließende Anleitung).
- Luftfiltergehäuse einbauen.

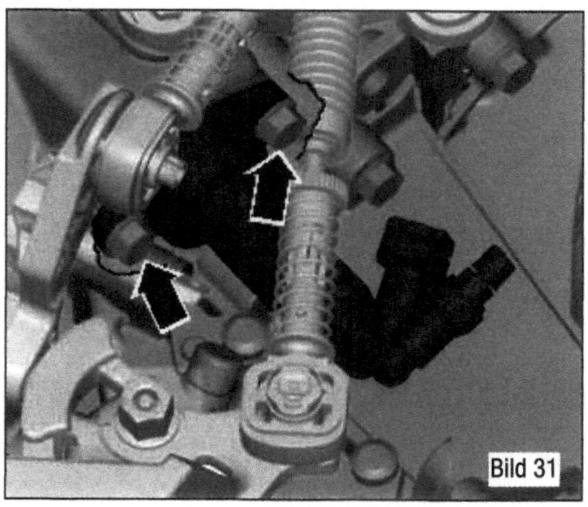
Bild 31

Bild 31
Nehmerzylinder ausbauen. Pfeile = Sechskantschrauben Nehmerzylinder an Getriebe.

Kupplungsanlage entlüften

Bei den nachfolgenden Arbeiten, für die ein Bremsen-Füll- und Entlüftungsgerät (z. B. VAS 5234) erforderlich ist, darauf achten, dass keine Bremsflüssigkeit auf den Längsträger oder auf das Getriebe gelangt. Ein Vorbefüllen des Systems ist nicht notwendig. Nur neue Bremsflüssigkeit gemäß Norm FMVSS 571.116 DOT 4 verwenden.

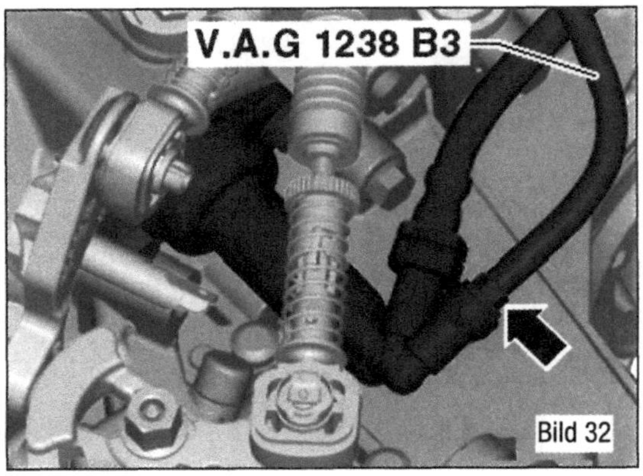

Bild 32
Kupplungsanlage entlüften. Entlüfterschlauch auf den Entlüfter (Pfeil) stecken.

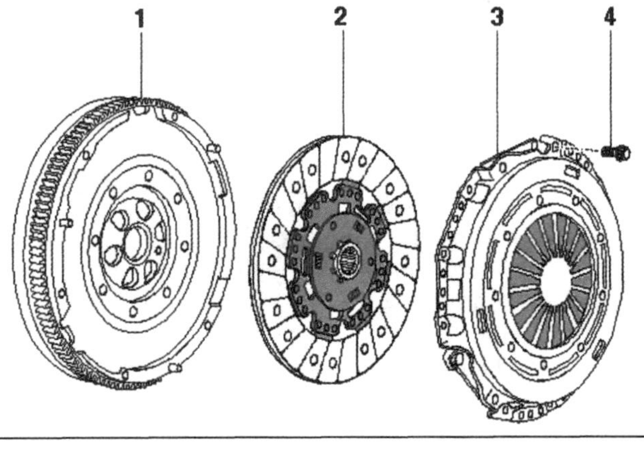

Bild 33
Teileübersicht »Kupplung« 5-Gang-Schaltgetriebe 02R.

(1) Schwungrad.
Schwungrad aus- und einbauen« siehe Kapitel 2.
Auf festen Sitz der Zentrierstifte achten. Anlagefläche für Kupplungsbelag frei von Rillen, Öl und Fett halten.

(2) Kupplungsscheibe.
Einbaulage beim Zweimassenschwungrad: Beschriftung »Getriebeseite« zeigt zum Getriebe (siehe Bild 37). Einbaulage beim einfachen Schwungrad: der Federkäfig zeigt zur Druckplatte.
Kupplungsscheibe zentrieren (siehe Bild 34). Kerbverzahnung leicht fetten. Verzahnung der Antriebswelle und bei gebrauchten Kupplungsscheiben Verzahnung der Nabe reinigen, Korrosion entfernen und nur eine hauchdünne Schicht des Fettes G 000 100 auf die Verzahnung der Antriebswelle auftragen. Danach Kupplungsscheibe auf der Antriebswelle hin- und herbewegen, bis die Nabe auf der Welle leichtgängig ist. Überschüssiges Fett unbedingt entfernen.

(3) Druckplatte.
»Druckplatte aus- und einbauen« (siehe Bild 34)
Enden der Membranfeder prüfen (siehe Bild 35).
Federverbindungen und Nietverbindungen prüfen (siehe Bild 36).
Druckplatten sind korrosionsgeschützt und gefettet. Sie dürfen nur an der Anlauffläche gereinigt werden, andernfalls wird die Lebensdauer der Kupplung erheblich verringert.

(4) Schrauben Druckplatte an Schwungrad (M6 = 13 Nm; M7 = 20 Nm). Stufenweise über Kreuz lösen bzw. anziehen.

Arbeitablauf

- Wenn durch den Luftfilter der Nehmerzylinder nicht zugänglich ist, muss der Filter ausgebaut werden (siehe Kapitel 6).
- Bremsen-Füll- und Entlüftungsgerät anschließen. Zum Entlüften ist ggf. der Entlüfterschlauch (670 mm lang, V.A.G 1238/B3) zu verwenden.
- Entlüfterschlauch dann mit der Auffangflasche des Bremsen-Entlüftungsgerätes verbinden. Danach Entlüfterschlauch auf den Entlüfter (Pfeil) stecken (Bild 32, siehe auch Pos. 13 in Bild 30).
- Das System mit einem Druck von 2 bar beaufschlagen.
- Das Entlüftungsventil öffnen und ca. 100 cm^3 Bremsflüssigkeit ausströmen lassen.
- Das Entlüftungsventil schließen, Pedal zügig von Anschlag zu Anschlag 10 bis 15 Mal betätigen und Entlüftungsventil wieder öffnen. Weitere 50 cm^3 Bremsflüssigkeit ausströmen lassen. Entlüftungsventil schließen.
- Nach Beendigung des Entlüftungsvorganges mehrmals das Kupplungspedal betätigen.
- Luftfilter einbauen.

Kupplung aus- und einbauen (5-Gang-Schaltgetriebe 02R)

Benötigt werden ein Gegenhalter (3067), ein Zentrierdorn (3190 A), ein Drehmomentschlüssel (V.A.G 1331) sowie Schmierfett für die Kupplungsscheibensteckverzahnung (G 000 100).
Zur Kupplung gehören neben der Kupplungsausrückung die in der Teileübersicht »Kupplung« dargestellten Bauteile (Bild 33).

Ausbau

- Zum in Stand setzen der Kupplung muss als Erstes das Getriebe ausgebaut werden.
- Zum Lösen der Schrauben (Pos. 4 in Bild 33) Gegenhalter einsetzen und Schrauben stufenweise über Kreuz lösen (Bild 34).
- Druckplatte und Kupplungsscheibe abnehmen.

Einbau

Einbau in umgekehrter Ausbaureihenfolge, wobei, wenn erforderlich, Druckplatte und Kupplungsscheibe grundsätzlich gemeinsam zu ersetzen sind.

■ Druckplatte und Kupplungsscheibe nach Motorkennbuchstaben über den »Elektronischen Teilekatalog (ETKA)« zuordnen.
■ Die Enden der Membranfedern (Pfeile) der ausgebauten Druckplatte prüfen. Eine Abnutzung bis zur halben Membranfederdicke ist zulässig (Bild 35).
■ Federverbindungen zwischen Druckplatte und Deckel auf Risse sowie die Nietverbindungen auf festen Sitz prüfen. Eine Druckplatte mit beschädigten Federverbindungen oder mit losen Nietverbindungen (Pfeile) muss ersetzt werden (Bild 36).
■ Druckplatten sind korrosionsgeschützt und gefettet. Sie dürfen nur an der Anlauffläche gereinigt werden, andernfalls wird die Lebensdauer der Kupplung erheblich verringert.
■ Kupplungsscheibe mit beschädigter oder loser Nietverbindung ersetzen.
■ Einbaulage der Kupplungsscheibe prüfen. Sie ist richtig, wenn die Beschriftung »Getriebeseite« zum Getriebe zeigt (Bild 37).
■ Verzahnung der Antriebswelle und bei gebrauchten Kupplungsscheiben Verzahnung der Nabe reinigen, Korrosion entfernen. Eine hauchdünne Schicht des Fettes G 000 100 auf die Verzahnung auftragen. Danach Kupplungsscheibe auf der Antriebswelle hin und her bewegen, bis die Nabe auf der Welle leichtgängig ist. Überschüssiges Fett unbedingt entfernen.
■ Um die Geruchsbelästigung bei einer verbrannten Kupplung zu reduzieren, müssen Kupplungsglocke sowie Schwungrad und Motor auf der Getriebeseite gründlich gereinigt werden.
■ Anlauffläche der Druckplatte und Belag der Kupplungsscheibe müssen vor Einsetzen der Schrauben vollständig am Schwungrad anliegen. Dann erst Befestigungsschrauben einsetzen.
■ Zum Anziehen der Schrauben wieder den Gegenhalter verwenden.
■ Druckplatte auf die Passstifte aufstecken und zum Zentrieren der Kupplungsscheibe den Zentrierdorn verwenden (siehe Bild 34).
■ Alle Schrauben von Hand gleichmäßig eindrehen, bis der Schraubenkopf an der Druckplatte anliegt. Dann die Schrauben in kleinen Stufen über Kreuz anziehen, um die Zentrierbohrungen der Druckplatte und die Zentrierstifte des Schwungrades nicht zu beschädigen.
■ Getriebe einbauen.

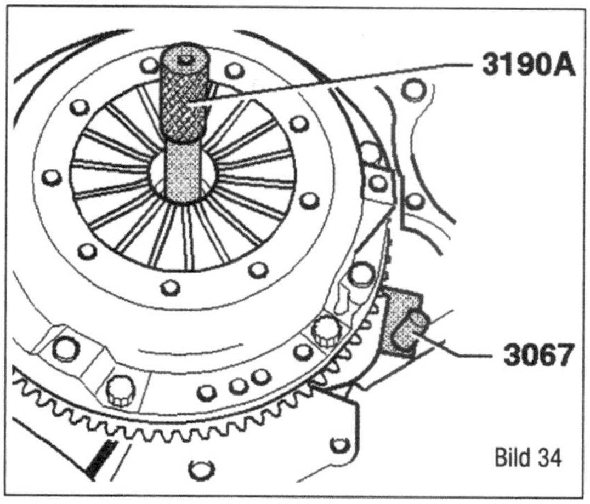

Bild 34

Bild 34
Kupplungsscheibe zentrieren und Druckplatte aus- und einbauen.

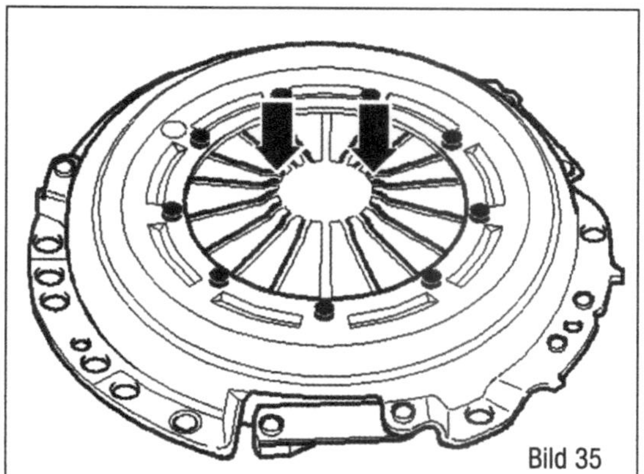
Bild 35

Bild 35
Enden der Membranfedern prüfen.

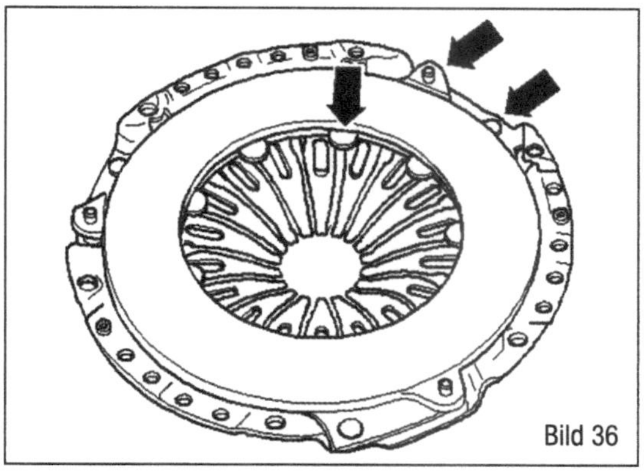
Bild 36

Bild 36
Federverbindungen und Nietverbindungen (Pfeile B) prüfen.

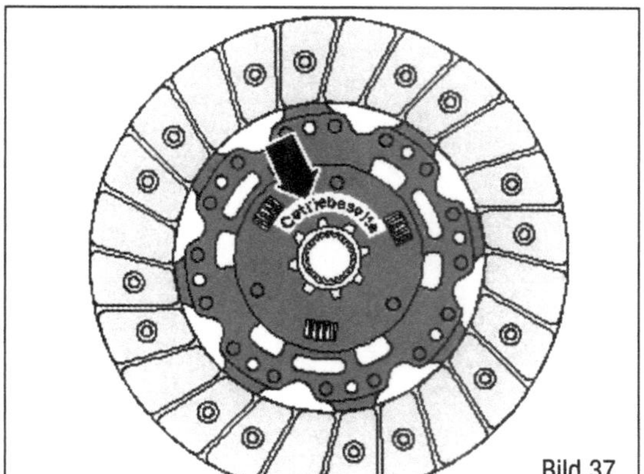
Bild 37

Bild 37
Einbaulage der Kupplungsscheibe.

Der **Achsantrieb** ist die letzte Zwischenstation, über den das vom Motor produzierte Drehmoment die Antriebsräder erreicht. Seine Aufgabe besteht darin, die vom Getriebe kommenden Drehzahlen ins Langsamere zu übersetzen, das Drehmoment zu vergrößern und gleichmäßig an die Antriebsräder zu übertragen. Wesentliche Baugruppe dabei ist das Ausgleichsgetriebe.

Der Achsantrieb sitzt mit dem Ausgleichsgetriebe (Differenzial) und dem Schaltgetriebe (oder Automatikgetriebe) in einem Gehäuse. Vom Ausgleichsgetriebe erfolgt die Kraftübertragung über zwei Antriebswellen (Gelenkwellen) auf die Vorderräder (siehe Bild 1).
Aus- und Einbau von Gelenkwellen beschreiben wir im Kapitel 10.

9 Elektrohydraulische Servolenkung

Die elektrohydraulische Servolenkung des Polo basiert auf einer konventionellen Zahnstangenlenkung. Dass sich der Polo bequem einparken, sicher durch Kurven lenken sowie äußerst exakt und bequem geradeaus fahren lässt, ist vor allem das Verdienst dieser Zahnstangenlenkung mit elektrohydraulischer Servounterstützung. Zur Lenkung gehören das Lenkrad, die Lenksäule, das Servolenkgetriebe mit Sensor für Lenkhilfe G 250, die Spurstangen/Spurstangenköpfe sowie das Motorpumpenaggregat mit Druck- und Rücklaufleitung.
Die Lenkung ist ein Bauteil, von dem die Fahrsicherheit besonders stark abhängt. Defekte, falsche Einstellungen und fehlerhafte Reparaturarbeiten können fatale Auswirkungen haben. Nach einem Unfall und bei Beschädigung der Vorderachse können verschiedene Lenkungsteile ersetzt werden, z. B. Faltenbälge, Spurstangen und Spurstangenköpfe. Eine Instandsetzung der Lenksäule, des Lenkgetriebes und des Motorpumpenaggregats ist jedoch nicht zulässig. Sie werden als Ersatzteil nur komplett geliefert. Zu beachten sind zudem strenge Regeln zur Handhabung und zum Transport der Lenksäule.

*

Zur Einstimmung und zum Verständnis der konstruktiven Zusammenhänge präsentieren wir drei Montageübersichten, und zwar zur **Lenksäule** (Bild 1), zur **elektrohydraulischen Servolenkung** (Bild 2) und zum **Lenkgetriebe/Spurstangen** (Bild 3). In Anlehnung an das oben Gesagte geben wir aber keine Reparaturanleitungen zum Aus- und Einbau der Lenksäule, des Lenkgetriebes und der Spurstangen, da deren Demontage den Ausbau des Lenkgetriebes bedingt. Nach Montagearbeiten am Lenkstockschalter, der im Zuge des Ausbaus der Lenksäule ebenfalls demontiert werden muss, ist zum Beispiel die Grundeinstellung des Winkelgebers G85, mit dem zusätzlich alle Fahrzeuge mit ESP ausgerüstet sind, mit dem Fahrzeugdiagnose-, Mess- und Informationssystems (VAS 5051A) durchzuführen.
Der Ausbau des Lenkrades und der Lenksäule setzt zudem den Ausbau der Airbageinheit Fahrerseite voraus. Für Arbeiten an Airbags (pyrotechnische Bauteile) sind aber strenge Sicherheitsvorkehrungen zu beachten. Prüf-, Montage- und Instandsetzungsarbeiten dürfen im Übrigen nur von geschultem Personal ausgeführt werden. Schließlich muss nach Einbau eines neuen Lenkgetriebes oder neuer Spurstangen die Spur der Vorderachse auf dem Achsmessstand geprüft und gegebenenfalls neu eingestellt werden (Fahrzeugvermessung). Wir empfehlen deshalb, all diese Reparaturarbeiten in einer Werkstatt ausführen zu lassen.

Bild 1
Montageübersicht »Lenksäule«.
(1) Montageträger mit Lagerbock.
(2) Crashstrebe.
(3) Schrauben Crashstrebe (20 Nm).
(4) Schraube Lenksäule (8 Nm).
(5) Lenksäule.
(6) Schraube Lenksäule (20 Nm).
(7) Sechskantschraube am Kreuzgelenk (nach jeder Demontage ersetzen, 30 Nm).

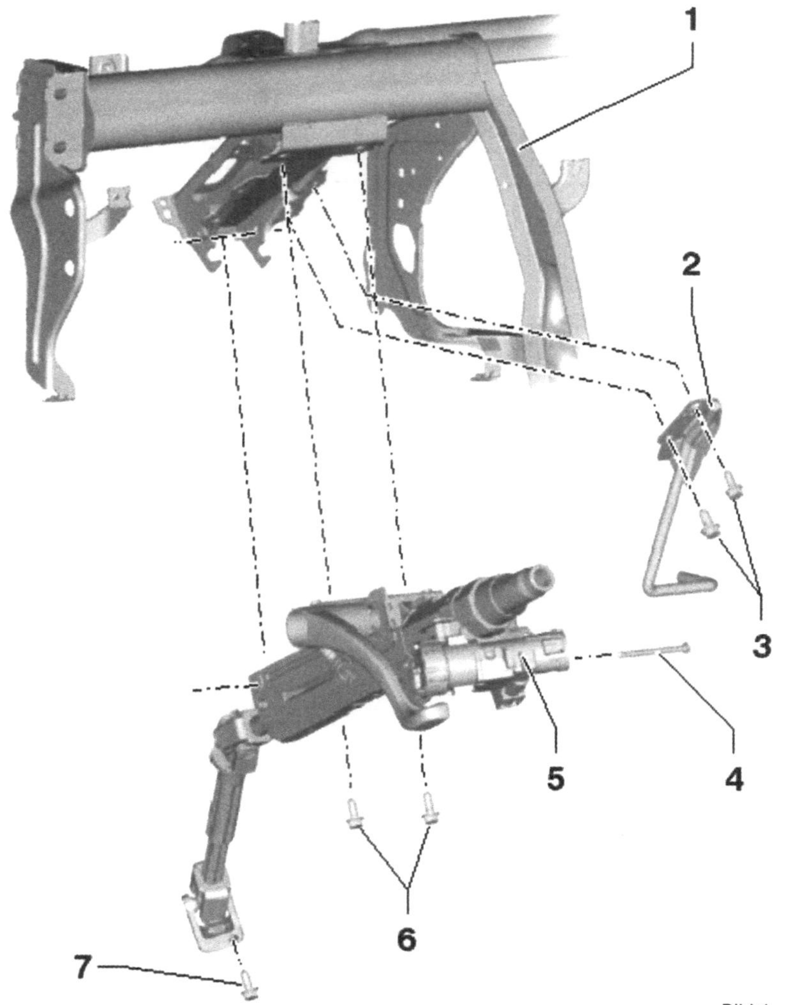

Bild 1

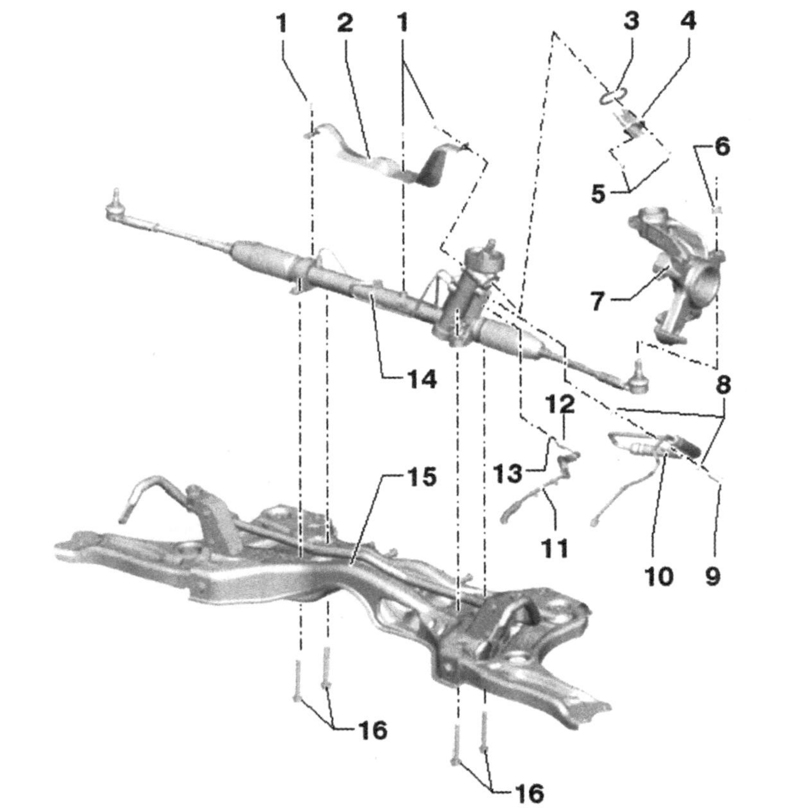

Bild 2

Bild 2

Montageübersicht »Elektrohydraulische Servolenkung«.

(1) Schrauben Wärmeschutzblech (8 Nm).
(2) Wärmeschutzblech.
(3) Dichtung.
(4) Sensor für Lenkhilfe G250. Kann in der »Geführten Fehlersuche« mit dem Fahrzeugdiagnosesystem geprüft werden.
(5) Schrauben Sensor für Lenkhilfe an Lenkgetriebe (6 Nm).
(6) Mutter Spurstangenkopf an Radlagergehäuse (nach jeder Demontage ersetzen, 20 Nm und 90° weiterdrehen).
(7) Radlagergehäuse.
(8) Dichtringe (immer ersetzen).
(9) Hohlschraube (SW 19 mm) für Druckleitung an Lenkgetriebe (40 Nm).
(10) Druckleitung.
(11) Rücklaufschlauch.
(12) Überwurfschraube (SW 17 mm) für Rücklaufschlauch an Lenkgetriebe (30 Nm).
(13) Dichtring (immer ersetzen).
(14) Lenkgetriebe.
(15) Aggregateträger.
(16) Schrauben Lenkgetriebe an Aggregateträger (nach jeder Demontage ersetzen, 50 Nm und 90° weiterdrehen).

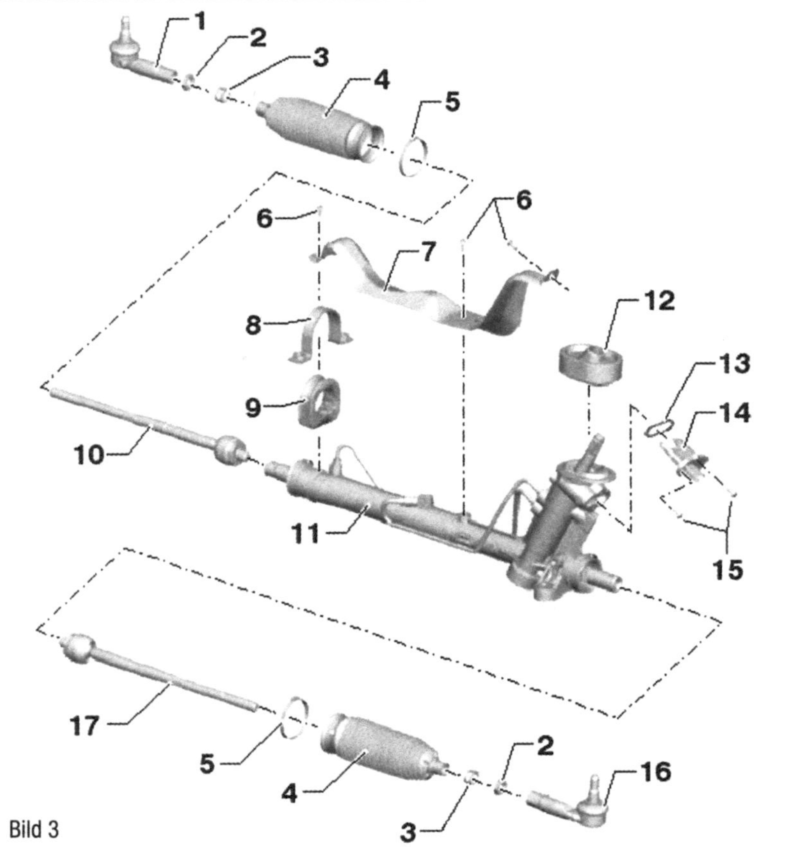

Bild 3

Bild 3

Montageübersicht »Lenkgetriebe/Spurstangen«.

(1) Spurstangenkopf rechts (mit »C« gekennzeichnet). Wird nach Lösen der Mutter Spurstangenkopf mithilfe eines Kugelgelenkabziehers (3287 A) vom Lenkspurhebel abgedrückt.
(2) Mutter Spurstangenkopf an Spurstange (50 Nm).
(3) Schelle Faltenbalg.
(4) Faltenbalg. Darf nach dem Spureinstellen nicht verdrillt werden. Zum Ersetzen Lenkgetriebe ausbauen.
(5) Klemmschelle Faltenbalg (ersetzen, mit Schlauchbinderzange (V.A.G 1275) spannen).
(6) Schrauben Wärmeschutzblech (8 Nm).
(7) Wärmeschutzblech.
(8) Schelle mit Muttern (bei Schäden im Gewinde ersetzen).
(9) Gummilager.
(10) Spurstange rechts (80 Nm). Wird als Ersatzteil voreingestellt geliefert. Zum Abschrauben der rechten Spurstange von der Zahnstange müssen Klemm- und Schlauchschelle des linken Faltenbalgs geöffnet, der Faltenbalg zurückgeschoben, das Lenkgetriebe auf einen Getriebehalter (T10108) gespannt und an der linken Zahnstange gegengehalten werden.
(11) Servolenkgetriebe.
(12) Dichtung.
(13) Dichtung.
(14) Sensor für Lenkhilfe G250. Kann in der »Geführten Fehlersuche« mit dem Fahrzeugdiagnosesystem geprüft werden.
(15) Schrauben Sensor für Lenkhilfe an Lenkgetriebe (6 Nm).
(16) Spurstangenkopf links (mit »D« gekennzeichnet). Ansonsten siehe Pos. (1).
(17) Spurstange links (80 Nm). Wird als Ersatzteil voreingestellt geliefert. Muss auf ein bestimmtes Längenmaß geprüft und gegebenenfalls neu eingestellt werden.

Wie oben bereits erläutert, dürfen auch Instandsetzungen am **Motorpumpenaggregat** nicht durchgeführt werden (Bild 4 Montageübersicht). Lediglich der Vorratsbehälter darf nach Ausbau des Motorpumpenaggregats unter Beachtung strenger Sauberkeitsregeln ersetzt werden.
Bei Beanstandungen am Motorpumpenaggregat ist mithilfe der Funktions-, Druck- und Dichtigkeitsprüfung sowie der Eigendiagnose die Ursache zu ermitteln. Zur Prüfung des Förderdrucks des Motorpumpenaggregats ist ein Prüfgerät für Servolenkung (V.A.G 1402) mit entsprechenden Adaptern und Schläuchen erforderlich. Liegt ein Fehler vor, ist das Motorpumpenaggregat zu ersetzen.
Fehlt Hydrauliköl im Vorratsbehälter, ist immer das Lenksystem auf Dichtigkeit zu prüfen. Bei Undichtigkeit im Bereich der Leitungsanschlüsse sind die Anschlüsse nachzuziehen und trocken zu wischen. Abgelassenes Hydrauliköl nicht wieder verwenden. Restmengen von Hydrauliköl verbleiben nach dem Absaugen im Motorpumpenaggregat sowie in der Rücklauf- und der Druckleitung. Druck- und Rücklaufleitung dürfen nicht mit den Schlauchklemmen oder anderen Werkzeugen abgeklemmt werden. Beim Biegen bzw. Hochlegen von Druck- und Rücklaufleitung darf ein Biegeradius von 100 mm nicht unterschritten werden, um Beschädigungen zu vermeiden. Nach Einbau des Motorpumpenaggregats ist das Lenksystem auch zu entlüften.
Die Ölmenge im System beträgt ca. 0,8 Liter der Ölsorte Hydrauliköl G 004 000 M2.

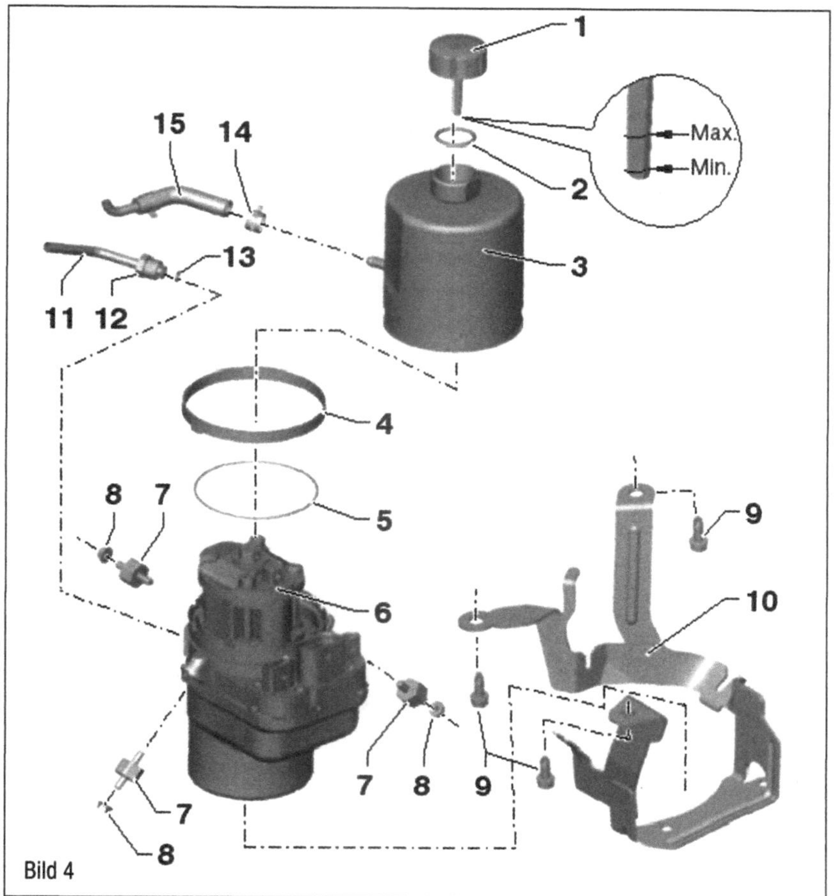

Bild 4
Montageübersicht »Motorpumpenaggregat«.
(1) Verschlussdeckel mit Peilstab.
(2) Dichtring.
(3) Ölbehälter. Kann gesondert ersetzt werden.
(4) Schelle (3 Nm).
(5) Dichtring (nach jeder Demontage ersetzen).
(6) Motorpumpenaggregat mit Steuergerät für Lenkhilfe J500. Instandsetzung ist nicht vorgesehen, es dürfen nur der Ölbehälter, die Schelle (Pos. 4) und der Dichtring (Pos. 5) getauscht werden.
(7) Lager (7 Nm). Auf Beschädigung, Risse im Gummi, abgelöste Metallplatte vom Gummi prüfen, ggf. ersetzen.
(8) Mutter Lager (7 Nm). Beim Festziehen am Lager (Pos. 7) gegenhalten.
(9) Schrauben Halter für Motorpumpenaggregat (nach jeder Demontage ersetzen, 20 Nm und 90° weiterdrehen).
(10) Halter für Motorpumpenaggregat.
(11) Druckleitung.
(12) Überwurfschraube für Druckleitung an Motorpumpenaggregat (30 Nm).
(13) Dichtring (nach jeder Demontage ersetzen).
(14) Federbandschelle.
(15) Rücklaufleitung.

Servolenksystem auf Dichtheit prüfen

Nach Montagearbeiten und bei Hydraulikölverlusten im Vorratsbehälter muss das Servolenksystem auf Dichtigkeit geprüft werden.

Arbeitsablauf

- Vorderrad links, Geräuschdämpfung und Radhausschale vorn links ausbauen (siehe Kapitel 13).
- Motor starten, Leerlaufdrehzahl, Lenkrad beidseitig bis zum Anschlag drehen und maximal 5 ... 10 Sekunden festhalten. Dadurch baut sich der größtmögliche Druck auf.
- Druckleitung und Rücklaufleitung auf Dichtheit prüfen.
- Alle Leitungs- und Schlauchanschlüsse auf festen Sitz und Dichtigkeit prüfen. Bei Undichtheiten Leitungs- bzw. Schlauchanschluss mit dem vorgeschriebenen Anzugsdrehmoment nachziehen bzw. Dichtung oder Leitung ersetzen.
- Motorpumpenaggregat auf Dichtigkeit prüfen. Bei Undichtheiten Motorpumpenaggregat ersetzen.

■ Vorratsbehälter für Hydrauliköl auf Dichtigkeit prüfen. Vorratsbehälter bei Undichtheiten ersetzen.

■ Hydraulikölstand prüfen und ggf. nachfüllen (siehe folgende Anleitung). Sinkt der Hydraulikölstand im Vorratsbehälter, obwohl alle Schlauch- und/oder Druckleitungsanschlüsse absolut dicht sind, könnte das Servolenkgetriebe die Ursache für den Hydraulikölverlust sein. In diesem Fall ist das Servolenkgetriebe in ausgebautem Zustand auf Dichtheit prüfen, und zwar folgende Bauteile: Dichtring für Lenkritzel am Ventilgehäuse des Lenkgetriebes sowie alle Leitungsanschlüsse am Lenkgetriebe. Beim nächsten Prüfschritt müssen die Faltenbälge nach Öffnen der Klemmschellen des Faltenbalgs zurückgeschoben werden. Ist Hydrauliköl im Lenkgetriebegehäuse und/oder in den Faltenbälgen sichtbar, muss das Lenkgetriebe ersetzt werden.

■ Servolenkgetriebe, Radhausschale vorn links und Geräuschdämpfung einbauen sowie Rad vorn links anbauen und festziehen.

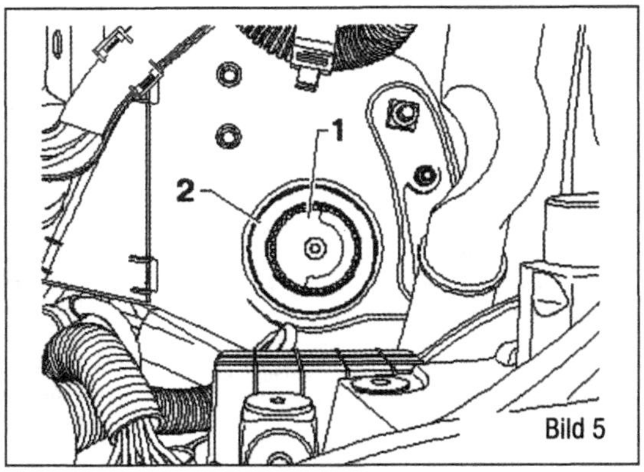

Bild 5

Bild 5
Verschlussdeckel (1) vom Motorpumpenaggregat (2) abschrauben.

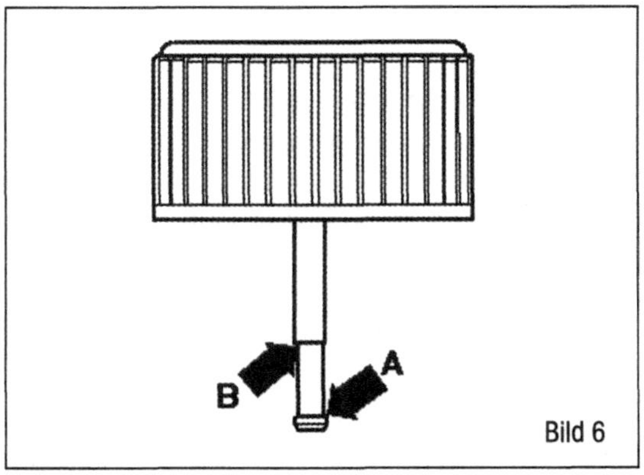

Bild 6

Bild 6
Verschlussdeckel des Ölbehälters Motorpumpenaggregat mit Ölmessstab.
Pfeil A = Markierung für den niedrigsten Ölstand.
Pfeil B = Markierung für den höchsten Ölstand

Ölstand der Servolenkung prüfen

Arbeitsablauf

■ Motor nicht laufen lassen und Vorderräder in Geradeausstellung.

■ Bei Fahrzeugen mit Luftfilter links im Motorraum Batterie und Batteriekonsole ausbauen (siehe Kapitel 12).

■ Verschlussdeckel (1) vom Motorpumpenaggregat (2) abschrauben (Bild 5, siehe auch Bild 4), Ölmessstab mit einem sauberen Putzlappen abwischen, Verschlussdeckel handfest einschrauben, wieder abschrauben und Ölstand kontrollieren.

■ Der Ölstand muss sich zwischen der untersten Markierung (Pfeil A) und der obersten Markierung (Pfeil B) des Ölmessstabs befinden. Befindet sich der Ölstand über der Markierung (Pfeil B), muss Öl abgesaugt werden. Befindet sich der Ölstand unter dem angegebenen Bereich, muss das Hydrauliksystem auf Undichtigkeiten geprüft werden. Es genügt dann nicht, lediglich Öl nachzufüllen (Bild 6, siehe auch Bild 4).

■ Abgelassenes Hydrauliköl nicht mehr verwenden.

■ Ist das Hydrauliksystem dicht, Hydrauliköl nachfüllen.

■ Zum Schluss Verschlussdeckel handfest auf den Vorratsbehälter des Motorpumpenaggregats schrauben.

10 Fahrwerk/ Vorderrad- und Hinterradaufhängung

Richtige Radaufhängung ist entscheidend für eine gute Fahrdynamik. Fährt der Wagen über Bodenwellen oder schnell durch eine Kurve, verändert sich jedes Mal die Geometrie der Räder. Reifen dürfen aber nie den Kontakt zur Fahrbahn verlieren, weil sie dann keine Brems- und Lenkkräfte mehr übertragen können. Die Federung nimmt Stöße auf und folgt den Unebenheiten der Straße. Stoßdämpfer verhindern das Nachschwingen.
Volkswagen hat das Fahrwerk des neuen Polo in weiten Bereichen neu ausgelegt. Auf dem Fahrzeugdatenträger ist vermerkt, welches Fahrwerk im Fahrzeug eingebaut ist. Das Fahrwerk wird durch eine PR-Nummer dargestellt. Vorne kommt eine komplett neu entwickelte McPherson-Achse nach dem Federbein-Prinzip mit unteren Dreieckslenkern zum Einsatz. Das Rad ist mit seiner Einheit aus Radnabe und Radlager an das Radlagergehäuse geschraubt. Die Verbundlenker-Hinterachse wurde ebenfalls verbessert, die Spurbreite z. B. um 30 mm erhöht. Feder und Dämpfer sind voneinander getrennt angeordnet.
Serienmäßig wird der Polo zudem in Deutschland und in zahlreichen weiteren Ländern mit dem elektronischen Stabilisierungsprogramm ESP inklusive Berganfahrassistent ausgestattet. ESP verbessert die Fahrzeugkontrolle in fahrdynamisch kritischen Situationen.

*

Den folgenden Reparaturen an der **vorderen Radaufhängung und Radlagerung** stellen wir die anschaulichen Montageübersichten »Aggregateträger, Stabilisator, Achslenker« und »Radlagerung« voran. Sie sind geeignet, die einzelnen Reparaturschritte in einen übergeordneten Zusammenhang zu stellen (Bild 1 und 2).

⚠ Grundsätzlich ist darauf hinzuweisen, dass Schweiß- und Richtarbeiten an

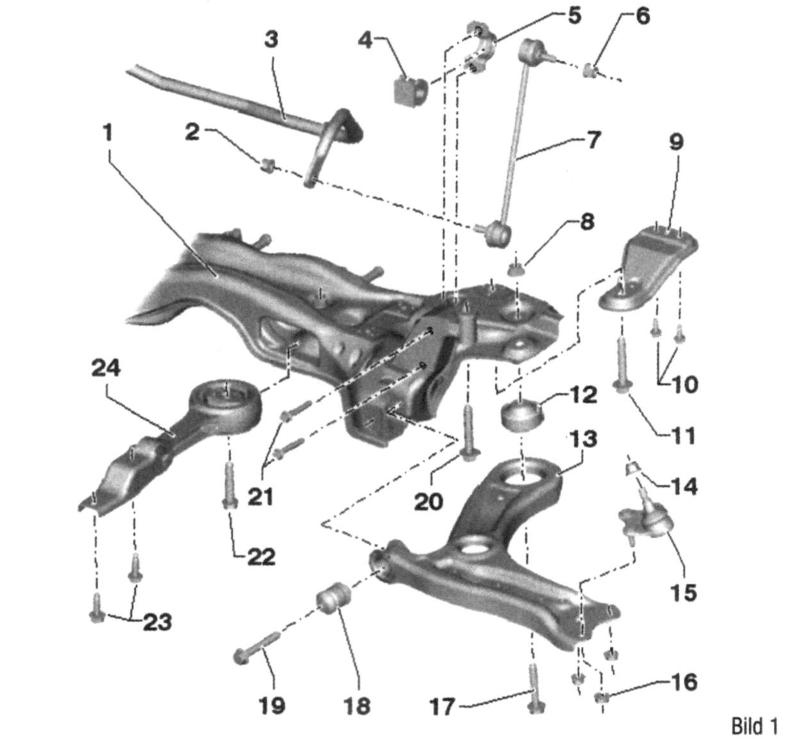

Bild 1
Montageübersicht »Aggregateträger, Stabilisator, Achslenker«.

(1) Aggregateträger (»Aggregateträger fixieren« siehe Anleitung am Schluss von Bild 1 einschließlich der Bilder 1a und 1b).
(2) Selbstsichernde Mutter Koppelstange an Stabilisator (nach jeder Demontage ersetzen, 40 Nm).
(3) Stabilisator. Für den Aus- und Einbau muss der Aggregateträger abgesenkt werden (siehe »Aggregateträger fixieren«).
(4) Gummilager für Stabilisator. Immer auf beiden Seiten tauschen.
(5) Stabilisator-Schelle.
(6) Selbstsichernde Mutter Koppelstange an Federbein (nach jeder Demontage ersetzen, 40 Nm).
(7) Koppelstange zur Anbindung Stabilisator an Federbein.
(8) Mutter Achslenker an Aggregateträger (in Verbindung mit Pos. 17)
(9) Abstützung. (10) Schraube Abstützung an Karosserie (M 8 x 22, 20 Nm und 90° weiterdrehen). Nach jeder Demontage ersetzen. Bei Beschädigung des Gewindes der Schweißmutter kann das Gewinde mit Heli-Coil-Gewindeeinsatz in Stand gesetzt werden. Für diese Methode wird nach einem Spezialverfahren aus hochfestem Draht einer Sonderlegierung ein rhombischer Querschnitt - das Gewindeprofil - gefertigt. Aus diesem Profil wird eine federnde Spirale mit konzentrischem Innen- und Außengewinde gewickelt. Für den Einbau erhält Heli-Coil einen zur Mitte abgewinkelten Mitnehmerzapfen, der an der Kerbe, einer Sollbruchstelle, endet. Nach dem Einbau wird dieser mit dem Zapfenbrecher entfernt, er bricht an der Kerbe gratfrei ab, so dass die Schraube von beiden Seiten einschraubbar ist.
(11) Schraube Achslenker an Aggregateträger (M 12 x 1,5 x 75, 70 Nm und 90° weiterdrehen). Nach jeder Demontage ersetzen. Bei Beschädigung des Gewindes der Schweißmutter kann das Gewinde mit Heli-Coil-Gewindeeinsatz in Stand gesetzt werden.
(12) Gummimetalllager Achslenker hinten.
(13) Achslenker.
(14) Selbstsichernde Mutter Achsgelenk an Radlagergehäuse (nach jeder Montage ersetzen, 20 Nm und 90° weiterdrehen).
(15) Achsgelenk.
(16) Muttern Achsgelenk an Achslenker (nach jeder Demontage ersetzen, 100 Nm).
(17) Schraube Achslenker an Aggregateträger/Karosserie (nach jeder Demontage ersetzen, 70 Nm und 90° weiterdrehen).
(18) Gummimetalllager Achslenker vorn.
(19) Schraube Achslenker ab Aggregateträger (nach jeder Demontage ersetzen, 70 Nm und 90° weiterdrehen).
(20) Schraube Aggregateträger an Karosserie (70 Nm und 90° weiterdrehen). Nach jeder Demontage ersetzen.
(21) Sechskantschrauben (20 Nm und 90° weiterdrehen). Nach jeder Demontage ersetzen.
(22) Sechskantschraube Pendelstütze an Aggregateträger (40 Nm und 90° weiterdrehen). Nach jeder Demontage ersetzen.
(23) Sechskantschrauben Pendelstütze an Getriebe (30 Nm und 90° weiterdrehen). Nach jeder Demontage ersetzen.
(24) Pendelstütze.

Sichtprüfung Messen

tragenden und Rad führenden Bauteilen der Radaufhängung nicht zulässig sind und dass selbstsichernde Muttern sowie korrodierte Schrauben/Muttern immer ersetzt werden müssen.

Aggregateträger fixieren

Dazu werden ein Motor- und Getriebeheber (V.A.G 1383A) mit Universal-Getriebeaufnahme (V.A.G 1359/2) sowie die Fixiervorrichtung (T10096), so genannte Fixierbolzen benötigt.

- Motor- und Getriebeheber unter den Aggregatträger stellen.
- Gewinde der Fixierbolzen reinigen.
- Um den Aggregateträger zu fixieren,

Bild 1a
Aggregateträger fixieren, (1) ... (4) Schrauben (durch Fixierbolzen zu ersetzen).

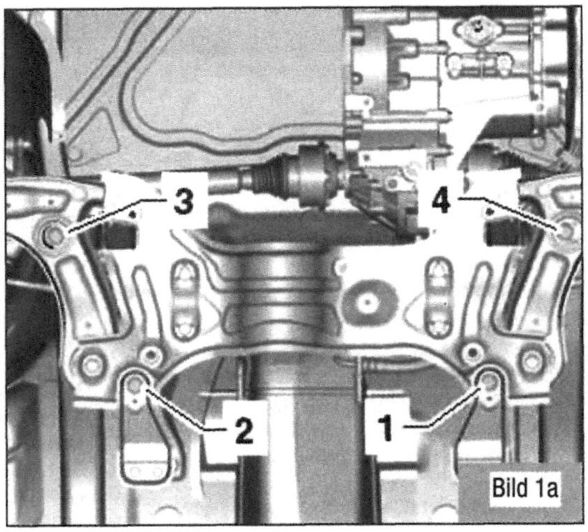

Bild 1b
Aggregateträger fixieren. (1) und (2) Befestigungsschrauben (durch Fixierbolzen ersetzen). Pfeile = Schrauben Abstützung an Karosserie.

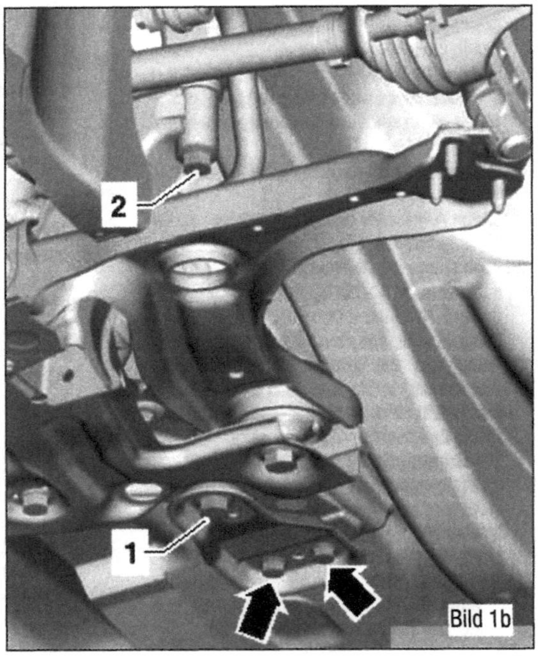

müssen an den Positionen (1), (2), (3) und (4) nacheinander die Fixierbolzen eingeschraubt werden. Die Positionen (3) und (4) müssen zuerst fixiert werden. Die Fixiervorrichtungen dürfen nur mit maximal 20 Nm angezogen werden, da sonst das Gewinde der Fixierbolzen beschädigt wird (Bild 1a).

- Befestigungsschrauben (2) nacheinander auf beiden Fahrzeugseiten durch die Fixierbolzen ersetzen und mit 20 Nm anziehen. Schrauben (Pfeile) für die Abstützung (Pos. 9 im Bild 1, Kapitel 10) herausschrauben. Befestigungsschraube (1) auf einer Fahrzeugseite herausschrauben und die Abstützung entnehmen. Fixierbolzen einsetzen und mit 20 Nm anziehen.
- Die Fixierung des Aggregateträgers ist abgeschlossen, wenn alle 4 Schrauben nacheinander durch die Fixierbolzen ersetzt wurden. Er kann nun abgesenkt werden.
- Der **Einbau** erfolgt in umgekehrter Reihenfolge, dabei ist Folgendes zu beachten:
- Immer nur einen Fixierbolzen herausschrauben und diesen durch eine neue Schraube (1) und (2) ersetzen (siehe Bild 1b).
- Neue Schrauben (Pfeile) für die Abstützung einschrauben und festziehen.
- Anzugsdrehmomente: Aggregateträger an Karosserie = 70 Nm + 90°, Abstützung an Karosserie = 20 Nm + 90°.
- Nach dem Einbau muss während einer Probefahrt die Stellung des Lenkrades geprüft werden.

Achsgelenk prüfen

Axialspiel prüfen

- Fahrzeug anheben und Achslenker (Pos. 13 in Bild 1) kräftig in Pfeilrichtung nach unten ziehen und wieder hoch drücken (Bild 3).

Radialspiel prüfen

- Rad unten kräftig nach innen und außen drücken (Bild 4).
- Es darf bei beiden Prüfungen kein fühl- oder sichtbares »Spiel« vorhanden sein.
- Während der Prüfungen das Achsgelenk (Pos. 15 in Bild 1) beobachten.
- Eventuell vorhandenes Radlagerspiel oder »Spiel« im Federbeinlager oben berücksichtigen.
- Gummibalg am Achsgelenk auf Beschädigung prüfen, ggf. Achsgelenk ersetzen. Der Aus- und Einbau von Aggregateträger,

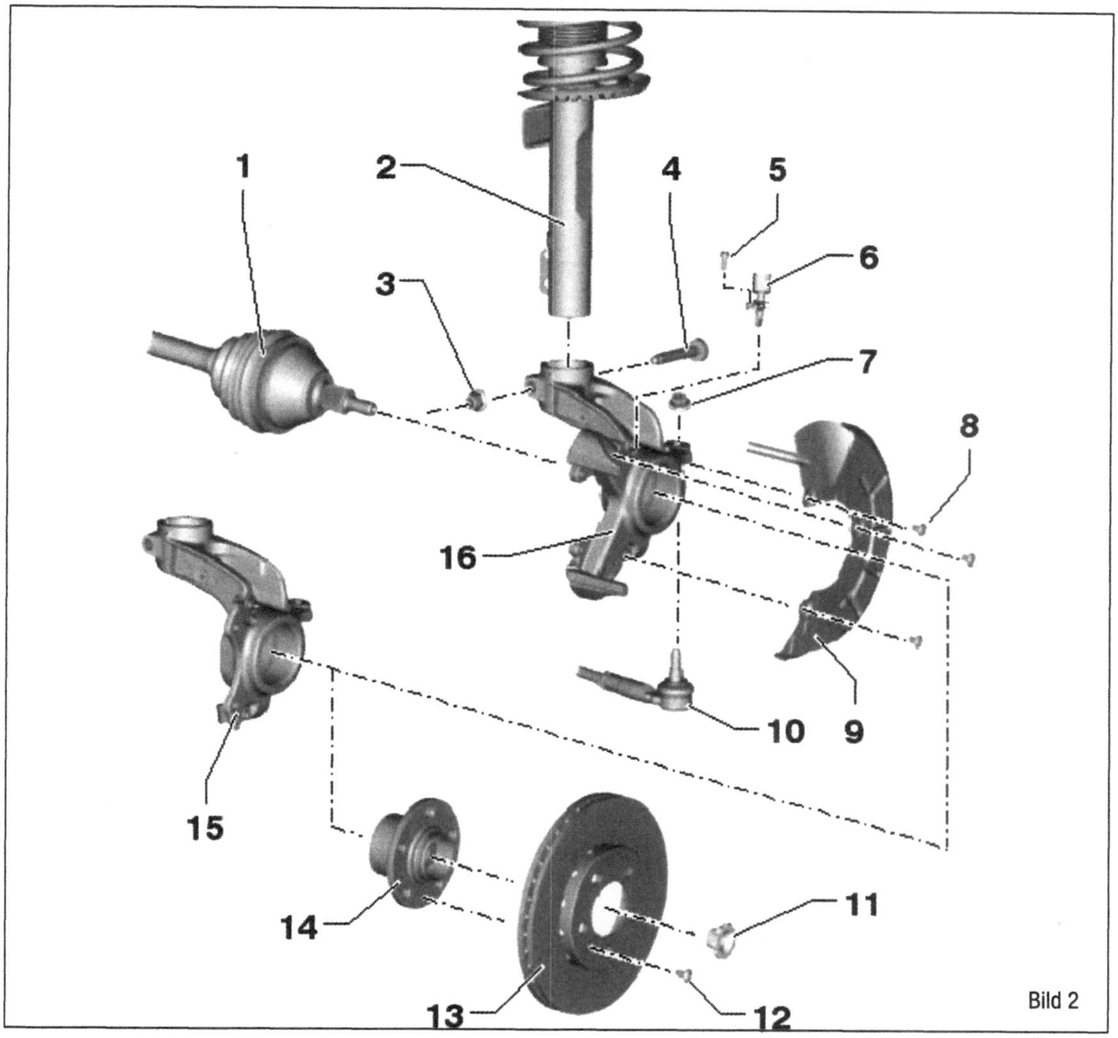

Bild 2

Bild 2
Montageübersicht »Radlagerung«.
(1) Gelenkwelle.
(2) Federbein.
(3) Mutter Federbein an Radlagergehäuse (60 Nm und 90° weiterdrehen) Nach jeder Demontage ersetzen.
(4) Innenvielzahnschraube Federbein an Radlagergehäuse. Spitze der Schraube muss in Fahrtrichtung zeigen.
(5) Innensechskantschraube Drehzahlfühler an Radlagergehäuse (8 Nm).
(6) Drehzahlfühler. Vor dem Einsetzen des Fühlers die Innenfläche der Bohrung reinigen und mit Festschmierstoffpaste G 000 650 bestreichen.
(7) Mutter Spurstangenkopf an Radlagergehäuse (20 Nm und 90° weiterdrehen). Nach jeder Demontage ersetzen.
(8) Schrauben Abdeckblech an Radlagergehäuse (12 Nm).
(9) Abdeckblech.
(10) Spurstangenkopf.
(11) Selbstsichernde Zwölfkantmutter für Gelenkwelle (50 Nm und 45° weiterdrehen). Mit Steckeinsatz SW 36 (T10125) lösen. Nach jeder Demontage ersetzen.
(12) Schrauben Bremsscheibe an Radnabe (4 Nm).
(13) Bremsscheibe innen belüftet.
(14) Radnabe mit Radlager. Der Sensorring für das ABS ist in der Radnabe eingebaut. Unterschiedliche Ausführungen für 14"- und 15"-Fahrwerk. Immer ersetzen, wird beim Ausziehen zerstört.
(15) Radlagergehäuse für Bremssattel FN3 für Fahrzeuge mit 15"-Fahrwerk.
(16) Radlagergehäuse für Bremssattel FS III für Fahrzeuge mit 14"-Fahrwerk.

Achsgelenk, Achslenker, Stabilisator oder der Gummimetalllager bzw. Gummilager erfordert eine Reihe von Spezialwerkzeugen und Geräten (z. B. Fixiervorrichtung (T10096) zum Fixieren des Aggregateträgers im Rahmen des Ausbaus von Aggregateträger und von Stabilisator, Motor-/Getriebeheber (V.A.G 1383 A) mit Universal-Getriebeaufnahme (V.A.G 1359/2), Kugelgelenkabzieher (3287A) u. a.), dazu natürlich eine gehörige Portion »Schrauber«-Erfahrung, so dass wir hier lediglich den Aus- und Einbau des Achsgelenks beschreiben. Alle anderen Reparaturen sind unseres Erachtens Sache einer Fachwerkstatt. Es kommt nämlich noch hinzu, dass einige Schrauben/Muttern, z. B. alle Schrauben an Fahrwerksteilen mit

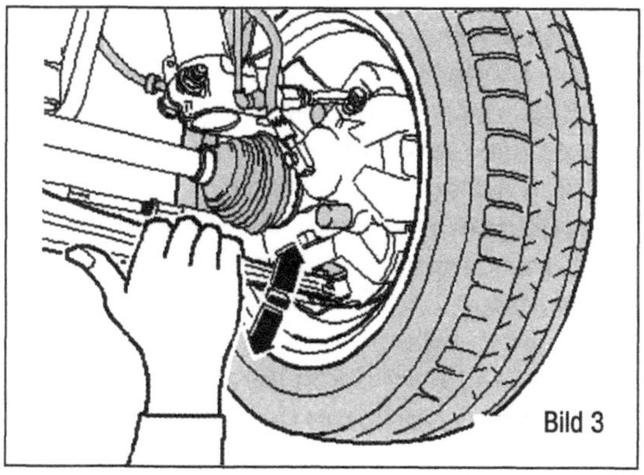

Bild 3

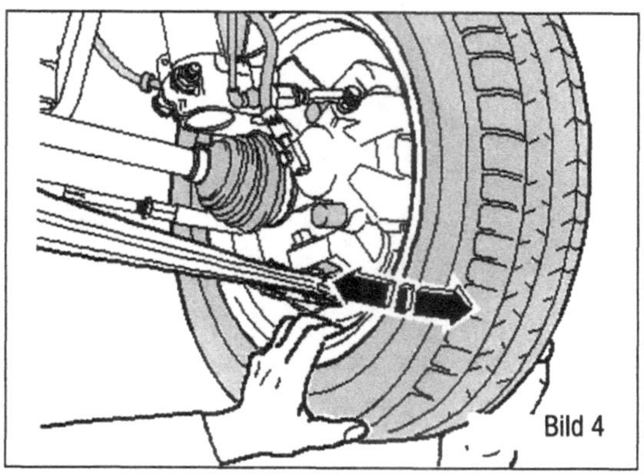

Bild 4

Bild 3
Axialspiel prüfen.

Bild 4
Radialspiel prüfen.

Sichtprüfung Messen

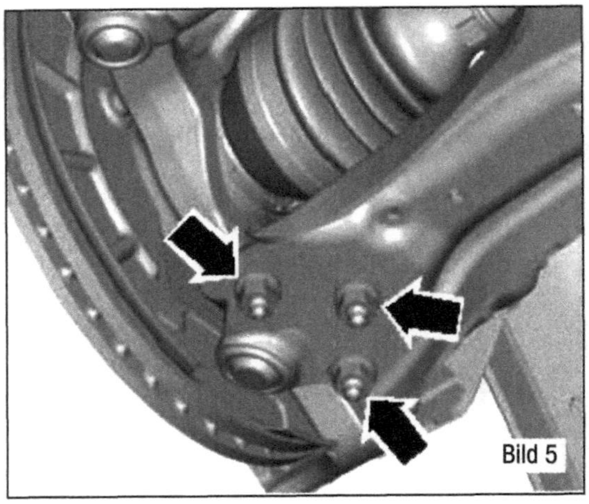

Bild 5
Muttern (Pfeile) Achsgelenk an Achslenker abschrauben.

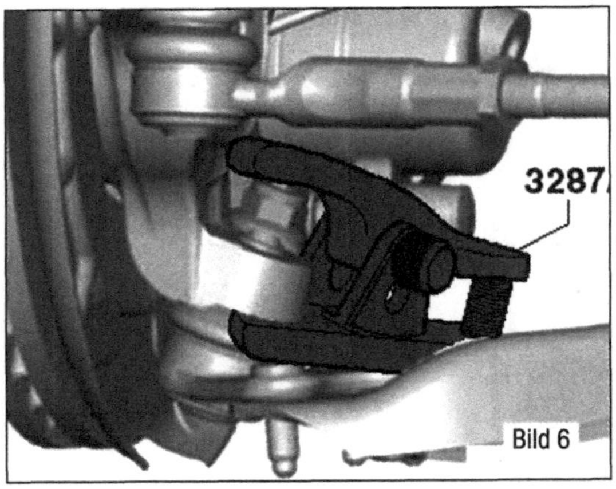

Bild 6
Achsgelenk mit Kugelgelenkabzieher ausdrücken.

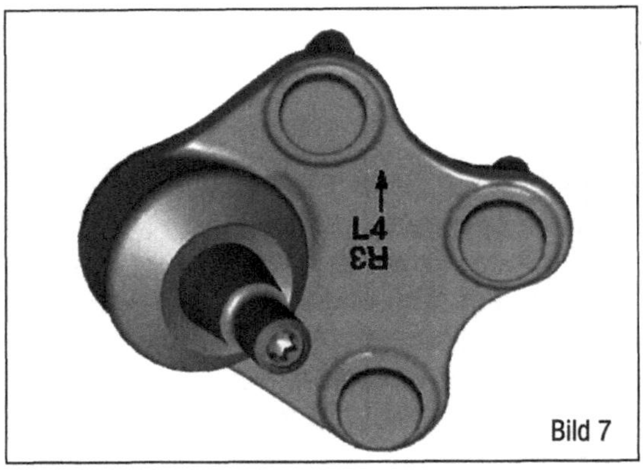

Bild 7
Einbaulage linkes Achsgelenk.
Pfeil mit Bezeichnung »L4« zeigt bei 14"-/15"-Fahrwerk in Fahrtrichtung.

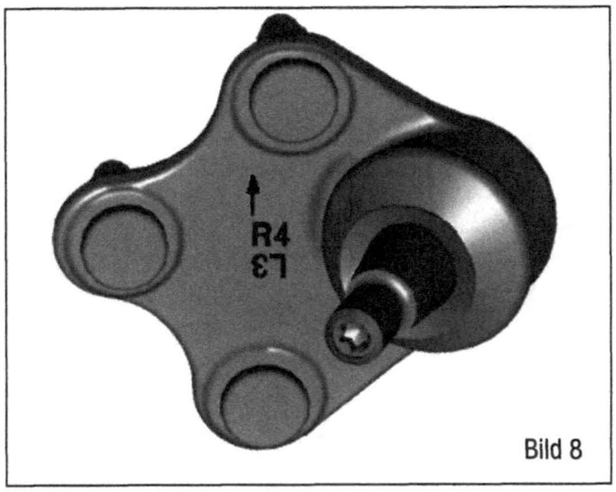

Bild 8
Einbaulage rechtes Achsgelenk.
Pfeil mit Bezeichnung »R4« zeigt bei 14"-/15"-Fahrwerk in Fahrtrichtung.

Gummimetalllagern, grundsätzlich in so genannter Leergewichtslage festgezogen werden müssen. Dazu ist die Radlagerung in die Leergewichtslage zu heben.
Aus ähnlichen Gründen verzichten wir im Segment »Radlagerung« auf den Reparaturablauf »Radnabe mit Radlager aus- und einbauen«, zumal dafür zahlreiche miteinander korrespondierende Montagevorrichtungen und Spezialwerkzeuge zum Ausziehen bzw. zum Einziehen von Radnabe mit Radlager benötigt werden. Wir präsentieren jedoch die Reparatur »Radlagergehäuse aus- und einbauen«.

Achsgelenk aus- und einbauen

Neben den oben genannten Spezialwerkzeugen (Kugelgelenkabzieher und Motor-/Getriebeheber) werden zusätzlich noch Drehmomentschlüssel (V.A.G 1331 und V.A.G 1756) sowie ein Steckeinsatz SW 36 (T10125) benötigt.

Ausbau

- Fahrzeug so weit anheben, dass die Vorderachse entlastet ist. Dann Zwölfkantmutter für Gelenkwelle mit Steckeinsatz SW 36 lösen (siehe Bild 2).

⚠ Beim Lösen und Festziehen darf das Fahrzeug nicht auf den Rädern stehen. Das Radlager kann bei gelöster Schraube durch das Eigengewicht des Fahrzeugs beschädigt werden. Sollen Fahrzeuge mit ausgebauter Gelenkwelle bewegt werden, muss ein Außengelenk eingebaut und mit 50 Nm festgezogen werden.

- Rad abbauen.
- Muttern (Pfeile) Achsgelenk an Achslenker abschrauben (Bild 5, siehe auch Bild 1).
- Gelenkwelle etwas aus der Radnabe ziehen, ggf. komplett herausziehen.
- Achslenker aus dem Achsgelenk herausziehen. Mutter für Achsgelenk an Radlagergehäuse lösen (siehe Bild 1), Mutter zum Schutz des Gewindes einige Gewindegänge auf dem Achsgelenk belassen.
- Kugelgelenkabzieher wie im Bild 6 gezeigt ansetzen und Achsgelenk ausdrücken. Dabei Motor- und Getriebeheber oder Ähnliches unterstellen.

⚠ Unfallgefahr durch herab fallende Teile beim Ausdrücken des Achsgelenks.

Einbau

■ Achsgelenk in Radlagergehäuse einsetzen, dabei auf Einbaulage der Achsgelenke achten (Bild 7 und 8). Bei falscher Einbaulage ist der Nachlauf nicht in Ordnung.

■ Neue selbstsichernde Mutter für Achsgelenk an Radlagergehäuse mit 20 Nm +90° aufschrauben, dabei mit Innentorx T40 am Achsgelenk gegenhalten.

■ Gelenkwelle in Radnabe einsetzen.

Unbedingt darauf achten, dass die Schleuderscheibe (1) komplett auf das Außengelenk aufgeclipst ist. Die Schleuderscheibe (1) muss mit der Anlagefläche des Außengelenks (Pfeil) fluchten (Bild 9, siehe auch Bild 21).

■ Muttern (Pfeile) Achsgelenk an Achslenker mit 100 Nm festziehen (siehe Bild 5). Auf beschädigungsfreien und nicht verdrillten Dichtbalg achten.

■ Rad anbauen und mit 120 Nm festziehen sowie Zwölfkantmutter für Gelenkwelle mit Steckeinsatz SW 36 mit 50 Nm +45° festziehen.

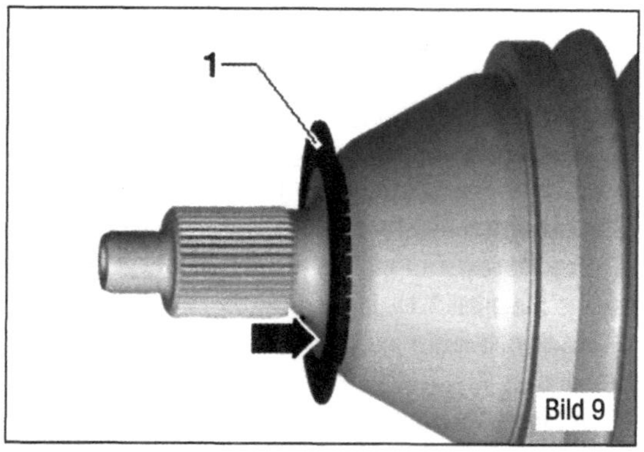

Bild 9
Gelenkwelle in Radnabe einsetzen.
(1) Schleuderscheibe muss komplett auf das Außengelenk aufgeclipst sein.
Pfeil = Schleuderscheibe (1) muss mit der Anlagefläche des Außengelenks (Pfeil) fluchten.

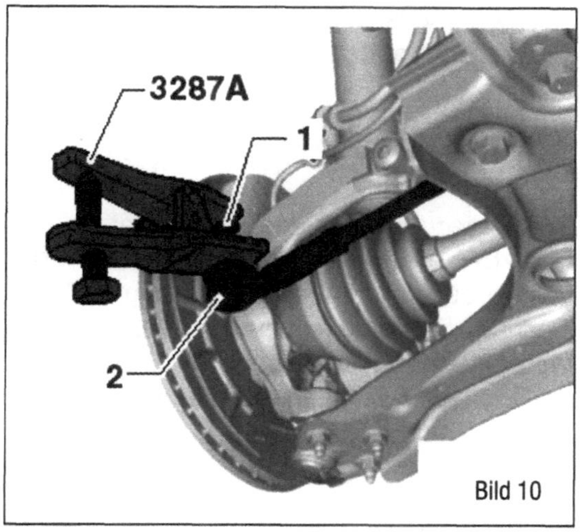

Bild 10
Spurstangenkopf (2) vom Lenkspurhebel abdrücken.
(1) Mutter Spurstangenkopf.

Radlagergehäuse aus- und einbauen

Benötigt werden im Prinzip die gleichen Spezialwerkzeuge wie beim Ausbau des Achsgelenks, zusätzlich ein Spreizer (3424).

Ausbau

■ Fahrzeug so weit anheben, dass die Vorderachse entlastet ist. Danach Zwölfkantmutter für Gelenkwelle mit Steckeinsatz lösen und das Rad abbauen.

■ Bremssattel abbauen und mit Draht am Aufbau aufhängen sowie ABS-Drehzahlfühler ausbauen und Bremsscheibe abbauen (siehe Kapitel 11).

■ Jetzt das Abdeckblech vom Radlagergehäuse abbauen (siehe Bild 2).

■ Mutter (1) von Spurstangenkopf (2) lösen, aber noch nicht abschrauben. Mutter zum Schutz des Gewindes einige Umdrehungen auf dem Zapfen lassen. Spurstangenkopf (2) vom Lenkspurhebel mithilfe eines Kugelgelenkabziehers abdrücken (Bild 10).

■ Muttern (Pfeile) Achsgelenk an Achslenker abschrauben (siehe Bild 5). Achslenker aus dem Achsgelenk herausziehen. Außengelenk der Gelenkwelle aus der Radnabe ziehen. Gelenkwelle mit Bindedraht am Aufbau befestigen.

■ Jetzt den Motor- und Getriebeheber unter das Radlagergehäuse stellen.

■ Schraubverbindung Radlagergehäuse/Federbein (Pfeil) ausbauen (Bild 11, siehe auch Bild 2).

■ Spreizer in den Schlitz des Radlagergehäuses einsetzen (Bild 12), Knarre um 90° drehen und von Spreizer abziehen. Dann Radlagergehäuse vom Federbein abziehen. Wenn das Radlagergehäuse ersetzt wird, dann muss das Achsgelenk umgebaut werden. Dazu müssen neue Muttern verwendet werden.

Einbau

Der Einbau erfolgt in umgekehrter Reihenfolge, dabei ist Folgendes zu beachten:

■ Unbedingt darauf achten, dass die Schleuderscheibe (1) komplett auf das Außengelenk aufgeclipst ist. Die Schleuderscheibe (1) muss mit der Anlagefläche des Außengelenks (Pfeil) fluchten (siehe Bild 9).

■ Zwölfkantmutter für Gelenkwelle an Radnabe mit Steckeinsatz SW 36 mit 50 Nm +

45° festziehen. Dabei darf das Fahrzeug nicht auf den Rädern stehen, da sonst das Radlager beschädigt wird.

- Wurde das Radlagergehäuse ersetzt, muss das Fahrzeug vermessen werden (Sache einer Fachwerkstatt).
- Bremssatte und Bremsscheibe einbauen (siehe Kapitel 11).
- Räder anbauen und mit 120 Nm festziehen.
- Weitere Anzugsdrehmomente: Federbein an Radlagergehäuse = 60 Nm + 90°, Achsgelenk an Achslenker = 100 Nm, Spurstangenkopf an Radlagergehäuse = 20 Nm + 90°.

Federbein aus- und einbauen

Den folgenden Reparaturanleitungen an Federbein, Dämpfer und Feder legen wir die Montageübersicht »Federbein« zugrunde (Bild 13). Für diese Arbeiten werden ein Motor-/Getriebeheber (z. B. V.A.G 1383 A), ein Spreizer (3424), ein Steckeinsatz SW 36 (T10125), Drehmomentschlüssel (V.A.G 1331 bzw. 1332), eine Aufnahme (T10149), ein Federspanngerät (z. B. V.A.G 1752/1) und ein Federhalter (z. B. V.A.G 1752/7) sowie ein Stoßdämpfer-Set (T10001) benötigt.

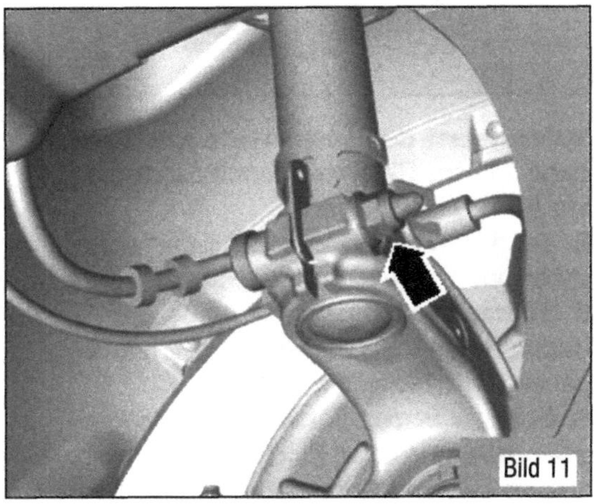

Bild 11
Schraubverbindung (Pfeil) Radlagergehäuse/Federbein ausbauen.

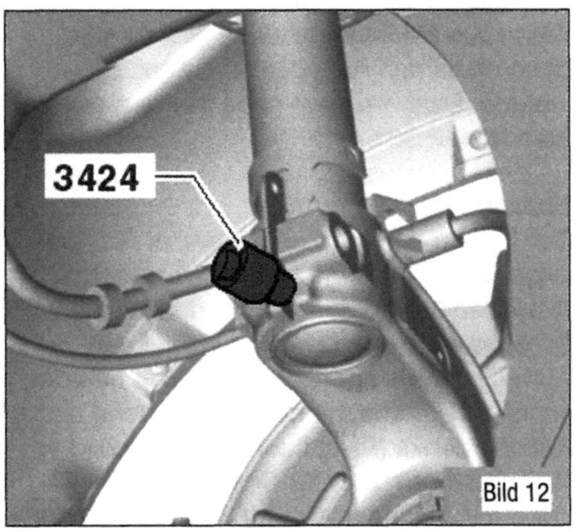

Bild 12
Radlagergehäuse vom Federbein abbauen.

Ausbau

- Fahrzeug so weit anheben, dass die Vorderachse entlastet ist, Zwölfkantmutter für Gelenkwelle mit Steckeinsatz SW 36 lösen und Rad abbauen.
- Mutter Koppelstange an Federbein (Pfeil) abschrauben und Koppelstange (1) aus dem Federbein herausziehen (Bild 14, siehe auch Bild 1).
- Leitung für den Drehzahlfühler vom Federbein aushängen.
- Clip für Bremsleitung (Pfeil) ausbauen und Bremsleitung am Federbein aushängen (Bild 15). Dann Stecker vom ABS-Drehzahlfühler abziehen (siehe Bild 2).
- Muttern Achsgelenk an Achslenker (Pfeile im Bild 5) abschrauben. Achslenker aus dem Achsgelenk herausziehen und Außengelenk der Gelenkwelle aus der Radnabe ziehen. Gelenkwelle mit Bindedraht am Aufbau befestigen. Wenn sich die Gelenkwelle nicht aus dem Radlager herausziehen lässt, dann kann diese mit dem Ausdrücker (3283) aus dem Radlager gedrückt werden.

⚠ Die Gelenkwelle darf nicht herunterhängen, das Innengelenk wird sonst durch Überbeugen beschädigt.

- Achsgelenk wieder mit Achslenker verschrauben. Motor- und Getriebeheber mit Aufnahme an der Radnabe mit einer Radschraube befestigen (Bild 16). Dazu Radnabe so weit drehen, bis eine der Bohrungen für Radschrauben oben steht.

⚠ Fahrzeug nicht anheben oder ablassen, wenn der Motor- und Getriebeheber unter dem Fahrzeug steht. Das Fahrzeug könnte von der Hebebühne abrutschen. Motor- und Getriebeheber nicht länger als erforderlich unter dem Fahrzeug stehen lassen.

- Schraubverbindung Radlagergehäuse/-Federbein (Pfeil im Bild 11, siehe auch Bild 2) trennen. Spreizer in den Schlitz des Radlagergehäuses einsetzen. Knarre um 90° drehen und vom Spreizer abziehen (siehe Bild 12).
- Bremsscheibe mit der Hand in Richtung Federbein drücken. Sonst kann sich das Stoßdämpferrohr in der Bohrung des Radlagergehäuses verkanten.

■ Radlagergehäuse nach unten vom Stoßdämpferrohr abziehen und mit dem Motor- und Getriebeheber so weit absenken, bis das Stoßdämpferrohr frei hängt. Dann das Radlagergehäuse mit Bindedraht am Aggregateträger festbinden.
■ Aufnahme T10149 von der Radnabe abbauen und Motor- und Getriebeheber unter dem Fahrzeug wegnehmen.
■ Obere Dämpferbefestigung abschrauben und Federbein nach unten herausnehmen (Bild 17).

Einbau

■ Motor- und Getriebeheber mit Aufnahme T10149 an der Radnabe mit einer Radschraube befestigen (siehe Bild 16).
■ Federbein am Radlagergehäuse ansetzen und mit der Innenvielzahnschraube und einer neuen Mutter mit 60 Nm + 90° fixieren (siehe Bild 2). Die Innenvielzahnschraube muss mit der Spitze in Fahrtrichtung zeigen.
■ Bindedraht am Radlagergehäuse entfernen und Spreizer herausnehmen.
■ Radlagergehäuse mit dem Motor- und Getriebeheber vorsichtig so weit anheben, bis das Federbein im Federbeindom innen anliegt. Anschlag auf den Federbeindom auflegen und Mutter für obere Dämpferbefestigung mit 60 Nm festziehen (siehe Bild 13 und 18).
■ Aufnahme T10149 von der Radnabe abbauen und Motor- und Getriebeheber unter dem Fahrzeug wegnehmen.
■ Schraubverbindung Radlagergehäuse/-Federbein (siehe Pfeil im Bild 11) festziehen.
■ Muttern Achsgelenk an Achslenker (siehe Pfeile im Bild 5) abschrauben. Achslenker aus dem Achsgelenk herausziehen und Gelenkwelle in Radlager einsetzen.

⚠ Unbedingt darauf achten, dass die Schleuderscheibe (1) komplett auf das Außengelenk aufgeclipst ist. Die Schleuderscheibe (1) muss mit der Anlagefläche des Außengelenks (Pfeil) fluchten (siehe Bild 9).

■ Achsgelenk mit Achslenker mit neuen Muttern (siehe Pfeile im Bild 5) mit 100 Nm verschrauben. Auf beschädigungsfreien und nicht verdrillten Dichtbalg achten.
■ Der weitere Einbau erfolgt in umgekehrter Ausbaureihenfolge.
■ Rad anbauen und mit 120 Nm festziehen.
■ Zwölfkantmutter für Gelenkwelle mit Steckeinsatz SW 36 mit 50 Nm +45° festziehen.
■ Weitere Anzugsdrehmomente: Koppelstange an Federbein = 40 Nm.

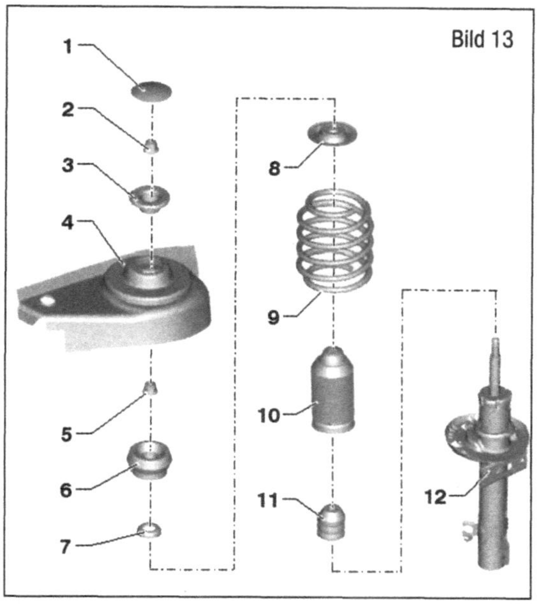

Bild 13
Montageübersicht »Federbein«.
(1) Kappe.
(2) Selbstsichernde Mutter (60 Nm). Nach jeder Demontage ersetzen.
(3) Anschlag.
(4) Federbeindom.
(5) Selbstsichernde Mutter (60 Nm). Nach jeder Demontage ersetzen.
(6) Federbeinlager. Einbaulage: Der Bund des Federbeinlagers muss zum Federteller zeigen.
(7) Axialrillenkugellager.
(8) Federteller.
(9) Schraubenfeder. Auf Farbkennzeichnung achten. Federzuordnung über PR-Nummer, die sich auf dem Fahrzeugdatenträger befindet. Oberfläche der Federwindung darf nicht beschädigt werden.
(10) Schutzhülle.
(11) Anschlagpuffer.
(12) Dämpfer (einzeln austauschbar).

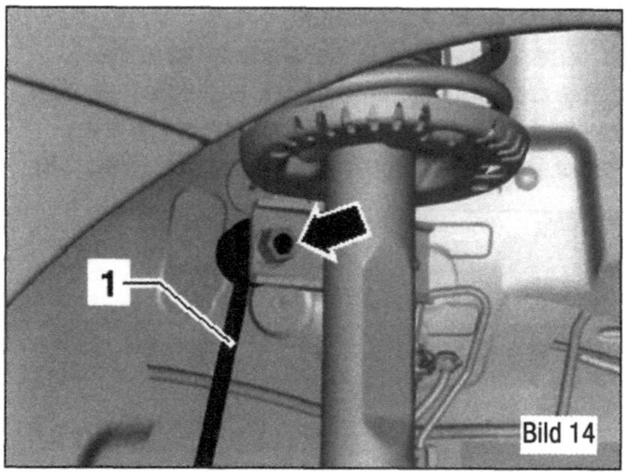

Bild 14
Koppelstange (1) vom Federbein abbauen.
Pfeil = Mutter.

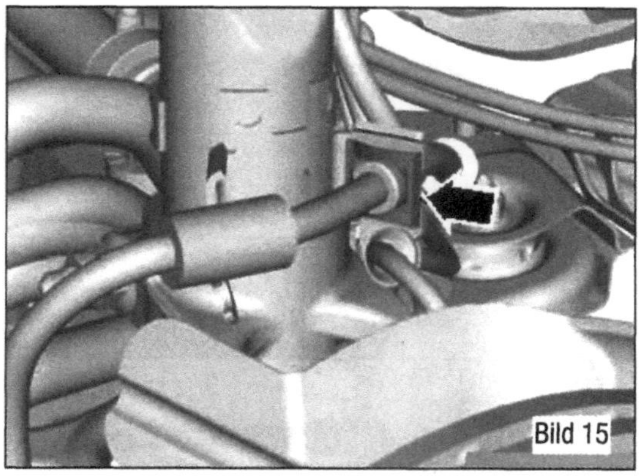

Bild 15
Bremsleitung am Federbein aushängen.
Pfeil = Clip für Bremsleitung.

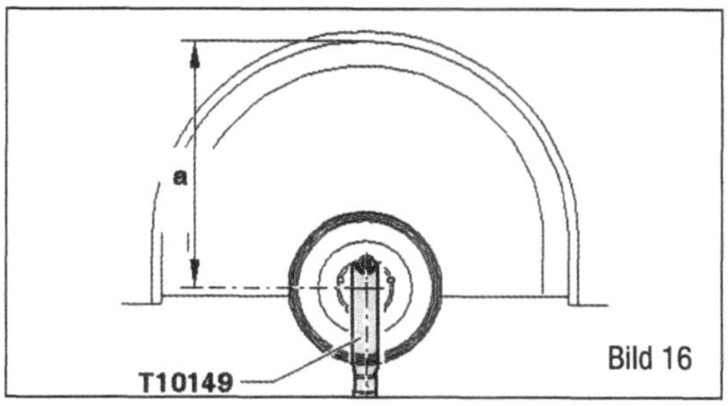

Bild 16
Aufnahme T10149 an der Radnabe mit einer Radschraube befestigen.
(a) Standhöhemaß für »Radlagerung in Leergewichtslage heben«: für das Basisfahrwerk (G09/G10) = 366 ± 10 mm.

Bild 17
Federbein ausbauen.
(1) Ratsche, handelsüblich.
Aus dem Stoßdämpferset:
(2) T10001/8.
(3) T10001/11.
(4) T10001/5.

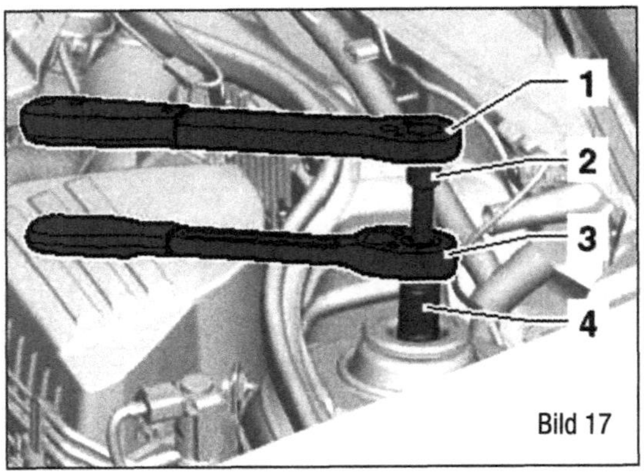

Bild 17

Schraubenfeder aus- und einbauen

Ausbau
■ Federbein ausbauen.
■ Zuerst die Feder so weit vorspannen, dass der obere Federteller entlastet ist. Dabei auf den richtigen Sitz der Schraubenfeder im Federhalter (Pfeil) achten (Bild 18).

Bild 18
Richtiger Sitz (Pfeil) der Schraubenfeder im Federhalter.
(1) Federspanngerät V.A.G 1752/1.
(2) Federhalter V.A.G 1752/7.

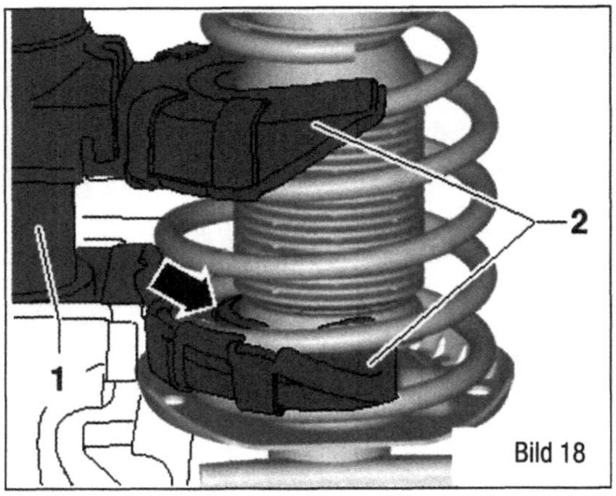

Bild 18

Bild 19
(1) Federspanngerät V.A.G 1752/1.
(2) Ratsche, handelsüblich.
Aus dem Stoßdämpferset:
(3) T10001/8.
(4) T10001/11.
(5) T10001/5.
(6) Federhalter V.A.G 1752/7.

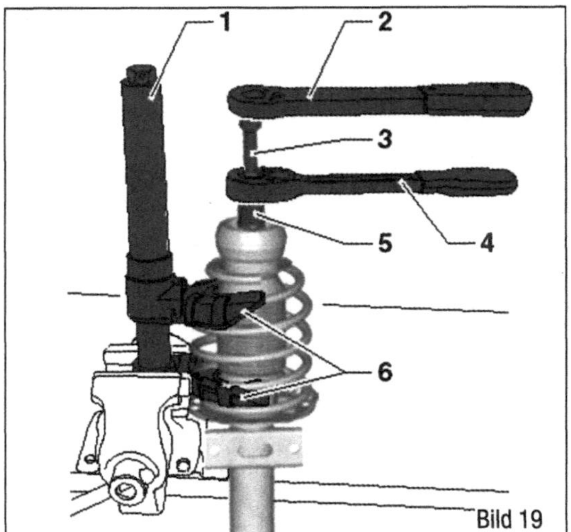

Bild 19

■ Schraubenfeder mit Spannvorrichtung für Federbeine (V.A.G 1752) so weit vorspannen, bis das Axialrillenkugellager oben frei ist.
■ Sechskantmutter von Kolbenstange an Federbein abschrauben (siehe Bild 14).
■ Einzelteile des Federbeins und Schraubenfeder mit Spannvorrichtung für Federbeine abnehmen (Bild 19).

Einbau
■ Schraubenfeder mit Spannvorrichtung für Federbeine auf die Federunterlage unten aufsetzen. Das Ende der Federwindung muss am Anschlag (Pfeil A) und an der Nase (Pfeil B) anliegen (Bild 20).
■ Federteller, Axialrillenkugellager und Federbeinlager auf die Feder aufsetzen (siehe Bild 13). Der Bund des Federbeinlagers muss zum Federteller zeigen.
■ Neue Sechskantmutter an Kolbenstange mit 60 Nm festziehen.
■ Spannvorrichtung für Federbeine entspannen und von der Schraubenfeder abnehmen (siehe Bild 19).
■ Federbein einbauen.

*

In den Polo-Modellen kommen zwei verschiedene **Gelenk-Typen** zum Einsatz: **Gelenkwellen mit Gleichlaufgelenk** (VL90, VL100 und VL107), hier laufen beim Knicken des Gelenks sechs Kugeln in speziell geschliffenen Laufbahnen. So kann bei jedem Beugewinkel der Antriebswelle eine gleichmäßige Kraftübertragung gewährleistet werden.
Und als zweite Version: **Gelenkwellen mit Tripodegelenk** (AAR2000/108). Statt der sechs Kugeln besitzt dieses Gelenk drei Rollen auf Nadellagern. Diese Technik überträgt weniger Schwingungen vom Antrieb zur Karosserie.
Die Ziffern 90, 100, 107 und 108 entsprechen dem Durchmesser des Innengelenks in mm.
Für die Reparatur »Gelenkwellen aus- und einbauen« sind Montageübersichten nützlich. Wir demonstrieren hier die Montageübersichten »Gelenkwellen mit Gleichlaufgelenk« (Bild 21) sowie »Gelenkwellen mit Tripodegelenk« (Bild 22) und erläutern anschließend den Aus- und Einbau der Gelenkwellen.

Gelenkwelle mit Gleichlaufgelenk/Tripodegelenk aus- und einbauen

Dazu werden ein Steckeinsatz SW 36 (T10125) und ein Drehmomentschlüssel (V.A.G 1331) benötigt.

Ausbau

- Fahrzeug so weit anheben, dass die Vorderachse entlastet ist. Dann Zwölfkantmutter der Gelenkwelle mit Steckeinsatz SW 36 abschrauben.
- Gelenkwelle von Flanschwelle/Getriebe abschrauben.
- Rad abbauen.
- Muttern (siehe Pfeile im Bild 5) Achsgelenk an Achslenker abschrauben und Achslenker aus dem Achsgelenk herausziehen.
- Federbein nach außen schwenken und z. B. mit einem Holzklotz (1, Bild 23) abstützen, dabei Gelenkwelle aus dem Radlager ziehen und nach außen herausnehmen. Wenn sich die Gelenkwelle nicht aus dem Radlager herausziehen lässt, dann kann diese mit dem Ausdrücker (3283) aus dem Radlager gedrückt werden.

Einbau

- Eventuell vorhandene Lackrückstände und/oder Korrosion im Gewinde/Verzahnung des Außengelenks entfernen. Dann Gelenkwelle einsetzen. Unbedingt darauf achten, dass die Schleuderscheibe (siehe 1 im Bild 9) komplett auf das Außengelenk aufgeclipst ist. Die Schleuderscheibe muss mit der Anlagefläche des Außengelenks (siehe Pfeil im Bild 9) fluchten.
- Außengelenk in die Verzahnung der Radnabe so weit wie möglich einführen.
- Achsgelenk mit Achslenker mit neuen Muttern (siehe Pfeile im Bild 5) mit 100 Nm verschrauben. Auf beschädigungsfreien und nicht verdrillten Dichtbalg achten.
- Innengelenk der Gelenkwelle an Getriebe ansetzen und neue Innenvielzahnschrauben über Kreuz mit 10 Nm voranziehen. Danach Innenvielzahnschrauben mit 40 Nm (M8) bzw. 70 Nm (M10) über Kreuz festziehen.
- Rad anbauen und mit 120 Nm festziehen.
- Neue Zwölfkantmutter der Gelenkwelle mit Steckeinsatz SW 36 mit 50 Nm + 45° festziehen.
- Fahrzeug ablassen.

Bild 20
Schraubenfeder richtig einsetzen.
Pfeil A = Anschlag der Federunterlage unten.
Pfeil B = Nase an der Federunterlage unten.

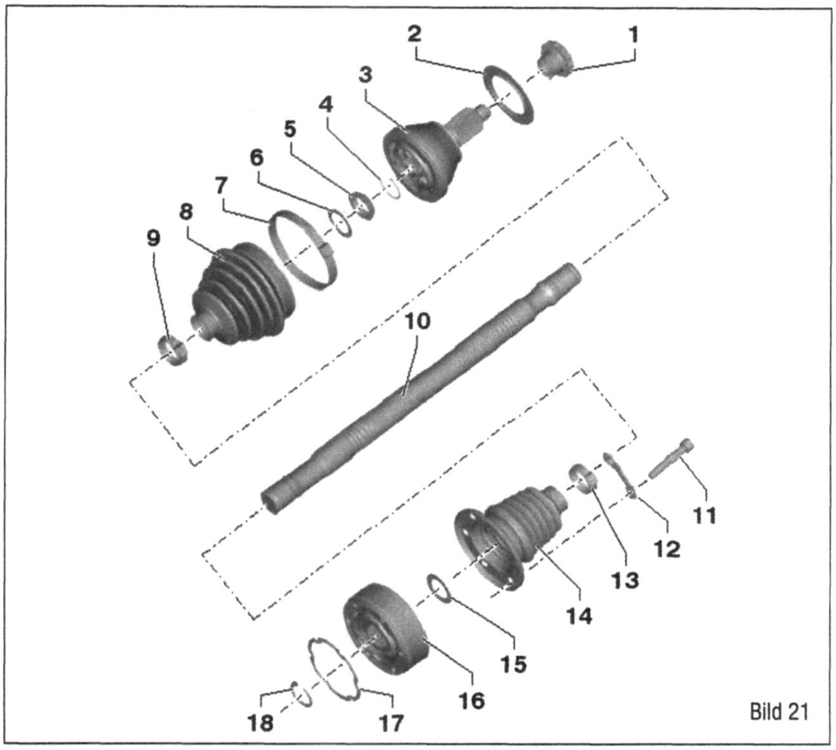

Bild 21
Montageübersicht »Gelenkwellen mit Gleichlaufgelenk VL90 und VL100«.

(1) Selbstsichernde Zwölfkantmutter für Gelenkwelle (50 Nm und 45° weiterdrehen). Nach jeder Demontage ersetzen. Eventuell vorhandene Korrosion im Gewinde des Außengelenks vor dem Aufschrauben der Mutter entfernen.
(2) Schleuderscheibe. Vor Einbau der Gelenkwelle den richtigen Sitz der Schleuderscheibe prüfen.
(3) Gleichlaufgelenk außen, nur komplett ersetzen.
(4) Sicherungsring, nach jeder Demontage ersetzen, in die Nut der Welle einsetzen.
(5) Distanzring.
(6) Tellerfeder.
(7) Klemmschelle für Gelenkschutzhülle, nach jeder Demontage ersetzen.
(8) Gelenkschutzhülle, auf Risse und Scheuerstellen prüfen, vor Montage an das Gleichlaufgelenk die Dichtfläche mit D 454 300 A2 bestreichen.
(9) Klemmschelle für Gelenkschutzhülle, nach jeder Demontage ersetzen.
(10) Gelenkwelle.
(11) Innenvielzahnschrauben Innengelenk an Getriebe (mit 10 Nm über Kreuz voranziehen, dann mit 40 Nm über Kreuz festziehen/M8 x 48). Nach jeder Demontage ersetzen.
(12) Unterlegplatte.
(13) Klemmschelle für Gelenkschutzhülle, nach jeder Demontage ersetzen.
(14) Gelenkschutzhülle für Gleichlaufgelenk innen, auf Risse und Scheuerstellen prüfen, mit Dorn abtreiben.
(15) Tellerfeder, im Innendurchmesser verzahnt. Einbaulage: Großer (Konkavseite) liegt am Gleichlaufgelenk an.
(16) Gleichlaufgelenk innen, nur komplett ersetzen.
(17) Dichtung, ersetzen, Schutzfolie abziehen und in das Gelenk kleben.
(18) Sicherungsring, nach jeder Demontage ersetzen.

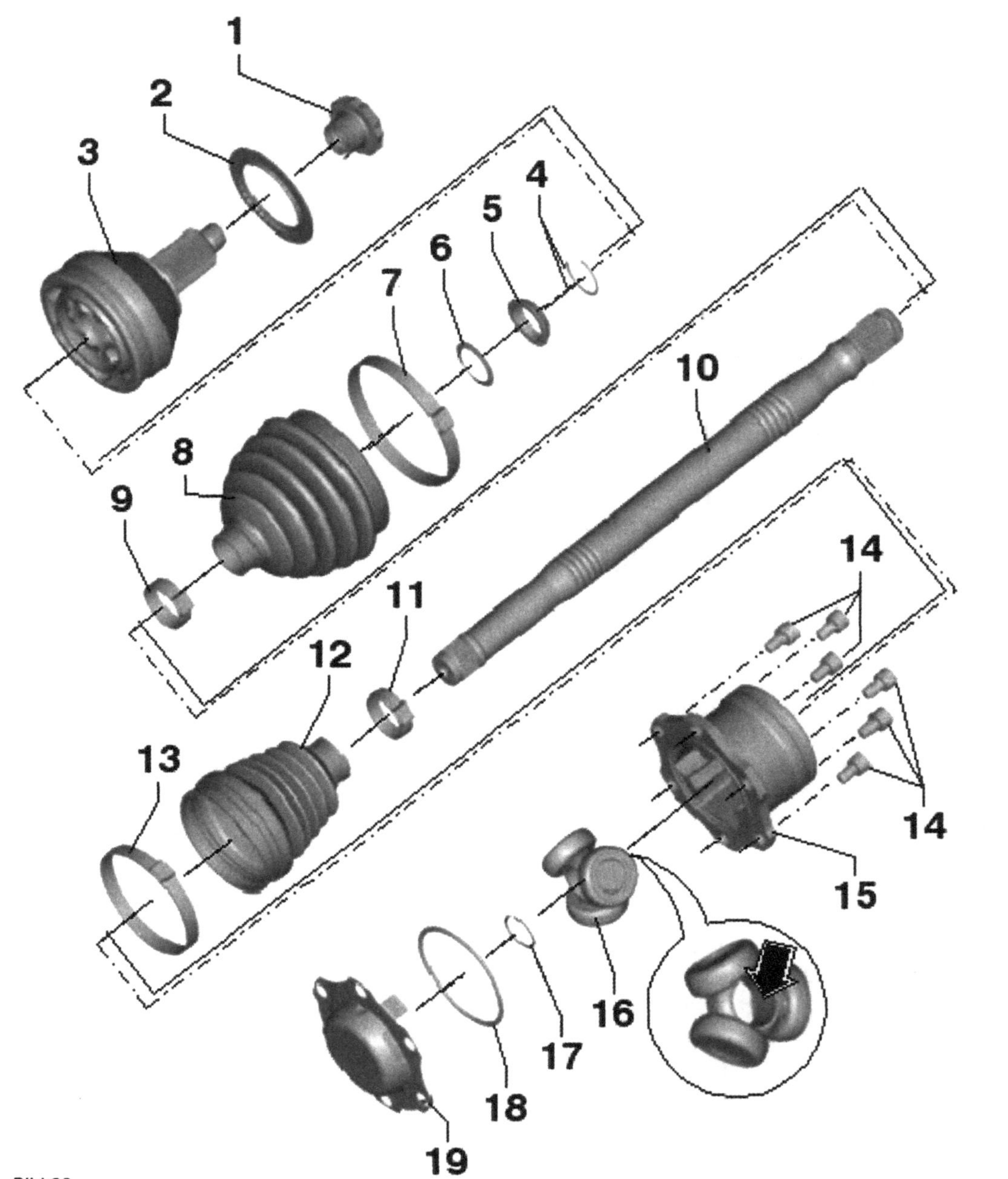

Bild 22

Bild 22

Montageübersicht »Gelenkwellen mit Tripodegelenk«.

(1) Selbstsichernde Zwölfkantmutter für Gelenkwelle (50 Nm und 45° weiterdrehen). Nach jeder Demontage ersetzen. Eventuell vorhandene Korrosion im Gewinde des Außengelenks vor dem Aufschrauben der Mutter entfernen.
(2) Schleuderscheibe. Vor Einbau der Gelenkwelle den richtigen Sitz der Schleuderscheibe prüfen.
(3) Gleichlaufgelenk außen, nur komplett ersetzen.
(4) Sicherungsring, in die Nut der Welle einsetzen.
(5) Distanzring.
(6) Tellerfeder.
(7) Klemmschelle, nach jeder Demontage ersetzen.
(8) Gelenkschutzhülle für Gleichlaufgelenk. Auf Risse und Scheuerstellen prüfen. Werkstoff: Hytrel (Polyelastomer). Vor Montage an das Gleichlaufgelenk die Dichtfläche mit D 454 300 A2 bestreichen.
(9) Klemmschelle, nach jeder Demontage ersetzen.
(10) Gelenkwelle.
(11) Klemmschelle, nach jeder Demontage ersetzen.
(12) Gelenkschutzhülle für Tripodegelenk. Auf Risse und Scheuerstellen prüfen. (13) Klemmschelle, nach jeder Demontage ersetzen.
(14) Innenvielzahnschrauben (mit 10 Nm über Kreuz voranziehen, mit 70 Nm über Kreuz festziehen/M10 x 23). Nach jeder Demontage ersetzen.
(15) Gelenkstück (Außendurchmesser: 108 mm).
(16) Tripodestern mit Rollen. Die Fase (Pfeil) zeigt zur Verzahnung der Gelenkwelle.
(17) Sicherungsring, nach jeder Demontage ersetzen.
(18) Dichtring, nach jeder Demontage ersetzen.
(19) Deckel, nach jeder Demontage ersetzen.

Die Reparaturen **»Zerlegen und Zusammenbauen der Gelenkwellen mit Gleichlaufgelenk bzw. Tripodegelenk«** und »Prüfen des Gleichlaufgelenks innen wie außen« sind aufgrund der zahlreich erforderlichen Spezialwerkzeuge und natürlich der nötigen Erfahrung unseres Erachtens eine Aufgabe der Fachwerkstatt.

*

Das Reparatursegment **hintere Radaufhängung und Radlagerung** eröffnen wir mit einer Montageübersicht, die das Zusammenspiel der einzelnen Bauteile treffend veranschaulicht (Bild 24). Anschließend

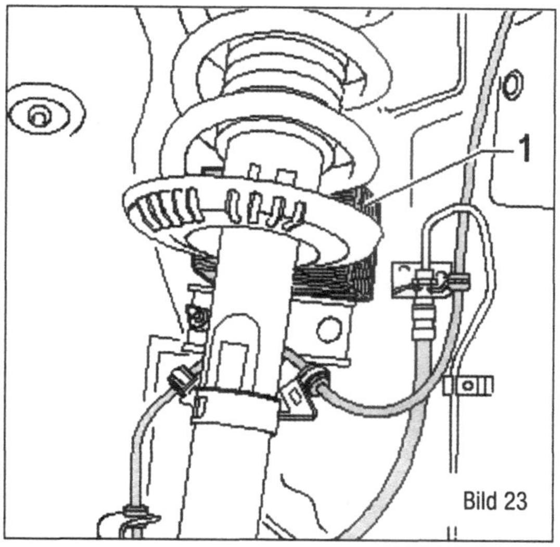

Bild 23
Federbein mit Holzklotz (1) abstützen.

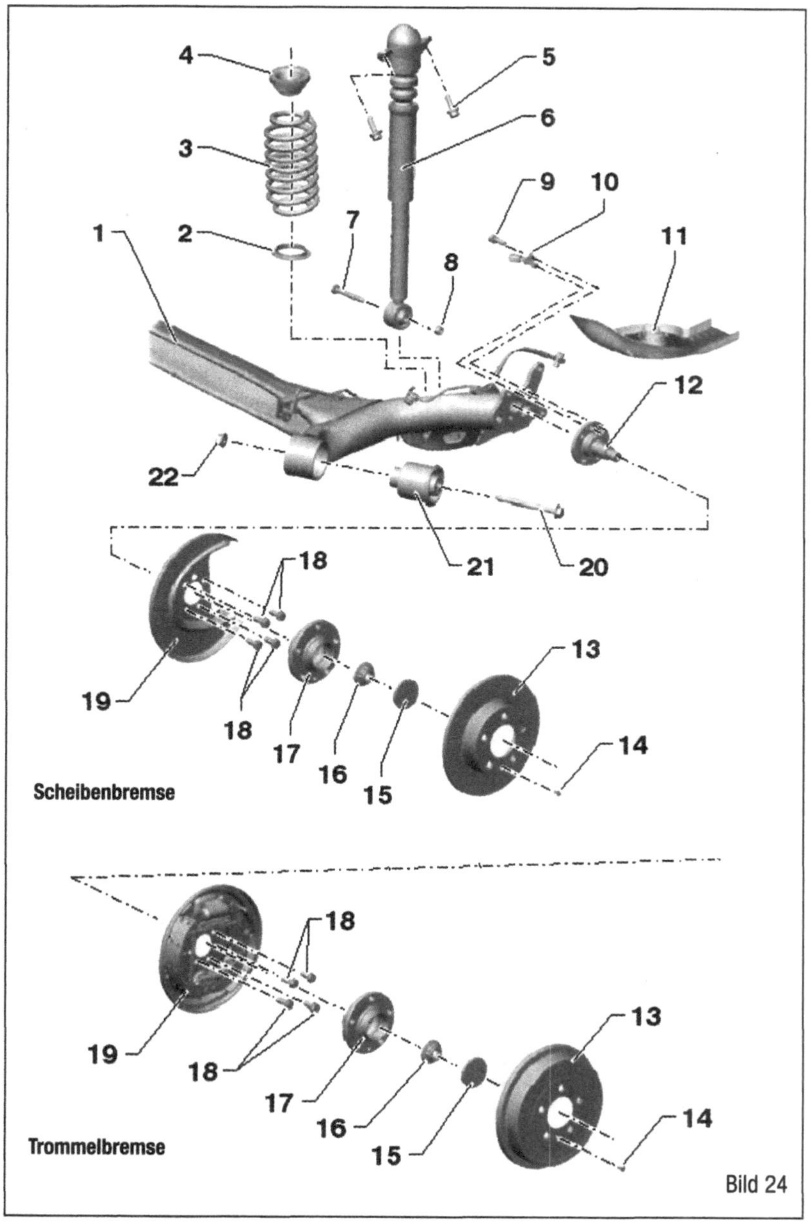

Bild 24
Montageübersicht »Achskörper, Radlagerung, Scheibenbremse/Trommelbremse«.

(1) Achskörper. Anlagefläche und Gewindelöcher für Achszapfen frei von Lack und Verschmutzungen.
(2) Federunterlage, auf Schäden prüfen.
(3) Schraubenfeder. Oberfläche der Federwindung darf nicht beschädigt werden.
(4) Federauflage.
(5) Schrauben Stoßdämpfer an Karosserie (30 Nm und 90° weiterdrehen). Nach jeder Demontage ersetzen.
(6) Stoßdämpfer.
(7) Schraube Stoßdämpfer an Hinterachse (40 Nm und 90° weiterdrehen). In Leergewichtslage festschrauben, nach jeder Demontage ersetzen.
(8) Selbstsichernde Mutter Stoßdämpfer an Hinterachse. Nach jeder Demontage ersetzen.
(9) Schraube Drehzahlfühler (8 Nm).
(10) Drehzahlfühler ABS. Vor dem Einsetzen des Fühlers die Innenfläche der Bohrung reinigen und mit Festschmierstoffpaste G 000 650 bestreichen.
(11) Steinschlagschutz.
(12) Achszapfen. Richtarbeiten und Gewindenachschneiden sind nicht zulässig.
(13) Bremsscheibe bzw. Bremstrommel.
(14) Schraube Bremsscheibe bzw. Bremstrommel (4 Nm).
(15) Staubkappe, nach jeder Demontage ersetzen. Eine fachgerechte Abdichtung wird nur mit einer neuen Staubkappe erreicht. Nur dann ist eine optimale Funktion und lange Lebensdauer des Radlagers gewährleistet.
(16) Selbstsichernde Zwölfkantmutter Radnaben/Radlagereinheit an Achszapfen (70 Nm + 30° weiterdrehen). Nach jeder Demontage ersetzen.
(17) Radnabe mit Radlager. Das Radlager und die Radnabe sind zusammen in einem Gehäuse integriert. Die Radnabe mit Radlager ist wartungs- und spielfrei. Einstellarbeiten sowie Instandsetzungsarbeiten sind nicht möglich.
(18) Schrauben (30 Nm und 90° weiterdrehen). Nach jeder Demontage ersetzen.
(19) Abdeckblech bzw. Bremsträger mit Bremsbacken.
(20) Schraube Hinterachse an Lagerbock (45 Nm und 90° weiterdrehen). Von außen aus einsetzen, nach jeder Demontage ersetzen und in Leergewichtslage festziehen.
(21) Gummimetalllager.
(22) Selbstsichernde Mutter Hinterachse an Lagerbock. Nach jeder Demontage ersetzen.

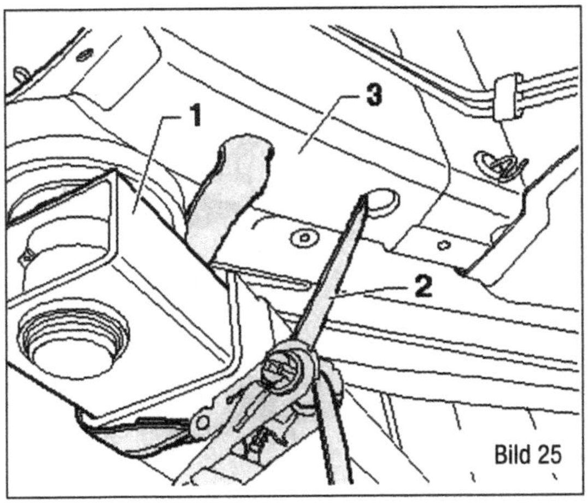

Bild 25
Fahrzeug auf Montagehöhe anheben und mit der Hebebühne verzurren.
(1) Tragarm der Hebebühne.
(2) Spanngurt.
(3) Längsträger.

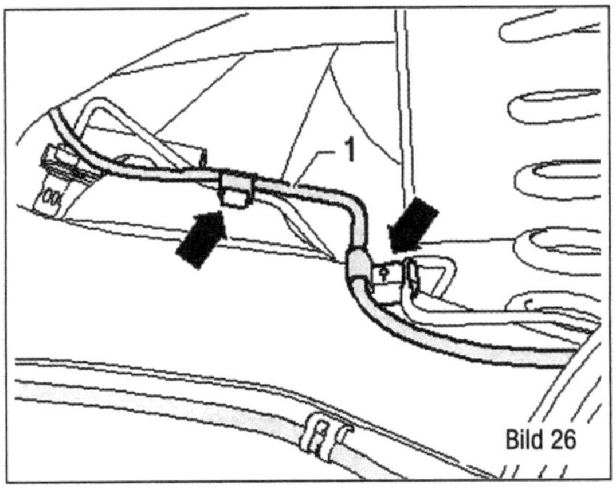

Bild 26
Leitung (1) für Drehzahlfühler aus den Haltern ausclipsen.

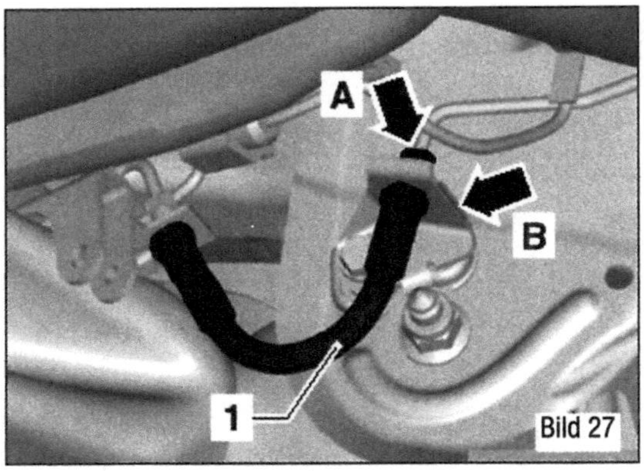

Bild 27
Links: Bremsleitung von Bremsschlauch (1) trennen.

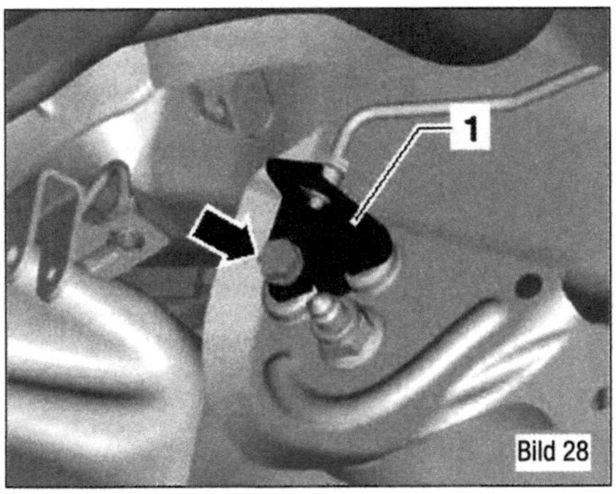

Bild 28
Halter (1) vom Lagerbock abbauen.
Pfeil = Schraube.

widmen wir uns den Reparaturanleitungen »Hinterachse aus und einbauen« sowie »Radnabe mit Radlager für Fahrzeuge mit Scheibenbremse bzw. Trommelbremse aus- und einbauen«, »Schraubenfeder« und »Stoßdämpfer aus- und einbauen«. Besonders letztere sind geeignete Reparaturen in der heimischen Garage.

Hinterachse aus- und einbauen

Dazu sind ein Motor- und Getriebeheber (V.A.G 1383 A), Spanngurte (T10038), Spannvorrichtung für Federbeine (V.A.G 1752), Bremspedalbelaster (V.A.G 1869/2) und Drehmomentschlüssel (V.A.G 1332) erforderlich.

Ausbau

- Mittelkonsole ausbauen (siehe Kapitel 13).
- Handbremse lösen, die Nachstellmutter (siehe Pfeil A, Bild 35 im Kapitel 11) so weit lösen, bis die Handbremsseile aus dem Ausgleichbügel herausgezogen werden können.
- Bremspedalbelaster einsetzen. Dadurch wird das Leerlaufen der Bremsleitungen und der Hydraulikeinheit für ABS verhindert.
- Fahrzeug auf Montagehöhe anheben und mit der Hebebühne verzurren.

⚠ Bevor die Hinterachse ausgebaut wird, muss das Fahrzeug an den Tragarmen der Hebebühne verzurrt werden. Wird das Fahrzeug nicht verzurrt, besteht die Gefahr, dass das Fahrzeug von der Hebebühne abrutschen kann.
Dazu die Stopfen aus dem Längsträger (3) herausnehmen und den Spanngurt einziehen. Das Fahrzeug muss auf der rechten und linken Seite mit den Spanngurten verzurrt sein. (1) Tragarm der Hebebühne, (2) Spanngurt T10038 (Bild 25).

- Räder abbauen.
- Stecker vom Drehzahlfühler abziehen (siehe Bild 24) und Leitung (1) für Drehzahlfühler aus Haltern ausclipsen (Pfeile, Bild 26).
- Schraubenfeder ausbauen (siehe spätere Anleitung).
- Schrauben für Radhausschalen auf beiden Seiten herausschrauben (siehe Kapitel 13, Bild 15).
- Bremsleitung links trennen (Pfeil A) und Klammer (Pfeil B) herausnehmen. – Bremsschlauch links (1) aus dem Halter herausziehen (Bild 27).

- Schraube (Pfeil) herausschrauben und Halter (1) vom Lagerbock abnehmen (Bild 28).
- Bremsleitung rechts trennen (Pfeil A) und Klammer (Pfeil B) herausnehmen. Bremsschlauch rechts (1) aus dem Achskörper herausziehen (Bild 29).
- Handbremsseile aus den Haltern (Pfeile) ausbauen und aus den Führungsrohren ziehen (Bild 30).
- Motor- und Getriebeheber (mit Universalgetriebeaufnahme (V.A.G 1359/2) unterstellen (Bild 31).
- Hinterachse mit einem Gurt oder Ähnlichem zum Absenken und Ausbauen sichern.
- Schrauben für Achskörper rechts und links herausschrauben.
- Hinterachse von den Dämpfern abschrauben (siehe Bild 24).
- Hinterachse mit Motor- und Getriebeheber absenken.

Einbau

- Vor dem Einsetzen der Hinterachse die nierenförmigen Hohlräume der Gummimetalllager mit Montagepaste G 052 150 A2 fetten. Wird die Hinterachse nämlich »trocken« eingesetzt, können im Fahrbetrieb Geräusche entstehen.
- Die Hinterachse in Leergewichtslage festziehen (siehe Anleitung am Schluss des Kapitels). Anzugsdrehmomente: Achskörper an Lagerbock = 45 Nm + 90°; Stoßdämpfer an Achskörper = 40 Nm + 90°; Halter für Bremsleitung links = 20 Nm; Bremsleitungen an Bremsschlauch = 14 Nm.
- Der weitere Einbau erfolgt in umgekehrter Ausbaureihenfolge.
- Bremsanlage entlüften und Handbremse einstellen (siehe Kapitel 11), Räder anbauen und festziehen, Mittelkonsole einbauen.

Radnabe mit Radlager für Fahrzeuge mit Scheibenbremse/Trommelbremse aus- und einbauen

Die 1,6 TDI (66/77 kW) haben hinten eine Scheibenbremse, die 1,6 TDI (55 kW) und die 1,2 TDI (55 kW) eine selbstnachstellende Trommelbremse.

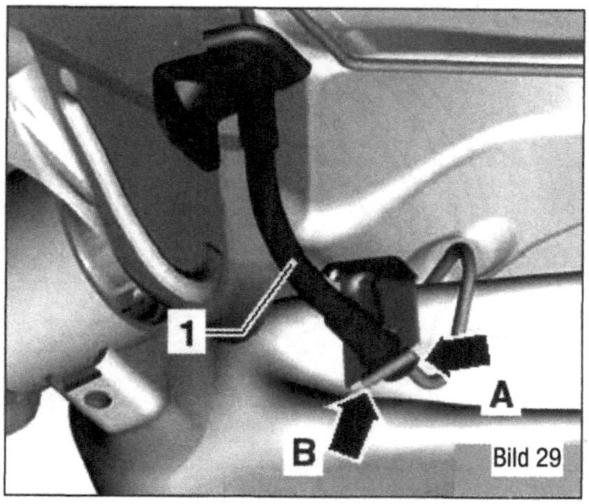

Bild 29
Rechts: Bremsleitung von Bremsschlauch (1) trennen.

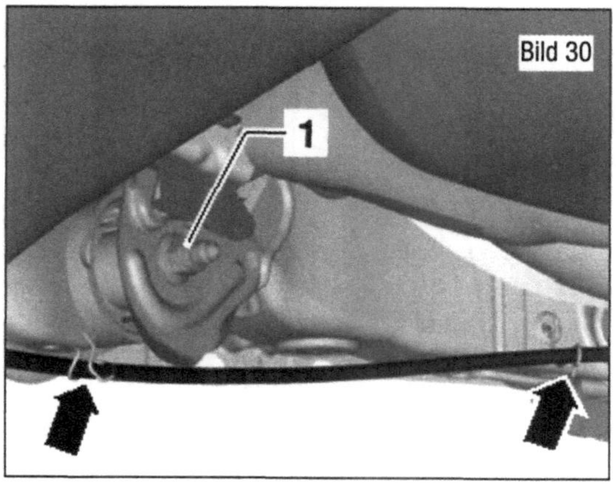

Bild 30
Handbremsseile aus den Haltern (Pfeile) ausbauen und aus den Führungsrohren ziehen.

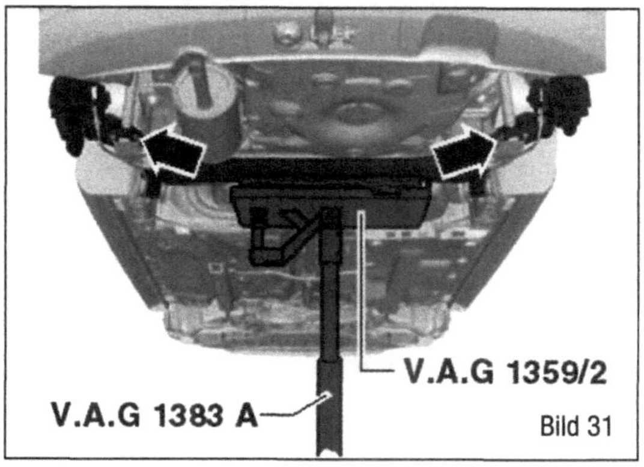

Bild 31
Motor- und Getriebeheber (mit Universalgetriebeaufnahme (V.A.G 1359/2) unter den Achskörper stellen.

Dazu werden ein Nebendeckelabzieher (VW637/2), eine Treibhülse (3241/4) sowie zwei Drehmomentschlüssel (V.A.G 1332 und 1410) benötigt.

Ausbau

- Fahrzeug anheben und Rad abschrauben.
- **Fahrzeuge mit Trommelbremse:** Bremse zurückstellen. Dazu durch eine Bohrung in der Bremstrommel mit einem Schraubendreher den Keil nach oben drücken, Schraube für Bremstrommel herausschrauben und Bremstrommel abnehmen (Bild 32).

Bild 32
Bremstrommel abbauen.

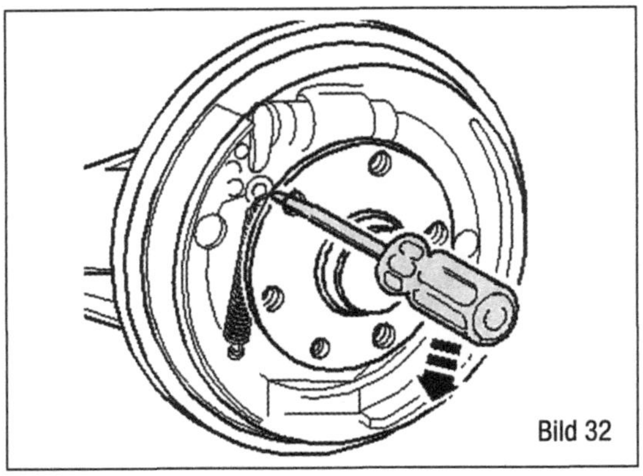

Bild 33a
Fahrzeuge mit Scheibenbremse: Staubkappe mithilfe eines Nabendeckelabziehers abbauen.

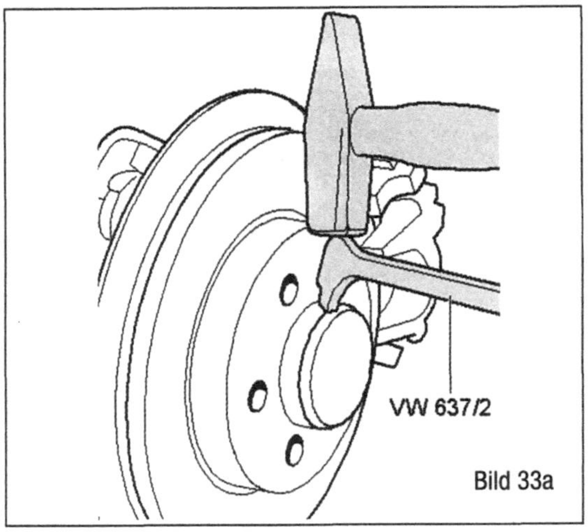

Bild 33b
Fahrzeuge mit Trommelbremse: Staubkappe mithilfe eines Nabendeckelabziehers abbauen.

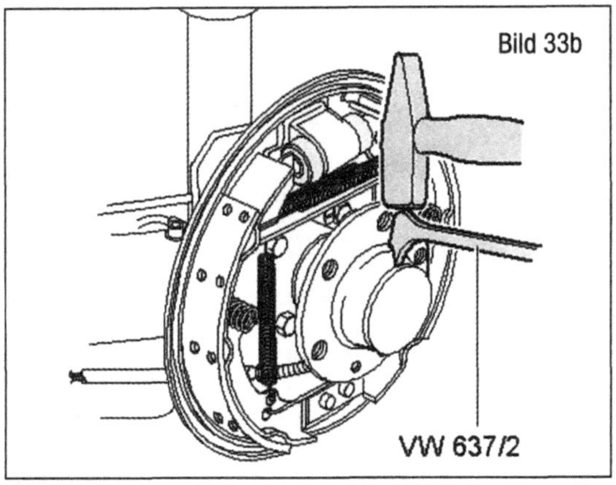

Bild 34a
Fahrzeuge mit Scheibenbremse: Staubkappe mithilfe eines Nabendeckelabziehers abdrücken.

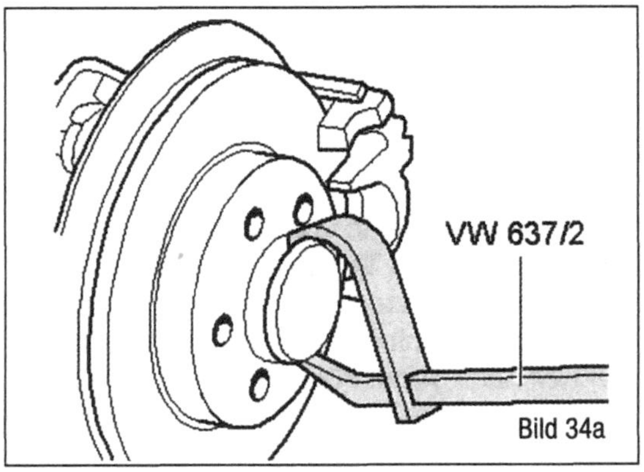

Bild 34b
Fahrzeuge mit Trommelbremse: Staubkappe mithilfe eines Nabendeckelabziehers abdrücken.

■ Staubkappe (Pos. 15 in Bild 24) durch leichte Schläge auf die Klaue des Nabendeckelabziehers vom Sitz lösen (Bild 33a und 33b) und die Staubkappe abdrücken (Bild 34a und 34b).

■ **Fahrzeuge mit Trommelbremse:** Zwölfkantmutter abschrauben und Radnaben/Radlagereinheit vorsichtig vom Achszapfen abziehen (siehe Bild 24).

■ **Fahrzeuge mit Scheibenbremse:** Bremssattel abschrauben und am Aufbau aufhängen. Danach Schraube für Bremsscheibe herausschrauben und Bremsscheibe abnehmen (siehe Kapitel 11). Zwölfkantmutter abschrauben und die Radnaben/Radlagereinheit vom Achszapfen abziehen (siehe Bild 24).

Einbau

■ Radnaben/Radlagereinheit vorsichtig auf den Achszapfen aufschieben. Darauf achten, dass sich die Radnaben/Radlagereinheit nicht verkantet.

■ Neue Zwölfkantmutter mit 70 Nm + 30° festziehen.

■ Neue Staubkappe eintreiben. Beschädigte Staubkappen ermöglichen den Eintritt von Feuchtigkeit. Deshalb unbedingt das abgebildete Werkzeug (Treibhülse) verwenden (Bild 35a und 35b).

■ Rad anbauen und mit 120 Nm festziehen.

Schraubenfeder aus- und einbauen

Dazu wird eine Spannvorrichtung für Federbeine (V.A.G 1752) benötigt)

Ausbau

■ Fahrzeug anheben und Rad ausbauen.

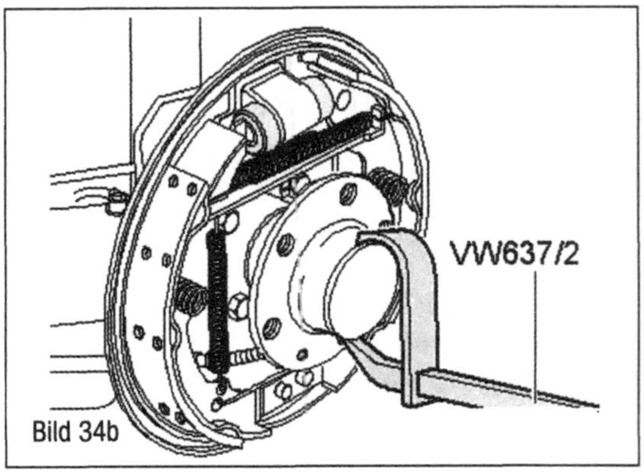

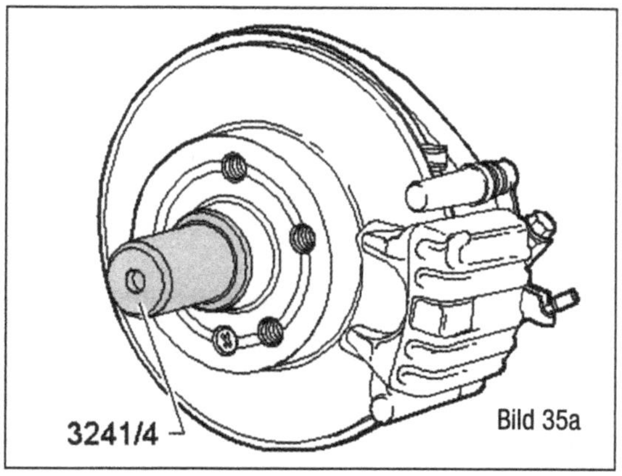

Bild 35a
Fahrzeuge mit Scheibenbremse: Neue Staubkappe mithilfe einer Treibhülse eintreiben.

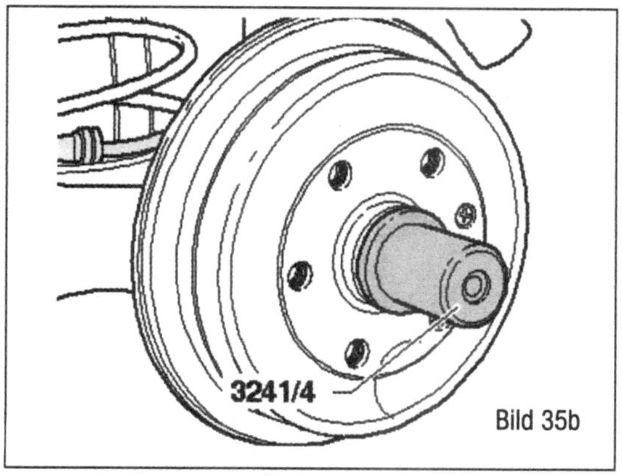

Bild 35b
Fahrzeuge mit Trommelbremse: Neue Staubkappe mithilfe einer Treibhülse eintreiben.

- Federspanngerät (1) einsetzen. und die Schraubenfeder so weit spannen, bis sie herausgenommen werden kann. Feder ausbauen (Bild 36).

Einbau

- Zuerst prüfen, ob die Federunterlage beschädigt ist, ggf. ersetzen.
- Feder zusammen mit der Federauflage einbauen. Das Federende muss am Anschlag der Federunterlage oben (Pfeil) anliegen (Bild 37).
- Feder entspannen und das Federspanngerät herausnehmen (Oberflächenschutz der Feder nicht beschädigen).

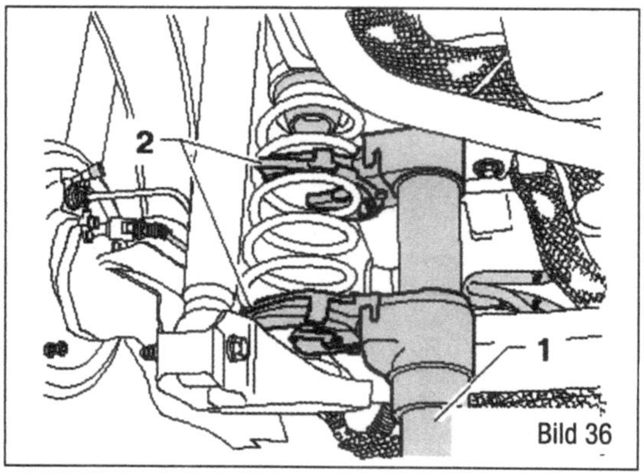

Bild 36
Feder ausbauen.
(1) Federspanngerät (V.A.G 1752/1).
(2) Federhalter (V.A.G 1752/3A).

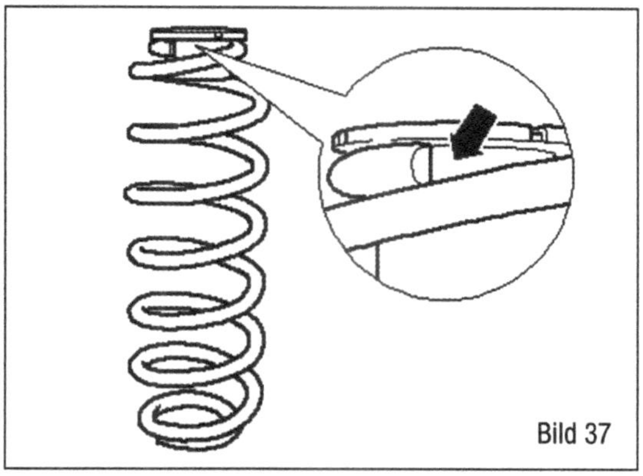

Bild 37
Feder einbauen. Das Federende muss am Anschlag der Federunterlage oben (Pfeil) anliegen.

Stoßdämpfer aus- und einbauen

Benötigt werden Drehmomentschlüssel (V.A.G 1331 und V.A.G 1332).

Ausbau

- Rad abbauen, evtl. auch Radhausschale und Schraubenfeder.
- Schrauben (1) Stoßdämpfer an Karosserie ausbauen. Dazu Fahrzeug ggf. so weit anheben, bis die Schrauben zugänglich sind (Bild 38).
- Fahrzeug auf Montagehöhe anheben. Mutter (1) abschrauben, Sechskantschraube (2) für Dämpfer (3) an Hinterachse und schließlich Dämpfer herausnehmen (Bild 39).

Einbau

- Dämpfer (3) einsetzen und mit neuer Sechskantschraube (2) und neuer Mutter (1) mit der Hinterachse verschrauben (siehe Bild 39).

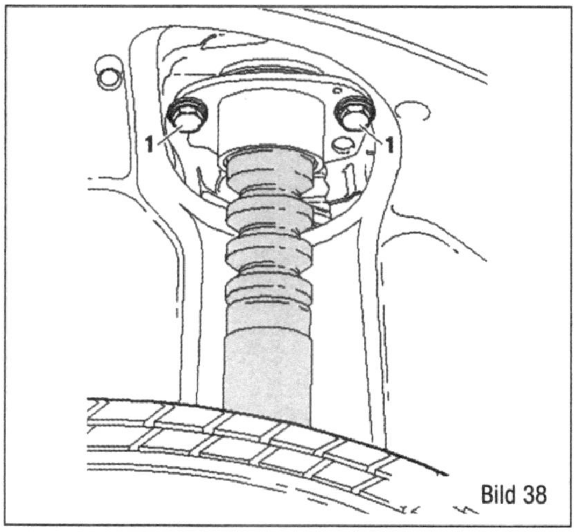

Bild 38
Stoßdämpfer an Karosserie ausbauen.
(1) Schrauben.

Bild 39
Stoßdämpfer (3) ausbauen.
(1) Mutter.
(2 Schraube für Dämpfer an Hinterachse.

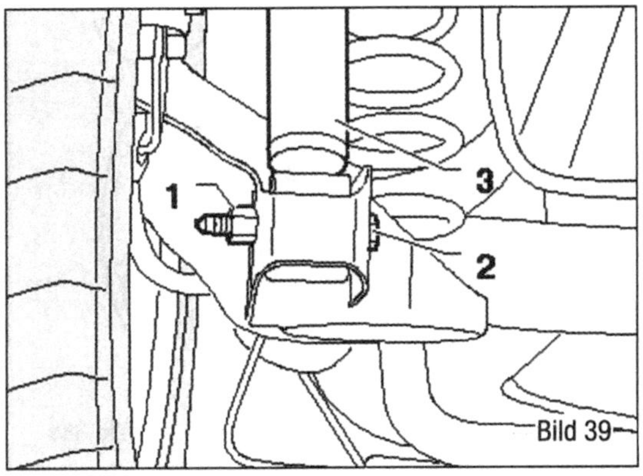

Bild 39

Bild 40
Montageübersicht »Stoßdämpfer«.
(1) Schutzkappe.
(2) Selbstsichernde Sechskantmutter
(3) Dämpferlager.
(4) Anschlagpuffer.
(5) Befestigungsring.
(6) Schutzrohr.
(7) Schutzkappe.
(8) Gasdruckstoßdämpfer. Der G. ist einzeln austauschbar.

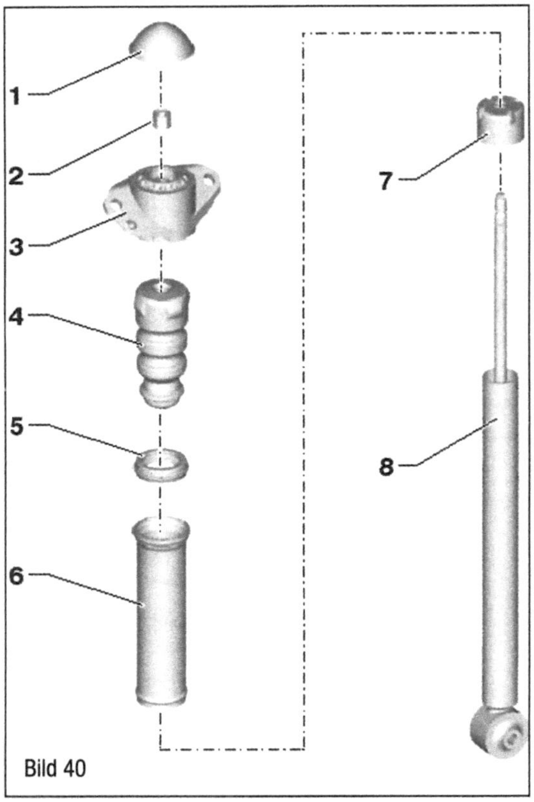

Bild 40

Bild 41
Sechskantmutter (Pos. 2 in Bild 40) vom Gasdruckstoßdämpfer abschrauben.
(1) Knarre, handelsüblich.
(2) Einsteckwerkzeug/Abziehbügel (T10001/9).
(3) Knarre (T10001/11).
(4) Einsteckwerkzeug/Abziehbügel (T10001/1). (ersetzen, 25 Nm).

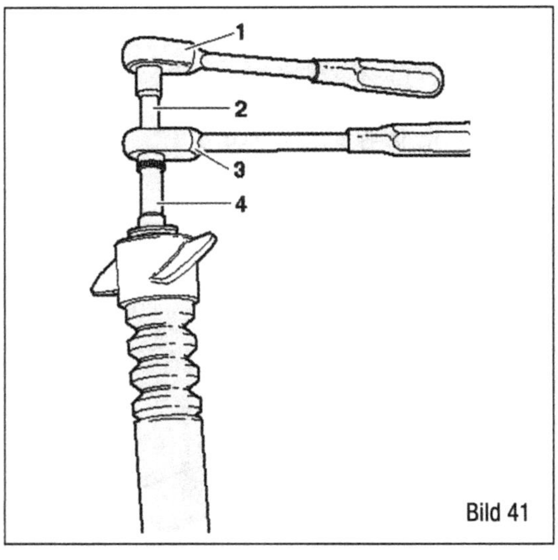

Bild 41

■ Dämpfer an Karosserie mit neuen Schrauben verschrauben.
■ Schrauben in Leergewichtslage festziehen, Dämpfer an Hinterachse mit 40 Nm + 90°, Dämpfer an Karosserie mit 30 Nm + 90°.

Das **Zerlegen und Zusammenfügen des ausgebauten Stoßdämpfers** zeigt die folgende Montageübersicht »Stoßdämpfer« (Bild 40), das Lösen und Festziehen der Mutter zur Verschraubung für das Dämpferlager veranschaulicht Bild 41.

Funktionsprüfung Gasdruckstoßdämpfer: Dämpfer von Hand zusammendrücken. Dabei muss sich die Kolbenstange über den gesamten Weg ruckfrei und mit gleichmäßiger Kraft einschieben lassen. Wenn im Dämpfer ausreichend Gasfülldruck vorhanden ist, geht die Kolbenstange in ihre Ausgangsstellung zurück. Schiebt sich die Kolbenstange nicht von selbst in ihre Ausgangsstellung, kann, wenn kein Ölverlust vorliegt, der Dämpfer trotzdem noch in Ordnung sein.

*

⚠ Wie bereits bei vorhergehenden Reparaturanleitungen vermerkt, müssen alle Schrauben an Fahrwerksteilen mit Gummimetalllagern grundsätzlich in **Leergewichtslage** (unbeladener Zustand) festgezogen werden.
Leergewicht: Gewicht des betriebsfertigen Fahrzeuges mit vollständig gefülltem Kraftstoff- sowie Wasserbehälter für die Scheiben-/Scheinwerferreinigungsanlage, Reserverad, Bordwerkzeug, Wagenheber, aber ohne Fahrer. Reserverad, Bordwerkzeug und Wagenheber (falls zum Modell gehörig) müssen sich an der vom Fahrzeughersteller vorgesehenen Position befinden. Gummimetalllager haben einen begrenzten Verdrehbereich. Achsbauteile mit Gummimetalllagern müssen deshalb vor dem Festziehen in eine Position gebracht werden, die der Position im Fahrbetrieb entspricht (Leergewichtslage). Anderenfalls wird das Gummimetalllager verspannt, eine geringere Lebensdauer wäre dann die Folge.
Durch Anheben der entsprechenden Radaufhängung/Achse auf einer Seite mit dem

Motor-/Getriebeheber (z. B. V.A.G 1383 A) und der Aufnahme (T10149) kann diese Position auf der Hebebühne simuliert werden. Außerdem werden für den folgenden Arbeitsablauf noch Spanngurte (T10038) benötigt.

Radlagerung in Leergewichtslage heben

■ Bevor die entsprechende Radaufhängung bzw. Achse auf einer Seite angehoben wird, muss das Fahrzeug an den Tragarmen der Hebebühne mit den Spanngurten (T10038) verzurrt werden. Wird das Fahrzeug nicht verzurrt, besteht die Gefahr, dass das Fahrzeug von der Hebebühne abrutschen kann.
■ Radnabe so weit drehen, bis eine der Bohrungen für Radschrauben oben steht.
■ Aufnahme T10149 mit Radschraube an die Radnabe anbauen.
■ Radlagergehäuse/Achse mit Motor-/Getriebeheber so weit anheben, bis das Maß (a) erreicht ist. Das Festziehen der betroffenen Schrauben/Muttern darf nur dann erfolgen, wenn das Maß (a) zwischen der Radnabenmitte und der Unterkante Radhaus erreicht ist (siehe Bild 16).
■ Betroffene Schrauben/Muttern mit dem vorgeschriebenen Anzugsdrehmoment festziehen.
■ Radlagergehäuse/Achse ablassen.
⚠ Das Fahrzeug nicht anheben oder ablassen, wenn der Motor-/Getriebeheber unter dem Fahrzeug steht.
■ Motor-/Getriebeheber unter dem Fahrzeug wegziehen.
■ Aufnahme und Spanngurte abbauen.

Das im Bild 16 dargestellte **Maß (a)** wird als **Standhöhe** bezeichnet. Die Sollwerte dieser Standhöhe variieren bei den verschiedenen durch PR-Nummern gekennzeichneten Fahrwerken, die in Abhängigkeit von Motorisierung und Ausstattung im Polo eingebaut sind. Welches Fahrwerk konkret im Fahrzeug verbaut ist, wird auf dem Fahrzeugdatenträger durch die entsprechende PR-Nummer dokumentiert. Der Fahrzeugdatenträger befindet sich als Aufkleber auf dem Kofferraumboden links an der Reserveradmulde und im Serviceplan.

Standhöhen (Maß a)/Sollwerte

Fahrwerk	**Vorderachse** Standhöhe (a)	**Hinterachse** Standhöhe (a)
Basisfahrwerk (G09/G10)	366 ± 10 mm	382 ± 10 mm
Sportfahrwerk (G12/G22/G27)	351 ± 10 mm	367 ± 10 mm
Schlechtwegefahrwerk (G13/G14/G33/G34)	381 ± 10 mm	397 ± 10 mm

11 Elektrische Anlage

Bild 1
Montageübersicht »Starterbatterie« 1,6 TDI.
(1) Sicherungskasten.
(2) Klappe Pluspolabdeckung.
(3) Batteriepolklemme Plusleitung.
(4) Befestigungsmutter Batteriepolklemme Plusleitung (M6 = 6 Nm).
(5) Befestigungsmutter Plusleitung Sicherungskasten (M6 = 6 Nm).
(6) Batteriepolklemme Masseleitung. Befestigung auf 1 Uhr Stellung (in Fahrtrichtung gesehen).
(7) Befestigungsmutter Batteriepolklemme Masseleitung (M6 = 6 Nm).
(8) Batterie.
(9) Klemmplatte.
(10) Befestigungsschraube Klemmplatte (M8x35 = 20 Nm).

Schon im Stand, aber erst recht während der Fahrt benötigt der Polo elektrischen Strom. Motorsteuerung und Kraftstoffeinspritzung müssen mit Elektroenergie versorgt werden. Alle weiteren unbedingt erforderlichen oder für die Sicherheit und Bequemlichkeit eingebauten automatischen Systeme sowie natürlich die gesamte Lichtanlage sind ohne elektrische Energie arbeitsunfähig.
Die meisten Innovationen im Kraftfahrzeug sind heute von der Elektronik geprägt. Erforderliche Reparaturen an der elektrischen Anlage sind aber durchaus nicht immer von der komplizierter gewordenen Elektronik verursacht. Oft sitzt nur ein Kabel lose oder ein Kontakt ist im Laufe der Zeit korrodiert. Gar nicht so wenige Störungen an der Elektrik lassen sich mit einfachen Mitteln beheben. Man muss sich natürlich etwas auskennen und die Grundbegriffe der Elektrik verstehen. Andererseits gehören viele Störungen und Funktionsprüfungen, wie auch bei anderen Baugruppen, in die Fachwerkstatt. Denn zum genauen Erkennen und Beseitigen der Mängel muss häufig ein Fahrzeugdiagnosegerät angeschlossen (siehe Kapitel 1) und der Fehlerspeicher abgefragt werden (»Fahrzeugdiagnose-, Mess- und Informationssystem VAS 5051«). Im Fahrzeug befindet sich der Diagnoseanschluss (Steckkontakt für das Werkstattsystem) im Fußraum Fahrerseite über dem Bremspedal.
Zunächst aber haben wir es im Polo noch immer mit elektrischen Bauteilen zu tun, die schon die gesamte Entwicklungsgeschichte des Automobils begleiten: Batterie, Anlasser (Starter) und Lichtmaschine (Generator). Sie sind zusammen für die Arbeitsaufnahme des Motors verantwortlich. Um seine Aufgabe zu erfüllen, ist jedes dieser drei Bauteile auf das andere angewiesen. Strom wird im Motorraum produziert, und die Arbeitsbedingungen dort sind nicht gerade ideal. Batterie und Lichtmaschine, die Stromerzeuger, sorgen daher bisweilen für Ärger. Wir wenden uns deshalb zuerst den Reparaturen an Batterie, Anlasser und Lichtmaschine zu.
In alle Polo-Fahrzeuge werden ab Werk Batterien mit Ladezustand-Indikator, dem so genannten magischen Auge, und mit überklebten Stopfen eingebaut. Auf die Anleitungen »Batterie prüfen« (in der Regel nur Sichtprüfung) und »Batterie laden« sowie auf Warnhinweise und allgemeine Sicherheitsregeln bei Arbeiten an der Batterie (siehe auch Sicherheitskennzeichnungen auf der Batterie) gehen wir in diesem Ratgeber nicht ein. Sie sind ausführlich in der Betriebsanleitung zum VW Polo behandelt. Da aber bei vielen Reparaturen am Polo, vor allem bei Arbeiten an der elektrischen Anlage, das Batterie-Masseband abzuklemmen und nach dem Anklemmen verschiedene Folgearbeiten zu erledigen sind, widmen wir uns als Erstes diesem Arbeitsablauf.

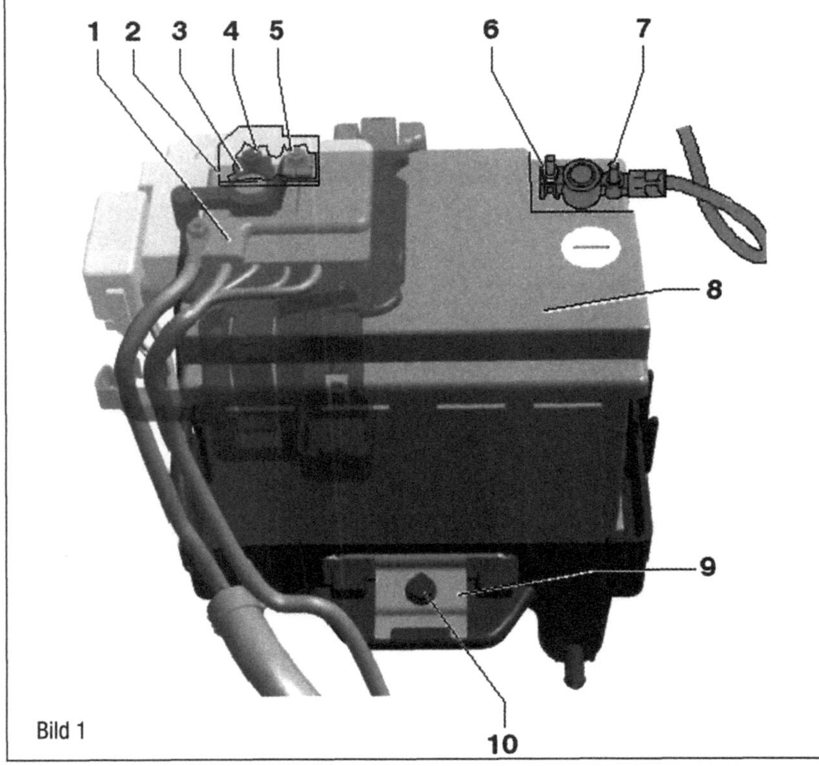

Bild 1

Batterie ab- und anklemmen

Diese Anleitung trifft nur für Starterbatterien im Motorraum zu. Die Anbindung der Plusleitung und der Masseleitung an die Batterie beim 1,6 TDI zeigt die folgende Montageübersicht (Bild 1).

Abklemmen
Benötigt wird ein Drehmomentschlüssel (V.A.G 1331).
– Durch das Abklemmen der Batterie-Masseleitung (Stromunterbrechung) wird das sichere Arbeiten an der elektrischen Anlage ermöglicht.
– Das Abklemmen der Batterie-Plusleitung ist nur für den Ausbau der Batterie erforderlich.
– Die Batterie-Masseleitung darf karosserieseitig nicht gelöst werden.
– Zum Abklemmen der Batterie muss der auf der Batterie befindliche Sicherungsträger nicht ausgebaut werden.
■ Zündung und alle elektrischen Verbraucher ausschalten.
■ Die Befestigungsmutter Batteriepolklemme Masseleitung lösen und die Minuspolklemme von der Batterie abnehmen (siehe Bild 1).

Anklemmen
■ Die Batteriepolklemme Masseleitung in der richtigen Stellung (siehe Bild 1) auf den Minuspol der Batterie stecken und die Befestigungsschraube mit 6 Nm anziehen. Nach dem Anklemmen der Batterie und dem Einschalten der Zündung leuchtet die Kontrollleuchte für ESP und ASR dauerhaft. Die Kontrollleuchte erlischt automatisch, wenn mit 15 bis 20 km/h eine Wegstrecke geradeaus gefahren wird. Dadurch wird der Geber für Lenkwinkel G85 wieder aktiviert.

Arbeitsschritte nach Anklemmen der Batterie
■ Zündung mit dem Zündschlüssel einschalten und wieder ausschalten.
■ Fehlerspeicher auslesen: »Geführte Fehlersuche« mit dem Fahrzeugdiagnosegerät.
■ **Uhrzeiteinstellung** prüfen, ggf. neu einstellen.
Stundeneinstellung: Stellknopf (links unten neben dem Geschwindigkeitsmesser) entgegen dem Uhrzeigersinn drehen. Bei einmaligem kurzem Drehen des Stellknopfes erfolgt die Verstellung um jeweils eine Stunde. Beim Drehen und Halten des Stellknopfes erfolgt die Verstellung fortlaufend.
Minuteneinstellung: Stellknopf im Uhrzeigersinn drehen. Bei einmaligem kurzem Drehen des Stellknopfes erfolgt die Verstellung um jeweils eine Minute. Beim Drehen und Halten des Stellknopfes erfolgt die Verstellung fortlaufend.
Sekundengenaue Einstellung: Mit dem Stellknopf lässt sich die Uhr wie folgt sekundengenau einstellen: Stellknopf nach rechts drehen, bis die Uhr eine Minute weniger als die einzustellende Zeit anzeigt. Stellknopf in dem Augenblick nach rechts drehen, wenn die Sekundenanzeige einer genau gehenden Uhr eine volle Minute erreicht.
■ **Positionierung Elektrische Fensterheber** prüfen: Alle Fenster ganz öffnen und wieder schließen. Danach die Schalter in Richtung »Schließen« betätigen und für 2 Sekunden halten (Aktivierung Hoch-Tieflauf).
■ **Funktionsprüfung:** alle elektrischen Verbraucher.

Batterie im Motorraum aus- und einbauen

Benötigt wird ein Drehmomentschlüssel (V.A.G 1331).
Ausbau
■ Batterie abklemmen.
■ Batteriepluspolabdeckung (Pos. 2 in Bild 1) öffnen.
■ Befestigungsmutter (2) der Plusleitung Sicherungskasten abschrauben und die Halter (Pfeile) lösen. Dann den Sicherungskasten (1) abnehmen und mit angeschlossenen Leitungen beiseite legen (Bild 2, siehe auch Bild 1).
■ Befestigungsschraube (Pos 10 in Bild 1) herausschrauben, Befestigungsbügel (Pos. 9 in Bild 1) ab- und Batterie aus dem Fahrzeug herausnehmen.

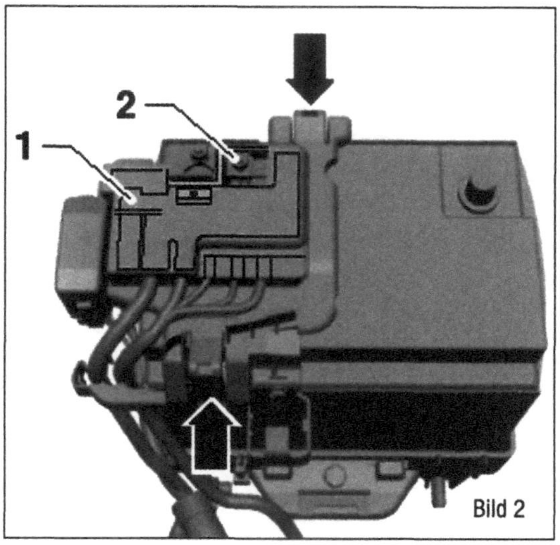

Bild 2

Bild 2
Sicherungskasten (1) abbauen.
(2) Befestigungsmutter der Plusleitung Sicherungskasten.
Pfeile = Halter des Sicherungskastens.

Einbau

Der Einbau erfolgt in umgekehrter Ausbaureihenfolge, dabei ist Folgendes zu beachten:

- Die Schraubverbindungen mit den vorgeschriebenen Anzugsdrehmomenten (siehe Legende Bild 1) anziehen.
- Batterie nach dem Einbau auf festen Sitz prüfen.

⚠ Bei einer lose montierten Batterie bestehen folgende Gefahren: verkürzte Lebensdauer durch Rüttelschäden (Explosionsgefahr), Beschädigungen der Gitterplatten der Batterie sowie des Batteriegehäuses durch den Befestigungsbügel (möglicher Säureaustritt, hohe Folgekosten). mangelhafte Crashsicherheit.

- Batterie anklemmen.

Anlasser aus- und einbauen 1,6 TDI Schaltgetriebe

Die folgende Anleitung gilt für Fahrzeuge mit Schaltgetriebe MQ250.
Es werden Drehmomentschlüssel (V.A.G 1331 und 1332) benötigt.
Montageübersicht »Anlasser« (Bild 3).

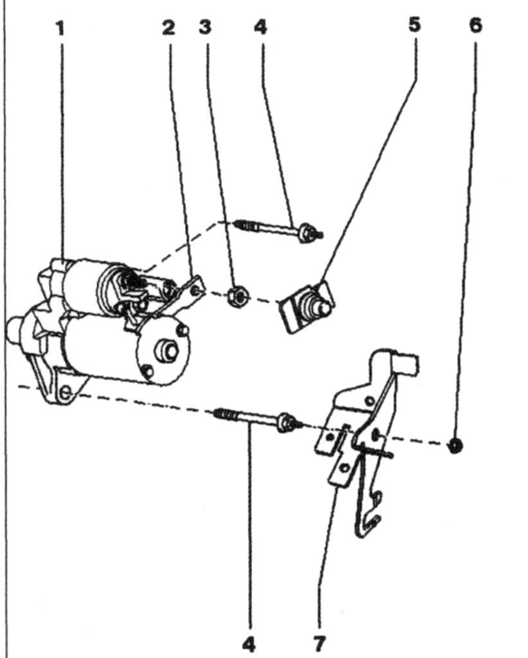

Bild 3

Bild 3
Montageübersicht »Anlasser« für Fahrzeuge mit Schaltgetriebe MQ 250.
(1) Anlasser mit Magnetschalter.
(2) Anschluss B+-Leitung an Anlasser (Klemme 30).
(3) Befestigungsmutter B+-Leitung an Anlasser (M8 = 20 Nm).
(4) Befestigungsschrauben Anlasser an Getriebe (M12 = 80 Nm, M10 = 40 Nm).
(5) Abschirmkappe (Kunststoffkappe).
(6) Befestigungsmutter Leitungshalter (M8 = 20 Nm).
(7) Leitungshalter.

Ausbau

- Batterie abklemmen.
- Die dahinter liegende Befestigungsmutter abschrauben und die Leitung (dickes Kabel von der Batterie) vom Magnetschalter Klemme 30 abnehmen.
- Schlauch (2) ausbauen, dazu die Schraube (1) herausschrauben und die Haltenasen (Pfeile) lösen (Bild 4).
- Steckverbindung (1) der Klemme 50 (dünnes Kabel vom Zündanlassschalter) entriegeln und trennen. Kunststoffkappe (2) abziehen, die dahinter liegende Befestigungsmutter abschrauben und die Leitung vom Magnetschalter Klemme 30 (dickes Kabel von der Batterie) abnehmen (Bild 5).
- Befestigungsschraube Anlasser an Getriebe (Pfeil) herausschrauben (Bild 6), Mutter vom Leitungshalter (Pfeil) lösen (Bild 8) und zweite Befestigungsschraube Anlasser an Getriebe (Pfeil) herausschrauben (Bild 7). Dann den Anlasser nach unten aus dem Fahrzeug herausnehmen (zu diesen Arbeitsschritten siehe auch Bild 3).

Einbau

Der Einbau erfolgt sinngemäß in umgekehrter Ausbaureihenfolge, dabei ist Folgendes zu beachten:

- Alle Schraubverbindungen mit dem vorgeschriebenen Anzugsdrehmoment (siehe Legende zu Bild 3) anziehen.
- Batterie anklemmen.

Anlasser aus- und einbauen 1,6 TDI Doppelkupplungsgetriebe

Die folgende Anleitung gilt für Fahrzeuge mit Doppelkupplungsgetriebe (DSG) DQ200-7F.
Es werden die Drehmomentschlüssel (V.A.G 1331 und 1332) benötigt.
Die Montageübersicht »Anlasser« 1,6 TDI DSG ist annähernd gleich mit Bild 3. Im Falle DSG fällt lediglich der Leitungshalter mit Befestigungsmutter Leitungshalter weg.

Ausbau

- Batterie und Luftfiltergehäuse ausbauen (siehe Kapitel 6).
- Batterieträger ausbauen, dazu die Schrauben (Pfeile) lösen und den

Bild 4
Schlauch (2) ausbauen.
(1) Schraube.
Pfeile = Haltenasen.

Bild 8
Mutter (Pfeil) vom Leitungshalter lösen.

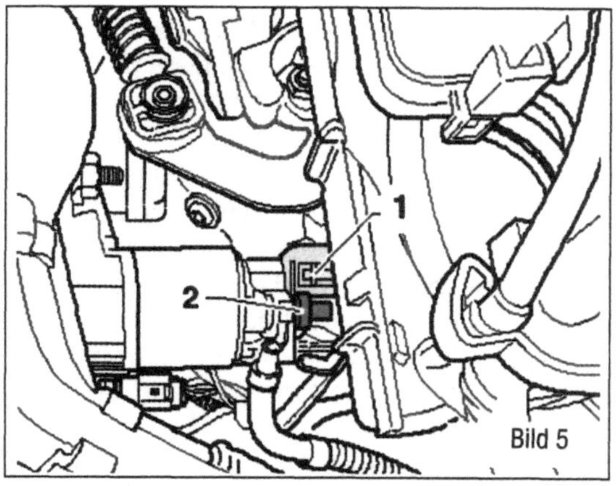

Bild 5
Steckverbindung (1) der Klemme 50 trennen und Leitung vom Magnetschalter Klemme 30 abbauen.
(2) Kunststoffkappe über der Befestigungsmutter Leitung Klemme 30.

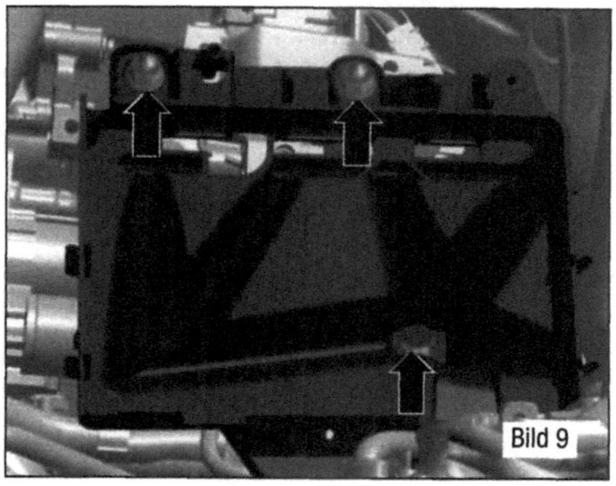

Bild 9
Batterieträger ausbauen.
Pfeile = Schrauben.

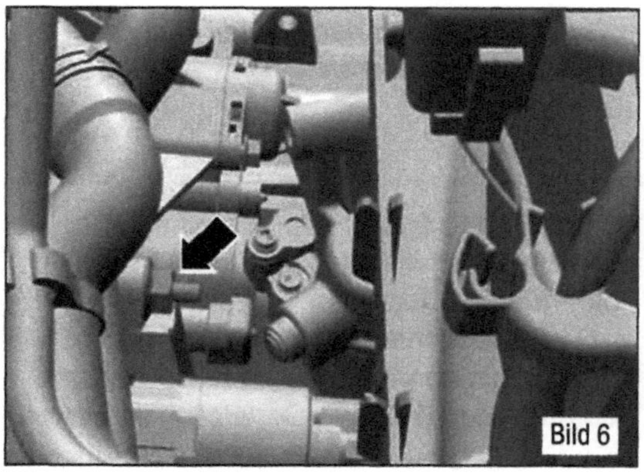

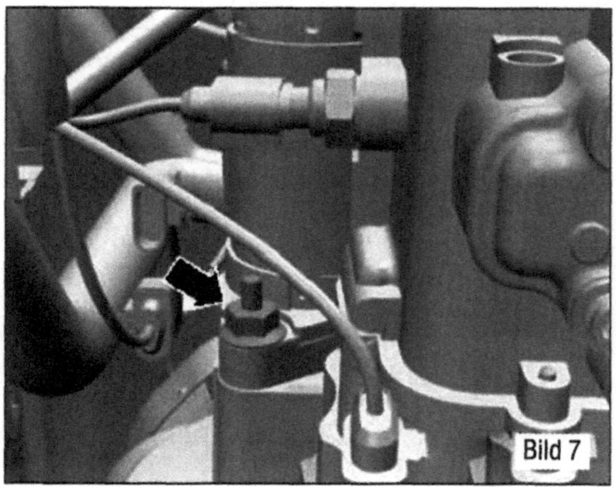

Bild 6 und Bild 7
Anlasser vom Getriebe abschrauben.
Pfeile = Befestigungsschrauben.

Bild 10
Steckverbindung (1) der Klemme 50 trennen und Leitung vom Magnetschalter Klemme 30 abbauen.
(2) Abschirmkappe über der Befestigungsmutter Leitung Klemme 30.

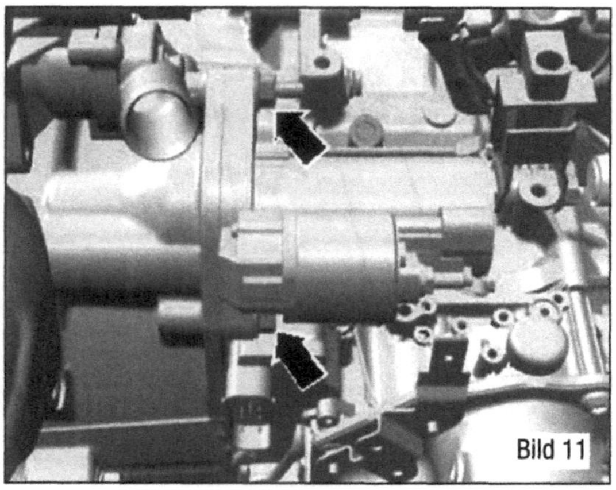

Bild 11
Anlasser vom Getriebe abschrauben.
Pfeile = Befestigungsschrauben.

Bild 12
Montageübersicht »Drehstromgenerator« 1,6 TDI.
(1) Leitungshalter.
(2) Befestigungsmutter für Leitungshalter (4,5 Nm).
(3) Abschirmkappe für Drehstromgenerator.
(4) Bundmutter für Sechskantbundschrauben Generator an Halter für Nebenaggregate (25 Nm).
(5) Mutter.
(6) Spannungsregler.
(7) Kreuzschlitzschrauben (M4 x 20, M4 x 15 = 2 Nm).
(8) Kreuzschlitzschrauben (M4 x 20 = 2 Nm).
(9) Abschirmkappe B+-Leitung.
(10) Befestigungsmutter für B+-Leitung (15 Nm).
(11) B+-Leitung.
(12) Befestigungsschraube der Abschirmkappe für Drehstromgenerator.
(13) Abschirmkappe für Drehstromgenerator.
(14) Drehstromgenerator.
(15) Riemenscheibe (80 Nm).
(16) Sechskantbundschrauben Generator an Halter für Nebenaggregate (M8 x 90 = 25 Nm).
(17) Abschirmkappe Riemenscheibe.

Batterieträger herausnehmen (Bild 9).
■ Steckverbindung (1) der Klemme 50 entriegeln und trennen. Abschirmkappe (2) abnehmen, die darunter liegende Befestigungsmutter abschrauben und die Plusleitung vom Anschlussgewinde des Magnetschalters abnehmen (Bild 10).
■ Befestigungsschrauben des Anlassers (Pfeile) herausschrauben und Anlasser nach oben aus dem Fahrzeug herausnehmen (Bild 11).

Einbau
Der Einbau erfolgt sinngemäß in umgekehrter Ausbaureihenfolge, dabei ist Folgendes zu beachten:
■ Alle Schraubverbindungen mit den vorgeschriebene Anzugsdrehmomenten (siehe Legende Bild 3) anziehen.
■ Zum Schluss Batterieträger Luftfiltergehäuse und Batterie wieder einbauen.

Drehstromgenerator aus- und einbauen

Der Generator sitzt auf einem Halter für Nebenaggregate am Motor und wird über seine Riemenscheibe per Keilriemen vom Motor angetrieben. An der Rückseite des Generators ist ein Spannungsregler angeschraubt. Montageübersicht »Drehstromgenerator« (Bild 12).

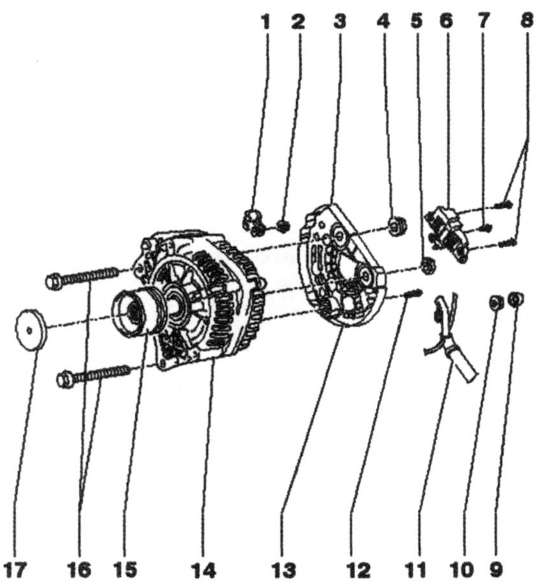

Bild 12

Ausbau
Benötigt wird ein Drehmomentschlüssel (V.A.G 1331).
■ Batterie abklemmen, Motorabdeckung abziehen und Keilrippenriemen ausbauen (siehe Kapitel 2),
■ Ladeluftrohr (1) ausbauen (Bild 13).
■ Steckverbindung (1) am Klimakompressor entriegeln und trennen. Der Klimakompressor sitzt ebenfalls auf dem Halter für Nebenaggregate, wie der Generator. Befestigungsschrauben (Pfeile) des Klimakompressors herausschrauben. Die Kältemittelleitungen am Klimakompressor können angeschlossen bleiben. Klimakompressor bis zum Wiedereinbau mit einem Bindedraht an geeigneter Stelle (Karosserie) aufhängen. Darauf achten, dass die Kältemittelleitungen dabei nicht gezogen oder geknickt werden (Bild 14).
■ Steckverbindung der DF-Leitung (1) entriegeln und trennen. Abschirmkappe (3) abhebeln, die darunterliegende Befestigungsmutter abschrauben und die B+-Leitung abnehmen. Danach Befestigungsmutter (2) Leitungshalter abschrauben und Leitungshalter vom Generator abnehmen (Bild 15, siehe auch Bild 12).
■ Die beiden Befestigungsschrauben (Pfeile) des Generators herausschrauben und den Generator nach unten aus dem Fahrzeug herausnehmen (Bild 16, siehe auch Bild 12).

Einbau
■ Der Einbau erfolgt sinngemäß in umgekehrter Ausbaureihenfolge, dabei ist Folgendes zu beachten:
■ Gewindebuchsen (A) etwa 4 mm in Pfeilrichtung aus dem Gehäuse des Generators heraus treiben (Bild 17), Generator am Halter für Nebenaggregate ansetzen und Befestigungsschrauben mit 25 Nm anziehen.
■ Anzugsdrehmoment für Befestigungsschrauben des Klimakompressors = 25 Nm.
■ Zum Schluss Keilriemen und Motorabdeckung einbauen, Batterie anklemmen, Motor starten und Riemenlauf kontrollieren.

*

Bild 13

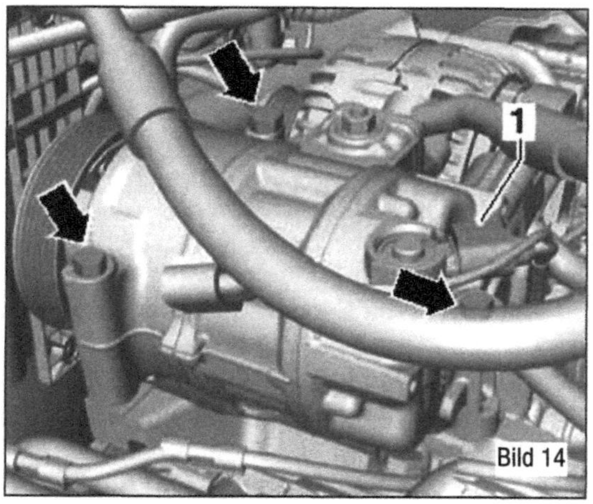

Bild 14

Bild 15

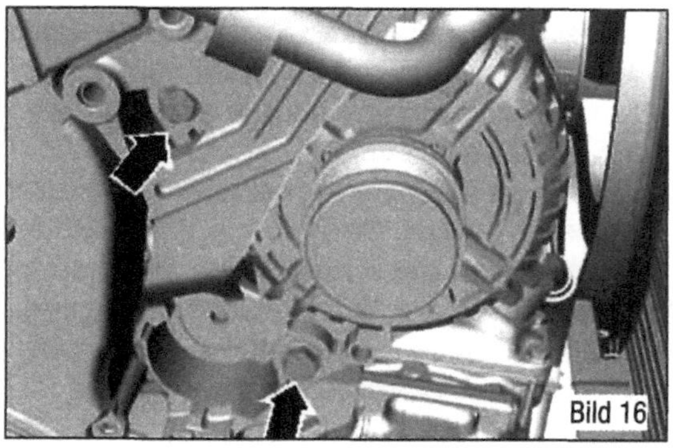
Bild 16

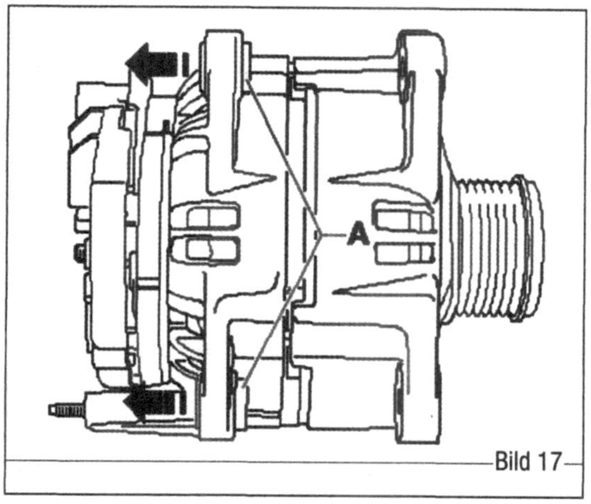

Bild 17

Waschanlage

Weitere Segmente der Fahrzeugelektrik, die sich für die Reparatur in Eigenregie besonders eignen, sind die **Scheibenwisch- und Scheibenwaschanlage** sowie die **Scheinwerferreinigungsanlage**. Wir beginnen mit der Frontscheibenwischanlage (Montageübersicht Bild 18).
Die Anlage verfügt über gelenkfreie Scheibenwischer. Der Scheibenwischermotor V bildet mit dem Steuergerät für Wischermotor J 400 eine Baueinheit.

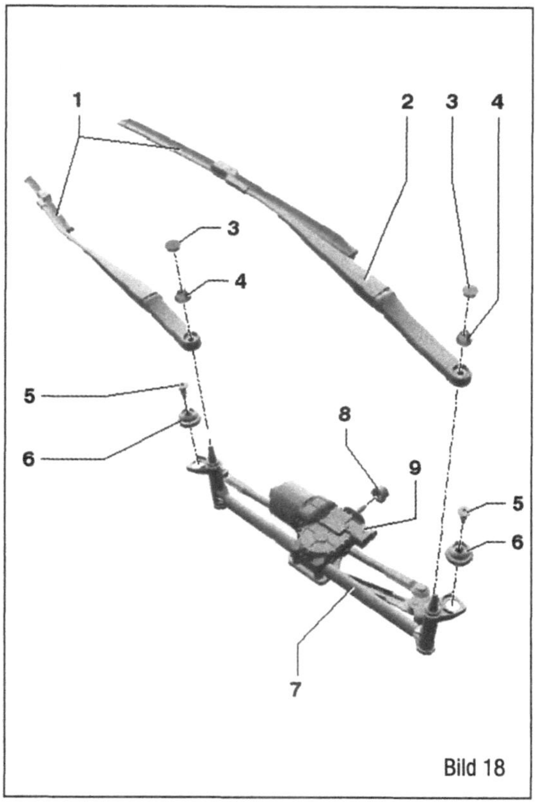

Bild 18

Bild 13
Ladeluftrohr (1) ausbauen.

Bild 17
Generator einbauen. Vorher Gewindebuchsen aus dem Gehäuse des Generators heraus treiben.

Bild 14
Klimakompressor ausbauen, ohne das Kältesystem zu öffnen.
(1) Steckverbindung.
Pfeile = Befestigungsschrauben.

Bild 15
DF-Leitung (1) und B+-Leitung abbauen.
(2) Befestigungsmutter.
(3) Abschirmkappe Mutter B+-Leitung.

Bild 16
Generator ausbauen. Pfeile Schrauben.

Bild 18
Montageübersicht.
(1) Scheibenwischer.
(2) Wischerarme.
(3) Kappe.
(4) Muttern Wischerarm an Gestänge (20 Nm).
(5) Schrauben, Rahmen mit Gestänge an Karosserie (8 Nm).
(6) Gummilager.
(7) Wischerrahmen mit Gestänge.
(8) Gummitülle in Stirnwand.
(9) Motor V mit Steuergerät.

Wischerarme aus- und einbauen

Dazu werden ein Drehmomentschlüssel (V.A.G 1331) und ein Abzieher (T10369) benötigt.

Ausbau

■ Abdeckkappen (Pos. 3 in Bild 1) mit einem Schraubendreher abhebeln und die darunter liegenden Befestigungsmuttern (Pos. 4 in Bild 18) Wischerarm an Gestänge abschrauben.

■ Arme des Abziehers T10369/1 (2) unter den Wischerarm (4) schieben, wie im Bild 19 dargestellt. Druckschraube (1) des Abziehers im Uhrzeigersinn drehen, bis das Druckstück (3) auf der Wischerarmwelle des Wischers aufliegt. Nun die Druckschraube (1) des Abziehers mit einem Innensechskantschlüssel SW6 im Uhrzeigersinn drehen, bis sich der Wischerarm (4) von der Welle löst. Danach den Abzieher und den Wischerarm abnehmen.

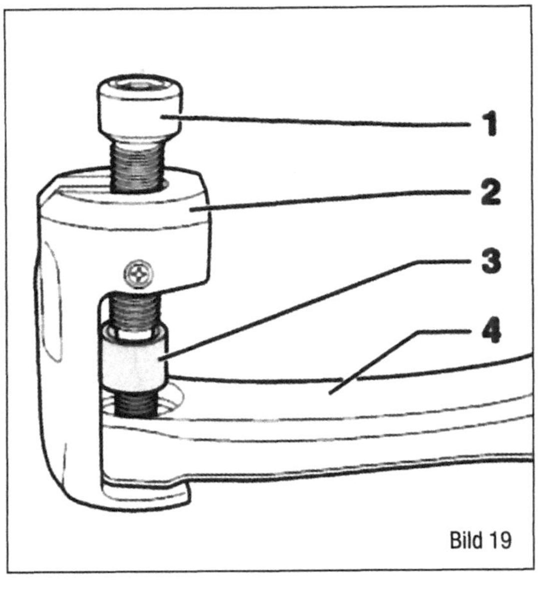

Bild 19
Wischerarm (4) mit Abzieher (2) ausbauen.
(1) Druckschraube des Abziehers.
(3) Druckstück.

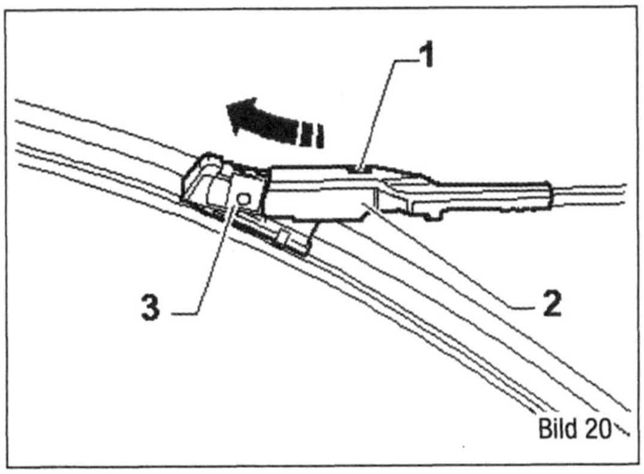

Bild 20
Scheibenwischer auswechseln.
(1) Taste.
(2) Wischerarm.
(3) Wischerblattaufnahme.

Einbau

■ Scheibenwischer bei eingeschalteter Zündung ein- und wieder ausschalten, um die Wischermotoren in die Endstellungen zu fahren.

■ Wischerarm in der ungefähren Endablage auf die Wischerarmwelle aufstecken und die Befestigungsmutter handfest aufdrehen. Den Arbeitsablauf gegebenenfalls auf der Beifahrerseite wiederholen.

■ Die Scheibenwischerblätter-Endablage einstellen (siehe folgende Anleitung).

■ Die Befestigungsmuttern der Wischerarme werden erst nach dem Einstellen der Scheibenwischerblätter-Endablage mit Drehmoment 20 Nm festgezogen.

Scheibenwischerblätter-Endablage einstellen

Arbeitsablauf

■ Wischer in die Endablage laufen lassen und anschließend die Zündung ausschalten. Nun kann die Einstellung der Scheibenwischerblätter-Endablage vorgenommen werden.

■ Fahrer- und Beifahrerseite: Der Abstand zwischen der Spitze der Wischerlippe und der Oberkante der Wasserkastenabdeckung muss 25 mm betragen. Ggf. die Scheibenwischerblätter-Endablage durch Versetzen des Wischerarms einstellen (d. h. »Wischerarme aus- und einbauen«).

■ Schraubverbindungen Wischerarm an Gestänge mit 20 Nm anziehen.

Gelenkfreie Scheibenwischer auswechseln

Ausbau

■ Wischerarm hochklappen. Dann die Taste (1) drücken und die Wischerblattaufnahme (3) in Pfeilrichtung aus dem Wischerarm (2) herausdrücken (Bild 20).

⚠ Die gelenkfreien Scheibenwischer sind sehr flexibel. Deshalb die Wischerblätter, um sie von der Frontscheibe abzuheben, nur im Bereich der Wischerblattbefestigung anfassen. Fahrer- und Beifahrerwischerblatt dürfen bei der Montage nicht vertauscht werden.

Einbau

■ Wischerblattaufnahme (3) bis zum Anschlag in den Wischerarm (2) einschieben. Auf das sichere Verrasten der Taste (1) im Wischerarm (2) achten. Abschließend den Wischerarm vorsichtig auf die Frontscheibe zurück klappen (siehe Bild 20).

Wischergummi aus und einbauen

Ausbau

■ Das gelenkfreie Wischerblatt ausbauen.

■ Jetzt prüfen, an welcher Seite sich das Wischergummi nicht in der Führung verschieben lässt. An dieser Seite die Kappe (1) vorsichtig abhebeln (Bild 21).

■ Mit einem geeigneten Schraubendreher die Wischergummiarretierung (A) durch Aufbiegen öffnen und das Wischergummi herausziehen (Bild 22).

Einbau

■ Wischergummi wechseln. Auf richtigen Sitz des Wischergummis in den Führungen des Wischerblatts achten. Wischergummiarretierung (A) mit einem geeigneten Schraubendreher wieder herunterdrücken, bis sich das Wischergummi in der Führung nicht mehr verschieben lässt.

■ Neue Kappe (1) aufsetzen und auf festen Sitz prüfen.

■ Das gelenkfreie Wischerblatt wieder einbauen und auf einwandfreie Funktion prüfen.

Wischerrahmen mit Gestänge und Wischermotor aus- und einbauen

Dazu werden ein Drehmomentschlüssel (V.A.G 1331) und ein Abzieher (T10369) benötigt.

Ausbau

■ Scheibenwischer in die Endablage laufen lassen und anschließend die Zündung ausschalten.

■ Batterie abklemmen.

■ Wischerarme ausbauen.

■ Wasserkastenabdeckung und Wasserkasten-Stirnwand ausbauen (siehe Kapitel 13).

■ Befestigungsschrauben (Pfeile) Wischerrahmen mit Gestänge an Karosserie herausschrauben und den Wischerrahmen (2) nach vorn aus dem Fahrzeug schwenken. Abschließend die Steckverbindung (1) für den Anschluss des Wischermotors trennen (Bild 23).

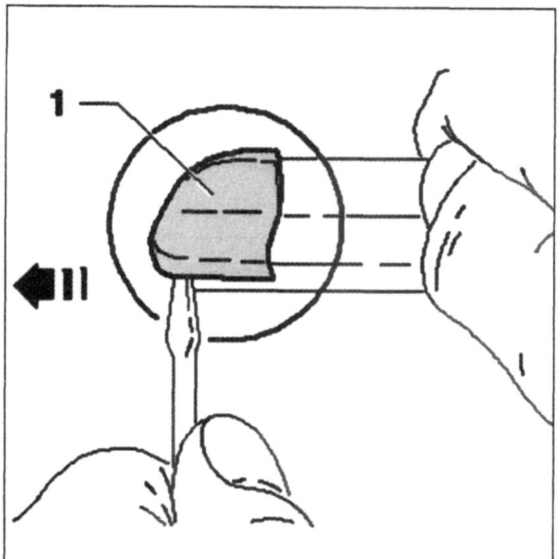

Bild 21

Bild 21
Kappe (1) an der Seite des Wischergummis abhebeln, an der sich das Wischergummi nicht in der Führung verschieben lässt.

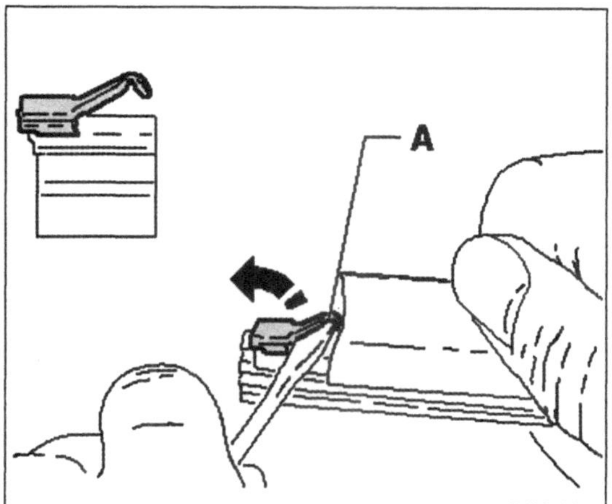

Bild 22

Bild 22
Wischergummi auswechseln.
(A) Wischergummiarretierung.

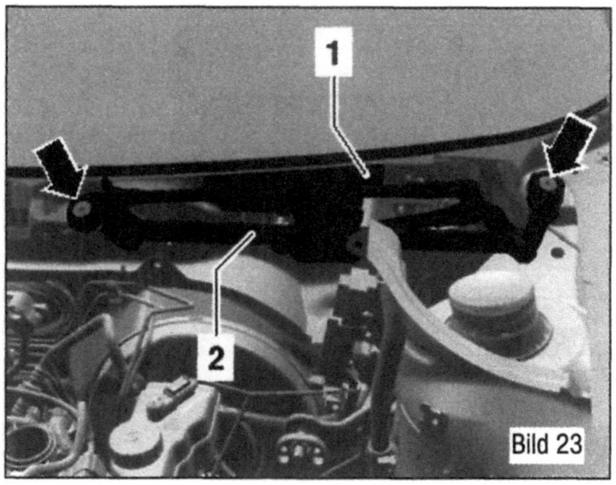

Bild 23

Bild 23
Wischerrahmen (2) ausbauen.
(1) Steckverbindung.
Pfeile = Befestigungsschrauben Wischerrahmen mit Gestänge an Karosserie.

Bild 24
Wischerrahmen einbauen.
(1) Gummitülle an der Stirnwand.
(2) Befestigungsstift des Wischerrahmens

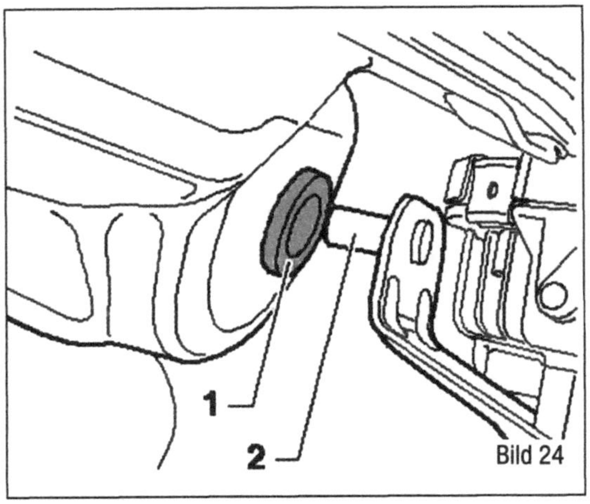

Bild 24

Bild 25
Kugelkopf (Pfeil) des Gestänges (1) mit dem Abdrückhebel von der Motorkurbel abhebeln.

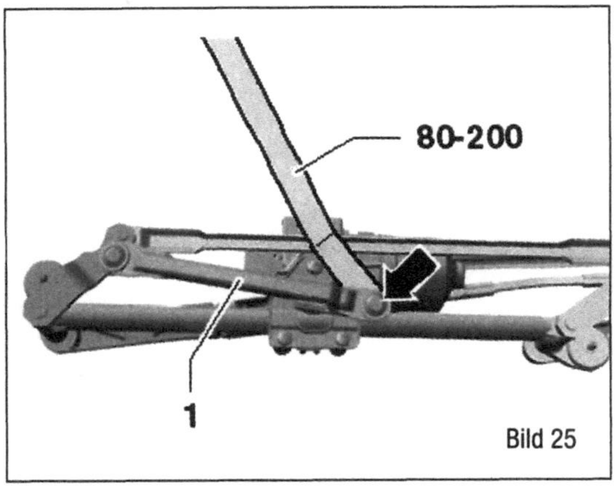

Bild 25

Bild 26
Wischermotor ausbauen.
(1) Befestigungsmutter Wischermotorkurbel an Wischermotorwelle.
(2) Motorkurbel.
Pfeile = Befestigungsschrauben Wischermotor an Wischerrahmen.

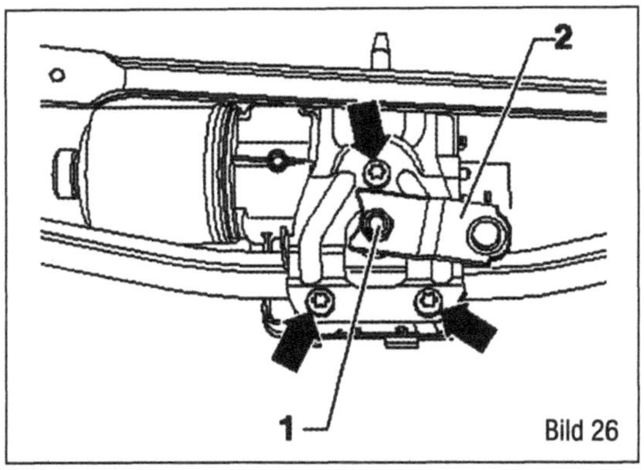

Bild 26

Bild 27
Wischermotor einbauen.
(1) Motorkurbel.
(2) Befestigungsmutter Motorkurbel mit Welle des Wischermotors.

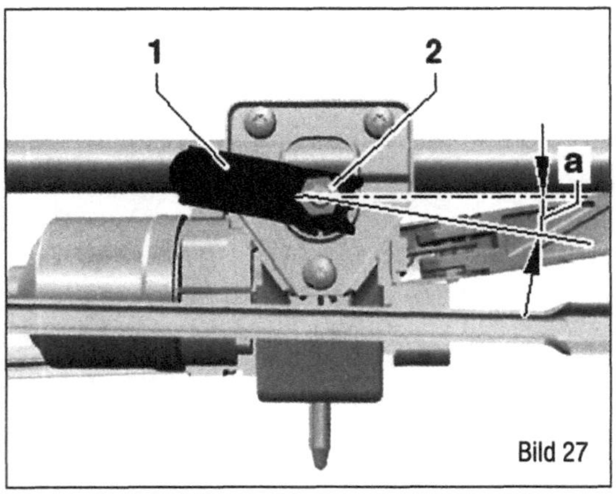

Bild 27

Einbau

- Wischerrahmen in umgekehrter Ausbaureihenfolge montieren. Bei der Montage beachten, dass der Befestigungsstift (2) des Wischerrahmens in die Gummitülle (1) an der Stirnwand eingesteckt werden muss (Bild 24).
- Schraubverbindungen Wischerrahmen mit Gestänge an Karosserie mit 8 Nm anziehen.
- Steckverbindung auf den Anschluss des Wischermotors aufstecken und verrasten.
- Wasserkasten-Stirnwand und Wasserkastenabdeckung einbauen (siehe Kapitel 13).
- Wischerarme einbauen und Scheibenwischerblätter-Endablage einstellen.

Wischermotor aus dem Wischerrahmen aus- und einbauen

Dazu werden ein Drehmomentschlüssel (V.A.G 1331) und ein Abdrückhebel (80-200) benötigt.

Ausbau

- Wischerrahmen mit Motor ausbauen.
- Kugelkopf (Pfeil) des Gestänges (1) mit dem Abdrückhebel von der Motorkurbel abhebeln (Bild 25).
- Befestigungsmutter (1) Wischermotorkurbel an Wischermotorwelle abschrauben und die Motorkurbel (2) von der Wischermotorwelle abziehen. Dann die Befestigungsschrauben (Pfeile) Wischermotor an Wischerrahmen herausschrauben und den Wischermotor mit dem Steuergerät aus dem Wischerrahmen herausnehmen (Bild 26).

Einbau

- Wischermotor mit Steuergerät in den Wischerrahmen einsetzen und mit den Befestigungsschrauben (siehe Pfeile in Bild 26) mit 9 Nm befestigen.
- Motorkurbel (1) auf die Welle des Wischermotors setzen. Das Maß (a) beträgt 7°. Dann die Motorkurbel (1) und die Welle des Wischermotors mit der Befestigungsmutter (2) mit 18 Nm verschrauben (Bild 27).
- Kugelkopf (Pfeil) des Gestänges (1) auf die Motorkurbel aufdrücken (siehe Bild 25).
- Wischerrahmen mit Gestänge und Wischermotor einbauen.

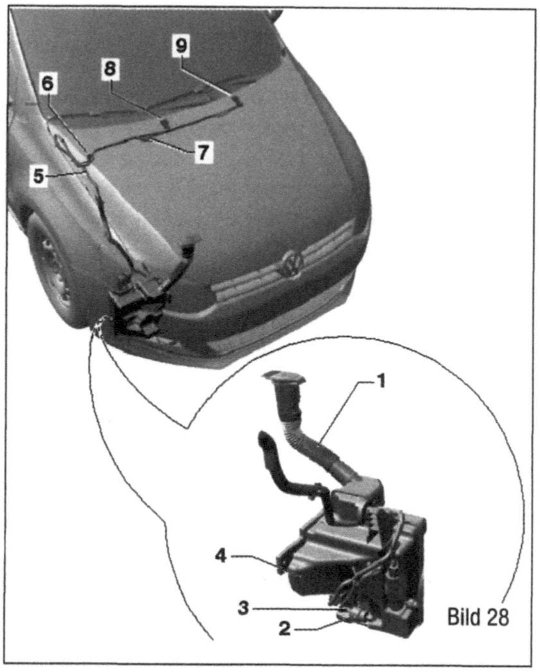

Bild 28

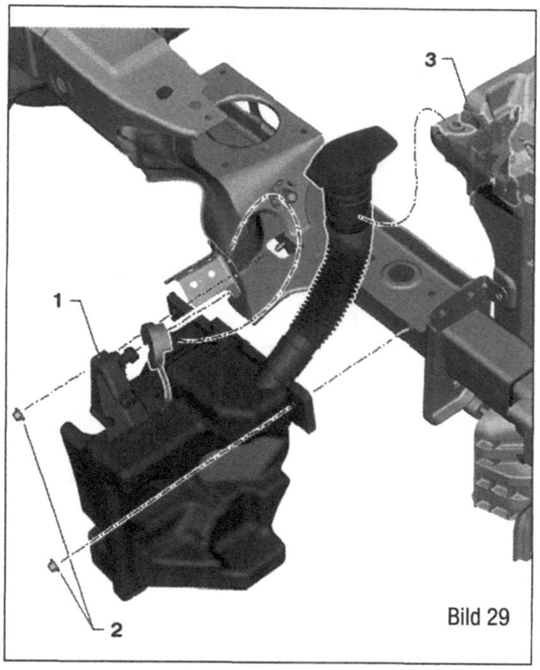

Bild 29

Bild 28
Montageübersicht »Frontscheibenwaschanlage«.
(1) Einfüllstutzen für Behälter für Scheibenwasch- und Scheinwerferreinigungsanlage.
(2) Frontscheibenwasch- und Heckscheibenwaschpumpe V59.
(3) Winkelanschlussstück. Anschluss an Frontscheibenwasch- und Heckscheibenwaschpumpe V59.
(4) Behälter für Scheibenwasch- und Scheinwerferreinigungsanlage.
(5) Schlauch.
(6) Tülle.
(7) Y-Stück. Verteilung der Waschwasserleitung zu den Spritzdüsen der Frontscheibenwaschanlage.
(8) Spritzdüse für Frontscheibenwaschanlage rechts.
(9) Spritzdüse für Frontscheibenwaschanlage links.

Bild 29
Montageübersicht »Behälter für Scheibenwasch- und Scheinwerferreinigungsanlage«.
(1) Behälter für Scheibenwasch- und Scheinwerferreinigungsanlage.
(2) Befestigungsmuttern (8 Nm).
(3) Halter für Einfüllstutzen.

Im Segment **Frontscheibenwaschanlage** (Montageübersichten Bild 28 und 29) erläutern wir die Reparaturen »Spritzdüsen aus- und einbauen sowie einstellen« und »Frontscheibenwasch- und Heckscheibenwaschpumpe aus- und einbauen«.

Tipp: Bei Fahrzeugen mit Kontaktschalter für Motorhaube F266 kann die Frontscheibenwaschanlage nur bei geschlossener Motorhaube in Betrieb genommen werden. Der Kontaktschalter für Motorhaube ist ausstattungsabhängig und nicht in allen Fahrzeugen verbaut.

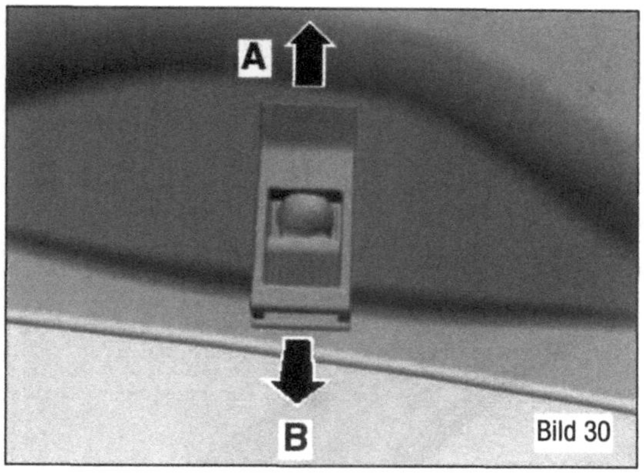

Bild 30

Bild 30
Spritzdüse ausbauen.
Pfeil A = Düse nach oben drücken.
Pfeil B = Düse hinten aus der Motorhaube herausziehen.

Spritzdüsen für Frontscheibenwaschanlage aus- und einbauen

Ausbau

- Spritzdüse nach oben (Pfeil A) drücken und hinten aus der Motorhaube herausziehen (Pfeil B Bild 30).
- Steckverbindung (1) trennen, den Wasseranschluss durch Hochziehen des Sicherungsclips (3) entriegeln und die Schlauchverbindung (2) von der Spritzdüse abziehen (Bild 31).

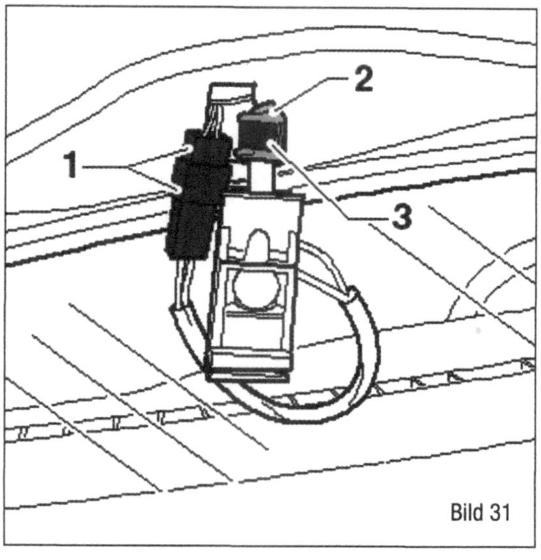

Bild 31

Bild 31
Spritzdüse ausbauen.
(1) Steckverbindung.
(2) Schlauchverbindung.
(3) Sicherungsclip.

Einbau

- Steckverbindung (1) zusammenstecken, Verriegelung (3) schließen und die Schlauchverbindung (2) auf die Spritzdüse stecken (siehe Bild 31).
- Spritzdüse in die Einbauöffnung schieben, bis sie hörbar verrastet.
- Spritzdüsen einstellen.

Sichtprüfung Messen

Spritzdüsen für Frontscheibenwaschanlage einstellen

Im Falle eines ungleichmäßigen Spritzfelds durch Verunreinigungen in der Spritzdüse die Düse ausbauen und entgegen der Spritzrichtung mit Wasser durchspülen. Das anschließende Durchblasen entgegen der Spritzrichtung mit Druckluft ist zulässig.

⚠ Keine Gegenstände zum Reinigen der Spritzdüsen verwenden. Zum Einstellen der Spritzdüsen keinesfalls eine Nadel oder dergleichen verwenden, da sonst die Wasserkanäle in der Spritzdüse beschädigt werden.

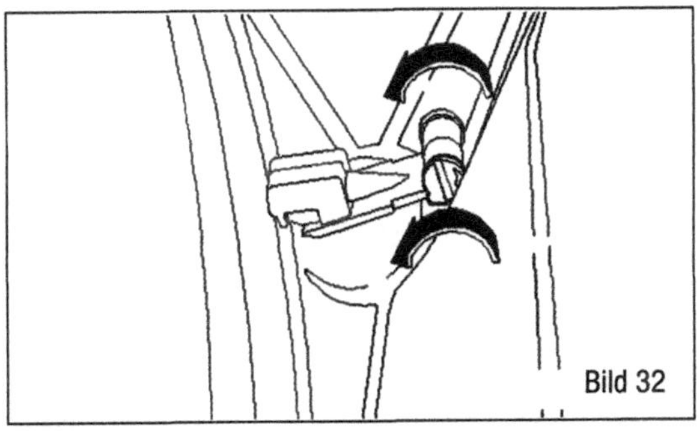

Bild 32
Spritzstrahl mittels Drehen des Exzenters der Spritzdüse nach oben bzw. nach unten verstellen.

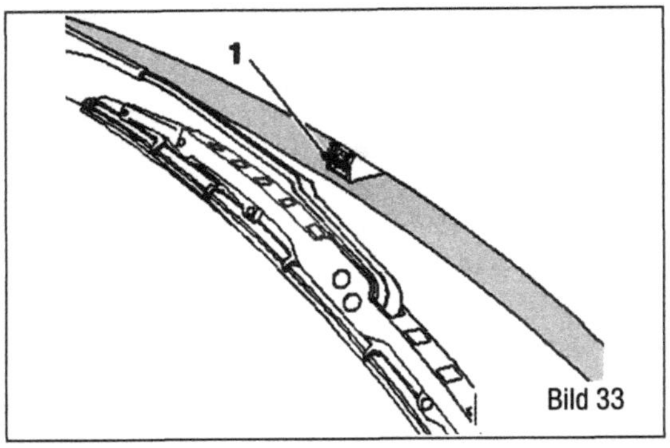

Bild 33
Spritzstrahl per Hand am Einsteller (1) nach oben bzw. unten verstellen.

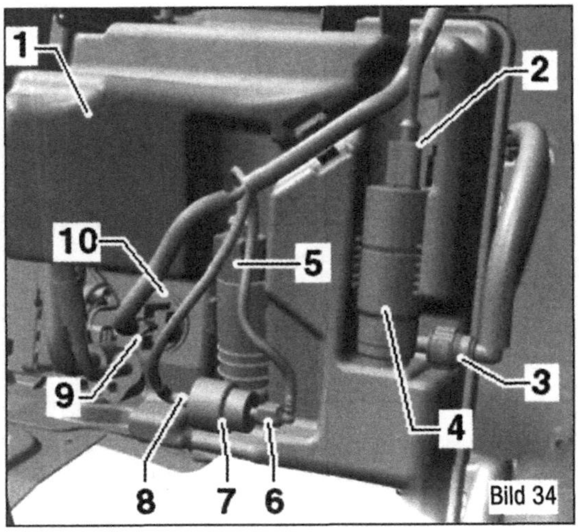

Bild 34
Frontscheibenwasch- und Heckscheibenwaschpumpe (7) ausbauen.
(1) Behälter für Scheibenwasch- und Scheinwerferreinigungsanlage.
(2) Steckverbindung für Pumpe für Scheinwerferreinigungsanlage V11.
(3) Winkelanschlussstück. Anschluss an Pumpe für Scheinwerferreinigungsanlage V11.
(4) Pumpe für Scheinwerferreinigungsanlage V11.
(5) Steckverbindung für Frontscheibenwasch- und Heckscheibenwaschpumpe V59.
(6) und (8) Sicherungsclips zum Verriegeln der Schlauchverbindungen.

Arbeitsablauf Einstellung

- Die Spritzdüsen sind voreingestellt. Es können aber kleine Höhenunterschiede ausgeglichen werden. Liegen die beiden Spritzfelder nicht auf gleicher Höhe, Spritzrichtung wie folgt nach oben bzw. unten korrigieren:
- Exzenter an der Spritzdüse mit einem Schraubendreher in Pfeilrichtung drehen, um den Spritzstrahl nach oben zu verstellen. Um den Spritzstrahl nach unten zu verstellen, den Exzenter an der Spritzdüse gegen die Pfeilrichtung drehen (Bild 32).
- Oder: den Spritzstrahl am Einsteller (1) mit der Hand nach oben bzw. unten verstellen (Bild 33).

Frontscheibenwasch- und Heckscheibenwaschpumpe V59 sowie Pumpe für Scheinwerferreinigungsanlage V11 aus- und einbauen

Ausbau

- Zündung und alle elektrischen Verbraucher ausschalten und den Zündschlüssel abziehen.
- Radhausschale vorn rechts ausbauen (siehe Kapitel 13).

Pumpe V59

- Steckverbindung (5) trennen.
- Zum Entriegeln die Sicherungsclips (6) und (8) an den Schlauchverbindungen hochziehen und die Schlauchverbindungen von der Frontscheibenwasch- und Heckscheibenwaschpumpe V59 (7) abziehen. Auslaufende Flüssigkeit ggf. mit einem geeigneten Gefäß auffangen.
- Frontscheibenwasch- und Heckscheibenwaschpumpe nach oben aus dem Behälter für Scheibenwasch- und Scheinwerferreinigungsanlage herausziehen (Bild 34).

Pumpe V11

- Steckverbindung (2) trennen.
- Pumpe für Scheinwerferreinigungsanlage V11 (4) nach oben aus dem Behälter herausziehen.
- Den Sicherungsclip am Winkelanschlussstück (3) drücken und von der Pumpe für Scheinwerferreinigungsanlage abziehen (siehe Bild 34).

Einbau
- Der Einbau erfolgt sinngemäß in umgekehrter Ausbaureihenfolge, dabei ist Folgendes zu beachten:
- Nach Abschluss der Montagearbeiten die Scheinwerferreinigungsanlage entlüften (siehe spätere Anleitung).

*

Wir wenden uns nun der **Heckscheibenwisch- und Heckscheibenwaschanlage** zu, eröffnen mit einer Montageübersicht »Heckscheibenwischanlage« (Bild 35) und zeigen danach die Reparaturabläufe für »Wischerarm aus- und einbauen«, »Motor für Heckscheibenwischer aus- und einbauen«, »Heckscheibenwischer-Endablage einstellen«, »Gelenkfreien Scheibenwischer aus- und einbauen« sowie »Spritzdüse ersetzen und einstellen«.

Wischerarm aus- und einbauen

Erforderlich: Drehmomentschlüssel (V.A.G 1331).

Ausbau
- Wischer in Endablage laufen lassen (siehe spätere Anleitung).
- Abdeckkappe (1) des Heckscheibenwischers hochklappen sowie abclipsen und die darunter liegende Befestigungsmutter (2) lösen, ohne sie ganz abzuschrauben (siehe Bild 35).
- Wischerarm (3) hochklappen und durch seitliche Bewegungen vom Konus lösen. Dann die Befestigungsmutter (2) ganz abschrauben und den Wischerarm abnehmen (siehe Bild 35).

Einbau
- Heckscheibenwischer in Endablage stellen.
- Die Befestigungsmutter des Wischerarms wird erst nach dem Einstellen der Scheibenwischerblätter-Endablage mit 12 Nm festgezogen.

Heckscheibenwischer-Endablage einstellen

Arbeitsablauf
- Wischer in die Endablage laufen lassen und anschließend die Zündung ausschalten.

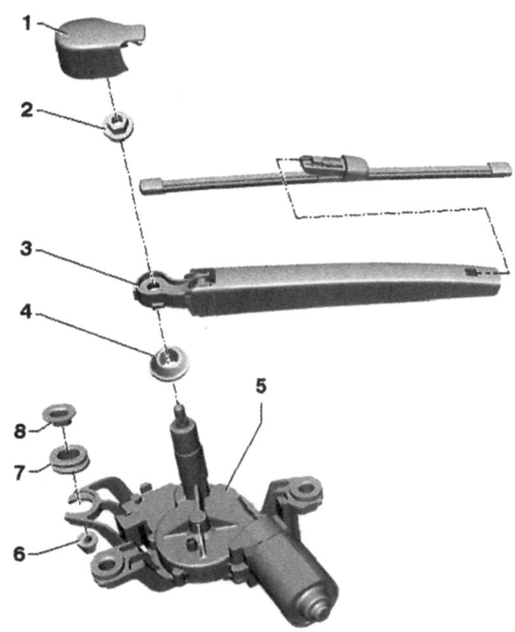

Bild 35

Bild 35
Montageübersicht »Heckscheibenwischanlage«.
(1) Abdeckkappe.
(2) Befestigungsmutter Wischerarm an Motorwelle (12 Nm).
(3) Wischerarm.
(4) Dichtung in der Heckscheibe.
(5) Motor für Heckscheibenwischer V12.
(6) Befestigungsmutter M6 mit Scheibe (8 Nm).
(7) Gummiring.
(8) Distanzstück.
(9) Gelenkfreier Scheibenwischer.

Nun kann die Einstellung der Scheibenwischerblätter-Endablage vorgenommen werden.
- Der Abstand zwischen der Spitze des Wischergummis und der Scheibenunterkante muss 32 ± 5 mm betragen. Ggf. die Scheibenwischerblätter-Endablage durch Versetzen des Wischerarms einstellen (d. h. »Wischerarm aus- und einbauen«).
- Schraubverbindung Wischerarm an Motorwelle mit 12 Nm anziehen.

Gelenkfreien Scheibenwischer aus- und einbauen

Ausbau
- Wischerarm (2) hochklappen.

⚠ Die gelenkfreien Scheibenwischer sind sehr flexibel. Wischerblatt nur im Bereich der Wischerblattbefestigung anfassen, um es von der Heckscheibe abzuheben.
- Taste (1) drücken und das Wischerblatt (3) in Pfeilrichtung schieben (Bild 36).

Einbau
- Der Einbau erfolgt sinngemäß in umgekehrter Ausbaureihenfolge.

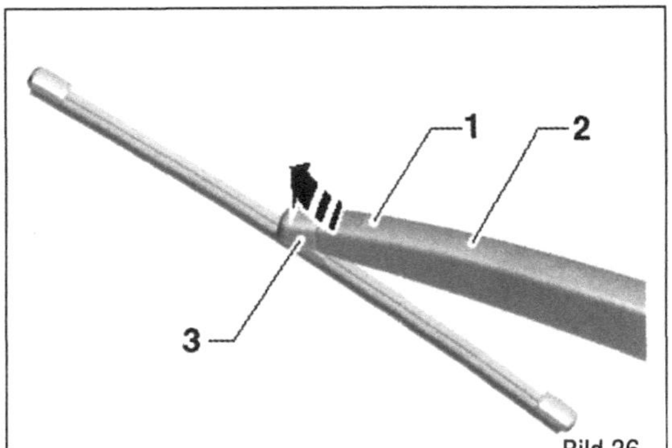

Bild 36
Scheibenwischer aus- und einbauen.
(1) Taste.
(2) Wischerarm.
(3) Wischerblatt.

Motor für Heckscheibenwischer V12 aus- und einbauen

Erforderlich: Drehmomentschlüssel (V.A.G 1331).

Ausbau

- Wischerarm ausbauen.
- Verkleidung der Heckklappe ausbauen (siehe Kapitel 13).
- Steckverbindung (1) trennen und die Befestigungsmuttern (Pfeile) abschrauben. Dann den Motor für Heckscheibenwischer vorsichtig von der Heckklappe abziehen (Bild 37, siehe auch Bild 35).

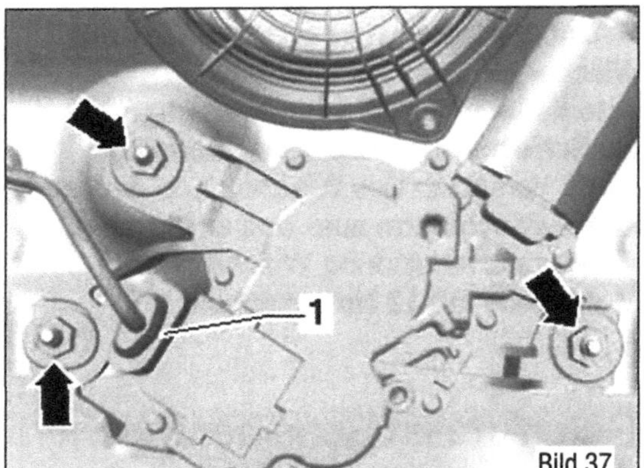

Bild 37
Motor für Heckscheibenwischer ausbauen.
(1) Steckverbindung.
Pfeile = Befestigungsmutter Motor an Heckklappe.

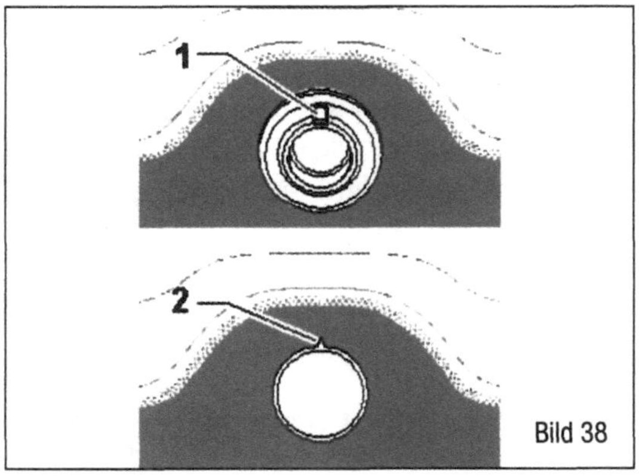

Bild 38
Motor für Heckscheibenwischer einbauen. Korrekten Sitz der Dichtung in der Heckscheibe prüfen. (1) und (2) Markierungen der Dichtung bzw. der Heckscheibe.

Einbau

- Der Einbau erfolgt sinngemäß in umgekehrter Ausbaureihenfolge, dabei ist Folgendes zu beachten:
- Korrekten Sitz der Dichtung in der Öffnung der Heckscheibe kontrollieren. Die Markierung (1) der Dichtung muss mit der Markierung (2) der Heckscheibe übereinstimmen (Bild 38).
- Scheibenwischer-Endablage prüfen.

Spritzdüse der Heckscheibenwaschanlage ersetzen

Die Spritzdüse ist in die Lampe für hochgesetztes Bremslicht M25 eingebaut. Ausbau

- Lampe für hochgesetztes Bremslicht M25 ausbauen (siehe spätere Anleitung), die beiden Verrastungen entriegeln und die Spritzdüse nach hinten aus der Lampe für hochgesetztes Bremslicht herausziehen.

Einbau

- Der Einbau erfolgt in umgekehrter Ausbaureihenfolge.
- Spritzdüse einstellen.

Spritzdüse der Heckscheibenwaschanlage einstellen

Im Falle eines ungleichmäßigen Spritzfelds durch Verunreinigungen in der Spritzdüse die Düse ausbauen und entgegen der Spritzrichtung mit Wasser durchspülen. Das anschließende Durchblasen entgegen der Spritzrichtung mit Druckluft ist zulässig. Keine Gegenstände zur Reinigung der Spritzdüse verwenden.

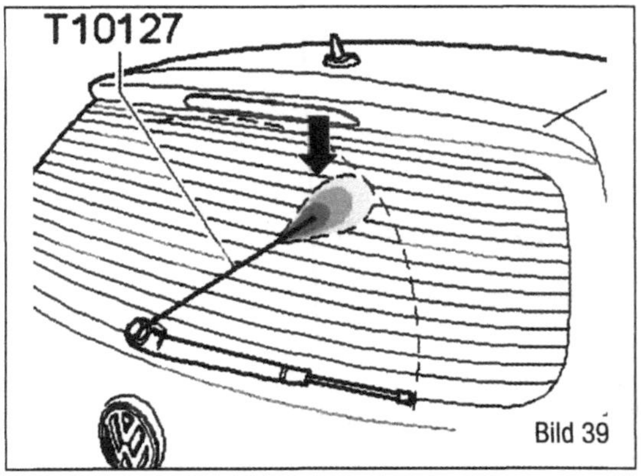

Bild 39
Spritzdüse mit dem Einstellwerkzeug T10127einstellen.

Arbeitsablauf Einstellung
■ Düseneinstellung prüfen. Der Spritzstrahl muss in der Mitte des Wischerfeldes auftreffen.
■ Gegebenenfalls die Spritzdüse mit dem Einstellwerkzeug T10127einstellen (Bild 39).

Zum Abschluss dieses Abschnitts widmen wir uns kurz der **Scheinwerferreinigungsanlage** (Montageübersicht Bild 40).

Die »Aktiv-Zeit« der Scheinwerferreinigungsanlage kann variabel eingestellt werden. Nach Montagearbeiten oder bei Erstinbetriebnahme der Scheinwerferreinigungsanlage muss diese entlüftet werden, um die einwandfreie Funktion von Hubzylindern und Spritzdüsen sicherzustellen. Fehlererkennung und Fehleranzeige: Das Bordnetzsteuergerät J519 ist mit einer Eigendiagnose ausgestattet, die die Fehlersuche erleichtert. Zur Fehlersuche ist das Fahrzeugdiagnose-, Mess- u. Informationssystem VAS 5051A in der Funktion »Geführte Fehlersuche« zu verwenden.

Scheinwerferreinigungsanlage entlüften

Nach Montagearbeiten oder bei Erstinbetriebnahme muss die Scheinwerferreinigungsanlage entlüftet werden, um die einwandfreie Funktion von Hubzylindern und Spritzdüsen sicherzustellen.

Arbeitsablauf
■ Behälter für Scheibenwasch- und Scheinwerferreinigungsanlage auffüllen.
■ Motor starten und die Scheinwerfer auf »EIN« stellen.
■ Scheinwerferreinigungsanlage mehrmals betätigen (3-5 Impulse für je 3 Sekunden Dauer). Diesen Entlüftungsvorgang ggf. wiederholen, bis die einwandfreie Funktion von Hubzylindern und Spritzdüsen erreicht ist. Die Arbeiten »Hubzylinder für Spritzdüsen aus- und einbauen«, »Spritzdüsenhalter aus- und einbauen sowie »Düseneinstellung prüfen, ggf. einstellen« sollten einer Fachwerkstatt überlassen werden.

*

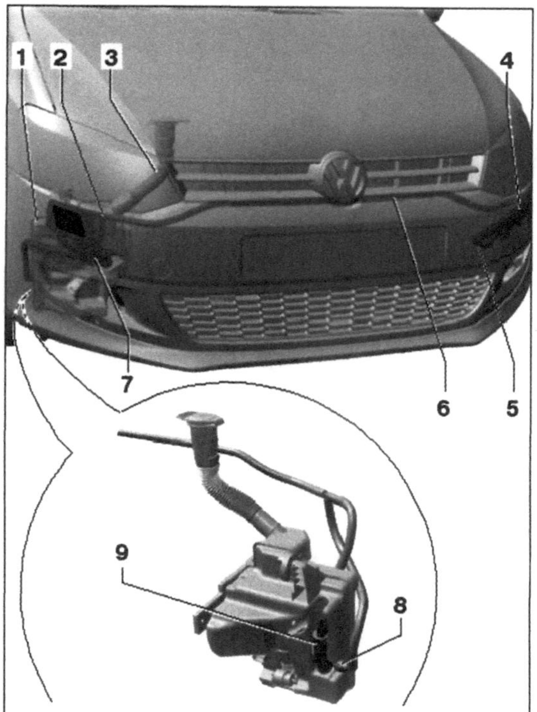

Bild 40

Bild 40
Montageübersicht »Scheinwerferreinigungsanlage«.
Bitte beachten: Diese Montageübersicht korrespondiert mit Bild 28 (Montageübersicht »Frontscheibenwaschanlage«) und Bild 34 (»Frontscheibenwasch- und Heckscheibenwaschpumpe ausbauen«).
(1) Behälter für Scheibenwasch- und Scheinwerferreinigungsanlage.
(2) T-Stück. Verteilung der Waschwasserleitung zu den Spritzdüsen der Scheinwerferreinigungsanlage.
(3) Einfüllrohr für Behälter für Scheibenwasch- und Scheinwerferreinigungsanlage.
(4) Spritzdüsenhalter mit Hubzylinder links.
(5) Winkelanschlussstück. Anschluss an Hubzylinder für Spritzdüse links.
(6) Schlauch.
(7) Spritzdüsenhalter mit Hubzylinder rechts.
(8) Winkelanschlussstück. Anschluss an Pumpe für Scheinwerferreinigungsanlage V11.
(9) Winkelanschlussstück. Anschluss an Hubzylinder für Spritzdüse rechts.

Im letzten Abschnitt dieses Kapitels wenden wir uns der **Außenbeleuchtung** des Polo zu, demonstrieren jedoch nur Anleitungen zum Aus- und Einbau von Scheinwerfer, Nebelscheinwerfer, Schlussleuchte, Kennzeichenleuchte sowie hochgesetzter Bremsleuchte. Der Wechsel der Lampen wird ausführlich in der Bedienungsanleitung zum Polo sowie Im Band 279 »VW Polo V« unserer Buchreihe »Jetzt helfe ich mir selbst« beschrieben.

Scheinwerfer mit Halogenlampe H7 aus- und einbauen

Erforderlich: Drehmomentschlüssel (V.A.G 1410).
Die einzelnen Bauteile des Scheinwerfers werden durch eine Montageübersicht (Bild 41) anschaulicht dargestellt.

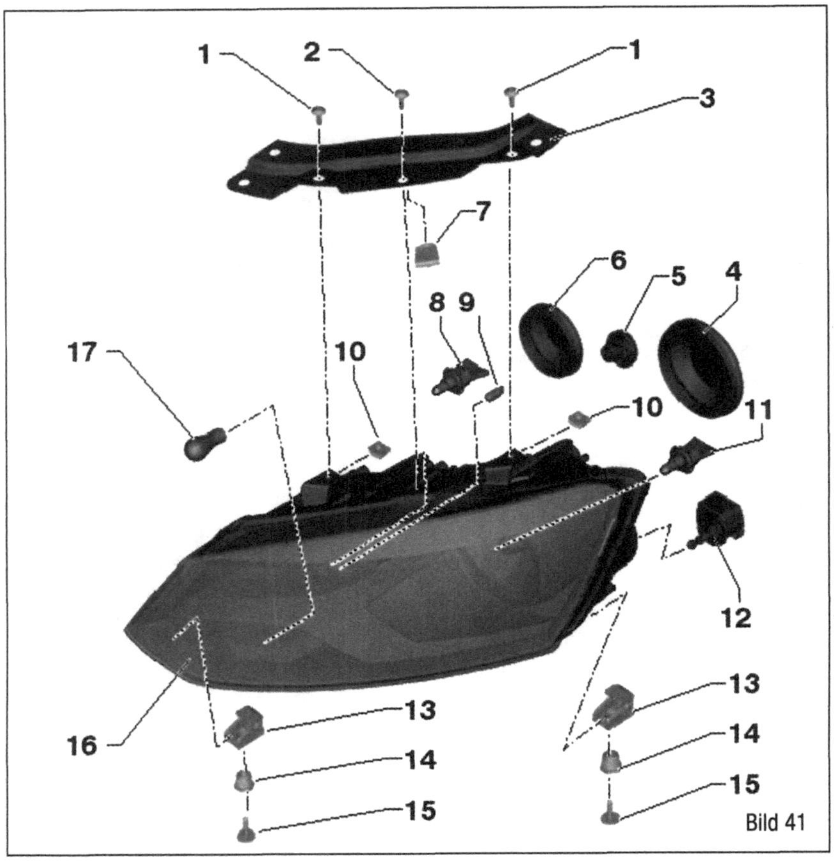

Bild 41

Bild 41
Montageübersicht » Scheinwerfer mit Halogenlampe H7«.

(1) Befestigungsschrauben Scheinwerfer an Träger (2,5 Nm).
(2) Befestigungsschraube für Anschlag (1,5 Nm).
(3) Träger.
(4) Abdeckkappe Abblendlichtlampe und Stellmotor für Leuchtweitenverstellung.
(5) Lampenfassung für Blinklichtlampe.
(6) Abdeckkappe Fernlichtlampe.
(7) Anschlag für Scheinwerfer.
(8) Lampe für Fernlichtscheinwerfer links M30 bzw. Lampe für Fernlichtscheinwerfer rechts M32 (Lampe H7 12 V, 55 W).
(9) Lampe für Standlicht links M1 bzw. Lampe für Standlicht rechts M3 (Lampe 12 V, W 5 W LongLife).
(10) Blechmuttern.
(11) Lampe für Abblendlichtscheinwerfer links M29 bzw. Lampe für Abblendlichtscheinwerfer rechts M31 (Lampe H7 12 V, 55 W).
(12) Stellmotor links für Leuchtweitenregelung V48 bzw. Stellmotor rechts für Leuchtweitenregelung V49.
(13) Clip (Einbaulage des Scheinwerfers korrigieren).
(14) Einstellbuchse (Einbaulage des Scheinwerfers korrigieren).
(15) Befestigungsschraube (6 Nm).
(16) Scheinwerfer.
(17) Lampe für Blinklicht vorn links M5 bzw. Lampe für Blinklicht vorn rechts M7 (Lampe 12 V, PY 21 W LongLife).

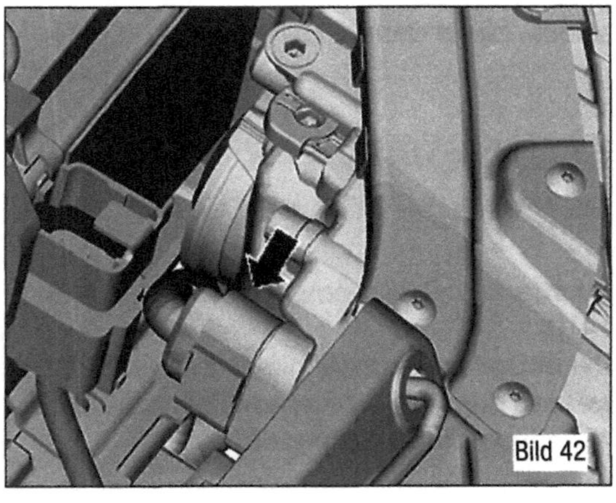

Bild 42

Bild 42
Scheinwerfer ausbauen, Mehrfachsteckverbindung abziehen.
Bild zeigt linken Scheinwerfer, Ausbau erfolgt rechts sinngemäß.

Ausbau

Zum Ausbau ist es nicht notwendig, das Masseband der Batterie abzuklemmen.

- Zündung und alle elektrischen Verbraucher ausschalten und den Zündschlüssel abziehen.
- Mehrfachsteckverbindung (Pfeil) entriegeln und die Mehrfachsteckverbindung abziehen (Bild 42).
- Befestigungsschrauben (2) herausschrauben und den Scheinwerfer nach vorn aus den unteren Befestigungen herausschieben. Dann den Scheinwerfer nach vorn aus dem Karosserieausschnitt herausnehmen (Bild 43).

Einbau

- Der Einbau erfolgt in umgekehrter Reihenfolge, dabei ist Folgendes zu beachten:
- Scheinwerfer in den Karosserieausschnitt einsetzen und gegen den oberen Anschlag (1) drücken. Dann Befestigungsschrauben (2) am Scheinwerfer mit 2,5 Nm anziehen (siehe Bild 43).
- Einbaulage des Scheinwerfers auf gleichmäßige Spaltmaße kontrollieren. Weist der Scheinwerfer ungleichmäßige Spaltmaße zur Karosserie auf, muss die Einbaulage korrigiert werden (siehe Spaltmaße in Kapitel 13).
- Funktionen des Scheinwerfers prüfen.
- Scheinwerfereinstellung prüfen und ggf. Scheinwerfer einstellen (lassen).

Scheinwerfer einstellen

Zur exakten Einstellung der Scheinwerfer ist ein Scheinwerfer-Einstellgerät (VAS 5046) zu benutzen. Diese Arbeit sollte in aller Regel in einer Werkstatt vorgenommen werden. Allerdings ist in Eigenregie eine provisorische Scheinwerfereinstellung möglich, die im Band 276 »VW Polo V« der Ratgeberreihe »Jetzt helfe ich mir selbst« beschrieben ist.

Nebelscheinwerfer aus- und einbauen

Die einzelnen Bauteile des Nebelscheinwerfers werden durch eine Montageübersicht (Bild 44) anschaulich dargestellt.

Ausbau

■ Zündung und alle elektrischen Verbraucher ausschalten und den Zündschlüssel abziehen.

■ Abdeckung (Pos. 4 in Bild 44) ausbauen (siehe Kapitel 13).

■ Befestigungsschrauben (Pos. 5 in Bild 44) herausschrauben und Rastnasen oben am Scheinwerfergehäuse entriegeln.

■ Nebelscheinwerfergehäuse, unter Berücksichtigung der angeschlossenen Leitungslängen, aus dem Stoßfänger herausziehen und die beiden Steckverbindungen entriegeln.

Einbau

■ Der Einbau erfolgt in umgekehrter Ausbaureihenfolge, dabei ist Folgendes zu beachten:

■ Stecker verbinden und Laschen oben am Nebelscheinwerfergehäuse in die Aufnahmen im Stoßfänger einführen und verrasten. Dann Befestigungsschrauben (Pos. 5 in Bild 44) mit 1,5 Nm festziehen und Abdeckung wieder in Stoßfänger einbauen,

■ Funktion des Nebelscheinwerfers prüfen und den Nebelscheinwerfer einstellen (lassen).

Schlussleuchte und Lampenträger der Schlussleuchte aus- und einbauen

Eine Montageübersicht (Bild 45) zeigt anschaulich die einzelnen Bauteile der Schlussleuchte. Erforderlich ist ein Drehmomentschlüssel (V.A.G 1783).

Schlussleuchte ausbauen

■ Zündung und alle elektrischen Verbraucher ausschalten und den Zündschlüssel abziehen.

■ Seitliche Kofferraumverkleidung (1) zur Seite klappen (Bild 46).

■ Steckverbindung (2) trennen und das Befestigungselement (1) abschrauben. Dann die Schlussleuchte nach hinten aus dem Seitenteil herausnehmen (Bild 47).

Lampenträger ausbauen

■ Befestigungslaschen (Pfeile) entriegeln und Lampenträger aus dem Schlussleuchtengehäuse herausnehmen (Bild 48).

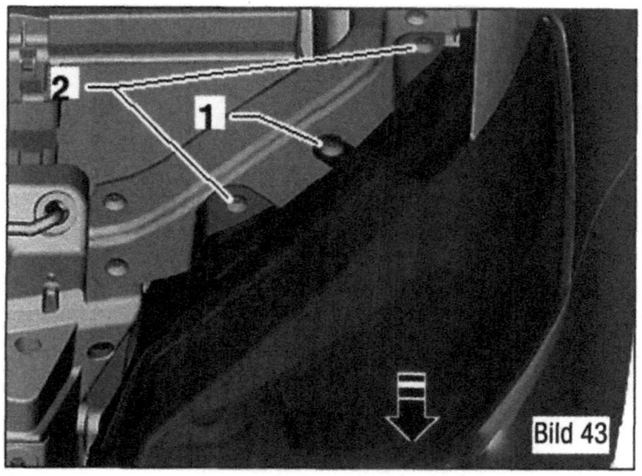

Bild 43

Bild 43
Scheinwerfer ausbauen. Bild zeigt linken Scheinwerfer, Ausbau erfolgt rechts sinngemäß.
(1) Oberer Anschlag.
(2) Befestigungsschrauben.

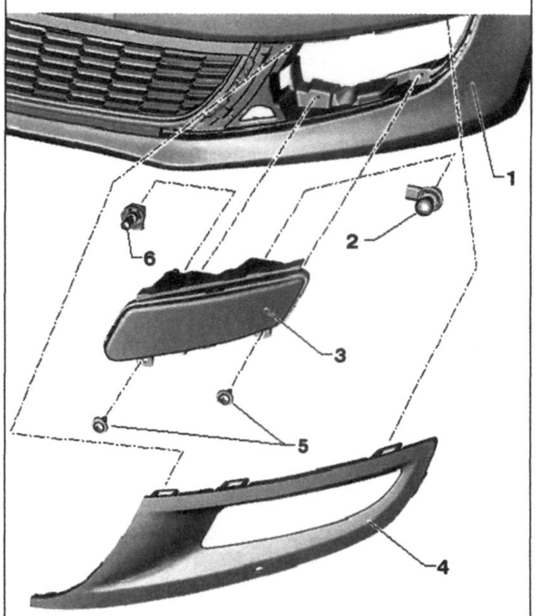

Bild 44

Bild 44
Montageübersicht »Nebelscheinwerfer«.
Die Abbildungen zeigen den Aus- bzw. Einbau des linken Nebelscheinwerfers. Der Ausbau des rechten Nebelscheinwerfers erfolgt sinngemäß spiegelbildlich.
(1) Stoßfänger vorn.
(2) Lampe für Tagesfahrlicht links L174 bzw. Lampe für Tagesfahrlicht rechts L175 (Lampe P21W 12 V 21 W).
(3) Scheinwerfergehäuse.
(4) Abdeckung.
(5) Befestigungsschrauben (1,5 Nm).
(6) Lampe für Nebelscheinwerfer links L22 bzw. Lampe für Nebelscheinwerfer rechts L23 (Lampe H8 12 V, 35 W).

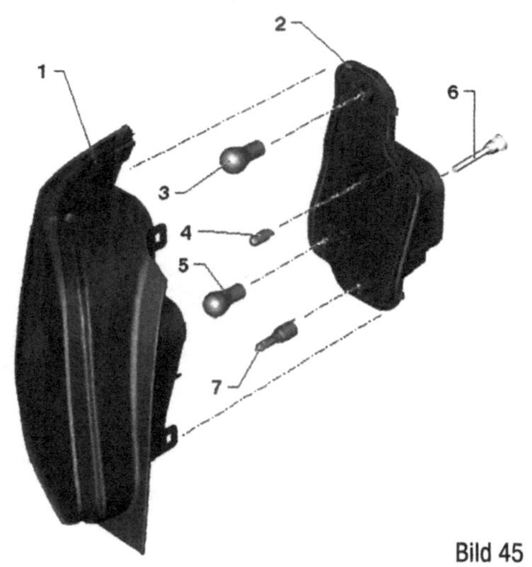

Bild 45

Bild 45
Montageübersicht »Schlussleuchte«.
(1) Schlussleuchtengehäuse.
(2) Lampenträger.
(3) Lampe für Bremslicht links M9 bzw. Lampe für Bremslicht rechts M10 (12 V, P 21 W).
(4) Lampe für Schlusslicht links M4 bzw. Lampe für Schlusslicht rechts M2 (12 V, W 5 W).
(5) Lampe für Blinklicht hinten links M6 bzw. Lampe für Blinklicht hinten rechts M8 (12 V, PY 21 W).
(6) Befestigungselement (2 Nm).
(7) Lampe für Nebelschlussleuchte oder Lampe für Rückfahrlicht links M16 bzw. Lampe für Rückfahrlicht rechts M17 (12 V, H 21 W)

Bild 46
Seitliche Kofferraumverkleidung (1) zur Seite klappen.

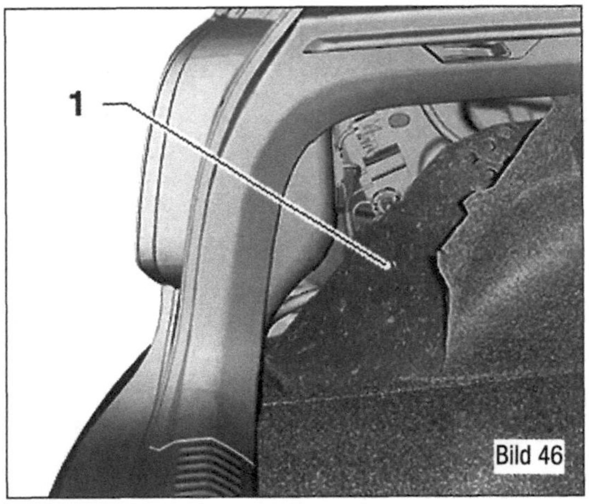

Bild 47
Schlussleuchte ausbauen.
(1) Befestigungselement.
(2) Steckverbindung.

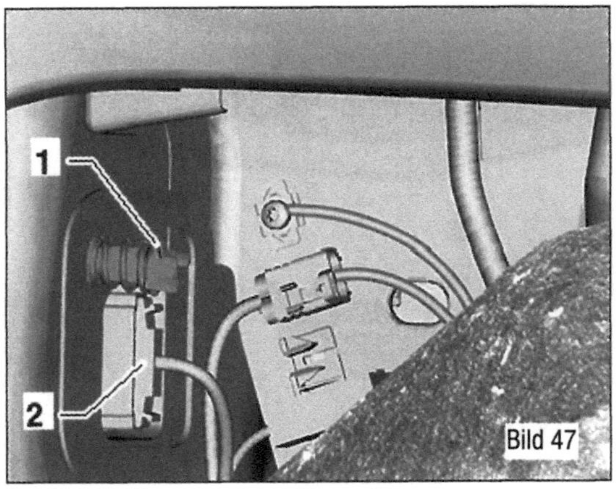

Bild 48
Lampenträger der Schlussleuchte ausbauen.
Pfeile = Befestigungslaschen.

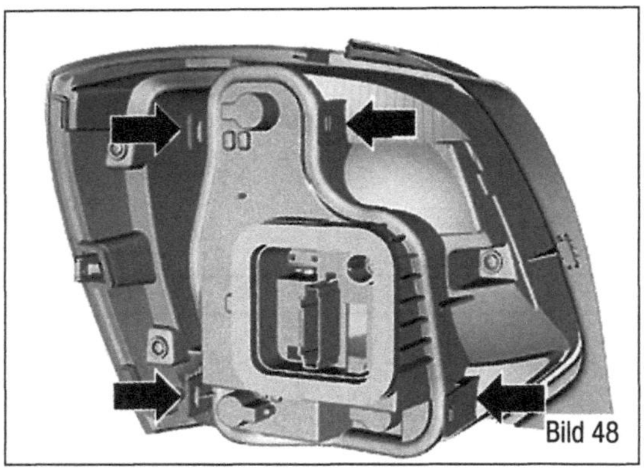

Bild 49
Kennzeichenleuchte ausbauen.
(1) Haltenase.

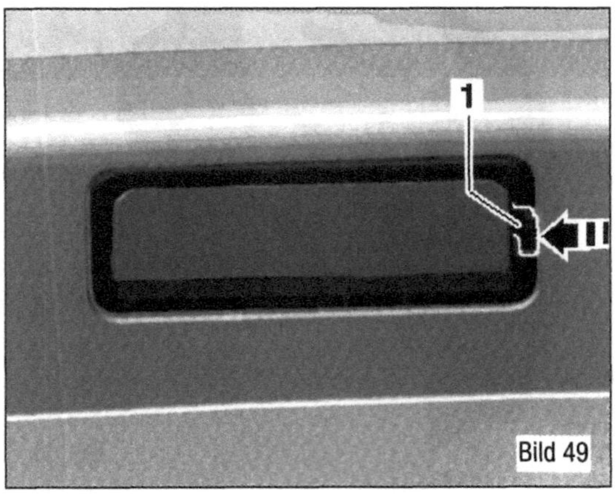

Bild 50
Steckverbindung (Pfeil) der Kennzeichenleuchte entriegeln und trennen.

Einbau Lampenträger und Schlussleuchte

- Der Einbau erfolgt in umgekehrter Ausbaureihenfolge.

Kennzeichenleuchte (geclipst) aus- und einbauen

Ausbau

- Zündung und alle elektrischen Verbraucher ausschalten und den Zündschlüssel abziehen.
- Haltenase (1) mit einem geeigneten Schraubendreher in Pfeilrichtung drücken bis die Kennzeichenleuchte aus dem Stoßfänger herausgenommen werden kann (Bild 49).
- Steckverbindung (Pfeil) entriegeln und trennen (Bild 50).
- Nach Ausbau der geclipsten Kennzeichenleuchte kann die Lampenfassung durch Drehen gegen den Uhrzeigersinn aus der Kennzeichenleuchte herausgenommen und die Glühlampe (Stecksockellampe 12V W 5 W) gewechselt werden.

Einbau

- Der Einbau erfolgt sinngemäß in umgekehrter Ausbaureihenfolge.
- Funktion der Kennzeichenleuchte prüfen.

Aus- und Einbau der **geschraubten Kennzeichenleuchte** verläuft genauso wie bei der geclipsten Leuchte. Zum Wechsel der Glühlampe ist der Ausbau der Kennzeichenleuchte jedoch nicht erforderlich, sondern es sind lediglich zwei Befestigungsschrauben (1) herauszudrehen (1,2 Nm) und die Streuscheibe mit der Glühlampe (Soffitte 12V V 5 W) abzunehmen (Bild 51). Auf der Streuscheibe der Kennzeichenleuchte ist ein

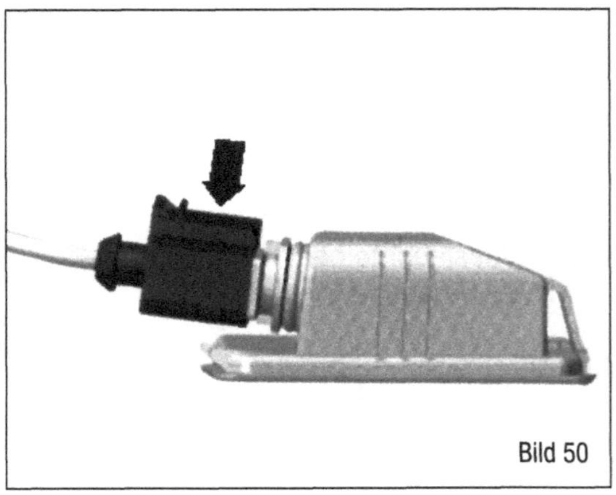

kleiner silberfarbener Blendschutzstreifen (Pfeil) aufgebracht. Dieser muss bei der Montage der Streuscheibe immer der Stoßfängerseite zugewandt sein. Beim Zusammenbau der Kennzeichenleuchte auch auf den richtigen Sitz der Streuscheibendichtung achten.

Lampe für hochgesetztes Bremslicht M25 aus- und einbauen

In der hochgesetzten Bremsleuchte sind Einzel-LEDs (Licht emittierende Dioden) in Gruppen zu 4 LEDs zusammengefasst, die gruppenweise mit Strom versorgt werden. Das zusätzliche Bremslicht ist so aufgebaut, dass beim Ausfall einer LED-Gruppe weiterhin die gesetzlichen Bestimmungen erfüllt werden. Fällt eine weitere LED-Gruppe aus, werden diese Bestimmungen laut Gesetzgeber nicht mehr erfüllt. Das zusätzliche Bremslicht ist zu ersetzen.
In die Lampe für hochgesetztes Bremslicht ist außerdem die Spritzdüse der Heckscheibenwaschanlage integriert.
Zum Ausbau wird ein Kunststoffkeil (T10039/1) benötigt.

Ausbau

- Zündung und alle elektrischen Verbraucher ausschalten und den Zündschlüssel abziehen.
- Den Bereich der Heckklappe über dem Bremslicht mit einem Streifen Klebeband (1) abkleben (Bild 52).
- Kunststoffkeil (1) oben zwischen Lampe für hochgesetztes Bremslicht (2) und Heckklappe stecken. Durch Drücken des Montagekeils in Pfeilrichtung die Lampe für hochgesetztes Bremslicht entriegeln und unter Berücksichtigung der angeschlossenen Leitungslängen, aus der Heckklappe herausnehmen (Bild 53).

⚠ Beim Ausbau der hochgesetzten Bremsleuchte darauf achten, dass die Dichtung nicht beschädigt wird.

- Schlauchsicherung (Pfeil) heraus und die Schlauchverbindung (1) von der Lampe für hochgesetztes Bremslicht abziehen. Dann Steckverbindung (2) entriegeln und trennen und Lampe für hochgesetztes Bremslicht abnehmen (Bild 54).

Einbau

- Schlauch- und Steckverbindungen aufstecken.
- Bremslicht unten beginnend wieder in die Heckklappe einclipsen.

⚠ Beim Einbau der Lampe für hochgesetztes Bremslicht auf den richtigen Sitz der Dichtung achten. Die Dichtung darf keine Schlaufen werfen und nicht beschädigt sein.

- Lampe für hochgesetztes Bremslicht und die Heckscheibenwaschanlage auf einwandfreie Funktion prüfen.

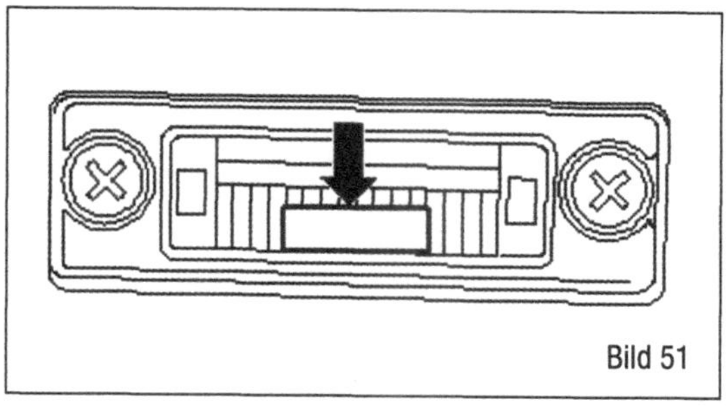

Bild 51
Geschraubte Kennzeichenleuchte.
(1) Befestigungsschrauben der Streuscheibe.
Pfeil = silberfarbener Blendschutzstreifen auf der Streuscheibe.

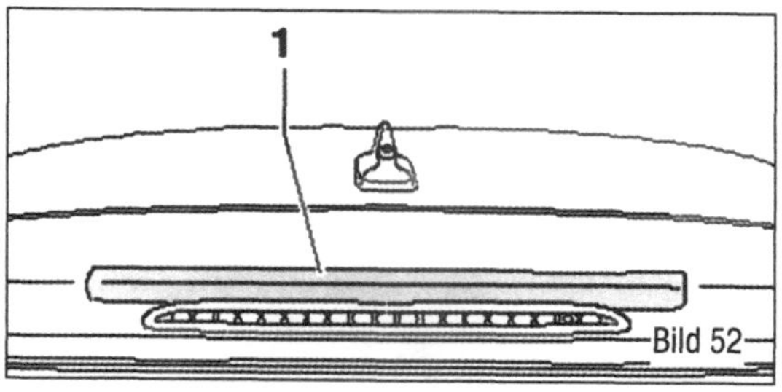

Bild 52
Heckklappe über dem zusätzlichen Bremslicht abkleben.
(1) Klebeband.

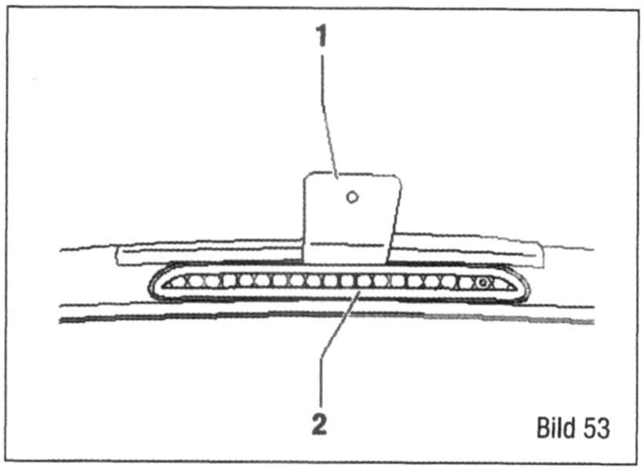

Bild 53
Lampe für hochgesetztes Bremslicht (2) ausbauen.
(1) Kunststoffkeil.

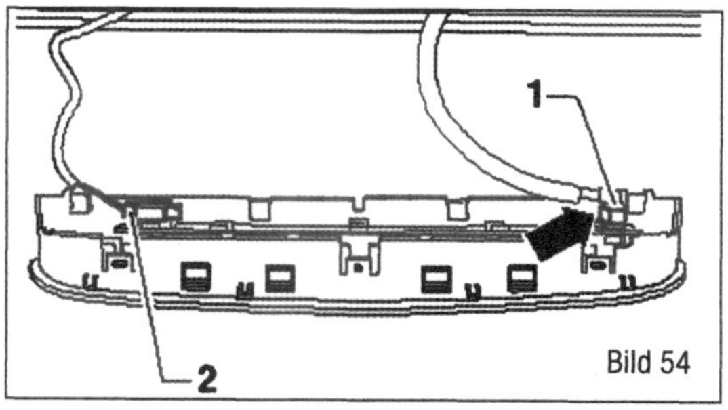

Bild 54
Lampe für hochgesetztes Bremslicht ausbauen.
(1) Schlauchverbindung für Spritzdüse der Heckscheibenwaschanlage.
(2) Steckverbindung für Bremslicht.
Pfeil = Schlauchsicherung.

12 Bremsanlage

Der Polo-Diesel wird sicher über ein Hydraulik-Zweikreis-Bremssystem mit rundum Scheibenbremsen (1,6 TDI/66 und 77 kW) und Scheibenbremsen vorn sowie selbstnachstellenden Trommelbremsen hinten (1,6 TDI/55 kW und 1,2 TDI/55 kW) verzögert. Die vorderen Scheibenbremsen sind innenbelüftet. Eine mechanische Feststellbremse (Seilzugbremse) wirkt auf die Hinterräder. Die Bremskraftverstärkung erfolgt pneumatisch durch Vakuumbremskraftverstärker. Welche Bremsen im Fahrzeug verbaut sind, wird unter anderem auf dem Fahrzeugdatenträger durch die entsprechende PR-Nummer dokumentiert. Der Fahrzeugdatenträger befindet sich in der Reserveradmulde und im Serviceheft. Die nachstehende Tabelle zeigt eine Aufschlüsselung der PR-Nummern sowie der Bremsentypen zu den Dieselmotorisierungen. Die PR-Nummern sind für die Kombination Bremssattel/Bremsscheibe/Bremstrommel und Bremsbelag wichtig.

Zuordnung der PR-Nummern und Bremsentypen zu den einzelnen Dieselmotoren

Motoren/Leistung	**Vorderradbremse**		**Hinterradbremse**	
	PR-Nr.	Typ	PR-Nr.	Typ
1,2 TDI/55 kW	1LR/1ZG	FS III (14")	1KM	TB
1,6 TDI/55 kW	1LR/1ZG	FS III (14")	1KM	TB
1,6 TDI/66 kW	1LR/1ZG	FS III (14")	1KT	C 38
1,6 TDI/77 kW	1ZC	FN3 (15")	1KT	C 38

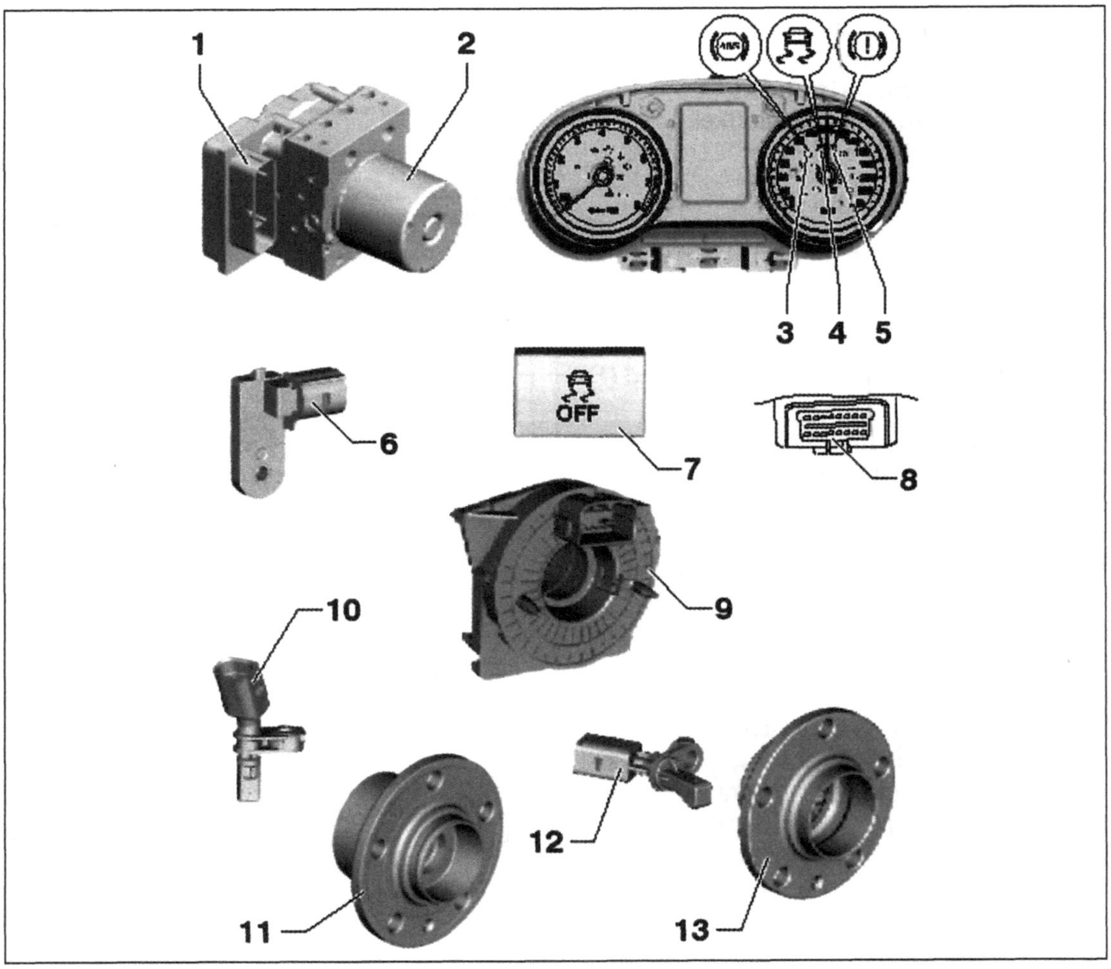

Elektrisch/Elektronische Bauteile und Einbauorte Bosch 8.2 ABS/EDS/ASR/ESP.

(1) Steuergerät für ABS J104. Einbauort: an der Hydraulikeinheit im Motorraum rechts. Steckverbindung nicht vor erfolgter Eigendiagnose trennen. Vor dem Trennen der Steckverbindung die Zündung ausschalten. Im Steuergerät sind folgende Bauteile integriert: Querbeschleunigungsgeber G200, Drehratengeber G202, Längsbeschleunigungsgeber G251 (ausstattungsbedingt).
(2) Hydraulikeinheit für ABS N55. Die Hydraulikeinheit besteht aus den Komponenten: Rückförderpumpe für ABS V39, Bremsdruckgeber G201, Ventilblock (beinhaltet die Ein-/Auslassventile). Rückförderpumpe für ABS V39 und Ventilblock dürfen nicht voneinander getrennt werden.
(3) Kontrollleuchte für ABS K47. Einbauort: im Schalttafeleinsatz.
(4) Kontrollleuchte für ESP und ASR K155. Einbauort: im Schalttafeleinsatz.
(5) Kontrollleuchte für Bremsanlage K118. Einbauort: im Schalttafeleinsatz.
(6) Bremslichtschalter F inklusive Bremspedalschalter F47.
(7) Taster für ASR und ESP E256. Einbauort: in der Schalttafel.
(8) Diagnoseanschluss. Einbauort: Abdeckung Fußraum Fahrerseite.
(9) Geber für Lenkwinkel G85. Einbauort: auf der Lenksäule zwischen Lenkrad und dem Lenkstockschalter.
(10) Drehzahlfühler vorn rechts/links G45/G47.
(11) Radnabe mit Radlager. Der Sensorring für das ABS ist im Radlager eingebaut.
(12) Drehzahlfühler hinten rechts/links G44/G46.
(13) Radnabe mit Radlager. Der Sensorring für das ABS ist im Radlager eingebaut.

Wir demonstrieren hier keine Reparaturanleitungen am sensiblen **Antiblockiersystem**, zumal vor Instandsetzungen an diesem System die Schadensursache mithilfe der »Geführten Fehlersuche» mit dem Fahrzeugdiagnose-, Mess- und Informationssystem ermittelt werden muss. Das sollte in einer Fachwerkstatt geschehen.
Aber: Störungen am ABS haben keinen Einfluss auf Bremsanlage und Verstärkung. Die herkömmliche Bremsanlage bleibt auch ohne ABS funktionsfähig. Es muss jedoch mit einem veränderten Bremsverhalten gerechnet werden. Nach Aufleuchten der ABS-Kontrollleuchte können die Hinterräder beim Bremsen frühzeitig blockieren.

Wir beginnen im Segment **»Bremshydraulik«** mit wichtigen Sicht- und Funktionsprüfungen und schließen dann einige Reparaturanleitungen an.

⚠ **Anmerkungen zur Bremsflüssigkeit:** Volkswagen setzt Bremsflüssigkeit nach dem Standard »FMVSS 116 DOT 4« ein, wovon auch die Weiterentwicklung »DOT 4 plus« erhältlich ist. Bei VW hat das Produkt die Katalog-Teilenummer VW 501 14 B 000 750. Bremsflüssigkeit auf keinen Fall mit mineralölhaltigen Flüssigkeiten (Öl, Benzin, Reinigungsmittel) in Verbindung bringen. Mineralöle beschädigen die Dichtungen und Gummitüllen der Bremsanlage.
Bremsflüssigkeit ist giftig. Sie darf außerdem wegen ihrer ätzenden Wirkung nicht mit Lack in Berührung kommen. Eventuell ausgetretene Bremsflüssigkeit mit viel Wasser abspülen.
Bremsflüssigkeit ist hygroskopisch, das heißt, sie nimmt aus der umgebenden Luft Feuchtigkeit auf und ist darum stets in luftdicht verschlossenen Behältern aufzubewahren.

Bremsflüssigkeitsstand (abhängig vom Belagverschleiß) prüfen

Der Stand der Bremsflüssigkeit ist an den Markierungen des Bremsflüssigkeitsbehälters abzulesen.

- Der Bremsflüssigkeitsstand (Menge) ist stets in Abhängigkeit vom Bremsbelagverschleiß zu beurteilen. Im Fahrbetrieb entsteht durch Abnutzung und automatische Nachstellung der Bremsbeläge ein geringfügiges Absinken des Flüssigkeitsstandes.
- Bei einem Flüssigkeitsstand an der »MIN«-Markierung und etwas darüber ist kein Nachfüllen erforderlich, wenn die Bremsbelagverschleißgrenze nahezu erreicht ist.
- Sind die Bremsbeläge neu bzw. weit von der Belagverschleißgrenze entfernt, muss der Flüssigkeitsstand zwischen der »MIN«- und »MAX«-Markierung liegen.
- Die »MAX«-Markierung darf jedoch nicht überschritten werden, damit die Flüssigkeit nicht aus dem Bremsflüssigkeitsbehälter austritt.
- Ist der Flüssigkeitsstand unter die »MIN«-Markierung abgesunken, muss, bevor Bremsflüssigkeit ergänzt wird, das ganze Bremssystem überprüft werden. Ggf. sind Reparaturen einzuleiten.

Bremsanlage auf Undichtigkeiten und Beschädigungen prüfen

- **Sichtprüfung** folgender Bauteile auf Undichtigkeiten und Beschädigungen: Hauptbremszylinder, Bremskraftverstärker (bei Antiblockiersystem: Hydraulikeinheit), Bremskraftregler, Bremssättel. Weiter sind zu prüfen: Vorhandensein der Staubkappen an den Entlüftungsventilen für Bremsflüssigkeit, dass die Bremsschläuche nicht verdreht sind und dass sie beim maximalen Lenkeinschlag keine Fahrzeugbauteile berühren. Außerdem Bremsschläuche auf Porosität und Brüchigkeit, Bremsschläuche und Bremsleitungen auf Scheuerstellen und Bremsanschlüsse und Befestigungen auf richtigen Sitz, Undichtigkeiten und Korrosion prüfen.
Festgestellte Mängel sind unbedingt durch entsprechende Reparaturmaßnahmen zu beseitigen.
- Zur **professionellen Dichtigkeitsprüfung unter Druck** sind ein Prüfgerät für Bremssysteme (z. B. V.A.G 1310 A) sowie ein Adapter M 10 (z. B. V.A.G 1310/6) erforderlich. Prüfvoraussetzung ist, dass die Funktion und Dichtheit der Bremsanlage gewährleistet sind.
- Entlüftungsventil an einem der vorderen Bremssättel herausschrauben. Das Prüfgerät für Bremssysteme anschließen und entlüften.

Sichtprüfung Messen

■ Bremspedal belasten, bis das Druckmanometer 50 bar Überdruck anzeigt. Während der Prüfdauer von 45 Sekunden darf der Druckabfall nicht mehr als 4 bar betragen. Bei größerem Druckabfall Hauptbremszylinder ersetzen.

Bremsanlage entlüften

Bremsanlage mit einem Bremsenfüll- und Entlüftungsgerät (z. B. VAS 5234 oder V.A.G 1869) sowie einem Aufrüstsatz **Absaugvorrichtung** Bremsenfüll- und Entlüftungsgerät (V.A.G 1869/4) **entlüften.**

Entlüftung (normal)
Den ***Arbeitsablauf*** zum Entlüften der Bremsanlage genau einhalten.
■ Bremsenfüll- und Entlüftungsgerät anschließen, d. h. Adapter statt Verschlussdeckel auf Bremsflüssigkeitsbehälter aufschrauben, Druck einstellen und Befüllschlauch des Gerätes an den Adapter anschließen
■ Abdeckkappen von den Entlüftungsventilen abziehen, Schlauch der Entlüfterflasche aufstecken und dann Entlüftungsventil mit einem passenden Schlüssel in der folgend beschriebenen Reihenfolge öffnen und jeweiligen Radbremszylinder/Bremssättel entlüften.
1. Radbremszylinder/Bremssattel hinten links
2. Bremssattel vorn links
3. Bremssattel vorn rechts
4. Radbremszylinder/Bremssattel hinten rechts
■ Entlüftungsventil bei aufgestecktem Schlauch der Entlüfterflasche so lange geöffnet lassen, bis blasenfreie Bremsflüssigkeit ausströmt.
⚠ Geeigneten Entlüfterschlauch verwenden. Er muss straff auf dem Entlüftungsventil sitzen, damit keine Luft in die Bremsanlage gelangen kann.

Vorentlüftung
Wenn bei Fahrzeugen mit EDS, EDS/ASR oder EDS/ASR/ESP eine Kammer des Bremsflüssigkeitsbehälters komplett leergelaufen ist (z. B. bei Undichtigkeiten der Bremsanlage) muss zuerst eine Vorentlüftung der Bremsanlage erfolgen.
■ Entlüftungsreihenfolge:
1. Bremssattel vorn links und vorn rechts gleichzeitig zusammen entlüften.
2. Bremssattel hinten links und hinten rechts gleichzeitig zusammen entlüften.
■ Entlüftungsventile bei aufgesteckten Schläuchen der Entlüfterflasche so lange geöffnet lassen, bis blasenfreie Bremsflüssigkeit ausströmt.
■ Anschließend muss über die Funktion »Grundeinstellung« mit dem Diagnosetester VAS 5051 die Hydraulikeinheit nochmals entlüftet werden. Grundeinstellung einleiten (zum Entlüften der Bremsanlage): VAS 5051 anschließen und Funktion anwählen. Zum Entlüften der Hydraulikeinheit ist ein Vordruck von 2 bar nötig.
■ Danach die Bremsanlage normal entlüften (siehe oben).

Nachentlüftung
Vom Hersteller wird auch eine Nachentlüftung vorgesehen. Dazu wird ein Helfer benötigt.
■ Bremspedal mit hoher Fußkraft betätigen und halten. Entlüftungsventil am Bremssattel öffnen. Bremspedal bis zum Anschlag durchtreten. Entlüftungsventil bei niedergetretenem Bremspedal schließen. Bremspedal langsam lösen.
■ Der Entlüftungsvorgang muss pro Bremssattel (Entlüftungsreihenfolge wie bei »Entlüftung normal«) 5-mal durchgeführt werden.
■ Nach dem Entlüften muss eine Probefahrt durchgeführt werden. Dabei muss mindestens eine ABS-Regelung erfolgen.

Bremsanlage mit einfachen Mitteln entlüften
Steht kein Bremsenfüll- und Entlüftungsgerät zur Verfügung, lässt sich die Bremsanlage auch mit einfachen Mitteln entlüften. Es werden lediglich neue Bremsflüssigkeit und ein geeigneter, möglichst durchsichtiger Kunststoffschlauch benötigt, den man in einem Baumarkt erwerben kann. Er muss straff auf der Entlüfterschraube Radbremszylinder/Bremssattel sitzen, damit keine Luft in die Bremsanlage gelangen kann.
■ Wenn erforderlich, die Entlüftungsventile einige Stunden vor der Arbeit mit Rostlöser einsprühen. Das mindert das Risiko, dass die Ventile beim Lösen abgerissen werden.
■ Entlüftungsreihenfolge wie bei »Entlüftung normal« siehe oben.
■ Staubkappe vom Entlüftungsventil abziehen, Ventilnippel säubern, den Kunststoffschlauch auf den Nippel schieben und

das freie Schlauchende in einen teilweise mit Bremsflüssigkeit gefüllten Auffangbehälter stecken.

- Entlüftungsschraube mit einem Ringschlüssel maximal eine Umdrehung lösen. Ein Helfer tritt das Bremspedal langsam bis zum Boden, damit die Bremsflüssigkeit und die darin eingeschlossene Luft herausgepumpt werden. Auf Schlauch und Auffangbehälter achten: die Luftbläschen müssen zu sehen sein. Das Bremspedal am Boden halten.
- Nun die Entlüftungsschraube schließen, erst dann das Bremspedal zurücknehmen.
- Diesen Vorgang so lange wiederholen, bis keine Luftbläschen mehr aufsteigen, es ist dann keine Luft mehr im System. Dabei aber ständig den Stand der Bremsflüssigkeit im Ausgleichsbehälter beobachten. Bei Bedarf nachfüllen, aber nur soviel, dass der vorherige Stand im Bremsflüssigkeitsbehälter nicht überschritten wird. Dadurch wird verhindert, dass bei einem späteren Wechsel der Bremsbeläge zuviel Bremsflüssigkeit im System ist und der Behälter beim Zurückdrücken der Bremskolben überläuft. Bis zum nächsten Pumpen jeweils etwa drei Sekunden warten, damit sich der Hauptbremszylinder wieder füllen kann.
- Nach dem letzten Durchgang muss der Helfer das Bremspedal wieder am Boden halten, bis das Entlüftungsventil endgültig geschlossen ist (Schraube nicht anknallen).
- Die Arbeit an den anderen Entlüftungsventilen wiederholen.
- Lässt sich die Bremse nach vorgenannter Methode nicht vollständig entlüften, alle Entlüftungsventile schließen, den Motor starten und mehrfach die Bremse betätigen. Dann nochmals einen Entlüftungsdurchgang vornehmen.
- Zum Schluss noch einmal alle Bremsleitungen, Entlüftungsventile (angezogen?), den Stand im Bremsflüssigkeitsbehälter und die Funktion der Bremsen bei einer (vorsichtigen) Probefahrt prüfen. Dabei einmal so stark bremsen, dass die ABS-Regelung greift.

Bremsflüssigkeit wechseln

Dazu werden das Bremsenfüll- und Entlüftungsgerät (VAS 5234), der Bremsenentlüftungsschlüssel (VAS 5519) und das Bremsenentlüftungswerkzeug (VAS 6564) benötigt.

Arbeitsablauf

- Verschlussdeckel vom Bremsflüssigkeits-Vorratsbehälter abschrauben, Sieb herausnehmen und reinigen.
- Mit dem Saugschlauch vom Bremsenfüll- und Entlüftungsgerät soviel Bremsflüssigkeit wie möglich absaugen. Abgesaugte Bremsflüssigkeit darf übrigens nicht wieder verwendet werden.
- Sieb einsetzen, Adapter (aus dem Bremsenentlüftungswerkzeug) auf den Bremsenflüssigkeits-Vorratsbehälter schrauben, den richtigen Druck am Bremsenfüll- und Entlüftungsgerät einstellen (Bedienungsanleitung des Gerätes beachten) und den Befüllschlauch des Bremsenfüll- und Entlüftungsgeräts an den Adapter anschließen.
- Abdeckkappe des Entlüftungsventils am Bremssattel vorn links abziehen und Entlüfterschlauch der Auffangflasche auf das Entlüftungsventil vorn links stecken, Entlüftungsventil öffnen und die entsprechende Bremsflüssigkeitsmenge (siehe folgende Tabelle) ausfließen lassen. Entlüftungsventil mit 10 Nm schließen. Abdeckkappe am Entlüftungsventil des Bremssattels vorn links wieder aufstecken.
- Diesen Arbeitsablauf an der rechten Fahrzeugseite vorn wiederholen.
- Jetzt ggf. beide Räder an der Hinterachse abschrauben, um an das Entlüftungsventil zu gelangen. Abdeckkappe am Entlüftungsventil des Bremssattels hinten links abziehen und Entlüfterschlauch der Auffangflasche auf das Entlüftungsventil hinten links stecken, Entlüftungsventil öffnen und die entsprechende Bremsflüssigkeitsmenge (siehe folgende Tabelle) ausfließen lassen. Entlüftungsventil mit 10 Nm schließen. Abdeckkappe am Entlüftungsventil des Bremssattels hinten links wieder aufstecken.
- Diesen Arbeitsablauf an der rechten Fahrzeugseite hinten wiederholen.

Für Fahrzeuge mit Schaltgetriebe

- Luftfiltergehäuse ausbauen (siehe Kapitel 6).
- Entlüfterschlauch auf das Entlüftungsventil des Kupplungsnehmerzylinders stecken, Ventil öffnen und ca. 100 ml Bremsflüssigkeit ausfließen lassen.
- Ventil schließen und 10- bis 15-mal schnell hintereinander das Kupplungspedal betätigen.

Sichtprüfung Messen

Bild 1
Montageübersicht »Bremskraftverstärker/Hauptbremszylinder«.
(1) Verschlussdeckel.
(2) Warnkontakt für Bremsflüssigkeitsstand F34.
(3) Bremsflüssigkeitsbehälter.
(4) Dichtungsstopfen für den Anschluss des Unterdruckschlauchs.
(5) Bremskraftverstärker. Bei Diesel-Motoren ist zur Unterdruckerzeugung eine Vakuumpumpe eingebaut. Im Unterdruckschlauch befindet sich ein Rückschlagventil. Bei Störungen ist der Bremskraftverstärker komplett zu ersetzen (vorher alle Unterdruckleitungen prüfen). Funktionsprüfung des Bremskraftverstärkers: Bremspedal bei stehendem Motor mehrere Male kräftig durchtreten (dadurch wird der im Gerät vorhandene Unterdruck abgebaut). Bremspedal jetzt mit mittlerer Fußkraft in Bremsstellung halten und Motor starten. Bei einem einwandfrei funktionierenden Bremskraftverstärker gibt jetzt das Bremspedal unter dem Fuß spürbar nach (Verstärkung wird wirksam).
(6) Dichtung zwischen Bremskraftverstärker und Fußhebelwerk.
(7) Selbstsichernde Sechskantmuttern Fußhebelwerk an Bremskraftverstärker. (25 Nm). Nach jeder Demontage ersetzen.
(8) Dichtring zwischen Hauptbremszylinder und Bremskraftverstärker (ersetzen).
(9) Hauptbremszylinder. Der H. kann nicht in Stand gesetzt werden, bei Störungen komplett ersetzen.
(10) Bremslichtschalter F inklusive Bremspedalschalter F47.
(11) Torx-Schraube Bremslichtschalter (7 Nm).
(12) Selbstsichernde Sechskantmuttern Hauptbremszylinder an Bremskraftverstärker (ersetzen, 25 Nm).
(13) Stift vom Bremsflüssigkeitsbehälter.
(14) Dichtungsstopfen. Mit Bremsflüssigkeit benetzen und in den Hauptbremszylinder eindrücken.

■ Ventil erneut öffnen und ca. 50 ml Bremsflüssigkeit ausfließen lassen.
■ Ventil schließen, Entlüfterschlauch abnehmen und mehrmals das Kupplungspedal betätigen.
■ Luftfiltergehäuse wieder einbauen.
■ Befüllhebel vom Bremsenfüll- und Entlüftungsgerät in Stellung »B« stellen (siehe Bedienungsanleitung des Geräts), Befüllschlauch vom Adapter abnehmen, Adapter vom Bremsflüssigkeits-Vorratsbehälter abschrauben.
■ Bremsflüssigkeitsstand kontrollieren und ggf. korrigieren, er muss zwischen der »MIN«- und »MAX«-Markierung liegen.
■ Verschlussdeckel des Bremsflüssigkeits-Vorratsbehälters einschrauben.
■ Hinterräder ggf. wieder anbauen und eine Funktionsprüfung während einer Probefahrt durchführen.

Ausfließende Bremsflüssigkeitsmengen

Reihenfolge Entlüftungsventile		Bremsflüssigkeitsmengen
Bremssattel	vorn links	0,20 Liter
	vorn rechts	0,20 Liter
Radbremszylinder/Bremssattel		
	hinten links	0,30 Liter
	hinten rechts	0,30 Liter
Kupplungsnehmerzylinder		0,15 Liter

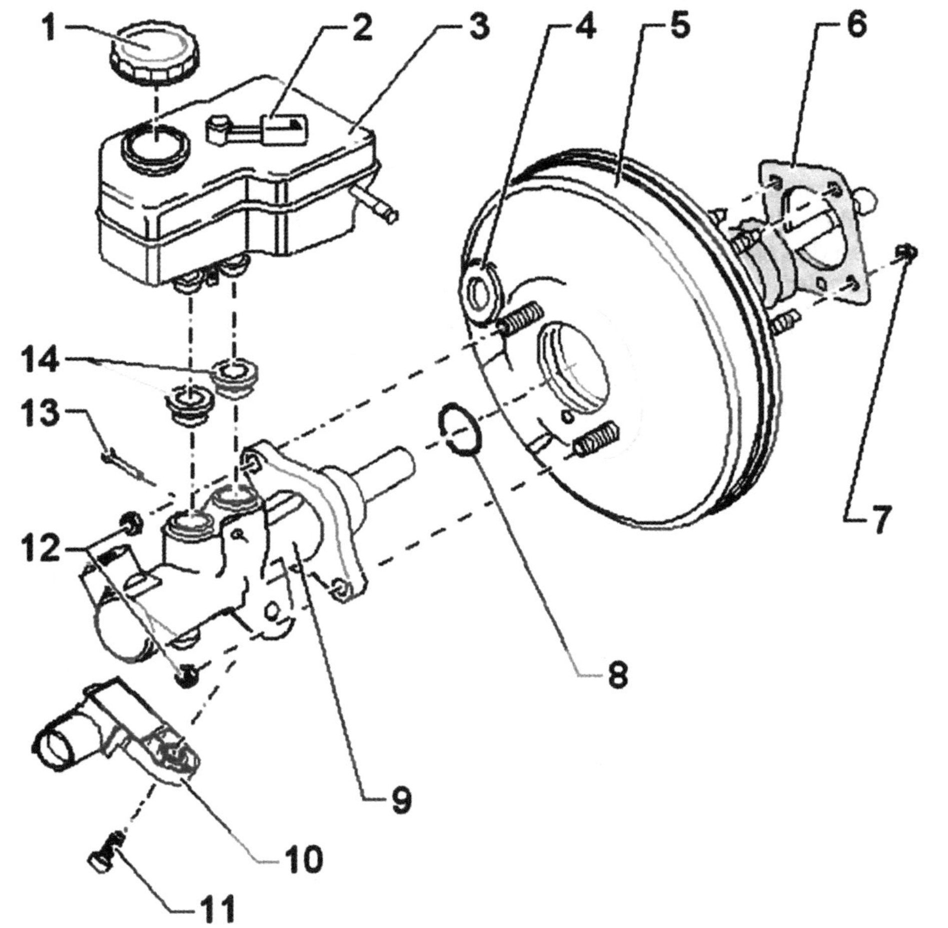

Bild 1

Die folgende Reparaturanleitung **»Hauptbremszylinder aus- und einbauen«** eröffnen wir mit einer anschaulichen Montageübersicht (Bild 1). Bremskraftverstärker, Hauptbremszylinder und Bremsflüssigkeitsbehälter bilden eine Montageeinheit, die sich links hinten im Motorraum direkt an der Wasserkastenwand befindet. Komplette Hauptbremszylinder und Bremskraftverstärker können unabhängig voneinander ersetzt werden.

Hauptbremszylinder aus- und einbauen

Dazu werden das Bremsenfüll- und Entlüftungsgerät (VAS 5234) sowie ein Drehmomentschlüssel (V.A.G 1331) benötigt.

Ausbau

- Batterie abklemmen (siehe Kapitel 12).
- Luftfiltergehäuse ausbauen (sieh Kapitel 6).
- Steckverbindung (A) von Warnkontakt für Bremsflüssigkeitsstand F34 und Steckverbindung (C) vom Bremslichtschalter F abziehen (Bild 2, siehe auch Bild 1 und Bild 4).
- Ausreichend nicht fasernde Lappen im Bereich des Motors und des Getriebes auslegen. Danach so viel Bremsflüssigkeit wie möglich mit dem Bremsenfüll- und Entlüftungsgerät VAS 5234 oder der Absaugvorrichtung V.A.G 1869/4 aus dem Bremsflüssigkeitsbehälter absaugen (siehe »Bremsflüssigkeit wechseln«).

Zusatzarbeiten bei Fahrzeugen mit Schaltgetriebe:

- Den Nachlaufschlauch (siehe B, Bild 2) für Kupplungsgeberzylinder abziehen und hochbinden oder den Nachlaufschlauch (B) für Kupplungsgeberzylinder mit einem handelsüblichen Werkzeug, z. B. Hazet 4590 abklemmen und dann abziehen.

Fortsetzung für alle Fahrzeuge:

- Den Stift (Pos. 13 in Bild 1) vom Bremsflüssigkeitsbehälter durch die Haltelaschen und den Hauptbremszylinder drücken. Danach den Bremsflüssigkeitsbehälter aus dem Hauptbremszylinder herausziehen.
- Die Bremsleitungen (1) Hauptbremszylinder kennzeichnen, abschrauben und sofort mit einem Verschlussstopfen (z. B. aus Reparatursatz ET.- Nr. 1H0 698 311 A) verschließen.

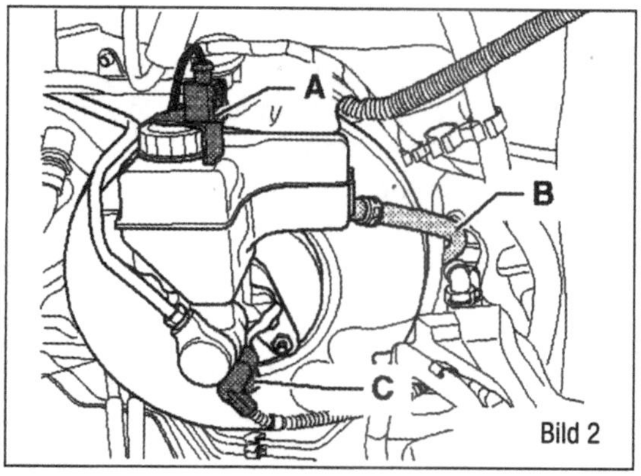

Bild 2

Bild 2
Steckverbindungen und Schlauch vom Bremsflüssigkeitsbehälter abbauen.
(A) Steckverbindung von Warnkontakt für Bremsflüssigkeitsstand F34.
(B) Nachlaufschlauch für Kupplungsgeberzylinder.
(C) Steckverbindung vom Bremslichtschalter F.

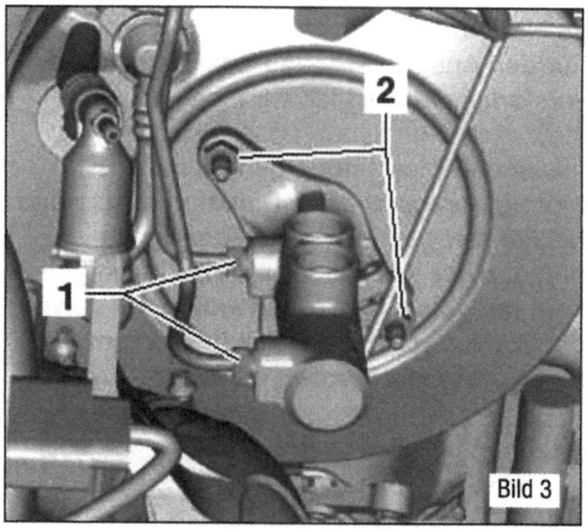

Bild 3

Bild 3
Hauptbremszylinder vom Bremskraftverstärker abbauen.
(1) Bremsleitungen.
(2) Mutter Hauptbremszylinder an Bremskraftverstärker.

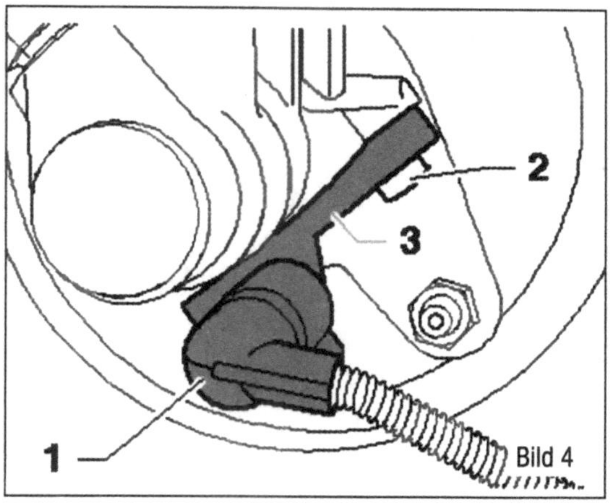

Bild 4

Bild 4
Bremslichtschalter F (3) ausbauen.
(1) Steckverbindung vom Bremslichtschalter.
(2) Schraube Bremslichtschalter an Hauptbremszylinder.

- Muttern (2) Hauptbremszylinder an Bremskraftverstärker abschrauben und Hauptbremszylinder vorsichtig aus Bremskraftverstärker entnehmen (Bild 3, siehe auch Bild 1).
- Bremslichtschalter F abbauen. Dazu die Schraube (2) Bremslichtschalter an Hauptbremszylinder herausschrauben und den Bremslichtschalter (3) vom Hauptbremszylinder abziehen und dann aus der Rastnase vom Hauptbremszylinder herausnehmen (Bild 4).

Einbau
Der Einbau erfolgt in umgekehrter Ausbaureihenfolge. Dabei sind folgende Punkte besonders zu beachten:
- Beim Zusammensetzen des Hauptbremszylinders mit dem Bremskraftverstärker, auf richtigen Sitz der Druckstange im Hauptbremszylinder achten.
- Bremsanlage entlüften.
- Anzugsdrehmomente: Hauptbremszylinder an Bremskraftverstärker = 25 Nm; Bremsleitungen an Hauptbremszylinder = 14 Nm; Torx-Schraube für Bremslichtschalter an Hauptbremszylinder = 7 Nm.

Für den Aus- und Einbau des Bremskraftverstärkers empfehlen wir eine Fachwerkstatt, zumal dazu auch das Diebstahl gesicherte Motorsteuergerät bzw. das Motorsteuergerät ohne Diebstahlschutz und bei Fahrzeugen mit Doppelkupplungsgetriebe der Wählhebelseilzug vom Kugelkopf und aus dem Seilzugwiderleger sowie der Wählhebel von der Schaltwelle am Getriebe abgebaut werden müssen.

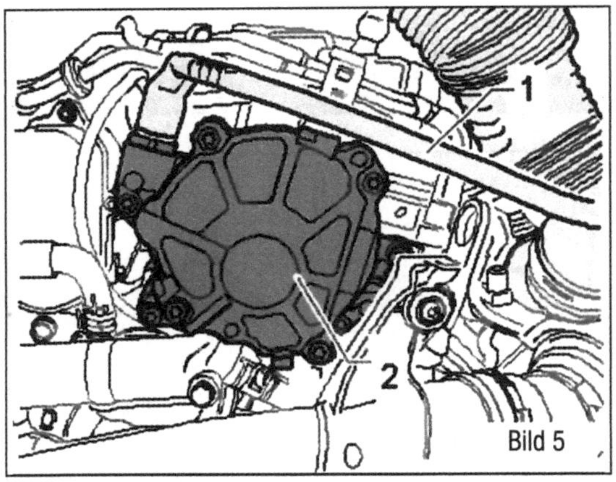

Bild 5
Unterdruckleitung (1) zum Bremskraftverstärker von der Vakuumpumpe (2) abbauen.

Bild 6
Vakuumpumpe (2) ausbauen.
(1 Anschluss für Unterdruckleitung zum Bremskraftverstärker.
Pfeile = Befestigungsschrauben Vakuumpumpe an Zylinderkopf.

Vakuumpumpe für Bremskraftverstärker aus- und einbauen 1,2TDI/1,6 TDI

Die Vakuumpumpe darf unter keinen Umständen zerlegt werden, da es ansonsten zur Fehlfunktion des Vakuumteils kommen kann. Die Folge wäre ein Ausfall des Bremskraftverstärkers. Einbauort der Vakuumpumpe siehe Kapitel 2, Bild 113.

Ausbau
- Luftfiltergehäuse mit Luftmassenmesser und dem Verbindungsrohr ausbauen (siehe Kapitel 6).
- Unterdruckleitung (1) zum Bremskraftverstärker von der Vakuumpumpe (2) abbauen (Bild 5).
- Befestigungsschrauben des Ladeluftrohrs herausschrauben, anschließend das Ladeluftrohr etwas nach unten drücken, um die hintere Verschraubung der Vakuumpumpe zu erreichen. Dann Befestigungsschrauben (Pfeile) der Vakuumpumpe herausdrehen und Vakuumpumpe (2) vom Zylinderkopf abnehmen (Bild 6).

Einbau
- Vakuumpumpe einbauen, dabei auf richtigen Sitz von der Kupplung der Vakuumpumpe in der Nockenwelle achten. Dichtung der Vakuumpumpe ersetzen.
- Befestigungsschrauben (Pfeile) Vakuumpumpe an Zylinderblock mit 10 Nm festziehen. Dann Unterdruckleitung (1) vom Bremskraftverstärker an die Vakuumpumpe (2) anschließen (siehe Bild 5 und 6).
- Ladeluftrohr sowie Luftfiltergehäuse mit Luftmassenmesser und Verbindungsrohr einbauen.

*

Im folgenden Segment **»Bremsmechanik«** präsentieren wir Anleitungen für Reparaturen an der Vorderrad- und Hinterradbremse sowie an der Handbremse und am Bremspedal. Wir beginnen mit den Maßen der Bremsscheiben und Bremsbeläge Vorderradbremse (Bild 7 und 8) sowie anschließend zwei Montageübersichten **»Vorderradbremse Bremssattel FS III«** (Bilder 9 und 10). Die Montageübersicht für den Bremssattel FN3 zeigt ein ähnliches Bild.

Ein wesentlicher Unterschied im Vergleich zum Bremssattel FS III ist jedoch, dass der Bremsträger nicht im Radlagergehäuse integriert, sondern am Radlagergehäuse angeschraubt ist.

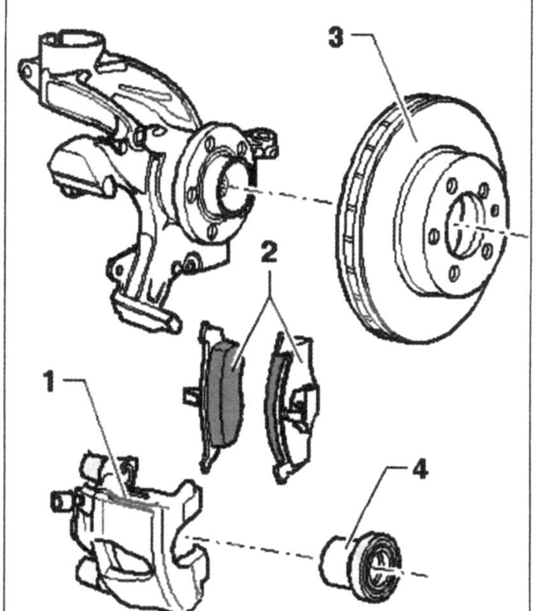

Bild 7

Maße der Bremsscheiben und Bremsbeläge Vorderradbremse [mm]

Pos.	PR-Nr.	1LR/1ZG	1ZC
1	Bremssattel	FS III	FN3
2	Bremsbelag, Dicke	14	14
	Bremsbelag, Verschleißgrenze ohne Rückenplatte	2	2
3	Bremsscheibe, Durchmesser	256	288
	Bremsscheibe, Dicke	22	25
	Bremsscheibe, Verschleißgrenze	19	22
4	Bremssattel, Kolben-Durchmesser	54	54

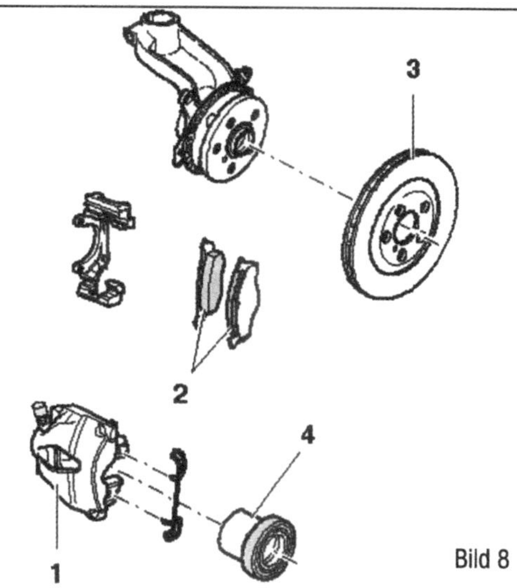

Bild 8

Bild 7
Vorderradbremse FS III
(1) Bremssattel,
(2) Bremsbelag,
(3) Bremsscheibe,
(4) Bremskolben.

Bild 8
Vorderradbremse FN3
(1) Bremssattel,
(2) Bremsbelag,
(3) Bremsscheibe,
(4) Bremskolben.

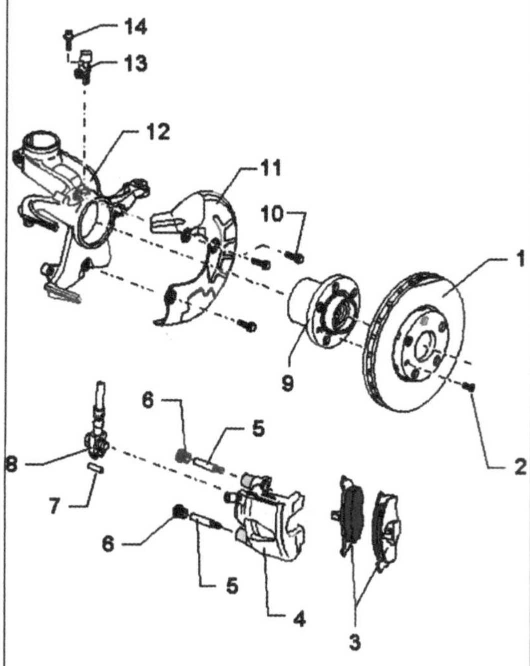

Bild 9
Montageübersicht »Vorderradbremse Bremssattel FS III«.
(1) Bremsscheibe, innenbelüftet. Grundsätzlich achsweise ersetzen, zum Ausbau vorher Bremssattel abschrauben. Bremsscheiben nicht durch Gewaltanwendung von der Radnabe trennen, ggf. Rostlöser anwenden.
(2) Torx-Schraube Bremsscheibe an Radnabe mit Radlager (4,5 Nm).
(3) Bremsbeläge. Grundsätzlich achsweise ersetzen.
(4) Bremssattel. Zum Bremsbelagwechsel Bremsschlauch nicht abschrauben.
(5) Führungsbolzen Bremssattel an Bremsträger (im Radlagergehäuse integriert (30 Nm).
(6) Abdeckkappen Führungsbolzen.
(7) Spannhülse.
(8) Bremsschlauch mit Ringstutzen und Hohlschraube (35 Nm).
(9) Radnabe mit Radlager.
(10) Torx-Schrauben Abdeckblech an Radlagergehäuse (12 Nm).
(11) Abdeckblech.
(12) Radlagergehäuse mit integriertem Bremsträger.
(13) Drehzahlfühler ABS. Vor dem Einsetzen des Fühlers die Innenfläche der Bohrung reinigen und mit Heiß-Schraubenpaste G 052 112 A3 bestreichen.
(14) Innensechskantschraube Drehzahlfühler an Radlagergehäuse (8 Nm).

Bild 10
Montageübersicht »Bremssattel FS III«.
(1) Staubkappe für Entlüftungsventil.
(2) Entlüftungsventil (10 Nm). Vor dem Einschrauben Gewinde leicht mit Montagepaste G 052 150 A2 einfetten.
(3) Lagerbuchse. In Bremssattel einsetzen.
(4) Führungsbolzen Bremssattel an Bremsträger (30 Nm).
(5) Abdeckkappen. In Lagerbuchse einsetzen.
(6) Bremssattel.
(7) Dichtring Kolben.
(8) Kolben. Vor Einbau dünn mit Montagepaste G 052 150 A2 bestreichen.
(9) Dichtring Kolben.

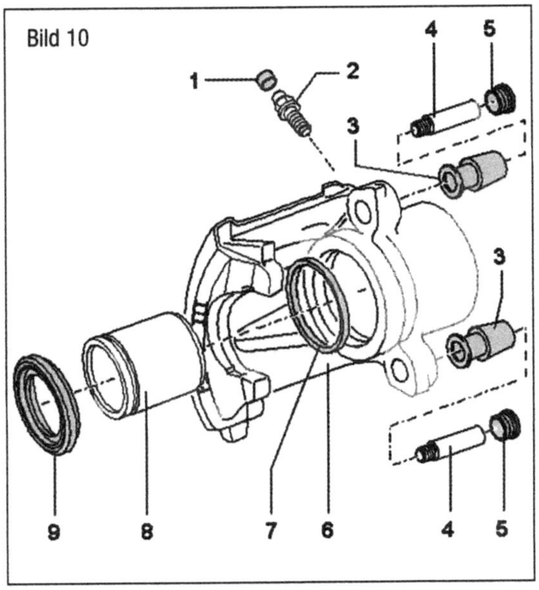

Dicke der Bremsbeläge und Zustand der Bremsscheiben vorn und hinten prüfen

Dazu werden ein Drehmomentschlüssel (V.A.G 1332) sowie Taschenlampe und Spiegel benötigt.

Arbeitsablauf Scheibenbremse vorn

- Zur besseren Beurteilung der Restbelagdicke das Rad auf der Seite abnehmen, auf der die Bremsbelagverschleißanzeige verbaut ist. Ggf. Radschraubenkappen abziehen und die Stellung des Rades zur Bremsscheibe kennzeichnen.
- Radbefestigungsschrauben herausdrehen und Rad abnehmen.

Bild 11
Messen der Bremsbelagdicke (a).

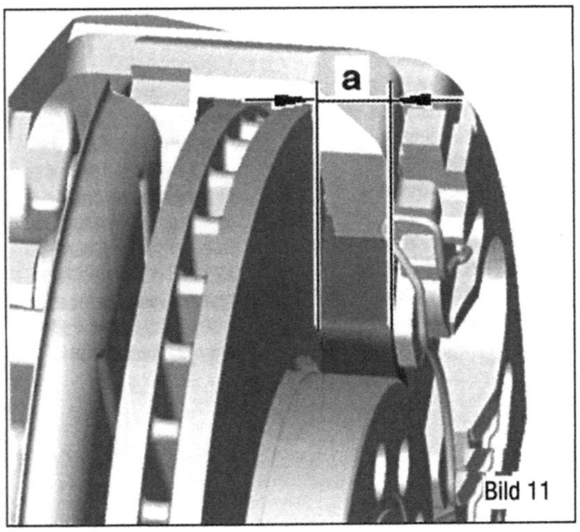

- Dicke des äußeren und inneren Belages messen. (a) = Belagdicke ohne Rückenplatte. Bei einer Belagdicke (ohne Rückenplatte) von 2 mm haben die Bremsbeläge ihre Verschleißgrenze erreicht und sind zu ersetzen (Bild 11).
- Wenn die Scheibenbremsbeläge ersetzt werden müssen, unbedingt auch die Bremsscheiben auf Verschleiß prüfen (Fehlerbilder: Risse, Riefen, Rost, Grad am Bremsscheibenrand). Ggf. Bremsscheiben ersetzen (grundsätzlich achsweise).
- Rad in der gekennzeichneten Position wieder anschrauben. Radbefestigungsschrauben über Kreuz mit 120 Nm anziehen, ggf. Radschraubenkappen aufstecken.

Arbeitsablauf Scheibenbremse hinten

- Mit einer Taschenlampe durch einen Durchbruch im Scheibenrad leuchten. Dicke des äußeren Belages durch Sichtprüfung ermitteln. Mit einer Taschenlampe inneren Belag anleuchten und Spiegel anhalten. Dicke des inneren Belages durch Sichtprüfung ermitteln. Bei einer Belagdicke (ohne Rückenplatte) von 2 mm haben die Bremsbeläge ihre Verschleißgrenze erreicht und sind zu ersetzen.
- Wenn die Scheibenbremsbeläge ersetzt werden müssen, unbedingt auch die Bremsscheiben auf Verschleiß prüfen, ggf. Bremsscheiben ersetzen.

Bremsbeläge aus- und einbauen (Bremssattel FS III und FN 3)

Dazu werden ein Drehmomentschlüssel (V.A.G 1331) und eine Kolbenrücksetzvorrichtung (T10145) benötigt.
Nicht gekennzeichnete Arbeitsschritte gelten für beide Bremssattelversionen.

Ausbau

- Räder abbauen.
- **FN 3:** Haltefeder für Bremsbeläge mit einem Schraubendreher aus dem Bremssattel (Pfeil) hebeln und abnehmen (Bild 12).
- Abdeckkappen der Führungsbolzen abnehmen, beide Führungsbolzen (Pfeile) aus dem Bremssattel ausschrauben und herausnehmen (Bild 13).

■ Bremssattel vom Bremsträger abnehmen und so mit Draht befestigen, dass das Gewicht des Bremssattels den Bremsschlauch nicht belastet bzw. beschädigt.
■ Bremsbeläge aus Bremssattel herausnehmen bzw. vom Bremsträger abnehmen. Weiter zu verwendende Bremsbeläge beim Ausbau kennzeichnen und an gleicher Stelle wieder einbauen, sonst ungleichmäßige Bremswirkung.
■ Am Bremsträger die Auflageflächen für die Bremsbeläge gründlich reinigen, Korrosion entfernen.
■ Bremssattel reinigen, besonders die Klebefläche für den Bremsbelag, sie muss frei von Kleberesten und Fett sein. Zum Reinigen ist ausschließlich Spiritus zu verwenden.

⚠ Bremsanlage nicht mit Druckluft ausblasen.

Einbau

■ Bevor der Kolben mit der Kolbenrücksetzvorrichtung in den Zylinder gedrückt wird, muss Bremsflüssigkeit aus dem Bremsflüssigkeitsbehälter abgesaugt werden (Absaugvorrichtung V.A.G 1869/4). Sonst kann, wenn zwischenzeitlich Bremsflüssigkeit nachgefüllt wurde, Bremsflüssigkeit auslaufen und zu Schäden führen.
■ Kolben mithilfe der Kolbenrücksetzvorrichtung zurückdrücken (Bild 14).
■ **FS III:** Neue Bremsbeläge in den Bremssattel und Kolben einsetzen. Bremsbelag mit der Beschriftung auf der Rückenplatte (»Kolbenseite«) in den Bremskolben einsetzen (Bild 15).
■ **FN 3:** Schutzfolie von der Rückenplatte des äußeren Bremsbelags abziehen und äußeren Bremsbelag auf Bremsträger aufsetzen. Inneren Bremsbelag mit Haltefeder in den Bremssattel (Kolben) einsetzen.
■ **FS III:** Bremssattel mit Bremsbelägen an Radlagergehäuse montieren. Dabei Bremssattel zuerst unten (Pfeil) am Bremsträger ansetzen. Der Zapfen vom Bremssattel muss hinter der Führung vom Bremsträger stehen. Dann Bremssattel mit beiden Führungsbolzen an den Bremsträger mit 30 Nm schrauben und beide Abdeckkappen einsetzen (Bild 16, siehe auch Bild 9).
■ **FN 3:** Beim Ansetzen des Bremssattels darauf achten, dass der Bremsbelag nicht mit dem Bremssattel verklebt, bevor die richtige Einbaulage erreicht ist. Klebefläche

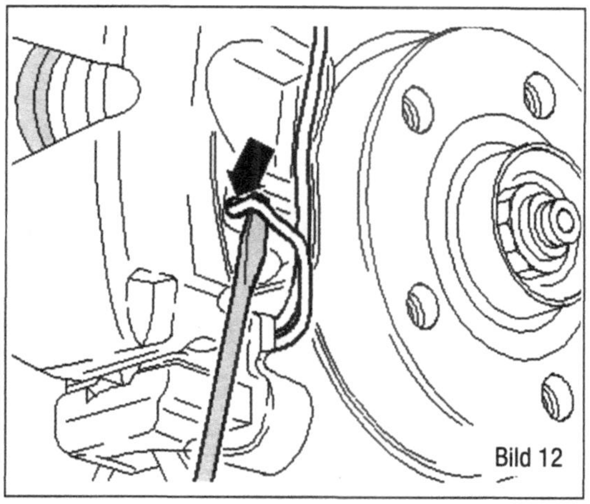

Bild 12
Bremssattel FN 3: Haltefeder für Bremsbeläge aus dem Bremssattel hebeln.

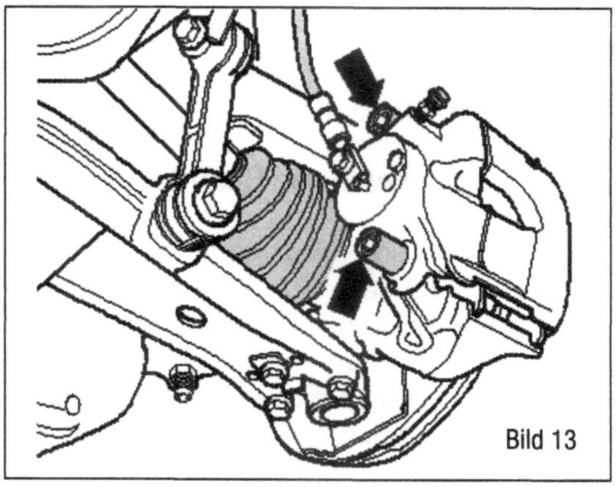

Bild 13
Führungsbolzen (Pfeile) aus dem Bremssattel ausschrauben und herausnehmen.

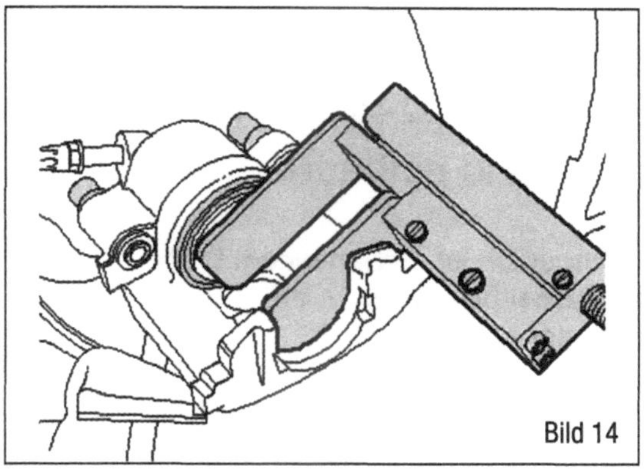

Bild 14
Kolben mithilfe der Kolbenrücksetzvorrichtung zurückdrücken.

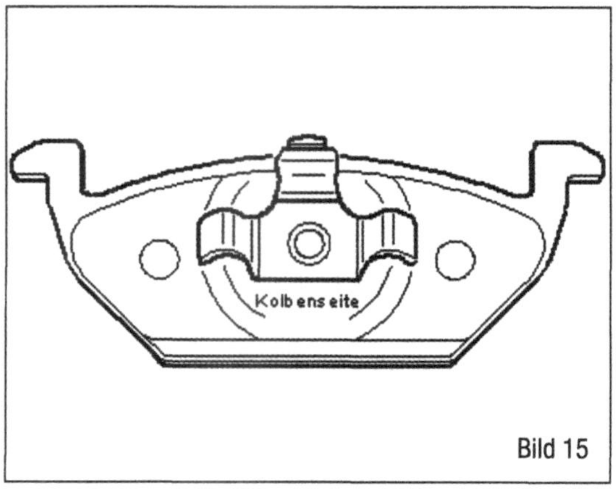

Bild 15
FS III: Bremsbelag mit der Beschriftung auf der Rückenplatte (»Kolbenseite«) in den Bremskolben einsetzen.

Sichtprüfung Messen

Bild 16
FS III: Bremssattel mit Bremsbelägen an Radlagergehäuse montieren.
Pfeil = hier Bremssattel zuerst an Bremsträger ansetzen.

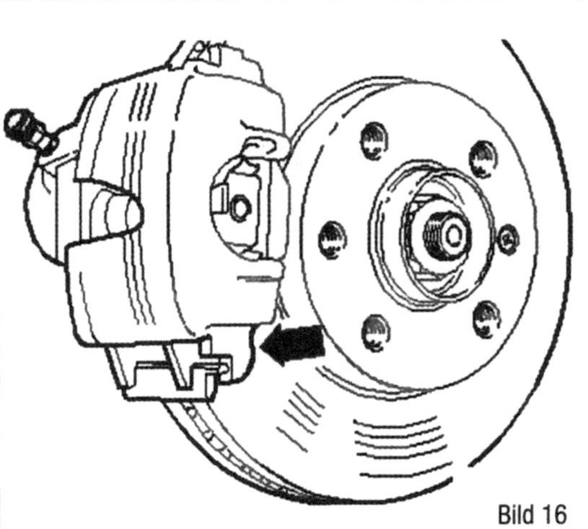

Bild 16

nicht beschädigen. Bremssattel mit beiden Führungsbolzen an den Bremsträger schrauben und beide Abdeckkappen einsetzen. Haltefeder in den Bremssattel einsetzen.

- Räder montieren, Anzugsdrehmoment der Radschrauben = 120 Nm.
- Nach jedem Bremsbelagwechsel das Bremspedal im Stand mehrmals kräftig durchtreten, damit die Bremsbeläge ihren dem Betriebszustand entsprechenden Sitz einnehmen, und dann den Bremsflüssigkeitsstand prüfen.

Bremssattel FS III/FN 3 aus- und einbauen

Erforderlich ist, neben einem Drehmomentschlüssel (V.A.G 1331), ein Bremspedalbelaster (V.A.G 1869/2).
Der folgende Arbeitsablauf ist nur für den Austausch oder bei nachfolgenden Instandsetzungsarbeiten am Bremssattel gültig.

Ausbau

- Räder abbauen.
- **FN 3:** Haltefeder für Bremsbeläge mit einem Schraubendreher aus dem Bremssattel hebeln und abnehmen.
- Entlüfterschlauch der Entlüfterflasche auf das Entlüftungsventil des Bremssattels stecken und dann das Entlüftungsventil öffnen (siehe »Bremsanlage mit einfachen Mitteln entlüften«).
- Bremspedalbelaster einsetzen, das Entlüftungsventil schließen und die Entlüfterflasche abnehmen.
- Bremsschlauch abschrauben (siehe Bild 9).
- Der **weitere Ausbau und der Einbau** folgen genau den Arbeitsschritten wie bei »Bremsbeläge aus- und einbauen«.
- Zum Schluss Bremsschlauch an Bremssattel mit 35 Nm anschrauben, Bremspedalbelaster herausnehmen und Bremsanlage entlüften.
- Räder montieren, Anzugsdrehmoment der Radschrauben = 120 Nm.
- Nach jedem Bremsbelagwechsel das Bremspedal im Stand mehrmals kräftig durchtreten, damit die Bremsbeläge ihren dem Betriebszustand entsprechenden Sitz einnehmen und dann den Bremsflüssigkeitsstand prüfen.

Bremsscheiben aus- und einbauen

- Bremssattel ausbauen.
- Die Bremsscheibe von der Radnabe/Radlagereinheit abschrauben und abnehmen, ohne sie zu verkanten (siehe Bild 9). Die herausgenommene Bremsscheibe, die Radnabe und die Auflageflächen reinigen.
- Zum Einbau Bremsscheibe auf die Nabe setzen, ohne die Scheibe zu verkanten. Schrauben eindrehen und bei den vorderen Bremsscheiben mit 4,5 Nm, bei den hinteren Bremsscheiben mit 4 Nm festziehen. Bremssattel wieder einbauen.

*

Bei den Reparaturanleitungen an der **Hinterradbremse** beginnen wir mit einer Tabelle zu den »Maßen der Bremsscheiben und der Bremsbeläge« (einschließlich Bild 17) sowie zwei Montageübersichten »Hinterradbremse/Scheibenbremse« (Bild 18 und 19).

Maße der Bremsscheiben und Bremsbeläge Hinterradbremse [mm]

Pos.	PR-Nr.	1KT
	Bremssattel	C 38
1	Bremsscheibe, Durchmesser	232
	Bremsscheibe, Dicke	9
	Bremsscheibe, Verschleißgrenze	7
2	Bremsbelag, Dicke	12
	Bremsbelag, Verschleißgrenze ohne Rückenplatte	2
3	Bremssattel, Kolben-Durchmesser	38

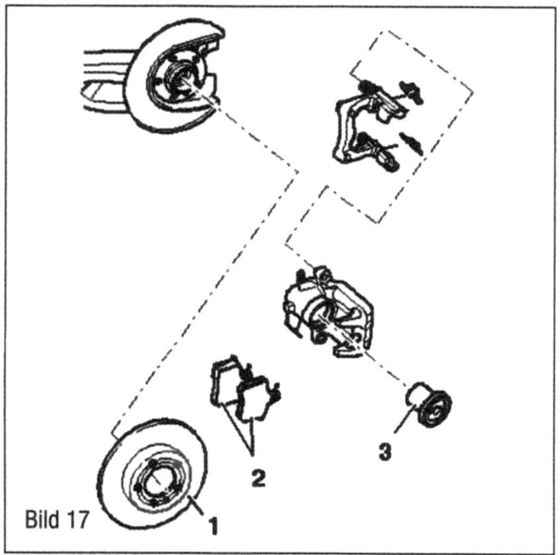

Bild 17

Bild 17
Hinterradbremse C 38.
(1) Bremsscheibe, (2) Bremsbelag, (3) Kolben

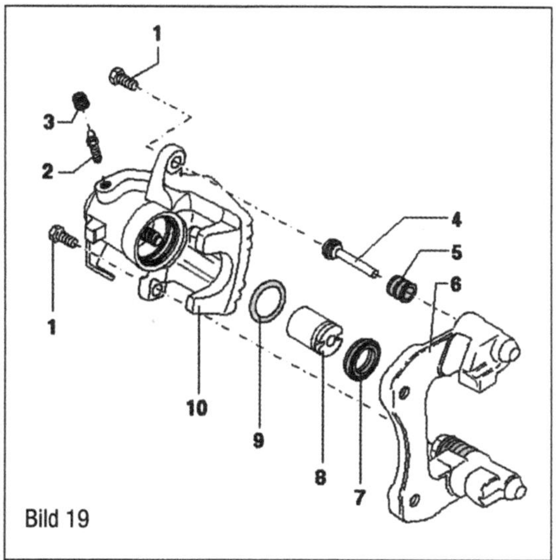

Bild 19

Bild 19
Montageübersicht »Bremssattel C 38«,
(1) Selbstsichernde Sechskantschrauben (35 Nm, ersetzen). Beim Lösen und Festziehen am Führungsbolzen gegenhalten.
(2) Entlüftungsventil. Vor dem Einschrauben Gewinde leicht mit Montagepaste G 052 150 A2 einfetten.
(3) Staubkappe Entlüftungsventil.
(4) Führungsbolzen. Vor dem Aufziehen der Schutzkappe fetten.
(5) Schutzkappe. Auf Bremsträger und Führungsbolzen aufziehen.
(6) Bremsträger mit Führungsbolzen und Schutzkappe. Wird zusammengebaut mit ausreichender Fettmenge an den Führungsbolzen als Ersatzteil geliefert. Bei Beschädigungen an den Schutzkappen oder an den Führungsbolzen Reparatursatz einbauen. Beiliegendes Fettkissen zum Fetten der Führungsbolzen verwenden
(7) Schutzkappe Kolben. Mit der äußeren Dichtlippe auf den Kolben aufziehen.
(8) Kolben mit automatischer Nachstellvorrichtung. Vor Einbau dünn mit Montagepaste G 052 150 A2 bestreichen.
(9) Dichtring.
(10) Bremssattel mit Hebel für Handbremsseil. Bei Undichtigkeit am Hebel für Handbremsseil Bremssattel ersetzen. Nach dem Instandsetzen Bremssattel vorentlüften.

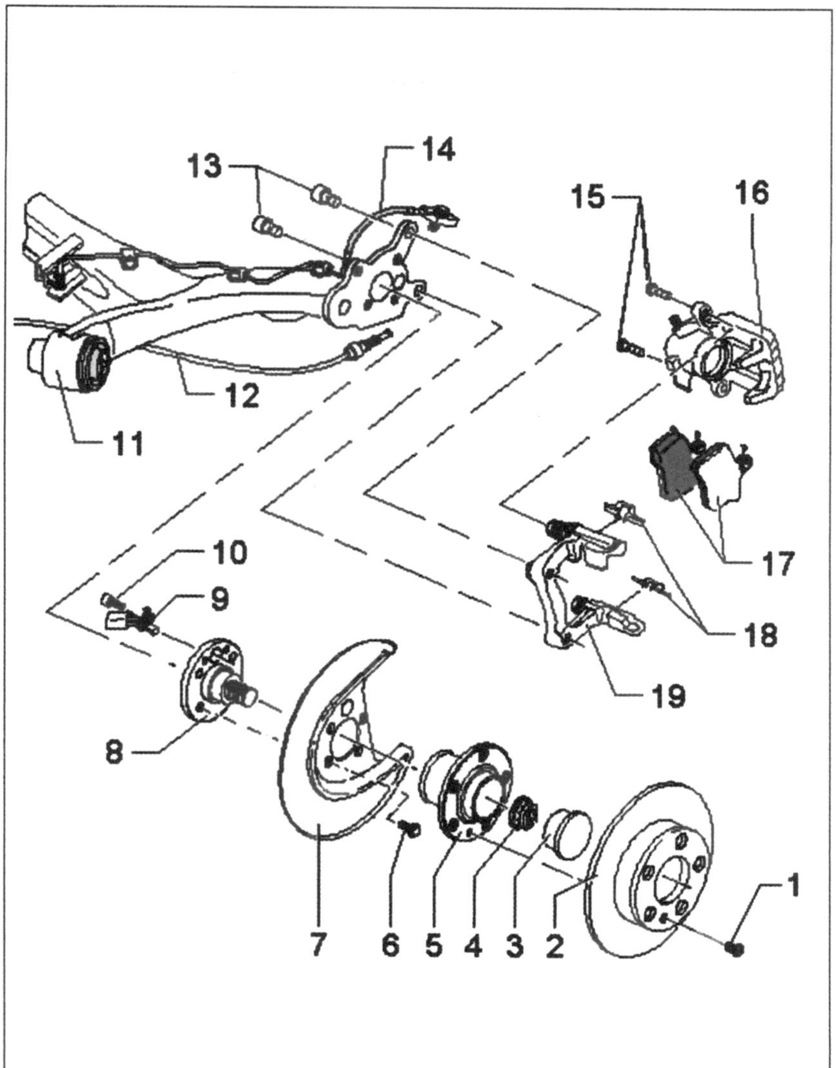

Bild 18

Bild 18
Montageübersicht
»Hinterradbremse/Scheibenbremse C 38«.
(1) Torx-Schraube Bremsscheibe an Radnabe mit Radlager (4 Nm).
(2) Bremsscheibe. Grundsätzlich achsweise ersetzen, zum Ausbau vorher Bremssattel abschrauben. Bremsscheiben nicht durch Gewaltanwendung von der Radnabe trennen, ggf. Rostlöser anwenden.
(3) Kappe für Zwölfkantmutter.
(4) Selbstsichernde Zwölfkantmutter. Nach jeder Demontage ersetzen.
(5) Radnabe mit Radlager. Der Sensorring für das ABS ist im Radlager eingebaut.
(6) Sechskantschraube Abdeckblech an Achszapfen.
(7) Abdeckblech.
(8) Achszapfen.
(9) Drehzahlfühler ABS. Vor dem Einsetzen des Fühlers die Innenfläche der Bohrung reinigen und mit Heiß-Schraubenpaste G 052 112 A3 bestreichen.
(10) Innensechskantschraube Drehzahlfühler an Achszapfen (8 Nm).
(11) Hinterachskörper.
(12) Handbremsseil.
(13) Innensechskantschrauben Bremsträger an Achskörper (30 Nm und 30° weiterdrehen).
(14) Bremsschlauch mit Hohlschraube und Dichtringen. Anzugsdrehmoment der Hohlschraube an den Bremssattel 38 Nm. Zum Bremsbelagwechsel Bremsschlauch nicht abschrauben.
(15) Selbstsichernde Sechskantschrauben Bremssattel an Bremsträger (35 Nm). Nach jeder Demontage ersetzen.
(16) Bremssattel.
(17) Bremsbeläge. Grundsätzlich achsweise ersetzen.
(18) Belaghaltebleche. Bei Belagwechsel immer ersetzen.
(19) Bremsträger mit Führungsbolzen und Schutzkappe. Wird zusammengebaut mit ausreichender Fettmenge an den Führungsbolzen als Ersatzteil geliefert. Bei Beschädigungen an den Schutzkappen oder an den Führungsbolzen Reparatursatz einbauen. Beiliegendes Fettkissen zum Befetten der Führungsbolzen verwenden.

Bremsbeläge aus- und einbauen

Dazu wird neben dem obligatorischen Drehmomentschlüssel (V.A.G 1331) ein Rückstellwerkzeug (T20146) benötigt.

Ausbau

■ Räder ausbauen.

■ Hebel für Handbremsseil am Bremssattel in Pfeilrichtung drücken und das Handbremsseil aus dem Bremshebel aushängen. Die beiden Rastnasen (Pfeile) zusammendrücken und dann das Handbremsseil aus dem Halter am Bremssattel ziehen (Bild 20).

■ Befestigungsschrauben (Pos. 1 in Bild 19) vom Bremssattel abschrauben, dabei am Führungsbolzen gegenhalten.

■ Bremssattel abnehmen und so mit Draht befestigen, dass das Gewicht des Bremssattels den Bremsschlauch nicht belastet bzw. beschädigt.

■ Bremsbeläge und Belaghaltebleche (Pfeile) ausbauen (Bild 21, siehe auch Bild 18).

■ Auflageflächen für Belaghaltebleche (Bremsbeläge) am Bremsträger gründlich reinigen, Korrosion entfernen. Bremssattel reinigen, besonders die Klebefläche für den Bremsbelag, sie muss frei von Kleberesten und Fett sein. Für das Reinigen des Bremssattels ist ausschließlich Spiritus zu verwenden.

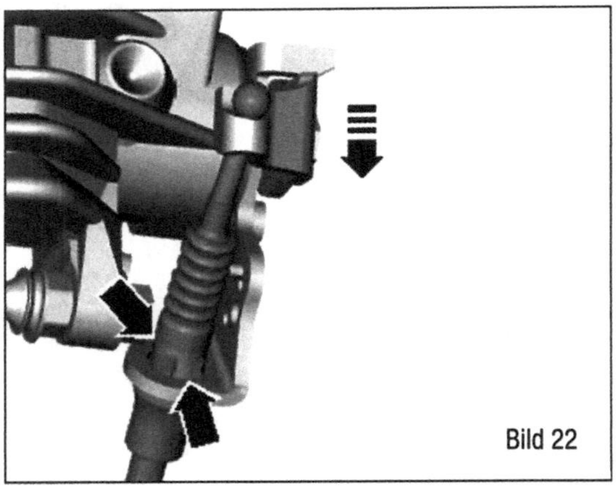

Bild 22

Bild 20
Handbremsseil vom Bremssattel abbauen.
Pfeile = Rastnasen.

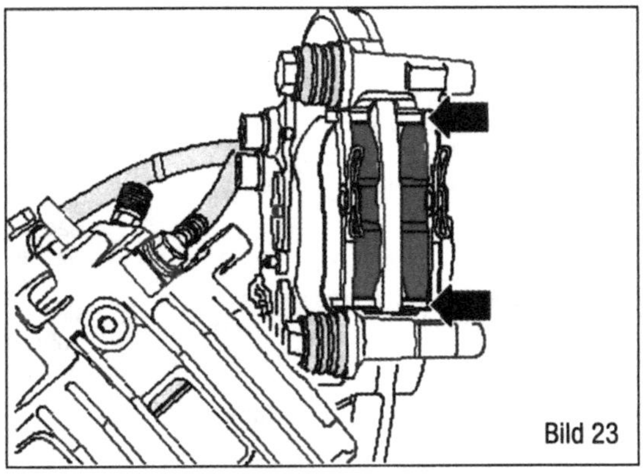

Bild 23

Bild 21
Bremsbeläge und Belaghaltebleche (Pfeile) ausbauen.

Einbau

■ Bevor der Kolben mit dem Rückstellwerkzeug zurückgedreht wird, muss Bremsflüssigkeit aus dem Bremsflüssigkeitsbehälter abgesaugt werden (Absaugvorrichtung V.A.G 1869/4). Sonst kann, wenn zwischenzeitlich Bremsflüssigkeit nachgefüllt wurde, Bremsflüssigkeit auslaufen und zu Schäden führen.

■ Kolben mit dem Rückstellwerkzeug rechtsherum in den Bremssattel drehen, dabei die Schutzkappe nicht beschädigen (Bild 22).

■ Schutzfolie von der Rückenplatte des Bremsbelags abziehen. Belaghaltebleche (siehe Pfeile in Bild 21) und Bremsbeläge in den Bremsträger einsetzen.

■ Bremssattel mit neuen Befestigungsschrauben an den Bremsträger mit 35 Nm schrauben, dabei am Führungsbolzen gegenhalten (im Reparatursatz sind 4 selbstsichernde Sechskantschrauben enthalten, die in jedem Fall einzubauen sind).

■ Das Handbremsseil so weit durch den Halter am Bremssattel drücken, bis beide Rastnasen (siehe Pfeile in Bild 20) verrasten. Den Hebel für Handbremsseil am Bremssattel in Pfeilrichtung drücken und das Handbremsseil in den Bremshebel einhängen (siehe Bild 20).

■ Räder montieren, Anzugsdrehmoment der Radschrauben = 120 Nm.

■ Handbremse einstellen (siehe spätere Anleitung).

■ Nach jedem Bremsbelagwechsel das Bremspedal im Stand mehrmals kräftig durchtreten, damit die Bremsbeläge ihren dem Betriebszustand entsprechenden Sitz einnehmen, und dann den Bremsflüssigkeitsstand prüfen.

*

Für Reparaturen an der **Hinterrad-Trommelbremse** erläutern wir zwei Anleitungen, und zwar zuerst »Trommelbremse aus- und einbauen« in Form einer Montageübersicht (Bild 24) und zusätzlich »Bremsbacken aus- und einbauen«. An den Anfang stellen wir eine Tabelle über »Maße der Trommelbremse« (Bild 23).

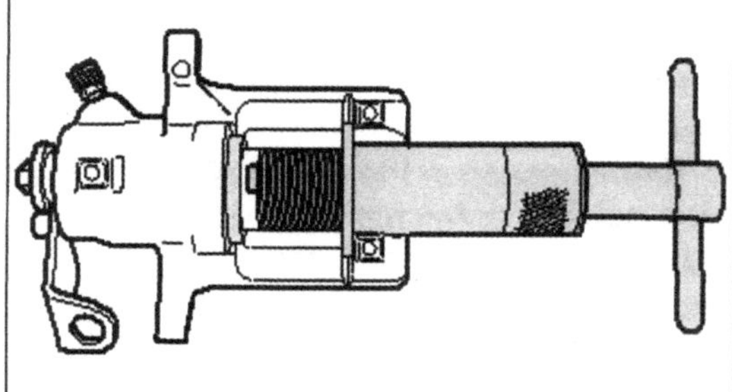
Bild 22

Maße des Radbremszylinders, der Bremsbeläge und der Bremstrommel [mm]

Pos.	PR-Nr.	1KM
1	Radbremszylinder	19,05
2	Bremsbelag, Breite	40
	Bremsbelag, Dicke	5
	Bremsbelag, Mindestdicke	2.5
3	Bremstrommel, Durchmesser	200
	Bremstrommel, Durchm. Verschleißgrenze	201,5

Hinterradbremse (Trommelbremse) aus- und einbauen

Dazu werden drei Drehmomentschlüssel (V.A.G 1331, 1332 und 1410) sowie ein Bremspedalbelaster (V.A.G 1869/2) benötigt. Vor dem Ausbau des Radbremszylinders, Bremsträgers oder dem Trennen einer Bremsleitung vom Radbremszylinder ist der Bremspedalbelaster einzusetzen (dabei Druck abbauen).
Zum Absaugen von Bremsflüssigkeit aus dem Bremsflüssigkeitsbehälter das Bremsen- Füll- und Entlüftungsgerät (VAS 5234) oder die Absaugeinrichtung (V.A.G 1869/4) verwenden.

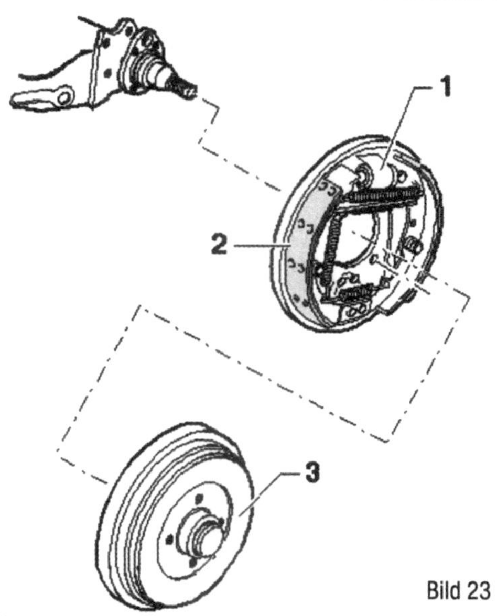

Bild 23

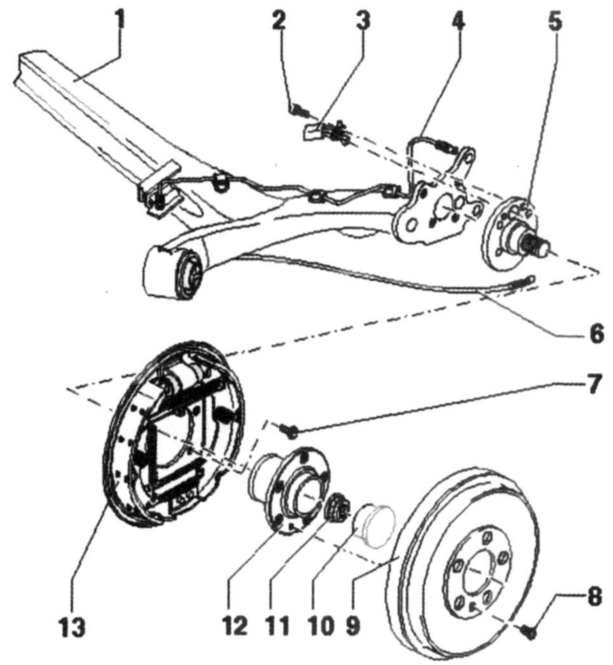

Bild 24

Bild 22
Kolben in den Bremssattel drehen.

Bild 23
Trommelbremse.
(1) Radbremszylinder,
(2) Bremsbelag,
(3) Bremstrommel.

Bild 24
Montageübersicht »Hinterradbremse/Trommelbremse«.
(1) Achskörper.
(2) Innensechskantschraube Drehzahlführer an Achszapfen (8 Nm).
(3) Drehzahlfühler ABS. Vor dem Einsetzen des Fühlers die Innenfläche der Bohrung reinigen und mit Heißschraubenpaste G 052 112 A3 bestreichen.
(4) Bremsleitung (14 Nm).
(5) Achszapfen.
(6) Handbremsseil.
(7) Sechskantschraube Bremsträger an Achszapfen (30 Nm + 90° weiterdrehen). Nach jeder Demontage ersetzen.
(8) Torx-Schraube Bremstrommel an Radnabe mit Radlager (4 Nm).
(9) Bremstrommel. Vor dem Ausbau der Bremstrommel, Bremse zurückstellen (siehe Kapitel 10, Bild 32). Bremstrommel sorgfältig reinigen, auf Verschleiß, Beschädigung, Maßhaltigkeit und einwandfreie Bremsfläche prüfen.
(10) Staubkappe für Zwölfkantmutter.
(11) Selbstsichernde Zwölfkantmutter (70 Nm + 30° weiterdrehen). Nach jeder Demontage ersetzen.
(12) Radnabe mit Radlager. Der Sensorring für das ABS ist im Radlager eingebaut.
(13) Bremsträger mit Bremsbacken.

Nach dem Ersetzen vom Radbremszylinder, Bremsträger und Bremsbacken das Bremspedal im Stand einmal kräftig durchtreten, damit die Bremsbacken ihren dem Betriebszustand entsprechenden Sitz einnehmen.

Bremsbacken aus- und einbauen

Benötigt wird ein Haken (3438). Das Zusammenspiel der einzelnen Bauteile im Bremsträger veranschaulicht eine entsprechende Montageübersicht (Bild 25).

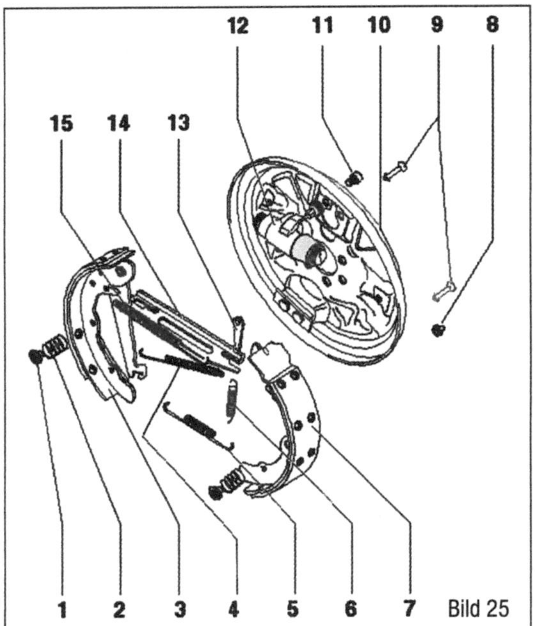

Bild 25

Bild 25
Montageübersicht »Bremsträger«
(1) Federteller. Zum Ausbauen gegen die Druckfeder drücken und um 90° verdrehen.
(2) Druckfeder.
(3) Bremsbacke mit Hebel für Handbremse.
(4) Rückzugfeder oben. Mit Spezialwerkzeug (Haken 3438) aushängen.
(5) Rückzugfeder unten. Anlagestellen mit Feststoffschmierpaste (ET-Nr. G 000 650) fetten.
(6) Zugfeder.
(7) Bremsbacke. Bremsbeläge sind auch ohne Bremsbacken lieferbar.
(8) Verschlusskappe. Zum Prüfen der Bremsbelagdicke abnehmen.
(9) Spannstifte.
(10) Bremsträger.
(11) Innensechskantschraube (8 Nm).
(12) Radbremszylinder.
(13) Keil.
(14) Druckstange. Anlagestellen mit Feststoffschmierpaste (ET- Nr. G 000 650) fetten.
(15) Anlagefeder. Mit Spezialwerkzeug (Haken 3438) aushängen.

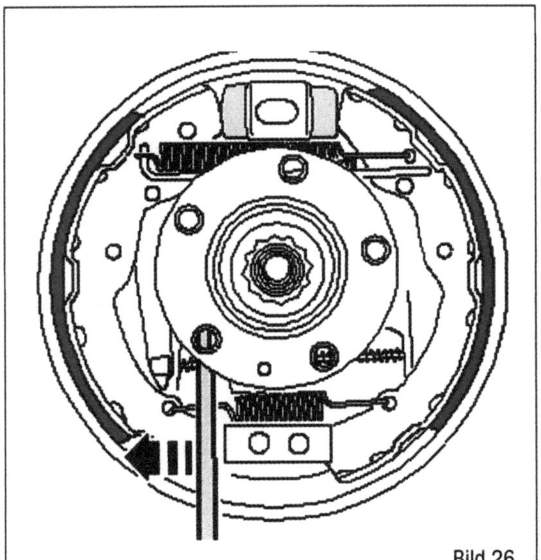

Bild 26

Bild 26
Bremsbacken heraushebeln.

Ausbau

- Räder abbauen und Bremstrommel ausbauen (siehe Bild 24).
- Federteller mit Druckfedern ausbauen (siehe Bild 25).
- Bremsbacken in Pfeilrichtung hinter dem Abstützblech unten mithilfe eines Schraubendrehers heraushebeln und Bremsbacken auf dem Abstützblech unten ablegen (Bild 26).
- Rückzugfeder unten und Handbremsseil aushängen.
- Bremsbacken zwischen der Radnabe und dem Bremsträger ausfädeln.
- Bremsbacken in Schraubstock einspannen. Zugfeder (1) für Keil (2) und Rückzugfeder oben (3) mit Spezialwerkzeug 3438 ausbauen (Bild 27, siehe auch Bild 25).
- Anlagefeder (1) mit Spezialwerkzeug 3438 aushängen sowie die Druckstange (2) und den Keil (3) von der Bremsbacke nehmen (Bild 28).
- Bremsanlage mit Spiritus reinigen (nicht mit Druckluft ausblasen!).

Einbau

- Anlagefeder (1) mit Spezialwerkzeug 3438 in die Druckstange (2) einhängen und gleichzeitig den Keil (3) einsetzen. Einbaulage: Erhöhung (Pfeil) muss beim Einbau sichtbar bleiben (siehe Bild 28).
- Bremsbacke mit dem Hebel für Handbremsseil in die Druckstange einsetzen.
- Rückzugfeder (3) mit Spezialwerkzeug 3438 einhängen und Zugfeder (1) für Keil (2) einhängen (siehe Bild 27).

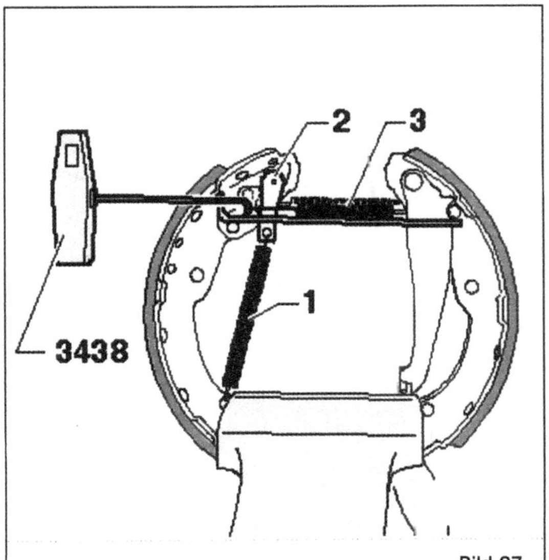

Bild 27

Bild 27
Federn ausbauen.
(1) Zugfeder.
(2) Keil.
(3) Rückzugfeder oben.

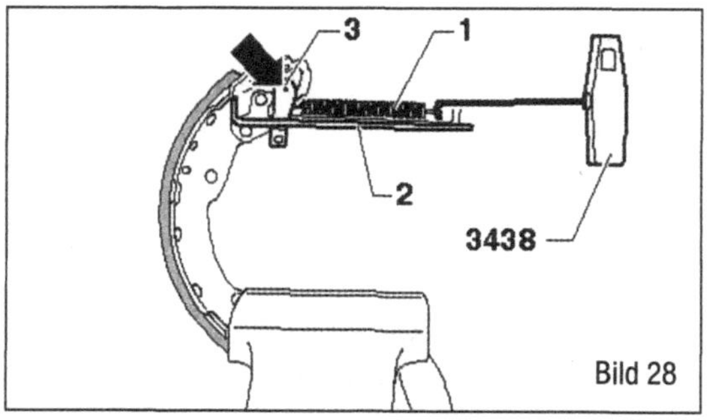

Bild 28

Bild 28
Anlagefeder (1) sowie die Druckstange (2) und den Keil (3) von der Bremsbacke abbauen.

- Bremsbacken zwischen der Radnabe und dem Bremsträger einfädeln und Bremsbacken auf die Kolben des Radbremszylinders setzen.
- Handbremsseil am Bremshebel einhängen.
- Rückzugfeder unten einsetzen und Bremsbacke hinter die untere Abstützung hebeln.
- Druckfeder mit Federteller einsetzen.
- Bremstrommel einbauen.
- Räder montieren und Radschrauben mit 120 Nm festziehen.
- Fußbremse einmal kräftig betätigen.
- Handbremse einstellen.

*

Im letzen Abschnitt des Kapitels widmen wir uns Reparaturen an der **Handbremse** und am **Bremspedal**. Wir beginnen mit einer Montageübersicht »Handbremshebel« (Bild 29) und schließen unmittelbar die Anleitungen »Handbremsseil aus- und einbauen« sowie »Handbremse einstellen«an.

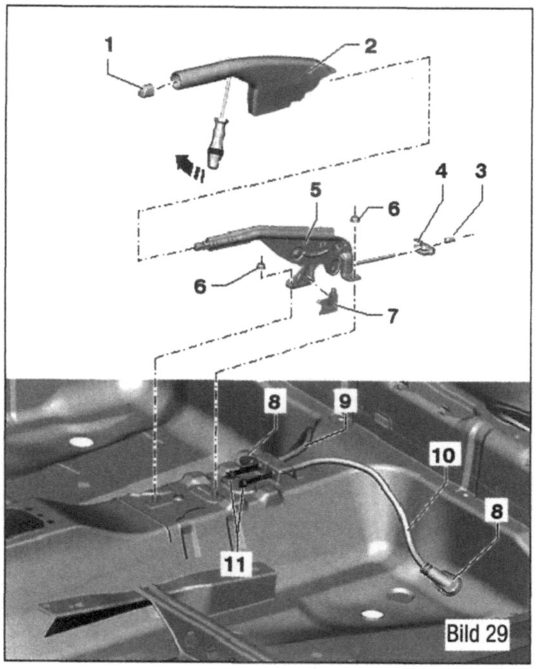

Bild 29

Bild 29
Montageübersicht »Handbremshebel«.
(1) Druckknopf. Mit einer Zange abziehen, wird dabei jedoch zerstört und muss deshalb ersetzt werden. Auf die Druckstange des Handbremshebels schieben und durch leichtes Ziehen prüfen, ob beide Rastnasen verrastet sind.
(2) Verkleidung für Handbremshebel. Entriegelungslasche im hinteren, unteren Griffbereich mit einem Schraubendreher abhebeln, dann nach vorn abziehen.
(3) Nachstellmutter.
(4) Ausgleichbügel.
(5) Handbremshebel. Vor Ausbau des Handbremshebels die Mittelkonsole ausbauen.
(6) Sechskantmuttern Handbremshebel an Karosserie (23 Nm).
(7) Schalter für Handbremskontrolle.
(8) Gummitüllen.
(9) Führungsrohr rechts.
(10) Führungsrohr links.
(11) Handbremsseile.

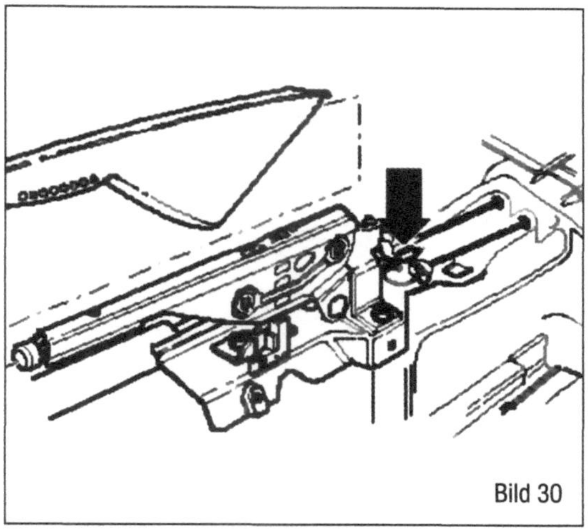
Bild 30

Bild 30
Handbremsseil aus dem Ausgleichbügel aushängen. Pfeil = Nachstellmutter.

Handbremsseil aus- und einbauen (Scheibenbremse/ Trommelbremse)

Sofern die folgenden Arbeitsschritte nicht besonders gekennzeichnet sind, gelten sie für Scheiben- und Trommelbremse.

Ausbau

- Mittelkonsole ausbauen (siehe Kapitel 13).
- Handbremse und die Nachstellmutter (Pfeil) so weit lösen, bis das Handbremsseil aus dem Ausgleichbügel ausgehängt werden kann (Bild 30, siehe auch Bild 29).
- Fahrzeug anheben, die Sechskantmuttern (Pfeile 1) herausdrehen und die Bodenverkleidung (unterbrochener Pfeil) so weit nach unten drücken, bis das Führungsrohr (Pfeil 2) des Handbremsseils sichtbar wird (Bild 31).

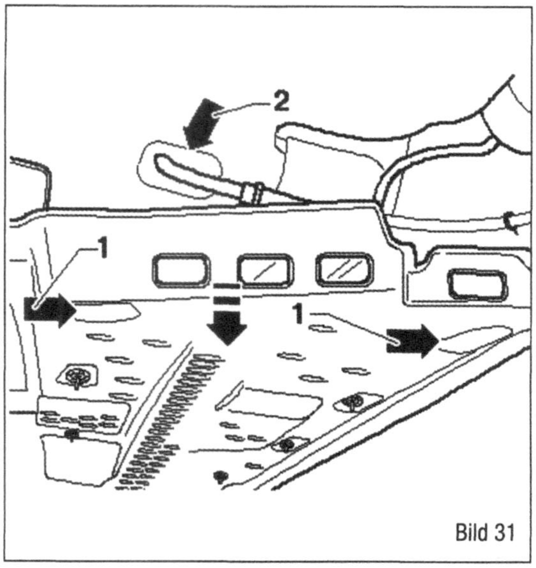

Bild 31

Bild 31
Führungsrohr (Pfeil 2) des Handbremsseils unter der Bodenverkleidung freilegen. Pfeil 1 = Sechskantmutter der Bodenverkleidung.

Bild 32
Trommelbremse: Das Handbremsseil aus dem Handbremshebel aushängen und danach aus dem Bremsträger ziehen.

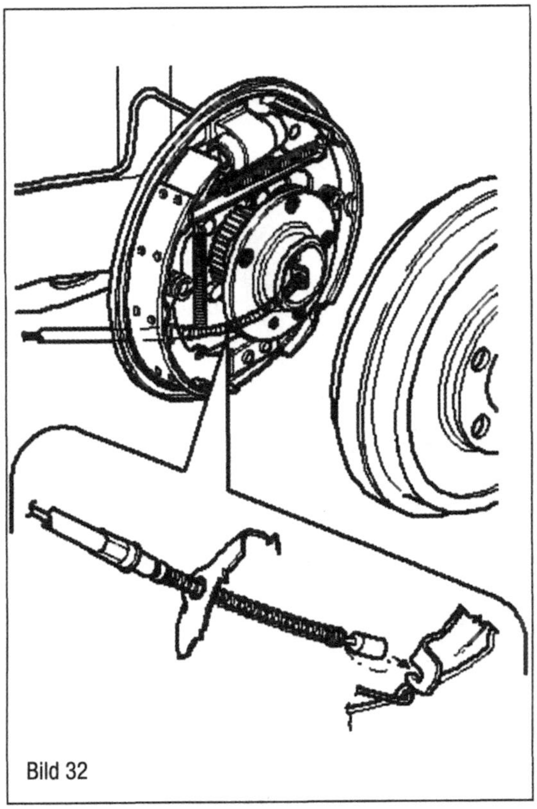
Bild 32

Bild 33
Handbremsseil am Hinterachskörper (Pfeil A) und aus den Halterungen (Pfeile) aushängen.

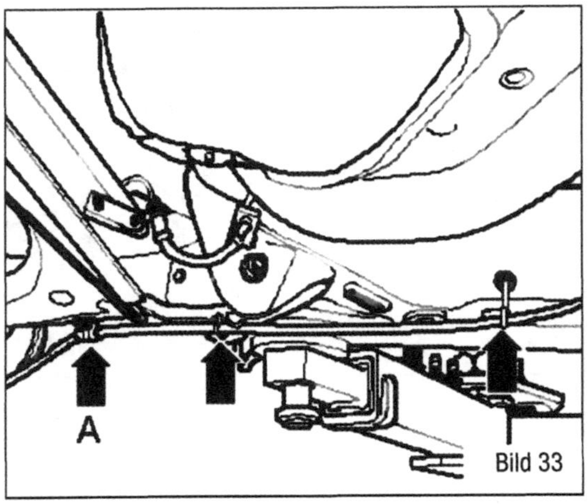

Bild 33

Bild 34
Handbremsseil aus dem Führungsrohr herausziehen.

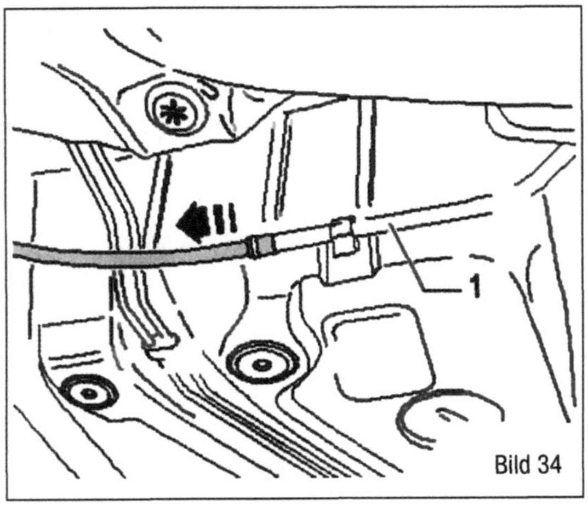

Bild 34

- **Scheibenbremse:** Hebel für Handbremsseil am Bremssattel in Pfeilrichtung drücken und das Handbremsseil aus dem Bremshebel aushängen. Die beiden Rastnasen (Pfeile) zusammendrücken und dann das Handbremsseil aus dem Halter am Bremssattel ziehen (siehe Bild 20).
- **Trommelbremse:** Rad und Die Bremstrommel ausbauen. Das Handbremsseil aus dem Handbremshebel aushängen und danach das Handbremsseil aus dem Bremsträger ziehen (Bild 32).
- Das Handbremsseil aus der Halterung am Hinterachskörper (Pfeil A) ausclipsen und aus den Halterungen (Pfeile) aushängen (Bild 33).
- Das Handbremsseil in Pfeilrichtung aus dem Führungsrohr (1) herausziehen (Bild 34).

Einbau

- **Scheibenbremse:** Handbremsseil in das Führungsrohr am Unterboden einschieben und so weit durch den Halter am Bremssattel drücken, bis beide Rastnasen (Pfeile) verrasten. Dann den Hebel für Handbremsseil in Pfeilrichtung drücken und das Handbremsseil in den Bremshebel einhängen (siehe Bild 20).
- **Trommelbremse:** Das Handbremsseil in das Führungsrohr am Unterboden einschieben, in den Bremsträger einführen und in den Handbremshebel einhängen. Danach die Bremstrommel anbauen (siehe Bild 32).
- Handbremsseil in die Halterung am Hinterachskörper (Pfeil A) einclipsen. Der Klemmring am Handbremsseil muss in der Mitte des Clips liegen. Dann Handbremsseil in die Halterungen (Pfeile) einhängen (siehe Bild 33).
- Handbremsseil in den Ausgleichbügel einhängen und mit der Nachstellmutter (Pfeil) vorspannen (siehe Bild 30).
- Handbremse einstellen.
- Bodenverkleidung befestigen und Mittelkonsole einbauen (siehe Kapitel 13).

Handbremse einstellen (Scheibenbremse)

Arbeitsablauf

Die Neueinstellung ist nur bei Ersatz der Handbremsseile, der Bremssättel und Bremsscheiben erforderlich.

■ Je nach Ausstattungsvariante der Mittelkonsole, nur den Getränkehalter, die hintere Abdeckung oder die komplette Mittelkonsole ausbauen (siehe Kapitel 13).
■ Fußbremse dreimal kräftig betätigen (sie muss allerdings funktionsfähig und entlüftet sein).
■ Handbremshebel in Ruhestellung. Nachstellmutter (Pfeil A) so weit anziehen, bis sich die Hebel für Handbremsseil an den Bremssätteln vom Anschlag abheben. Die Nachstellmutter muss über das Ende der Zugstange (1) geschraubt sein (Bild 35).
■ Der Abstand (a) vom Hebel für Handbremsseil (1) zum Anschlag (2) am linken und rechten Bremssattel darf zusammen 1,5 mm nicht überschreiten (Bild 36).
■ Handbremse fest anziehen und anschließend wieder lösen. Prüfen, ob beide Räder frei durchdrehen.
■ Mittelkonsole einbauen.
■ Nach der Neueinstellung ist durch die automatische Nachstellung der Hinterradbremse ein Nachstellen der Handbremse nicht mehr erforderlich.

Handbremse einstellen (Trommelbremse)

Arbeitsablauf

Die Neueinstellung ist nur bei Ersatz der Handbremsseile, der Bremsträger oder nach dem Ersetzen der Bremsbeläge erforderlich.
■ Verlängerung der Mittelkonsole ausbauen.
■ Handbremse lösen und Fußbremse dreimal kräftig betätigen (sie muss allerdings funktionsfähig und entlüftet sein).
■ Handbremshebel 4 Zähne anziehen und Nachstellmutter (A) so weit anziehen, bis sich beide Räder von Hand schwer durchdrehen lassen. Die Nachstellmutter (A) muss über das Ende der Zugstange (1) geschraubt sein (siehe Bild 35).
■ Handbremse lösen und prüfen, ob beide Räder frei durchdrehen. Wenn nötig, Nachstellmuttern etwas zurückdrehen.
■ Verlängerung der Mittelkonsole einbauen.
■ Nach der Neueinstellung ist durch die automatische Nachstellung der Hinterradbremse ein Nachstellen der Handbremse nicht mehr erforderlich.

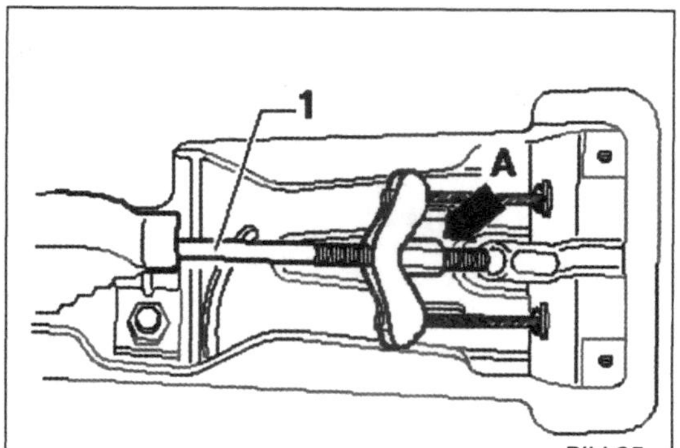

Bild 35

Bild 35
Handbremse (Scheibenbremse) am Ausgleichbügel einstellen.
(1) Zugstange.
Pfeil A = Nachstellmutter.

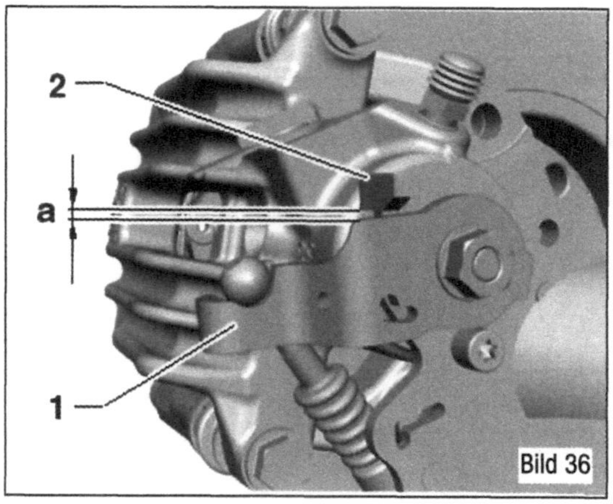

Bild 36

Bild 36
Handbremse (Scheibenbremse) am Bremssattel einstellen.
(1) Hebel für Handbremsseil.
(2) Anschlag am Bremssattel.
(a) erforderliches Abstandsmaß (1,5 mm).

Bremspedal vom Bremskraftverstärker trennen und wieder verclipsen

Dazu wird ein Entriegelungswerkzeug (T10159) benötigt. Die Montageübersicht »Bremspedal» (Bild 37) veranschaulicht die einzelnen Teile dieser Baueinheit.

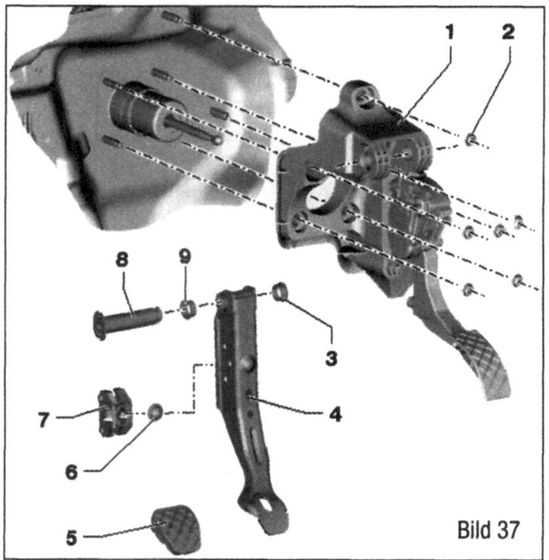

Bild 37

Bild 37
Montageübersicht »Bremspedal«.
(1) Fußhebelwerk.
(2) Selbstsichernde Sechskantmuttern Fußhebelwerk an Bremskraftverstärker (25 Nm). Nach jeder Demontage ersetzen.
(3) Lagerbuchse.
(4) Bremspedal.
(5) Kappe des Bremspedals.
(6) Lagerschale.
(7) Aufnahme für den Kugelkopf der Druckstange des Bremskraftverstärkers.
(8) Lagerachse. Darf nur einmal verbaut werden, weil die Laschen bei der Demontage abbrechen.
(9) Lagerbuchse.

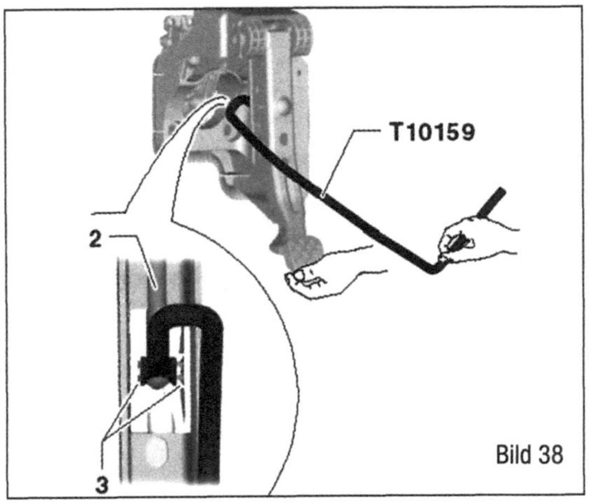

Bild 38
Bremspedal von der Druckstange (2) des Bremskraftverstärkers trennen.
(3) Haltenasen.
Das Bild zeigt zur besseren Darstellung das Trennen des Bremspedals vom Bremskraftverstärker bei ausgebautem Fußhebelwerk.

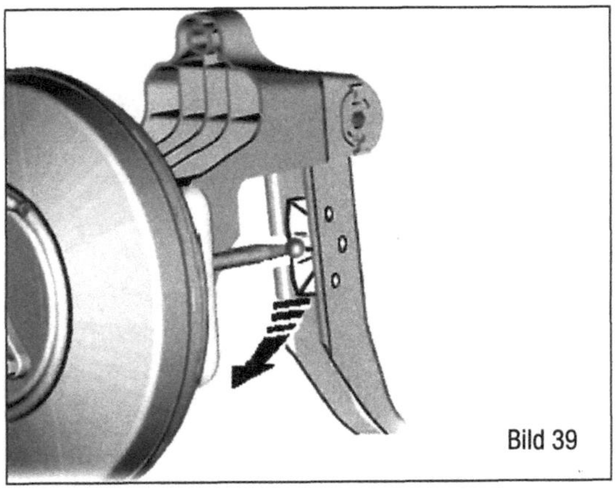

Bild 39
Bremspedal mit Bremskraftverstärker verclipsen.

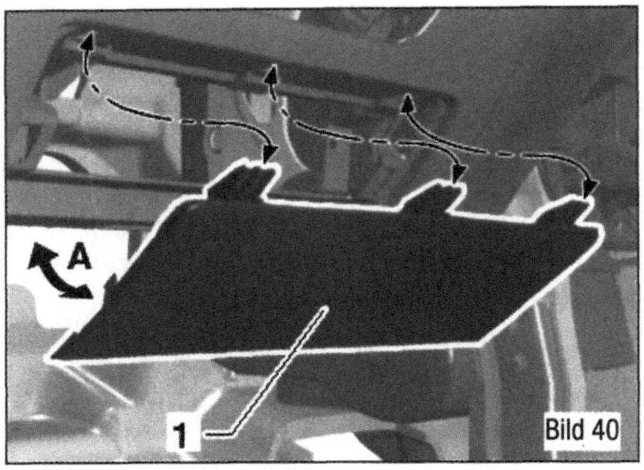

Bild 40
Abdeckung (1) für den Sicherungskasten in der Schalttafel Fahrerseite ausbauen.

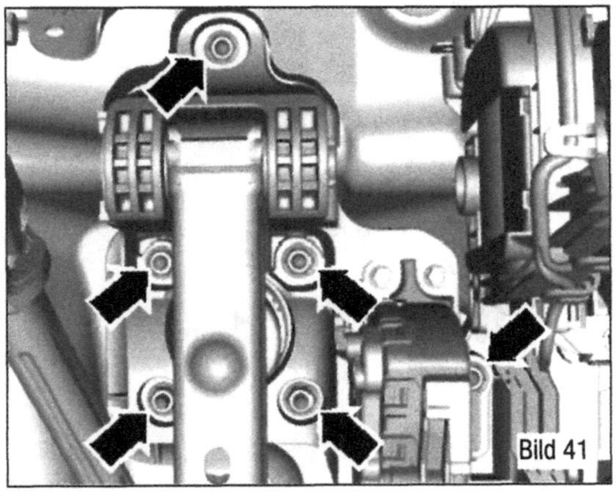

Bild 41
Fußhebelwerk ausbauen. Pfeile = Sechskantschrauben Fußhebelwerk an Bremskraftverstärker.

Bremspedal vom Bremskraftverstärker trennen

■ Bremspedal zunächst in Richtung Bremskraftverstärker drücken und festhalten. Entriegelungswerkzeug einsetzen und in Richtung Fahrersitz ziehen, dabei am Bremspedal gegenhalten (das Bremspedal darf sich in diesem Moment nicht nach hinten bewegen). Dadurch werden die Haltenasen (3) der Aufnahme vom Kugelkopf der Druckstange (2) abgedrückt (Bild 38).

■ Entriegelungswerkzeug und Bremspedal gemeinsam in Richtung Fahrersitz ziehen. Das Bremspedal wird dadurch vom Kugelkopf der Druckstange abgezogen.

Bremspedal mit Bremskraftverstärker verclipsen

■ Kugelkopf der Druckstange vor die Aufnahme halten und Bremspedal in Richtung Bremskraftverstärker drücken, so dass der Kugelkopf hörbar einrastet. Verrastung durch ein kurzes Ziehen am Bremspedal prüfen (Bild 39).

Fußhebelwerk aus- und einbauen

Ausbau

■ Abdeckung (1) für den Sicherungskasten im unteren Bereich aus den Verrastungen herausziehen (Pfeil A) und der Schalttafel entnehmen (Bild 40).

■ Sicherungskasten abschrauben (zwei Schrauben) und zur Seite legen.

■ Crashstrebe ausbauen (siehe Kapitel 9, Bild 1).

■ Fußraumausströmer links ausbauen (Verkleidung links unter der Schalttafel ausbauen, eine Schraube herausdrehen und den Fußausströmer vom Heizgerät abnehmen).

■ Stecker vom Geber für Gaspedalstellung abziehen (siehe Kapitel 5, Bild 11).

■ Bremspedal vom Bremskraftverstärker trennen (siehe vorhergehende Anleitung).

■ Sechskantmuttern Fußhebelwerk an Bremskraftverstärker (Pfeile) vom Fußhebelwerk abschrauben und das Fußhebelwerk herausnehmen (Bild 41, siehe auch Bild 37).

Einbau

- Der Einbau erfolgt in umgekehrter Ausbaureihenfolge.
- Bremspedal mit Bremskraftverstärker verclipsen.
- Anzugsdrehmomente: Fußhebelwerk an Bremskraftverstärker = 25 Nm, Crashstrebe an Montageträger = 20 Nm.

Bremspedal aus- und einbauen

Ausbau

- Fußhebelwerk ausbauen.
- Mit einem 10-mm-Innensechskantschlüssel die Lagerachse des Bremspedals links herum (Bewegungspfeil) drehen, dabei brechen die Laschen (Pfeile 1) ab (Bild 42, siehe auch Bild 37).
- Die Lagerachse herausziehen und das Bremspedal herausnehmen.

Einbau

- Bremspedal ansetzen, neue Lagerachse einführen und mit einem 10-mm-Innensechskantschlüssel so weit im Uhrzeigersinn drehen (Bewegungspfeil), bis die Laschen (Pfeile 2) am Anschlag stehen (Bild 43).
- Das Fußhebelwerk einbauen.
- Bremspedal mit Bremskraftverstärker verclipsen.

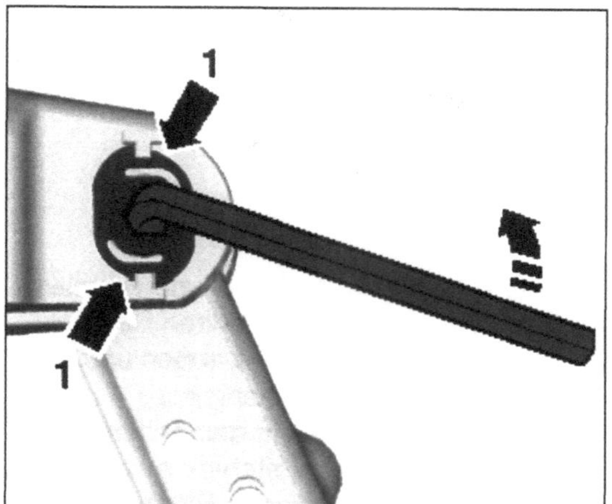

Bild 42

Bild 42
Bremspedal ausbauen.
Pfeile 1 = Laschen der Lagerachse.

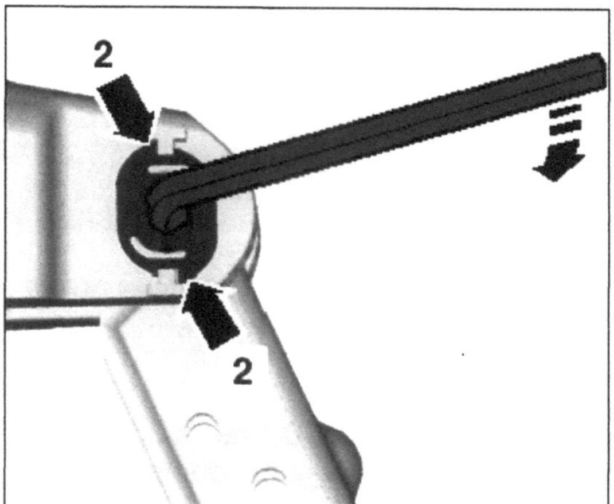

Bild 43

Bild 43
Bremspedal einbauen.
Pfeile 2 = Laschen der Lagerachse.

13 Ausgewählte Arbeiten an der Karosserie

In diesem Kapitel widmen wir uns vor allem und ausschließlich ausgewählten Reparaturen an der Karosserie außen und innen, die im Zusammenhang mit erläuterten Reparaturen in den anderen Kapiteln dieses Ratgebers stehen. Ansonsten empfehlen wir die folgenden Bände unserer Buchreihe »Jetzt helfe ich mir selbst«: Band 276 »VW Polo V« sowie den Sonder-Band 275 »Die Autokarosserie«.

Geräuschdämpfung aus- und einbauen

Dazu wird ein Drehmomentschlüssel (V.A.G 1783) benötigt.

Ausbau

- Fahrzeug anheben, Schrauben (2) herausdrehen und Geräuschdämpfung abnehmen (Bild 1).

Einbau

- Geräuschdämpfung ansetzen und Schrauben (2) mit 2 Nm festziehen.

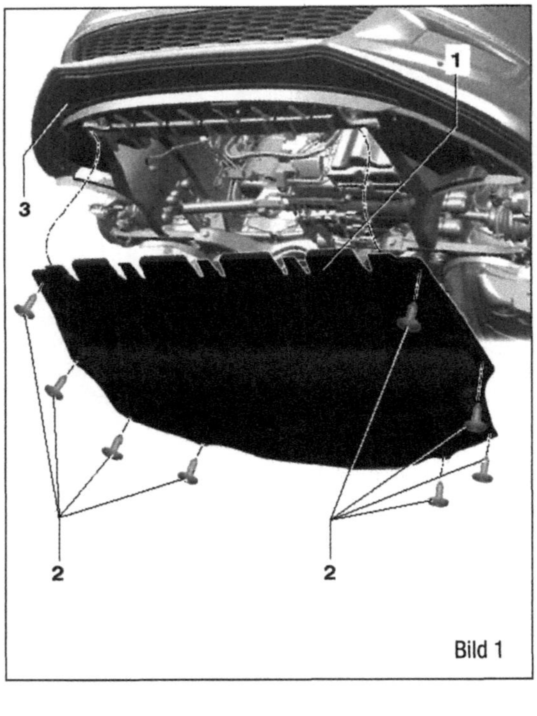

Bild 1

Bild 1
Geräuschdämpfung (1) Dieselmotoren.
(2) Befestigungsschrauben (2 Nm).
(3) Stoßfängerabdeckung.

Unterbodenverkleidung aus- und einbauen

Dazu wird ein Drehmomentschlüssel (V.A.G 1783) benötigt.

Ausbau

- Fahrzeug anheben, Sechskantmuttern herausdrehen und Verkleidung abnehmen (Bild 2).

Einbau

- Verkleidung ansetzen und Sechskantmuttern mit 2 Nm festziehen.

Die Montageübersicht »Schlossträger« (Bild 3) bildet die Basis für die Reparaturanleitungen »Schlossträger in Servicestellung bringen und zurücksetzen« sowie »Schlossträger aus- und einbauen«.
Dazu werden so genannte Führungsstangen (3411) sowie Drehmomentschlüssel (1331 und 1332) benötigt.

Servicestellung Schlossträger durchführen und zurücksetzen

Servicestellung durchführen

- Stoßfängerabdeckung vorn ausbauen.
- Bowdenzug am Schlossträger trennen.

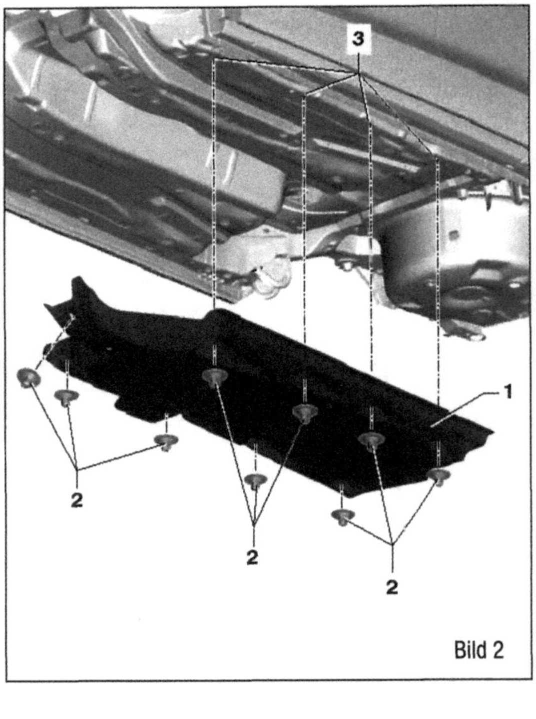

Bild 2

Bild 2
(1) Unterbodenverkleidung.
(2) Sechskantmuttern.
(3) Gewindebolzen, am Bodenblech angeschweißt.

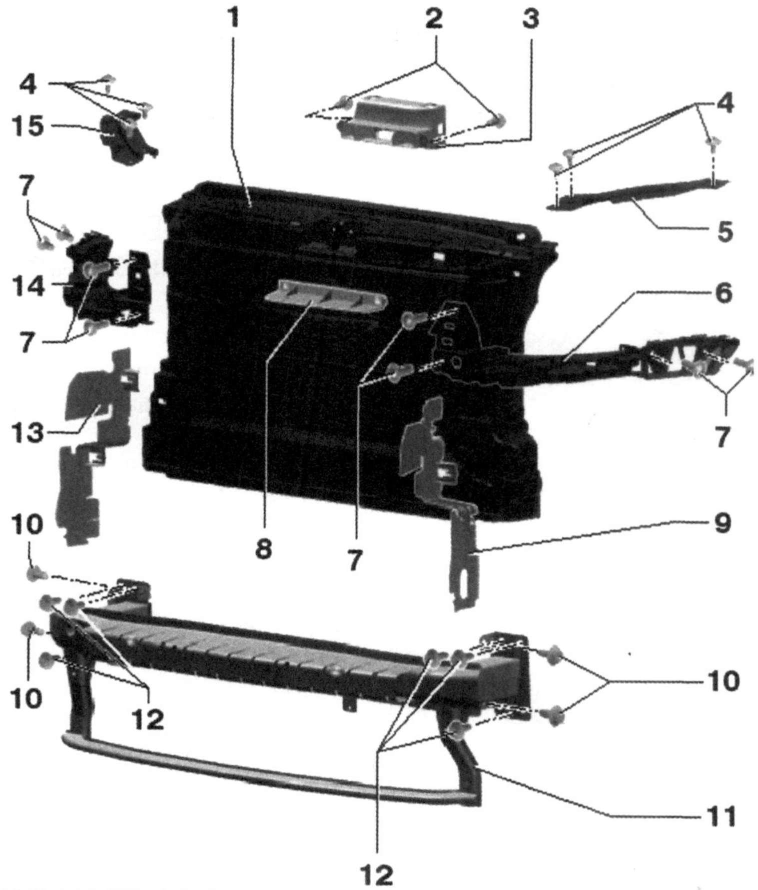

Bild 3

Bild 3
Montageübersicht »Schlossträger mit Anbauteilen«.
(1) Schlossträger mit Anbauteilen.
(2) Schrauben Luftführungskanal (2 Nm).
(3) Luftführungskanal.
(4) Schrauben Haltewinkel, 3 Stück je Seite (8 Nm).
(5) Haltewinkel links.
(6) Führungsteil links.
(7) Schrauben Führungsteil, 4 Stück je Seite (8 Nm).
(8) Luftführung Mitte.
(9) Luftführung links.
(10) Schrauben Querträger, 2 Stück je Seite (8 Nm).
(11) Querträger/Stoßfängerträger (mit Fußgängerschutz 11a, nur in einigen Märkten).
(12) Schrauben Querträger, 3 Stück je Seite (30 Nm).
(13) Luftführung rechts.
(14) Führungsteil rechts.
(15) Haltewinkel rechts.

■ Bei Fahrzeugen mit Ladeluftkühler die Druckschläuche mit Steckkupplung entriegeln. Dazu die Halteklammer (1) in Pfeilrichtung (a) entriegeln und den Druckschlauch (2) in Pfeilrichtung (b) aus der Steckkupplung (3) ziehen (Bild 4).

■ Schrauben (4) an der Führung seitlich links und rechts herausdrehen.

■ Schrauben (5) an den Längsträgern links und rechts herausdrehen.

■ An deren Stelle die Führungsstangen am linken und rechten Längsträger einschrauben.

■ Schrauben (3) links und rechts oben an den Haltewinkeln (2) herausschrauben.

■ Jetzt kann der Schlossträger (1) auf den Führungsstangen um ca. 10 cm nach vorn gezogen werden (Bild 5, Bild 3).

Servicestellung zurücksetzen

■ Der Einbau erfolgt sinngemäß in umgekehrter Ausbaureihenfolge.

■ Schlossträger mit Anbauteilen (1) an den Längsträgern und zwischen den Kotflügeln ausmitteln (siehe Spaltmaße).

■ Anzugsdrehmomente:
Schrauben (3) an den Haltewinkel (2) = 8 Nm.

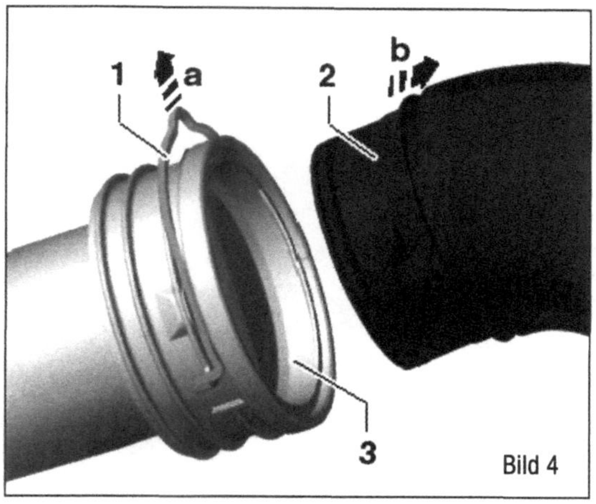

Bild 4

Bild 4
Druckschläuche mit Steckkupplung entriegeln.
(1) Halteklammer.
(2) Druckschlauch.
(3) Steckkupplung

Schrauben (4) an den Führungsteilen = 8 Nm.
Schrauben (5) an den Längsträgern = 30 Nm.

■ Druckschläuche für die Ladeluftkühler wieder richtig verrasten. Halteklammer (1) muss sich in der oberen Position befinden, dann Druckschlauch (2) in Pfeilrichtung in die Steckkupplung (3) stecken und die Halteklammer (1) ganz nach unten drücken (Bild 6). Sollte sich die Halteklammer nicht ganz durchdrücken lassen, ist der Druckschlauch nicht ausreichend weit in die

Bild 5
Servicestellung durchführen.
(1) Schlossträger.
(2) Haltewinkel.
(3) Schrauben Haltewinkel (3 Stück je Seite).
(4) Schrauben Führungsteile (2 Stück je Seite herausschrauben).
(5) Schrauben an den Längsträgern (3 Stück je Seite)

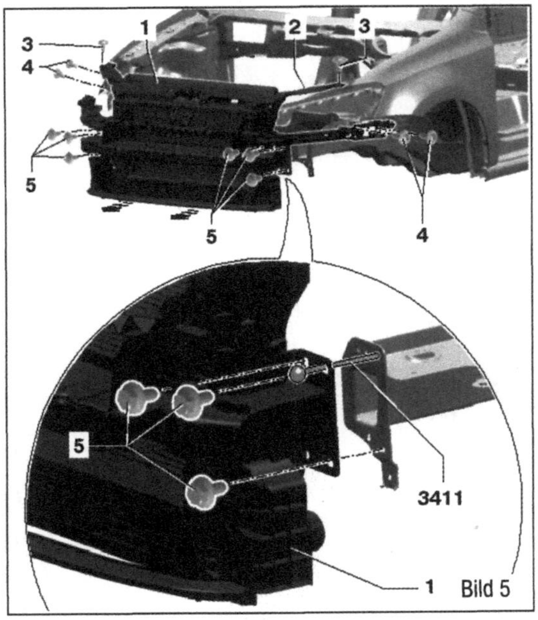

Bild 5

Bild 6
Steckkupplung verrasten.
(1) Halteklammer.
(2) Druckschlauch.
(3) Steckkupplung.

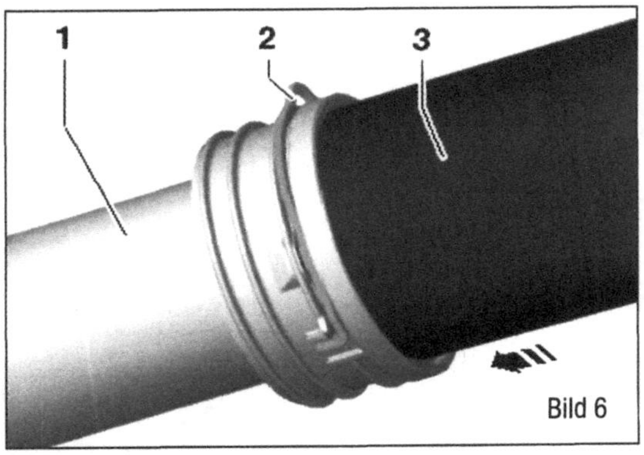

Bild 6

Bild 7
Schlossträger mit Anbauteilen (1) ausbauen.
(2) rechter und linker Längsträger.

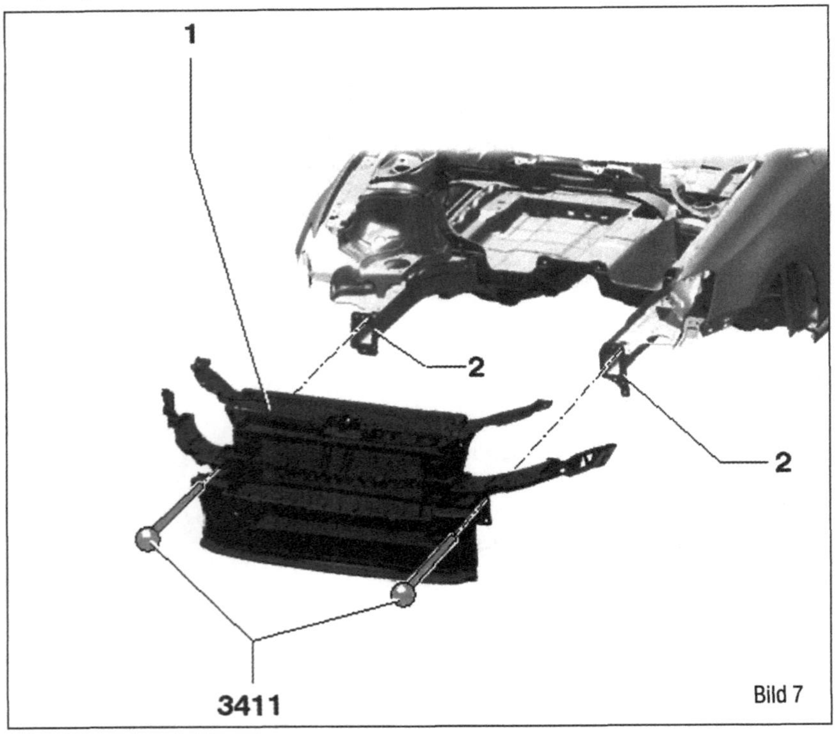

Bild 7

Kupplung gesteckt. Deshalb den Druckschlauch nochmals nachdrücken und die Halteklammer verriegeln. Steckkupplung durch Gegenziehen prüfen.

Schlossträger mit Anbauteilen aus- und einbauen

Ausbau

- Servicestellung durchführen.
- Vorhandene elektrische Steckverbindungen trennen.
- Kühlmittel ablassen und die Kühlmittelleitungen trennen (siehe Kapitel 4).
- Leitungen für den Kondensator trennen.

⚠ Vor dem Öffnen des Kältemittelkreislaufs ist das Kältemittel stets abzusaugen. Dazu ist die Klima-Service-Station VAS 6007A oder ein Nachfolgemodell zu nutzen. Wird der Kältemittelkreislauf nach dem Absaugen innerhalb 10 Minuten nicht geöffnet, kann durch Nachverdampfung Druck im Kältemittelkreislauf entstehen. Kältemittel nochmals absaugen.
Die Absaug- und Füllventile der Niederdruck- und Hochdruckseite sitzen rechts im Motorraum.
Ein Hinweisschild auf dem Schlossträger im Motorraum gibt Aufschluss über das verwendete Kältemittel und die Füllmenge.
Kältemittelleitungen nicht knicken oder stark biegen. Es befindet sich eine Folie in den Kältemittelleitungen, die zerstört werden, könnte.
Alle geöffneten Bauteile des Kältemittelkreislaufs sind gegen Eintritt von Luftfeuchtigkeit mit geeigneten Verschlussstopfen zu verschließen.
Instandsetzungsarbeiten am Kältemittelkreislauf dürfen nur von geeigneten Werkstätten mit sachkundigen Monteuren durchgeführt werden. Deshalb ist der Motorenausbau bei Fahrzeugen mit Klimaanlage in einer geeigneten Werkstatt vorzunehmen,

- Mit einem zweiten Monteur die Führungsstangen 3411 am linken und rechten Längsträger (2) herausdrehen und den Schlossträger mit den Anbauteilen (1) herausheben (Bild 7).

Einbau

⚠ Der Schlossträger ist ein sicherheitsrelevantes Bauteil. Aus diesem Grund darf er nicht in Stand gesetzt werden. Bei Beschädigungen ist der Schlossträger zu ersetzen.

- Schlossträger (1) an den Längsträgern (2) ansetzen, Führungsstangen links und rechts hineindrehen und die Servicestellung zurücksetzen.
- Der weitere Einbau erfolgt sinngemäß in umgekehrter Ausbaureihenfolge.
- Darauf achten, dass beim Zusammenbau alle Steck- und Schlauchverbindungen richtig montiert werden.
- Schlossträger an den Längsträgern und zwischen den Kotflügeln ausmittel (siehe Karosseriespaltmaße Karosserie vorn).

Bowdenzug am Schlossträger trennen

Arbeitsablauf

- Frontklappe öffnen.
- Abdeckung der Bowdenzugkupplung (2) über dem Scheinwerfer auf der Fahrerseite des Schlossträgers ausclipsen (Pfeil a).
- Bowdenzüge (1) und (3) aus der Abdeckung (2) herausnehmen (Pfeile b).
- Bowdenzug (3) um 90°(Pfeil c) schwenken und in Pfeilrichtung (d) aus der Aufnahme des Bowdenzugs (1) herausnehmen (Bild 11).
- Beim Einbau des Bowdenzugs (3) ist darauf zu achten, dass die Tülle (5) richtig befestigt ist. Der Bowdenzug (3) ist darüber hinaus an allen Haltern (4) zu befestigen (Bild 8).

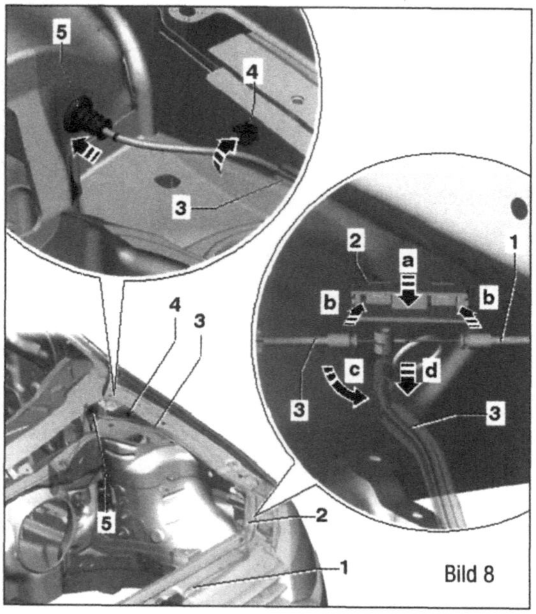

Bild 8
Bowdenzug trennen und wieder einbauen.
(1) und (3) Bowdenzüge.
(2) Abdeckung des Bowdenzuges.
(4) Halter für den Bowdenzug.
(5) Tülle.

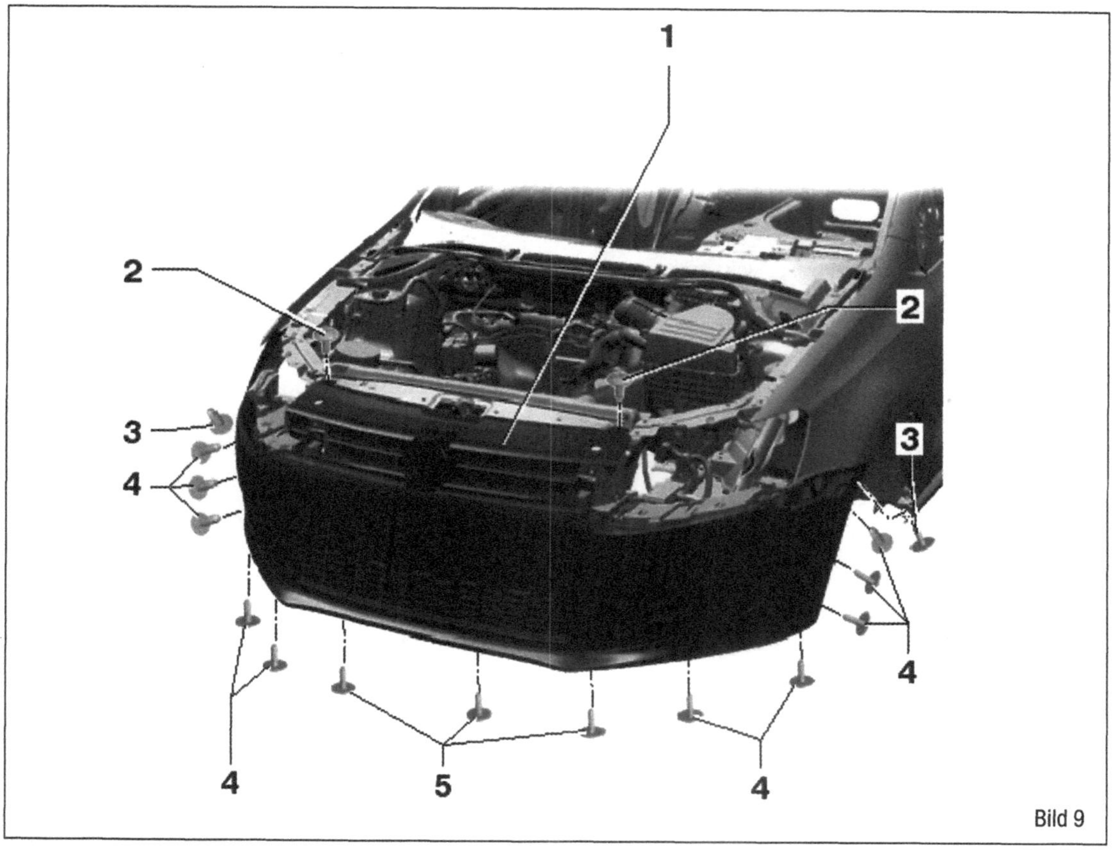

Bild 9
Stoßfängerabdeckung (1) ausbauen.
(2) … (5) Schrauben.

Bild 10
Stoßfängerabdeckung (1) ausbauen.
(2) Führung links und rechts.
(3) Verrastungen.

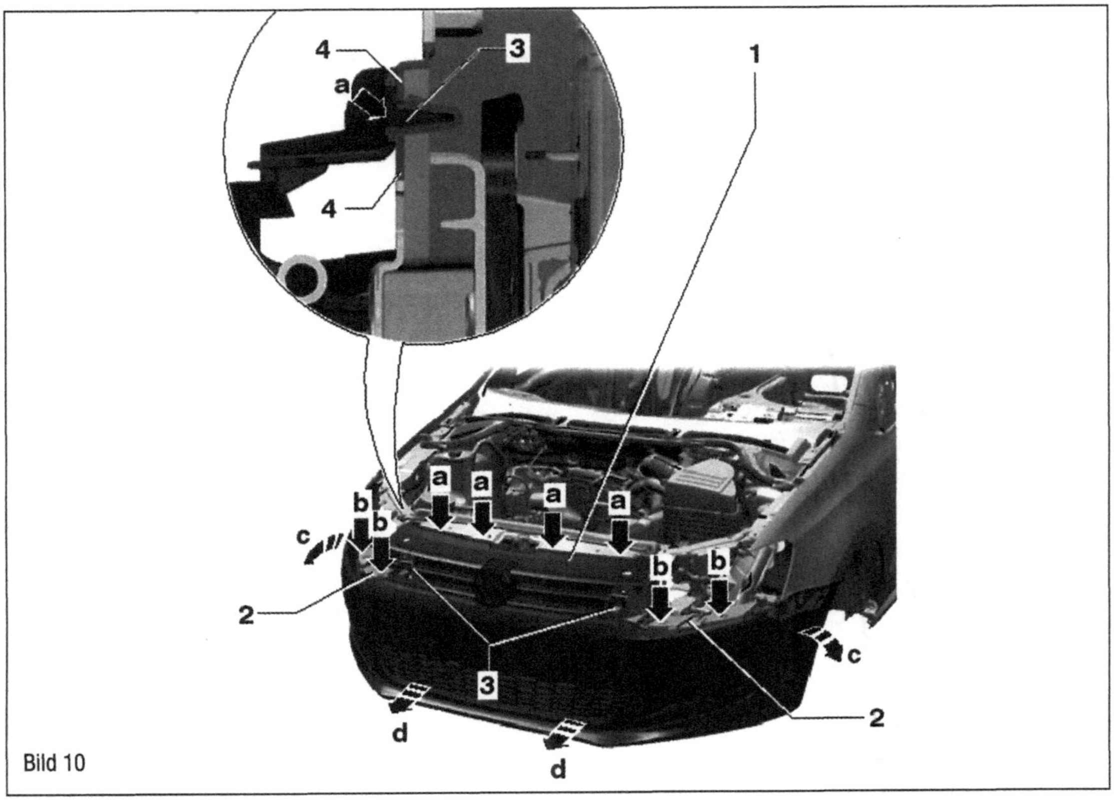

Bild 10

Bild 11
Stoßfängerabdeckung (1) einbauen.
(2) Führung links und rechts.
(3) Verrastungen.

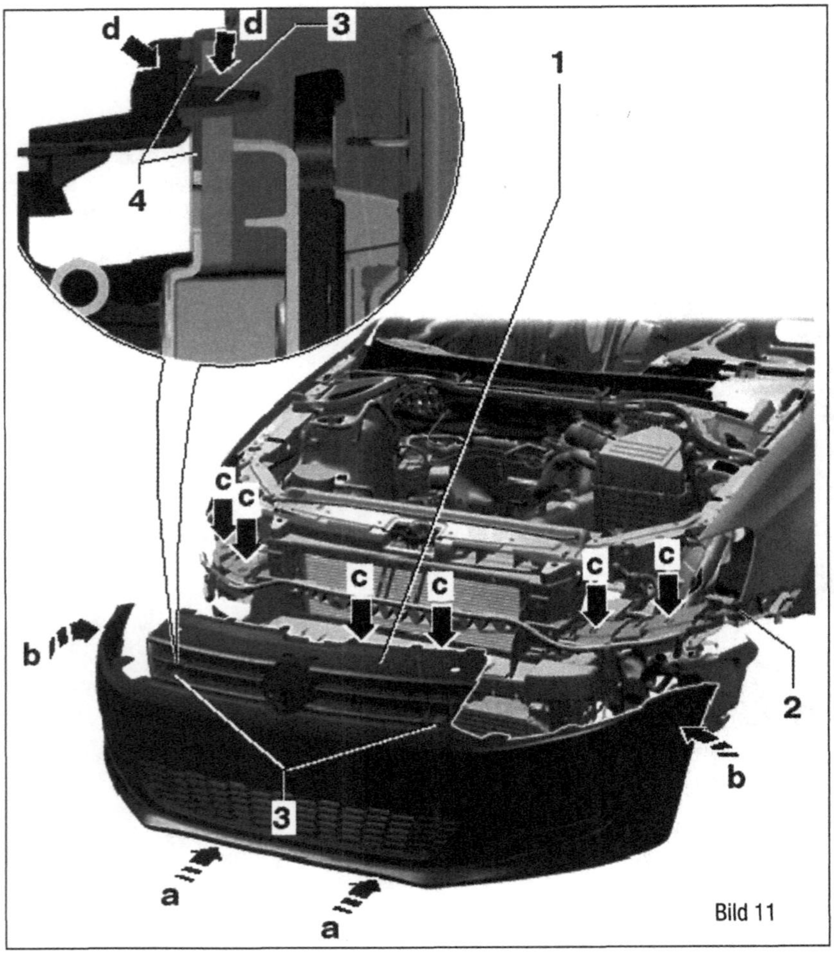

Bild 11

■ Bevor die Frontklappe geschlossen wird, ist eine Funktionsprüfung des Betätigungshebels und des Bowdenzugs durchzuführen.

Stoßfängerabdeckung vorn aus- und einbauen

Ausbau

■ Scheinwerfer ausbauen (siehe Kapitel 12).

■ Schrauben (2), Schrauben (3, nach oben gerichtet) vom Radhaus links und rechts, Schrauben (4) vom Radhaus sowie Schrauben (4) und (5) von unten herausdrehen (Bild 9).

■ Der weitere Ausbau ist nur mit einem Helfer möglich: Stoßfängerabdeckung vorn (1) aus den Verrastungen der Führungsteile links und rechts am Kotflügel (Pfeile c) ziehen. Danach die Verrastungen an den seitlichen Führungen (Pfeile b) und am Kühlergrill (Pfeile a) sowie schließlich Verrastungen (3) hinter dem Kühlergrill lösen. Mit einem Helfer die Stoßfängerabdeckung vorn (1) parallel (Pfeile d) vom Fahrzeug abziehen (Bild 10).

■ Steckverbindungen der vorhandenen elektrischen Bauteile trennen.

■ Soweit vorhanden, die Schlauchkupplung der Waschwasserleitungen trennen.

Einbau

- Schlauchkupplung der Waschwasserleitungen verbinden.
- Stoßfängerabdeckung vorn (1) parallel (Pfeile a) auf den Schlossträger führen.
- Kühlergrill und Stoßfängerabdeckung in die Verrastungen (Pfeile c) drücken.
- Stoßfängerabdeckung vorn (1) auf die Führungsteile drücken, bis diese miteinander verrasten (Pfeile b, Bild 11).

⚠ Beim Ansetzen der Stoßfängerabdeckung vorn auf parallele Führung am Kotflügel und auf Parallelität und Spaltmaße achten (siehe Karosseriespaltmaße vorn).

- Schrauben (2), (3), (4) und (5) ansetzen und mit 2 Nm festziehen (siehe Bild 9).

Abschließend zeigen wir eine Montageübersicht »Anbauteile der Stoßfängerabdeckung vorn«, um damit den Aus- und Einbau von einzelnen Anbauteilen, z. B. des Rahmens für den Nebelscheinwerfer, zu demonstrieren.

Wasserkastenabdeckung aus- und einbauen

Ausbau

- Wischerarme abschrauben (siehe Kapitel 12).
- Dichtung (2) auf der gesamten Länge von der Wasserkastenabdeckung (1) abziehen.
- Wasserkastenabdeckung (1) am Rand der Frontscheibe von Hand anheben und dann, vom Rand der Frontscheibe (6) beginnend, nach oben aus dem Einfassprofil (5) herausziehen. Wasserkastenabdeckung vom Fahrzeug abnehmen (Bild 13).

⚠ Vorsicht, die Scheibe kann zerstört werden. Die Wasserkastenabdeckung darf nicht mit einem Hebelwerkzeug (Schraubendreher, Keil) abgehebelt werden. Die Scheibe wird beschädigt und kann später reißen.

Einbau

- Das Einfassprofil (5) mit Seifenlauge einsprühen, damit die Wasserkastenabdeckung (1) leichter eingedrückt werden kann. Bei neuen Frontscheiben ist im Einfassprofil ein Einleger montiert. Vor dem Einbau der Wasserkastenabdeckung ist dieser Einleger zu entfernen.
- Wasserkastenabdeckung (1) auf das Einfassprofil (5) setzen und, von der Mitte beginnend, mit leichtem Druck in das Einfassprofil (5) clipsen, keinesfalls schlagen oder mithilfe eines Werkzeugs eindrücken.
- Dichtung (2) auf die Wasserkastenabdeckung (1) montieren (siehe Bild 13).
- Wischerarme einbauen.

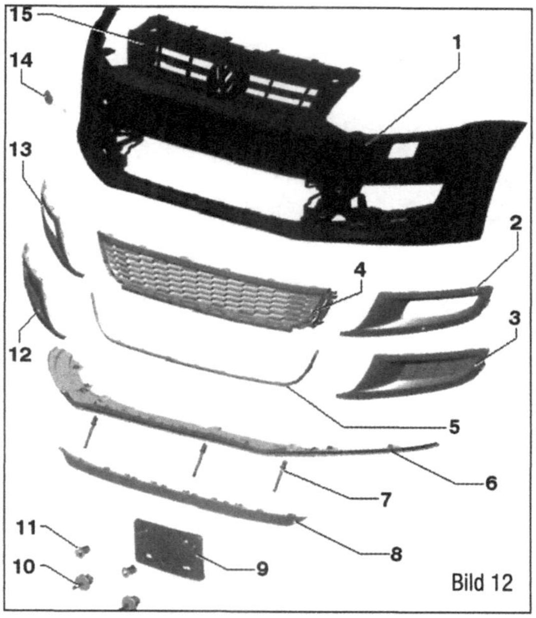

Bild 12

Bild 12 Montageübersicht »Anbauteile der Stoßfängerabdeckung vorn«.
(1) Stoßfängerabdeckung vorn (Material PP/EPDM).
(2) Rahmen für Nebelscheinwerfer links. Zum Ausbau nach vorn aus der Verrastung herausziehen.
(3) Lüftungsgitter seitlich links. Nur bei ausgebauter Stoßfängerabdeckung zu demontieren.
(4) Lüftungsgitter Mitte. Nur bei ausgebauter Stoßfängerabdeckung zu demontieren.
(5) Zierleiste, je nach Modellvariante, für Lüftungsgitter Mitte.
(6) Spoiler. Nur bei ausgebauter Stoßfängerabdeckung zu demontieren.
(7) Blindnieten (6 Stück). Zur Befestigung des Spoiler Ansatzstück.
(8) Spoiler Ansatzstück.
(9) Kennzeichenträger.
(10) Clip. Unterschiedliche Anzahl zur Befestigung.
(11) Nietmutter.
(12) Lüftungsgitter seitlich rechts. Nur bei ausgebauter Stoßfängerabdeckung zu demontieren.
(13) Rahmen für Nebelscheinwerfer rechts. Zum Ausbau nach vorn aus der Verrastung herausziehen.
(14) Abdeckung für Abschleppöse.

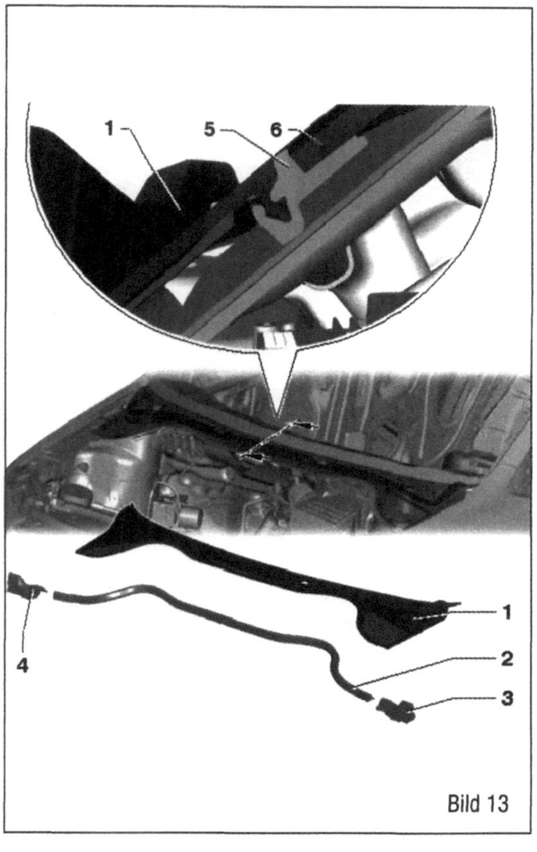

Bild 13

Bild 13 Wasserkastenabdeckung
(1) ausbauen.
(2) Dichtung.
(3) Schaumformteil links.
(4) Schaumformteil rechts.
(5) Einfassprofil, Bestandteil der Frontscheibe.
(6) Frontscheibe.

Bild 14
Wasserkasten-Stirnwand
(1) ausbauen.
(2) Schrauben (8 Stück, 8 Nm).
(3) Wasserkasten.
(4) Dichtung.
(5) Dämpfung, wird mit Klemmscheiben an der Wasserkasten-Stirnwand befestigt.
(6) Klemmscheibe zur Befestigung der Dämpfung an der Wasserkasten-Stirnwand.

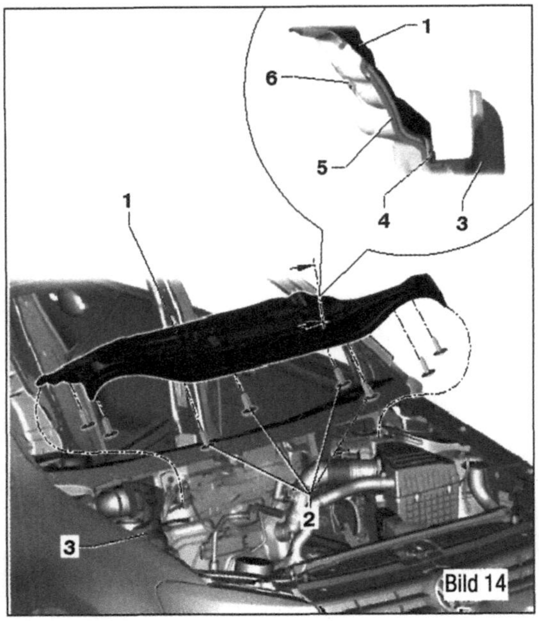

Wasserkasten-Stirnwand aus- und einbauen

Ausbau

- Wasserkastenabdeckung ausbauen.
- Schrauben (2) herausdrehen und Wasserkasten-Stirnwand nach oben aus dem Wasserkasten herausziehen (Bild 14).

Einbau

- Wasserkasten-Stirnwand (1) in den Wasserkasten einsetzen, dabei auf den richtigen Sitz der Dichtung (4) achten.
- Schrauben ansetzen und mit 8 Nm festziehen.

Bild 15
Montageübersicht »Radhausschale vorn links«.
(1) Radhausschale (Material PP/EPDM).
(2) Spreizmutterm (8 Stück).
(3) Schrauben (13 Stück, 2 Nm).
(4) Stoßfängerabdeckung.

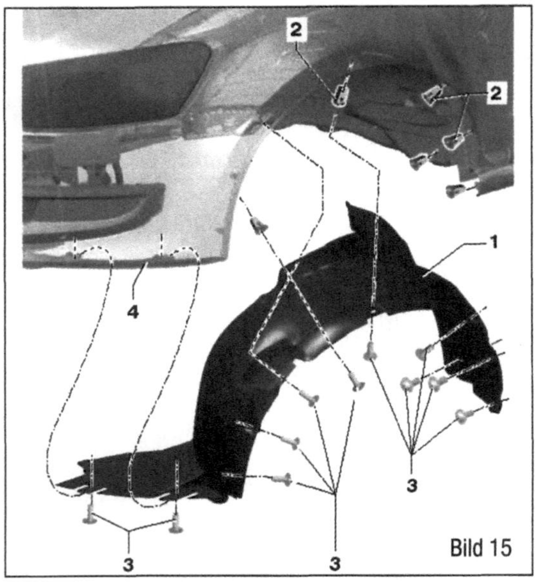

Radhausschale vorn aus- und einbauen

Wir demonstrieren den Aus- und Einbau an der linken Radhausschale, das trifft sinngemäß auch auf die rechte Radhausschale zu.
Benötigt wird ein Drehmomentschlüssel (V.A.G 1783).

Ausbau

- Rad abbauen, Schrauben (3) herausdrehen und Radhausschale (1) aus dem Kotflügel herausziehen (Bild 15).

Einbau

- Spreizmuttern (2) auf Beschädigung prüfen und ggf. ersetzen.
- Radhausschale (1) in den Kotflügel einführen, Schrauben (3) ansetzen und mit 2 Nm festziehen (siehe Bild 15). Rad anbauen.

Bild 16
Montageübersicht »Radhausschale hinten links«.
(1) Radhausschale (Material PP/EPDM).
(2) Schrauben (10 Stück, 2 Nm).
(3) Spreizmuttern (5 Stück).
(4) Spreizmutter (gasdicht, 2 Stück).

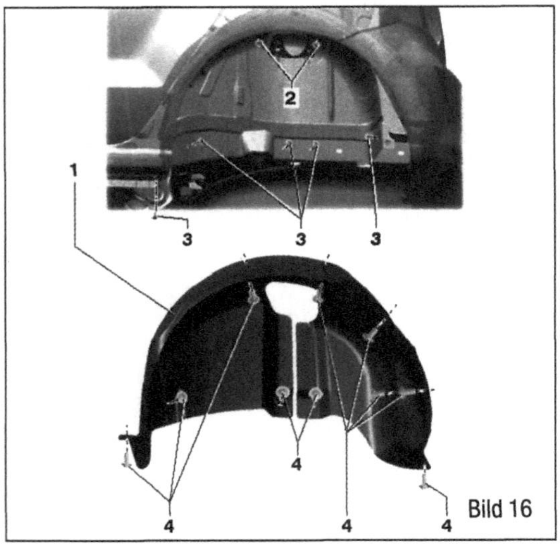

Radhausschale hinten aus- und einbauen

Wir demonstrieren den Aus- und Einbau an der linken Radhausschale, das trifft sinngemäß auch auf die rechte Radhausschale zu.

Ausbau

- Rad abbauen, Schrauben (2) herausdrehen und die Radhausschale (1) aus dem Radhaus herausziehen (Bild 16).

Einbau

■ Spreizmuttern (3) und gasdichte Spreizmutter (4) auf Beschädigungen prüfen und ggf. ersetzen. Die Spreizmuttern dichten den Innenraum gegen Abgase ab und müssen auf jeden Fall bei Beschädigungen ersetzt werden.

■ Radhausschale (1) im Radhaus knickfrei einsetzen, Schrauben (2) ansetzen und mit 2 Nm festziehen (siehe Bild 16). Rad anbauen.

Heckklappenverkleidung aus- und einbauen

Es werden Keile (T10383) sowie ein Drehmomentschlüssel (V.A.G 1783) benötigt.

Ausbau

■ In beiden Griffmulden jeweils die Schraube (1) herausdrehen (1,5 Nm) und dann mit dem Keil die Verkleidung aus den Aufnahmen in der Heckklappe lösen (Bild 17).

Einbau

■ Der Einbau erfolgt sinngemäß in umgekehrter Ausbaureihenfolge.

■ Vor der Montage sind die Halteklammern auf Beschädigungen zu prüfen und ggf. zu erneuern.

Mittelkonsole, mit Armlehne, aus- und einbauen

Dazu werden ein Demontagekeil (3409), weitere Keile (T10383), Drehmomentschlüssel (V.A.G 131 und 1783) und ein Entriegelungswerkzeug (VAS 6427) benötigt.

Ausbau

■ Schalthebelmanschette beziehungsweise die Schaltabdeckung aus den Aufnahmen lösen (siehe Kapitel 8 Bild 5).

■ Verkleidung für Handbremshebel ausbauen (siehe Kapitel 11, Bild 29).

■ Abdeckkappe (1) Handbremse mit Keil T10383/1 aus der Mittelkonsole lösen (Bild 18).

■ Schalttafelblenden Mitte ausbauen, dazu obere Blende (1) und untere Blende (2) mit dem Demontagekeil aus den Verrastungen lösen (Bild 19).

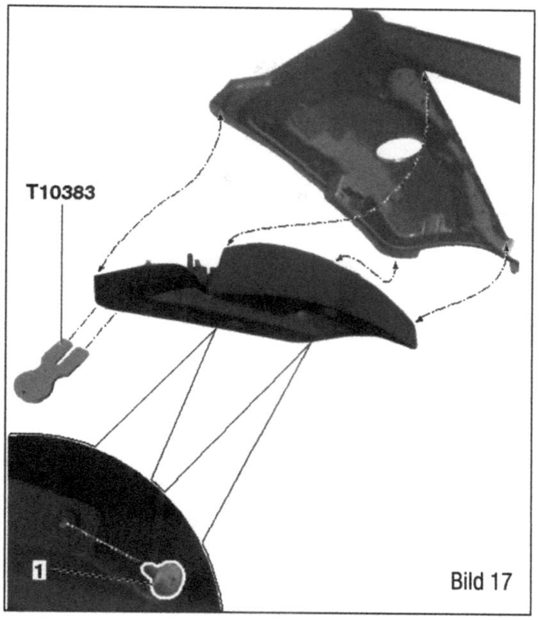

Bild 17
Verkleidung Heckklappe ausbauen.
(1) Schrauben in den beiden Griffmulden.

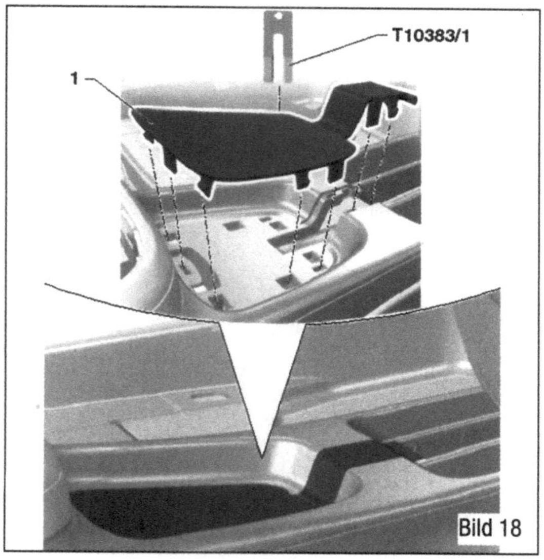

Bild 18
Abdeckkappe
(1) Handbremse ausbauen.

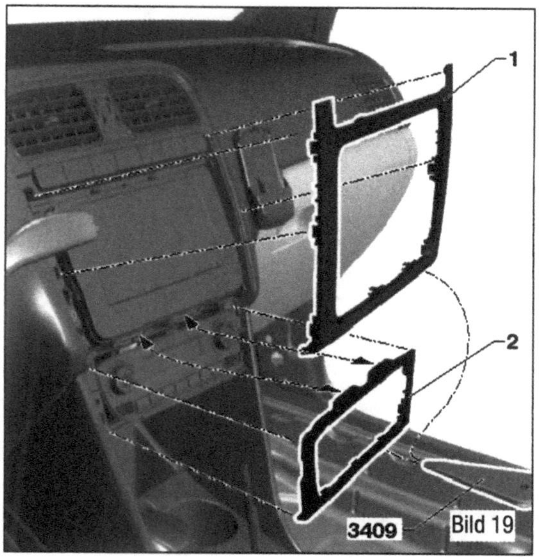

Bild 19
Schalttafelblenden Mitte ausbauen.
Das Bild zeigt ein Fahrzeug mit Climatronic. Bei Fahrzeugen ohne Climatronic hat die untere Blende eine veränderte Form.
(1) obere Blende.
(2) untere Blende.

Bild 20
Getränkehalter hinten (2) ausbauen.
(1) Schraube.

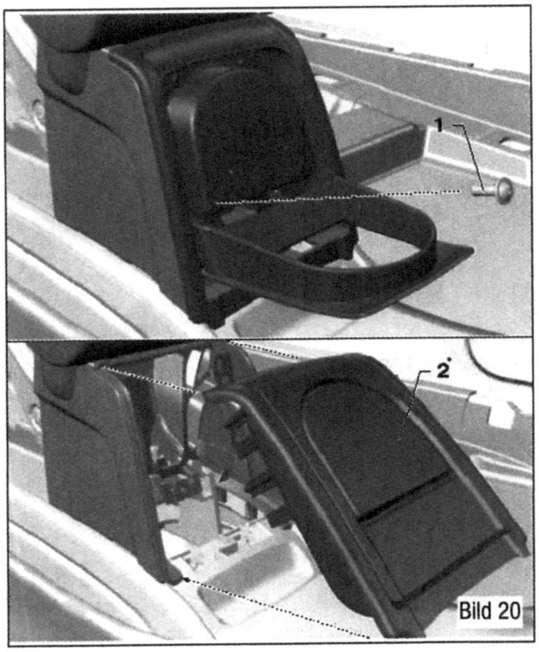

Bild 20

Bild 21
Armlehne ausbauen.
(1) Mutter (20 Nm).

Bild 21

Bild 22
Abdeckung Mittelkonsole ausbauen.
(1) und (2) Schrauben.

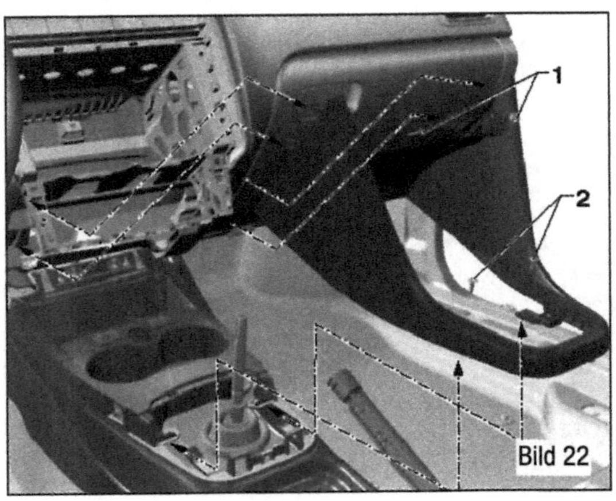

Bild 22

- Getränkehalter hinten ausbauen, dazu Getränkehalter öffnen und Schraube (1) herausdrehen (1,5 Nm). Danach Getränkehalter (2) zuerst im unteren Bereich und dann im oberen Bereich aus der Mittelarmlehne lösen (Bild 20).
- Armlehne ausbauen, dazu Mutter (1) abbauen und Armlehne abnehmen (Bild 21).
- Abdeckung Mittelkonsole ausbauen, dazu Schrauben (1) und (2) herausdrehen (1,5 Nm), Abdeckung im hinteren Bereich aus der Mittelkonsole und danach im vorderen Bereich aus der Schalttafel lösen (Bild 22).
- Deckel (1) aus der Mittelkonsole entfernen (Bild 23).
- Seitliche Schrauben (1) und (2) danach Schrauben (3, alle 1,5 Nm) herausdrehen (Bild 24).
- Die seitlichen Klettbänder (1) lösen (Bild 25).
- Die Schraube (1, 1,5 Nm) herausdrehen (Bild 26).
- Mittelkonsole (1) nach oben schwenken (Pfeil) und je nach Fahrzeugausstattung die Leitungsstränge trennen (Bild 27).

Einbau sinngemäß in umgekehrter Ausbaureihenfolge.

Karosseriespaltmaße

Zum Einstellen oder Kontrollieren der Spaltmaße am besten die Einstelllehre (3371) verwenden.
Die Bilder 28-30 zeigen die vom Hersteller geforderten Spalt-(oder Fugen-)maße vorn, in der Mitte und hinten an der Karosserie.

Bild 23
Deckel (1) aus der Mittelkonsole entfernen.

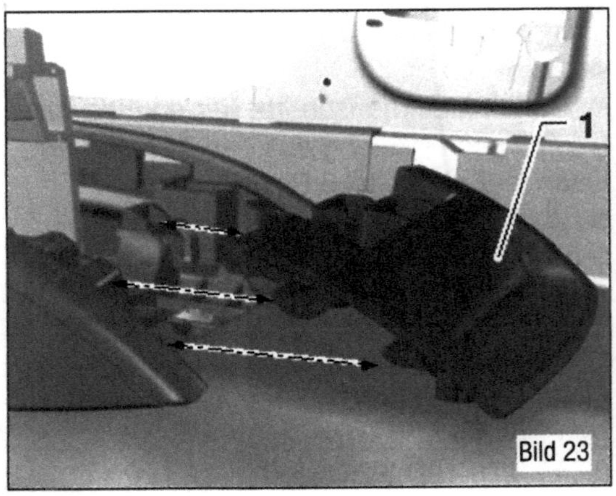

Bild 23

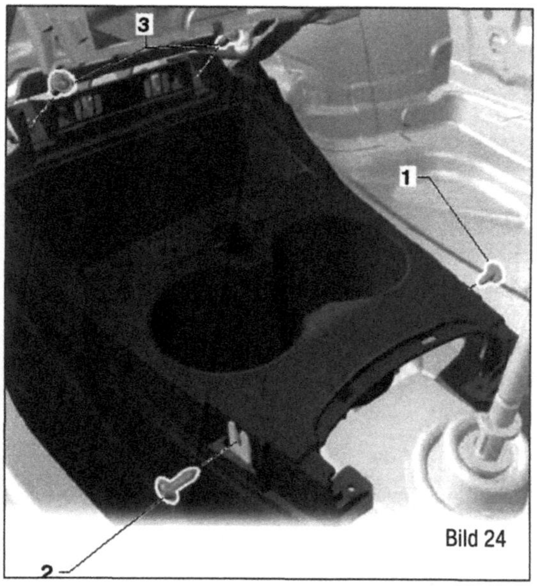

Bild 24
Mittelkonsole ausbauen.
(1) … (3) Schrauben.

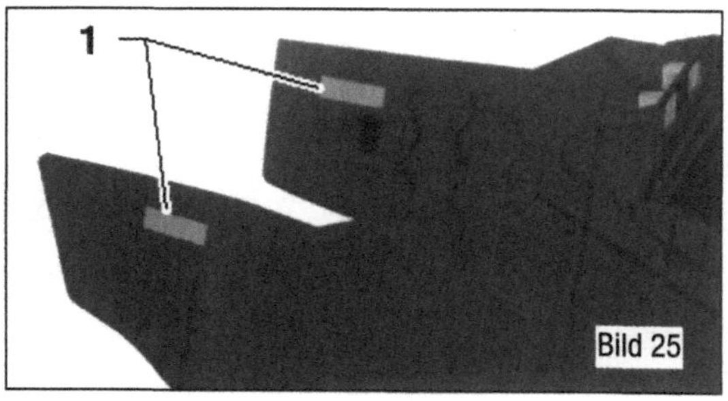

Bild 25
Mittelkonsole ausbauen.
(1) Klettbänder.

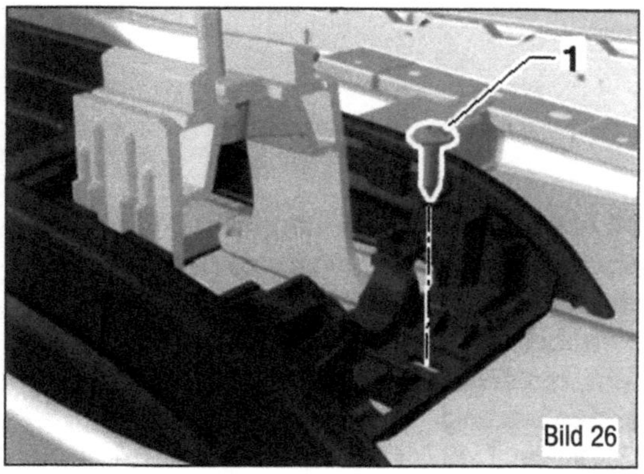

Bild 26
Mittelkonsole ausbauen.
(1) Schraube.

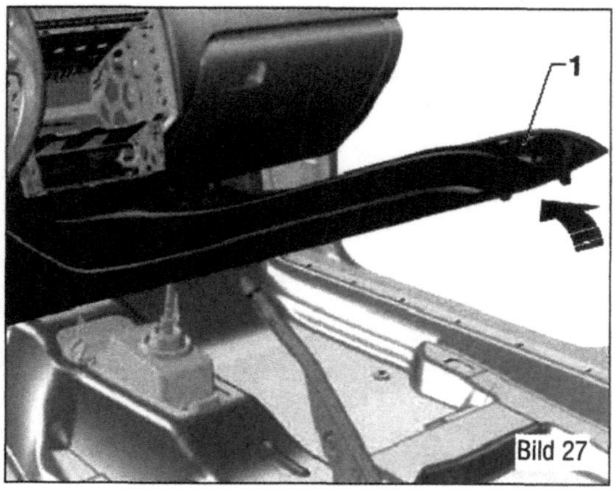

Bild 27
Mittelkonsole (1) ausbauen.

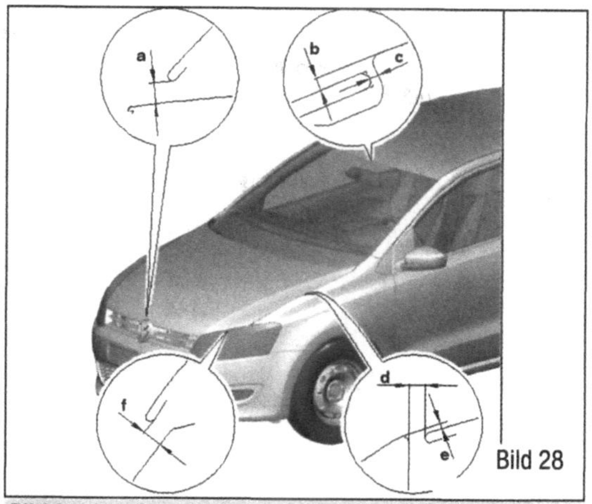

Bild 28
Karosserie vorn.
Maß (a) = 5,0 mm ± 0,5 mm, Maß (b) = 3,0 mm ± 0,5 mm,
Maß (c) = 2,5 mm ± 0,5 mm, Maß (d) = 3,5 mm ± 0,5 mm,
Maß (e) = 1,0 mm ± 0,5 mm, Maß (f) = 5,0 mm ± 0,5 mm.

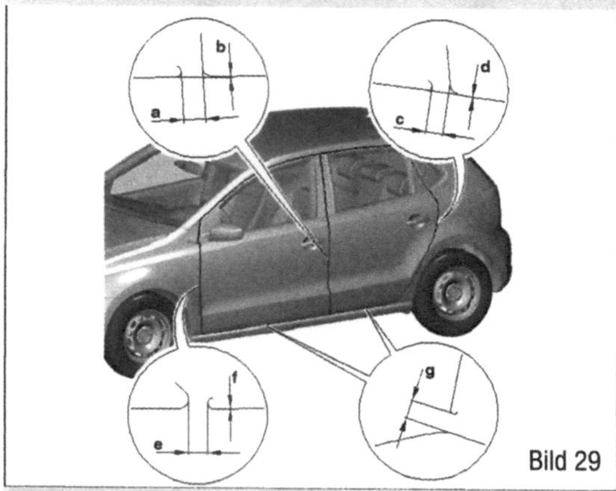

Bild 29
Karosserie Mitte.
Maß (a) = 4,0 mm ± 0,5 mm, Maß (b) = 0,0 mm +1,0 mm,
Maß (c) = 3,5 mm ± 0,5 mm, Maß (d) = 0,0 mm +1,0 mm,
Maß (e) = 3,5 mm ± 0,5 mm, Maß (f) = 0,0 mm + 1,0 mm.

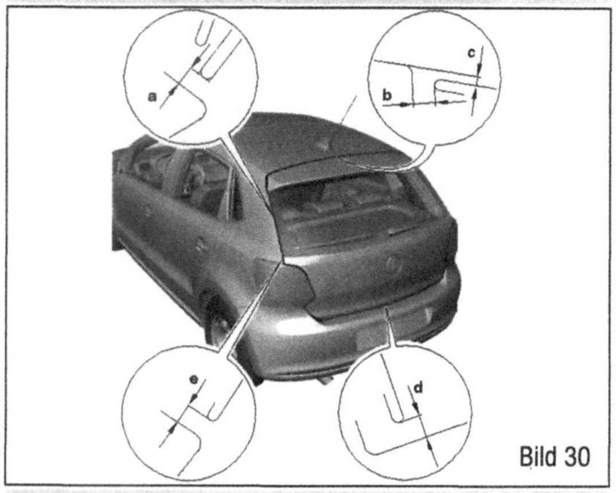

Bild 30
Karosserie hinten.
Maß (a) = 4,5 mm ± 0,5 mm, Maß (b) = 5,0 mm ± 0,5 mm,
Maß (c) = 2,0 mm ± 0,5 mm, Maß (d) = 5,0 mm ± 0,5 mm,
Maß (e) = 4,5 mm ± 0,5 mm.

Bilder 28-30
Spaltmaße an der Karosserie.

14 Technische Daten

Motoren	1,2 TDI CR	1,6 TDI CR	1,6 TDI CR	1,6 TDI CR
Motorkennbuchstaben	CFWA	CAYA	CAYB	CAYB
Abgasgrenzwerte gemäß	EU 5	EU 5	EU 5	EU 5
Zylinder/Ventile pro Zylinder	3/4	4/4	4/4	4/4
Hubraum cm^3	1,199	1.598	1.598	1.598
Leistung kW bei 1/min	55/4.200	55/4.000	66/4.200	77/4.400
Drehmoment Nm bei 1/min	180/2.000	195/1.5T-2T	230/1.5T-2.5T	250/1.5T-.5T
Bohrung Ø mm	79,5	79,5	79,5	79,5
Hub mm	80,5	80,5	80,5	80,5
Verdichtung	16,5 : 1	16,5 : 1	16,5 : 1	16,5 : 1
Zündfolge	1-3-2	1-3-4-2	1-3-4-2	1-3-4-2
Diesel CZ mind.	51	51	51	51
Eigendiagnose	ja	ja	ja	ja
Katalysator (Zweiwege-Oxid.)	ja	ja	ja	ja
Abgasrückführung	ja	ja	ja	ja
Abgasrückführungskühlung	ja	ja	ja	ja
Aufladung	ja	ja	ja	ja
Ladeluftkühlung	ja	ja	ja	ja
Dieselpartikelfilter	ja	ja	ja	ja
CO_2-Emission in g/km	87	109	109	109

Motorart	Turbodieselmotor, vorn quer eingebaut, flüssigkeitsgekühlt.
Gemischaufbereitung	Direkte Hochdruck-Einspritzung über Common-Rail. Aufladung über Abgasturbolader. Elektronische Steuerung des Einspritzsystems, EDC.
Schmierung	Druckumlaufschmierung mit Hauptstromfilter.

Fahrwerk

Allgemein	Elektronisches Antiblockiersystem (ABS) mit Antriebsschlupfregelung(ASR) und elektronische Differenzialsperre (EDS) sowie elektronisches Stabilisierungsprogramm (ESP).
Vorderachse	Einzelradaufhängung; McPherson-Federbeine und Schraubenfedern, Stabilisator.
Hinterachse	Koppellenkerachse, Längslenker und Schraubenfedern, Stabilisator.
Federung	Schraubenfeder mit Teleskopstoßdämpfern, hinten Gasdruckstoßdämpfer.
Lenkung	Elektro-hydraulisch unterstützte Zahnstangenlenkung.
Spurweite mm	Vorn 1.463, hinten 1.456; GTI: vorn 1.443, hinten 1.437; CrossPolo: vorn 1.454,
Radstand mm	2.470; GTI: 2.468; CrossPolo: 2.469.
Wendekreis m	bei allen Modellen 10,6.
Räder	Stahlräder und Leichtbauräder 6 J x 15; GTI: 7 J x 17; CrossPolo: 7 ½ J x 17.
Reifen	185/60 R 15 T; GTI: 215/40 R 17 V; CrossPolo: 215/40 R 17 T.

Kraftübertragung

Antrieb	Alle Modelle Frontantrieb mit elektronischem Stabilisierungsprogramm ESP.
Kupplung	Einscheiben-Trockenkupplung, Tellerfeder und asbestfreie Beläge. Zweimassen--Schwungrad. 7-Gang-DSG: zwei elektrohydraulische Trockenkupplungen.
Getriebe	Voll synchronisiertes 5-Gang-Schaltgetriebe; Automatik: 7-Gang-Doppelkupplungsgetriebe DSG. Zwei unabhängige Teilgetriebe: 1. Welle: 1. – 4. Gang, 2. Welle: 5. – 7. Gang, 3. Welle: Rückwärtsgang (R).
Getriebeabstufungen (:1)	
5-Gang-Schaltgetriebe 02R	Übersetzung: I-3,778; II-2,118; III-1,269; IV-0,865; V-0,66; R-3,60. Achsübersetzung: 3,389 (1,6 TDI 66/77 kW: 3.158).
7-Gang DSG.	I-3,5; II-2,087; III-1,343; IV-0,933; V-0,974; VI-0,778; VII-0,653; R-3,722. AÜ: 4,438/3,227/4,176.

Bremsanlage

Art der Bremsen	Hydraulik-Zweikreisbremssystem, diagonal, Bremskraftverstärker. Bremsen vorn: Scheibenbremsen innenbelüftet. Hinten: 55 kW-Motoren Trommelbremsen, alle anderen Motoren Scheibenbremsen. Hydraulisches ABS, EBV, Bremsassistent.
Bremsentypen vorn/hinten	Vorn: FS-III und FN 3. Hinten: CI 38 (Scheibenbremsen 15“); TB 200x40 (Trommelbremse).
Zuordnung zu den Motoren	Siehe Kapitel 11.
Abmessungen Bremsscheiben und Bremsbeläge	Siehe Kapitel 11.
Wirkung der Handbremse	Die mechanische Feststellbremse (Seilzugbremse) wirkt auf die Hinterräder.
Bremsflüssigkeit	N 052 766 gemäß US-Norm FMVSS 571.116 DOT4. TL 766. Wechsel: alle zwei Jahre.

Maße und Gewichte Außenmaße	
Länge mm	3.970. GTI: 3.976; CrossPolo: 3.987.
Breite (ohne Spiegel) mm	1.682; CrossPolo: 1.698.
Höhe (bei Leergewicht) mm	1.462; Blue Motion: 1.465; GTI: 1.452; CrossPolo: 1.488.
Innenmaße	
Ellenbogenbreite vorn mm	1.432; CrossPolo: 1.386.
Ellenbogenbreite hinten mm	1.393; CrossPolo: 1.384
Innenraumlänge mm	1.674.
Gepäckraumvolumen	Nach VDA-Messung bei aufgestellter Sitzbank 280 Liter; GTI 185 Liter; Cross 261 Liter.
Sitzbank umgeklappt	952 Liter; GTI 882 Liter; CrossPolo 952 Liter
Gewichte	
Leergewicht	Mit Schaltgetriebe: 992 kg; GTI mit Getriebe DSG: 1.194 kg; CrossPolo mit DSG: 1.173 kg.
Effektive Zuladung (Basis)	558 kg; GTI: 486 kg; CrossPolo: 527 kg.
Zulässiges Gesamtgewicht	1.550 kg; GTI: 1.680 kg; CrossPolo: 1.700 kg.
Maximale Dachlast	Alle Modelle 75 kg.
Maximale Anhängelast	
- bis 12%, gebremst:	800 kg; GTI: 1.200 kg; CrossPolo: 1.200 kg.
- bis 12%, ungebremst:	530 kg; GTI: 630 kg; CrossPolo: 620 kg.
Zulässige Achslast vorn:	830 kg; GTI: 930 kg; CrossPolo: 960 kg.
Zulässige Achslast hinten:	770 kg; GTI: 800 kg; CrossPolo: 790 kg.
Karosserietyp	Selbsttragend, verzinkt, Stahl, Verformungszonen vorn und hinten, 2/4 Türen, 5 Sitzplätze.

Füllmengen und Spezifikationen

Füllmengen

Tankinhalt	alle Modelle 45 Liter, Reservemenge: 5 Liter.
Motoröl mit Ölfilterwechsel	4,3 Liter.
Kühlmittel (Wasser+Frostsch.)	8 Liter.
Getriebeöl Schaltgetriebe	2 Liter.
Ölhaushalte 7-Gang-DSG	Das Doppelkupplungsgetriebe DSG vom Bautyp 0AM hat zwei Ölhaushalte. Für den Teil mit den Rädern und Wellen gehören 1,7 Liter Getriebeöl G052 171 ins DSG. Der Steuerteil Mechatronic (J743) ist mit 1 Liter Zentralhydrauliköl und Servolenkgetriebeöl G004 000 befüllt.
Bremsflüssigkeit	Siehe »Bremsflüssigkeit wechseln« in Kapitel 11.

Spezifikation

Motoröl	Gemäß VW 507 00. Siehe Kapitel 3.
Kühlmittel	Gemäß VW 774 G. Siehe auch Kapitel 4.
Getriebeöl	Gemäß Norm G 51 SAE 75W90.
Bremsflüssigkeit	Gemäß Norm FMVSS 571.116 DOT 4.

15 Stromlaufpläne, Relais und Sicherungen

Tipps zum Umgang mit Stromlaufplänen

Die Bordelektrik wird in Aufbau und Vernetzung durch Stromlaufpläne (auch Schaltpläne genannt) dargestellt, die für den Polo in gedruckter Form mehrere hundert Seiten umfassen, also einen Ordner von beträchtlichem Umfang füllen. Das Schaltplanangebot enthält neben den einzelnen Stromlaufplänen für die Grundausstattung, die Elektrik für jeden einzelnen Motor bis hin zu Sonderausstattungen (z. B. für Climatronic, Einparkhilfe u. a.) auch die zeitlichen Überarbeitungen.
Es macht aus sachlicher Sicht keinen Sinn, einige wenige Stromlaufpläne aus der Fülle der vorhandenen Schaltpläne herauszugreifen und in diesem Ratgeber darzustellen, ganz abgesehen davon, dass der begrenzte Umfang des Buches dafür keinen Raum gibt.
Wer bei der Arbeit an einer Baugruppe den jeweiligen Schaltplan zugrunde legen möchte, muss ihn direkt bestellen und kaufen über ***https://erwin.volkswagen.de/erWinVW/*** oder per E-Mail ***VWBestell@Bertelsmann.de*** oder per Post ***Volkswagen Distributions-Service***, arvato logistics services, Friedrich Menzefricke Straße 16-18, 33775 Versmold.
Für den Umgang mit den Schaltplänen vermitteln wir im Folgenden Angaben zum Aufbau der Stromlaufpläne (Bild 1), eine Erläuterung der Symbole (Bild 2) sowie eine Übersicht der Schaltzeichen für Stromlaufpläne (Bild 4). Abschließend listen wir in einer Tabelle die Klemmenbezeichnungen auf (Bild 3).

A - Batterie
B - Anlasser
D - Zündanlassschalter
J519 - Steuergerät für Bordnetz
T3a - Steckverbindung, 3-fach, im Wasserkasten (grau)
T8b - Steckverbindung, 8-fach, am Steuergerät für Bordnetz (braun)
(11) Massepunkt, im Motorraum links
(A1) Plusverbindung (30a), im Schalttafelleitungsstrang
(P1) Plusverbindung (30), im Sicherungs kasten

Legende
In allen Stromlaufplänen werden für gleiche Bauteile die gleichen Teile-Bezeichnungen verwendet, z.B. immer A für Batterie.

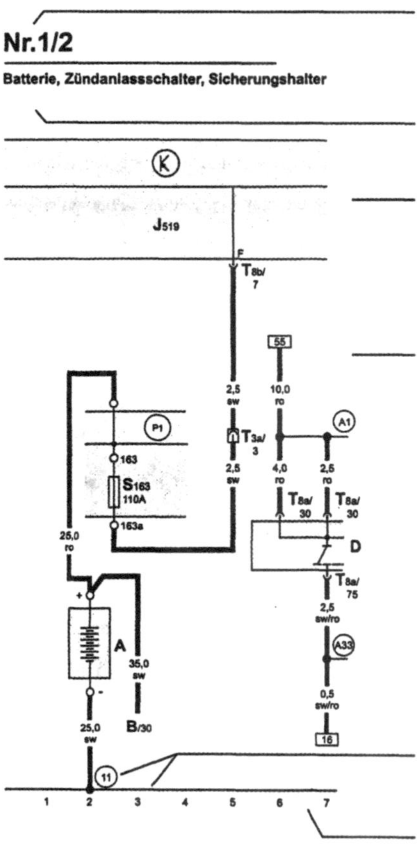

Schaltungskomplex (funktionsorientiert mit fortlaufender Nr.)

Bezeichnung der auf dieser Seite dargestellten Stromkreise

J519 – Steuergerät für Bordnetz durch graues Feld gekennzeichnet (weiter wird dieses Steuergerät in den Stromlaufplänen nicht mehr bezeichnet)

Verbraucherstromkreise mit Leitungsführung
Alle Schalter und Kontakte sind in mechanischer Ruhestellung gekennzeichnet

Schlüssel für Leitungsfarben

ws = weiß	bl = blau
sw = schwarz	gr = grau
ro = rot	li = lila
br = braun	ge = gelb
gn = grün	or = orange

Fahrzeugmasse
Zahlen in den Kreisen kennzeichnen den Einbauort (siehe Legende)

Strompfad-Nr.
Zum leichteren Auffinden der Verknüpfungen

Bild 1

Bild 1
Aufbau der Stromlaufpläne.

Sichtprüfung Messen

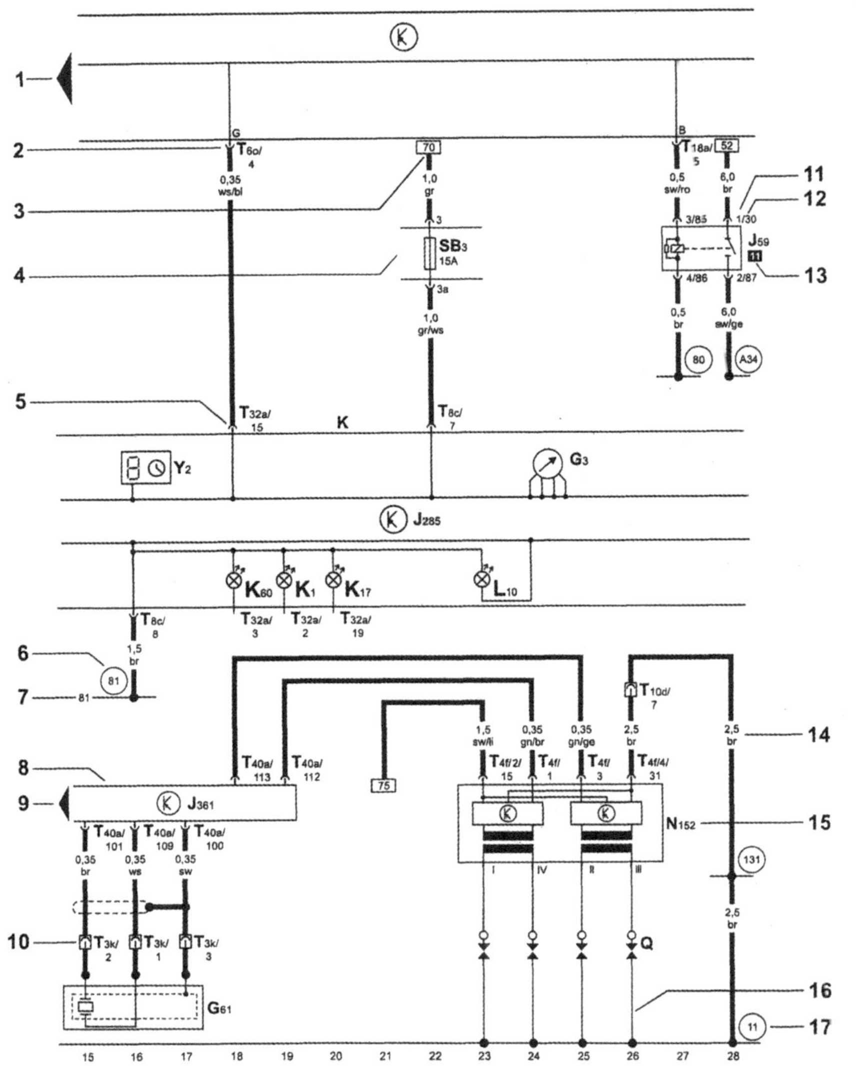

Bild 2

Bild 2

Erläuterung der Symbole in den Stromlaufplänen.

(1) Der Pfeil weist auf den nächsten zum Stromlaufplan gehörenden Stromkreis hin.

(2) Bezeichnung einer Steckverbindung am Steuergerät für Bordnetz. Gibt die Belegung einer Mehrfachsteckverbindung mit einer Leitung an, z. B. T60/4 - Steckverbindung T60, 6-fach, Kontakt 4.

(3) Verweis auf Weiterführung der Leitung. Die Zahl im Rahmen kennzeichnet, in welchem Strompfad die Leitung weitergeführt wird.

(4) Bezeichnung einer Sicherung, z. B. Sicherung Nr. 3 (15A) im Sicherungshalter.

(5) Bezeichnung einer Steckverbindung an einem Bauteil. Gibt die Bezeichnung der Mehrfachsteckverbindung, die Anzahl der Kontakte und die belegte Kontaktnummer an, z. B. T32a/15 - Mehrfachsteckverbindung T32a, 32-fach, Kontakt 15.

(6) Bezeichnung für Verbindung im Leitungsstrang. Die Legende zum Stromlaufplan gibt Auskunft, in welchem Leitungsstrang sich diese nicht lösbare Verbindung (Leitungsschweißpunkt) befindet.

(7) Verweis auf Weiterführung der internen Verbindung. Die Zahl kennzeichnet, wo im nächsten Stromlaufplanteil die Verbindung weitergeführt wird.

(8) Schaltzeichen für ein Bauteil (siehe Bild 3).

(9) Der Pfeil weist auf die Fortsetzung des Bauteils im nächsten Stromlaufplan hin.

(10) Bezeichnung einer Steckverbindung im Leitungsstrang. Gibt die Bezeichnung der Mehrfachsteckverbindung, die Anzahl der Kontakte und die belegte Kontaktnummer an, z. B. T3k/2 – Mehrfachsteckverbindung T3k, 3-fach, Kontakt 2.

(11) Bezeichnung einer Anschlussklemme. Klemmenbezeichnung, die auf dem Originalteil zu finden ist und/oder Kontaktnummer einer Mehrfachsteckverbindung.

(12) Bezeichnung der Verbindung - am Zusatzrelaishalter. Sie kennzeichnet den einzelnen Kontakt von Relais, z. B. 30 = Kontakt 30 am Relais.

(13) Relaisplatz-Bezeichnung – am Zusatzrelaishalter.

(14) Leitungsquerschnitt (mm^2) und Leitungsfarbe (die Abkürzungen werden im Schlüssel für Leitungsfarben neben dem Stromlaufplan erläutert).

(15) Teile-Bezeichnung. In der Legende zum Stromlaufplan wird erläutert, wie das Teil heißt.

(16) Interne Verbindung (dünner Strich). Diese Verbindung ist nicht als Leitung vorhanden. Interne Verbindungen sind jedoch elektrisch leitende Verbindungen. Sie ermöglichen die Verfolgung des Stromverlaufes innerhalb von Bauteilen und Leitungssträngen.

(17) Bezeichnung eines Massepunktes. Die Legende zum Stromlaufplan weist auf die Lage des Massepunktes im Fahrzeug hin.

Klemmenbezeichnungen

Bild 3
Klemmenbezeichnungen.

Klemme	Bedeutung
15	Geschaltetes Plus hinter Batterie (Ausgangskontakt vom Zündanlassschalter)
15a	Geschaltetes Plus vom Zündanlassschalter (hinter der Sicherung)
30	Ausgang direkt von Batterie Plus
30a	Ausgang direkt von Batterie Plus (hinter der Sicherung)
30al	Ausgeschaltetes Plus von Steuergerät für Bordnetz für Innenleuchte
31	Batterie Minus, oder Fahrzeugmasse
50	Ausgangskontakt vom Zündanlassschalter für Anlasser
54	Bremsleuchten
56	Ausgang von Lichtschalter für Abblendlicht und Fernlicht
56a	Fernlicht
56aL	Fernlicht links
56aR	Fernlicht rechts
56b	Abblendlicht
56bL	Abblendlicht links
56bR	Abblendlicht rechts
58	Stand-und Schlusslicht, Kennzeichenleuchte
58d	Beleuchtung von Schaltern und Schalttafeleinsatz (Beleuchtungsintensität einstellen)
58L	Standlicht, Schlusslicht und Parklicht links
58R	Standlicht, Schlusslicht und Parklicht rechts
71	Eingang für Signalhorn
75	Ausgangskontakt vom Zündanlassschalter für Ausschalten von Verbrauchern für Entlastung der Batterie beim Anlassen
75a	Ausgeschaltetes Plus hinter dem Relais für Entlastung der Batterie beim Anlassen (hinter der Sicherung)
86s	Ausgeschaltetes Plus durch Zündanlassschalter beim vollständigen Herausziehen des Schlüssels aus dem Zündanlassschalter
87	Ausgangskontakt vom Kraftstoffpumpenrelais oder vom Relais für Dieseldirekteinspritzanlage
87a	Ausgangskontakt vom Kraftstoffpumpenrelais oder vom Relais für Dieseldirekteinspritzanlage hinter der Sicherung
CAN - H, Antrieb CAN - L, Antrieb }	Datenbus zwischen Steuergeräte von Antrieb (Motor, autom. Getriebe, ABS, Diagnose-Interface für Datenbus,...)
CAN - H, Komfort CAN - L, Komfort }	Komfort Datenbus zwischen Steuergeräte von Komfortelektrik (Türsteuergeräte, Climatic, Steuergerät für Bordnetz, Diagnose-Interface für Datenbus,...)
CANH - KI CANL - KI }	Datenbus zwischen Schalttafeleinsatz und Diagnose-Interface für Datenbus
CAN - H, Infotainment CAN - L, Infotainment }	Datenbus zwischen Diagnose-Interface für Datenbus und Radio, Verstärker,...
LIN - Bus	Datenbus zwischen Steuergerät für Bordnetz, Steuergerät für Wischermotor,...
K-Leitung	Diagnoseleitung zwischen Steuergeräte

Bild 3

Bild 4-1
Schaltzeichen für Stromlaufpläne.

Schaltzeichen für Stromlaufpläne

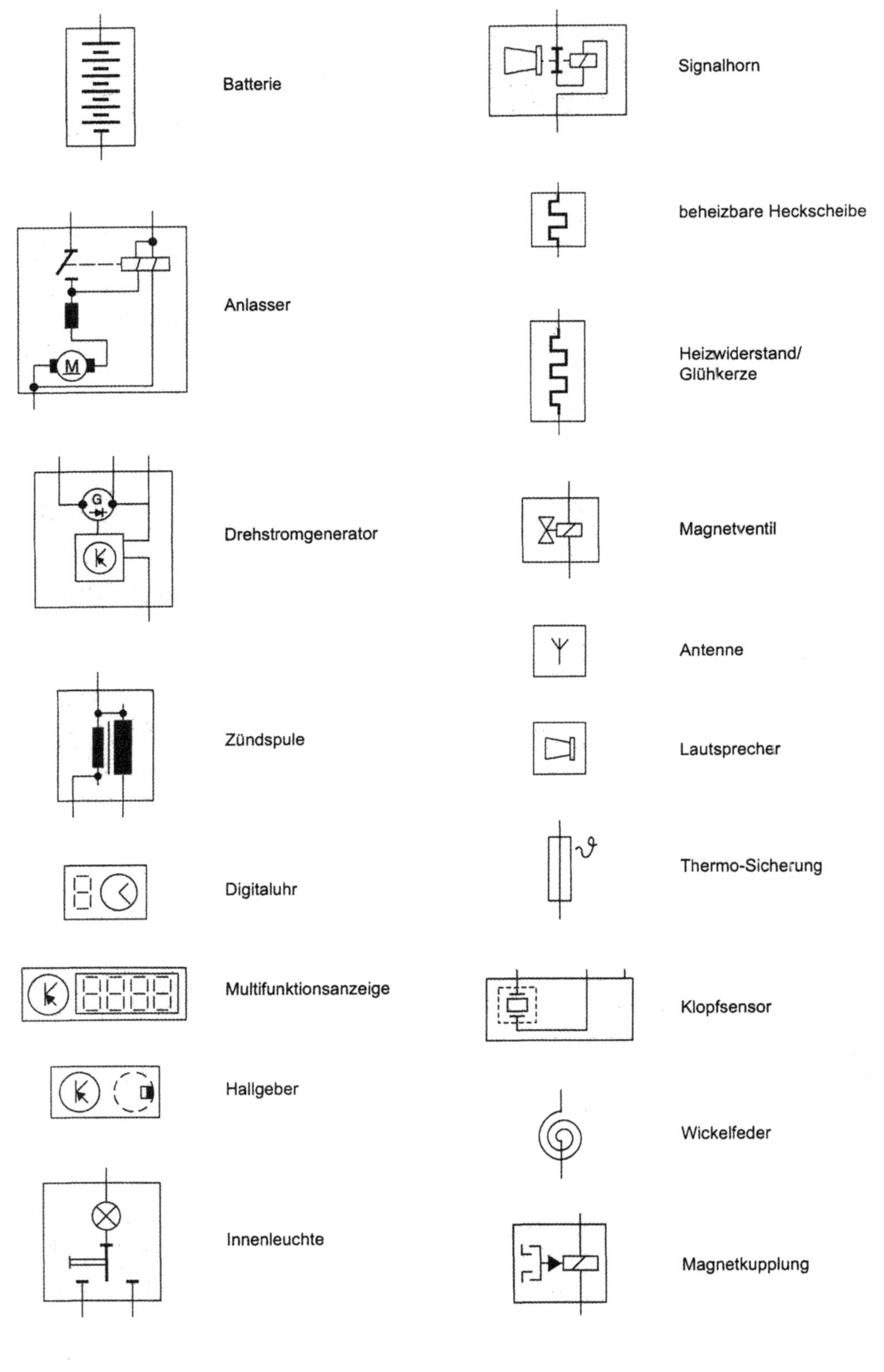

Bild 4-1

Schaltzeichen für Stromlaufpläne

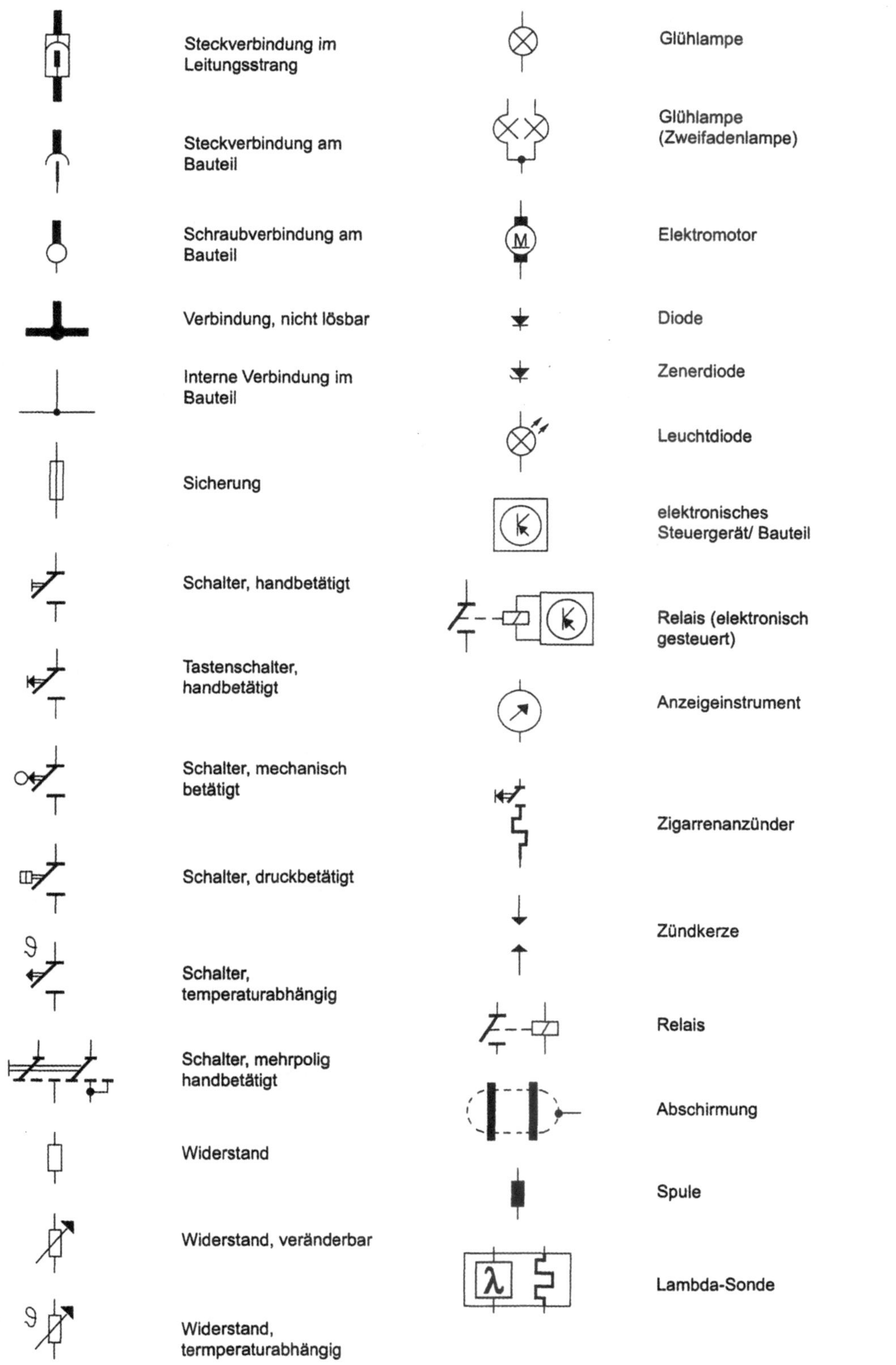

Bild 4-2

Bild 4-2
Schaltzeichen für Stromlaufpläne.

Sichtprüfung Messen

Der Massekontakt

Metallteile, in der Autoelektrik als Masse bezeichnet, können elektrischen Strom leiten. Man erspart sich die langen Kabel für die Rückleitung des Stroms zum Minuspol der Batterie und überlässt diese Aufgabe der Masse. Wenn ein Verbraucher nicht funktioniert, liegt das häufig an fehlender Masseverbindung. Der Kontakt zur Fahrzeugmasse wird dann auf Umwegen hergestellt, wodurch das elektrische System gestört wird.
Massepunkte befinden sich im Motorraum als auch im Innen- und Kofferraum.

Sicherungshalter und Relaisträger

Der Polo verfügt im Wesentlichen über drei Sicherungshalter und einen Relaisträger. Sicherungshalter A und C sitzen auf der Batterie im Motorraum (Bild 5), Sicherungshalter B ist unter der Schalttafel Fahrerseite angeordnet (Bild 6). Der Relaisträger (15fach) befindet sich ebenfalls unter der Schalttafel Fahrerseite (Bild 6).

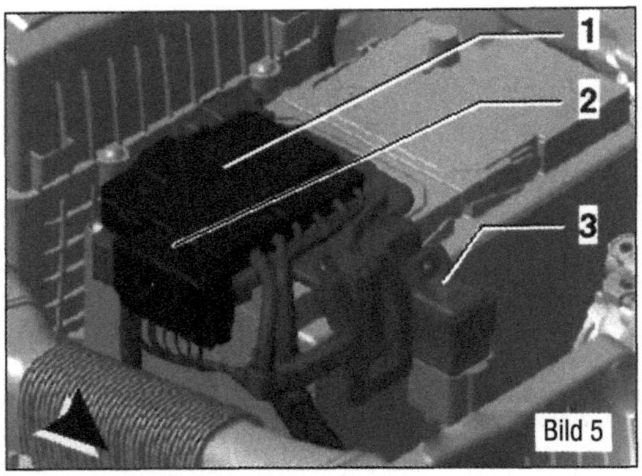

Bild 5
(1) Sicherungshalter A (SA).
(2) Sicherungshalter C (SC).
(3) Steuergerät für Glühzeitautomatik J179.

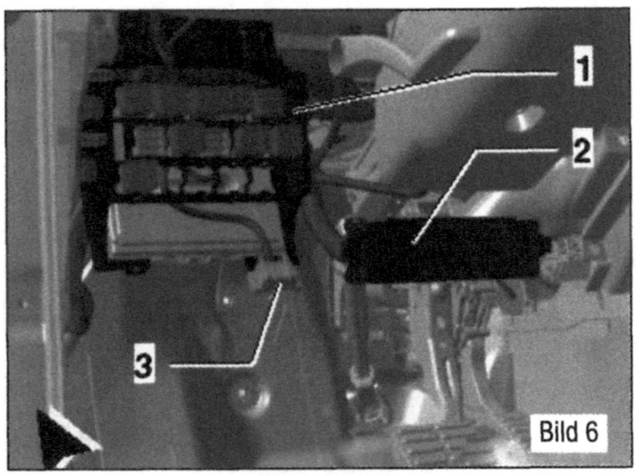

Bild 6
(1) Relaisträger.
(2) Sicherungshalter B (SB).
(3) Diagnosestecker (T16b).

Aus- und Einbau des Sicherungskastens auf der Batterie haben wir im Kapitel 12 beschrieben (siehe »Batterie im Motorraum aus- und einbauen«).

Sicherungshalter B (SB) in der Schalttafel links aus- und einbauen

Dazu wird ein Montagekeil (VAS 3409) benötigt.

⚠ Beim Aus- und Einbau von Bauteilen im Sichtbereich (Schaltern, Abdeckungen, Verkleidungen usw.) die Bereiche mit handelsüblichen Klebeband abkleben, an denen ein Hebelwerkzeug (Demontagekeil, Schraubendreher) angesetzt wird.

Ausbau

- Batterie abklemmen.
- Abdeckung des Sicherungskastens ausbauen, dazu die Abdeckung (1) im unteren Bereich aus den Verrastungen herausziehen (Pfeil A) und der Schalttafel entnehmen (Bild 7).
- Fußraumleuchte ausbauen, dazu Fußraumleuchte mit einem Montagekeil oder

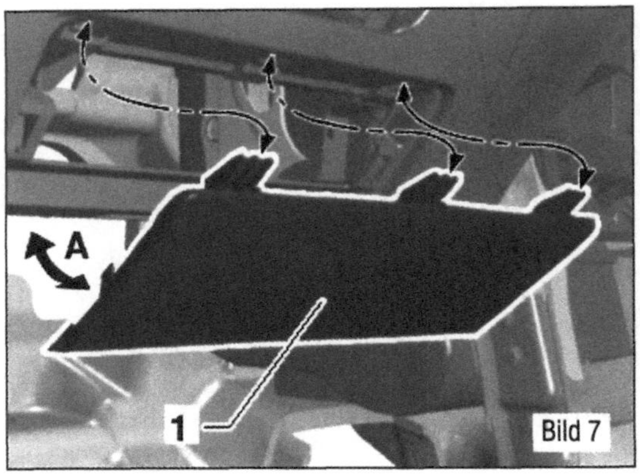

Bild 7
Abdeckung (1) des Sicherungskastens in der Schalttafel links ausbauen.

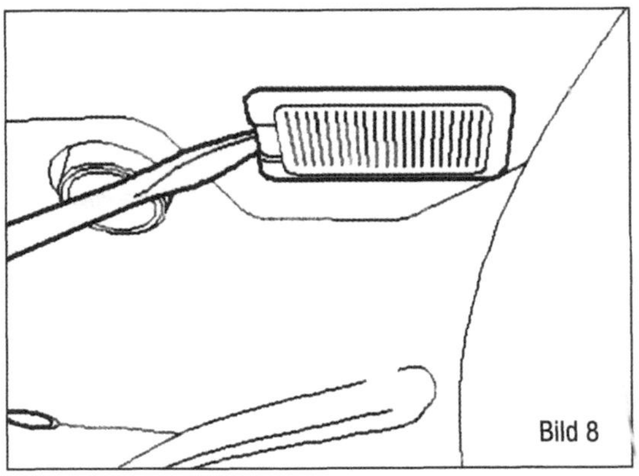

Bild 8
Fußraumleuchte links mittels Montagekeil ausbauen.

Schraubendreher aus der Verkleidung unterhalb der Schalttafel heraushebeln, dann Steckverbindung entriegeln, trennen und Fußraumleuchte herausnehmen (Bild 8 und 9).

■ Befestigungsschrauben (Pfeile, 4 Nm) herausdrehen und den Sicherungshalter, soweit dies die Kabellängen zulassen, nach innen herausführen (Bild 10).

Einbau

Der Einbau erfolgt sinngemäß in umgekehrter Ausbaureihenfolge.

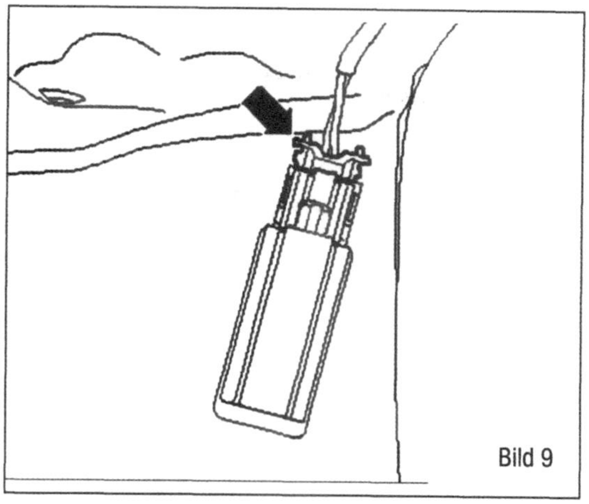

Bild 9
Fußraumleuchte links ausbauen. Steckverbindung entriegeln und trennen.

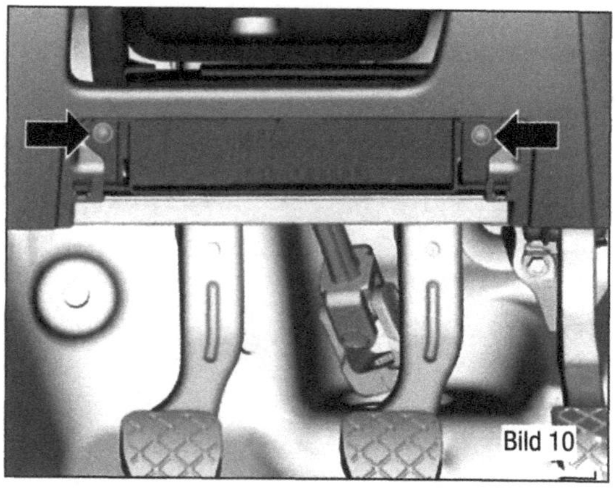

Bild 10
Sicherungshalter ausbauen. (Pfeile = Befestigungsschrauben.

Relaisträger Schalttafel links aus- und einbauen

Ausbau

■ Batterie abklemmen.

■ Blende auf der Fahrerseite links ausbauen.

■ Die Relais (Pfeile) aus dem Relaisträger herausziehen. Die Anzahl der Relais hängt von der Fahrzeugausstattung ab (Bild 11).

■ Rastnasen in Pfeilrichtung nach außen clipsen und dann die Stecker (1) durch den Relaisträger drücken (Bild 12).

■ Rastnasen (Pfeile) des Relaisträgers (1) entriegeln und den Relaisträger (1) etwas nach vorn klappen. Anschließend Relaisträger (1) aus den Führungen (2) herausziehen (Bild 13).

Einbau

Der Einbau erfolgt in umgekehrter Ausbaureihenfolge, dabei ist Folgendes zu beachten:

■ Zuerst die Stecker in den Relaisträger clipsen (siehe Bild 12).

■ Relaisträger (1) in die Führungen (Pfeile) setzen und dann den Relaisträger einrasten (Bild 14).

Belegung der Sicherungshalter und des Relaisträgers
(siehe Bild 15 bis 17)

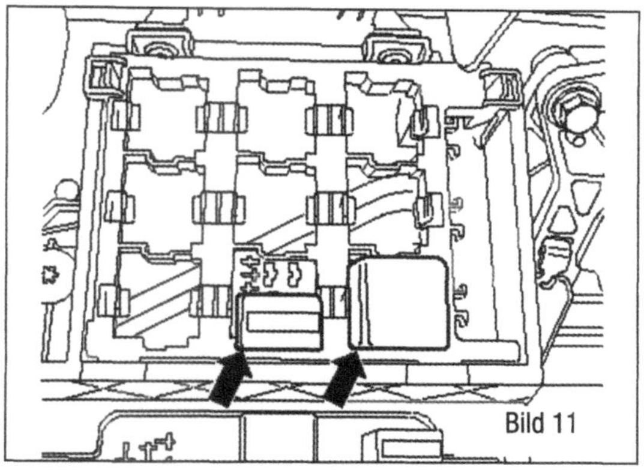

Bild 11
Die Relais (Pfeile) aus dem Relaisträger herausziehen.

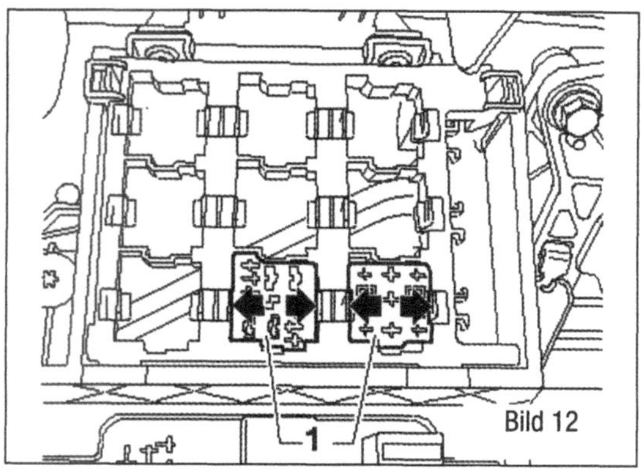

Bild 12
Relaisträger ausbauen.
(1) Stecker.

Bild 13
Relaisträger (1) ausbauen.
(2) Führungen des Relaisträgers.
Pfeile = Rastnasen.

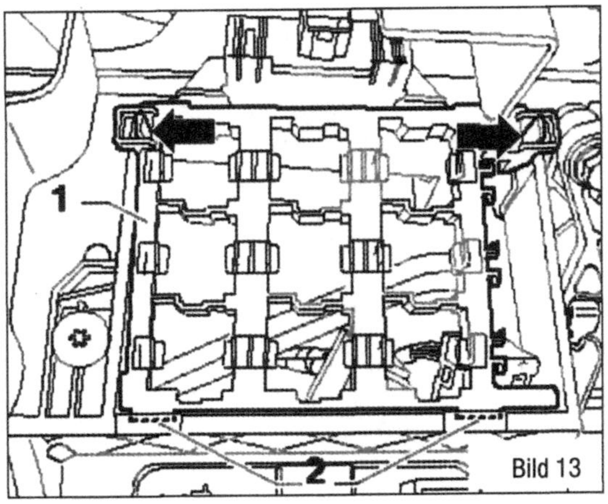

Bild 13

Bild 14
Relaisträger (1) einbauen.
Pfeile = Führungen des Relaisträgers.

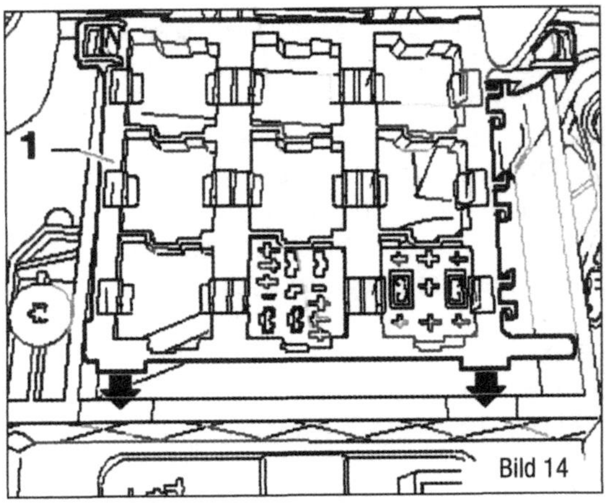

Bild 14

Bild 15
Sicherungsbelegung
Sicherungshalter A und C.

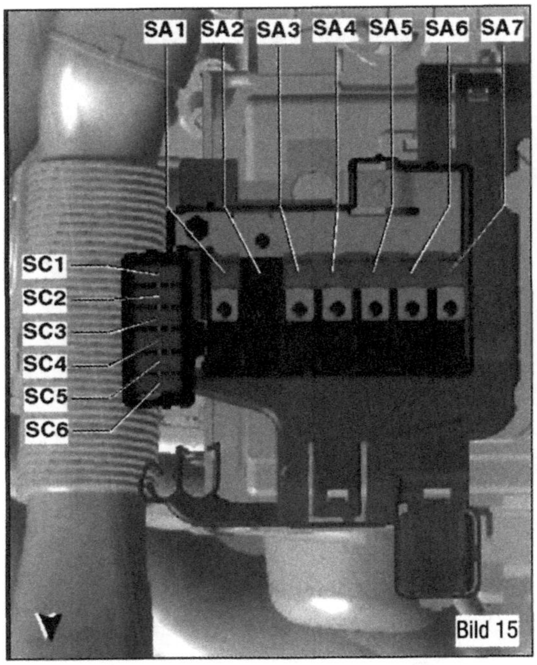

Bild 15

Bild 16
Sicherungsbelegung
Sicherungshalter B.

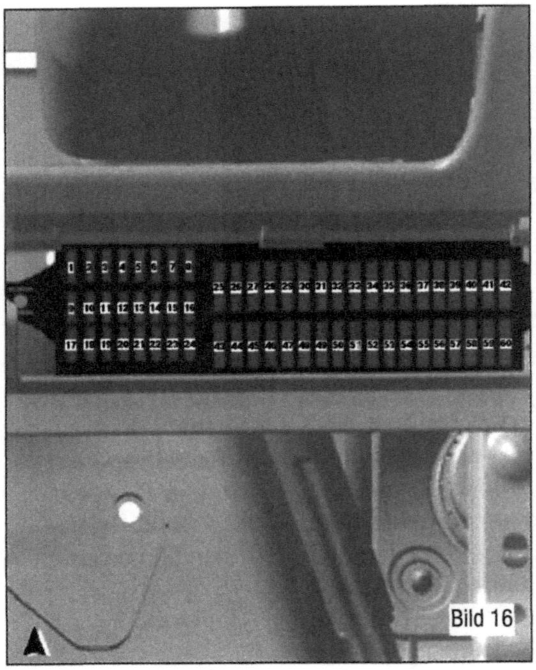

Bild 16

Bild 17
Relaisträger-Belegung
(Relaisträger ab November 2009).

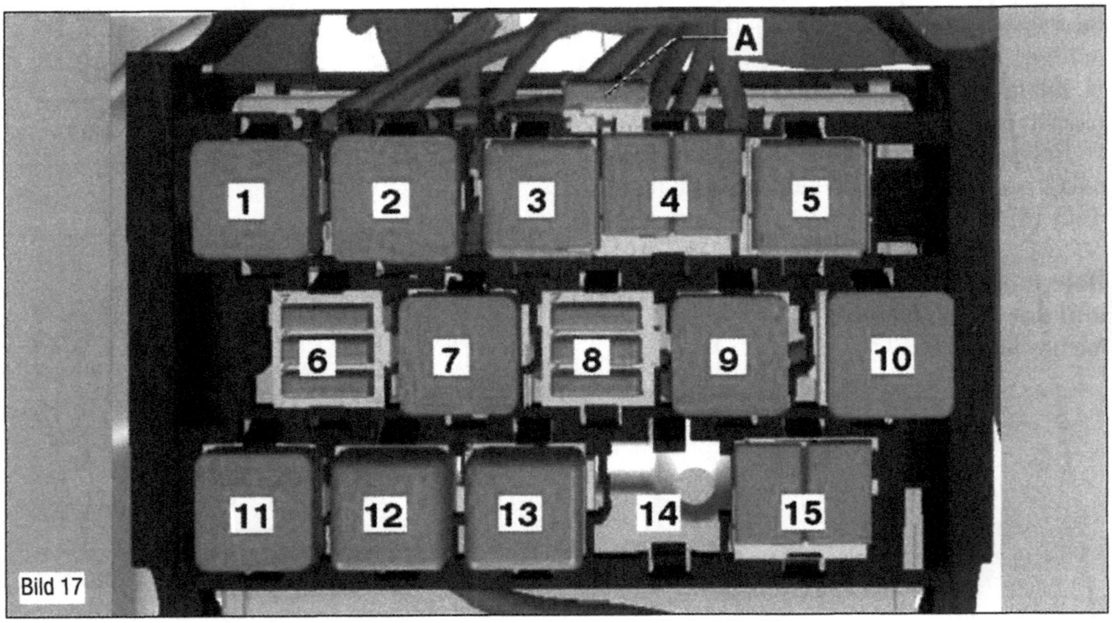

Bild 17

Kolibri 360 GmbH
Ferdinand-Jühlke-Straße 7
99095 Erfurt, Deutschland
produktsicherheit@kolibri360.de